清华大学 计算机系列教材

严蔚敏 吴伟民 编著

数据结构

（C语言版·第2版）

清华大学出版社
北 京

内容简介

《数据结构》(C语言版·第2版)是为数据结构课程编写的教材,也可作为学习数据结构及其算法的C程序设计的参考教材。

本书的前半部分从抽象数据类型的角度讨论各种基本类型的数据结构及其应用;后半部分主要讨论查找和排序的各种实现方法及其综合分析比较。全书采用C语言作为数据结构和算法的描述语言。

本书概念表述严谨,逻辑推理严密,语言精练,用词达意,并有配套出版的《数据结构题集》(C语言版·第2版)(书号:9787302703402),既便于教学,又便于自学。

本书的算法可在AnyviewC教学软件运行,能够可视交互跟踪观察算法作用于数据结构的语句级操作细节。

本书可作为计算机类专业或信息类相关专业的本科或专科教材,也可供从事计算机工程与应用工作的科技工作者参考。

图书在版编目(CIP)数据

数据结构:C语言版/严蔚敏,吴伟民编著. -- 2版. -- 北京:清华大学出版社,2025.9.
(清华大学计算机系列教材). -- ISBN 978-7-302-70339-6

Ⅰ. TP311.12;TP312.8

中国国家版本馆CIP数据核字第2025NV2427号

策划编辑:白立军
责任编辑:杨 帆
封面设计:常雪影
责任校对:李建庄
责任印制:沈 露

出版发行:清华大学出版社
网　　址:https://www.tup.com.cn,https://www.wqxuetang.com
地　　址:北京清华大学学研大厦A座　　**邮　　编**:100084
社 总 机:010-83470000　　**邮　　购**:010-62786544
投稿与读者服务:010-62776969,c-service@tup.tsinghua.edu.cn
质量反馈:010-62772015,zhiliang@tup.tsinghua.edu.cn
课件下载:https://www.tup.com.cn,010-83470236
印 装 者:三河市铭诚印务有限公司
经　　销:全国新华书店
开　　本:185mm×260mm　　**印　　张**:28.5　　**字　　数**:694千字
版　　次:1987年6月第1版　　2025年10月第2版　　**印　　次**:2025年10月第1次印刷
定　　价:69.80元

产品编号:108488-01

作者简介

严蔚敏 清华大学计算机科学与技术系教授，长期从事数据结构教学和教材建设，和吴伟民合作编著的《数据结构》曾获“第二届普通高等学校优秀教材全国特等奖”和“1996 年度国家科学技术进步奖三等奖”。

吴伟民 广东工业大学计算机学院教授，1993 年起享受国务院政府特殊津贴。1983 年起与严蔚敏教授合作的数据结构系列教材和教学软件，曾先后获“第二届普通高等学校优秀教材全国特等奖”和“1996 年度国家科学技术进步奖三等奖”。主要研究领域：计算机系统软件与系统结构，计算机系统逆向和介入工程技术及工具，数据结构与算法，可视计算及程序可视化运行、调试与测评，程序设计语言与编译系统，虚拟机和虚拟化技术，智能系统与电器等。其他主要获奖：电子工业部科技成果二等奖，国家教委霍英东青年教师三等奖，国家教委曾宪梓高等师范教师三等奖，广东省计算机学会特等奖等。

序

清华大学计算机系列教材已经出版发行了近100种，包括计算机专业的基础数学、专业技术基础和专业等课程的教材，覆盖了计算机专业大学本科和研究生的主要教学内容。这是一批至今发行数量很大并赢得广大读者赞誉的书籍，是近年来出版的大学计算机教材中影响比较大的一批精品。

本系列教材的作者都是我熟悉的教授与同事，他们长期在第一线担任相关课程的教学工作，是一批很受大学生和研究生欢迎的任课教师。编写高质量的大学（研究生）计算机教材，不仅需要作者具备丰富的教学经验和科研实践，还需要对相关领域科技发展前沿的正确把握和了解。正因为本系列教材的作者具备了这些条件，才有了这批高质量优秀教材的出版。可以说，教材是他们长期辛勤工作的结晶。本系列教材出版发行以来，从其发行的数量、读者的反应、已经获得的许多国家级与省部级的奖励，以及在各个高等院校教学中所发挥的作用上，都可以看出其所产生的社会影响与效益。

计算机科技发展异常迅速，内容更新很快。作为教材，一方面要反映本领域基础性、普遍性的知识，保持内容的相对稳定性；另一方面，又需要跟踪科技的发展，及时地调整和更新内容。本系列教材都能按照自身的需要及时地做到这一点，如《计算机组成与结构》一书至今已出版至第5版，使教材既保持了稳定性，又达到了先进性的要求。本系列教材内容丰富、体系结构严谨、概念清晰、易学易懂，符合学生的认识规律，适合教学与自学，深受广大读者的欢迎。本系列教材中多数配有丰富的习题集和实验，有的还配有多媒体电子教案，便于学生理论联系实际地学习相关课程。

随着我国的进一步开放，我们需要扩大国际交流，加强学习国外的先进经验。在大学教材建设上，我们也应该注意学习和引进国外的先进教材。但是，计算机系列教材的出版发行实践以及它所取得的效果告诉我们，在当前形势下，编写符合国情的具有自主版权的高质量教材仍具有重大意义和价值。它与前者不仅不矛盾，而且是相辅相成的。本系列教材的出版还表明，针对某个学科培养的要求，在教育部等上级部门的指导下，有计划地组织任课教师编写系列教材，还能促进对该学科科学、合理的教学体系和内容的研究。

我希望今后有更多、更好的我国优秀教材出版。

张钹

清华大学计算机科学与技术系教授，中国科学院院士

第2版前言

在确定完稿的时刻，严老师那熟悉的音容笑貌浮现在眼前。我默默地祈盼：严老师，请在天堂给咱们新书把关！近些年，她一直希望在我放下那繁重的科研、教学和行政工作退下来后，一起修编《数据结构》(C语言版)和《数据结构题集》(C语言版)这套教材。在2024年春节前，和清华大学出版社商定后我们启动了这项工作。

起初的重点是录制一套严老师讲授的微课。在严老师长期积累的网课脚本基础上，我全时投入编制PPT动画。严老师审查这些PPT和录制的微课视频样片的同时亲自撰写讲稿。在这过程中，我们也形成对教材算法和内容更新的共识，同步展开修编工作。正当与清华大学出版社协调配合严老师录音录像的时候，也就是从2024年8月中旬起，严老师和我的微信由几乎每天多次渐渐减少了。到了11月初，她和我说："前一阵子跑医院较多，工作都停了下来……"在11月25日的微信："磨蹭了那么多天，我很抱歉，刚签合同时我还信心百倍以为还能在这世上留下我的声音，可没想到最近这两个月我的病情会发展得那么快……"11月30日最后的微信："你要有新的文稿可以发给我，但恐怕起不了审稿的作用了。"我顿时泪如雨落，痛哭不已。12月10日不幸消息传来，严老师驾鹤西去，和我们永别了！

我非常自责自己未能更早投入这项工作，给世间留下严老师宝贵的授课音像！让她能亲眼看到这套新版教材出版发行！

严老师年近90岁高龄仍生命不息、奋斗不止的敬业精神永远激励我前行。

在严老师家人和清华大学出版社支持下，5个月来我按照严老师确认的教材算法和内容更新计划以及已做的工作，全力以赴，现在终于完稿了。接下来还要修编题集。而微课，自觉能力还难以胜任，更替代不了严老师，故暂不制作。但按照严老师生前的建议和指导，决定把AnyviewC可视交互教学软件引入这套新版教材：一是支持对书中算法的可视交互跟踪运行和观察数据结构形态的即时变化动画，帮助读者直观理解算法和数据结构原理；二是支持对题集的算法设计题的可视交互调试和测评，帮助做题者提速增效完成编程作业。

从2000年起，严老师就一直关注我做的AnyviewC，认为是她20世纪90年代初主持研发的数据结构算法演示系统的最好延伸。多次对曾因各种原因中断了AnyviewC的开发和推广表示惋惜。在做微课的时候，她时常和我说，要继续AnyviewC的发展，要用起来，应该比微课的作用还大，甚至比修编教材更有意义。

新版教材删除第2章的静态链表等少量内容。新增或修订了堆(优先队列)、并查集、二部图、红黑树、跳跃表、B^+树、布隆过滤器等内容，并且详尽讨论存储结构的定义和相关算法的实现。

改用纯C语言作为描述语言，算法都用可编译运行的源代码描述。在AnyviewC为算法提供测试运行的main函数和数据结构类型的实现代码，读者可直接打开源码文件，编辑(修改)、编译和可视交互运行。

加强了对数据存储结构的内存分配、回收和管理的讲解，更新了类型定义和基本操作实现。全书的数据结构的实现都支持所分配的内存完整回收，不发生内存泄漏。

对全书原有算法进行的优化更新主要如下。

- 优化了最小生成树、最短路径、关键路径的表示形式（存储结构）和输出算法。
- 用堆和并查集等数据结构优化了赫夫曼树、最小生成树、最短路径、关键路径等算法。
- 新增或实现一批主要算法——C库函数串复制和比较算法，短串的留子串算法，稀疏矩阵（十字链表）加法算法，递归构建 m 元多项式广义表算法，组建二叉树算法，替换右子树算法，图的邻接表构建算法，求强连通分量算法，求最小生成树克鲁斯卡尔算法，平衡二叉树删除算法，B树插入算法的完整实现，B树删除算法，B^+ 树的查找、插入和删除算法，双链键树的初建和插入算法，Trie树的初建和插入算法，若干散列函数，拉链散列表的初建、查找、插入、删除和重建算法，开放定址散列表的删除和重建算法，布谷鸟散列表初建、查找、插入和重建算法，非顺序索引文件的创建、查找、插入和删除算法，支持全文检索的散列倒排索引的构建算法，等等。

从1983年开始，我跟随严老师进行数据结构系列教材及教学软件建设42年，有些版本的教材和软件曾在海外发行，获得“第二届普通高等学校优秀教材全国特等奖”和“1996年度国家科学技术进步奖三等奖”。严老师“把教材建设作为科研来做”的从严治学风范引领和培养了我，令我终身受益。

20世纪80年代前期，只有少数部属院校开办计算机本科专业，国内刚开始开设数据结构课程，且大多采用国外教材或编译的讲义。清华大学是极少数具有上机实习条件的院校。我到清华大学进修时唐泽圣主任给了我难得机会，有幸成为严老师的助教，每周严老师批改了我提前完成的作业之后，我再批改全班的作业，在实验室指导学生的上机实验，并向严老师提交学生作业和实验情况分析周报。严老师还让我给全班上习题讲评课。同时我整理和编写了一批习题和实习题及其参考答案，并在机房完成了参考答案算法的调试。临近期末我交给严老师一份题集及答案汇编。她非常惊喜，让我多待半年，一起编写教材。第二个学期，在编写数据结构教材的同时，还协调安排我给蒋国南老师做编译原理课程的助教，得到可随时进实验室用计算机的机会。我当时只觉得是一个难得的学习提高的机会，要好好珍惜。但严老师将我视为“合作者”，作为第二作者署名，这为我带来了一系列奖励和荣誉。

1994年我从国外做公派高级访问学者回来，向严老师汇报与Pascal语言作者、图灵奖得主N. Wirth教授交流情况和国外已出现C语言替代Pascal语言的趋势。她当即决定启动C语言版教材的编写。这一次是她来到广州，得到我所在学校教务处领导大力支持，安排住在外教公寓。严老师夜以继日修编全书文字内容，我编写测试数据存储结构的C语言定义和算法实现。因受熟悉好用的Pascal语言变量形参的影响，选择了在C语言中添加C++类似的引用形参。如果有同行或读者质疑这一做法，这责任全在我。

1998年秋我申请到清华大学严老师工作室做访问学者。我们完成了C语言版题集的撰写，并将数据结构算法演示系统移植为C语言版。

借此机会，对之前的几版教材省略算法中的变量声明和简化描述语言的做法也做一个说明。20世纪80年代到90年代，我国高校的计算机专业属于“精英”教育阶段（2003年前后的大扩招之后，进入了“普及”教育阶段），而且实验用机比较紧缺，学生上机实验机时不多。因此，算法表述尽量简明，学生算法设计主要形式是提交书面作业，老师改本子。同期的国外主流教材也大多采用伪代码描述算法，所以这是符合当时的实际情况的。而现在的学生或读者都有自己的台式计算机或笔记本计算机。在新版中，直接采用C语言作为描述语言，算法都是可直接编译运行的代码。

进入2000年之后，严老师的主要精力放在了网课建设和主持某些全国统考每年的数据结构命题。而我本想以上面提及的AnyviewC的研发及理论模型作为科研选题，继续参与这套教材和软件的后续建设，申报了国家自然科学基金项目。专家回馈意见中，认为有难度和创新，值得支持的意见未过半；其他意见则分别是"国外还没有，不适合立项""难度大，不可能做出来""难度和工作量都很大，难以完成"。得不到科研立项，只能选择别的研究课题，这也得到严老师的理解。除了每年参加严老师主持的教育部考试中心的命题，我就抽不出时间从事教材工作了。我们也曾有过Java版的初稿，最终也遗憾没有定稿出版。

本套教材得以持续出版，累计发行量超千万册，并一直是研究生入学统考科目的主要参考教材，除了严老师在数据结构界的地位和影响之外，内容覆盖全面也是重要原因之一。从20世纪80年代至今，出国留学者行囊中几本书里大多有这本《数据结构》，从事专业工作的毕业生也大多把书留在案头作为重要工具书。一本专业基础教材不应限于课时或办学层次而减缩内容，应能支持学生或读者在课程之后对可持续学习提高和应用参考的需求。在新版中，除了少量调整，基本保留了全部内容，但对算法进行了全面优化和扩展。保持递归和非递归算法的适当比例，并适当加强对非递归算法实现的讨论，以适应实际应用，特别是追求时效的大数据应用的需求。新版的另一项重要工作是适当增补了近年"热门"内容，尤其是注意与大数据的对接，以更全面的内容供计算机大类的不同专业各有合适的选择。

各类不同层次院校都可选用本套新版教材，根据实际情况选择授课内容即可，可尝试用AnyviewC支持教学过程。像图的那些"大"算法，以及AVL树、红黑树、B树和B^+树等较复杂的插入和删除算法可不在课堂细讲，选定一些让学生在AnyviewC进行可视交互学习。

对于备考研究生的读者，本套教材更是适合复习、自学和自测。

数据结构的发展仍在继续，各种需求不断涌现。数据结构课程内容应包括基础必修部分和面向专业方向的专业基础部分。课程教学方式则应提倡"提速增效"原则，可尝试选择随书提供的AnyviewC进行可视交互学习，把算法的抽象和结构"看不见"转化为算法的行为细节及其对结构的作用效果实时可见，以提高算法学习和做题的时效。

AnyviewC起步于1993年，当时我在国外担任高级访问学者。在向国外同行介绍严老师组织开发的数据结构算法演示系统(Pascal版)的时候，他们都认为对数据结构教学很有帮助。有位教授提出，是否考虑过发展为能对输入的任意算法也能演示？这激励我开始考虑挑战这一难题。当年给蒋国南老师做编译原理助教时，我指导学生的课程设计就是对N. Wirth的一个Pascal子集的教学型编译程序进行扩充。在回国前，花了3个月对该程序进行扩展，实现了一个初具可视化运行功能的可视虚拟机原型。在C语言版教材出版后，又移植为AnyviewC，并申请了两个软件著作权证书。但这都属于业余习作，各种原因未能得到科研立项，也不是商业软件。虽然在广东工业大学等院校的数据结构、C语言程序设计、离散数学等课程已使用了20年，也还需要继续完善。随新版主教材和题集供读者选择试用，既是得到严老师生前的鼓励认可，也因为教材的算法基本都能在其上可视交互运行，也确实帮助我大大加快了这次优化和添加算法的进度。或许很快就会有大模型也具有这样的可视交互功能，甚至更强。不过我把这次添加的一些新算法(线上线下未能查到的)“求助”多个顶流 AI 大模型，基本都还得不到完全正确的代码。但它们的学习能力还是很强，多次交互指出它们的不足后，都有所进步。就这一结果而言，AI 目前可能还处于“懂的都懂，不懂的还基本不懂”的状况，还取代不了编写有新意代码的程序员工作。

限于本人的能力，新版教材的编写难免有疏漏或错误。敬请各位专家、老师、同行和读者批评指正！

吴伟民　广东工业大学计算机学院
2025 年 4 月 20 日凌晨 3 时于广州

第1版前言

数据结构是计算机程序设计的重要理论技术基础,它不仅是计算机学科的核心课程,而且已成为其他理工专业的热门选修课。本书是为数据结构课程编写的教材,其内容选取符合教学大纲要求,并兼顾学科的广度和深度,适用面广。

本书的第1章综述数据、数据结构和抽象数据类型等基本概念;第2～7章从抽象数据类型的角度,分别讨论线性表、栈、队列、串、数组、广义表、树和二叉树以及图等基本类型的数据结构及其应用;第8章综合介绍操作系统和编译程序中涉及的动态存储管理的基本技术;第9～11章讨论查找和排序,除了介绍各种实现方法之外,并着重从时间上进行定性或定量的分析和比较;第12章介绍常用的文件结构。用过《数据结构》(第二版)的读者容易看出,本书内容和章节编排与1992年4月出版的《数据结构》(第二版)基本一致,但在本书中更突出了抽象数据类型的概念。对每一种数据结构,都分别给出相应的抽象数据类型规范说明和实现方法。

全书中采用类C语言作为数据结构和算法的描述语言,在对数据的存储结构和算法进行描述时,尽量考虑C语言的特色,如利用数组的动态分配实现顺序存储结构等。虽然C语言不是抽象数据类型的理想描述工具,但鉴于目前和近一两年内,"面向对象程序设计"并非数据结构的先修课程,故本书未直接采用类和对象等设施,而是从C语言中精选了一个核心子集,并增添C++语言的引用调用参数传递方式等,构成了一个类C描述语言。它使本书对各种抽象数据类型的定义和实现简明清晰,既不拘泥于C语言的细节,又容易转换成能上机执行的C或C++程序。

从课程性质上讲,数据结构是一门专业技术基础课。它的教学要求是:一方面,学会分析研究计算机加工的数据结构的特性,以便为应用涉及的数据选择适当的逻辑结构、存储结构及其相应的算法,并初步掌握算法的时间分析和空间分析的技术。另一方面,本课程的学习过程也是复杂程序设计的训练过程,要求学生编写的程序结构清楚和正确易读,符合软件工程的规范。如果说高级语言程序设计课程对学生进行了结构化程序设计(程序抽象)的初步训练,那么数据结构课程就要培养他们的数据抽象能力。本书将用规范的数学语言描述数据结构的定义,以突出其数学特性,同时,通过若干数据结构应用实例,引导学生学习数据类型的使用,为今后学习面向对象的程序设计做一些铺垫。

本书可作为计算机类专业的本科或专科教材,也可以作为信息类相关专业的选修教材,讲授学时可为50～80。教师可根据学时、专业和学生的实际情况,选讲或不讲目录页中带 * * 的章节,甚至删除第5、8、11和12章。本书文字通俗,简明易懂,便于自学,也可供从事计算机应用等工作的科技人员参考。只需掌握程序设计基本技术便可学习本书。若具有离散数学和概率论的知识,则对书中某些内容更易理解。如果将本书《数据结构》(C语言版)和《数据结构》(第二版)作为关于数据结构及其算法的C和Pascal程序设计的对照教材,则有助于快速且深刻地掌握这两种语言。

与本书配套的还有《数据结构题集》(C语言版)，由清华大学出版社出版。书中提供配套的习题和实习题，并可作为学习指导手册。

严蔚敏　清华大学计算机科学与技术系
吴伟民　广东工业大学计算机学院

目 录

第1章　绪　　论

在当今数字化浪潮中，数据已成为驱动社会发展的核心资源。从社交媒体的海量信息处理到人工智能的复杂决策，从物联网的实时数据交互到云计算的资源调度，对数值、字符、表格以及图文声像等各类数据的高效组织、存储与操作直接影响技术系统的性能与可靠性。作为计算机科学的重要基础，数据结构正是解决这一问题的关键工具。它不仅是程序设计的基石，更是算法实现的载体，是连接抽象逻辑与具体计算的桥梁。

1.1　什么是数据结构

一般来说，用计算机解决一个具体问题时，大致经过若干步骤：首先要从具体问题抽象出适当的数学模型，然后基于数学模型设计解决问题的算法，最后编出程序，进行测试、调整、应用，直至得到最终解答。寻求数学模型的实质是分析问题，从中提取操作的对象，并找出这些操作对象之间含有的关系，然后用数学语言加以描述。例如，求解梁架结构中应力的数学模型为线性方程组；预报人口增长情况的数学模型为微分方程。然而，更多的非数值计算问题无法用数学方程加以描述。下面请看 3 个例子。

例 1-1　目录、索引、字典、查询系统和浏览器。

本书的前后分别配有目录和索引，都是为了方便读者查阅书中内容而设的查找工具。几乎每本出版的书刊都配有目录，通过章节标题可查到内容的起始页码。在本书的附录 A 和 B，可从术语名词和函数名查到它们的所在页面。这能节省读者“查找”时间，提高学习效率。

再看各种字(词)典，它们也都是人们日常频繁使用的由“字词”查“释义”的工具。这些字典已实现了线上或机上查阅，极大节省了“查找”时间。

在计算机实现各种查询(或查阅)系统，用到了数据结构中的各种查找表及其算法。人们也将这些查找表形象地泛称为“字典”，或者视为各种用途的字典的不同表示和实现。

图书馆的书目检索系统一般都建立按图书登录号顺序排列的书目文件和 3 个分别按书名、作者名和分类号顺序排列的索引表，如图 1.1 所示。由这 4 张表构成的文件便是书目自动检索的数学模型，计算机的主要操作便是按照某个特定要求(如给定书名)对书目文件进行查询。诸如此类的还有查号系统自动化、仓库账目管理等。在这类文档管理的数学模型中，计算机处理的对象之间通常存在着一种最简单的线性关系，这类数学模型可称为线性的数据结构。

人们几乎每天都使用的线上浏览器，既要同时面向数以千万的按词语实时查阅内容或 AI 问答，还要在后台持续“爬取”互联网上的网页内容，并分类、整理和充实到查阅库中。这些都涉及大数据查找结构和算法。

例 1-2　计算机和人对弈问题。

计算机之所以能和人对弈是因为有人将对弈的智能策略事先已存入计算机。这类智能

001	高等数学	樊映川	S01	…
002	理论力学	罗远祥	L01	…
003	高等数学	华罗庚	S01	…
004	线性代数	栾汝书	S02	…
⋮	⋮	⋮	⋮	⋮

高等数学	001,003,…
理论力学	002,…
线性代数	004,…
⋮	

樊映川	001,…
华罗庚	003,…
栾汝书	004,…
⋮	

L	002,…
S	001,003,…
⋮	

图 1.1　图书目录文件示例

策略已由人工算法发展为基于大数据深度学习的 AI 大模型。由于对弈的过程是在一定规则下随机进行的，所以，为使计算机能灵活对弈就必须对对弈过程中所有可能发生的情况以及相应的对策都考虑周全，并且，一个“好”的棋手在对弈时不仅要看棋盘当时的状态，还应能预测棋局发展的趋势，甚至最后的结局。因此，在对弈问题中，计算机操作的对象是对弈过程中可能出现的棋盘状态——称为格局。例如图 1.2(a)所示为“井字棋”①的一个格局，而格局之间的关系是由比赛规则决定的。通常，这个关系不是线性的，因为从一个棋盘格局可以派生出几个格局，例如从图 1.2(a)所示的格局可以派生出图 1.2(b)所示的 5 个格局，而从每一个新的格局又可派生出 4 个可能出现的格局。因此。若将从对弈开始到结束的过程中所有可能出现的格局都画在一张图上，则可得到一棵倒长的“树”。“树根”是对弈开始之前的棋盘格局，而所有的“叶子”就是可能出现的结局。对弈的过程就是从树根沿树杈到某个叶子的过程。“树”可以是某些非数值计算问题的数学模型，它也是一种数据结构。

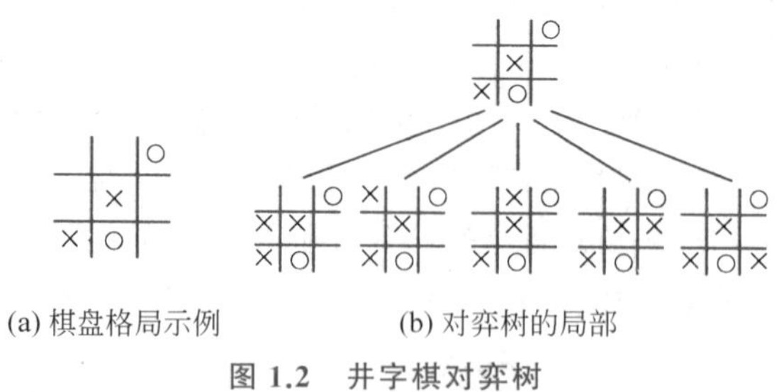

(a) 棋盘格局示例　　(b) 对弈树的局部

图 1.2　井字棋对弈树

例 1-3　多岔路口交通灯的管理问题。

通常，在十字交叉路口只需设红、绿两色的交通灯便可保持正常交通秩序，而在多岔路口需设几种颜色的交通灯才能既使车辆相互之间不碰撞，又能达到车辆的最大流通呢？假设有一个如图 1.3(a)所示的五岔路口，其中 C 和 E 为单行道。在路口有 13 条可行的通路，其中有的可以同时通行，如 A→B 和 E→C；而有的不能同时通行，如 E→B 和 A→D。那么，

① 井字棋由两人对弈，棋盘为 3×3 的方格。当一方的 3 个棋子占同一行，或同一列，或同一对角线时便为胜方。

在路口应如何设置交通灯进行车辆的管理呢？

这类交通、道路问题的数学模型是一种称为“图”的数据结构。在此例的问题中，可用图中一个顶点表示一条通路，而通路之间互相矛盾的关系以两个顶点之间的连线表示。如在图 1.3(b)中，每个圆圈表示图 1.3(a)所示五岔路口的一条通路，两个圆圈之间的连线表示这两条通路不能同时通行。设置交通灯的问题等价为对图的顶点的染色问题，要求对图上的每个顶点染一种颜色，并且要求有线相连的两个顶点不能具有相同颜色，而总的颜色种类应尽可能地少。图 1.3(b)所示为一种染色结果，圆圈中的数字表示交通灯的不同颜色。3 个孤立圆圈染 0 号色，这 3 条通路都是右转，右转专用道是常通的。1、2、3 和 4 号色等轮转亮熄，每次只亮一种颜色，例如，3 号色灯亮时放行 D→A 和 D→B 两条通路，而 1、2 和 4 号色的通路都禁行。

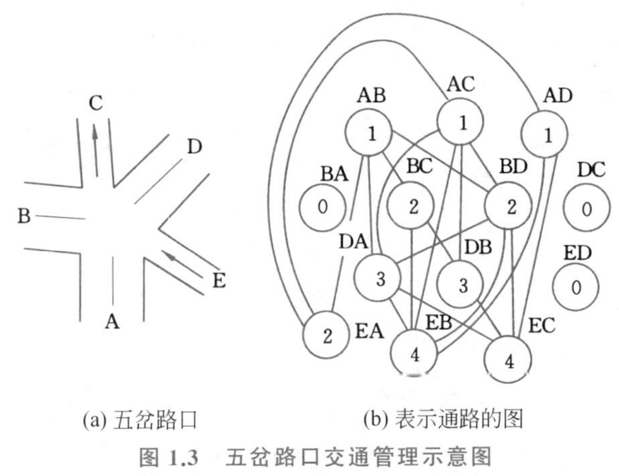

(a) 五岔路口　　(b) 表示通路的图

图 1.3　五岔路口交通管理示意图

目前，繁忙的复杂路口的交通灯基本都实行了各路口依次轮转亮绿灯放行，这与本例的结果类似。如果汽车普及了智能驾驶，且能实现车际和灯车会话，将能够基于车路云平台实现高智能的路口通行自动管理。

从这 3 个例子可见，描述这类非数值计算问题的数学模型不再是数学方程，而是诸如表、树和图之类的数据结构。简而言之，数据结构是一门研究非数值计算的程序设计问题中计算机的处理对象及其之间的关系和操作等的学科。具体实现的各种数据结构是对程序设计语言描述和操纵数据功能的扩展。

“数据结构”作为一门独立的课程是从 1968 年才开始设立的。在这之前，它的某些内容曾在其他课程，如表处理语言中有所阐述。1968 年在美国一些大学的计算机系的教学计划中，虽然把“数据结构”规定为一门课程，但对课程的范围仍没有作明确规定。当时，数据结构几乎和图论，特别是和表、树的理论为同义语。随后，数据结构这个概念被扩充到包括网络、集合代数论、格、关系等方面，从而变成了现在称之为“离散结构”的内容。然而，由于数据必须在计算机中进行处理，因此，不仅考虑数据本身的数学性质，而且还必须考虑数据的存储结构，这就进一步扩大了数据结构的内容。随着数据库系统的不断发展，在“数据结构”课程中又增加了文件管理（特别是大型文件的组织等）的内容。随着大数据的兴起，又扩展了面向大数据应用的查找表和文件索引等内容。

1968 年美国唐·欧·克努特教授开创了“数据结构”的最初体系，他所著的《计算机程序设计技巧》第一卷《基本算法》是第一本较系统地阐述数据的逻辑结构和存储结构及其操作的著作。从 20 世纪 60 年代末到 70 年代初，出现了大型程序，软件也相对独立，结构程序设计成为程序设计方法学的主要内容，人们越来越重视"数据结构"，认为程序设计的实质是对确定的问题选择一种好的结构，加上设计一种好的算法。从 20 世纪 70 年代中期到 80 年代初，各种版本的数据结构著作相继出现。

目前在我国，"数据结构"已经不仅仅是计算机大类各专业的教学计划中的核心课程之一，而且也是其他非计算机专业的主要选修课程之一。

"数据结构"在计算机科学中是一门综合性的专业基础课。"数据结构"的研究不仅涉及计算机硬件（特别是编码理论、存储装置和存取方法等）的研究范围，而且和计算机软件的研究有着更密切的关系，无论是编译程序还是操作系统，都涉及数据元素在存储器中的分配问题。在研究信息检索时也必须考虑如何组织数据，以便查找和存取数据元素更为方便。因此，可以认为"数据结构"是介于数学、计算机硬件和计算机软件三者之间的一门核心课程（如图 1.4 所示）。在计算机科学中，"数据结构"不仅是一般程序设计（特别是非数值计算的程序设计）的基础，而且是设计和实现编译程序、操作系统、数据库系统、大数据模型及其他系统程序和大型应用程序的重要基础。

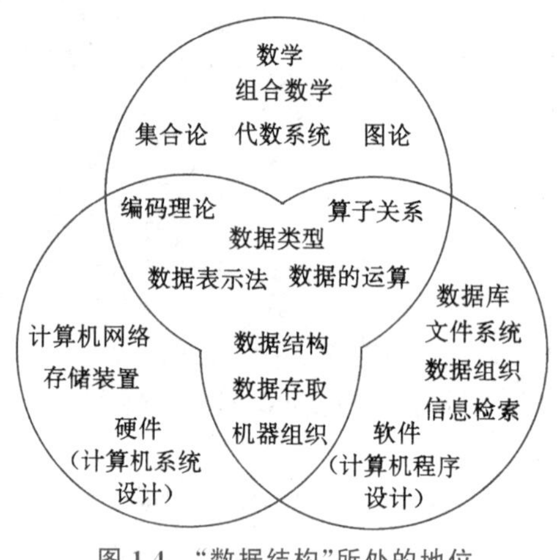

图 1.4 "数据结构"所处的地位

值得注意的是，"数据结构"的发展并未终结。一方面，面向各专门领域中特殊问题的数据结构得到研究和发展，如多维图形数据结构、大数据所涉数据结构等；另一方面，从抽象数据类型的观点来讨论数据结构，已成为一种普遍采用的数据结构课程架构，也容易过渡到面向对象的架构。对抽象、建模、设计和实现能力的训练、提高是计算机大类专业的基础能力培养的重要环节。

1.2 基本概念和术语

本节对一些概念和术语赋以确定的含义，以便与读者约定"共同语言"。这些概念和术语将在以后的章节中频繁出现。

数据（data）是对客观事物的符号表示，在计算机科学中是指所有能输入计算机中并被计算机程序处理的符号的总称。它是计算机程序加工的"原料"。例如，一个利用数值分析方法解代数方程的程序，其处理对象是整数和实数；一个编译程序或文字处理程序的处理对象是字符串。因此，对计算机科学而言，数据的含义极为广泛，如图像、声音等都可以通过编码而归之于数据的范畴。

数据元素(data element)是数据的基本单位，在计算机程序中通常作为一个整体进行考虑和处理。例如，例1-2中的"树"中的一个棋盘格局，例1-3中的"图"中的一个圆圈都被称为一个数据元素。有时，一个数据元素可由若干**数据项**(data item)组成，例如，例1-1中一本书的书目信息为一个数据元素，而书目信息中的每一项(如书名、作者名等)为一个数据项。数据项是数据的不可分割的最小单位。

关键字(key)，常简称键，是数据元素(或记录)的关联值或其中某个数据项的值，用它可以标识(识别)一个数据元素(或记录)。若此关键字可以唯一地标识一个记录，则称此关键字为**主关键字**(primary key，对不同的记录，其主关键字均不同)。反之，称用以识别若干记录的关键字为**次关键字**(secondary key)。当数据元素只有一个数据项时，其关键字即为该数据元素的值。通常把一个记录中除了主关键字之外的其他内容称为值，一个记录也就被称为**键-值对**。

数据对象(data object)是性质相同的数据元素的集合，是数据的一个子集。例如，整数数据对象是集合 $N=\{0,\pm1,\pm2,\cdots\}$，字母字符数据对象是集合 $C=\{\text{'A'},\text{'B'},\cdots,\text{'Z'}\}$。

数据结构(data structure)是相互之间存在一种或多种特定关系的数据元素的集合。这是本书对数据结构的一种简单解释[①]。从1.1节中3个例子可以看到，在任何问题中，数据元素都不是孤立存在的，在它们之间存在着某些关系，数据元素相互之间的这些关系称为**结构**(structure)。根据数据元素之间关系的不同特性，通常有下列4类基本结构。

(1) **集合**。结构中的数据元素之间除了"同属于一个集合"的关系外，别无(或忽略了)其他关系[②]。

(2) **线性结构**。结构中的数据元素之间存在一对一的关系。

(3) **树状结构**。结构中的数据元素之间存在一对多的关系。

(4) **图状结构或网状结构**。结构中的数据元素之间存在多对多的关系。

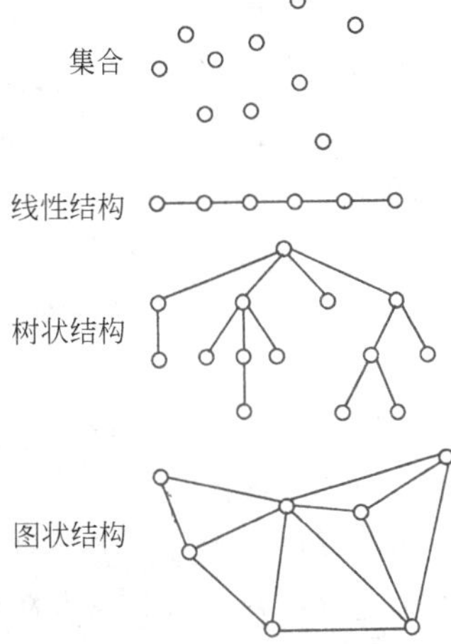

图1.5　4类基本结构关系图

图1.5为上述4类基本结构的关系图。图状结构是最一般的结构，它包含树状结构，树状结构又包含线性结构，而线性结构又包含集合。这种包含关系也是一种递进表示关系，图状结构可以表示依次包含的其他3种结构，而集合可用其他3种结构来表示。凡事"宜简不宜繁"，结构越简单，就越容易表示和处理。因此，将数据结构区分为上述4类基本结构，并在课程中由简入繁，逐步对它们展开讨论。

数据结构的形式定义：数据结构是一个二元组

$$\text{Data\_Structure}=(D,S) \tag{1-1}$$

---

① 对于数据结构这个概念，至今尚未有一个被公认的定义，不同的人在使用这个词时所表达的意思有所不同。

② 这和数学中的集合概念是一致的。

其中，D 是数据元素的有限集，S 是 D 上关系的有限集。下面举两个简单例子说明。

例 1-4 在计算机科学中，复数可取如下定义：复数是一种数据结构

$$\text{Complex} = (C, R) \tag{1-2}$$

其中，C 是含两个实数的集合 $\{c_1, c_2\}$；$R = \{P\}$，而 P 是定义在集合 C 上的一种关系 $\{<c_1, c_2>\}$，序偶 $<c_1, c_2>$ 表示 c_1 是复数的实部，c_2 是复数的虚部。

例 1-5 假设需要编制一个事务管理的程序，管理学校科学研究课题小组的各项事务，则首先要为程序的操作对象——课题小组设计一个数据结构。假设每个小组由 1 位教师、1～3 名研究生及 1～6 名本科生组成，小组成员之间的关系：教师指导研究生，再由每位研究生指导一两名本科生。则可以如下定义数据结构：

$$\text{Group}=(P, R) \tag{1-3}$$

其中，$P=\{T, G_1, \cdots, G_n, S_{11}, \cdots, S_{nm}$[①]$, 1\leqslant n\leqslant 3, 1\leqslant m\leqslant 2\}$；$R=\{R_1, R_2\}$，$R_1=\{<T, G_i>|1\leqslant i\leqslant n, 1\leqslant n\leqslant 3\}$，$R_2=\{<G_i, S_{ij}>|1\leqslant i\leqslant n, 1\leqslant j\leqslant m, 1\leqslant n\leqslant 3, 1\leqslant m\leqslant 2\}$。

上述数据结构的定义仅是对操作对象的一种数学描述，换句话说，是从操作对象抽象出来的数学模型。结构定义中的“关系”描述的是数据元素之间的逻辑关系，因此又称数据的**逻辑结构**。然而，讨论数据结构的目的是在计算机中实现对它的操作，因此还需研究如何在计算机中表示它。

数据结构在计算机中的表示(又称映像)称为数据的**物理结构**，又称**存储结构**，它包括数据元素的表示和关系的表示。在计算机中表示信息的最小单位是二进制数的一位，叫作**位**(bit)。在计算机中，可以用一个由若干位组合形成的位串表示一个数据元素(如用一个字长的位串表示一个整数，用 8 位二进制数表示一个字符等)，通常称这个位串为**元素**[②](element)或**结点**(node)。当数据元素由若干**数据项**组成时，位串中对应于各个数据项的子位串称为**数据域**(data field)。因此，元素或结点可看成是数据元素在计算机中的映像。

数据元素之间的关系在计算机中有**顺序映像**和**非顺序映像**两种不同的表示方法，并由此得到**顺序存储结构**和**链式存储结构**两种不同的存储结构。

顺序映像的特点是借助元素在存储器中的相对位置来表示数据元素之间的逻辑关系。例如，假设用两个字长的位串表示一个实数，就可以用地址相邻的 4 个字长的位串表示一个复数，如图 1.6(a)表示复数 $z_1=3.0-2.3\text{i}$ 和 $z_2=-0.7+4.8\text{i}$ 的顺序存储结构。

非顺序映像的特点是借助指示元素存储地址的指针(pointer)表示数据元素之间的逻辑关系，如图 1.6(b)表示复数 z_1 的链式存储结构，其中实部和虚部之间的关系用值为 0415 的指针来表示(0415 是虚部的存储地址)[③]。数据的逻辑结构和存储结构是密切相关的两方面，以后会看到，任何一个算法的设计取决于选定的数据(逻辑)结构，而算法的实现依赖于采用的存储结构。

如何描述存储结构呢？虽然存储结构涉及数据元素及其关系在存储器中的物理位置，但由于本书是在高级程序设计语言的层次上讨论数据结构的操作，因此不能如上那样直接以内存地址来描述存储结构，但可以借用高级程序设计语言中提供的“数据类型”来描述它。

---

① T 表示导师，G 表示研究生，S 表示本科生。

② 本书中有时也把数据元素简称为元素，读者应从上下文去理解分辨之。

③ 在实际应用中，像复数这类极简单的结构不需要采用链式存储结构，在此仅为了简化讨论而作为假设的示例。

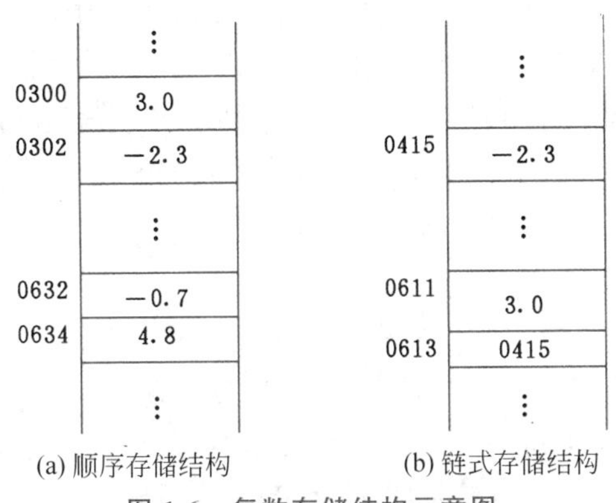

(a) 顺序存储结构　　(b) 链式存储结构

图 1.6　复数存储结构示意图

例如,可以用所有高级程序设计语言中都有的“一维数组”类型来描述顺序存储结构,以 C 语言提供的“指针”来描述链式存储结构。假如把 C 语言看成是一个执行 C 指令和 C 数据类型的虚拟处理器,那么本书中讨论的存储结构是数据结构在 C 虚拟处理器中的表示,不妨称它为**虚拟存储结构**。

数据类型(data type)是和数据结构密切相关的概念,它最早出现在高级程序设计语言中,用以刻画(程序)操作对象的特性。在用高级程序设计语言编写的程序中,每个变量、常量或表达式都有一个它所属的确定的数据类型。类型明显或隐含地规定了在程序执行期间变量或表达式所有可能取值的范围,以及在这些值上允许进行的操作。因此数据类型是**一个值的集合**和定义在这个值集上的**一组操作**的总称。例如,C 语言中的整型变量,其值集为某个区间上的整数(区间大小依赖于不同的机器),定义在其上的操作为加、减、乘、除和取模等算术运算。

按“值”的不同特性,高级程序设计语言中的数据类型可分为两类：一类是非结构的原子类型。原子类型的值是不可分解的,例如 C 语言中的基本类型(整型、实型、字符型和枚举类型)、指针类型和空(void)类型。另一类是**结构类型**。结构类型的值是由若干成分按某种结构组成的,因此是可以分解的,并且它的成分可以是非结构的,也可以是结构的。例如,数组的值由若干分量组成,每个分量可以是整数,也可以是数组等。在某种意义上,数据结构可以看成是“一组具有相同结构的值”,结构类型可以看成由一种数据结构和定义在其上的一组操作组成。

实际上,在计算机中,数据类型的概念并非局限于高级程序设计语言中,每个处理器①(包括计算机硬件系统、操作系统、高级程序设计语言、数据库等)都提供了一组原子类型或结构类型。例如,一个计算机硬件系统通常含位、字节、字等原子类型,它们的操作通过计算机设计的一套指令系统直接由电路系统完成,而高级程序设计语言提供的数据类型,其操作需通过编译器或解释器转换成低层,即汇编语言或机器语言的数据类型来实现。引入“数据类型”的目的,从硬件的角度看,是作为解释计算机内存中信息含义的一种手段,而对使用数据类型的用户来说,实现了信息的隐蔽,即将一切用户不必了解的细节都封装在类型中。例如,用户在使用“整数”类型时,既不需要了解“整数”在计算机内部是如何表示的,也不需要

① 在此指广义的处理器,包括计算机的硬件系统和软件系统。

知道其操作是如何实现的。如"两整数求和",程序设计者注重的仅仅是其"数学上求和"的抽象特性,而不是其硬件的"位"操作如何进行。

抽象数据类型(Abstract Data Type,ADT)是指一个数学模型以及定义在该模型上的一组操作。抽象数据类型的定义仅取决于它的一组逻辑特性,而与其在计算机内部如何表示和实现无关,即不论其内部结构如何变化,只要它的数学特性不变,都不影响其外部的使用。

抽象数据类型和数据类型实质上是一个概念。例如,各个计算机都拥有的"整数"类型是一个抽象数据类型,尽管它们在不同处理器上实现的方法可以不同,但由于其定义的数学特性相同,在用户看来都是相同的。因此,"抽象"的意义在于数据类型的数学抽象特性。

另一方面,抽象数据类型的范畴更广,它不再局限于前述各处理器中已定义并实现的数据类型(也可称这类数据类型为固有数据类型),还包括用户在设计软件系统时自己定义的数据类型。为了提高软件的复用率,在近代程序设计方法学中指出,一个软件系统的框架应建立在数据之上,而不是建立在操作之上(后者是传统的软件设计方法所为)。即在构成软件系统的每个相对独立的模块上,定义一组数据和施于这些数据上的一组操作,并在模块内部给出这些数据的表示及其操作的细节,而在模块外部使用的只是抽象的数据和抽象的操作。显然,所定义的数据类型的抽象层次越高,含该抽象数据类型的软件模块的复用程度也就越高。

一个含抽象数据类型的软件模块通常应包含定义、表示和实现 3 部分。

如前所述,抽象数据类型的定义由一个值域和定义在该值域上的一组操作组成。若按其值的不同特性,可细分为下列 3 种类型。

(1) **原子类型**(atomic data type)。属原子类型的变量的值是不可分解的。这类抽象数据类型较少,因为一般情况下,已有的固有数据类型足以满足需求。但有时也有必要定义新的原子类型,如数位为 100 的整数。

(2) **固定聚合类型**(fixed-aggregate data type)。属固定聚合类型的变量的值由确定数目的成分按某种结构组成。例如,复数由两个实数依确定的次序关系构成。

(3) **可变聚合类型**(variable-aggregate data type)。和固定聚合类型相比较,构成可变聚合类型"值"的成分的数目不确定。例如,可定义一个"有序整数序列"的抽象数据类型,其中序列的长度是可变的。

显然,后两种类型可统称为结构类型。

和数据结构的形式定义相对应,抽象数据类型可用以下三元组表示

$$(D, S, P) \tag{1-4}$$

其中,D 是数据对象;S 是 D 上的关系集(D 和 S 组成一个数据结构);P 是对 D 的基本操作集,P 也被称为应用程序接口(Application Program Interface,API),简称接口。本书采用以下格式定义抽象数据类型:

```
ADT 抽象数据类型名 {
    数据对象:<数据对象的定义>
    数据关系:<数据关系的定义>
    基本操作:<基本操作的定义>
}ADT 抽象数据类型名
```

其中，数据对象和数据关系的定义用伪码描述，基本操作的定义格式为

```
基本操作名(参数表)
    初始条件: <初始条件描述>
    操作结果: <操作结果描述>
```

初始条件描述了操作执行之前数据结构和参数应满足的条件，若不满足，则放弃操作，或称操作失败，并返回相应的出错信息。操作结果说明了操作正常完成之后，数据结构的变化状况和应返回的结果。若初始条件为空，则省略之。

在4类基本数据逻辑结构中，集合是最简单的，但其表示和实现方法却是最多的。例1-6定义了一个小整数集合的抽象数据类型。

例 1-6 抽象数据类型小整数集合的定义：

```
ADT SmallIntSet {
    数据对象: D={i|i∈[1..n]}   // D的元素是区间[1..n]的整数，n是一个"不太大"的整数
    数据关系: R={}             // 元素之间未定义任何关系
    基本操作:
        Init(S, n);
            操作结果: 构造并返回全集为{1,2,…,n}的空集 S。
        Free(S);
            操作结果: 集合 S 被回收，返回 NULL。
        Store(S, i);
            初始条件: 集合 S 已存在，1≤i≤n。
            操作结果: 将元素 i 添加至集合 S 中。若成功，则返回 TRUE，否则返回 FALSE。
        Contains(S, i);
            初始条件: 集合 S 已存在，1≤i≤n。
            操作结果: 若集合中有元素 i，则返回 TRUE，否则返回 FALSE。
        Remove(S, i);
            初始条件: 集合 S 已存在，1≤i≤n。
            操作结果: 若成功移除集合中的元素 i，则返回 TRUE。若无此元素，则返回 FALSE。
        IsFull(S);
            初始条件: 集合 S 已存在。
            操作结果: 若集合已满(是全集)，则返回 TRUE，否则返回 FALSE。
        IsEmpty(S);
            初始条件: 集合 S 已存在。
            操作结果: 若集合 S 为空，则返回 TRUE，否则返回 FALSE。
        Size(S);
            初始条件: 集合 S 已存在。
            操作结果: 返回集合 S 中元素数量(集合的大小)。
}ADT SmallIntSet
```

可以根据需要扩展更多的基本操作，如并、交、差、对称差等集合运算。

多形数据类型(polymorphic data type)是指其值的成分不确定的数据类型。然而，不论其元素具有何种特性，元素之间的关系相同，基本操作也相同。从抽象数据类型的角度看，具有相同的数学抽象特性，故称之为多形数据类型。显然，需借助面向对象的程序设计语言如C++等实现之。本书中讨论的各种数据类型大多是多形数据类型，限于本书采用类C语言作为描述工具，故只讨论含确定成分的数据元素的情况。

1.3 抽象数据类型的表示与实现

抽象数据类型可通过固有数据类型来表示和实现，即利用处理器中已存在的数据类型来说明新的结构，用已经实现的操作来组合新的操作。

1.3.1 描述语言概要

本书在高级程序设计语言的虚拟层次上讨论抽象数据类型的表示和实现，并且讨论的数据结构及其算法主要面向读者，采用C语言作为描述工具，有时也用伪码描述一些只含抽象操作的抽象算法，使数据结构与算法的描述和讨论简明清晰。数据结构的类型定义和函数都是C语言代码，简要说明如下。

（1）预定义常量和类型：

```
// 函数结果状态代码
#define TRUE            1
#define FALSE           0
#define OK              1
#define ERROR           0
#define INFEASIBLE     -1
#define OVERFLOW       -2
typedef int  Status;    // 用作函数类型，其值是整数，作为函数结果状态代码
```

（2）数据结构的表示（存储结构）用类型定义（**typedef**）描述。数据元素类型约定为ElemType，由用户在使用该数据类型时自行定义。约定：errV和nullE为错误值和空元素。在讨论中，若无特别说明，能比较大小的ElemType类型为 **int** 或 **char** 等简单类型。

（3）基本操作定义为函数原型，实现为函数。当函数返回值为函数结果状态代码时，函数定义为 **Status** 类型。若需返回多个值，则定义含这些值的结构类型作为函数类型。

（4）基本函数：

```
求最大值        max(表达式1,表达式2,…,表达式n)
求最小值        min(表达式1,表达式2,…,表达式n)
求绝对值        abs(表达式)
求不足整数值    floor(表达式)
求进位整数值    ceil(表达式)
判定文件结束    eof(文件变量)或eof
判定行结束      eoln(文件变量)或eoln
```

（5）逻辑运算约定：

与运算（&&）：对于A&&B，当A的值为0时，不再对B求值。

或运算（||）：对于A||B，当A的值为非0时，不再对B求值。

（6）动态内存分配和回收函数：

```
分配内存        malloc(单元数目 * 单元大小)
分配内存并清空  calloc(单元数目, 单元大小)
重新分配内存    realloc(原空间指针, 单元数目 * 单元大小)
释放内存        free(空间指针)
```

(7) 算法紧凑格式：

本书中算法采用紧凑格式。类似保留字、内存管理函数名、花括号等也采用加粗体，以便阅读。

例 1-7 对例 1-6 定义的抽象数据类型 SmallIntSet 的表示和实现。集合元素的值域为[1..n]，n 是一个“不太大”的整数(若过大，可能内存不足)。最简便的表示方式是用长度为 n+1 的一维整型数组 elem 表示集合元素：elem[i]值为 1 或 0 表示元素 i 存在或不存在(1≤i≤n)。允许添加元素、判定元素、移除元素、判空等，但不允许有重复元素。

```
//------采用动态分配的小整数集合的顺序存储结构 ------
typedef struct {
  int * elem;        // 根据元素的值域[1..n]动态分配的数组基址,0 号单元空闲
    // 若 elem 定义为静态数组 int elem[N];(N 为 n 的最大值),则不能按 n 的大小灵活分配空间
    int n;           // 集合元素的值域为[1..n]
    int num;         // 当前集合的大小(元素个数)
} * SmallIntSet;     // 小整数集合指针类型,需动态生成和回收
//------小整数集合的基本操作的函数原型说明 ------
SmallIntSet Init(int n);                        // 初建空集
    // 申请分配长度为 n+1 的整数空间,构建并返回空集
SmallIntSet Free(SmallIntSet S);                // 回收集合
    // 回收集合 S 的存储空间,返回空指针(集合不存在)
Status Store(SmallIntSet S, int i);             // 添加元素
    // 将元素 i 添加至集合 S 中。若成功,则返回 TRUE,否则返回 FALSE
Status Contains(SmallIntSet S, int i);          // 判定元素
    // 若集合 S 中含元素 i,则返回 TRUE,否则返回 FALSE
Status Remove(SmallIntSet S, int i);            // 移除元素
    // 若成功移除集合 S 中的元素 i,则返回 TRUE;若 i 不存在,则返回 FALSE
Status IsFull(SmallIntSet S);                   // 判满
    // 若集合 S 已满,则返回 TRUE,否则返回 FALSE
Status IsEmpty(SmallIntSet S);                  // 判空
    // 若集合 S 为空,则返回 TRUE,否则返回 FALSE
int Size(SmallIntSet S);                        // 元素个数
    // 返回集合中元素数量
//------基本操作的实现 ------
SmallIntSet Free(SmallIntSet S) {               // 回收集合
    if (S) { free(S->elem); free(S); } return NULL;
}
SmallIntSet Init(int n) {                       // 初建空集
    SmallIntSet S;
    if (!(S = (SmallIntSet)malloc(sizeof( * S)))) exit(OVERFLOW);   // 分配结构记录
    if (!(S.elem = (int * )calloc(n+1, sizeof(int)))) exit(OVERFLOW); // 分配元素空间
    S->n=n; S->num=0; return S;                 // 分配 n+1 个单元,0 号单元空闲
}
Status Store(SmallIntSet S, int i) {            // 添加元素
    // 将元素 i 添加至集合 S 中。若成功,则返回 TRUE,否则返回 FALSE
    if (i<1 || i>S->n || S->elem[i]!=0)) return FALSE;    // 对元素 i 做合法性检查
    S->elem[i]=1; S->num++; return TRUE;    // 加入元素
```

```
}
Status Contains(SmallIntSet S, int i) {                    // 判定是否含(属于,∈)元素
    // 若集合中含元素 i,则返回 TRUE,否则返回 FALSE
    if (i<1 || i>S->n || S->elem[i]==0) return FALSE;  // 若元素 i 不存在,则返回 FALSE
    else return TRUE;
}
Status Remove(SmallIntSet S, int i) {                      // 移除元素
    // 若成功移除集合 S 中的元素 i,则返回 TRUE。若 i 不存在,则返回 FALSE
    if (i<1 || i>S->n || S->elem[i]==0) return FALSE;   // 未发生实际移除
    S->elem[i]=0; S->num--; return TRUE;                  // 置 0,元素个数减 1,完成移除
}
Status IsFull(SmallIntSet S) {                             // 判满
    // 若集合 S 已满(是全集),则返回 TRUE,否则返回 FALSE
    return (S->num==S->n) ? TRUE : FALSE;        // S->num==S->n 是判满的条件表达式
}
Status IsEmpty(SmallIntSet S) {                            // 判空
    // 若集合为空,则返回 TRUE,否则返回 FALSE
    return S->num==0 ? TRUE : FALSE;                     // 元素个数为 0 则是空集
}
int Size(SmallIntSet S) {                                  // 元素个数
    return S->num;                                         // 返回集合中元素数量
}
```

思考:

(1) 如何扩展 SmallIntSet 为可容纳同值域的 k 个不同集合?

(2) 当值域过大,元素空间超过了内存可分配的容量数倍,能否设计和实现 BigIntSet 数据结构?

显然,SmallIntSet 的这个实现只适合判断一个整数是不是集合的成员,而要列举集合所有元素,需要查遍整个存储数组,不适合实现并、交、差、对称差等运算。当集合的元素类型是长字符串或者较大的数据结构时,其存储结构和各种操作的实现将变得复杂。如果是一个超大规模的集合,那就是一个值得探讨的课题了。

1.3.2 数据存储结构的 C 语言描述

1. C 语言程序运行时的内存管理概要

定义、构建和操作数据存储结构,需要了解(复习)C 语言程序运行时的内存分区及管理。

图 1.7 示意了 C 语言程序运行时存储数据的内存分区及管理概要。

C 语言的内存管理机制相对底层且灵活,主要包括以下几方面。

(1) 静态存储分配:在编译时确定内存分配,主要包括全局变量、静态变量和字符串常量。这些数据量的内存空间在程序运行期间始终存在,不会被自动回收。

(2) 栈存储分配:由系统在栈区自动管理函数的局部变量、函数参数和返回值等所需的内存。栈内存分配和回收遵循后进先出(Last In First Out,LIFO)的原则。当函数被调用时,在栈顶分配含其局部变量和参数的存储块,称为函数活动记录;当函数返回时,其活动记录被回收。这些变量和参数不再存在。

(3) 堆存储分配:由程序员手动管理,通过 **malloc**、**calloc**、**realloc** 等函数分配堆区内存,

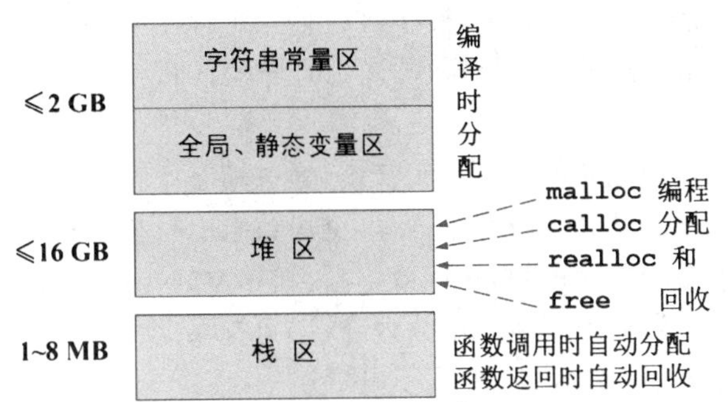

图 1.7 C 语言程序运行时的存储数据的内存分区及管理示意图

通过 free 函数回收内存。为了程序安全运行，每当申请分配内存都要检查分配是否成功——确保返回的不是空指针。堆内存分配更加灵活，但也需要程序员负责回收不再使用的内存，以避免内存泄漏。

内存管理库函数如下。

- **malloc**(size_t size)：分配一块指定大小的内存区域，返回指向该区域的指针。如果分配失败，返回 NULL。size_t 是无符号整数类型，在 64 位机为 **long unsigned int**，在非 32 位机为 **unsigned int**。
- **calloc**(size_t num, size_t size)：分配一块足够存储 num 个元素的内存区域，每个元素的大小为 size。该区域会被初始化为 0。如果分配失败，返回 NULL。
- **realloc**(void * ptr, size_t size)：调整之前调用 malloc 或 calloc 函数分配的内存区域大小。如果新内存区域大小大于原内存区域大小，新分配的内存区域不会被初始化。如果分配失败，返回 NULL，并且原内存区域保持不变。
- **free**(void * ptr)：释放之前调用 malloc、calloc 或 realloc 函数分配的内存区域。如果 ptr 为 NULL，不进行任何操作。

(4) 常见内存问题。

- 内存泄漏：程序未能释放不再使用的内存。
- 野指针：指向已释放内存或未分配内存的指针。
- 内存越界：访问数组或内存区域时超出了其有效范围。
- 内存碎片：由于频繁分配和释放内存引发的内存不连续现象，可能降低内存利用率。

为了有效管理 C 语言的内存，需要谨慎使用内存分配和释放函数，并定期检查内存使用情况，以避免上述内存问题。

2. 顺序存储结构和动态数组

顺序存储结构的数据元素存储空间采用数组形式分配和访问。C 语言的数组分为常规和动态数组，在内存分配、生命周期和使用灵活性方面有显著区别。

(1) 常规数组在函数内部或全局作用域中声明时指定固定大小：

```
int global_arr[10];              // 全局常规数组
void func() {
    int local_arr[5];            // 局部常规数组
}
```

全局常规数组存储在全局变量区，程序启动时分配，程序结束时释放。

局部常规数组存储在栈区，所在函数被调用时分配，函数返回时释放。

常规数组具有以下特点。

- 固定大小：必须在编译时确定数组长度，无法动态调整。
- 自动管理：无须手动分配或释放内存（全局数组由系统管理）。
- 性能高：栈内存分配速度快，访问效率高（缓存友好）。
- 局限性：生命周期局限于所在函数内部，空间有限（默认为 1～8MB），数组过大可能导致栈溢出，且无法在运行时调整大小。

（2）动态数组是程序员调用标准库函数（**malloc**、**calloc**、**realloc**）在堆区分配内存：

```
int *dynamic_arr = (int *)malloc(5 * sizeof(int));        // 分配 5 个整数的空间
int *dynamic_arr2 = (int *)calloc(3, sizeof(int));        // 分配内存并初始化为 0
```

动态数组的生命周期从调用 **malloc**/**calloc** 函数开始，到显式调用 **free** 函数释放为止。若未释放，程序结束时操作系统会回收，但可能导致内存泄漏。

动态数组的特点。

- 动态大小：可在运行时通过变量指定大小。
- 灵活调整：可使用 **realloc** 函数调整已分配内存的大小。
- 手动管理：需要显式分配和释放内存，否则引发内存泄漏。
- 性能较低：堆内存分配涉及复杂的内存管理算法，速度较慢。
- 潜在风险：内存泄漏（未释放）、野指针（释放后继续访问）、双重释放（多次释放同一块内存）。

（3）顺序存储结构采用数组作为数据元素的存储空间。除非只在一个函数内构建和使用，且所需数组不太大，才选择局部常规数组。由于全局常规数组长度固定且不易预估最大长度，一般也不选择。因此，通常都选择动态数组，本书也称动态数组为向量。

3. 链式存储结构与结构体和指针

结构体和指针是 C 语言的核心特性，配合使用能高效管理复杂数据和动态内存，也是描述和构造链式存储结构的主要数据类型。

（1）结构体用于将不同类型的数据组合成一个整体，且可定义为类型，更简约地声明变量：

```
struct Student {                          typedef struct {
    char name[10];                            char name[10];
    int age;            定义为类型            int age;
    float score;        ========>             float score;
};                                        } StudentType;
```

（2）指针存储变量的内存地址：

```
int *ptr;                                  // 定义指针
int num=10;
ptr=&num;                                  // ptr 指向 num 的地址
```

通过 * ptr（间接引用 num）访问指向的值：

```
printf("%d", *ptr);                          // 输出 10
```

指针与内存分配：动态内存分配需使用 malloc/calloc 函数。

```
int *dynamic_num=(int*)malloc(sizeof(int));      // 分配 4 字节内存
*dynamic_num=20;
free(dynamic_num);                               // 释放内存
```

但须注意，释放内存后，dynamic_num 未置为 NULL，仍指向原内存块，容易误再用。

结构体中的指针成员：用于构建链表、树等动态数据结构。

```
typedef struct Node {
    int data;
    Node *next;                                     // 指向下一个节点的指针
} Node;
Node *node;
if (!(node =(Node*)malloc(sizeof(Node)))) exit(OVERFLOW);   // 创建链表节点
node->data=10;
node->next=NULL;
```

4. 用结构体封装数据存储结构

如果一个数据存储结构具有多个数据项，需要封装为一个结构体，并定义为一个结构体类型。例如，顺序存储结构除存储数据源组的数组域，一般还需要存储数组长度域、数据元素当前个数域等。

5. 函数参数与返回值

(1) 传值和传指针对比。

传值：复制整个结构体，效率低(适用于小型结构体)。

```
void printStudent(StudentType s) { … }
```

传指针：仅传递地址，效率高(适用于大型结构体)。

```
void modifyStudent(StudentType *p) { p->age=25; }
```

(2) 返回结构体或指针。

返回值：复制结构体，可能开销大。

```
StudentType createStudent() {
    StudentType s={"Alice", 20, 90.5};
    return s;                                        // 返回副本
}
```

返回指针：需确保指针指向有效内存(如动态分配)。

```
StudentType * createStudent() {
    StudentType *p =(StudentType*)malloc(sizeof(StudentType));
    p->name="Alice";
    return p;
}
```

6. 数据存储结构的回收(销毁)

采用结构体封装的数据存储结构在其生命周期内是一直占用内存的,即使中途不再使用了,也无法回收。因此,一般采用动态分配,随时可以回收重用其占用内存。

7. 常见错误与解决方案

野指针问题是指针指向已释放的内存。解决办法是释放内存后将指针置为 NULL。

```
free(p);
p=NULL;
```

内存泄漏问题是未释放动态分配的内存。解决办法是确保每个 malloc 函数都有对应的 free 函数。

浅拷贝问题是结构体包含指针成员时,直接赋值导致共享数据。解决办法是实现深拷贝(逐成员复制)。

```
void copyStudent(StudentType * dest, StudentType * src) {
    strcpy(dest->name, src->name);
    dest->age=src->age;
}
```

8. 小结

结构体用于组合异构数据和封装数据结构,便于严谨组织数组存储和提升代码可读性。

指针是操作内存的核心工具,需谨慎管理内存分配与释放。要优先使用传指针而非传值处理大型结构体。

动态内存适用于不确定大小或需灵活调整的数据结构,要及时释放动态内存,避免泄漏。

掌握动态数组、结构体与指针的运用及动态内存分配和回收,是 C 语言实现数据存储结构和开发高效、稳定程序的关键。

1.4 算法和算法分析

1.4.1 算法

算法(algorithm)是对特定问题求解步骤的一种描述,它是指令的有限序列,其中每一条指令表示一个或多个操作;此外,算法还具有下列 5 个重要特性。

(1) **有穷性**。一个算法必须总是(对任何合法的输入值)在执行有穷步之后结束,且每一步都可在有穷时间①内完成。

(2) **确定性**。算法中每一条指令必须有确切的含义,读者理解时不会产生二义性。并且,在任何条件下,算法只有唯一的一条执行路径,即对于相同的输入只能得出相同的输出。

(3) **可行性**。一个算法是能行的,即算法中描述的操作都是可以通过已经实现的基本运算执行有限次来实现的。

(4) **输入**。一个算法有零个或多个输入,这些输入取自于某个特定对象的集合。

---

① 在此,有穷的概念不是纯数学的,而是在实际上是合理的、可接受的。

(5) 输出。一个算法有一个或多个输出,这些输出是和输入有着某些特定关系的量。

1.4.2 算法设计的要求

通常设计一个"好"的算法应能达到以下目标。

(1) **正确性**[①](correctness)。算法应当满足具体问题的需求。通常一个大型问题的需求,要以特定的规格说明方式给出;而一个实习问题或练习题,往往就不那么严格,目前多数是用自然语言描述需求,至少应当包括对于输入、输出和加工处理等的明确的无歧义性的描述。设计或选择的算法应当能正确地反映这种需求;否则,算法正确与否的衡量准则就不存在了。

"正确"的含义在通常用法中有很大差别,大体可分为以下 4 个层次。

① 程序不含语法错误。

② 程序对于若干组输入数据能够得出满足规格说明要求的结果。

③ 程序对于精心选择的典型、苛刻而带有刁难性的若干组输入数据能够得出满足规格说明要求的结果。

④ 程序对于一切合法的输入数据都能产生满足规格说明要求的结果。

显然,达到第④层意义下的正确是极为困难的,所有不同输入数据的数量可能大得惊人,穷举性的逐一验证方法是不现实的。实用软件需要进行专业测试,这超出了本书的范畴。对于一般读者,建议以第③层意义的正确性作为衡量一个程序是否合格的标准。

(2) **可读性**(readability)。算法主要是为了人的阅读与交流,其次才是实现为机器执行代码。可读性好有助于人对算法的理解;晦涩难懂的程序易于隐藏较多错误,难以调试和修改。

(3) **健壮性**(robustness)。当输入数据非法时,算法应能适当地做出反应或进行处理,而不会产生莫名其妙的输出结果。例如,一个求凸多边形面积的算法,是采用求各三角形面积之和的策略来解决问题的。当输入的坐标集合表示的是一个凹多边形时,不应继续计算,而应报告输入出错。并且,处理出错的方法应是返回一个表示错误或错误性质的值,而不是打印错误信息或异常,并中止程序的执行,以便在更高的抽象层次上进行处理。

(4) **效率与低存储量需求**。通俗地说,效率指的是算法执行的时间。对于同一个问题如果有多个算法可以解决,执行时间短的算法效率高。存储量需求指算法执行过程中所需要的最大存储空间。效率与低存储量需求都与问题的规模有关,很多时候都是相互矛盾的,需要寻求相对平衡。求 100 个人成绩的平均分与求 1000 个人成绩的平均分的执行时间或运行空间显然有一定的差别。

1.4.3 算法效率的度量

算法执行时间需通过依据该算法编制的程序在计算机上运行时所消耗的时间来度量。度量一个程序的执行时间通常有两种方法。

(1) 事后统计的方法。因为很多计算机内部都有计时功能,有的甚至可精确到毫秒级,不同算法的程序可通过一组或若干组相同的统计数据以分辨优劣。但这种方法有两个缺

---

① 有关算法正确性的严格证明,请参阅参考文献[8]。

陷：①必须先运行依据算法编制的程序；②所得时间的统计量依赖于计算机的硬件、软件等环境因素,有时容易掩盖算法本身的优劣。

(2) 事前分析估算的方法。一个用高级程序设计语言编写的程序在计算机上运行时所消耗的时间取决于下列因素。

① 依据的算法选用何种策略。

② 问题的规模,例如求 100 以内还是 100 000 以内的素数。

③ 编写程序的语言,对于同一个算法,实现语言的级别越高,执行效率就越低。

④ 编译程序所产生的机器代码的质量。

⑤ 机器执行指令的速度。

显然,同一个算法用不同的语言实现,或者用不同的编译程序进行编译,或者在不同的计算机上运行时,效率均不相同。这表明使用绝对的时间单位衡量算法的效率是不合适的。撇开这些与计算机硬件、软件有关的因素,可以认为一个特定算法"运行工作量"的大小,只依赖于问题的规模(通常用整数量 n 表示),或者说,它是问题规模的函数。

一个算法是由控制结构(顺序、分支和循环 3 种)和原操作(指固有数据类型的操作)构成的,算法时间取决于两者的综合效果。为了便于比较同一问题的不同算法,通常的做法是,从算法中选取一种对于所研究的问题(或算法类型)来说是基本操作的原操作,以该基本操作重复执行的次数作为算法的时间量度。

例如,在如下所示的两个 $N\times N$ 矩阵相乘的算法中,"乘法"运算是"矩阵相乘问题"的基本操作。整个算法的执行时间与该基本操作(乘法)重复执行的次数 n^3 成正比,记作 $T(n)=O(n^3)$①。

```
for (i=1; i<=n; ++i)
    for (j=1; j<=n; ++j) {
        c[i][j]=0:
        for (k=1; k<=n; ++k)
            c[i][j] +=a[i][k] * b[k][j];
    }
```

一般情况下,算法中基本操作重复执行的次数是问题规模 n 的某个函数 $f(n)$,算法的时间量度记作

$$T(n)=O(f(n)) \tag{1-5}$$

它表示随问题规模 n 的增大,算法执行时间的增长率和 $f(n)$ 的增长率相同,称为算法的**渐近时间复杂度**(asymptotic time complexity),简称**时间复杂度**。

显然,被称作问题的基本操作的原操作应是其重复执行次数和算法的执行时间成正比的原操作,多数情况下它是最深层循环内的语句中的原操作,它的执行次数和包含它的语句的频度相同。语句的**频度**(frequency count)指的是该语句重复执行的次数,例如,在下列 3 个程序段中：

---

① O 的形式定义为[2]：若 $f(n)$ 是正整数 n 的一个函数,则 $x_n=O(f(n))$ 表示存在一个正的常数 M,使得当 $n\geqslant n_0$ 时都满足 $|x_n|\leqslant M|f(n)|$。

```
(1) { ++x; s=0; }
(2) for (i=1; i<=n; ++i) { ++x; s+=x; }
(3) for (j=1; j<=n; ++j)
      for(k=1; k<=n; ++k) { ++x; s+=x; }
```

含基本操作“++x;”的语句的频度分别为 1、n 和 n^2，这 3 个程序段的时间复杂度分别为 $O(1)$、$O(n)$和 $O(n^2)$，分别称为常数阶、线性阶和二次阶。算法还可能呈现的时间复杂度有对数阶 $O(\log n)$、指数阶 $O(2^n)$等。不同数量级时间复杂度的性状如图 1.8 所示。从图中可见，应尽可能选用多项式阶 $O(n^k)$(k 与 n 无关)的算法，而不用指数阶的算法。

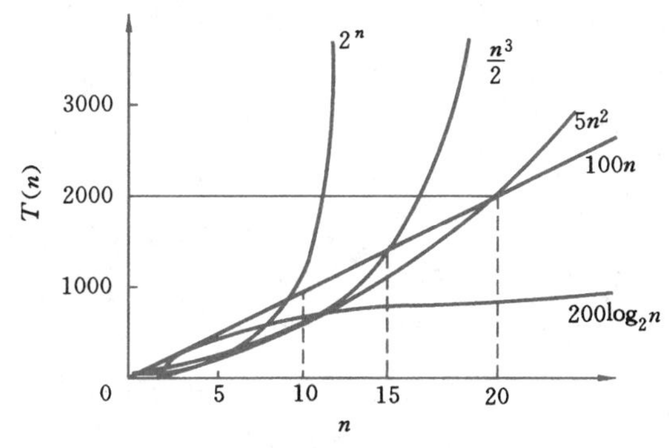

图 1.8　常见函数的增长率

随着大数据的兴起和发展，人们对低于线性阶 $O(n)$下界的亚线性阶 $o(n)$的大数据算法予以越来越多的研究和应用(用小写 o 表示以与大写 O 区别)。当数据规模 n 超过资源(如内存、处理速度等)容量时，就需要支持 $o(n)$算法的数据结构。当然这已超出常规数据结构课程的范围，但本书将对大数据相关的数据结构进行一些基本介绍，为后续专业课程学习做一些铺垫。

一般情况下，对一个问题(或一类算法)只需选择一种基本操作来讨论算法的时间复杂度即可，有时也需要同时考虑几种基本操作，甚至可以对不同的操作赋予不同权值，以反映执行不同操作所需的相对时间，这种做法便于综合比较解决同一问题的两种完全不同的算法。

对于程序的基本结构，有以下计算基本操作频度的法则。

(1) 循环语句。一个循环语句中的基本操作的频度是其迭代次数，即循环次数的常数倍。

(2) 嵌套循环语句。最内层的基本操作的频度是各层循环的次数的乘积的常数倍。

(3) 顺序语句。一组顺序语句的基本操作频度是每个语句(的基本操作)频度之和。这些语句可以是循环语句或条件语句。

(4) 条件语句。常见的条件语句是 if…else 或 switch…case 语句，也称分支语句。条件语句的基本操作频度是条件表达式的频度＋各分支的频度最大值。

由于算法的时间复杂度考虑的只是对于问题规模 n 的增长率，因此在难以精确计算基本操作执行次数(或语句频度)的情况下，只需求出它关于 n 的增长率或阶即可。例如，在下列程序段中：

```
for (i=2; i<=n; ++i)
    for (j=2; j<=i-1; ++j) { ++x; a[i][j]=x; }
```

语句“++x;”的执行次数关于 n 的增长率为 n^2,它是语句频度表达式 $(n-1)(n-2)/2$ 中增长最快的项。

有的情况下,算法中基本操作重复执行的次数还随问题的输入数据集不同而不同。例如,在下列起泡排序的算法中:

```
void bubble_sort(int a[], int n) {
    // 将数组 a 中整数序列重新排列成自小至大有序的整数序列
    Status change;
    for (int i=n-1, change=TRUE; i>=1 && change; --i) {
        change=FALSE;
        for (int j=0; j<i; ++j)
            if (a[j]>a[j+1])
                { swap(&a[j], &a[j+1]); change=TRUE; }          // 交换函数 swap
    }
}
```

交换序列中相邻两个整数为基本操作。当数组 a 中初始序列已为自小至大有序时,基本操作的执行次数为 0,这属于“最好情况”;当初始序列为自大至小有序时,基本操作的执行次数为 $n(n-1)/2$,是“最坏情况”。对这类算法的分析,一种解决的办法是计算它的平均值,即考虑它对所有可能的输入数据集的期望值,此时相应的时间复杂度为算法的平均时间复杂度。如假设 a 中初始输入数据可能出现 $n!$ 种的排列情况的概率相等,则起泡排序的平均时间复杂度 $T_{avg}(n) = O(n^2)$。

然而,在很多情况下,各种输入数据集出现的概率难以确定,算法的平均时间复杂度也就难以确定。因此,另一种更可行也更常用的办法是讨论算法在最坏情况下的时间复杂度,即分析最坏情况以估算算法执行时间的一个上界(与此相对,最好情况的执行时间是下界)。例如,上述起泡排序的最坏情况为 a 中初始序列为自大至小有序,则起泡排序算法在最坏情况下的时间复杂度为 $T(n)=O(n^2)$。在以后各章讨论的时间复杂度,除特别指明外,均指**最坏情况下的时间复杂度**,简称**最坏时间复杂度**。

很多时候,一个算法的最坏情况出现的次数极少,比率仅为 c/n,c 为小常数。仅用最坏时间复杂度可能高估算法的时间耗费,尤其对大规模数据集的算法。这可以采用**平摊分析**(amortized analysis)来估算算法时间复杂度。平摊也称**均摊**、**摊分**或**摊还**。与平均时间复杂度不同,平摊分析不使用概率,而是对含最坏情况的一组连续的操作做具体分析。平摊策略有多种,较简明的是聚集分析:若每 n 个 $O(1)$ 的操作,才发生 1 个 $O(n)$ 的操作,则将最坏情况的 $O(n)$ 分摊到其他 n 个 $O(1)$ 操作后,这 $n+1$ 个操作的**平摊时间复杂度**是 $O(1)$。

实践中可以把事前估算和事后统计两种办法结合使用。以两个矩阵相乘为例,若上机运行两个 10×10 的矩阵相乘,执行时间为 12ms,则由算法的时间复杂度 $T(n)=O(n^3)$ 可估算两个 31×31 的矩阵相乘所需时间大致为 $(31/10)^3 \times 12\text{ms} \approx 358\text{ms}$。

1.4.4 算法的存储空间需求

类似于算法的时间复杂度,本书中以**空间复杂度**(space complexity)作为算法所需存储

空间的量度，记作

$$S(n)=O(f(n)) \tag{1-6}$$

其中，n 为问题的规模(或大小)。一个上机执行的程序除了需要存储空间来寄存本身所用指令、常数、变量和输入数据外，还需要一些对数据进行操作的工作单元和存储一些为实现计算所需信息的辅助空间。若输入数据所占空间只取决于问题本身，和算法无关，则只需要分析除输入和程序之外的额外空间，否则应同时考虑输入本身所需空间(和输入数据的表示形式有关)。若额外空间相对于输入数据量来说是常数，则称此算法为原地工作，第 10 章讨论的有些排序算法就属于这类。如果所占空间量依赖于特定的输入，则除特别指明外，均按最坏情况来分析。

第2章　线　性　表

第2～4章将讨论线性数据结构。在数据元素的非空有限集中，线性数据结构的特点是：①存在唯一的被称作"第一个"的数据元素；②存在唯一的被称作"最后一个"的数据元素；③除第一个之外，集合中的每个数据元素均只有一个直接前驱；④除最后一个之外，集合中每个数据元素均只有一个直接后继。

2.1　线性表的类型定义

线性表(linear list)，也称列表(list)，是最典型的线性数据结构。简言之，一个线性表是 n 个数据元素的有限序列。数据元素的具体含义与应用场景相关，可以是一个数或一个符号，也可以是一页书，或者其他更复杂的信息。例如，26 个大写英文字母的字母表：

$$(A, B, C, \cdots, Z)$$

是一个线性表，表中的数据元素是单个字母字符。又如，某校从 1978 年到 1983 年各种型号的计算机拥有量的变化情况，可以用线性表的形式给出：

$$(6, 17, 28, 50, 92, 188)$$

表中的数据元素是整数。

在稍复杂的线性表中，一个数据元素可以由若干数据项(item)组成。在这种情况下，常把数据元素称为记录(record)，含大量记录的线性表又称文件(file)。

例如，某校的学生健康情况登记表如图 2.1 所示，表中每个学生的情况为一个记录，由姓名、学号、性别、年龄、班级和健康状况等 6 个数据项组成。

姓 名	学 号	性 别	年 龄	班 级	健康状况
王小林	790631	男	18	计 91	健康
陈红	790632	女	20	计 91	一般
刘建平	790633	男	21	计 91	健康
张立立	790634	男	17	计 91	神经衰弱
⋮	⋮	⋮	⋮	⋮	⋮

图 2.1　学生健康情况登记表

综合上述 3 个例子可见，线性表中的数据元素可以是各种各样的，但同一线性表中的元素必须具有相同特性，即属同一数据对象，相邻数据元素之间存在着序偶关系。若将线性表记为

$$(a_1, \cdots, a_{i-1}, a_i, a_{i+1}, \cdots, a_n) \tag{2-1}$$

则表中 a_{i-1} 领先于 a_i，a_i 又领先于 a_{i+1}，称 a_{i-1} 是 a_i 的直接前驱，a_{i+1} 是 a_i 的直接后继。当 $i=1, 2, \cdots, n-1$ 时，a_i 有且仅有一个直接后继，当 $i=2, 3, \cdots, n$ 时，a_i 有且仅有一个直接前驱。

线性表中元素的个数 $n(n\geqslant 0)$ 定义为线性表的长度，$n=0$ 时称为空表。在非空表中的

每个数据元素都有一个确定的位置，如 a_1 是第一个数据元素，a_n 是最后一个数据元素，a_i 是第 i 个数据元素，称 i 为数据元素 a_i 在线性表中的位序。

与一维数组相比，线性表是一个相当灵活的数据结构，它的长度可根据需要增长或缩短，即对线性表的数据元素不仅可以进行访问，还可以进行插入和删除等。

抽象数据类型线性表的定义如下：

```
ADT List {
    数据对象：D = { aᵢ | aᵢ ∈ ElemSet, i=1,2,…,n, n≥0 }
    数据关系：R₁ = { <aᵢ₋₁, aᵢ> | aᵢ₋₁, aᵢ ∈ D, i=2,…,n }
    基本操作：
        InitList();
            操作结果：构造并返回一个空的线性表 L。
        FreeList(L);
            初始条件：线性表 L 已存在。
            操作结果：回收线性表 L，返回 NULL。
        ClearList(L);
            初始条件：线性表 L 已存在。
            操作结果：将 L 重置为空表。
        ListEmpty(L);
            初始条件：线性表 L 已存在。
            操作结果：若 L 为空表，则返回 TRUE，否则返回 FALSE。
        ListLen(L);
            初始条件：线性表 L 已存在。
            操作结果：返回 L 中数据元素个数。
        GetElem(L, i);
            初始条件：线性表 L 已存在，1≤i≤ListLen(L)。
            操作结果：返回 L 中第 i 个数据元素的值。若不存在，则返回出错值 errV。
        PutElem(L, i, e);
            初始条件：线性表 L 已存在，1≤i≤ListLen(L)+1。
            操作结果：对 L 中第 i 个数据元素赋 e 值。
        LocateElem(L, e, equal());
            初始条件：线性表 L 已存在，equal()是数据元素判定函数。
            操作结果：返回 L 中第 1 个与 e 满足关系 equal()的数据元素的位置。若这样的数
                      据元素不存在，则返回值为 0 或 NULL。
        PrevElem(L, e);
            初始条件：线性表 L 已存在。
            操作结果：若 e 是 L 的数据元素，且不是第一个，则返回它的前驱元素值，否则返回
                      出错值 errV。
        NextElem(L, e);
            初始条件：线性表 L 已存在。
            操作结果：若 e 是 L 的数据元素，且不是最后一个，则用返回它的后继元素值，否则
                      返回出错值 errV。
        ListInsert(L, i, e);
            初始条件：线性表 L 已存在，1≤i≤ListLen(L)+1。
            操作结果：在 L 中第 i 个位置插入新的数据元素 e，L 的长度加 1。
        ListDelete(L, i);
            初始条件：线性表 L 已存在且非空，1≤i≤ListLen(L)。
            操作结果：删除 L 的第 i 个数据元素，并返回其值，L 的长度减 1。若该元素不存在，
                      则返回出错值 errV。
```

```
    ListTraverse(L, visit());
        初始条件: 线性表 L 已存在。
        操作结果: 依次对 L 的每个数据元素调用函数 visit。一旦 visit 失败,则操作
                  失败。
}ADT List
```

对上述定义的抽象数据类型线性表,还可进行一些更复杂的操作,例如,将两个或两个以上的线性表合并成一个线性表、把一个线性表拆开成两个或两个以上的线性表、复制线性表等。

例 2-1 假设利用两个线性表 LA 和 LB 分别表示集合 A 和 B(即线性表中的数据元素即为集合中的成员),现要求一个新的集合 $A=A\cup B$。这就要求对线性表进行如下操作:扩大线性表 LA,将存在于线性表 LB 中而不存在于线性表 LA 中的数据元素插入线性表 LA 中。只要从线性表 LB 中依次取得每个数据元素,并依值在线性表 LA 中进行查访,若不存在,则插入之。上述操作过程可用算法 2.1 描述之,其中调用了线性表的 4 个基本操作。LocateElem 的第三个参数是判等函数,判别两个元素是否相等。

```
void Union(List La, List Lb) {
    // 将所有在线性表 Lb 中但不在 La 中的数据元素插入 La 中
    int m=ListLen(La);                          // 求线性表 La 长度 m
    int n=ListLen(Lb);                          // 求线性表 Lb 长度 n
    for (int i=1; i<=n; i++) {                  // i 依次为 Lb 中逐个元素的位序
        ElemType e=GetElem(Lb, i);              // 取 Lb 中第 i 个数据元素赋给 e
        if (0==LocateElem(La, e, equal)         // 若 La 中不存在和 e 相同的数据元素
            ListInsert(La, ++m①, e);            // 则 m 加 1 后插入 e 到 La 位置 m(表尾)
    }
}
```

算法 2.1

与 1.3 节的例 1-6 的小整数集合不同的是,本例的集合元素不局限于限定范围的整数,可以是自定义的类型。并且,用了一个已实现的数据结构来表示集合,在后续章节将可看到,可用更多的数据结构表示集合。

例 2-2 集合"去重"问题。在有的应用中,允许集合含重复的元素(为与不含重复元素的"纯"集 set 区别,也称"包"bag,放宽了数学上对集合元素的唯一性约定。不特别声明的话,两者不一定严格区分)。所谓集合去重,就是将包"纯化"为集。现在的问题是:已知一个非纯集 B,试构造一个集合 A,使 A 中只包含 B 中所有值各不相同的数据元素。换句话说,此问题即为从 B 中挑选出所有"彼此相异"的元素构成一个新的"纯"集。如何区分元素的相异或相同?一个简单方法即将每个从集合 B 中取出的元素和已经加入集合 A 中的元素相比较。如果还是以线性表 LA 和 LB 分别表示集合 A 和 B,那么和例 2-1 的问题相比,此问题求解的算法应该如何写呢?

容易看出,应对线性表进行与上例相同的操作,具体的三步也都相同,差异仅是:例 2-1 的

---

① ++La-len 表示参数 La-len 的值先增 1,然后再传递给函数。若数学符号++在参量名之后,则表示先将参数传递给函数,然后参数的值再增 1,以后均类同。

LA是已有的且可能被添加元素,而此例的LA是要新建的。只需将算法2.1的第一行语句

```
int m =ListLen(La);                          // 求线性表 La 长度
```

替换为

```
ClearList(La); int m=0;                      // 清空线性表 La,m 置为 0
```

且La的实参是一个空线性表,就得到本例问题的求解算法。

例 2-3 判别两个集合是否相等。两个集合相等的充分必要条件是它们具有相同的元素。当以线性表表示集合时,两个相等的线性表的长度应该相等,且表中所有数据元素都能一一对应,但相同的数据元素在各自的线性表中的"位序"不一定相同。判别两个线性表中的数据元素是否完全相同的算法的基本思想:先判别两个表的长度是否相等,若两个表的长度不等,则两个集合不等;在表长相等的前提下,如果对于一个表中的所有元素,都能在另一个表中找到和它相等的元素,便可得到"两个线性表表示的集合相等"的结论(表长相等就不必两个表双向验证);反之,只要有一个元素在另一个表中不能找到相等元素时,便可得出"不等"的结论。

```
Status IsEqual(List La, List Lb) {       // 判别两个线性表是否相等
    // 若线性表 La 和 Lb 不仅长度相等,且所含数据元素也相同,则返回 TRUE, 否则返回 FALSE
    int m=ListLen(La), n=ListLen(Lb);
    if (m !=n) return FALSE;             // 若两个表的长度不等,则两个集合不等
    else {
        int i=1; Status found=TRUE;
        while (i<=m && found) {                    // 若 La 有元素不在 Lb 中,则结束循环
            ElemType e=GetElem(La, i);             // 取得 La 中第 i 个元素 e
            if (LocateElem(Lb, e, equal)) i++;     // 若 e 存在 Lb 中,则依次检查下一个元素
            else found=FALSE;                 // 否则 Lb 中没有和 e 相同的元素,两表不相同
        }
        return found;    // found 表达验证结果,全部元素匹配则返回 TRUE,否则返回 FALSE
    }
}
```

算法 2.2

以上两个算法的时间复杂度取决于抽象数据类型List定义中基本操作的实现代码的执行时间。假如LA和LB的长度分别为m和n,GetElem和ListInsert这两个操作的执行时间与表长无关,LocateElem的执行时间和表长成正比,则两个算法的时间复杂度都是$O(m\times n)$。后面将会看到,改变存储结构或元素排列次序,相应算法的效率可得到数量级意义的提升。

2.2 线性表的顺序表示和实现

线性表的顺序表示指的是用一组地址连续的存储单元依次存储线性表的数据元素。假设线性表的每个元素需占用l个存储单元,并以所占的第一个单元的存储地址作为数据元

素的存储位置,则线性表中第 $i+1$ 个数据元素的存储位置 $LOC(a_{i+1})$和第 i 个数据元素的存储位置 $LOC(a_i)$之间满足下列关系：

$$LOC(a_{i+1}) = LOC(a_i) + l$$

一般来说,线性表的第 i 个数据元素 a_i 的存储位置为

$$LOC(a_i) = LOC(a_1) + (i-1) \times l \tag{2-2}$$

式中,$LOC(a_1)$是线性表的第一个数据元素 a_1 的存储位置,通常称作线性表的起始位置或基址。

线性表的这种机内表示称作线性表的**顺序存储结构**或**顺序映像**(sequential mapping),通常,称这种存储结构的线性表为**顺序表**。它的特点是,为表中相邻的元素 a_i 和 a_{i+1} 赋以相邻的存储位置 $LOC(a_i)$和 $LOC(a_{i+1})$。也就是说,以元素在计算机内"物理位置相邻"来表示线性表中数据元素之间的逻辑关系。每一个数据元素的存储位置都和线性表的起始位置相差一个和数据元素在线性表中的位序成正比的常数 l(称为元素大小,即存储所占字节数,若元素类型为 ElemType,可用 C 语言求类型大小的运算求得：**sizeof**(ElemType)),如图 2.2(a)所示。这样,只要确定了线性表元素的存储空间的起始位置,线性表中任一数据元素都可随机存取,所以线性表的顺序存储结构是一种随机存取的存储结构。

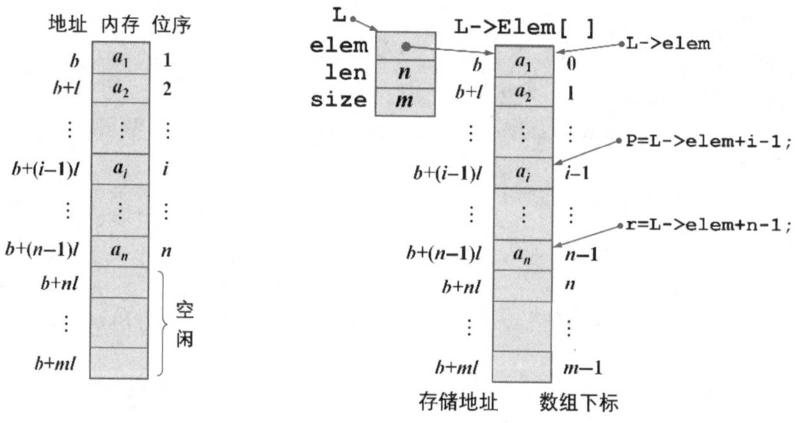

(a) 数据元素在顺序存储结构的地址和位序　　(b) 元素数组存储地址、下标和指针示意

图 2.2　线性表的顺序存储结构示意图

高级程序设计语言中的数组类型也有随机存取的特性,通常都用数组作为数据结构中的顺序存储结构。由于线性表的长度可变,且所需最大存储空间随问题不同而不同,所以在 C 语言中可采用动态分配的一维数组。一般来说,C/C++ 语言的全局变量在 2GB 的静态区分配存储空间,函数中局部变量在只有 1MB 的栈区分配存储空间,但变量可在 2GB～16TB 的堆区进行动态存储分配(具体与编译器和虚拟内存有关)。后续对数据存储结构大多采用动态存储分配,既可按需申请存储空间,也适应大数据集的需求。

```
//-----线性表的动态分配顺序存储结构 -----
typedef struct {
    ElemType * elem;      // 存储空间基址
    int        len;       // 当前长度
```

```
    int        size;          // 当前分配的存储容量,以 sizeof(ElemType)为单位
    int        inc;           // 每次存储空间扩容的增量
} * SqList, * List;           // 顺序表类型(定义为指针类型,可实现完全动态存储分配和回收)
SqList L;                     // L 被声明为顺序表指针变量,须调用初始化操作才能使用
```

在上述定义中,定义了一个包含存储顺序表结构信息的结构体,称为顺序表的结构记录,简称记录。顺序表定义为记录的指针类型 SqList 和 List,两个类型名等价,前者 Sq 打头以区分采用不同存储表示的线性表类型,后者正是算法 2.1 和算法 2.2 应用的线性表类型名,从中可见,封装做得好的类型,使用者不用了解类型的数据存储结构和操作的实现细节。记录含 4 个域,指针 elem 指示元素存储空间的基址,可作为元素一维数组;len 值为线性表当前长度。图 2.2(b)不仅展示了顺序表的存储结构,还直观示意了下标和指针对存储结构单元位置的表达。

算法 2.3 实现了顺序表的初始化和回收两个操作,这两个操作都定义为 SqList 类型,返回所构造的顺序表或回收后的空指针。初始化就是为顺序表 L 动态分配记录存储空间和一个指定大小为 size 的元素数组空间,并将顺序表的当前长度置为 0;inc 是扩容增量,一旦因插入元素引起空间不足时,可进行空间再分配,为顺序表增加大小为 inc 个数据元素的存储空间。由于对顺序表的记录空间和元素空间都实行了动态分配,所以回收操作能够完全释放其所占用的所有空间。对存储空间的严密管理必须常记不忘!

```
SqList InitList(int size, int inc) { // 构造一个空的顺序表 L,便于按需分配和追加元素
                                     // 存储空间
    SqList L;
    if (!(L = (SqList)malloc(sizeof( * L)))) exit(OVERFLOW); // 分配结构记录空间
    L->elem= (ElemType * )malloc(size * sizeof(ElemType));
                                             // 分配元素存储空间(无须清 0)
    if (!L->elem) exit(OVERFLOW);        // 若分配元素空间失败,则释放记录空间并报错
    L->len=0;                            // 空表长度为 0
    L->size=size;                        // 初始存储容量
    L->inc=inc;                          // 扩容增量
    return L;
}
SqList FreeList(SqList L) {              // 回收顺序表 L
    if (L) { free(L->elem); free(L); } return NULL;   // 注意释放空间的次序
}
```

算法　2.3

采用这种存储结构实现的线性表大部分操作可具有良好的时间性能,如随机存取第 i 个数据元素等。只是要特别注意的是,C 语言中数组的下标从 0 开始,SqList 类型的顺序表 L 中第 i 个数据元素是 L.elem[i−1](逻辑序号与物理下标相差 1)。

在顺序存储结构的操作的实现算法中,复制连续元素序列(简称元素块)的原操作很常见。虽然各种类型的元素大小不一,但都可以归结为 3 种典型有效的复制方式。图 2.3(a)归纳了复制元素块所需的参数及术语:被复制的元素块称为源区,需要起始元素位置 from 和元素个数 count 或末尾元素位置 end;复制到的区域称为目标区,需要其起始位置 to。除

count 是整型变量外，其他 3 个位置都是元素类型的指针变量。3 种复制方式的要点如下。

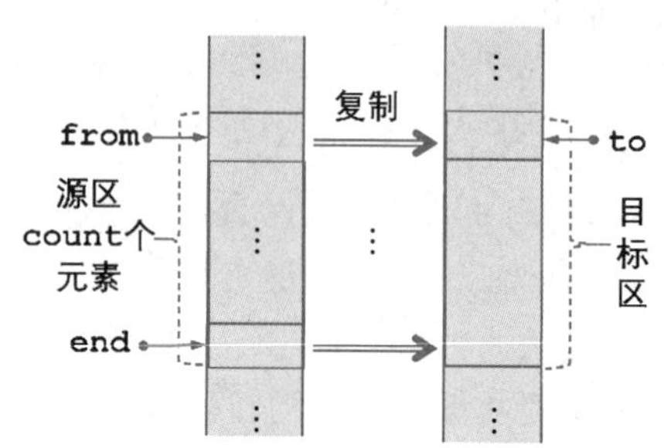

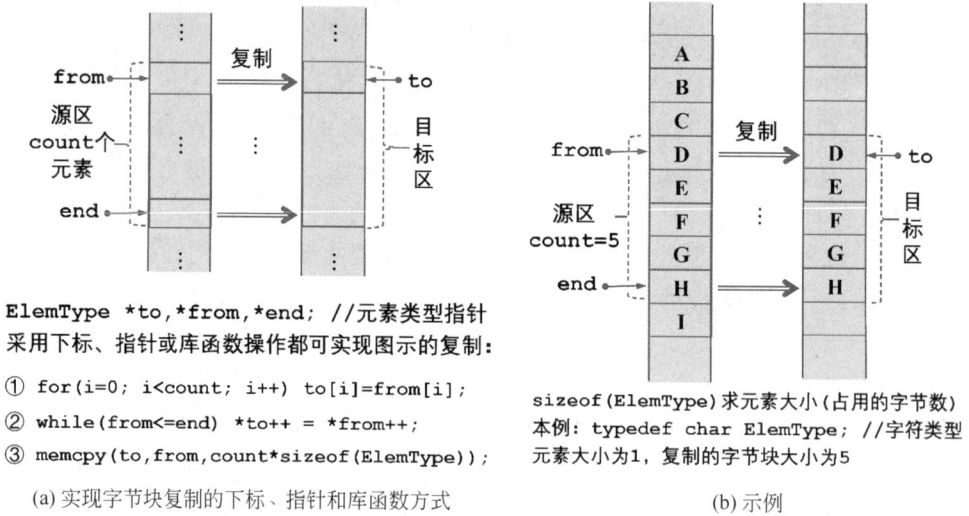

ElemType *to,*from,*end; //元素类型指针
采用下标、指针或库函数操作都可实现图示的复制：

① for(i=0; i<count; i++) to[i]=from[i];

② while(from<=end) *to++ = *from++;

③ memcpy(to,from,count*sizeof(ElemType));

(a) 实现字节块复制的下标、指针和库函数方式

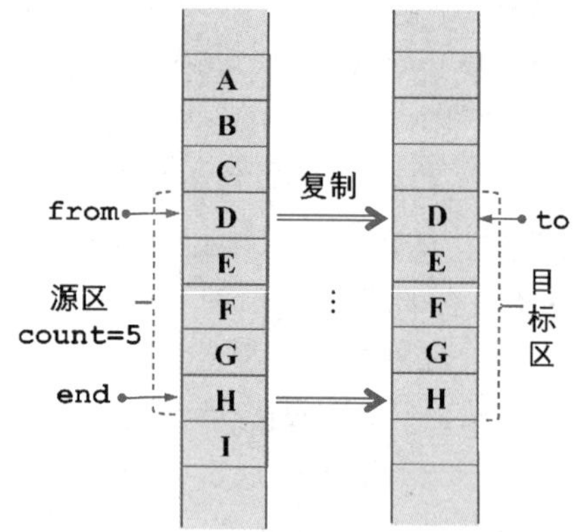

sizeof(ElemType)求元素大小(占用的字节数)
本例：typedef char ElemType; //字符类型
元素大小为1，复制的字节块大小为5

(b) 示例

图 2.3 顺序存储的字符序列(字节块)的复制示意图

(1) 使用数组下标。将源区起始指针 from 和目标区起始指针 to 都作为数组，依次复制 count 个元素。

(2) 使用指针。从 from 和 to 所指的两区的起始位置开始，每复制一个元素，from 和 to 指针就自加 1(实际是加了元素的大小值 1)，直到复制了末尾元素。语句

```
*to++ = *from++;
```

的执行过程是：首先将 from 所指的元素赋值到 to 所指的位置，然后两个指针各自增 1 指向下一个元素。

(3) 调用 C 语言库函数。memcpy 和 memmove 是两个复制字符序列的函数，3 个参数依次是目标区起始指针、源区起始指针和字符(字节)个数。用 count * sizeof(ElemType)作为第三参数，就可以把这两个函数应用到各种类型的数据元素序列的赋值。memmove 比 memcpy 更“聪明”，它先判断两区的起始指针 from 和 to 的大小：若 to 较小，则从头到尾依次复制元素；若 to 较大，则从尾到头实施复制。何因呢？它要回避因两区可能重叠，且复制次序不当，而导致有元素错被覆盖。形象地说，就是防止发生“踩踏”事件。当然，第(1)和(2)种复制也要做类似判断后决定元素的复制次序。接下来在讨论顺序表的插入和删除操作的实现算法中也需要复制元素序列，而且是在表内元素存储区域内复制，绝大多数情形下两区是重叠的。

下面重点讨论线性表的插入和删除两种操作在顺序存储表示时的实现方法。

如 2.1 节中所述，线性表的插入操作是指在线性表的第 $i-1$ 个数据元素和第 i 个数据元素之间插入一个新的数据元素，就是要使长度为 n 的线性表

$$(a_1,\cdots,a_{i-1},a_i,\cdots,a_n)$$

变成长度为 $n+1$ 的线性表

$$(a_1,\cdots,a_{i-1},e,a_i,\cdots,a_n)$$

数据元素 a_{i-1} 和 a_i 之间的逻辑关系发生了变化。在线性表的顺序存储结构中，由于逻辑上相邻的数据元素在物理位置上也是相邻的，因此，除非 $i=n+1$，否则必须移动元素才能反

映这个逻辑关系的变化。

例如，图 2.4 表示了一个线性表在进行插入操作的前后，其数据元素在存储空间中的位置变化。为了在线性表的第 4 个和第 5 个元素之间插入一个值为 25 的数据元素，需将第 5～8 个数据元素依次往后移动一个位置。

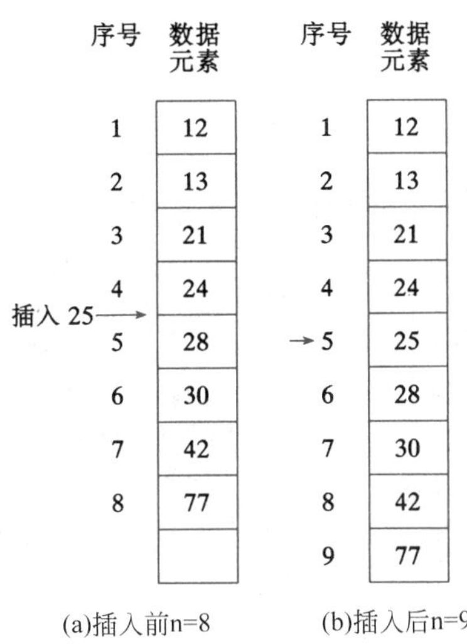

图 2.4　线性表插入前后的状况

以顺序表为例，假设要复制元素序列为 L->elem[b..e]，指针 t 指向复制目标位置（第 1 个元素要复制到的地址），则下列代码是采用数组下标方式对这一复制操作的自然表达

```
for (i=b; i<=e; i++) t[i-b]=L->elem[i];            // 从前到后依次复制元素
```

或者

```
for (i=e; i>=b; i--) t[i-e+(e-b)]=L->elem[i];      // 从后到前依次复制元素
```

如果有

```
pb=&L->elem[b];          // pb 指向序列的第 1 个元素，也可：pb=L->elem+b;
pe=&L->elem[e];          // pe 指向序列最后元素，也可：pe=pb+(e-b);
pt=t;                    // pt 指向目标位置
r=t+(e-b);               // r 指向目标末尾位置，e-b+1 是该元素序列长度(元素个数)
```

则可采用指针方式表达复制

```
while (pb<=pe) *pt++=*pb++;                          // 从前到后依次复制元素
```

或者

```
while (pe>=pb) *r--=*pe--;                           // 从后到前依次复制元素
```

在循环中，指针 p 依次后增 1（或后减 1），编译后的代码实际是 p 增加 l（或减少 l），l 是一个元素所占字节数，就令 p 指向了后（前）一个元素。

上述下标和指针表示法的功能等价。下标法直观易理解，而指针法因更接近机器指令而速度更快。C 语言的标准库＜string.h＞提供的字符串复制函数 memcpy 和 memmove

也实现了类似的复制功能(mem 是 memory 的缩写,意指内存;cpy 是 copy 的缩写,和 move 都是复制或移动的意思)。3 个参数分别是要移动的元素序列的目标位置、现在位置和字节数,用元素个数乘以元素的大小值就是要复制的字节数,这就将函数的用途推广应用到各种类型元素序列的复制。与上述复制的表达等价的函数调用是

```
memcpy(t, pb, (e-b+1) * sizeof(ElemType));      // 第 3 个参数是复制的字节数
```

或者

```
memmove(t, pb, (e-b+1) * sizeof(ElemType));
```

其中,memcpy 是从前到后复制元素,而 memmove 要"聪明"些,先比较 t 和 pb 所指地址的大小,若 t 小,则从前到后复制;若 t 大,则从后到前复制。为何呢? 就是要防止可能因在复制前后的元素序列存储区间有重叠,而引起元素被不当覆盖。这也提醒我们,如果采用下标或指针法自行编写代码,也要像 memmove 那样,先判别元素序列的移动方向,再决定采用从前到后还是从后到前的复制次序。

调用复制函数至少有两个理由:一是可靠,已经过大量实际应用验证;二是其实现是被精心优化的,可以采用内存块复制指令,不必逐个字符复制,达到速度最快。在本书后面的算法中,调用 memmove 函数复制元素序列。C 语言的设计目标是一种追求运行速度的语言,对于数组下标是否出界、函数参数是否合法等判断交由程序员负责,一切"后果自负"! 再次强调:要养成在代码中对合法性和安全性检查的习惯。

解决了元素序列复制的问题,就容易实现在顺序表中第 i 个元素位置插入新元素的操作。一般情况下,在第 i $(1 \leqslant i \leqslant n)$ 个元素之前插入一个元素时,需将第 $n \sim i$(共 $n-i+1$)个元素向后移动一个位置。操作 ListInsert(L,i,e)先要将顺序表 L 的元素区间 L->elem[0..i−1..L->len−1]中的子区间[i−1..L->len−1]的元素后移一个位置:

```
memmove(L->elem+i, L->elem+i-1, (L->len-i+1) * sizeof(ElemType));
```

然后将新元素置入 i−1 单元。如此实现的操作代码如算法 2.4 所示。

```
Status ListInsert(SqList L, int i, ElemType e) {
    // 在顺序表 L 中第 i 个位置插入新的元素 e,1 ≤ i ≤ L->len+1
    if (!L || i<1 || i >L->len+1) return ERROR;              // 若参数值不合法,则报错
    if (L->len>=L->size) {                      // 若当前存储空间已满,则增加容量重新分配
        L->elem=(ElemType *)realloc(L->elem, (L->size+L->inc)
                                    * sizeof(ElemType));
        if (!L->elem) exit(OVERFLOW);                        // 若存储分配失败,则报错
            L->size+=L->inc;                                 // 增加存储容量
    }
    memmove(L->elem+i, L->elem+i-1, (L->len-i+1) * sizeof(ElemType));
                                                             //"腾位"后移 1 位
    L->elem[i-1]=e;  L->len++;                               // 插入 e,表长增 1
    return OK;
}
```

算法 2.4

这里对算法 2.4 的细节做更多说明。

(1) 在算法入口，有必要检查参数值的合法性，而且要成为习惯性规定动作。

(2) 在插入之前，同样有必要检查是否有足够空间容纳新元素？若不足，须进行扩容。这里调用了 C 语言的库函数 realloc，不仅按新增容量分配新的元素空间（简称扩容），还自动将全部元素复制到新空间，并回收原空间。

(3) 对数据结构的所有操作，都要维护其不允许更改的属性，才能确保该结构可持续使用。在算法中，若扩容了，就要相应更新 size 域；若插入成功，就要更新 len 域。维护结构“不变性”也属算法的必要部分。

与插入操作相反，线性表的删除操作是使长度为 n 的线性表

$$(a_1, \cdots, a_{i-1}, a_i, a_{i+1}, \cdots, a_n)$$

变成长度为 $n-1$ 的线性表

$$(a_1, \cdots, a_{i-1}, a_{i+1}, \cdots, a_n)$$

数据元素 a_{i-1}、a_i 和 a_{i+1} 之间的逻辑关系发生了变化。为了在存储结构上反映这个变化，同样需要移动元素。如图 2.5 所示，为了删除第 4 个数据元素，必须将第 5～8 个元素都依次往前移动一个位置。

序号	数据元素
1	12
2	13
3	21
删除 24 → 4	24
5	28
6	30
7	42
8	77

(a) 删除前n=8

序号	数据元素
1	12
2	13
3	21
4	28
5	30
6	42
7	77

(b) 删除后n=7

图 2.5　线性表删除前后的状况

一般情况下，删除第 $i(1 \leqslant i \leqslant n)$ 个元素时需将第 $i+1 \sim n$（共 $n-i$）个元素依次向前移动一个位置，如算法 2.5 所示。

```
ElemType ListDelete(SqList L, int i) {
    // 在顺序表 L 中删除第 i 个元素,并返回其值,若不存在则返回 errV
    //“L 已存在”即 L 不是空指针,i 的合法值为 1≤i≤L->len
    if (!L || i <1 || i >L->len) return errV;          // 参数值不合法则报错
    ElemType * p=&(L->elem[i-1]);                       // p 为被删除元素的位置
    ElemType e = * p;                                   // 被删除元素的值赋给 e
    memmove(p, p+1, (L->len-i) * sizeof(ElemType));
                                        // 被删元素之后的所有元素前移 1 位,表长减 1
    --L->len;
    return e;
}
```

算法　2.5

从算法 2.4 和算法 2.5 可见，当在顺序存储结构的线性表中某个位置上插入或删除一个数据元素时，其时间主要耗费在移动元素上（换句话说，移动元素的操作为预估算法时间复杂度的基本操作），而移动元素的个数取决于插入或删除元素的位置。

假设 p_i 是在第 i 个元素之前插入一个元素的概率，则在长度为 n 的线性表中插入一个元素时所需移动元素次数的期望值（平均次数）为

$$E_{is} = \sum_{i=1}^{n+1} p_i(n-i+1) \tag{2-3}$$

假设 q_i 是删除第 i 个元素的概率，则在长度为 n 的线性表中删除一个元素时所需移动元素次数的期望值（平均次数）为

$$E_{dl} = \sum_{i=1}^{n} q_i(n-i) \tag{2-4}$$

不失一般性，可以假定在线性表的任何位置上插入或删除元素都是等概率的，即

$$p_i=\frac{1}{n+1},q_i=\frac{1}{n}$$

则式(2-3)和式(2-4)可分别简化为式(2-5)和式(2-6)：

$$E_{is}=\frac{1}{n+1}\sum_{i=1}^{n+1}(n-i+1)=\frac{n}{2} \tag{2-5}$$

$$E_{dl}=\frac{1}{n}\sum_{i=1}^{n}(n-i)=\frac{n-1}{2} \tag{2-6}$$

由式(2-5)和式(2-6)可见，在顺序存储结构的线性表中插入或删除一个数据元素，平均约移动表中一半元素。若表长为 n，则算法 ListInsert 和 ListDelete 的时间复杂度为 $O(n)$。显然，在一个特别长的顺序表中频繁插入或删除元素，时间耗费是非常大的。此种应用有必要寻求线性表的其他表示和实现方式，甚至是替换为其他种类更合适的数据结构。

现在来分析 2.1 节的例 2-1 和例 2-2 采用顺序表时的时间复杂度。容易看出，顺序表的“求表长”和“取第 i 个数据元素”的时间复杂度均为 $O(1)$，而且这两个例子中的插入操作均在表尾进行，不需要移动元素。因此，算法 2.1 和算法 2.2 的执行时间主要取决于查找函数 LocateElem 的执行时间。在顺序表 L 中查访是否存在和 e 相同的数据元素的最简便的方法是，令 e 和 L 中的数据元素逐个比较，如算法 2.6 所示。从算法 2.6 可见，基本操作是“进行两个元素之间的比较”，若 L 中存在和 e 相同的元素 a，则比较次数为 i (1≤ i ≤ L->len)；若不存在，则为表长 L->len，即算法 LocateElem_Sq 的时间复杂度为 O(L->len)。因此，对于顺序表 La 和 Lb 而言，Union 和 IsEqual 的时间复杂度均为 O(La->len×Lb->len)。

```
int LocateElem_Sq(SqList L, ElemType e, Status (*equal)(ElemType, ElemType)) {
    //在顺序表 L 中查找并返回第 1 个值与 e 满足 compare()的元素的位序,若找不到,则返回 0
    if (!L) return 0;               //若顺序表 L 不存在,则返回 0 报错(元素的位序≥1)
    int i=1;                        //第 1 个元素的位序
    ElemType *p=L->elem;            //第 1 个元素的存储位置(下标是 i-1)
    while (i<=L->len && !equal(*p++, e)) ++i;
    //逐个比较,相等则 i 是元素位序,结束循环
    //*p++的执行: 先用*p 做 equal 实参,然后 p++指向后一个元素
    if (i<=L->len) return i;        //若 equal 成功而终止 while,则 i 为值为 e 的元素位序
    else return 0;                  //否则,查找不成功,返回 0
}
```

算法 2.6

例 2-4 归并顺序表。有序表按序合并称为**归并**(merge)。已知线性表 LA 和 LB 中的数据元素按值非递减有序排列，现要求将 LA 和 LB 归并为一个新的线性表 LC，且 LC 中的数据元素仍按值非递减有序排列。例如，设

LA＝(3，5，8，11)

LB＝(2，6，8，9，11，15，20)

则

LC ＝ (2，3，5，6，8，8，9，11，11，15，20)

LC 中的数据元素或是 LA 中的数据元素，或是 LB 中的数据元素。只要先初始化 LC 为空

表，然后将 LA 或 LB 中的元素按序逐个插入 LC 中即可。为使 LC 中元素按值非递减有序排列，可设两个指针 i 和 j 分别指向 LA 和 LB 中某个元素。若 i 当前所指的元素为 a，j 当前所指的元素为 b，则当前应插入 LC 中的元素 c 为

$$c=\begin{cases}a & a\leqslant b\\ b & a>b\end{cases}$$

显然，指针 i 和 j 的初值均为 1，在所指元素插入 LC 之后，在 LA 或 LB 中顺序后移。上述归并算法如算法 2.7 所示。算法 2.7 中的基本操作为元素赋值，算法的时间复杂度为O(La->len +Lb->len)。

```
SqList MergeList_Sq(SqList La, SqList Lb) {
    // 已知顺序表 La 和 Lb 的元素按值非递减排列
    // 归并 La 和 Lb 得到并返回新的顺序表 Lc，Lc 的元素也按值非递减排列
    SqList Lc;
    ElemType *pa, *pb, *pc, *pa_end, *pb_end;  // 局部变量
    if (!La || !Lb) return NULL;                       // 若 La 或 Lb 不存在，则报错
    pa=La->elem; pb=Lb->elem;                  // pa 和 pb 分别指向 La 和 Lb 的第一个元素
    Lc=InitList(La->len+Lb->len, La->inc);      // Lc 初始化
    Lc->len=Lc->size;                    // Lc 初始化后，Lc->size 正是 La 和 Lb 的长度之和
    pc=Lc->elem;                               // 在 Lc 插入第一个元素的位置
    pa_end=La->elem+La->len-1;                 // 求 La 的最后一个元素的位置
    pb_end=Lb->elem+Lb->len-1;                 // 求 Lb 的最后一个元素的位置
    while (pa<=pa_end && pb<=pb_end) {         // La 和 Lb 的元素按序逐个并入 Lc
        if (*pa<=*pb) *pc++=*pa++;             // La 的当前元素并入 Lc
        else *pc++=*pb++;                      // Lb 的当前元素并入 Lc
    }
    // while 结束时，La 和 Lb 中的一个的元素已全部归并入 Lc，另一个若还有剩余元素则复制
    // 到 Lc 末尾
    if (pa+=pa_end) memcpy(pc, pa, (pa_end-pa+1) * sizeof(ElemType));  // 区间不重叠
    if (pb <=pb_end) memcpy(pc, pb, (pb_end-pb+1) * sizeof(ElemType));    // 可用 memcpy
    return Lc;
}
```

算法　2.7

若对算法 2.7 中 **while** 循环体做如下修改：以 **switch** 语句代替 **if…else** 语句，分出元素比较的第三种情况：当 *pa== *pb 时，只将两者中之一插入 Lc，则此时完成的操作和算法 2.1 完全相同，而时间复杂度却不同。算法 2.7 之所以是线性的时间复杂度，其原因有两个。

（1）由于 La 和 Lb 中元素按值递增（同一集合中元素互不相同），故对 Lb 中每个元素，不需要在 La 中从表头至表尾进行遍历式搜索。

（2）用新表 Lc 表示并集，插入操作实际上是在表尾赋值，无须移动表中元素①。

为了得到元素按值递增（或递减）的有序表，可利用后续 10.3 节讨论的快速排序，其时间复杂度为 $O(n\log n)$（其中 n 为待排序的元素个数）。由此可见，若以线性表表示集合并快速进行集合的各种运算，应维持表中元素之间的有序性，这样的表称为有序表(ordered list)。

① 若将 Lb 中元素插入 La，为保持 La 中元素递增有序，必须移动元素（除非插入的元素值大于 La 中所有的元素）。

2.3 线性表的链式表示和实现

从 2.2 节的讨论可见，线性表的顺序存储结构的特点是逻辑关系上相邻的两个元素在物理位置上也相邻，因此可以随机存取表中任一元素，它的存储位置可用一个简单、直观的公式来表示。然而，从另一方面来看，这个特点也注定了这种存储结构的弱点：在做插入或删除操作时，需移动大量元素。本节将讨论线性表的另一种表示方法——链式存储结构，它不要求逻辑上相邻的元素在物理位置上也相邻，也就没有了顺序存储结构的上述弱点，但同时也失去了顺序表可随机存取的优点。

2.3.1 线性链表

线性表的链式存储结构的特点是用一组任意的（可以是连续的，也可以是不连续的）存储单元存储线性表的数据元素。因此，为了表示每个数据元素 a_i 与其直接后继 a_{i+1} 之间的逻辑关系，对数据元素 a_i 来说，除了存储其本身的信息之外，还需存储指示其直接后继的信息（即直接后继的存储位置）。这两部分信息组成数据元素 a_i 的存储映像，称为**结点**（node）。它包括两个域：存储数据元素信息的域称为**数据域**；存储直接后继存储位置的域称为**指针域**。指针域的值称作**指针**或**链**。n 个结点（$a_i(1 \leqslant i \leqslant n)$ 的存储映像）链接成一个**链表**（linked list），即为线性表

$$(a_1, a_2, \cdots, a_n)$$

的链式存储结构。此链表的每个结点中只包含一个指针域，故又称**线性链表**或**单链表**。

例 2-5 图 2.6 所示为线性表

(ZHAO, QIAN, SUN, LI, ZHOU, WU, ZHENG, WANG)

的线性链表存储结构，整个链表的存取必须从头指针开始进行，头指针指示链表中第一个结点（即第一个数据元素的存储映像）的存储位置。同时，由于最后一个数据元素没有直接后继，则线性链表中最后一个结点的指针为“空”（NULL）。

头指针 H：31

存储地址	数据域	指针域
1	LI	43
7	QIAN	13
13	SUN	1
19	WANG	NULL
25	WU	37
31	ZHAO	7
37	ZHENG	19
43	ZHOU	25

图 2.6 线性链表示例

用线性链表表示线性表时，数据元素之间的逻辑关系是由结点中的指针指示的。换句话说，指针为数据元素之间的逻辑关系的映像，逻辑上相邻的两个数据元素其存储的物理位置不要求紧邻，由此，这种存储结构为非顺序映像或链式映像。

通常把链表画成用箭头相链接的结点的序列，结点之间的箭头表示链域中的指针。指针是对地址的抽象，如图 2.6 的线性链表可画成如图 2.7 所示的形式。因为在使用链表时，

关心的只是它所表示的线性表中数据元素之间的逻辑顺序,而不是每个数据元素在存储器中的实际位置。

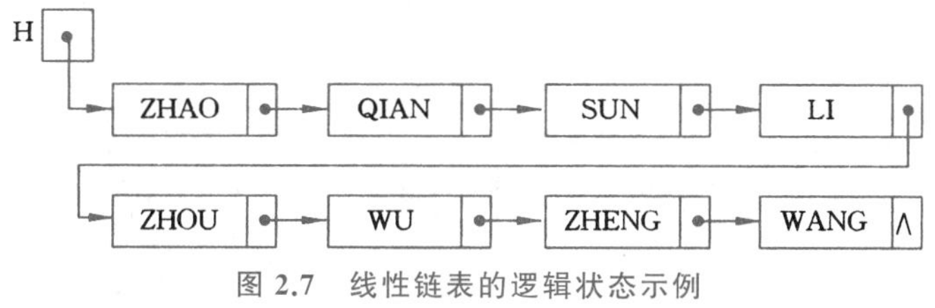

图 2.7 线性链表的逻辑状态示例

综上所述,单链表可由头指针唯一确定,在 C 语言中可用“结构指针”来描述。

```
//-----线性表的单链表存储结构 -----
typedef struct LNode {
    ElemType      data;                          // 数据域
    struct LNode * next;                         // 指针域
} LNode, * LinkList;                             // 结点类型,链表指针类型
LinkList InitList() {                            // 新建并返回带头结点的空单链表
    LinkList L;
    if (!(L = (LNode * )calloc(1, sizeof(LNode))))          // 分配头结点并清 0
      exit(OVERFLOW);
    return L;
}
```

我们约定,在单链表的第一个结点之前附设一个“前驱”结点,称之为头结点。头结点的数据域可以不存储任何信息,也可存储如线性表的长度等类的附加信息,头结点的指针域存储指向第一个元素结点的指针(存储位置)。设置头结点将使得单链表的插入和删除操作的代码更简洁,无须专门处理在表头插入和删除的情形。如图 2.8(a)所示的单链表,头指针指向头结点。若线性表为空表,则头结点的指针域为“空”,如图 2.8(b)所示。

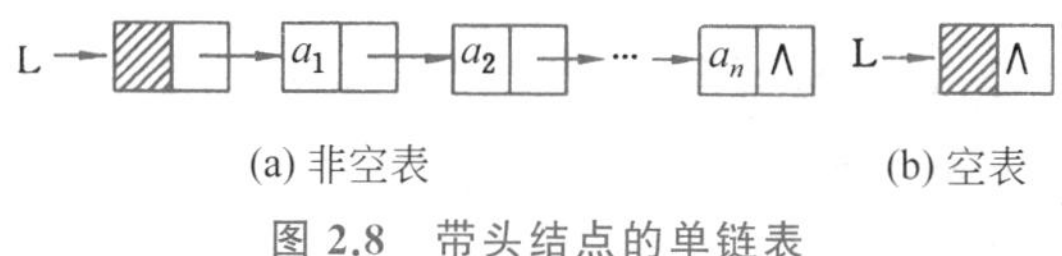

图 2.8 带头结点的单链表

上面的 InitList 函数调用 calloc 函数为局部变量 L 分配头结点(结点各域自动清 0),若 L 为“空”(NULL),则分配失败,异常退出;否则返回 L。

读者可自行完成回收操作 FreeList 的实现。若要回收的单链表头指针非空,则需要一个循环语句,从头结点开始,逐个释放每个结点的存储空间。

注意:为了直接与抽象数据类型的操作名对应,本书在不同存储结构上实现同一个操作,用了相同的名,这在 C 语言程序中是不允许的(C++ 则允许函数重名,只要参数不尽相同即可)。如果在程序中需要同时使用,则需做适当改名。

在线性表的顺序存储结构中,由于逻辑上相邻的两个元素在物理位置上紧邻,每个元素的存储位置都可从线性表的起始位置计算得到。而在单链表中,虽然任何两个元素的存储位置之间没有固定关系,但每个元素的存储位置都包含在其直接前驱结点的指针域中。假

设 p 是指向线性表中第 i 个数据元素(结点 a_i)[①]的指针，p->next 就是指向第 $i+1$ 个数据元素(结点 a_{i+1})的指针。换句话说，若 p->data 值为 a_i，则 p->next->data 值为 a_{i+1}。因此，在单链表中，要取得第 i 个数据元素就必须从头指针出发顺着结点指针链寻找，单链表是非随机存取的存储结构。下面看函数 GetElem 在单链表中的实现，如算法 2.8 所示。

```
ElemType GetElem(LinkList L, int i) {
    // L 为带头结点的单链表的头指针，若第 i 个数据元素存在，则返回其值，否则返回 errV
    if (!L || i<1) return errV;      // 若 L 是空指针(即该链表不存在)或 i 不合法，则报错
    LNode *p=L->next; int j=1;                // p 指向第一个结点，j 为计数器
    while (p && j<i) { p=p->next; ++j; }
                                     // 顺 next 链查找到 p 指向第 i 个数据元素或为空
    if (!p) return errV;             // 若 p 为空指针，则第 i 个数据元素不存在，报错
    return p->data;                  // 返回第 i 个数据元素
}
```

算法 2.8

算法 2.8 的基本操作是“比较 j 和 i”并“后移指针 p”，**while** 循环体中的语句频度与被查元素在表中位置有关，若表长为 n，$1 \leqslant i \leqslant n$，则频度为 $i-1$，$i>n$ 则频度为 n，因此算法 2.8 的时间复杂度为 $O(n)$。

在单链表中，如何实现插入和删除操作呢？

假设要在线性表的两个数据元素 a 和 b 之间插入一个数据元素 x，已知 p 为其单链表存储结构中指向结点 a 的指针，如图 2.9(a)所示。为插入数据元素 x，首先要生成一个数据域为 x 的结点，然后插入单链表中。根据插入操作的逻辑定义，还需要先将结点 a 的指针域的值赋给结点 x 的指针域，令其直接后继为结点 b；再修改结点 a 中的指针域，指向结点 x；从而实现 3 个元素 a、b 和 x 之间逻辑关系的变化。插入后的单链表如图 2.9(b)所示。假设 s 为指向结点 x 的指针，则上述指针修改可用两个语句描述为

```
s->next=p->next;  p->next=s;
```

反之，如图 2.10 所示，在线性表中删除元素 b 时，为在单链表中实现元素 a、b 和 c 之间逻辑关系的变化，仅需修改结点 a 中的指针域即可。假设 p 为指向结点 a 的指针，则修改指针的语句为

```
p->next=p->next->next;
```

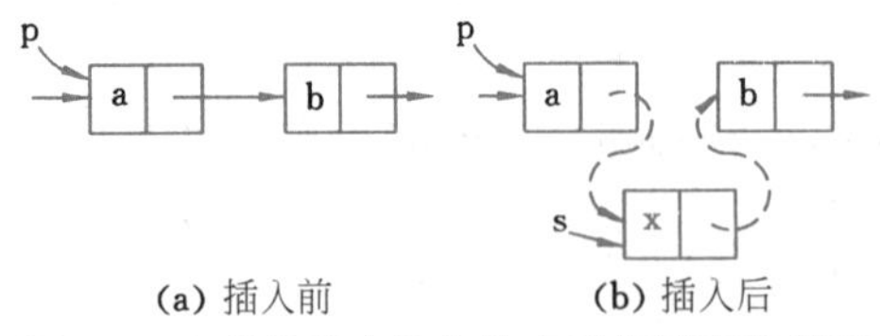

(a) 插入前　　(b) 插入后

图 2.9　在单链表中插入结点时指针变化状况

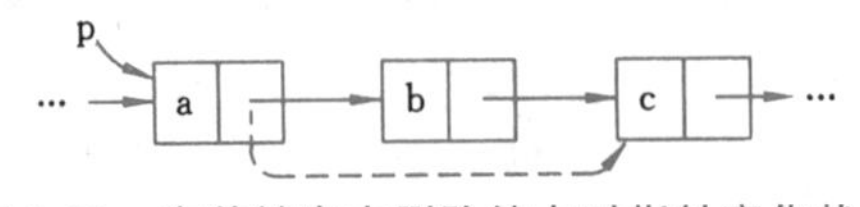

图 2.10　在单链表中删除结点时指针变化状况

① 结点 a_i 指其数据域为 a_i 的结点，而 p 结点即 *p，则是指针 p 所指向的结点(即其存储位置存放在 p 中的结点)。以后均类同。

可见，无论是插入还是删除，都要先找到目标结点在链表中的直接前驱结点，然后仅需修改相关结点的指针域而不必移动元素。算法 2.9 和算法 2.10 分别为 ListInsert 和 ListDelete 在单链表中的实现。单链表没设长度域，在算法的入口难以检查参数 i 的合法性，可以在 **while** 循环结束后的 **if** 语句进行判断。

```
Status ListInsert(LinkList L, int i, ElemType e) {
    // 在带头结点的单链表 L 中第 i 个元素之前插入元素 e
    if (!L || i<1) return ERROR;                    // 若 L 不存在或 i 不合法，报错
    LNode * s, * p=L;  int j=0;                      // p 指向头结点，位序计数器 j 置 0
    while (p && j<i-1) { p=p->next; ++j; }          // 令 p 指向第 i-1 个元素结点
    if (!p) return ERROR;                            // 若此时 p 空，则 i>表长+1，不合法，报错
    if (!(s =(LinkList)malloc(sizeof(LNode)))) exit(OVERFLOW);
                                                     // 分配结点，失败则退出
    s->data=e;                                       // 新元素 e 的值赋给新结点数据域
    s->next=p->next;  p->next=s;                     // 将 s 结点插入，两语句次序不能调换
    return OK;
}
```

算法 2.9

(1) 在算法 2.9，若 p 空，则是因 $i>$表长+1 使得 p“跑出了表尾”；若 $j>i-1$，则 $i\leqslant 0$；均无法插入，报错。

(2) 在算法 2.10，若 p->next 空或者 $j>i-1$，都是要删除的第 i 个元素结点不存在，报错。

```
ElemType ListDelete(LinkList L, int i) {
    // 在带头结点的单链表 L 中，删除第 i 个元素，并由 e 返回其值
    if (!L || i<1) return errV;                           // 若 L 不存在或 i 不合法，报错
    LNode * q, * p=L;  int j=0;                            // p 指向头结点，位序计数器 j 置 0
    while (p->next && j<i-1) { p=p->next; ++j; } // 令 p 指向第 i-1 个元素结点
    if (!p->next) return errV;                             // 若第 i 个元素结点不存在，则报错
    q=p->next;  p->next=q->next;                           // 删除结点
    ElemType e=q->data;  free(q);                         // 取被删结点元素值到形参 e，释放结点
    return e;                                              // 返回被删除结点元素值
}
```

算法 2.10

在算法 2.9 和算法 2.10 中，分别调用了 C 语言中的两个库函数 **malloc** 和 **free**。通常，在设有指针数据类型的高级程序设计语言中均存在与其相应的过程或函数。假设 p 和 q 是 LinkList 型的变量，则执行 p=(LinkList)**malloc**(**sizeof**(LNode))的作用是由系统生成一个 LNode 型的结点，同时将该结点的起始位置赋给指针变量 p；反之，执行 **free**(q)的作用是由系统回收一个 LNode 型的结点，回收后的空间可以再被分配使用。

容易看出，算法 2.9 和算法 2.10 的时间复杂度均为 $O(n)$。这是因为，为在第 i 个结点之前插入一个新结点或删除第 i 个结点，都必须首先找到第 $i-1$ 个结点，即需修改指针的前驱结点。从算法 2.8 的讨论中已经得知，它的时间复杂度为 $O(n)$。

单链表和顺序存储结构不同，它是一种动态结构。整个可用堆区存储空间为多个链表和其他结构共同享用，每个链表占用的空间不需预先分配划定，可由系统应需求即时生成。因此，建立线性表的链式存储结构的过程就是一个动态生成链表的过程。首先生成头结点，从空表开始，依次建立各元素结点，并插入链表的当时末尾。算法 2.11 构建一个含 n 个数据元素的单链表，其时间复杂度为 $O(n)$。

```
LinkList CreateList(int n, ElemType s[]) {
    // 由 s 的头 n 个元素构建并返回带表头结点的单链表
    if (n<0 || !s) return NULL;                    // 参数不合法，则返回 NULL 报错
    LinkList L, p;
    if (!(L=p=(LNode *)calloc(1, sizeof(LNode)))) exit(OVERFLOW);      // 分配头结点
    for (int i=0; i<n; ++i) {                // p 初始指向头结点；循环中逐个生成新表尾结点
        if (!(p->next=(LNode *)malloc(sizeof(LNode)))) exit(OVERFLOW);
        p=p->next;  p->data=s[i];       // p 指向新表尾结点，对其赋对应元素值
    }
    return L;
}
```

算法 2.11

下面讨论如何将两个有序链表归并为一个有序链表。

假设头指针为 La 和 Lb 的单链表分别为线性表 LA 和 LB 的存储结构，现要归并 La 和 Lb 并用它们的结点构成结果单链表 Lc。与 2.2 节中有序顺序表归并的算法 2.7 类似，需设立 3 个指针 pa、pb 和 pc，其中 pa 和 pb 分别指向 La 表和 Lb 表中当前待比较插入的结点，而 pc 指向 Lc 表中当前最后一个结点，若 pa->data<=pb->data，则将 pa 结点链接到 pc 结点之后，否则将 pb 结点链接到 pc 结点之后。显然，指针的初始状态为：当 La 和 Lb 为非空表时，pa 和 pb 分别指向 La 和 Lb 表中第一个结点，否则为空；pc 指向空表 Lc 中的头结点。由于链表未设长度域，不便用长度来控制对链表结点的计数，所以 **while** 的循环条件是 pa 和 pb 皆非空，当其中一个为空时，说明有该链表的元素已归并完，则只要将另一个表的剩余段链接在 pc 结点之后即可。最后返回归并结果链表 Lc。算法 2.12 实现了这个归并过程。

```
LinkList MergeList(LinkList La, LinkList Lb) {
    // 已知单链表 La 和 Lb 的元素按值非递减排列
    // 归并 La 和 Lb 并用它们的结点构建并返回结果链表 Lc,Lc 的元素也按值非递减排列
    if (!La || !Lb) return NULL;          // 若链表 La 或 Lb 不存在，则返回 NULL 报错
    LNode *Lc, *pc, *pa=La->next, *pb=Lb->next;
                                     // pa 和 pb 指向 La 和 Lb 第一个元素结点
    Lc=pc=La;                        // 用 La 的头结点作为 Lc 的头结点，pc 也指向头结点
    while (pa && pb)
        if (pa->data<=pb->data) {     // 比较 * pa 和 * pb 的元素值，选小的加入 Lc
            pc->next=pa;  pc=pa;  pa=pa->next;             // 将 pa 结点加入 Lc
        } else { pc->next=pb;  pc =pb;  pb =pb->next; } // 将 pb 结点加入 Lc
    pc->next =pa ? pa : pb;          // 接入剩余段到 Lc 的表尾
    free(Lb);  return Lc;            // 释放 Lb 的头结点，返回 Lc
}
```

算法 2.12

容易看出，算法 2.12 的时间复杂度和算法 2.7 相同，但空间复杂度不同。在归并两个链表为一个链表时，没有另建新表的结点空间，只是将原来两个链表中结点之间的关系解除，重新按元素值非递减的关系将所有元素结点链接成一个链表。

在 2.1 节定义的线性表抽象数据类型的基本操作集中，最后一个操作是遍历线性表：

```
ListTraverse(L, visit)
```

其功能是依次对线性表 L 的每个数据元素调用函数 visit，一旦调用失败则操作失败。

所谓**遍历**(traverse)就是以某种次序对数据结构中每个数据元素访问且仅访问一次。线性表的元素之间存在的是前驱和后继具有唯一性的线性关系，无论是顺序表还是单链表，在其存储结构中都得到了表达。因此，对线性表最自然且高效的遍历次序就是从第一个元素开始，依次访问元素直到最后一个。算法 2.13 用一个循环实现了单链表的遍历操作。访问元素的函数 Visit 作为参数提供了算法的通用性，可用不同的函数作为其实参，实现对表中数据元素进行不同的批量处理。读者可尝试用简单的访问函数(修改、统计或显示元素值)调用算法，也可对照算法 2.13 自行实现对顺序表的遍历算法。

```
Status ListTraverse(LinkList L, Status (*Visit)(ElemType)) {
    //用 Visit 函数“遍访”带头结点的单链表 L 的每个元素
    if (!L) return ERROR;                 //若单链表 L 不存在，则报错
    L=L->next;                            //L 指向第一个元素结点，L 是值参，可用作工作指针
    while (L && Visit(L->data)) L=L->next;     //沿 next 链逐个访问结点数据域
    if (L) return ERROR;                  //若此时 L 不空，则是因 Visit 报错而终止了 while 循环
    return OK;                            //完成遍历
}
```

算法　2.13

在后续章节讨论的各种主要数据结构大都有遍历操作。这里的讨论提供了对遍历数据结构的初步体验。

2.3.2　循环链表

循环链表(circular linked list)是对链式存储结构附加了“循环”特性，但存储结构的定义未变，只是约定：表中最后一个结点的指针域指向头结点，使得整个链表形成一个环，并且在各种操作中维持循环特性不变。从表中任一结点出发均可找到表中其他结点，图 2.11 为单循环链表。

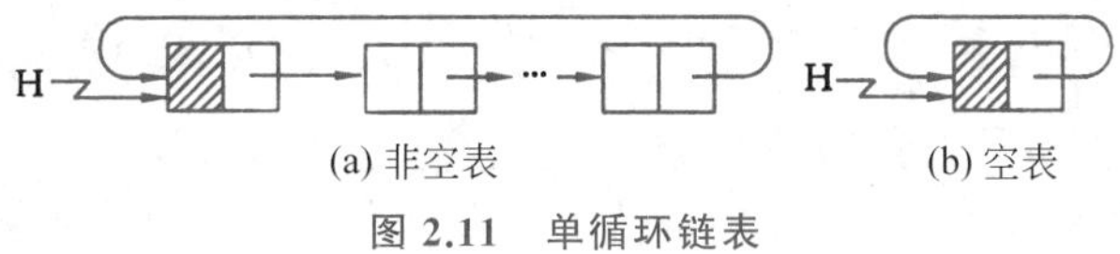

图 2.11　单循环链表

循环链表的操作和线性链表基本一致，差别仅在于算法中的循环条件不是 p 或 p->next 是否为空，而是它们是否等于头指针。但有的时候，若在循环链表中设立尾指针而不设

头指针(如图 2.12(a)所示),可使某些操作简化。例如,将两个线性表合并成一个表时,仅需将一个表的表尾和另一个表的表头相接。当线性表以图 2.12(a)的循环链表作存储结构时,这个操作仅需改变两个指针值即可,运算时间复杂度为 $O(1)$。合并后的表如图 2.12(b)所示。

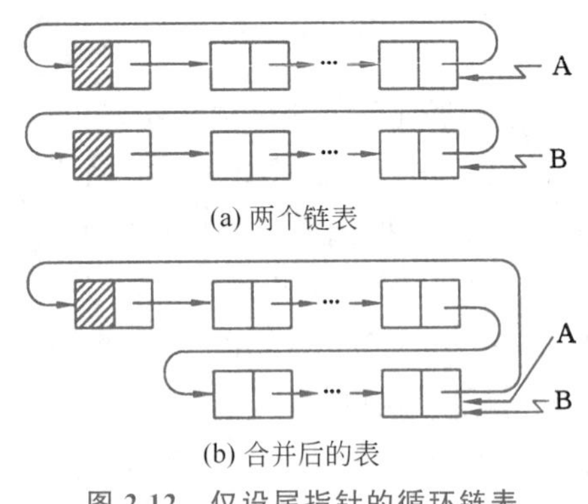

图 2.12　仅设尾指针的循环链表

2.3.3　双向链表

以上讨论的链式存储结构的结点指针域都是指向直接后继,从某个结点出发只能顺指针往后寻查其他结点,因此也称单向链表。若要寻查结点的直接前趋,则需从表头指针出发。换句话说,单向链表的求下一个元素操作 NextElem 的执行时间复杂度为 $O(1)$,而求前一个元素操作 PrevElem 的执行时间复杂度为 $O(n)$。为克服这种单向性的缺点,可使用双向链表(doubly linked list)。

顾名思义,在双向链表的结点中设两个指针域,并且约定:其一指向直接后继;另一指向直接前驱。可用 C 语言描述如下:

```
//-----线性表的双向链表存储结构 -----
typedef struct DuLNode {
    ElemType        data;           // 数据域
    struct DuLNode *prev;           // 向前链域
    struct DuLNode *next;           // 向后链域
} DuLNode, *DuLinkList;             // 结点类型,双向链表指针类型
```

和单循环链表类似,也可以有双向循环链表。如图 2.13(c)所示,链表中存有两个不同方向的链环,图 2.13(b)所示为只有表头结点的空表。在双向链表中,若 d 为指向表中某一结点的指针(即 d 为 DuLinkList 型变量),则显然有

```
d->next->prev==d->prev->next==d
```

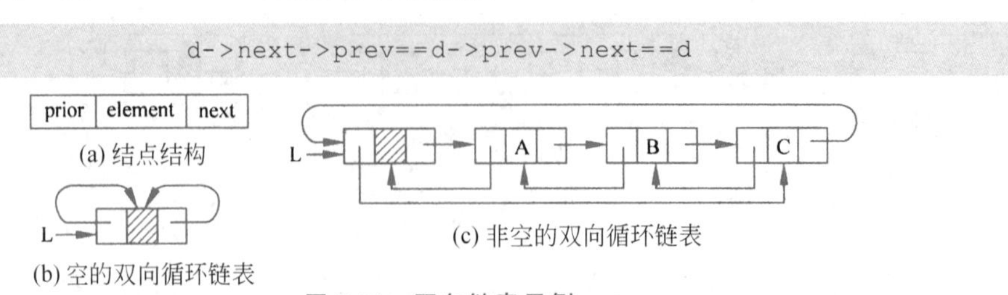

图 2.13　双向链表示例

这个等式反映了这种链表结构的双向特性。

在双向链表中，有些操作（如 ListLen、GetElem 和 LocateElem 等）仅需涉及一个方向的指针，它们的算法描述和单向链表的操作相同，但插入 ListInsert 和删除 ListDelete 却有所不同，相关结点可能要修改两个方向的指针，图 2.14 和图 2.15 分别显示了插入和删除结点时指针修改的情况。它们的实现分别为算法 2.15 和算法 2.16，两者的时间复杂度均为 $O(n)$。时间主要花在调用算法 2.14 所示的函数 GetElemPos 以确定插入位置，这和算法 2.8 相似，不同的是这里获取的是元素位置，而不是元素值。

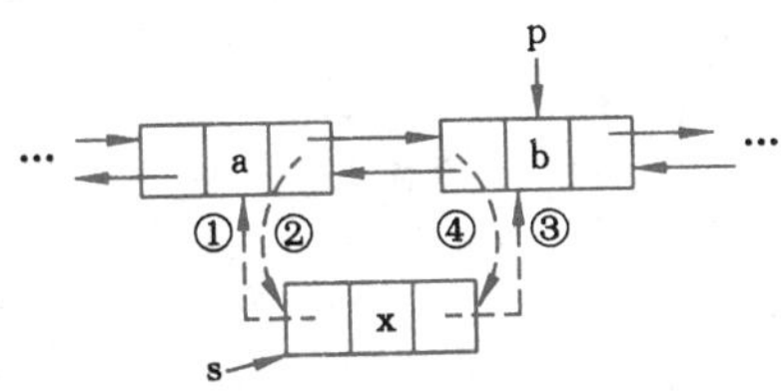

图 2.14　在双向链表中插入一个结点时指针的变化状况

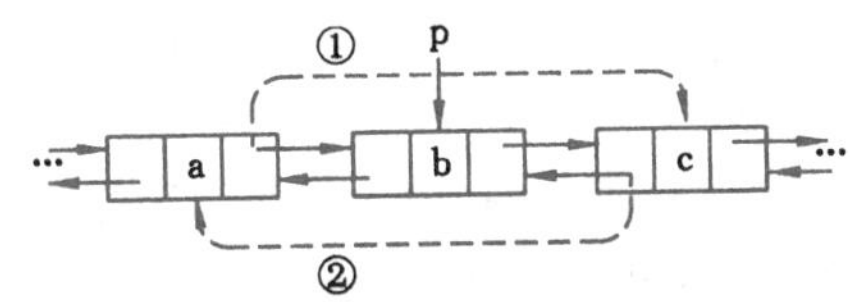

图 2.15　在双向链表中删除结点时指针变化状况

```
DuLinkList GetElemPos(DuLinkList L, int i) {
    // L 为带头结点双向循环链表头指针，0≤i≤表长+1(0 为头结点位序，表长+1 为表尾插入新
    // 结点位序)，当 i 合法，返回位序为 i 的结点指针，否则返回 NULL
    if (!L || i<0) return NULL;                    // 若 L 不存在或 i 不合法，则返回 NULL 报错
    if (i==0) return L;                            // 若 i 为 0，则返回指向头结点的 L
    DuLinkList p=L->next; int j=1;                 // p 指向第 1 个元素结点，位序计数器 j 置 1
    while (p!=L && j<i) { p=p->next; ++j; }        // 顺 next 链查到 p==L 或指向第 i 个元素结点
    if (p==L) return NULL;                         // 第 i 个元素结点不存在
    return p;
}
```

算法　2.14

```
Status ListInsert(DuLinkList L, int i, ElemType e) {
    // 在带头结点的双向循环链表 L 的第 i 个元素结点之前插入元素 e，1≤i≤表长+1
    if (!L || i<1) return ERROR;                       // 若 L 和 i 不合法，则报错
    DuLNode *p, *s;
    if (!(p=GetElemPos(L, i-1))) return ERROR;   // p 指向位序 i-1 的结点，若 p 空则报错
    if (!(s=(DuLNode*)malloc(sizeof(DuLNode)))) exit(OVERFLOW);       // 分配插入结点
                                                       // 置入元素 e
    s->data=e;
    s->next=p->next;  p->next->prev=s;                 // p 结点的后继双向链接为 s 结点的后继
    s->prev=p;  p->next=s;    // s 结点双向链接为 p 结点的后继（和上一行语句不能对调）
    return OK;
}
```

算法　2.15

```
ElemType ListDelete(DuLinkList L, int i) {
    // 删除带头结点的双向循环链表 L 的第 i 个元素,1≤i≤表长
    if (!L || i<1) return errV;                    // 若 L 和 i 不合法,则报错
    DuLNode *p;
    if (!(p=GetElemPos(L, i))) return errV;        // 确定第 i 个元素的位置指针 p
    ElemType e=p->data;                            // 被删元素值赋给 e
    p->prev->next=p->next;  p->next->prev=p->prev;
                                                   // next 和 prev 链都删除 p 结点
    free(p);  return e;                            // 回收被删除的 p 结点并返回其值
}
```

算法 2.16

2.3.4 线性链表新的实现

从上述讨论可见,链表具有合理利用空间和插入、删除时不需要移动元素等优点,因此在很多应用中,它是线性表的首选存储结构。然而,在实现某些与表长相关的操作时,如求线性表的长度,它却不如顺序存储结构方便。另外,链表中结点之间的关系用指针来表示,数据元素在线性表中的"位序"的概念就淡化了,并被数据元素在线性链表中的"位置"代替。为此,从实际应用角度出发重新定义线性链表及其基本操作。

一个带头结点的线性链表类型定义如下:

```
typedef struct LNode {
    ElemType      data;
    struct LNode *next;
} *NLink, *Position;                       // 结点指针类型,位置指针类型
typedef struct {
    NLink head, tail;                      // 分别指向链表中的头结点和最后一个结点
    int len;                               // 线性链表中数据元素的个数
} *NLinkList;                              // 新链表指针类型

NLink MakeNode(ElemType e);                     // 生成并返回值为 e 的结点
NLink FreeNode(NLink p);                        // 回收 p 结点,返回 NULL
NLinkList InitList();                           // 构造并返回空链表
NLinkList FreeList(NLinkList L);                // 回收链表 L,返回 NULL
Status ClearList(NLinkList L);                  // 清空链表 L
Status ListEmpty(NLinkList L);                  // 判别链表 L 是否为空
int ListLen(NLinkList L);                       // 返回链表 L 长度
Position GetHead(NLinkList L);                  // 返回链表 L 的头结点位置
Position LocatePos(NLinkList L, int i);         // 返回链表 L 的第 i 个结点位置
Position PrevPos(NLinkList L, NLink p);         // 返回链表 L 的 p 结点的直接前驱位置
Position NextPos(NLinkList L, NLink p);         // 返回链表 L 的 p 结点的直接后继位置
Status SetElem(NLink p, ElenType e);            // 置 p 结点的元素值为 e
ElemType GetCurElem(NLink p);                   // 返回 p 结点的元素值
Status InsAfter(NLinkList L, NLink p, NLink s); // 在链表 L 的 p 结点后插入 s 结点
Link DelAfter(NLinkList L, NLink p);            // 删除并返回链表 L 的 p 结点的后继结点
Status Append(NLinkList L, NLink s);            // 链表 L 末尾接入 s 结点
Status ListTraverse(NLinkList L, Status (*visit)());  // 遍历链表 L
```

在上述定义的线性链表的基本操作中,除了 FreeList、ClearList、LocatePos、PrevPos 和

ListTraverse 的时间复杂度和表长成正比之外，其他操作的时间复杂度都和表长无关。利用这些基本操作隐蔽了指针操作，容易实现诸如在第 i 个元素之前插入元素、删除第 i 个元素或合并两个线性表等操作，如算法 2.17 和算法 2.18 所示。

```
Status ListInsert(NLinkList L, int i, ElemType e) {
    // 在带头结点的新链表 L 中插入 e 为第 i 个元素，1≤i≤表长+1
    if (!L || !L->head || i<1) return ERROR;      // 检查参数合法性
    Position p;
    if (!(p=LocatePos(L, i-1))) return ERROR;     // 确定第 i-1 个结点位置 p,失败则报错
    InsAfter(L, &p, MakeNode(e));               // 生成值为 e 的 s 结点并插入 p 结点之后
    return OK;
}
```

算法　2.17

```
LinkList MergeList(NLinkList * La, NLinkList * Lb,
                      int ( * compare)(ElemType,ElemType)) {
    // 带头结点的单链表 * La 和 * Lb 的元素按值非递减排列
    // 归并 * La 和 * Lb 并用它们的结点组建结构链表 Lc,Lc 的元素也按值非递减排列, * La 和
    // * Lb 不再存在
    NLinkList la,lb;
    if (!(la= * La) || !(lb= * Lb)) return NULL;
                                          // 若 * La 或 * Lb 不存在,则返回 NULL 报错
    NLinkList Lc=InitList();                // 初始化 Lc
    NLink ha=GetHead(la), hb=GetHead(lb);     // ha 和 hb 分别指向 * La 和 * Lb 的头结点
    NLink pa=NextPos(la, ha), pb=NextPos(lb, hb);
                                          // pa 和 pb 分别指向 * La 和 * Lb 第 1 个结点
    while (pa && pb) {                      // pa 和 pb 均非空
        ElemType a=GetCurElem(pa), b=GetCurElem(pb);   // 取 pa 和 pb 结点元素值
        if (compare(a, b)<=0)               // 若 a≤b,则 pa 结点接到 Lc 末尾,pa 指向后继
            { Append(Lc, DelAfter(la, ha)); pa=NextPos(la, ha); }
        else                               // 否则 a>b,pb 结点接到 Lc 末尾,pb 指向后继
            { Append(Lc, DelAfter(lb, hb)); pb=NextPos(lb, hb); }
    }                                      // 循环结束时,pa 或 pb 为空
    if (pa) Append(Lc, pa);                 // 若 pa 不为空,则将 La 的剩余结点链接到 Lc 表尾
    else Append(Lc, pb);                    // 否则,将 Lb 的剩余结点链接到 Lc 表尾
    FreeNode(ha);  FreeNode(hb);            //释放 La 和 Lb 的头结点
    free(la);  free(lb);
    * La= * Lb=NULL;
    return Lc;
}
```

算法　2.18

算法 2.17 和算法 2.18 分别为算法 2.9 和算法 2.12 的改写形式，隐藏了对存储结构的指针操作，它们的时间复杂度和前面讨论相同。

2.4　一元多项式的表示及相加

符号多项式的操作，已经成为表处理的典型用例。在数学上，一个一元多项式 $P(x)$ 可按升幂写成：

$$P_n(x) = p_0 + p_1x + p_2x^2 + \cdots + p_nx^n$$

它由 $n+1$ 个系数唯一确定。因此，在计算机里，它可用一个线性表 P 来表示：

$$P = (p_0, p_1, p_2, \cdots, p_n)$$

每一项的指数 i 隐含在其系数 p_i 的序号里。

假设 $Q_m(x)$ 是一元 m 次多项式，同样可用线性表 Q 来表示：

$$Q = (q_0, q_1, q_2, \cdots, q_m)$$

不失一般性，设 $m<n$，则两个多项式相加的结果 $R_n(x) = P_n(x) + Q_m(x)$ 可用线性表 R 表示：

$$R = (p_0 + q_0, p_1 + q_1, p_2 + q_2, \cdots, p_m + q_m, p_{m+1}, \cdots, p_n)$$

显然，可以对 P、Q 和 R 采用顺序存储结构，使得多项式相加的算法定义十分简洁。至此，一元多项式的表示及相加问题似乎已经解决了。然而，在处理形如

$$S(x) = 1 + 3x^{10\,000} + 2x^{20\,000}$$

的“稀疏”多项式时，就要用一个长度为 20 001 的线性表来表示，表中却仅有 3 个非零元素，这种对内存空间的浪费是应当避免的，但是如果只存储非零系数项则显然必须同时存储相应的指数。

一般情况下的一元 n 次多项式可写成

$$P_n(x) = p_1x^{e_1} + p_2x^{e_2} + \cdots + p_mx^{e_m} \tag{2-7}$$

其中，p_i 是指数为 e_i 的项的非零系数，且满足

$$0 \leqslant e_1 < e_2 < \cdots < e_m = n$$

若用一个长度为 m 且每个元素有两个数据项（系数项和指数项）的线性表

$$((p_1, e_1), (p_2, e_2), \cdots, (p_m, e_m)) \tag{2-8}$$

便可唯一确定多项式 $P_n(x)$。在最坏情况下，$n+1(=m)$ 个系数都不为零，则比只存储每项系数的方案要多存储一倍的数据。但是，对于类似 $S(x)$ 的稀疏多项式，这种表示将大大节省空间。

对应于线性表的两种存储结构，由式(2-8)定义的一元多项式也可以有两种存储表示方法。在应用程序中取用哪一种，则要视多项式进行何种运算而定。如果只对多项式进行“求值”等不需改变多项式的运算，则采用顺序表即可；而若要对多项式的项经常进行增加、删除和修改操作，则应采用单链表。以下讨论前一种情形的稀疏多项式的存储结构、接口和实现，后一种情形可作为练习。图 2.16 是上述一元稀疏多项式 $S(x)$ 的压缩存储示例。

***S*(*x*)**	0	1	2
coef	**1**	**3**	**2**
expn	**0**	**10000**	**20000**

图 2.16　一元稀疏多项式 $S(x)$ 的压缩存储示例

一元稀疏多项式的顺序表类型定义如下：

```
typedef struct {
    float coef;          // 系数
    int expn;            // 指数
} Term;                  // 项类型
```

```
typedef struct {
    Term * term;                    // 存储空间基址
    int termNum;                    // 长度(项数)
} * Poly;                           // 一元稀疏多项式(指针)类型(需动态生成,可彻底回收)
```

一元稀疏多项式接口的函数原型定义如下:

```
Poly CreatePoly(Term ts[], int n);      // 由 ts 前 n 项构建并返回一元稀疏多项式
Poly FreePoly(Poly P);                  // 回收一元稀疏多项式 P,返回 NULL
int PolyLen(Poly P);                    // 返回一元稀疏多项式 P 的项数
void PrintPoly(Poly P);                 // 显示一元稀疏多项式 P
Poly AddPoly(Poly pa, Poly pb);         // 两个一元稀疏多项式相加并返回和多项式
Poly SubPoly(Poly pa, Poly pb);         // 两个一元稀疏多项式相减并返回差多项式
Poly MulPoly(Poly pa, Poly pb);         // 两个一元稀疏多项式相乘并返回积多项式
Poly DivPoly(Poly pa, Poly pb);         // 两个一元稀疏多项式相除并返回商多项式
```

下面实现接口中的一元稀疏多项式的创建和相加的算法,其余操作的实现作为练习。

1. 构建一元稀疏多项式

该操作由数组 ts 的前 n 项构建并返回一元稀疏多项式,具体实现见算法 2.19。

```
Poly allocPoly(int m) {         // 辅助操作:为一个 m 项多项式分配存储空间
    Poly Q;
    if (!(Q = (Poly)malloc(sizeof( * Q)))) exit(OVERFLOW);   // 分配结构记录空间
    if (!(Q->term= (Term * )malloc(m * sizeof(Term))))       // 分配 m 项存储空间
        exit(OVERFLOW);                                      // 若失败,则异常退出
    return Q;                                          // 返回分配了空间的"空"多项式
}
Poly CreatePoly(Term ts[], int m) {              // 由 ts 前 m 项构建并返回一元稀疏多项式
    Poly P=allocPoly(m);                             // 分配 m 项空间
    for (int i=0; i<m; i++) P->term[i]=ts[i];        // 依次存入 m 项(系数和指数)
    P->termNum=m;                                    // 保存项数
    return P;
}
```

算法 2.19

2. 显示一元稀疏多项式

在顺序遍历的架构上,通过调用 printf 函数显示一元稀疏多项式的要点是正负号、加减号和指数的显示。判断系数的正负可决定该项之前显示+还是−,但要避免减号和负号重复显示。系数和指数之间显示 x 和^表示变量和乘方。具体实现如算法 2.20 所示。例如,两个多项式

$$-7.5 + 41.82x + (-82)x^{100}$$

$$8x + 28.33x^{25} + 82x^{100} + 15.01x^{145} + (-9.67)x^{211} + 3.14x^{986}$$

相加的和多项式是

$$-7.5 + 49.82x - 28.33x^{25} + 15.01x^{145} + (-9.67)x^{211} + 3.14x^{986}$$

三式的显示:

$-7.50+41.82x-82.00x$^100

$8.00x-28.33x$^25 $+82.00x$^100 $+15.01x$^145 $-9.67x$^211 $+3.14x$^986

$-7.50+49.82x-28.33x$^25 $+15.01x$^145 $-9.67x$^211 $+3.14x$^986

```
void PrintfPoly(Poly P) {                                    // 显示一元稀疏多项式 P
    for (int i=0; i<P->termNum; i++) {                       // 逐项显示
        if (i==0) printf("%.2f", P->term[i].coef);           // 第一项
        else {                                               // 其余项
            if (P->term[i].coef>0.0) printf(" +");
            else printf(" -");
            printf("%.2f", fabs(P->term[i].coef));
                                            // 2 位小数,取绝对值避免负号与减号重复
        }
        if (P->term[i].expn>=1) printf("x");
        if (P->term[i].expn>1) printf("^%d", P->term[i].expn);   // 指数
    }
    printf("\n");
}
```

算法 2.20

3. 一元稀疏多项式相加

两个一元稀疏多项式 pa 和 pb 相加,结果为一个新的一元稀疏多项式,可称为和多项式。根据一元稀疏多项式对指数有序的特点,算法思路如下。

(1) 以 pa 和 pb 两式项数之和预分配和多项式 pc(局部变量)的存储空间。

(2) 从 pa 和 pb 的第一项起,依次比较指数大小,直到 pa 或 pb 处理完最后一项。

① 若两项的指数不等,则将指数较小项添加到 pc,并取所在多项式的下一项。

② 若两项的指数相等,则系数相加。若和非零,则添加到 pc。pa 和 pb 都取下一项。

(3) 将尚未处理完的 pa 或 pb 的剩余部分(高阶项)依次添加到和多项式。

(4) 将和多项式 pc 作为函数值返回。

pc 的初始容量预设为 pa 和 pb 的长度之和。若 pa 和 pb 含指数相同的项,则 pc 的实际长度会小于初始容量,可为其重新分配空间。例如,图 2.17(a) 的两个一元稀疏多项式 $7+3x+9x^8+5x^{17}$ 和 $8x+22x^7-9x^8$ 相加。先取 pa 和 pb 的项数之和 7 作为 pc 初始容量。相加的结果为图 2.17(b)的 $7+11x+22x^7+5x^{17}$。若实际项数比预分配的小,为节省空间可按实际项数重新分配 pc 的空间,结果如图 2.17(c)所示。

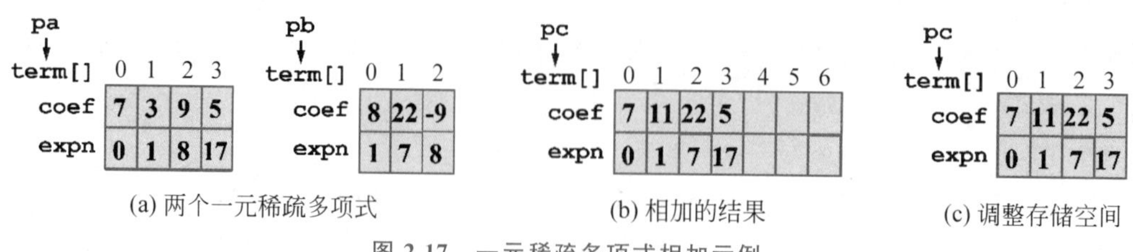

图 2.17 一元稀疏多项式相加示例

算法 2.21 实现了一元稀疏多项式加法。

```
Poly AddPoly(Poly pa, Poly pb) {                    // 两个一元稀疏多项式相加,返回和多项式
    int i=0, j=0, k=0; float c;
    pam=pa->termNum; pbn=pb->termNum;               // 两个多项式的项数
    Poly pc=allocPoly(pam +pbn);                    // 按最大需求预分配和多项式 pc 存储空间
    while (i<pam && j<pbn) {                        // 依次比较两个多项式的项的指数
        switch (Compare(pa->term[i].expn, pb->term[j].expn)) {     // 比较两项的指数
            case -1: pc->term[k++]=pa->term[i++]; break;
                                                    // pa 项指数较小, 添加到 pc
            case 1: pc->term[k++]=pb->term[j++]; break;  // pb 项指数较小, 添加到 pc
            case 0: c =pa->term[i].coef +pb->term[j].coef; // 指数相等,系数相加
                if (c!=0) {                         // 系数和不为 0,构建和项,并添加到 pc
                    pc->term[k].expn=pa->term[i].expn;
                    pc->term[k].coef=c;
                    k++;
                }                                   // 系数和为 0 则消去此项
                i++; j++;                           // pa 和 pb 均取下一项
        }//switch
        pc->termNum++;
    }
    if (i==pam)                                     // pa 已处理完,将 pb 剩余部分添加到 pc
        { memcpy(pc->term+k, pb->term+j, (pbn-j) * sizeof(Term)); k +=pbn-j; }
    if (j==pbn)                                     // pb 已处理完,将 pa 剩余部分添加到 pc
        { memcpy(pc->term+k, pa->term+i, (pam-i) * sizeof(Term)); k +=pam-i; }
    if (k<pam +pbn)            // 若 pc 的实际项数 k 小于预分配的项数,则按实际调整空间
        if (NULL == (pc->term = (Term * ) realloc(pc->term, k * sizeof(Term))))
            return NULL;
    pc->termNum=k;                                  // 和多项式的项数
    return pc;                                      // 返回所求的和多项式
}
```

算法 2.21

两个一元稀疏多项式相乘的算法,可以利用两个一元多项式相加的算法来实现,因为乘法运算可以分解为一系列的加法运算。假设 $A(x)$和 $B(x)$为式(2-7)的多项式,则

$$
\begin{aligned}
M(x) &= A(x) \times B(x) \\
&= A(x) \times [b_1 x^{e_1} + b_2 x^{e_2} + \cdots + b_n x^{e_n}] \\
&= \sum_{i=1}^{n} b_i A(x) x^{e_i}
\end{aligned}
$$

其中,每一项都是一个一元多项式。

第3章 栈和队列

栈和队列是两种重要的线性结构。从结构特点看，栈和队列也属线性表，其特殊性在于栈和队列的基本操作是线性表操作的子集，它们是操作受限的线性表，因而也称限定性的数据结构。但从数据类型看，它们是和线性表不同的两类重要的抽象数据类型。由于广泛应用在各种软件系统中，因此在面向对象的程序设计中，它们是多型数据类型。本章除了讨论栈和队列的定义、表示方法和实现外，还将给出一些应用的例子。

3.1 栈

3.1.1 抽象数据类型栈的定义

栈(stack)是限定仅在表尾进行插入或删除操作的线性表。因此，对栈来说，表尾端有其特殊含义，称为**栈顶**(top)，表头端相应称为**栈底**(bottom)。不含元素的空表称为空栈。

对于栈 $S=(a_1, a_2, \cdots, a_n)$，称 a_1 为栈底元素，a_n 为栈顶元素。栈中元素按 $a_1, a_2, \cdots, a_n$ 的次序进栈，退栈的第一个元素应为栈顶元素。换句话说，栈的修改是按后进先出的原则进行的(如图 3.1(a)所示)。因此，栈又称后进先出(Last In First Out, LIFO)的线性表，它的这个特点可用图 3.1(b)所示的铁路调度站形象地表示。

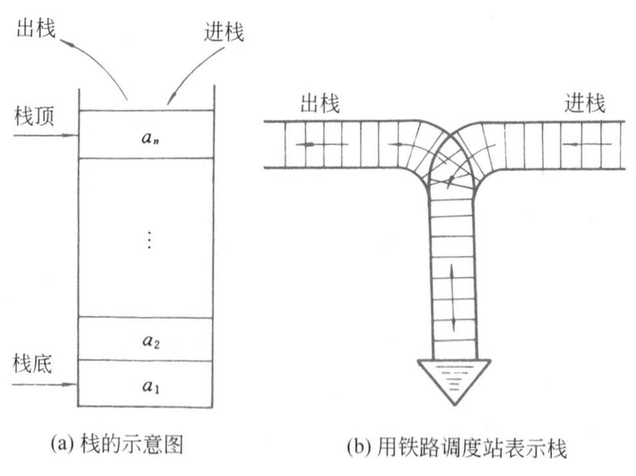

(a) 栈的示意图

(b) 用铁路调度站表示栈

图 3.1 栈

栈的基本操作除了在栈顶进行插入或删除外，还有栈的初始化、判空及取栈顶元素等。下面给出栈的抽象数据类型的定义：

```
ADT Stack {
    数据对象: D = { a_i | a_i ∈ ElemSet, i=1,2,…,n, n≥0 }
    数据关系: R1 = { <a_{i-1}, a_i> | a_{i-1}, a_i ∈ D, i=2,…,n } //约定 a_n 端为栈顶, a_1 端为栈底
    基本操作:
```

```
    InitStack(size);
        操作结果：构造并返回一个空栈，容量为 size。
    FreeStack(S);
        初始条件：栈 S 已存在。
        操作结果：回收栈 S 占用的存储空间，栈 S 不再可用，返回 NULL。
    ClearStack(S);
        初始条件：栈 S 已存在。
        操作结果：将 S 清为空栈。
    StackEmpty(S);
        初始条件：栈 S 已存在。
        操作结果：若栈 S 为空栈，则返回 TRUE，否则返回 FALSE。
    StackLen(S);
        初始条件：栈 S 已存在。
        操作结果：返回 S 的元素个数，即栈的长度。
    GetTop(S);
        初始条件：栈 S 已存在且非空。
        操作结果：返回 S 的栈顶元素。
    Push(S, e);
        初始条件：栈 S 已存在。
        操作结果：插入元素 e 为新的栈顶元素。每当容量不足时，按约定方式扩容。
    Pop(S);
        初始条件：栈 S 已存在且非空。
        操作结果：删除 S 的栈顶元素，并返回其值。
    StackTrav(S, visit());
        初始条件：栈 S 已存在且非空。
        操作结果：从栈底到栈顶依次对 S 每个数据元素调用函数 visit，一旦 visit 失败，
                  则操作终止。
}ADT Stack
```

在后续各章使用的栈大多为如上定义的数据类型，栈的数据元素类型在应用程序内定义，并称插入元素的操作为入栈，删除栈顶元素的操作为出栈。

3.1.2 栈的表示和实现

和线性表类似，栈也有顺序栈和链栈两种存储表示方法。

1. 顺序栈

栈的顺序存储结构是利用一组地址连续的存储单元依次存放自栈底到栈顶的数据元素，同时附设指针 top 指示栈顶元素在顺序栈中的位置。通常的习惯做法是以 top=0 表示空栈，鉴于 C 语言中数组的下标约定从 0 开始，则当以 C 作为描述语言时，如此设定会带来很大不便；另外，由于栈在使用过程中所需最大空间的大小很难估计，因此，一般在初始化设空栈时不应限定栈的最大容量。一个较合理的做法是类似顺序表：先为栈分配一个基本容量，每当栈的空间不够时倍增扩容。以下类型说明定义了顺序栈：

```
typedef struct {
    ElemType    * base;            // 基址，也称栈底指针，初始化时指向分配的元素存储空间
    ElemType    * top;             // 栈顶指针
    int           size;            // 元素存储空间容量
} * SqStack;                       // 顺序栈指针类型
```

栈的初始化操作是构造并返回一个空栈，按申请容量分配元素存储空间。base 称为栈底指针，始终指向栈底的位置。top 称为栈顶指针，其初值指向栈底，top==base 是栈空的状态，每当插入新的栈顶元素时，指针 top 增 1；删除栈顶元素时，指针 top 减 1。因此，非空栈的栈顶指针始终指向栈顶元素的下一个位置。图 3.2 展示了顺序栈的栈顶指针和栈顶元素之间的关系。

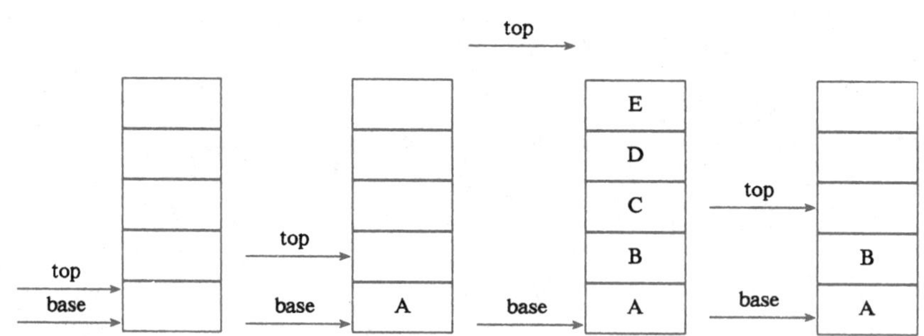

图 3.2 顺序栈的栈顶指针和栈顶元素之间的关系

以下是顺序栈的部分基本操作的实现算法。

```
SqStack InitStack(int size) {
    // 构造并返回一个空顺序栈，容量为 size
    SqStack S;
    if (!(S = (SqStack)malloc(sizeof(*S)))) exit(OVERFLOW);          // 分配存储空间
    if (!(S->base = (ElemType *)calloc(size, sizeof(ElemType))))
        exit(OVERFLOW);
    S->top=S->base;  S->size=size;
    return S; // 返回新建的顺序栈
}
ElemType GetTop(SqStack S) {
    // 若栈不为空，则返回 S 的栈顶元素，否则返回空元素 nullE(一个预定义的特殊元素值)
    if (!S || S->top==S->base) return nullE;  // 若栈不存在或为空，则返回空元素
    return *(S->top-1);                       // 返回栈顶元素
}
Status Push(SqStack S, ElemType e) {          // 入栈，插入元素 e 为 S 的新栈顶元素
    if (!S) return ERROR;                     // 若栈 S 不存在，则报错
    if (S->top-S->base>=S->size) {            // 若栈已满，则申请扩容
        S->base=(ElemType *)realloc(S->base, S->size*2*sizeof(ElemType));
        if (!S->base) return ERROR;           // 若扩容失败，则报错
        S->top=S->base +S->size;              // 更新栈顶指针(因栈底指针已改变)
        S->size*=2;                           // 更新栈的容量
    }
    *S->top++=e;                              // 将元素 e 置到栈顶，top 增 1
    return OK;
}
ElemType Pop(SqStack S) {
                         // 若栈不为空，则删除 S 的栈顶元素，并返回其值；否则返回 nullE
```

```
    if (!S || S->top==S->base) return nullE;
                                        // 若栈不存在或为空,则返回"空"元素
    return *--S->top;                   // 返回退栈元素值,满足不同需求
}
```

2. 链栈

栈的链式表示——链栈,如图 3.3 所示。由于栈的操作是线性表操作的特例,则链栈的操作易于实现,在此不进行详细讨论。

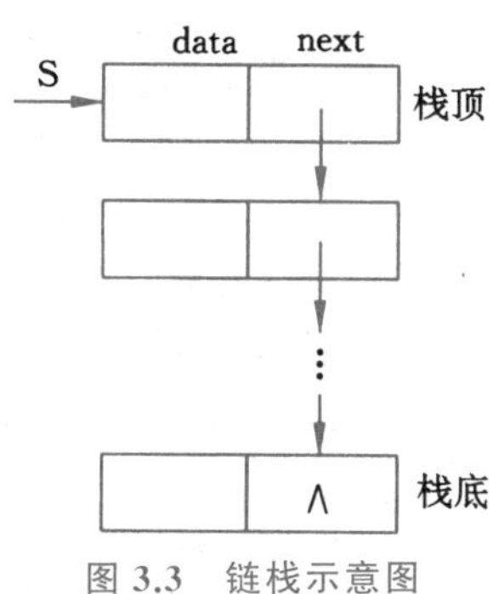

图 3.3　链栈示意图

3.2　栈的应用举例

由于栈结构具有后进先出的固有特性,使得栈成为程序设计中的有用工具。本节将讨论几个栈应用的典型例子。

3.2.1　数制转换

十进制数 N 和其他 d 进制数的转换是计算机实现计算的基本问题,其解决方法很多,其中一个简单算法基于下列原理:

$N=(N/d)*d+N\%d$　　(/ 为整除运算,* 为乘法运算,% 为求余运算)

例如,$(1348)_{10}=(2504)_8$,其运算过程如下:

N	$N/8$	$N\%8$
1348	168	4
168	21	0
21	2	5
2	0	2

假设要编制一个满足下列要求的程序:对于任意一个非负十进制整数 N,打印输出与其等值的八进制数。由于上述计算过程是从低位到高位顺序产生八进制数的各个数位而打印输出,一般来说应从高位到低位进行,恰好和计算过程相反。因此,若将计算过程中得到的八进制数的各位顺序进栈,则按出栈序列打印输出的即为与输入的十进制整数对应的八进制数。

```
void Conversion(unsigned int N) { // 对于非负十进制整数 N,打印输出与其等值的八进制数
```

```
    SqStack S=InitStack(10);                    // 构造容量为 10 的空栈
    while (N) {                                 // 循环中,N 不断变小,直至为 0
        Push(S, N%8);                           // 8 除 N,余数入栈
        N=N/8;                                  // 8 除 N,商替代原 N 值
    }
    while (!StackEmpty(S))                      // 循环到栈空为止
        printf("%d", Pop(S));                   // 输出退栈值
    printf("\n");                               // 换行,结束
}
```

算法 3.1

这是利用栈的后进先出特性的最简单的例子。在这个例子中,栈操作的序列是直线式的,先是不断地入栈,然后不断地出栈。或许有读者会提出疑问:用数组直接实现不也很简单吗?仔细分析上述算法不难看出,栈的引入简化了程序设计的问题,划分了不同的关注层次,使思考范围缩小了。而用数组不仅掩盖了问题的本质,还要分散精力去考虑数组下标增减等细节问题。当然,这里主要还是想用一个简单例子让读者明了栈的后进先出特性。可对算法做一些改进,如将八进制基数 8 参数化,增加一个参数 radix(实参值范围为 2～35)作为转换的目标数制的基数,在函数中取代 8;输出每位从栈弹出的数时,若值属于区间[10..35],则转换为小写字母'a'..'z',可将语句“printf("%d", Pop(S));”改为

```
int e=Pop(S);
char c=e <10 ? '0'+e : 'a'+(e-10);          // e 为 0..9 则转换为字符'0'..'9'
printf("%c", c);                              // e 为 10..35 则转换为字符'a'..'z'
```

3.2.2 括号匹配的检验

假设表达式中允许包含两种括号:圆括号和方括号,其嵌套的顺序随意,即([]())或[([][])]等为正确的格式,[(])、([())或(()])均为不正确的格式。检验括号是否匹配的方法可用“期待的急迫程度”这个概念来描述。例如,考虑下列括号序列(第 2 行的数字是对应括号的位序,下面就用位序指称括号:括号 1,括号 7,等等):

```
[([][])]
12345678
```

当计算机接收了括号 1 后,它期待着与其匹配的括号 8 的出现,而等来的却是括号 2,这样括号 1 只能暂时靠边,括号 2 对括号 7 的等待更为迫切。类似地,因等来的是括号 3,其期待匹配较括号 2 更急迫,故括号 2 也只能靠边,让位于括号 3,而括号 2 的期待急迫性仍高于括号 1。在接收了括号 4 之后,满足了括号 3 的期待,消解之后,括号 2 对匹配的期待又成为当前最急迫的任务了,以此类推。可见,这个处理过程恰与栈的后进先出特点相吻合。由此,在算法中设置一个栈,每读入一个括号,分以下情形处理:

(1) 若是右括号,且与栈顶的左括号匹配,则使最急迫的期待得以消解;若不匹配,则是“不期而遇”,属于非法右括号。

(2) 若是左括号,则作为一个新的更急迫的期待压入栈中,自然使栈里所有未消解的期

待的急迫性都“压低”了一级。

此外，在算法的开始和结束时，栈都应该是空的。此算法留作练习。关于括号匹配的问题，还可扩展更多种类的括号，如增加角括号'<'和'>'、花括号'{'和'}'等。

3.2.3 行编辑程序

一个简单的行编辑程序的功能：接收用户从终端输入的程序或数据，并存入用户的数据区。由于用户在终端上进行输入时，不能保证不出差错，因此，在编辑程序中，“每接收一个字符即存入用户数据区”的做法显然不是最恰当的。较好的做法是，设立一个输入缓冲区，用以接收用户输入的一行字符，然后逐行存入用户数据区。允许用户输入出现差错，并在发现有误时可以及时更正。例如，当用户发现刚刚输入的一个字符是错的时候，可输入一个退格符'#'，以表示前一个字符无效；如果发现当前输入的行内差错较多或难以补救，则可以输入一个退行符'@'，表示当前行的字符均无效。例如，假设从终端接收了这样两行字符：

```
whli##ilr#e(s#*s)
    outcha@putchar(*s=#++);
```

则实际有效的是下列两行：

```
while(*s)
    putchar(*s++);
```

为此，可设这个输入缓冲区为一个栈结构，每当从终端接收了一个字符之后先进行如下判别：如果它既不是退格符也不是退行符，则将该字符压入栈顶；如果是一个退格符，则从栈顶删除一个字符；如果是一个退行符，则将栈清为空栈。上述处理过程可用算法 3.2 描述。

```
void LineEdit() {               // 利用字符栈 S,从终端接收一行并传送至调用过程的数据区
    SqStack S=InitStack(80);  // 构造空栈 S(假设一行 80 个字符)
    ch=getchar();             // 从终端接收第一个字符
    while (ch!=EOF) {         // EOF 为全文结束符,可定义为字符'$'
        while (ch!=EOF && ch !='\n') {
            switch (ch) {
                case '#': Pop(S,c); break;      // 仅当栈非空时退栈,若栈空则无字符退栈
                case '@': ClearStack(S); break;    // 重置 S 为空栈
                default : Push(S,ch); break;   // 有效字符进栈,未考虑栈满情形
            }
        }
        ch=getchar();                           // 从终端接收下一个字符
        将从栈底到栈顶的栈内字符传送至调用过程的数据区;
                                                // 此段代码采用了文字表述
        ClearStack(S):                          // 重置 S 为空栈, 准备接收新一行
        if (ch!=EOF) ch=getchar();              // 若非全文结束,则接收新一行的首字符
    }
    S=FreeStack(S);                             // 用后必须回收
}
```

算法 3.2

算法 3.2 中用一行文字表述的功能可以下述简单方式模拟。

(1) 编写一段代码，从栈底到栈顶逐个字符打印输出。

(2) 编写一个函数，由栈底到栈顶的字符序列构成并返回一个字符串。

(3) 将顺序表的元素定义为字符串类型，每次把(2)的函数返回的字符串插入顺序表的末尾，就可以用这个顺序表模拟“数据区”，保存本次编辑的全部输入行。

3.2.4 迷宫求解

求迷宫中从入口到出口的一条或所有路径是一个经典的算法问题。通常用穷举法求解，即从入口出发，顺某一方向向前探索，若能走通，则继续往前走；否则沿原路退回，换一个方向再继续探索，直至所有可能的通路都探索到为止。为了保证在任何位置上都能沿原路退回，显然需要用一个后进先出的结构来保存从入口到当前位置的路径。因此，在求迷宫通路的算法中自然用栈来辅助。

可以用如图 3.4(a)所示的方块图表示迷宫。图中的每个方块或为通道(空白方块)，或为墙(阴影线方块)。通道块有四个通行方向，依习惯的东南西北方向依次编号为 1，2，3，4。所求路径必须是简单路径，即在求得的路径上不能重复出现同一通道块。

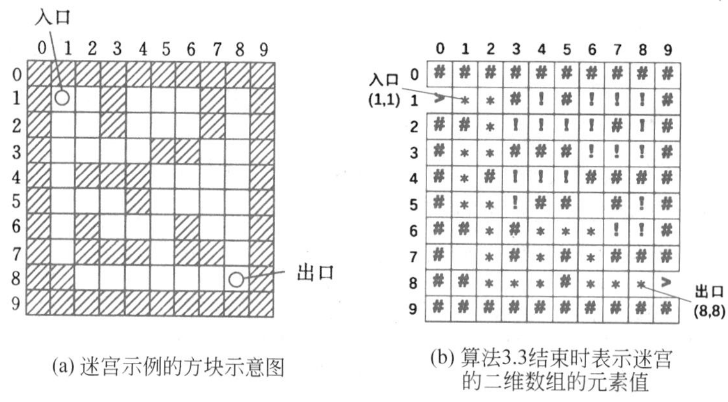

(a) 迷宫示例的方块示意图

(b) 算法3.3结束时表示迷宫的二维数组的元素值

图 3.4 迷宫

先明确 5 个用语。

(1) 当前位置：在搜索过程中当前所在迷宫中的通道块位置。

(2) 下一位置：当前位置的 4 个方向相邻通道块之一。

(3) 足迹标记：进入当前位置时，在该通道块留下的标记。既表示该位置入选了当前路径，也防止重复进入。

(4) 不可通标记：该位置的各方向都已探索过且走不通时，在回退前打的标记，以防再次进入。

(5) 可进入：未曾走到过的通道块，即要求该位置的方块不仅是通道块，而且既未标记足迹(即不在当前路径上，否则所求路径就不是简单路径)，也未标记不可通(即未被回退过，否则只能在死胡同内转圈)。

求迷宫中一条路径的算法基本思想如下。

(1) 若当前位置“可进入”，则纳入“当前路径”，并继续朝“下一位置”探索，即切换“下一位置”为“当前位置”，如此重复直至到达出口。

(2) 若“当前位置”标记为“不可通”，则应顺着“来向”退回到“前一通道块”，然后朝着其他“去向”继续探索。

可以用栈 S 辅助路径求解，并且记录当前路径，栈顶存放的是当前路径上最后一个通道块。如此，纳入路径的操作即为当前位置入栈；从当前路径上删除前一通道块的操作即为出栈，也称为回退。

迷宫算法可进一步表述如下：

```
设定入口位置为“当前位置”的初值;
do {
    若当前位置可进入,
    则 { 将当前位置压入栈顶;                                    // 纳入路径
        若该位置是出口位置,则结束;                              // 已求得的路径存放在栈中
        否则从当前位置的东邻方块开始探索下一个可进入位置;
      }
    否则,若栈不为空,
         则将栈顶位置退栈并将当前位置回退到该位置,
            若回退的位置尚有其他方向未探索,
            则设定新的当前位置为沿顺时针方向旋转找到的下一相邻块;
            否则就重复下述过程:
               栈不空退栈,回退当前位置,
               直至找到一个可进入的相邻块作为当前位置或栈空;
} while(栈不为空);
至此,“穷尽了”各种可能仍未到达出口位置,故该迷宫不存在从入口到出口的路径
```

下面定义迷宫的存储结构，其路径求解由算法 3.3 实现，其中 4 个辅助小函数也一并给出。在算法中，对每个位置的四周依次按 1、2、3、4 方向探索通道是最简单的“穷举”方式，读者也可尝试其他方式，如每次在剩余的方向进行随机选取，但必须确保每个方向都被探索。调用算法 3.3 的函数 MazePath 前，需对迷宫存储结构中的二维数组 arr 赋值，如图 3.4(a) 的迷宫，表示阴影的墙置'#'，而空白的通道块置空格' '，读者可自行编写一个迷宫初始化函数，构建自己想要求解的迷宫。

```
typedef struct {
    int r;                      // 位置坐标行号
    int c;                      // 位置坐标列号
} Position;                     // 位置类型
#define MAX_RANGE 10
typedef struct {
    char arr[MAX_RANGE][MAX_RANGE];
    int row, col;
} * Maze;                 // 定义一个 row×col 大小的迷宫
typedef struct {
    int ord;              // 通道块在路径上的序号
    Position pos;         // 通道块在迷宫中的坐标位置
    int dir;              // 从此通道块走向下一通道块的方向,值 1,2,3,4 依次表示东南西北
} SElemType;              // 栈的元素(通道块)类型
//-----算法调用的 4 个函数 -----
```

```
Status CanEnter(MazeType maze, Position curPos) {      // 判该位置可否进入(未曾到过)
    if (maze->arr[CurPos.r][CurPos.c]==' ') return TRUE;
                                                       // 若是空格,则可进入
    else return FALSE;                                 // 其他情况则不能进入
}
void FootPrint(MazeType MyMaze, Position CurPos)       // 标记足迹"*"
    { maze->arr[CurPos.r][CurPos.c]='*'; }
void MarkPrint(MazeType MyMaze, Position CurPos)       // 标记此路不通"!"
    { maze->arr[curPos.r][curPos.c]='!'; }
Position NextPos(Position CurPos, int dir) {           // 朝方向 dir 走一步
    Position newPos;
    switch (Dir) {                                     // 按方向设定新位置坐标
        case 1: newPos.r=curPos.r;   newPos.c=curPos.c+1;  break;
        case 2: newPos.r=curPos.r+1;  newPos.c=curPos.c;  break;
        case 3: newPos.r=curPos.r;   newPos.c=curPos.c-1;  break;
        case 4: newPos.r=curPos.r-1;  newPos.c=curPos.c;  break;
    }
    return newPos;
}
Status MazePath(Maze maze, Position start, Position end) {
    // 若迷宫 maze 中存在从入口 start 到出口 end 的通道,则求其一条存放在栈中(从栈底到
    // 栈顶),并返回 TRUE;否则返回 FALSE
    SElemType e;
    Stack S=InitStack();                        // 辅助栈 S 初始化
    Position curPos=start;                      // 设定入口位置为当前位置
    int pathlen =1;                             // 路径计步器置 1
    do {              // 在循环中,若可进入当前位置,则探索下一可进入的位置,否则回退再探索
        if (CanEnter(maze, curPos)) {           // 若当前位置可进入(即是未曾到过的通道块)
            e.ord=pathlen;  e.pos=curPos;  e.dir =1; // 组合入栈元素(当前位置)
            Push(S, e);  FootPrint(maze, curPos);    // 加入路径,标记足迹
            if (curPos.r==end.r && curPos.c==end.c)  // 若到达出口
              { FreeStack(S);  return pathlen; }     // 则回收栈,返回路径长度
            curPos=NextPos(curPos, 1);  pathlen++;
                                                   // 否则东邻块是下一位置,步数增 1
        } else {                                   // 当前位置不能通过,则回退另寻通道
            if (!StackEmpty(S)) {                  // 若栈 S 不为空
                e=Pop(S);  pathlen--;                // 栈顶元素退栈到 e,即回退一步
                while (e.dir==4 && !StackEmpty(S)) {  // 若 4 个方向均已探索,且栈不为空
                    MarkPrint(maze, e.pos);        // 则标记不可通
                    e=Pop(S);  pathlen--;          // 再回退一步
                } // while
                if (e.dir<4) {                     // 若仍有方向尚未探索
                  e.dir++;  Push(S, e);  pathlen++;   // 则换下一个方向探索
                  curPos=NextPos(e.pos, e.dir);    // 进入新方向相邻块,更新当前位置
                }
            }
        }
    } while (!StackEmpty(S));             // 若栈不为空,则继续 do…while 循环
    FreeStack(S);                         // 循环结束,即探索结束,回收辅助栈 S
    return 0;                   // 穷尽所有可能仍未走到出口,不存在从入口到出口的路径
}
```

算法　3.3

图 3.4(b)是算法 3.3 求得图 3.4(a)的迷宫从入口(1,1)到出口(8.8)时,表示迷宫的二维数组各单元的值,置'*'的是找到的路径上的通道块(进栈后未退栈),路径长度为 21;置'!'

的是发生回退的通道块(进栈后退栈),算法共探索(进栈和出栈)了75个次的位置;置'#'的是墙体,是当然的不可进入块;只有两个通道块从未进入过,仍是空格。

3.2.5 表达式求值

表达式求值是程序设计语言编译中的一个最基本问题。像"先乘除,后加减"之类的运算口诀我们都倒背如流。C/C++语言将运算划分为15个优先层级,按优先级决定表达式的运算次序是栈应用的又一个典型例子。这里介绍一种简单直观的实用算法,通常称为算符优先法。

要把一个表达式翻译成正确求值的一个机器指令序列,或者直接对表达式求值,首先要能够正确解释表达式。例如,要对下面的算术表达式求值:

$$4+2\times 3-10/5$$

首先要了解算术四则运算的基本规则

(1) 先乘除,后加减;

(2) 从左算到右;

(3) 先括号内,后括号外。

这个算术表达式的计算顺序应为(每一步是带下画线运算)

$$4+\underline{2\times 3}-10/5 = \underline{4+6}-10/5 = 10-\underline{10/5} = \underline{10-2} = 8$$

算符优先法就是根据这个运算优先关系的规定来实现对表达式的编译或解释执行的。

任何一个表达式都是由运算数(operand)、运算符(operator)和界限符(delimiter)组成的,它们被称为单词(token)。运算数既可以是常数也可以是被说明为变量或常量的标识符;运算符可以分为算术运算符、关系运算符和逻辑运算符3类(C语言划分的种类更多);界限符有左右括号和表达式结束符等。为了叙述简洁,仅讨论简单算术表达式的求值问题。这种表达式只含加、减、乘、除4种运算符。读者不难将它推广到更一般的表达式上。

运算符和界限符统称为算符,它们构成集合OP。根据上述3条运算规则,在运算的每一步中,任意两个相继出现的算符 θ_1 和 θ_2 之间的优先关系至多是下面3种关系之一:

$\theta_1<\theta_2$ θ_1 的优先权低于 θ_2

$\theta_1=\theta_2$ θ_1 的优先权等于 θ_2

$\theta_1>\theta_2$ θ_1 的优先权高于 θ_2

表3.1定义了算符之间的这种优先关系。

表3.1 算符之间的优先关系

θ_1	θ_2						
	+	−	*	/	(	)	#
+	>	>	<	<	<	>	>
−	>	>	<	<	<	>	>
*	>	>	>	>	<	>	>
/	>	>	>	>	<	>	>
(	<	<	<	<	<	=	
)	>	>	>	>		>	>
#	<	<	<	<	<		=

由规则(3),+、−、* 和/为 θ_1 时的优先性均低于'('但高于')'。由规则(2),$\theta_1=\theta_2$ 时,

按 $\theta_1 > \theta_2$ 处理(如两个 *，从左算到右)。约定'#'是表达式的结束符。为了算法简洁，在表达式的最左边也虚设一个'#'，与末尾的'#'构成整个表达式的一对括号。表中的'('=')'表示当左右括号相遇时，括号内的运算已经完成。同理，'#'='#'表示整个表达式求值完毕。')'与'('、'#'与')'以及'('与'#'之间无优先关系，这是因为表达式中不允许它们相继出现，一旦遇到这种情况，则可以认为出现了语法错误。在以下讨论中，假定所输入的表达式不会出现语法错误。

实现算符优先求值算法时，使用了两个辅助栈：一个是**运算符栈** OPTR，寄存运算符；另一个是**运算数栈** OPND，寄存运算数或运算结果。算法的基本思想如下。

(1) 初始置运算数栈 OPND 为空栈，表达式起始符'#'为运算符栈 OPTR 的栈底元素。

(2) 依次读入表达式中每个字符，若是运算数则进 OPND 栈，若是运算符则和 OPTR 栈的栈顶运算符比较优先权后进行相应操作，直至整个表达式求值完毕(即 OPTR 栈的栈顶元素和当前读入的字符均为'#')。

算法 3.4 描述了基于算法优先法的表达式求值过程，其中调用了 C 语言的库函数 strcat (字符串连接)和 atof(字符串转换为实数)。

```
#define OPSetSize 7
char OPSet[OPSetSize]={ '+', '-', '*', '/', '(', ')', '#' };       // 算符集
char Prior[7][7]={ { '>','>','<','<','<','>','>' },     // 表 3.1 算符之间的优先关系表
                   { '>','>','<','<','<','>','>' },
                   { '>','>','>','>','<','>','>' },
                   { '>','>','>','>','<','>','>' },
                   { '<','<','<','<','<','=',' ' },
                   { '>','>','>','>',' ','>','>' },
                   { '<','<','<','<','<',' ','=' } };
float Operate(float a, char theta, float b) { // 执行四则运算: a θ b,并返回结果
    switch (theta) {  case '+': return a+b;
                      case '-': return a-b;
                      case '*': return a*b;
                      case '/': return a/b;
                      default : return 0.0;     // 非法运算符(约定不会出现)
                    }
}
Status InOPSet(char c) {                        // 检测 c 是否为算符
    for (int i=0; i<OPSetSize; i++) if (c==OPSet[i]) return TRUE;
    return FALSE;
}
int OpOrd(char op) {                            // 查算符 op 的序号
    for(int i=0; i<OPSetSize; i++) if (op==OPSet[i]) return i;
    return 0;
}
char precede(char Aop, char Bop)                // 查两个算符的优先关系
    { return Prior[OpOrd(Aop)][OpOrd(Bop)]; }
float CalculateExpr(char* Expr) {             // 对算术表达式 Expr 求值的算符优先算法
```

```
    // OPTR 和 OPND 分别为 char 类型的运算符栈和 float 类型的运算数栈
    // OPSet 为运算符集合
    // 字符数组 numStr 用于获取运算数子串,其余辅助变量的作用易从上下文理解
    InitStackC(OPTR);  PushC(OPTR, '#');  // 初始化两个辅助栈,开始符'#'入 OPTR 栈
    InitStackF(OPND);
    c = Expr;  numStr[0]='\0';               // c 指向表达式首字符,置 numStr 为空串
    while (*c!='#' || GetTopC(OPTR)!='#') {  // 当前字符或栈顶算符不是'#',则循环
      if (!InOPSet(*c)) {                     // 若不是算符(则是运算数)
        cr[0]=*c;  cr[1]='\0';  strcat(numStr, cr);
                                             // 该字符连接到 numStr 末尾
        c++;                                 // 下一个字符(指向表达式串的指针加 1)
        if (InOPSet(*c)) {                   // 若是算符
          num = (float)atof(numStr);        // 则将之前的运算数由字符串转换为浮点数
          PushF(OPND, num);                  // 压入运算数栈 OPND
          numStr[0]='\0';                    // 置 numStr 为空串
        }
      } else {                               // 若不是运算符(则是算符)
        switch (precede(GetTopC(OPTR), *c)) {  // 栈顶算符与该算符比较优先级
          case '<': PushC(OPTR, *c);  c++;  break;  // 栈顶元素优先权较低
          case '=': x=PopC(OPTR);  c++;  break;     // 脱括号并接收下一个字符
          case '>': theta=PopC(OPTR);               // 算符退栈
            b=PopF(OPND);  a=PopF(OPND);            // 两个运算数退栈
            PushF(OPND, Operate(a, theta, b)); break;  // 运算,结果入栈
        }
      }
    }// while
    return GetTopF(OPND);
}
```

算法 3.4

算法中调用了两个函数。Precede 判定栈顶算符 θ_1 与当前算符 θ_2 之间的优先关系。Operate 进行二元运算 a θ b,在应用中,如果是编译表达式,则产生这个运算的一组相应指令并返回存放结果的中间变量名;如果是解释执行表达式,则直接进行该运算,并返回运算的结果。

例 3-1 利用算法 CalculateExpr 对算术表达式 3 * (7－12)求值,操作过程如表 3.2 所示。

表 3.2 例 3-1 求值操作过程

步骤	OPTR 栈	OPND 栈	表达式串	主要操作(退栈操作仅列出左括号的退栈)
1	#		3*(7－12)#	PushF(OPND, 3);
2	#	3	*(7－12)#	PushC(OPTR,'*');
3	# *	3	(7－12)#	PushC(OPTR,'(');
4	# * (	3	7－12)#	PushF(OPND, 7);
5	# * (	3 7	－12)#	PushC(OPTR,'－');
6	# * (－	3 7	12)#	numStr[0]=1; numStr[1]='\0';
7	# * (－	3 7	2)#	numStr[1]=2; numStr[3]='\0';
8	# * (－	3 7	)#	num=12; PushF(OPND, num);
9	# * (－	3 7 12	)#	Operate(7,'－',12); PushF(OPND,－5);
10	# * (	3 －5	)#	PopC(OPTR);(删除一对括号)

续表

步骤	OPTR 栈	OPND 栈	表达式串	主要操作(退栈操作仅列出左括号的退栈)
11	# *	3 −5	#	Operate(3,'*',−5); PushF(OPND,−15);
12	#	−15	#	**return** GetTop(OPND)

对算法 3.4 可设计若干测试用例

```
int main() {
    char * TestExp[]={                                    // 测试用例
        "0#",
        "9#",
        "3.1416#",
        "3*(7-12)#",
        "3.14*2.0-1.2*1.4#",
        "((9*7-8)*6-2)/4#",
        "1+2+3+4+5+6+7+8+9#",
        "3.14*(10.5-8.5)#"
    };
    for(int i=0; i<8; i++)
       printf("\nTest%d : CalculateExpr(\"%s\") =%g",
          i+1, TestExp[i], CalculateExpr(TestExp[i]));
    return 0;
}
```

运行结果如下：

```
Test1 : CalculateExpr("0#")=0
Test2 : CalculateExpr("9#")=9
Test3 : CalculateExpr("3.1416#")=3.1416
Test4 : CalculateExpr("3*(7-12)#")=-15
Test5 : CalculateExpr("3.14*2.0-1.2*1.4#")=4.6
Test6 : CalculateExpr("((9*7-8)*6-2)/4#")=82
Test7 : CalculateExpr("1+2+3+4+5+6+7+8+9#")=45
Test8 : CalculateExpr("3.14*(10.5-8.5)#")=6.28
```

3.3 栈与递归的实现

栈最重要的应用之一是在程序设计语言中辅助实现函数调用，特别是递归调用。一个直接调用自己或通过一系列调用语句间接地调用自己的函数，称为递归函数。

递归是程序设计中一个强有力的工具。其一，有很多数学函数是递归定义的，如大家熟悉的阶乘函数

$$\text{Fact}(n)=\begin{cases}1 & n=0\\ n\cdot\text{Fact}(n-1) & n>0\end{cases}\tag{3-1}$$

2 阶 Fibonacci 数列

$$\text{Fib}(n)=\begin{cases}0 & n=0\\ 1 & n=1\\ \text{Fib}(n-1)+\text{Fib}(n-2) & \text{其他情形}\end{cases}\tag{3-2}$$

Ackerman 函数

$$\text{Ack}(m,n)=\begin{cases}n+1 & m=0\\ \text{Ack}(m-1,1) & n=0\\ \text{Ack}(m-1,\text{Ack}(m,n-1)) & \text{其他情形}\end{cases} \tag{3-3}$$

等；其二，有的数据结构，如二叉树、广义表等，由于结构本身固有的递归特性，它们的操作可递归地描述；其三，还有一类问题，虽然本身没有明显的递归结构，但用递归求解比迭代求解更简单，如八皇后问题、*Hanoi* 塔问题等。

例 3-2 （n 阶 Hanoi 塔问题）先陈述 3 阶的情形：假设有 3 个分别命名为 X、Y 和 Z 的塔柱，在塔柱 X 上插有 n 个直径大小各不相同、从小到大编号为 1，2，…，n 的带孔圆盘（如图 3.5 所示）。要求将 X 柱上的 n 个圆盘移至塔柱 Z 上并仍按同样顺序叠放，圆盘移动时必须遵循下列规则。

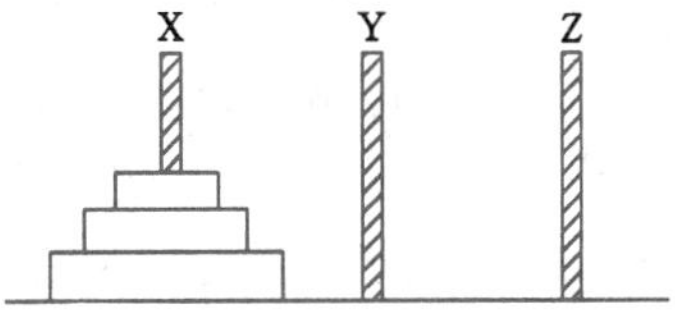

图 3.5　3 阶 Hanoi 塔问题的初始状态

（1）每次只能移动塔柱顶上的一个圆盘。

（2）圆盘可以插在 X、Y 和 Z 中的任一塔柱上。

（3）任何时刻都不能将一个较大的圆盘压在较小的圆盘之上。

如何实现移动圆盘的操作呢？当 $n=1$ 时，问题简单，只要将编号为 1 的圆盘从塔柱 X 直接移至塔柱 Z 上即可；当 $n>1$ 时，需利用塔柱 Y 辅助，若能设法将压在编号为 n 的圆盘之上的 $n-1$ 个圆盘从塔柱 X（依照上述法则）移至塔柱 Y 上，则可将编号为 n 的圆盘从塔柱 X 移至塔柱 Z 上，然后再将塔柱 Y 上的 $n-1$ 个圆盘（依照上述法则）移至塔柱 Z 上。而如何将 $n-1$ 个圆盘从一个塔柱移至另一个塔柱的问题是一个和原问题具有相同特征属性的问题，只是问题的规模小于 1，因此可以用同样的方法求解。由此可得求解 n 阶 Hanoi 塔问题的函数如算法 3.5 所示。

```
void hanoi(int n, char x, char y, char z)
    // 将塔柱 x 上按直径由小到大且自上而下编号为 1～n 的 n 个圆盘按规则搬到塔柱 z 上
    // y 可用作辅助塔柱。搬动操作 move(x,n,z)可定义为(c 是值为 0 的全局变量,对搬动计数)
    //printf("%i. Move disk %i from %c to %c\n", ++c, n, x, z);
{
    if (n==1)
        move(x, 1, z);              // 将编号为 1 的圆盘从 x 移到 z
    else {
        hanoi(n-1, x, z, y);        // 将 x 上编号为 1～n-1 的圆盘移到 y,z 作辅助塔
        move(x, n, z);              // 将编号为 n 的圆盘从 x 移到 z
        hanoi(n-1, y, x, z);        // 将 y 上编号为 1～n-1 的圆盘移到 z,x 作辅助塔
    }
}
```

算法　3.5

显然，这是一个递归函数，在函数的执行过程中，需多次进行自我调用。那么，这个递归函数是如何执行的？先看任意两个函数之间进行调用的情形。在讨论中，将调用别的函数的函数称为主调函数，被调用的函数称为被调函数。

与汇编程序设计中主程序和子程序之间的链接及信息交换相类似，在高级程序设计语

言编制的程序中，主调函数和被调函数之间的链接及信息交换需通过栈来进行。

通常，当一个函数的运行期间调用另一个函数时，在运行被调函数之前，系统需先完成3件事。

(1) 将所有的实参、返回地址等信息传递给被调函数保存。

(2) 为被调函数的局部变量分配存储区。

(3) 将控制转移到被调函数的入口。

而从被调函数返回主调函数之前，系统也应完成3项工作。

(1) 保存被调函数的计算结果。

(2) 释放被调函数的数据区。

(3) 依照被调函数保存的返回地址将控制转移到主调函数。

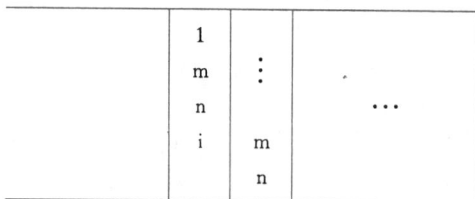

当有多个函数构成嵌套调用时，按照"后调用先返回"的原则。上述函数之间的信息传递和控制转移必须通过栈来实现，即系统将整个程序运行时所需的数据空间安排在一个栈中，每当调用一个函数时，就为它在栈顶分配一个存储区，每当从一个函数退出时，就释放它的存储区。这样，当前正运行的函数的数据区必在栈顶。如图3.6(c)所示，主函数main中调用了函数first，而在函数first中又调用了函数second；图3.6(a)展示了当前正在执行函数second中某个语句时栈的状态；图3.6(b)展示从函数second退出之后正执行函数first中某个语句时栈的状态(图中以语句标号表示返回地址)。

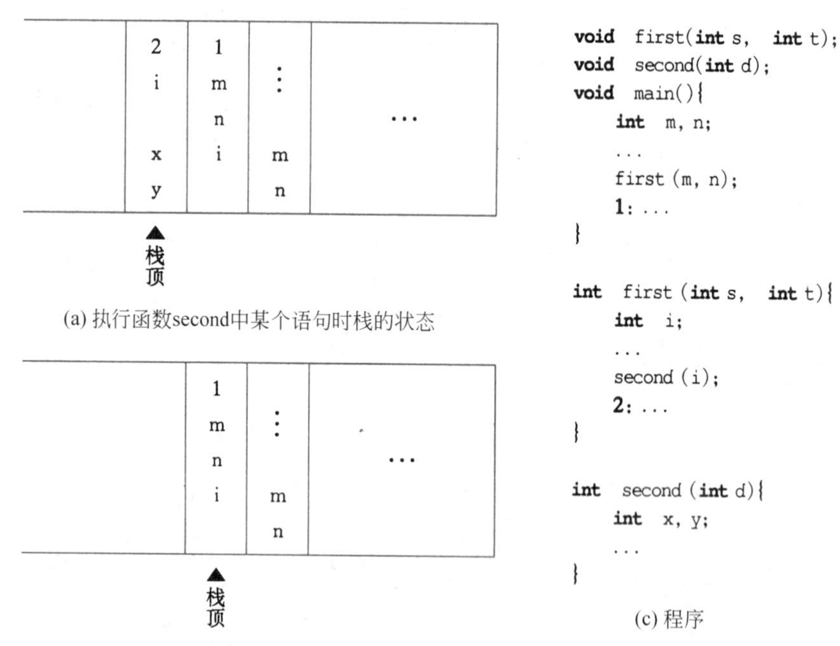
2
i
x
y
1
m
n
i
⋮
m
n
…
栈顶
(a) 执行函数second中某个语句时栈的状态
1
m
n
i
⋮
m
n
…
栈顶
(b) 从函数second退出之后正执行函数first中某个语句时栈的状态
void first(int s, int t);
void second(int d);
void main(){
int m, n;
...
first (m, n);
1: ...
}
int first (int s, int t){
int i;
...
second (i);
2: ...
}
int second (int d){
int x, y;
...
}
(c) 程序

图3.6 主函数main执行期间运行栈的状态

更一般地说，函数的嵌套调用构成了程序的不同运行层次。主函数main在第0层，它调用的函数为第1层。在函数嵌套调用序列$f_0, f_1, \cdots, f_{i-1}, f_i, f_{i+1}, \cdots, f_n$中，$f_0$是main函数，$f_n$是当前正在运行的函数，它之前的所有函数都处于"挂起"状态(保留现场，暂停运行)，等待各自调用的函数返回后才能继续运行和返回。位于第i层的函数f_i有双重

"身份",它既是被调函数,其主调函数是 f_{i-1},它返回了 f_{i-1} 才能继续运行和返回;它也是 f_{i+1} 的主调函数,f_{i+1} 返回了它才能继续运行和返回。

C/C++ 及各种编程语言都设立"运行栈"来管理函数调用的存储区分配和代码运行,每一个被调函数所需信息构成一个"工作记录",其中包括函数所有实参、局部变量及主调函数的返回地址(每个函数的工作记录及所需存储空间的大小不尽相同)。每调用一个函数,就在栈顶产生(入栈)一个新的工作记录。每退出当前函数,就从栈顶释放(退栈)一个工作记录。当前执行函数的工作记录一定位于运行栈的栈顶,称为当前"活动记录"(栈内的其他被调函数的工作记录则处于"休眠"或称被"挂起"),并称指示活动记录的栈顶指针为当前环境指针。

为理解运行栈支持下的函数嵌套及递归调用的机制,用 C 语言实现一个模拟运行栈。

(1) 简化的模拟运行栈。

运行栈是一种后进先出(LIFO)的数据结构,用于管理函数调用。每当一个函数被调用时,一个新的活动记录被压入栈中;当函数返回时,其对应的活动记录被弹出栈。每个活动记录通常包含以下信息。

- 返回地址(return address)。
- 函数参数(function arguments)。
- 局部变量(local variables)。
- 保存的寄存器状态(saved registers)。

简化活动记录的内容,仅包括函数名和动态分配的若干整型局部变量(省略了函数参数和返回地址)。

(2) 模拟运行栈的实现。

由于活动记录的大小不一,这需要使用链栈来模拟运行栈,每个结点代表一个函数调用的活动记录。采用动态数组存储局部变量,以适应变量个数的不同。

```
typedef struct ActiveRecord {
    char * funcName;                                    // 函数名
    int * localVars;                                    // 整型局部变量动态数组
    int localCount;                                     // 局部变量数量
    struct ActiveRecord * next;                         // 指向下一个活动记录
} ActiveRecord;                                         // 活动记录类型
typedef struct {
    ActiveRecord * top;                                 // 栈顶指针
} * RTStack;                                            // 链栈指针类型
void perror(char * s) { printf("%s\n", s); }           // 显示出错信息的辅助函数
RTStack InitStack() {                                   // 构建初始空链栈
    RTStack stack;
    if (!(stack = (RTStack)malloc(sizeof( * stack)))) // 分配链栈结构体
        { perror("Init_Stack");  exit(OVERFLOW); }
    stack->top=NULL;
    return stack;                                       // 返回空的链栈
}
```

算法 3.6 的入栈操作在模拟运行栈顶生成被调函数的活动记录。

```
void Push(RTStack stack, char * funcName, int * localVars, int localCount) {
    // 模拟在运行栈顶创建含 localCount 个整型局部变量的活动记录
    ActiveRecord * record;
    record = (ActiveRecord * )malloc(sizeof(ActiveRecord));     // 分配活动记录
    if (!record) { perror("malloc");  exit(OVERFLOW); }         // 若失败,则报错
    record->funcName=funcName;                                  // 函数名
    record->localVars = (int * )malloc(localCount * sizeof(int)); // 分配局部变量空间
    if (!record->localVars)                                     // 若失败,则报错
        { perror("malloc");  free(record);  exit(OVERFLOW); }
    memcpy(record->localVars, localVars, localCount * sizeof(int));
                                                                // 复制局部变量值
    record->localCount=localCount;                              // 局部变量个数
    record->next=stack->top;                                    // 活动记录入栈
    stack->top=record;                                          // 更新栈顶指针
}
```

算法 3.6

算法 3.7 的出栈操作模拟移除活动记录。由于在函数的入口和出口分别构建和移除活动记录,其“出栈”和“入栈”是配对的,因此出栈时未做栈空否的检测。

```
void Pop(RTStack stack) {                          // 模拟移除栈顶的活动记录
    if (stack->top==NULL) { printf("Stack underflow!\n");  exit(OVERFLOW); }
    ActiveRecord * record=stack->top;
    stack->top=stack->top->next;                   // 退栈
    free(record->localVars);                       // 回收局部变量空间
    free(record);                                  // 回收出栈的活动记录
}
```

算法 3.7

一个递归函数的运行过程类似于多个函数的嵌套调用,只是调用函数和被调函数是同一个函数,因此,和每次调用相关的一个重要的概念是递归函数运行的“层次”。假设调用该递归函数的主调函数为第 c 层,则从主调函数调用递归函数为进入第 $c+1$ 层;从第 $c+i$ 层递归调用本函数为进入“下一层”,即第 $c+i+1$ 层。反之,退出第 $c+i$ 层递归应返回至“上一层”,即第 $c+i-1$ 层。

例如,图 3.7 展示了调用语句:

```
hanoi(3, a, b, c);
```

执行过程(从主函数进入递归函数到退出递归函数而返回至主函数)中运行栈状态的变化情况。由于算法 3.5 所示的递归函数中只含 4 个值参数,则每个工作记录包含 5 个数据项:返回地址和 4 个实参,并以递归函数中的语句行号表示返回地址,同时假设主函数的返回地址为 0。图 3.7 中用▶表示栈顶指针。

递归运行的层次	运行语句行号	递归工作栈状态(返回地址,n值,x值,y值,z值)	塔柱与圆盘的状态	说　明
1	1,2,4,5	▶ **0,3,a,b,c**	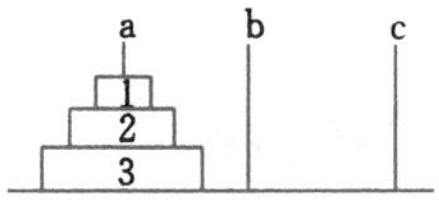	由主函数进入第一层递归后,运行至语句(行)5,因递归调用而进入下一层
2	1,2,4,5	▶ **6,2,a,c,b** 0,3,a,b,c		由第一层的语句(行)5进入第二层递归,执行至语句(行)5
3	1,2,3,9	▶ **6,1,a,b,c** 6,2,a,c,b 0,3,a,b,c	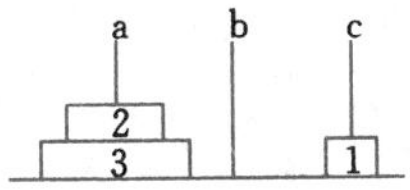	由第二层的语句(行)5进入第三层递归,执行语句(行)3,将1号圆盘由a移至c后从语句(行)9退出第三层递归,返回至第二层的语句(行)6
2	6,7	▶ 6,2,a,c,b 0,3,a,b,c	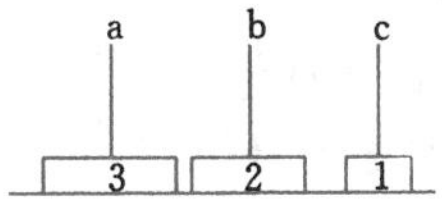	将2号圆盘由a移至b后,从语句(行)7进入下一层递归
3	1,2,3,9	▶ **8,1,c,a,b** 6,2,a,c,b 0,3,a,b,c	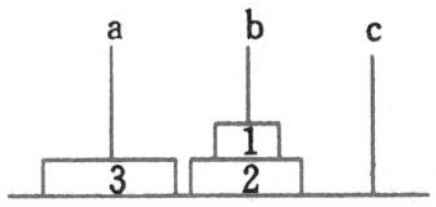	将1号圆盘由c移至b后,从语句(行)9退出第三层,返回至第二层的语句(行)8
2	8,9	▶ 6,2,a,c,b 0,3,a,b,c		从语句(行)9退出第二层,返回至第一层的语句(行)6
1	6,7	▶ 0,3,a,b,c	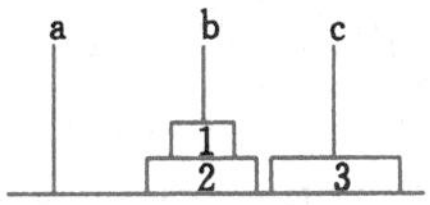	将3号圆盘由a移至c后,从语句(行)7进入下一层递归
2	1,2,4,5	▶ **8,2,b,a,c** 0,3,a,b,c		从第二层的语句(行)5进入第三层递归
3	1,2,3,9	▶ **6,1,b,c,a** 8,2,b,a,c 0,3,a,b,c	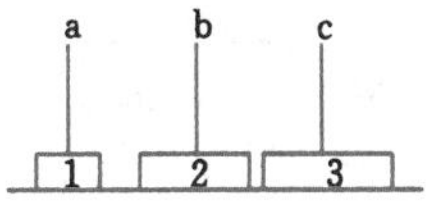	将1号圆盘由b移至a后,从语句(行)9退出第三层递归,返回至第二层语句(行)6
2	6,7	▶ 8,2,b,a,c 0,3,a,b,c	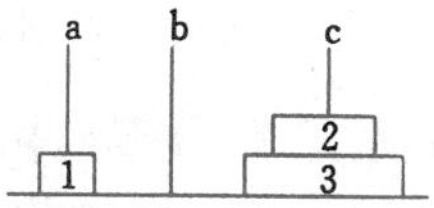	将2号圆盘由b移至c后,从语句(行)7进入下一层递归

图 3.7　Hanoi 塔的递归函数运行示意图

递归运行的层次	运行语句行号	递归工作栈状态（返址，n 值，x 值，y 值，z 值）	塔与圆盘的状态	说　明
3	1,2, 3,9	▶ **8,1,a,b,c** 8,2,b,a,c 0,3,a,b,c	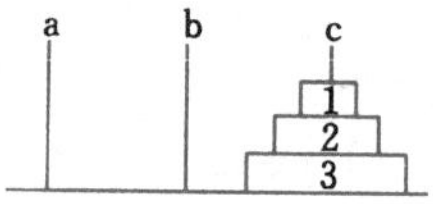	将 1 号圆盘由 a 移至 c 后，从语句(行)9 退出第三层，返回至第二层语句(行)8
2	8,9	8,2,b,a,c 0,3,a,b,c		从语句(行)9 退出第二层，返回至第一层语句(行)8
1	8,9	0,3,a,b,c		从语句(行)9 退出递归函数，返回至主函数
0		栈空		继续运行主函数

图 3.7 （续）

由于递归函数结构清晰，程序易读，而且它的正确性容易得到证明，因此，利用允许递归调用的语言(如 C 语言)进行程序设计时，给用户编制程序和调试程序带来很大方便。因为对这样一类递归问题编程时，不需用户自己而由系统来管理实现递归调用的运行栈。

3.4 队　　列

3.4.1 抽象数据类型队列的定义

和栈相反，队列(queue)是一种先进先出(First In First Out，FIFO)的线性表。它只允许在表的一端插入元素，而在另一端删除元素。这和日常生活中的排队是一致的，最早进入队列的元素最早离开。在队列中，允许插入的一端称为队尾(rear)，允许删除的一端则称为队头(front)。对于队列 $Q=(a_1,a_2,\cdots,a_n)$，a_1 就是队头元素，a_n 则是队尾元素。队列中的元素是按照 $a_1,a_2,\cdots,a_n$ 的顺序进入的，退出队列也只能按照这个次序依次退出；也就是说，只有在 $a_1,a_2,\cdots,a_{n-1}$ 都离开队列之后，a_n 才能退出队列。图 3.8 是队列的示意图。

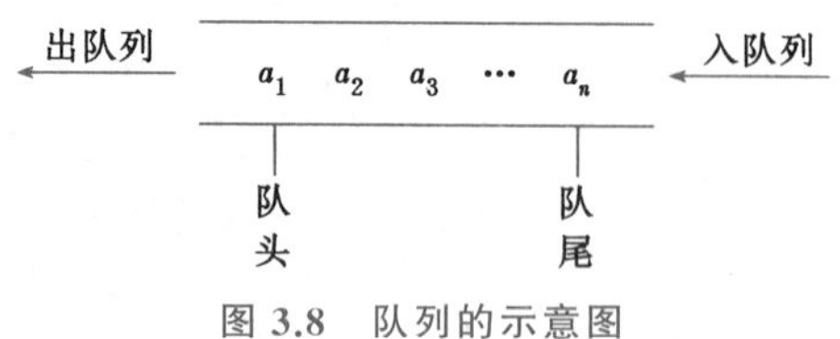

图 3.8 队列的示意图

队列在程序设计中也经常出现，最典型的例子就是操作系统中的作业排队。在允许多道程序运行的计算机系统中，同时有几个作业运行。如果运行的结果都需要经通道输出，那就要按请求输出的先后次序排队。每当通道传输完毕可以接受新的输出任务时，队头的作业先从队列中退出做输出操作。凡是申请输出的作业都从队尾进入队列。

队列的操作与栈的操作类似，也有 9 个，不同的是删除是在表的头部(即队头)进行。下面给出队列的抽象数据类型定义：

```
ADT Queue {
    数据对象: D = { aᵢ | aᵢ ∈ ElemSet, i=1,2,…,n, n≥0 }
    数据关系: R1 = { <aᵢ₋₁, aᵢ> | aᵢ-1, aᵢ ∈ D, i=2,…,n } //约定 a₁ 端为队头, aₙ 端为队尾
    基本操作:
      InitQueue();
          操作结果: 构造并返回一个空队列 Q。
      FreeQueue(Q);
          初始条件: 队列 Q 已存在。
          操作结果: 队列 Q 被回收,不再存在,返回 NULL。
      ClearQueue(Q);
          初始条件: 队列 Q 已存在。
          操作结果: 将 Q 清为空队列。
      QueueEmpty(Q);
          初始条件: 队列 Q 已存在。
          操作结果: 若 Q 为空队列,则返回 TRUE,否则返回 FALSE。
      QueueLen(Q);
          初始条件: 队列 Q 已存在。
          操作结果: 返回 Q 的元素个数,即队列的长度。
      GetHead(Q);
          初始条件: Q 为非空队列。
          操作结果: 返回 Q 的队头元素。
      EnQueue(Q, e);
          初始条件: 队列 Q 已存在。
          操作结果: 插入元素 e 为 Q 的新的队尾元素。
      DeQueue(Q);
          初始条件: Q 为非空队列。
          操作结果: 删除 Q 的队头元素,并返回其值。
      QueueTrav(Q, visit());
          初始条件: Q 已存在且非空。
          操作结果: 从队头起依次对 Q 每个数据元素调用函数 visit。一旦 visit 失败,则
                   操作失败。
}ADT Queue
```

和栈类似,在本书后续各章使用的队列都应是如上定义的队列类型。队列的数据元素类型按应用需求定义。

除了栈和队列之外,还有一种限定性数据结构是双端队列(deque)。双端队列是限定插入和删除操作在表的两端进行的线性表。这两端分别称为端点 1 和端点 2(如图 3.9(a)所示)。也可像栈一样,可以用一个铁道转轨网络来比喻双端队列,如图 3.9(b)所示。在实际使用中,还可以有输出受限的双端队列(即一个端点允许插入和删除,另一个端点只允许插入的双端队列)和输入受限的双端队列(即一个端点允许插入和删除,另一个端点只允许删除的双端队列)。而如果限定双端队列从某个端点插入的元素只能从该端点删除,则该双端队列就蜕变为两个栈底相邻接的栈了。

尽管双端队列看起来似乎比栈和队列更灵活,但实际应用远不及栈和队列广泛,在此不做进一步讨论,留作练习。

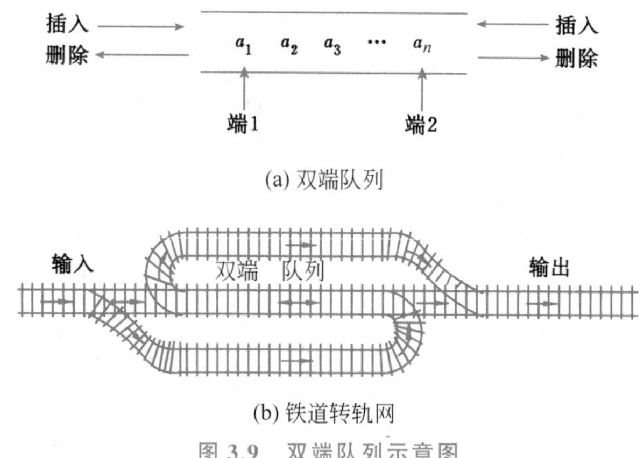

(a) 双端队列

(b) 铁道转轨网

图 3.9 双端队列示意图

3.4.2 链队列——队列的链式表示和实现

和线性表类似，队列也可以有两种存储表示。

用链表表示的队列简称链队列，如图 3.10 所示。一个链队列显然需要两个分别指示队头和队尾的指针（分别称为头指针和尾指针）才便于在队头和队尾的操作。为了操作方便，和单链表一样，也给链队列添加一个头结点，并令头指针指向头结点。由此，空的链队列的判决条件是“头指针和尾指针均指向头结点”，如图 3.11(a)所示。

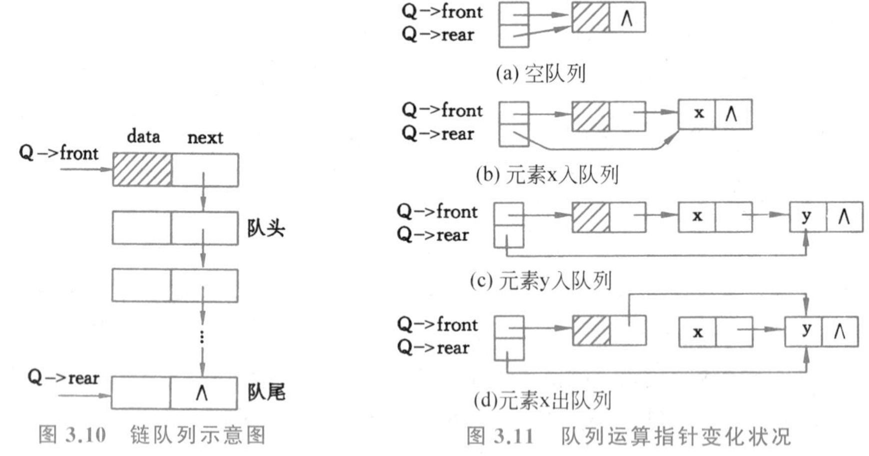

图 3.10 链队列示意图

图 3.11 队列运算指针变化状况

链队列的操作实际上是单链表的插入和删除操作的特殊情况，只是要同时维护头、尾两个指针，图 3.11(b)～(d)展示了进行这两种操作时指针变化的情况。下面给出链队列类型的模块说明。

```
//=====ADT Queue 的表示与实现 =====
//-----单链队列——队列的链式存储结构 ---
typedef struct QNode {
    ElemType data;              // 数据域
    struct QNode * next;        // 向后指针域
} QNode, * QueuePtr;            // 链队列结点、结点指针类型
```

```
typedef struct {
    QueuePtr front;          // 队头指针域
    QueuePtr rear;           // 队尾指针域
} * LinkQueue;               // 链队列指针类型(必须动态生成和回收,以便严格内存管理)
//-----基本操作的函数原型说明 -----
LinkQueue InitQueueL();                 // 构造一个空队列 Q
LinkQueue FreeQueueL(LinkQueue Q);      // 回收队列 Q 的空间,返回 NULL
Status ClearQueueL(LinkQueue Q);        // 回收元素结点,将队列 Q 置为空队列
Status QueueEmptyL(LinkQueue Q);        // 若 Q 为空队列,则返回 TRUE,否则返回 FALSE
int QueueLenL(LinkQueue Q);             // 返回队列 Q 的长度(元素个数)
ElemType GetHeadL(LinkQueue Q);         // 若队列不为空,则返回 Q 的队头元素,否则返回 ERROR
Status EnQueueL(LinkQueue Q, ElemType e);        // 插入元素 e 为 Q 的新队尾元素
ElemType DeQueueL(LinkQueue Q);
                                // 若队列不为空,则删除并返回 Q 的队头元素,否则返回 ERROR
Status QueueTrav(LinkQueue Q, Status ( * visit)(ElemType));
    // 从队头起依次对队列 Q 的每个元素调用函数 visit,一旦 visit 失败,则操作失败
//-----基本操作的算法描述(部分)-----
LinkQueue InitQueueL() {
    LinkQueue Q;
    if (!(Q =(LinkQueue)malloc(sizeof( * Q)))) exit(OVERFLOW);     // 分配记录空间
    if (!(Q->front=Q->rear =(QueuePtr)malloc(sizeof(QNode))))    // 分配头结点
        exit(OVERFLOW);
    Q->front->next=NULL;                        // 空队列仅有头结点
    return Q;                                   // 返回空队列 Q
}
LinkQueue FreeQueueL(LinkQueue Q) {             // 回收链队列 Q,返回 NULL
    if (!Q) return NULL;                        // 若 Q 不存在,则结束
    QueuePtr q, p=Q->front;                     // 从头结点开始
    while (p) { q=p;  p=p->next;  free(q); }    // 逐个释放队列中的结点
    free(Q); return NULL;                       // 最后释放 Q 的基本空间
}
Status EnQueueL(LinkQueue Q, ElemType e) {      // 入队
    if (!Q) return ERROR;                       // 若链队列 Q 不存在,则报错
    QueuePtr p;
    if (!(p =(QueuePtr)malloc(sizeof(QNode)))) return ERROR;   // 分配新结点
    p->data=e;  p->next=NULL;                   // 对新结点赋值
    Q->rear->next=p;  Q->rear=p;                // 在队尾插入
    return OK;
}
ElemType DeQueueL(LinkQueue Q) {                // 退队
    if (!Q || Q->front==Q->rear) return nullE;  // 若 Q 空或队空,则返回 nullE
    QueuePtr p=Q->front->next;                  // p 指向队头元素结点
    ElemType e=p->data;                         // 队头元素值赋给 e
    Q->front->next=p->next;                     // 删除队头元素结点
    if (Q->rear==p) Q->rear=Q->front;    // 若删除的也是队尾元素结点,则队列变为空
    free(p);  return e;                         // 释放被删除结点,返回退队元素值
}
```

在上述模块的算法描述中,要注意删除队列头元素算法中的特殊情况。一般情况下,删除队列头元素时仅需修改头结点中的指针,但当被删除的也是队尾元素,队列就变为空队

列，须令队尾指针指向头结点。

3.4.3 循环队列——队列的顺序表示和实现

和顺序栈类似，在队列的顺序存储结构中，除了用一组地址连续的存储单元依次存放从队头到队尾的元素之外，需要附设两个指针 front 和 rear 分别指示队头元素及队尾元素的位置。在此约定：初始化建空队列时，令 front = rear = 0，每当插入了新的队尾元素，尾指针 rear 增 1；每当删除了队头元素，头指针 front 增 1。因此，在非空队列中，头指针始终指向队头元素，而尾指针始终指向队尾元素的下一个位置，如图 3.12 所示。

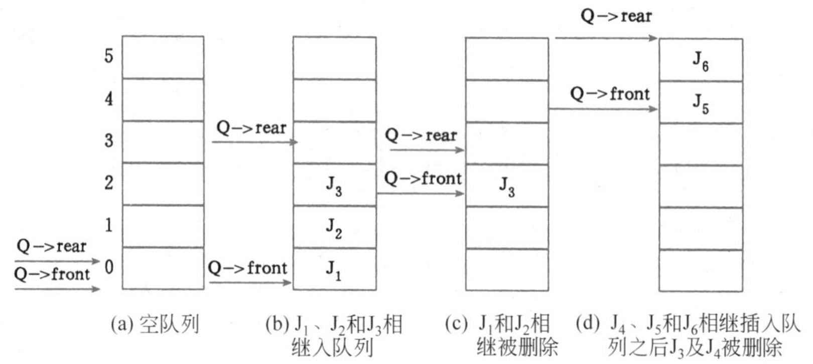

图 3.12 头、尾指针和队列中元素之间的关系

假如当前队列被分配的空间容量为 6，而队列处于图 3.12(d)的状态，若再加入新的队尾元素，则会因数组越界而导致程序运行出错。然而此时又不宜如顺序栈那样进行存储扩容，因为队列的实际可用空间并未占满。一个较巧妙的办法是将顺序队列臆想为一个环状的空间，如图 3.13 所示，称之为循环队列。指针和队列元素之间关系不变，如图 3.14(a)所示的循环队列中，队头元素是 J_1，队尾元素是 J_5，之后 J_6、J_7 和 J_8 相继入队，则队列空间均被占满，如图 3.14(b)所示，此时 Q->front==Q->rear 为真；反之，若 J_3、J_4 和 J_5 相继从图 3.14(a)的队列中删除，使队列呈“空”的状态，如图 3.14(c)所示。此时关系式 Q->front==Q->rear 也成立。由此可见，只凭 Q->front==Q->rear 无法判别队列空间是“空”还是“满”。可有以下多种处理方法。

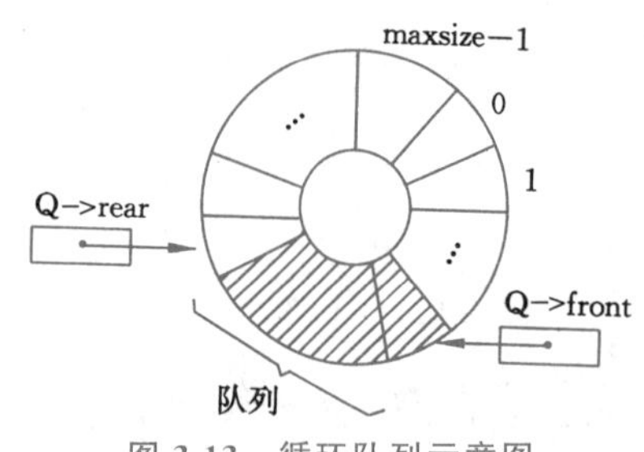

图 3.13 循环队列示意图

(1) 增设一个标志位以区别队列是“空”还是“满”。

(2) 增设一个长度域，空队列的长度为 0。

(3) 少用一个元素空间，约定以“队头指针在队尾指针的下一位置(指环状的下一位置)上”作为队列为“满”的状态判据。

前两种方法的缺点是每当有入队或出队操作，必须维护标志域或长度域的值。第(3)种方法以一个元素单元的空间代价换得对队列空、满状态判别的便利。

从上述分析可见，实现循环队列需要用到队列当前被分配的存储空间的元素容量 size。若在队列初始化时无法预估队列的最大长度，则宜采用链队列。

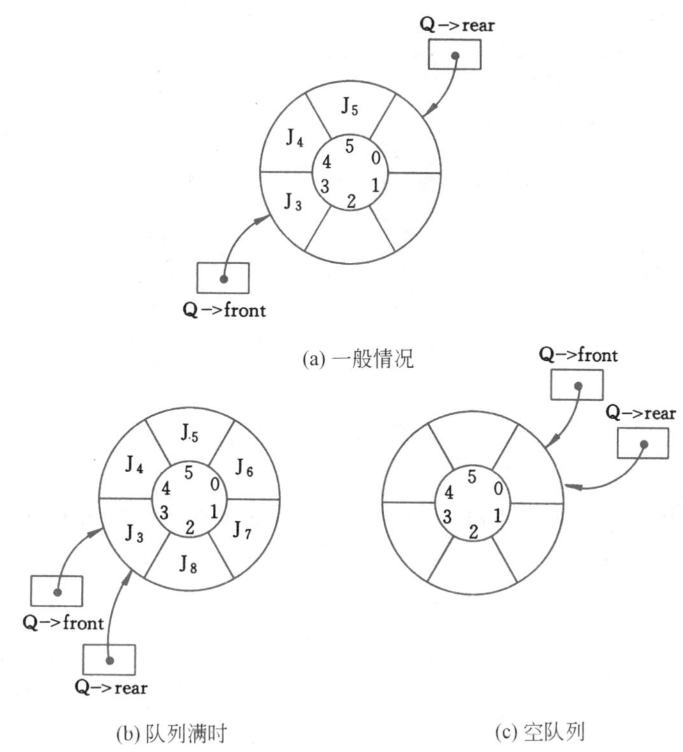

图 3.14　循环队列的头尾指针

循环队列类型定义和主要操作的实现如下：

```
//-----循环队列——队列的顺序存储结构 -----
typedef struct {
    ElemType    * base;         // 初始化时动态分配元素存储空间的基址
    int         front;          // 头指针,若队列不为空,指向队头元素
    int         rear;           // 尾指针,若队列不为空,指向队尾元素的下一个位置
    int         size;           // 被分配的存储空间元素容量
} * SqQueue;                    // 循环队列指针类型
//-----循环队列部分基本操作的算法描述(部分) -----
SqQueue InitQueue(int size) {  // 构造并返回一个容量为 size 的空循环队列
     SqQueue Q;                 // 声明队列 Q,接着分配 Q 的记录和元素空间
     if (!(Q = (SqQueue)malloc(sizeof( * Q)))) exit(OVERFLOW);
     if (!(Q->base = (ElemType * )calloc(size, sizeof(ElemType))))
         exit(OVERFLOW);
     Q->front=Q->rear=0;  Q->size=size;   // 长度为 0,容量为 size
     return Q;                             // 返回新建的循环队列 Q
}
int QueueLen(SqQueue Q) {                  // 返回循环队列 Q 的长度(元素个数)
     if (!Q) return -1;                    // 若循环队列 Q 不存在,则返回-1 报错
     return (Q->rear=Q->front+Q->size) %Q->size;   // 需要+Q->size
}
Status EnQueue(SqQueue Q, ElemType e) {   // 入队,插入元素 e 为 Q 的新队尾元素
    if (!Q || (Q->rear+1)%Q->size==Q->front) return ERROR;     // Q不存在或满则报错
```

```
    Q->base[Q->rear]=e;                               // 元素 e 入队
    Q->rear = (Q->rear+1) %Q->size;                   // 尾指针(循环)增 1
    return OK;
}
ElemType DeQueue(SqQueue Q) {  // 退队
    // 若队列存在且不为空,则删除并返回 Q 的队头元素,否则返回 nullE
    if (!Q || Q->front==Q->rear) return nullE; // 若队列 Q 不存在或为空,则报错
    ElemType e=Q->base[Q->front];                     // 退队元素值赋给 e
    Q->front=(Q->front +1) %Q->size;                  // 头指针(循环)增 1
    return e;                                         // 返回退队元素值
}
```

3.5 离散事件模拟

在日常生活中,人们经常会遇到许多为了维护社会正常秩序而需要排队的情景。这样一类活动的模拟程序通常需要用到队列和线性表之类的数据结构,因此是队列的典型应用。这里介绍一个银行业务的模拟程序。

假设某银行有 3 个柜台对外接待顾客,从早晨银行开门起不断有顾客进入银行。由于每个柜台在某个时刻只接待一个顾客,因此在顾客人数众多时需在每个柜台前依次排队。对于刚进入银行的顾客,如果某个柜台的业务员正空闲,他可上前办理业务;反之,若 3 个柜台均有顾客,他一般会选择排在人数最少的队伍后面。现在需要编制一个程序以模拟银行的这种业务活动,并计算一天中顾客在银行逗留的平均时间,以此分析柜台服务的繁忙度。

为了计算这个平均时间,自然需要掌握每个顾客到达银行和离开银行这两个时刻,后者减去前者即为每个顾客在银行的逗留时间;所有顾客逗留时间的总和除以当天进入银行的顾客数就是所求的平均时间。顾客到达银行和离开银行这两个时刻发生的事情称为“事件”。整个模拟程序将按事件发生的先后顺序进行处理,这样一种模拟程序称作事件驱动模拟。算法 3.8 描述的正是上述银行顾客的离散事件模拟程序。

```
void Bank_Simulation() {          // 银行业务模拟,统计当天顾客在银行逗留的平均时间
    OpenForDay();                                     // 开门营业前的初始化
    while (MoreEvent()) {                             // 获取事件(若无则循环结束)
        switch (EventKind()) {                        // 区分事件种类
            case 'A': CustomerArrival(); break;       // 处理顾客到达事件
            case 'D': CustomerDeparture(); break;     // 处理顾客离开事件
        }
    }
    CloseForDay();                                    // 打烊(计算平均逗留时间)
}
```

算法 3.8

下面讨论模拟程序的实现。首先要讨论模拟程序中需要的数据结构及其操作。算法 3.8 处理的主要对象是事件,事件的主要信息是事件种类和事件发生的时刻。要处理的事件有两种。

(1) 顾客到达事件：发生时刻随顾客到来自然形成。

(2) 顾客离开事件：发生时刻由顾客办理事务所需时间和等待时长而定。

由于程序驱动是按事件发生时刻的先后顺序进行的，因此事件表应是有序表，其主要操作是插入和删除事件。

模拟程序中需要的另一种数据结构是表示顾客排队的队列，假设银行有 3 个柜台，需要 3 个队列，队列中有关顾客的主要信息是顾客序号、到达时刻和顾客事务办理时间。排在每个队列队头的是正在柜台办理事务的顾客，他办完事务离开队列的时刻就是即将发生的顾客离开事件的时刻，也就是说，每个队头顾客都存在一个将要驱动的顾客离开事件。因此，在任何时刻即将发生的事件只有下列 4 种可能：①新顾客到达；②1 号柜台顾客离开；③2 号柜台顾客离开；④3 号柜台顾客离开。

从以上分析可见，在这个模拟程序中只需要两种数据结构类型：有序链表和队列。它们的数据元素类型分别定义如下：

```
#define CounterNum 3        // 柜台数
typedef struct {
    int occurTime;          // 事件发生时刻
    int kind;               // 事件类型，0 是到达事件，1～CounterNum 是各柜台的离开事件
    int num;                // 顾客序号(非必要，用于显示事件信息)
} NElemType, Event;         // 有序链表 Linklist 的数据元素类型，事件类型
typedef LinkList EventList;    // 事件表类型，定义为有序链表
Status OrderInsert(EventList L, Event ev, int (* cmp)(Event, Event)) {
    // 按有序判定函数 cmp 的约定，将值为 ev 的结点插入有序链表 L 的适当位置
    BLink pre, p;
    if (!L) return ERROR;
    pre=L; p=pre->next;
    while (p && cmp(e, p->data)>0) { pre=p;  p=p->next; }
    InsAfter(pre, MakeNode(e)); return OK;
}
typedef struct {
    int arrivalTime;        // 到达时刻
    int duration;           // 办理事务所需时间
    int num;                // 顾客序号(非必要，用于显示事件信息)
} QElemType, Customer;      // 队列的数据元素类型，顾客类型
```

下面详细分析算法 3.8 中的两个主要操作的实现要点。

(1) CustomerArrival 函数对新顾客到达事件的处理。银行的顾客到达时刻及其办理事务所需时间都是随机的，在模拟程序中可用随机数来代替。不失一般性，假设第一个顾客进门的时刻为 0(如以分钟为时间单位)，即是模拟程序处理的第一个事件，之后每个顾客到达的时刻在前一个顾客到达时设定。因此在顾客到达事件发生时需产生两个随机数：①此时刻到达的顾客办理事务所需时间 duration；②下一个顾客将到达的时间间隔 interval，若当前事件发生时刻为 occurTime，则下一个顾客到达事件发生的时刻为 occurTime＋interval。由此产生下一个新顾客到达事件并插入事件表。刚到达的顾客应选择加入当前最短柜台队列，若该队列在他加入前为空，则该顾客排在队首，即时得到柜台的服务，这时应产生该顾客离开事件并插入事件表。

(2) CustomerDeparture 函数对顾客离开事件的处理。首先计算该顾客在银行逗留的时间,然后从所在队列删除该顾客后查看队列是否变为空,若不为空则设定新的队头顾客(柜台开始为他服务)的离开事件并插入事件表。

算法中其余三个操作 OpenForDay()、MoreEvent()和 EventKind()的实现代码简明,由注释即可理解相关功能。下面给出利用上述数据结构实现对算法 3.8 支持的相关代码,其中的局部变量都给予了声明,所调用的有序链表和链队列的操作请参见在前面章节的代码。为了演示简明,尽量减少了函数的参数,定义了访问率高的全局变量和常数。在复杂的应用中,还是应该尽量采用严格的参数机制来封装函数,读者可进行相应改编。

```
//-----程序中用到的全局变量和常数 -----
#define CounterNum       3      // 柜台数
#define CutoffTime     200      // 停止进客时间点(开门后第 200 分钟,可选 100~480)
int totalStay, custNum;         // 累计当天所有顾客逗留时长,顾客数
LinkQueue Q[CounterNum+1];      // CounterNum 个柜台队列,Q[0]未用
EventList evList;               // 事件表
Event ev;                       // 当前事件(事件表的元素)
//-----算法 3.8 的辅助操作的实现 -----
int cmp(Event a, Event b) {     // 比较事件发生时刻
   // 依事件 a 的发生时刻 <或 =或 >事件 b 的发生时刻,分别返回负数或 0 或正数
   return a.occurTime-b.occurTime;
}

void Random(int * duration, int * interval) {  // 生成随机数
    * duration=random2i(6, 16);                // 办事时长 [6..16)
    * interval=random1i(8);                    // 下一位到达的时间间隔 [0..8)
}
int Shortest(LinkQueue Q[]) {                  // 求长度最短队列
   int i, j, minlen;
   minlen=QueueLen(Q[1]); i=1;
   for (j=2; j<=CounterNum; j++)
      if (QueueLen(Q[j])<minlen) {     // 若队列 Q[j]更短,则更新当前最短队列序号
         minlen=QueueLen(Q[j]);        // 更新当前最短队列的长度
         i=j;                          // i 为当前最短队列的序号(队列数组的下标)
      }
   return i;                           // 返回最短队列的序号
}
void OpenForDay() {                    // 每日开门营业前的初始化操作
   totalStay=0; custNum=0;             // 初始化累计时间和顾客数为 0
   InitList(evList);                   // 初始化事件链表为空表
   ev=MakeElem(0, 0, ++custNum);    // 用 3 个实参构成并返回第一个顾客的到达事件 ev
   OrderInsert(evList, ev, cmp);       // 将 ev 插入有序的事件链表,cmp 为比较函数
   for (int i=1; i<=WindowNum; ++i)
      InitQueue(Q[i]);                 // 置空 3 个柜台队列
  printf("This bank is open for business.\n");  // 显示"开门营业"
}
void CustomerArrival() {  // 处理顾客到达事件,ev.NType=0
```

```
    int duration, interval, i, t; Customer c;    // 下一行显示顾客到达信息
    printf("Time %d : Customer %d arrived and ", ev.OccurTime, ev.num);
    Random(duration, interval);    // 刚到达的顾客办事时间,下一个顾客到达的时间间隔
    t=ev.OccurTime +interval;                    // 下一个顾客的到达时刻
    if (t <CutoffTime)                           // 若银行尚未关门
        OrderInsert(evList, MakeElem(t, 0, ++custNum), cmp);   // 则插入事件表
    i=Shortest(q);                               // 选择最短队列 i
    printf("enter the queue %d\n", i);           // 显示顾客加入第 i 个柜台的队列
    EnQueue(Q[i], MakeQElem(ev.OccurTime, duration, ev.num));  // 入队列 Q[i]
    if (QueueLen(Q[i])==1) {         // 第 i 个队列仅有一个顾客,将其离开事件插入事件表
        GetHead(Q[i], cust); // 获取该队列队头顾客信息,下一行将其离开事件插入事件表
        OrderInsert(evList, MakeElem(ev.OccurTime+c.duration, i, c.num), cmp);
    }
}
void CustomerDeparture() {  // 处理顾客离开事件,ev.NType>0
    int i; Customer c;
    i=ev.kind; DeQueue(Q[i], c);   // 删除第 i 个队列的队头顾客,下一行显示其离开信息
    printf("Time %d : Customer %d leave queue %d\n", ev.OccurTime, c.num, i);
    totalStay +=ev.OccurTime-cust.arrivalTime;       // 累计顾客逗留时间
    if (!QueueEmpty(Q[i])) {         // 设定第 i 个队列的一个离开事件并插入事件表
        GetHead(Q[i], c);      // 获取该队列队头顾客信息,下一行将其离开事件插入事件表
        OrderInsert(evList, MakeElem(ev.OccurTime+c.duration, i, c.num), cmp);
    }
}
Status MoreEvent() {  // 取事件
    if (ListEmpty(evList)) return FALSE;        // 事件表 evList 空了,返回 FALSE
    if (DelFirstElem(evList, ev)) return TRUE; // 删除事件链表的第一个事件到 ev
    return ERROR;
}
char EventKind() {  // 返回事件种类
    if (ev.kind==0) return 'A';                  // ev 是到达事件
    else return 'D';                             // ev 是离开事件
}
void CloseForDay() {  // 营业结束
    evList=FreeList(evList);                     // 回收事件表
    Q=FreeQueueA(Q);                             // 回收队列数组及各队列
    printf("This bank is closed.\n");        // 显示打烊以及当日顾客数和平均逗留时间
    printf("Today, there were a total of %d customers ", custNum);
    printf("with average stay time of %f\n", (float)totalStay / custNum);
}
```

例 3-3 假设每个顾客办理业务的时间为 6～16 分钟,两个相邻到达银行的顾客的时间间隔不超过 6 分钟。模拟程序从第一个顾客到达时间为 0 开始运行。

删除事件表上第一个结点，得到 ev.OccurTime＝0，因 ev.kind＝0 而进行到达事件处理，求到两个随机数(23, 4)，生成下一个顾客到达事件(OccurTime＝4, kind＝0)插入事件表；刚到的第一个顾客排在第一个柜台队列(arrivalTime＝0, duration＝23)，因是排在队头，故生成该顾客的离开事件(OccurTime＝23, kind＝1)插入事件表。

删除事件表上第一个结点，仍是新顾客到达事件(因为 ev.kind＝0)，ev.OccurTime＝4，得到随机数为(3,1)，则下一个顾客到达银行的时间为 OccurTime＝4＋1＝5，由于此时第二个柜台是空的，则刚到的第二个顾客为第二个队列的队头(arrivalTime＝4, duration＝3)，因而生成一个顾客将离开的事件(OccurTime＝7, kind＝2)插入事件表。

删除事件表上第一个结点，仍是新顾客到达事件，ev.OccurTime＝5，得到随机数(11, 3)，则插入事件表的新事件为(OccurTime＝8, kind＝＝0)，同时，刚到的第三个顾客成为第三个队列的队头(arrivalTime＝5, duration＝11)，因而插入事件表的新事件为(OccurTime＝16, kind＝3)。

删除事件表的第一个结点，因为 kind＝2，说明是第二个柜台的顾客离开银行 ev.OccurTime＝7，删除第二个队列的队头，c.arrivalTime＝4，则他在银行的逗留时间为 3 分钟。

依次类推，在模拟开始、中间和最后的顾客进出、事件表和队列的状态如图 3.15 所示。从中可见，在第 200 分钟后停止顾客进入，到第 232 分钟最后一个顾客才离开。顾客平均逗留时间达 24.3 分钟，该银行的“繁忙度”较高，似应考虑提高柜员工作效率或增设营业柜台。

类似的事件驱动模拟具有许多应用场景，如交通路口、商业街区、超市收费柜台等的繁忙度模拟分析。

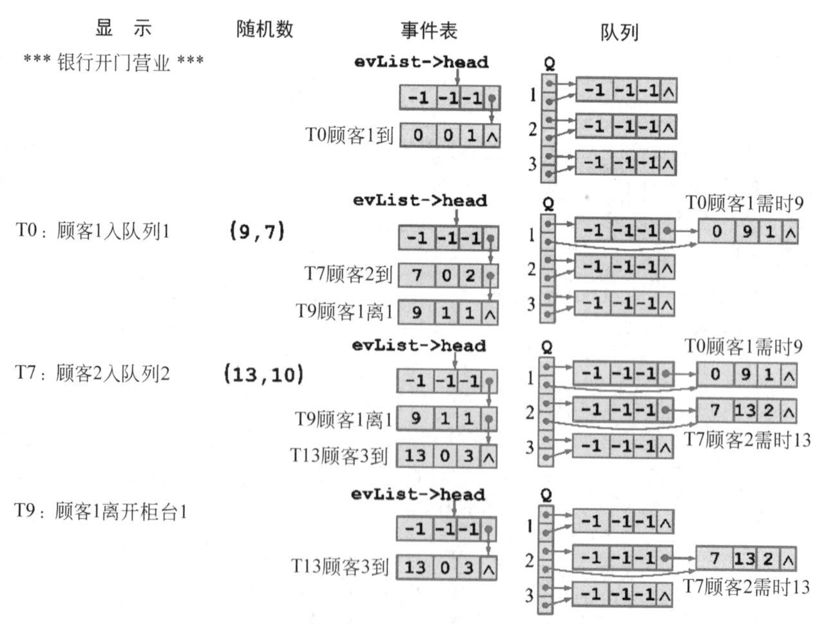

(a) 银行开门及头3位顾客进入

图 3.15 算法 3.6(事件驱动模拟银行日常繁忙度)执行中的事件表和柜台队列状态变化

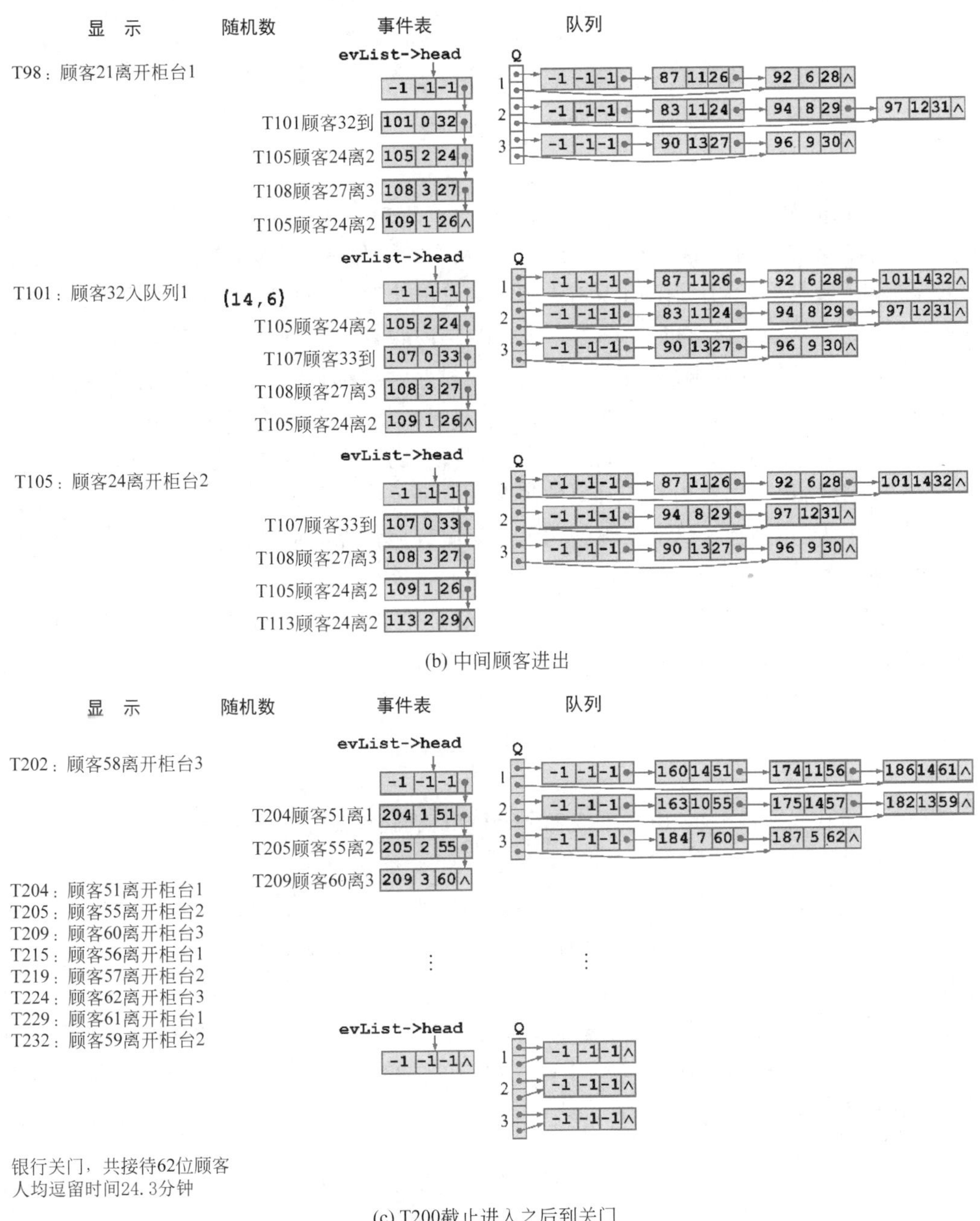
显 示
随机数
事件表
队列
T98：顾客21离开柜台1
evList->head
Q
T101顾客32到
T105顾客24离2
T108顾客27离3
T105顾客24离2
T101：顾客32入队列1
(14,6)
T107顾客33到
T105：顾客24离开柜台2
T113顾客24离2
T202：顾客58离开柜台3
T204顾客51离1
T205顾客55离2
T209顾客60离3
T204：顾客51离开柜台1
T205：顾客55离开柜台2
T209：顾客60离开柜台3
T215：顾客56离开柜台1
T219：顾客57离开柜台2
T224：顾客62离开柜台3
T229：顾客61离开柜台1
T232：顾客59离开柜台2
银行关门，共接待62位顾客
人均逗留时间24.3分钟

(b) 中间顾客进出

(c) T200截止进入之后到关门

图 3.15 （续）

第4章　串

计算机上的非数值处理对象很大一类是字符串数据。在较早的程序设计语言中，字符串是作为输入或输出的常量出现的。随着语言文本加工程序的发展，特别是互联网的普及、人工智能和大数据模型的应用，日益增进了对字符串处理的需求。这样，字符串也就作为一种变量类型出现在越来越多的程序设计语言中，同时也产生了一系列字符串的操作。字符串一般简称串。在汇编和编译程序中，源程序及目标程序都是字符串数据。在事务处理程序中，顾客的姓名和地址以及货物的名称、产地和规格等一般也是作为字符串处理的。又如线上和线下的信息检索系统、文字编辑程序、问答系统、自然语言翻译系统以及音乐分析程序等，都是以字符串数据作为处理对象的。

然而，现今使用的计算机的硬件结构主要面向数值计算的需要，因此，在处理字符串数据时比处理整数和浮点数要复杂得多。而且，在不同类型的应用中，所处理的字符串具有不同的特点，要有效地实现字符串的处理，就必须根据具体情况使用合适的存储结构。本章将讨论几种典型的存储结构和串的一些基本处理操作。

4.1　串类型的定义

串(string)(或字符串)是由零个或多个字符组成的有限序列，一般记为

$$s = "a_1 a_2 \cdots a_n" \quad (n \geqslant 0) \tag{4-1}$$

其中，s 是串的名，用双引号括起来的字符序列是串的值；a_i $(1 \leqslant i \leqslant n)$ 可以是字母、数字或其他字符。串中字符的数目 n 称为串的长度。零个字符的串称为空串(null string)，它的长度为零。

串中任意个连续的字符组成的子序列称为该串的子串。包含子串的串相应地称为主串。通常称字符在序列中的序号为该字符在串中的位置。子串在主串中的位置则以子串的第一个字符在主串中的位置来表示。

例如，设 a、b、c、d 为如下的 4 个串：

$$a = \text{"BEI"}, \qquad b = \text{"JING"},$$
$$c = \text{"BEIJING"}, \quad d = \text{"BEI JING"}$$

它们的长度分别为 3、4、7 和 8；并且 a 和 b 都是 c 和 d 的子串，a 在 c 和 d 中的位置都是 1，而 b 在 c 中的位置是 4，在 d 中的位置则是 5，d 中第 4 个字符是空格。

称两个串是相等的，当且仅当这两个串的值相等。也就是说，只有当两个串的长度相等，并且各个对应位置的字符都相等时才相等。例如，上例中的串 a、b、c 和 d 彼此都不相等。

串值必须用一对双引号(与流行的程序设计语言一致，过去也有约定是单引号的)括起来，但双引号本身不属于串，它的作用只是为了避免与变量名或数的常量混淆而已。

例如在程序设计语言中

```
x ="123";
```

则表明 x 是一个串变量名，赋给它的值是字符序列 123。又如

```
tsing ="TSING"
```

中，tsing 是一个串变量名，而字符序列 TSING 是其值。

在各种应用中，空格常常是串的字符集合中的一个元素，因而可以出现在其他字符中间。由一个或多个空格组成的串"　　"称为空格串(blank string，请注意：这不是空串)，它的长度为串中空格字符的个数。为了清楚起见，需要时可用符号∅来表示“空串”。

串的逻辑结构和线性表极为相似，区别仅在于串的数据对象约束为字符集。然而，串的基本操作和线性表有很大差别。在线性表的基本操作中，大多以“单个元素”作为操作对象，例如，在线性表中查找某个元素、求取某个元素、在某个位置上插入一个元素和删除一个元素等；而在串的基本操作中，通常以“串的整体”作为操作对象，例如，在串中查找某个子串、求取一个子串、在串的某个位置上插入一个子串以及删除一个子串等。

串的抽象数据类型的定义如下：

```
ADT String {
    数据对象：D ={ ai | ai ∈ CharacterSet,i=1,2,…,n,n≥0 }
    数据关系：R1={<ai-1,ai>| ai-1,ai ∈ D,i=2,…,n }
    基本操作：
        StrNew(cs);
            初始条件：cs 是 C 语言的字符串(可简称 C 串)。
            操作结果：构造并返回一个值由 C 串 cs 复制的串。
        StrFree(S);
            初始条件：串 S 存在。
            操作结果：回收串 S。
        StrClear(S);
            初始条件：串 S 存在。
            操作结果：将 S 清为空串。
        StrEmpty(S);
            初始条件：串 S 存在。
            操作结果：若 S 为空串，则返回 TRUE，否则返回 FALSE。
        StrLen(S);
            初始条件：串 S 存在。
            操作结果：返回 S 的元素个数，称为串的长度。
        StrCmp(S, T);
            初始条件：串 S 和 T 存在。
            操作结果：若 S>T，则返回值>0；若 S=T，则返回值=0；若 S<T，则返回值<0。
        StrCopy(S);
            初始条件：串 S 存在。
            操作结果：由串 S 复制并返回新串。
        StrConcat(S1, S2);
            初始条件：串 S1 和 S2 存在。
            操作结果：返回由 S1 和 S2 连接而成的新串。
        StrStr(S, T);
            初始条件：串 S 和 T 存在。
            操作结果：返回串 T 在串 S 中首次出现的位置，若不存在，则返回 0。
        StrSub(S, pos, len);
```

```
        初始条件：串 S 存在，1≤pos≤StrLen(S)且 0<len≤StrLen(S)-pos+1。
        操作结果：返回串 S 的第 pos 个字符起长度为 len 的子串。
    StrRange(S, a, b);
        初始条件：串 S 存在，1≤a≤b≤StrLen(S)。
        操作结果：保留 S 在区间[a..b]的串值，其余被覆盖或清除。
    Index(S, T, pos);
        初始条件：串 S 和 T 存在，T 是非空串，1≤pos≤StrLen(S)。
        操作结果：若主串 S 中存在和串 T 值相同的子串，则返回它在主串 S 中第 pos 个字
                  符起第一次出现的位置；否则函数值为 0。
    StrAssign(S, pos, cs);
        初始条件：cs 是 C 串。
        操作结果：用 C 串 cs 覆盖 S 中第 pos 个字符起的串值。
    StrInsert(S, pos, cs);
        初始条件：串 S 和 T 存在，1≤pos≤StrLen(S)+1，cs 是 C 串。
        操作结果：在串 S 的第 pos 个字符之前插入 C 串 cs。
    StrDelete(S, pos, len);
        初始条件：串 S 存在，1≤pos≤StrLen(S)-len+1。
        操作结果：从串 S 中删除第 pos 个字符起长度为 len 的子串。
} ADT String
```

串的基本操作集可以有不同的定义，读者在使用高级程序设计语言中的串类型时，应以该语言的参考手册为准。在串的上述抽象数据类型定义的 14 种操作中，串构造 StrNew、串回收 StrFree、求串长 StrLen、串比较 StrCmp、串连接 StrConcat 和求子串 SubStr 这 6 种操作构成串类型的最小操作子集。即这些操作不可能利用其他串操作来实现，反之，其他串操作均可在这个最小操作子集上实现。

例如，可利用判等、求串长和求子串等操作实现定位函数 Index(S，T，pos)。算法的基本思想：在主串 S 中取从第 i(i 的初值为 pos)个字符起、长度和串 T 相等的子串与串 T 比较，若相等，则求得函数值为 i，否则 i 值增 1 继续比较，直至串 S 中不存在和串 T 相等的子串为止，如算法 4.1 所示。

```
int Index(String S, String T, int pos) {          // 子串定位
    // T 为非空子串。若主串 S 中第 pos 个字符之后存在与 T 相等的子串
    // 则返回第一个这样的子串在 S 中的位置，否则返回 0
    int n, m;  String sub;
    if (pos>0) {
        n=StrLen(S);  m=StrLen(T);
        while (pos<=n-m+1) {              // 若 pos>n-m+1，则 S 余下子串比 T 短，循环结束
            Sub=StrSub(S, pos, m);        // 取 S 中当前子串
            if (StrCmp(Sub, T)!=0) ++pos; // 若子串比较的返回值不为 0(不等)，则继续
            else return pos;              // 否则子串相等，返回子串在主串中的位置
        }
    }
    return 0;                             // S 中不存在与 T 相等的子串
}
```

算法　4.1

4.2 串的表示和实现

如果在程序设计语言中,串只是作为输入或输出的常量出现,则只需存储此串的串值,即字符序列即可。但在多数非数值处理的程序中,串也以变量的形式出现。

串有 4 种典型的存储表示方式,分别介绍如下。

4.2.1 C 语言串的存储表示

C 语言串常量也称串字面值(string literal),是用一对双引号引起来的由零或多个字符组成的字符序列。例如

```
"Data Structures"  或  ""// 空串
```

都是串。双引号不是字符串的一部分,只用于限定串值。

从存储表示看,串常量就存储在一维字符数组。串的内部表示不存储那对双引号,但在末尾附加一个空字符'\0'(null)作为结束符。因此,存储字符串的物理存储单元数比双引号内的字符数多一个①。这表明 C 语言未限制串的长度,但程序必须扫描完整的串值后才能确定串的长度。

C 语言没有给串类型命名。可用如下几种形式声明串变量:

```
char str1[15];              // 分配 16 个字符单元,最多容纳 15 个字符(末尾要留一个单元存'\0')
char str2[]="Data Structures";     // 在栈区分配 16 个字符单元,并将串值存入数组,末尾加'\0'
char * str3="Data Structures";     // 在堆区分配 16 个字符单元,并将串值存入数组,末尾加'\0'
char * str4;                       // 字符类型指针,未分配串值存储空间
```

其中,str2 和 str3 分别声明为字符数组和字符指针。str2 将始终指向在栈区为它分配的存储区域的基址,而 str3 当前指向了为给定串值分配的存储区域,之后可以修改以指向其他地址,但原所指向的区域可能要给予释放,防止内存泄漏。这也正是 C 语言的串内存安全问题之一。图 4.1 示意了这两个变量的存储表示。

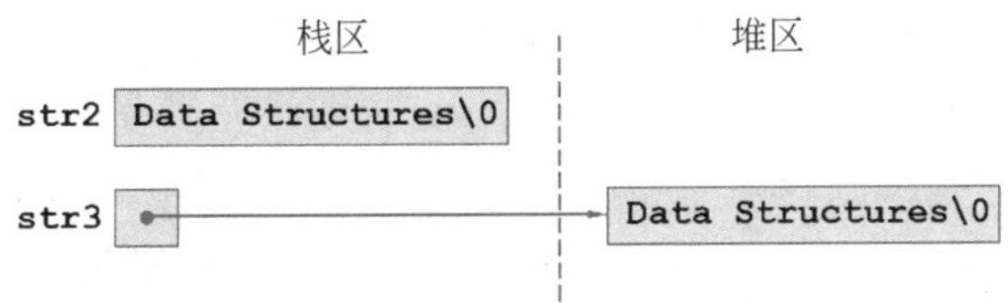

图 4.1 C 语言的字符数组和字符指针变量的存储表示示例

C 语言标准库提供了一组字符和字符串函数,以此提供串的一个应用程序接口(Application Program Interface,API),相当于实现了串的一种数据类型,但没有为它显式命名。以库函数串复制 strcpy(s,t)为例,探讨它的几种可行的实现版本。

strcpy(s,t)把指针 t 指向的串值复制到 s 指向的位置。如果使用语句 s=t 实现该功能,实际上只是复制了指针值,令 s 也指向 t 的串值,并没有进行串值的复制。据说 strcpy

---

① 不同大小的字符集可能采用 1、2 或 3 字节对字符编码。如不特别说明,默认采用 ASCII 码,每个字符占 1 字节。

函数的第一个版本是通过数组下标方式实现的：

```
void strcpy(char *s, char *t) {        // strcpy 函数版本 1
    // 将指针 t 指向的字符串复制到指针 s 指向的位置：使用数组下标方式
    int i=0;
    while ((s[i]=t[i])!='\0') i++;     // 依次复制字符,直到复制了结束符
}
```

作为对比，下面是用指针方法实现的 strcpy 函数：

```
void strcpy(char *s, char *t) {       // strcpy 函数版本 2
    // 将指针 t 指向的字符串复制到指针 s 指向的位置：使用指针方式实现
    while (*s = *t) { s++; t++; }     // 依次复制字符,直到复制了结束符('\0'值为 0)
}
```

因为参数是通过值传递的，所以在 strcpy 函数中可以任何方式使用参数 s 和 t。s 和 t 是已进行了初始化的指针，循环每执行一次，它们就沿着相应的数组前进一个字符，直到将 t 中的结束符'\0'复制到 s 为止。请注意：**while** 的条件表达式是赋值，而判其值是否为'\0'未显式表达；因为'\0'的值就是 0，故判等于 0 可隐式表达。最后的结果是依次将 t 指向的字符复制到 s 指向的位置，直到遇到结束符'\0'为止（同时也复制该结束符）。

实际上，strcpy 函数并不会按照上面的这些方式编写。经验丰富的程序员更喜欢将它编写成下列形式：

```
void strcpy(char *s, char *t) {      // strcpy 函数版本 3: 使用指针方式实现
    while (*s++=*t++);               // 用取值之后的"后++"精简表达
}
```

在该版本中，s 和 t 的自增运算放到了循环的测试部分中。表达式 *t++的值是执行自增运算之前 t 所指向的字符。后缀运算符++表示在读取该字符之后才改变 t 的值。同样的道理，在 s 执行自增运算之前，字符就被存储到了指针 s 指向的旧位置。该函数初看起来不太容易理解，但这种表示方法精简高效，C 语言程序中经常会采用这种表达。

C 语言标准库（头文件<string.h>）中提供的函数对程序员并不友好，strcpy 要求复制的目标字符串 s 的实参要事先拥有足够的存储空间，否则将发生存储区溢出。

接着讨论的库函数是串比较函数 strcmp(s,t)，该函数比较字符串 s 和 t，并且根据 s 按照字典顺序小于、等于或大于 t 的结果分别返回负整数、0 或正整数。若两个串不等，该返回值是 s 和 t 由前向后逐字符比较时遇到的第一个不相等字符处的字符的差值。

```
int strcmp(char *s, char *t) {      // strcmp 函数版本 1: 使用数组下标方式
    // 根据 s 按照字典顺序小于、等于或大于 t 的结果,分别返回负整数、0 或正整数
    int i;
    for (i=0; s[i]==t[i]; i++)      // 依次逐个比较两个串字符,一旦不等则循环结束
        if (s[i] =='\0') return 0;  // 若 s[i]是'\0',则 t[i]也是'\0',两个串相等
    return (int)s[i]-t[i];          // 以首遇不等的字符之差作为结果返回
}
```

下面是用指针方式实现的 strcmp 函数：

```
int strcmp(char * s, char * t) {          // strcmp 函数版本 2: 使用指针方式
    for ( ; * s == * t; s++, t++)         // 依次逐个比较两个串字符,一旦不等则循环结束
        if ( * s) return 0;               // 若 * s 是'\0',则 * t 也是'\0',两个串相等,返回 0
    return (int) * s- * t;                // 以首遇不等的字符之差作为结果返回
}
```

显然,上述串比较函数的实现代码看起来很简洁,时间复杂度依赖于两个串中的较短串,两个串不等时,平均需比较了较短串的一半才遇到不等的情况而终止循环。若两个串是相等的,则要比较到最末字符才能确认。

4.2.2 节～4.2.4 节将介绍的 3 种典型的串表示方法弥补了 C 语言串表示方法的这种先天缺陷。这些方法也沿用了 C 语言的串值结束符'\0',便于重用 C 的部分串函数,特别是可借用 printf 函数输出串值。

需要强调的是,上述 C 语言库函数未对入口参数进行合法性检查,一旦 s 或 t 是空指针,或者存储空间不足,则结果无意义,甚至导致程序崩溃。这是一个两难的抉择。

(1) 若在所有函数入口都对参数做严格合法性检查,则主调函数也要分析返回结果是否有意义。代码将增加不少,这是非常大的时间开销,但对于有高可靠性要求软件是必须要做的。

(2) 若放松甚至放弃合法性检查,是可以提高代码执行速度,但也会相应加大程序开发中对新代码的测试成本。一般认为,C 语言及其标准库的设计理念属于这种情况,极力追求程序性能,而可靠性则由程序员后果自负。

本书在对大多数算法入口和内存分配时尽量做严格的合法性检查,希望读者养成维护代码安全的专业习惯。在后续章节的较大和复杂的算法可能对合法性检查有所省略(读者可自行补足),以使算法表述简明,突出要点。

4.2.2 短串的存储表示

类似于线性表的顺序存储结构,可用一组地址连续的存储单元存储串值的字符序列。各种程序中频繁使用的多数是长度很短的串,长度被限制在 254 以内的串称为短串(short string),其存储表示描述如下。

```
//-----短串的顺序存储表示及存储分配和销毁操作的实现 -----
#define MAXSTRLEN 254 // 串长必须在 254 以内
typedef char * SStr;      // 动态分配串长+2 个字符单元,0 号单元存串长,串值末附加结束符'\0'
SStr allocSStr(int len) { // 辅助操作: 申请为 S 分配 len+2 容量的空间(可能被限长)
    SStr S;
    if (len>MAXSTRLEN) len= MAXSTRLEN;       // 最长不超过 MAXSTRLEN
    if (!(S= (SStr)calloc(len+2, sizeof(char)))) exit(OVERFLOW);  // 分配空间
    S[0]=len;                  // 借 S[0]返回实际分配的容量,未赋串值前还不是真实串长
    return OK;
}
SStr SStrFree(SStr S) { free(S);  return NULL; }  // 回收操作
```

具体新建一个短串,先调用辅助操作 allocSStr 申请分配存储空间,其存储容量可在 256(是串长+2)以内指定;然后存入串值,若串值有超过预定长度的部分则被舍去,称为“截

断"。一般来说,对串长有两种显式表示方法:①如上述定义描述的短串那样,以下标为0的数组分量存放串的实际长度(ASCII字符占一字节,故串长受限为256－2＝254以内),如Pascal、Delphi等语言中的串类型采用了类似的表示方法;②如4.2.3节介绍的长串,增设一个整型长度域,使得最大串长只受可分配的内存容量限制。

下面以串构建、求子串和串连接为例,讨论如何在短串存储结构实现串的操作。

1. 串构建 SStrNew(S,cs)

从算法4.2可见,需要一个for循环求cs长度len,若超长则截断。然后调用辅助操作分配存储空间,若是非空串,则调用C的库函数strcpy复制cs到S+1(即&S[1])指示的串值位置(结束符'\0'也连带复制)。

```
SStr SStrNew(char * cs) {                               // 构造并返回串值为 C 串 cs 的新串 S
    int cslen; char * c;
    for (cslen=0, c=cs; * c++; ++cslen);                  // 求 cs 的长度 len
    SStr S=allocSStr(cslen);                             // 按需分配存储空间(可能限长)
    if ((int)S[0]>0) memcpy(S+1, cs, (int)S[0]);         // 复制 cs 前 S[0]个字符为串值
    S[1+S[0]]='\0';  return S;                           // 置结束符,返回新建的短串 S
}
```

算法 4.2

2. 求子串 SStrSub(S,pos,len)

求子串的过程也是复制字符序列的过程,将串S中从第pos个字符开始长度为len的字符序列复制到串Sub中并作为结果返回。显然,本操作不会出现截断的情况,但有可能参数不符合操作的初始条件,当参数非法时,返回NULL。操作的实现如算法4.3所示。

```
SStr SStrSub(SStr S, int pos, int len) {
    // 返回由串 S 的第 pos 个字符起 len 个字符构造的短串
    // 其中,1≤pos≤StrLen(S) 且 0≤len≤StrLen(S)-pos+1
    if (!S || pos<1 || pos>S[0] || len<0 || len>S[0]-pos+1) return NULL;
                                                        // 检查参数
    SStr Sub=allocSStr(len);                            // 分配结果子串 Sub 的存储空间
    memcpy(Sub+1, S+pos, len);                          // 复制子串值
    Sub[0]=len; Sub[len+1] ='\0';                       // 子串长度,结束符
    return Sub;
}
```

算法 4.3

3. 留子串 SStrRange(S, a, b)

求子串是复制短串S的一个指定区间串值的子串,S不改变。而保留子串操作是保留S在区间[a..b]内的串值,其余被覆盖或清除,改变了S的串值和长度。如果参数合法,就计算串值改变后的长度b-a+1,然后将指定保留的子串迁移到串值起始位置,再附加结束符。这样,保留的子串覆盖了其前面的串值,新串长和结束符"去除"了子串后面的串值。算法4.4实现了留子串操作。

```
Status SStrRange(SStr S, int a, int b) {
    //保留 S 在区间[a..b]内的串值,其余被覆盖或清除
    if (!S || a<1 || a>b || b>S[0]) return ERROR;        // 合法性检查
    S[0]=b-a+1;                                          // 更新串长
    memcpy(S+1, S+a, (int)S[0]);                         // 要保留的串值移至起始位置
    S[1+S[0]] ='\0';                                     // 结束符
    return OK;
}
```

算法 4.4

4. 串连接 SStrConcat(S1,S2)

参数 S1 和 S2 都是 SStr 类型,要由串 S1 连接串 S2 得到新串 T,即串 T 的值的前段和串 S1 的值相等,后段和串 S2 的值相等,这只要进行相应的"串值复制"操作即可,只是需按前述约定,对超长部分实施"截断"操作。基于串 S1 和 S2 长度的不同情况,串 T 值的产生可能有如下 3 种情况。

(1) S1[0]+S2[0]≤MAXSTRLEN,如图 4.2(a)所示,得到的串 T 是正常结果;

(2) S1[0]<MAXSTRLEN 而 S1[0]+S2[0]>MAXSTRLEN,则将串 S2 的一部分截断,得到的串 T 只包含串 S2 的一个子串,如图 4.2(b)所示;

(3) S1[0]=MAXSTRLEN,则得到的串 T 并非连接结果,而和串 S1 相等。

算法 4.5 实现了如上描述的串连接操作。

```
SStr SStrConcat(SStr S1, SStr S2) {  // 连接操作
    // 构造并返回由 S1 和 S2 连接而成的新串
    SStr T; int i;
    if (!S1 || !S2) return NULL;                        // 合法性检查
    if (S1[0]+S2[0]<=MAXSTRLEN) {                       // 无须截断
        T=allocSStr(S1[0]+S2[0]);                       // 按需分配存储空间,下同
        for (i=1; i<=S1[0]; i++) T[i]=S1[i];            // 复制 S1 串值(可改用 memcpy)
        for (i=1; i<=S2[0]; i++) T[i+S1[0]]=S2[i];      // 复制 S2 串值(可改用 memcpy)
        T[0]=S1[0]+S2[0];
    } else if (S1[0]<MAXSTRLEN) {                       // 截断
        T=allocSStr(MAXSTRLEN);
        memcpy(T+1, S1+1, (int)S1[0]);                  // 调用 C 函数复制 S1 串值
        memcpy(T+(int)S1[0]+1, S2+1, MAXSTRLEN-S1[0]);
                                                        // 可与前面用 for 循环复制对比
        T[0]=MAXSTRLEN;
    } else {                                            // 截断(仅取 S1)
        T=allocSStr(MAXSTRLEN);
        memcpy(T, S1, 1+S1[0]);                         // i 从 0 起,包括串长和串值的复制
    }
    T[T[0]+1]='\0';  return T;                          // 置结束符,返回 T
}
```

算法 4.5

由以上 4 个操作可见,"复制字符序列"是原操作,操作的时间复杂度与所复制的字符序

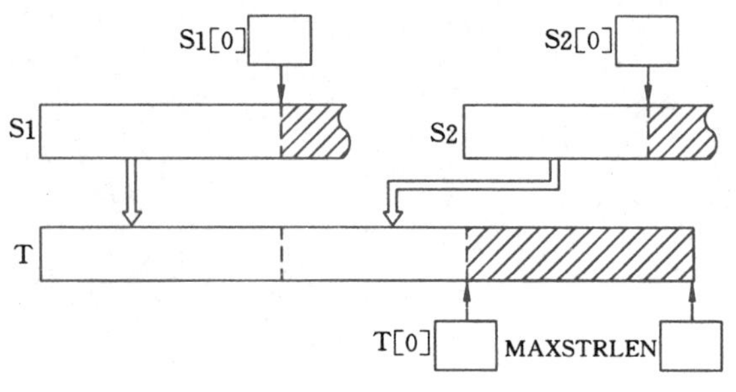

(a) S1[0]+S2[0]≤MAXSTRLEN

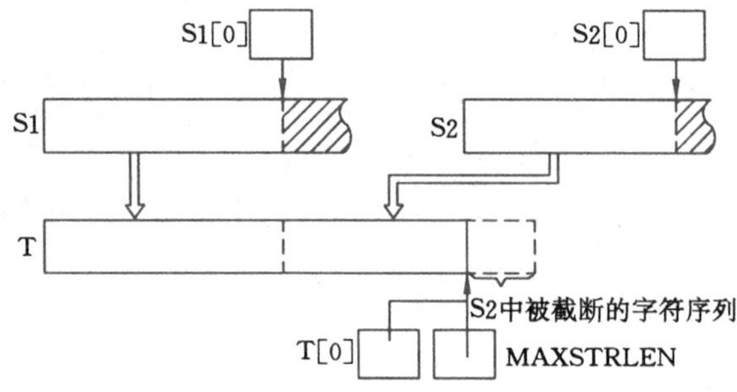

(b) S1[0]<MAXSTRLEN 而S1[0]+S2[0]>MAXSTRLEN

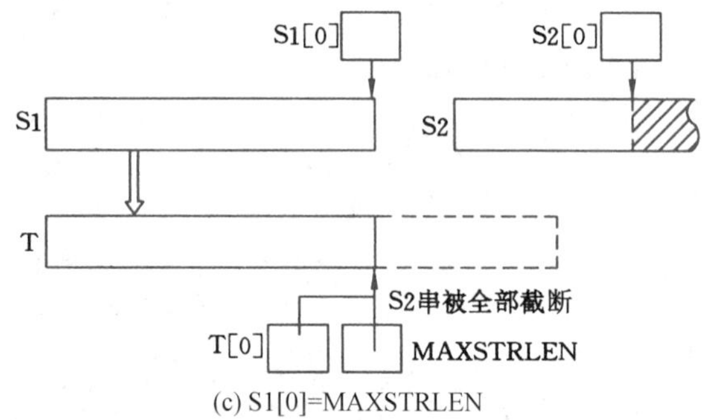

(c) S1[0]=MAXSTRLEN

图 4.2 串的连接操作 Concat(T,S1,S2)3 种情况示意图

列长度相关。短串操作的另一个特点是,如果在操作中出现串值序列长度超过上界 MAXSTRLEN 时,约定用截尾法处理,这种情况不仅在求连接串时可能发生,在串的其他操作中(如插入等)也可能发生。克服这个缺陷唯有不限定串的最大长度,即改变串长的表示方式,以获得更大的灵活性。

4.2.3 长串的存储表示

在串的存储结构中增设一个串长域 len,与串值空间基址封装为一个结构体类型记录,就可以突破短串对最大长度的限制。存储容量按串长刚性分配的策略虽然严控了内存空间的消耗,但是若串值高频变化,所带来的频繁内存分配、回收和串值移动却消耗大量的时间。包括图文声像各种形式网络大数据存储和处理,串是最常见的数据类型。为此,在一些远程内存数据库(如 Redis)和程序开发平台,有针对性地提供了 5 种数据结构:串(STRING)、链表(LIST)、集合(SET)、散列表(HASH)和有序集合(ZSET),其中后 4 种都以串作为主要数据元素。

近年流行的串的表示方法被称为弹性容量串(elasticity capacity string)。它对C串和短串为代表的表示方法的改进主要在以下两方面。

(1) 串值长度变化时不立即重新分配存储空间。删除子串后多出来的容量留在串内,作为未用容量。插入子串时,若串内未用容量足够,就予以利用;否则才申请扩容(置换空间),并且同时多申请一些(如加倍)作为未用容量(以备再有插入时所需)。

(2) 增加更多基本操作,满足常见应用所需。

对这类弹性容量串进行了教学型精简,相对于短串,称其为长串(long string)。以下是长串的存储结构表示和一个小基本操作集的函数原型。

```
//-----长串的存储表示-----
typedef struct {
    char * sv;    // 串值数组。若是空串,则 sv=NULL,否则分配容量为 size+1 的串值存储空间
    int len;      // 串的长度,串值的字符个数
    int size;     // 容量,sv 数组长度-1,size-len 是未用容量
} * LStr;         // 长串指针类型
//-----长串的一个小 API 的基本操作的函数原型-----
LStr LStrNew(char * cs);                  // 构建并返回一个其值由 C 串 cs 复制的长串
int LStrLen(LStr S);                      // 返回 S 的字符个数,即串的长度
int LStrCmp(LStr S, LStr T)               // 比较,返回值:若 S>T 则>0,S=T 则=0,S<T 则<0
LStr LStrFree(LStr S);                    // 回收 S,返回 NULL
LStr LStrConcat(LStr S1, LStr S2);        // 返回由 S1 和 S2 连接而成的新串
LStr LStrSub(LStr S, int pos, int len);
   // 1≤pos≤StrLen(S)且 0≤len≤StrLen(S)-pos+1]
   // 返回串 S 第 pos 个字符起长度为 len 的子串
LStr StrAssign(LStr S, int pos, char * cs);// 用 C 串 cs 覆盖 S 中第 pos 个字符起的串值
Status LStrInsert(LStr S, int pos, char * cs);  // 在 S 的第 pos 个字符前插入 C 串 cs
Status LStrDelete(LStr S, int pos, int n); // 删除 S 第 pos 个字符起的 n 个字符
```

如前所述,串是元素受限为字符类型和操作对象由单个元素扩展为子串的线性表,弹性容量串 LStr 就是仿照了顺序表类型 SqList,都设置了长度 len 和容量 size 这两个域,而元素数组域 sv 则限定为字符类型指针。LStr 不设容量的增量域 inc,是为了让扩容更灵活。当串值较短时,采取容量倍增;当串长超过某个阈值,则每次增加一个预订量。例如 Redis,串长超过 1M 后,每次扩容 1M。显然这是面向超长字符串处理的需求。

采用长串的基本操作仍然基于"字符序列复制"。例如,串复制操作 LStrCpy(T,S)的实现算法:检查参数合法后,首先分配结果串 T 的记录空间,接着为串 T 分配大小为串 S 长度+1 的串值存储空间,最后将 S 的串值及结束符复制到串 T 中。

再如串连接操作,长串的串长不受限,无须考虑短串那样的截断,因此算法 4.6 实现的长串连接更简洁。返回的是两个串值连接复制构造的新串。如果不是构造新串,而是要将 S2 的串值复制连接到 S1 的串值之后,那么可调用下面讨论的算法 4.7 实现的串赋值操作 LStrAssign:

```
LStrAssign(S1, S1->len+1, S2);
```

```
LStr LStrConcat(LStr S1, LStr S2) {            // 构造并返回由 S1 和 S2 连接所得的新串
    LStr T; int len;
```

```
    if (!S1 || !S2) return NULL;                          // S1 或 S2 不存在,则返回 NULL 报错
    if (!(T = (LStr)malloc(sizeof( * T)))) exit(OVERFLOW);  // 分配新串结构记录空间
    if (0==(len=S1->len+S2->len)) { T->sv=NULL; T->len=0; return T; }  // 空串
    if (!(T->sv = (char * )malloc((len+1) * sizeof(char))))
        exit(OVERFLOW);                                   // 串值空间
    memcpy(T->sv, S1->sv, S1->len);                       // 复制 S1 串值
    memcpy(T->sv+S1->len, S2->sv, S2->len);               // 复制 S2 串值
    T->len=T->size=len; T->sv[len] = '\0';                // 置串 T 长度、容量和结束符
    return T;                                             // 返回连接构造的串 T
}
```

算法 4.6

长串的赋值 LStrAssign 和插入 LStrInsert 操作都可能需要扩容。我们讨论前者,后者留作练习(只是插入点 pos 起的后段串值需后移)。算法 4.7 的要点如下。

```
LStr LStrAssign(LStr S, int pos, char * cs) { // 用 cs 值覆盖 S 中从第 pos 个字符起的串值
    int cslen; char * c;
    if (!S || pos<1 || pos>S->len+1) return S;   // 若参数不合法,则返回不改动的 S
    for (cslen=0, c=cs; * c++; ++cslen);         // 求 cs 的长度为 i
    if (0==cslen) return S;                      // 若 cs 为空,则返回无改动的 S
    if (S->len<pos+cslen-1)                     // 若 cs 赋值后 S 串值增长,则更新串长
        S->len=pos+cslen-1;
    if (S->len>S->size) {                        // 若新长度超过容量,则须扩容
        if (S->size >=1024) S->size+=1024;       // Redis 设的阈值是 1M
        else S->size=2 * S->len;               // S 容量扩大为新长度的 2 倍,多一半备用
        if (!(S->sv = (char * )realloc(S->sv, (S->size+1) * sizeof(char))))
            exit(OVERFLOW);
    }
    memcpy(S->sv+pos-1, cs, cslen);              // 复制 cs 串值
    S->sv[S->len] = '\0';                        // 结束符
    return S;                                    // 返回 S
}
```

算法 4.7

(1) 先判断 S 的串长是否会增加:若是则更新 S->len。

(2) 然后判断 S 的容量是否足够,需扩容多少。算法中以 1024(1K)为扩容阈值,像 Redis 那些面向超长串的系统设的阈值为 1M。如果当前容量小于阈值,则按两个串长度的两倍来申请串值空间。

(3) 调用 realloc 函数申请新空间,它自动复制整个 S 串值到新空间。

(4) 无论是否扩容,复制 cs 的语句相同。

(5) 类似 C 语言串函数的风格,把 S 也作为函数值返回。但是,只要 S 的实参是存在的长串,即时需要扩容,S 的实参就是操作的结果,这得益于长串 S 是指向其结构记录的指针,而扩容改变的是 S->sv,而不是 S 指针本身。前面的短串,串变量是直接指向其串值数组,不能靠参数将扩容的地址变化改变实参变量,但可由返回值带回赋值给实参变量。

下列是一些给 LStr 增加的基本操作,可留作练习。有志于互联网和大数据应用的读者可自行予以实现。

```
//-----长串增加的一些基本操作的函数原型(其实现作为练习) -----
int LStrAvail(LStr S);                          // 返回 S 的未使用空间容量。O(1)
Status LStrGrow(LStr S, int inc);           // S 增加 inc 容量。O(N),N 为需移动字符数 S->len
Status LStrTrim(LStr S, char * cs);          // 从 S 前后两端向内分别移除所有在 cs 中字符,
                                                // 一旦遇非 cs 中字符,就不往内移除。O(M * N)
```

4.2.4 块链串的存储表示

和线性表的链式存储结构相类似,也可采用链表方式存储串值。由于串的特殊性——每个数据元素是一个字符,因此用链表存储串值时,存在一个"结点大小"的问题,即每个结点是存放一个字符,还是存放多个字符。例如,图 4.3(a)是结点大小为 4(即每个结点存放 4 个字符)的链表,图 4.3(b)是结点大小为 1 的链表。当结点大小大于 1 时,由于串长不一定是结点大小的整倍数,则链表中的最后一个结点不一定全被串值占满,此时通常补上特别字符'#'或其他的非串值字符('#'不能属于串的字符集,应是一个特殊的符号)。为避免大量字符在块链串移动,插入和删除字符或子串时,可在相应块中填入'#'。

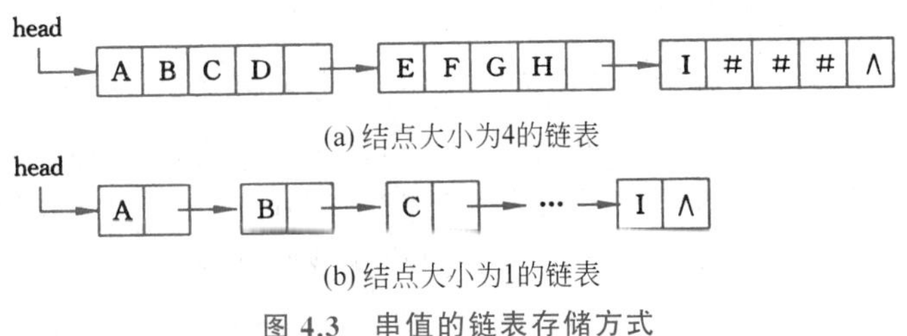

图 4.3 串值的链表存储方式

当以链表存储串值时,除头指针外还可附设一个尾指针指示链表中的最后一个结点,并给出当前串的长度。称如此定义的串存储结构为块链结构,这样存储的串就称为块链串(chunk chain string)。

```
//-----块链串的存储表示 -----
#define CHUNKSIZE 80                    // 可自行定义块的大小
typedef struct Chunk {
    char sv[CHUNKSIZE];                 // 块的串值空间,也可以定义 sv 为指针,采用动态分配
    struct Chunk * next;                // 块的指针域
} Chunk;                                // 块类型
typedef struct {
    Chunk * head, * tail;               // 串的块链的头、尾指针
    int len;                            // 串的长度
} * CLStr;                              // 块链串指针类型
```

在一般情况下,对串进行操作时,只需要从头向尾顺序扫描即可,对串值块之间不必建立双向链接。设尾指针的目的是便于进行连接操作,但应注意连接时需要处理第一个串尾块中的无效字符。

在链式存储方式中,结点大小的选择和顺序存储方式的格式选择一样都很重要,它直接影响串处理的效率。在各种串的处理系统中,所处理的串往往很长或很多,例如,一本书的几百万个字符,情报资料的成千上万个条目。这要求考虑串值的存储密度。存储密度可定

义为

$$存储密度=\frac{串值所占的存储位}{实际分配的存储位}$$

显然，存储密度小(如结点大小为 1 时)，运算处理方便，然而，存储占用量大。如果在串处理过程中需要进行内、外存交换，则会因为内外存交换操作过多而影响处理的总效率。应该看到，串的字符集的大小也是一个重要因素。一般地，字符集小，则字符的机内编码就短，这也影响串值的存储方式的选取。

串值的链式存储结构对某些串操作，如连接操作等有一定方便之处，而且特别适合超长串的编辑和处理。但总的说来不如另 3 种存储结构灵活，它占用存储量大且操作复杂。此外，串值在链式存储结构的串操作的实现和线性表在链表存储结构中的操作类似，故在此不进行详细讨论。

4.3 串的模式匹配算法

4.3.1 求子串位置的定位函数 Index(S,T,pos)

子串的定位操作通常称为串的模式匹配(其中 T 称为模式串)，是各种串处理系统中最重要的操作之一。在 4.1 节中曾调用串的其他基本操作给出了定位函数的一个算法。根据算法 4.1 的基本思想，采用短串存储结构，可以写出不依赖于其他串操作的匹配算法，如算法 4.8 所示。读者可以对长串或者弹性容量串仿照实现此算法。

```
int Index(SStr S, SStr T, int pos) {           // 子串定位
    // 返回子串 T 在主串 S 中第 pos 个字符起的位置。若不存在，则函数值为 0
    // 其中，T 非空，1≤pos≤StrLen(S)
    int i=pos, j=1;
    if (!S || !T || T[0]<=0 || pos<1 || pos>S[0]) return 0;      // 检查参数合法性
    while (i<=S[0] && j<=T[0])                        // i 和 j 分别指示 S 和 T 当前比较的字符位置
        if (S[i]==T[j]) { ++i;  ++j; }                // 继续比较后续字符
        else { i=i-j+2;  j=1; }                       // 指针回退，重新开始匹配
    if (j>T[0]) return i-T[0];                        // 成功，返回匹配子串位置
    else return 0;                                    // 失败，返回 0
}
```

算法 4.8

在算法 4.8 中，分别利用计数位标 i 和 j 指示主串 S 和模式串 T 中当前正待比较的字符位置。算法的基本思想：从主串 S 的第 pos 个字符起和模式 T 的第一个字符比较，若相等，则继续逐个比较后续字符；否则从主串的下一个字符起再重新和模式的字符依次比较。如此重复，直至模式 T 中的每个字符依次和主串 S 中的一个连续的字符序列相等，则称匹配成功，函数值为和模式 T 的第一个字符相等的字符在主串 S 中的序号，否则称匹配不成功，函数值为 0。图 4.4 展示了模式 T="abcac"和主串 S 的匹配过程(pos=1)。

算法 4.8 的匹配过程易于理解，且在某些应用场合，如文本编辑等，效率也较高，例如，在检查模式"STING"是否存在于下列主串中时：

```
     ↓i=3
ab a bc abcacbab
ab c
     ↑j=3

第二趟匹配   ↓i=2
         a b ab cabcacbab
           a
           ↑j=1

                        ↓i=7
第三趟匹配  abab cabca  cbab
               abcac
                    ↑j=5

                ↓i=4
第四趟匹配  ab  a b ca  bcacbab
                 a
                 ↑j=1

                    ↓i=5
第五趟匹配  ab   ab c ab  cacbab
                    a
                    ↑j=1

第六趟匹配  ababcabcacbab   ↓i=11
                abcac
                     ↑j=6
```

图 4.4　算法 4.8 的匹配过程

"A S**TR**ING S**E**ARCHING EXAMPLE CONS**I**STING OF SIMPLE TEXT"

算法中的 **while** 循环次数(即进行单个字符比较的次数)为 41,恰好为(Index＋T[0]－1)＋4(Index 是算法的返回值 33,是 T 在 S 匹配的位置),这就是说,除了主串中加粗的 4 个字符各比较了两次以外,其他字符均只和模式进行一次比较。在这种情况下,算法的时间复杂度为 $O(n+m)$,其中 n 和 m 分别为主串和模式的长度。然而,在有些情况下,该算法的效率却很低。例如,当模式串为"00000001",而主串为"000000000000000000000000000000000000000000000000000001"时,由于模式中前 7 个字符均为 0,且主串中前 52 个字符均为 0,每趟比较都在模式的最后一个字符出现不等,此时需将位标 i 回溯到主串 $i-6$ 的位置上,并从模式的第一个字符开始重新比较,整个匹配过程中位标 i 需回溯 45 次,**while** 循环次数为 46 * 8(index * m)。可见,算法 4.8 在最坏情况下的时间复杂度为 $O(n\times m)$。这种情况在只有 0、1 两种字符的文本串处理中经常出现,因为在主串中可能存在多个和模式串"部分匹配"的子串,因而引起指针 i 的多次回溯。01 串可以用在许多应用之中。例如,一些计算机的图形显示就是把画面表示为一个 01 串,一页书就是一个几百万个 0 和 1 组成的串。在二进制计算机上实际处理的都是 01 串。一个字符的 ASCII 码也可以看成是 8 个二进制位的 01 串,包括汉字存储在计算机中处理时也是作为 01 串和其他的字符串一样看待。因此在 4.3.2 节,将介绍另一种较好的模式匹配算法。

4.3.2　模式匹配的一种改进算法

这种改进算法是 D.E.Knuth 与 J.H.Morris 和 V.R.Pratt 同时发现的,因此人们称它为高德纳-莫里斯-普拉特算法(简称 KMP 算法)。此算法可以在 $O(n+m)$的时间数量级上完成串的模式匹配操作。其改进在于：每当一趟匹配过程中出现字符比较不等时，不需回溯 i 指针，而是利用已经得到的“部分匹配”的结果将模式向右“滑动”尽可能远的一段距离后，继续进行比较。下面先从具体例子看起。

回顾图 4.4 中的匹配过程示例，在第三趟的匹配中，当 $i=7$ 和 $j=5$ 时的字符比较不等时，又从 $i=4$ 和 $j=1$ 重新开始比较。然后，经仔细观察可发现，在 $i=4$ 和 $j=1$，$i=5$ 和 $j=1$ 以及 $i=6$ 和 $j=1$ 这 3 次比较都是不必进行的。因为从第三趟部分匹配的结果就可得出，主串中第 4、5 和 6 个字符必然是'b'、'c'和'a'(即模式串中第 2、3 和 4 个字符)。由于模式中的第一个字符是 a，因此它无须再和这 3 个字符进行比较，而仅需要将模式向右滑动 3 个字符的位置继续进行 $i=7$ 和 $j=2$ 时的字符比较即可。同理，在第一趟匹配中出现字符不等时，仅需将模式向右移动两个字符的位置继续进行 $i=3$ 和 $j=1$ 时的字符比较。由此，在整个匹配的过程中，位标没有回溯，如图 4.5 所示。

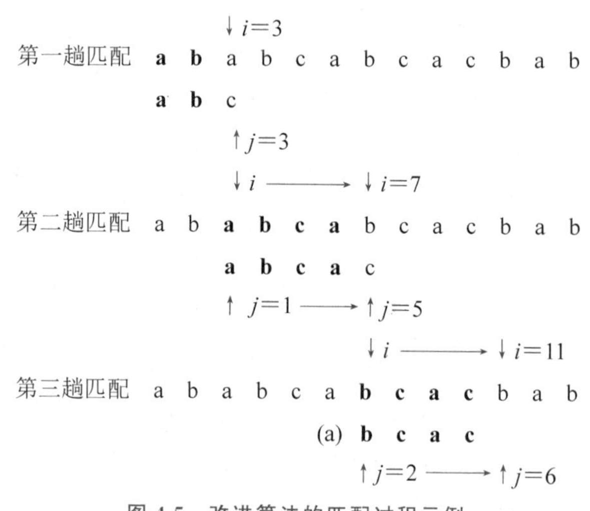

图 4.5 改进算法的匹配过程示例

现在讨论一般情况。假设主串为"$s_1s_2\cdots s_n$"与模式串为"$p_1p_2\cdots p_m$"，从上例的分析可知，为了实现改进算法，需要解决下述问题：当匹配过程中产生“失配”(即 $s_i \neq p_j$)时，模式串“向右滑动”的距离可多远？也就是说，主串中第 i 个字符不回溯，接着应与模式中哪个字符比较？假设此时应与模式中第 $k(k<j)$ 个字符继续比较，则模式中前 $k-1$ 个字符的子串必须满足下列关系式(4-2)，且不可能存在 $k'>k$ 满足下列关系式(4-2)

$$"p_1p_2\cdots p_{k-1}" = "s_{i-k+1}s_{i-k+2}\cdots s_{i-1}" \tag{4-2}$$

而已经得到的“部分匹配”的结果是

$$"p_{j-k+1}p_{j-k+2}\cdots p_{j-1}" = "s_{i-k+1}s_{i-k+2}\cdots s_{i-1}" \tag{4-3}$$

由式(4-2)和式(4-3) 推得下列等式

$$"p_1p_2\cdots p_{k-1}" = "p_{j-k+1}p_{j-k+2}\cdots p_{j-1}" \tag{4-4}$$

反之，若模式串中存在满足式(4-4)的两个子串，则当匹配过程中，主串中第 i 个字符与模式中第 j 个字符不等时，仅需将模式向右滑动至模式中第 k 个字符和主串中第 i 个字符对齐。此时，模式中头 $k-1$ 个字符的子串"$p_1p_2\cdots p_{k-1}$"必定与主串中第 i 个字符之前长度为 $k-1$ 的子串"$s_{i-k+1}s_{i-k+2}\cdots s_{i-1}$"相等。因此，匹配仅需从模式中第 k 个字符与主串中第 i 个字符继续比较。

若令 next[j]=k，则当模式中第 j 个字符与主串中相应字符“失配”时，模式中需重新和主串该字符进行比较的字符位置就是 next[j]。可定义模式串的 next 函数为

$$\text{next}[j]=\begin{cases}0 & j=1\\ \text{Max}\{k \mid 1<k<j \text{ 且 } 'p_1p_2\cdots p_{k-1}'='p_{j-k+1}p_{j-k+2}\cdots p_{j-1}'\} & \text{此集合不为空}\\ 1 & \text{其他}\end{cases} \tag{4-5}$$

由此定义可推出下列模式串的 next 函数值（保存在 next 数组，称为 next 表）：

j	1	2	3	4	5	6	7	8
模式串	a	b	a	a	b	c	a	c
next[j]	0	1	1	2	2	3	1	2

在求得模式的 next 表之后，匹配可如下进行。

(1) 假设以指针 i 和 j 分别指示主串和模式中当前比较的字符，令 i 的初值为 pos，j 的初值为 1。

(2) 若在匹配过程中 $s_i=p_j$，则 i 和 j 分别增 1，否则，i 不变，而 j 退到 next[j]位置再比较，若相等，则指针各自增 1，否则 j 再退到下一个 next 值的位置。

(3) 以此类推，直至下列两种情况。

① j 退到某个 next 值(next[next[⋯next[j]⋯]])时字符比较相等，则指针各自增 1，继续进行匹配。

② j 退到值为 0(即模式的第一个字符“失配”)，则此时需将模式继续向右滑动一个位置，即从主串的下一个字符 s_{i+1} 起和模式重新开始匹配。

图 4.6 所示正是上述匹配过程的一个例子。

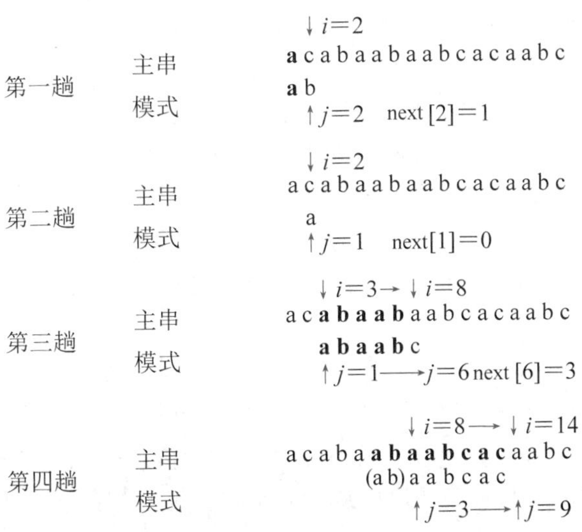

图 4.6 利用模式的 next 函数进匹配的过程示例

KMP 算法如算法 4.9 所示，它在形式上和算法 4.8 极为相似。不同之处仅在于：当匹配过程中产生“失配”时，指针 i 不变，指针 j 退回到 next[j]所指示的位置上重新进行比较，并且当指针 j 退至 0 时，指针 i 和指针 j 需同时增 1。即若主串的第 i 个字符和模式的第 1

个字符不等，应从主串的第 $i+1$ 个字符起重新进行匹配。

```
int Index_KMP(SStr S, SStr T, int pos) {
    // 利用模式串 T 的 next 表求 T 在主串 S 中第 pos 个字符之后的位置的 KMP 算法
    // 其中,T 非空,1≤pos≤StrLen(S)
    if (!S || !T || T[0]<=0 || pos<1 || pos>S[0]) return 0;      // 检查参数合法性
    int i=pos, j=1;
    while (i<=S[0] && j<=T[0])                          // i 和 j 分别指示 S 和 T 当前比较的字符位置
        if (j==0 || S[i]==T[j]) { ++i;   ++j; }   // 继续比较后续字符
        else j=next[j];                             // 模式串向右移动
     if (j>T[0]) return i-T[0];                     // 匹配成功
     else return 0;
}
```

算法 4.9

KMP 算法是基于模式串 next 表执行的，那么，如何求得模式串的 next 表呢？

从上述讨论可见，next 表仅取决于模式串本身而与主串无关。可从分析其定义出发用递推的方法求得 next 表。

由定义得知

$$\text{next}[1]=0 \tag{4-6}$$

设 $\text{next}[j]=k$，这表明在模式串中存在下列关系：

$$"p_1p_2\cdots p_{k-1}"="p_{j-k+1}p_{j-k+2}\cdots p_{j-1}" \tag{4-7}$$

其中，k 为满足 $1<k<j$ 的某个值，并且不可能存在 $k'>k$ 满足等式(4-7)。此时 $\text{next}[j+1]=$? 可能有两种情况。

(1) 若 $p_k=p_j$，则表明在模式串中

$$"p_1p_2\cdots p_k"="p_{j-k+1}p_{j-k+2}\cdots p_j" \tag{4-8}$$

并且不可能存在 $k'>k$ 满足等式(4-8)，这就是说 $\text{next}[j+1]=k+1$，即

$$\text{next}[j+1]=\text{next}[j]+1 \tag{4-9}$$

(2) 若 $p_k\neq p_j$，则表明在模式串中

$$"p_1p_2\cdots p_k"\neq"p_{j-k+1}p_{j-k+2}\cdots p_j"$$

此时可把求 next 函数值的问题看成是一个模式匹配的问题，整个模式串既是主串又是模式串，而当前在匹配的过程中，已有

$$p_{j-k+1}=p_1, p_{j-k+2}=p_2, \cdots, p_{j-1}=p_{k-1}$$

则当 $p_j\neq p_k$ 时应将模式向右滑动至以模式中的第 $\text{next}[k]$ 个字符和主串中的第 j 个字符相比较。若 $\text{next}[k]=k'$，且 $p_j=p_{k'}$，则说明在主串中第 $j+1$ 个字符之前存在一个长度为 k'（即 $\text{next}[k]$）的最长子串，和模式串中从首字符起长度为 k' 的子串相等，即

$$"p_1p_2\cdots p_{k'}"="p_{j-k'+1}p_{j-k'+2}\cdots p_j" \quad (1<k'<k<i) \tag{4-10}$$

这就是说 $\text{next}[j+1]=k'+1$，即

$$\text{next}[j+1]=\text{next}[k]+1 \tag{4-11}$$

同理，若 $p_j\neq p_{k'}$，则将模式继续向右滑动直至将模式中第 $\text{next}[k']$ 个字符和 p_j 对齐，以此类推，直至 p_j 和模式中某个字符匹配成功或者不存在任何 $k'(1<k'<j)$ 满足等

式(4-10),则

$$\text{next}[j+1]=1 \tag{4-12}$$

例如,下列模式串,已求得前 6 个字符的 next 函数值,现求 next[7],因为 next[6]=3,而 $p_6 \neq p_3$,则需比较 p_6 和 p_1(因为 next[3]=1),这相当于将子串模式向右滑动。由于 $p_6 \neq p_1$,而且 next[1]=0,所以 next[7]=1,而由于 $p_7=p_1$,故有 next[8]=2。

j	1	2	3	4	5	6	7	8
模式串	a	b	a	a	b	c	a	c
next[j]	0	1	1	2	2	3	1	2

(a b a)

(a)

根据上述分析所得结果(式(4-6)、式(4-9)、式(4-11)和式(4-12)),仿照 KMP 算法,可得到求 next 函数值的算法 4.10。

```
void get_next(SStr T, int * next) {    // 求模式串 T 的 next 函数值并存入数组 next
    int i=1, j=0;  next[1]=0;
    while (i<T[0])                             // 用 i 扫描 T
        if (j==0 || T[i]==T[j])                // j==0 是初次
            { ++i;  ++j;  next[i]=j; }         // 求得 next[i]
        else j=next[j];                        // 向右滑动
}
```

算法 4.10

算法 4.10 的时间复杂度为 $O(m)$。通常,模式串的长度 m 比主串的长度 n 要小得多,因此,对整个匹配算法来说,增加求 next 表的这点时间是值得的。

最后,要说明以下两点。

(1) 虽然算法 4.8 的时间复杂度是 $O(n \times m)$,但在一般情况下,其实际的执行时间近似于 $O(n+m)$,因此至今仍被采用。KMP 算法仅当模式与主串之间存在许多"部分匹配"的情况下才显得比算法 4.8 快得多。但是 KMP 算法的最大特点是指示主串的指针不需回溯,整个匹配过程中,对主串仅需从头至尾扫描一遍,这对于大数据应用中处理从外设输入的庞大文件很有效,可以边读入边匹配,而无须回头重读。

(2) 前面定义的 next 函数在某些情况下尚有缺陷。例如,模式"aaaab"在和主串"aabaaaab"匹配时,当 $i=4$、$j=4$ 时 $S[4] \neq T[4]$,由 next[j]的指示还需进行 $i=4$、$j=3$,$i=4$、$j=2$,$i=4$、$j=1$ 这 3 次比较。实际上,因为模式中第 1、2、3 个字符和第 4 个字符都相等,因此不需要再和主串中第 4 个字符相比较,而可以将模式一气向右滑动 4 个字符的位置直接进行 $i=5$、$j=1$ 的字符比较。这就是说,若按上述定义得到 next[j]=k,而模式中 $p_j=p_k$,则当主串中字符 s_i 和 p_j 比较不等时,不需要再和 p_k 进行比较,而直接和 $P_{\text{next}[k]}$ 进行比较,换句话说,此时的 next[j]应和 next[k]相同。

j	1 2 3 4 5
模式串	a a a a b
next[j]	0 1 2 3 4
nextval[j]	0 0 0 0 4

由此可得到计算 next 函数修正值的算法 4.11，而匹配算法不须改变。

```
void get_nextval(SStr T, int * next) {
    // 求模式串 T 的 next 函数修正值并存入数组 nextval
    int i=1, j=0;  next[1]=0;
    while (i<T[0])                              // 用 i 扫描 T
        if (j==0 || T[i]==T[j]) {               // j==0 表示是初次
            ++i;  ++j;
            if (T[i]!=T[j]) next[i]=j;          // 求得 next[i]
            else next[i]=next[j];
        } else j=next[j];                       // 向右滑动
}
```

算法 4.11

4.4 串操作应用举例

4.4.1 文本编辑

文本编辑程序是一个面向用户的系统服务程序，广泛用于源程序的输入和修改，甚至用于报刊和书籍的编辑排版以及办公室的公文书信的起草和润色。文本编辑的实质是修改字符数据的形式或格式。虽然各种文本编辑程序的功能强弱不同，但是其基本操作是一致的，一般都包括串的查找、插入和删除等基本操作。

为了编辑的方便，用户可以利用换页符和换行符把文本划分为若干页，每页有若干行（当然，也可不分页而把文件直接划成若干行）。可以把文本看成是一个字符串，称为文本串。页则是文本串的子串，行又是页的子串。

例如有下列一段源程序：

```
void main(){
    float a,b,max;
    scanf("%f,%f", &a, &b);
    if (a>b) max=a;
    else max=b;
}
```

可以把此程序看成一个文本串。输入内存后如图 4.7 所示。图中↵为换行符。

201

v	o	i	d		m	a	i	n	(	)		{	↵			f	l	o	a
t		a	,	b	,	m	a	x	;	↵			s	c	a	n	f	(	"
%	f	,	%	f	"	,	&	a	,	&	b	)	;	↵			i	f	
(	a	>	b	)		m	a	x	=	a	;	↵			e	l	s	e	
	m	a	x	=	b	;	↵	}	↵										

图 4.7 文本格式示例

为了管理文本串的页和行，在进入文本编辑的时候，编辑程序先为文本串建立相应的页表和行表，即建立各子串的存储映像。页表的每一项给出了页号和该页的起始行号；而行表的每一项则指示每一行的行号、起始地址和该行子串的长度。假设图 4.7 所示文本串只占一页，且起始行号为 100，则该文本串的行表如图 4.8 所示。行号跳空便于在两行之间插入新行。

行 号	起始地址	长 度
100	201	14
110	215	17
120	232	24
130	256	18
140	274	15
150	289	1

图 4.8　图 4.7 所示文本串的行表

文本编辑程序中设立页指针、行指针和字符指针，分别指示当前操作的页、行和字符。基本编辑操作如下。

(1) 初始编辑输入，可类似 3.2.3 节的行编辑设行缓冲区，一旦输入换行键↵就按该行实际长度分配存储空间存入该行，并更新行表，如恰需换页则要更新页表。

(2) 如果在某行内插入或删除若干字符，则要修改行表中该行的长度。若该行的长度超出了分配给它的存储空间，则要为该行重新分配存储空间，同时还要修改该行的起始位置。这样，各行的存储地址就不一定按照行号同样从小到大排列了。

(3) 如果要插入或删除一行，就要涉及行表的插入或删除。若被删除的行是所在页的起始行，则还要修改页表中相应页的起始行号(修改为下一行的行号)。为了查找方便，行表是按行号递增顺序存储的，因此，对行表进行的插入或删除运算需移动操作位置以后的全部表项。页表的维护与行表类似，在此不再赘述。

由于访问是以页表和行表作为索引的，所以在做行和页的删除操作时，可以只对行表和页表做相应的修改，不必删除所涉及的字符。这可以节省不少时间。

以上概述了文本编辑程序中的基本操作。其具体的算法，读者可在学习本章之后自行编写。

4.4.2　建立词索引表

信息检索是计算机应用的重要领域之一。由于信息检索的主要操作是在存放磁盘上的大量信息中查询一个特定的信息，为了提高查询效率，一个重要的问题是建立一个好的索引系统。例如，在 1.1 节中提到过的图书馆书目检索系统中有 3 张索引表，分别可按书名、作者名和分类号编排。在实际系统中，按书名检索并不方便，因为很多内容相似的书籍其书名不一定相同。因此较好的办法是建立“书名关键词索引”。

例如，与图 4.9(a)中书目相应的关键词索引表如图 4.9(b)所示，读者很容易从关键词索引表中查询到他所感兴趣的书目。为了便于查询，可设定此索引表为按词典有序的线性表。下面要讨论的是如何从字符串形式的书目数据生成这个有序词表。

假设每个书目存储在一个书目串，书号在前，书名在后，以 1 个空格分隔书号和单词。

书号	书　名
005	Computer Data Structures
010	Introduction to Data Structures
123	Fundamentals of Data Structures
034	The Design and Analysis of Computer Algorithms
050	Introduction to Numerical Analysis
067	Numerical Analysis

(a) 书目文件

关键词	书号索引
algorithms	034
analysis	034，050，067
computer	005，034
data	005，010，023
design	034
fundamentals	023
introduction	010，050
numerical	050，057
structures	005，010，023

(b) 关键词索引表

图 4.9　书目文件及其关键词索引表

要处理的书目串存储在一个串数组,最后一个是空串。构造这批书目的关键词索引表的过程就是依次对每个书目串做以下操作。

(1) 从书目串中提取书号和将所有关键词插入词表。

(2) 对词表中的每一个关键词,在索引表中进行查找并做相应的插入操作。

算法 4.12 是主函数,表述了对一批书目构造关键词索引表的处理框架。假设书目数据存放在字符串数组 bn_titles 中(省略了从文件读取的操作)。处理每个书目串的两个步骤分别调用两个函数完成。图 4.10 是执行 main 函数的过程中的显示输出。从中可先有个大体了解。

```
//------两个主要操作的函数原型 ------
int ExtractKeyWord(char * book, WordListType wdl);
    // 从书目串 book 中提取书号作返回值,提取书名中各关键词到词表 wdl
Status InsertIdxList(IdxListType idxl, ElemType bn);
    // 将书号为 bn 的书名关键词(都在词表中)依次按词典顺序(不重复地)插入有序索引
    // 表 idxl
int main() {
    char * bn_titles[]={ "005 Computer Data Structures",      // 书目串数组
                         "010 Introduction to Data Structures",
                         "023 Fundamentals of Data Structures",
                         "034 The Design and Analysis of Computer Algorithms",
                         "050 Introduction to Numerical Analysis",
                         "067 Numerical Analysis",
                         "" };                           // 最后的空串表示书目数据结束
   int BookNo;
   printf("-----处理书目数据,构造数目索引表 -----\n");
   WordList idxlist=InitIdxList();                  // 构造空的索引表 idxlist
   IdxList wdlist=InitWordList();                   // 构造空的词表 wdlist
   for (int i=0; bn_titles[i]!=""; i++) {           // 依次处理每个书目串
       printf(" %s\n", bn_titles[i]);               // 显示当前书目串
       BookNo=ExtractKeyWord(bn_titles[i], wdlist);    // 提取关键词到词表,返回书号
```

```
        InsertIdxList(idxlist, BookNo); // 将词表中的书号为 BookNo 的关键词插入索引表
    }
    printf("--------------索引表----------------\n");
    PrintIdxList();                                // 显示索引表(如图 4.9(b)所示)
    return 0;
}
```

算法 4.12

```
----- 处理书目数据，构造数目索引表 -----
 005 Computer Data Structures
 010 Introduction to Data Structures
 023 Fundamentals of Data Structures
 034 The Design and Analysis of Computer Algorithms
 050 Introduction to Numerical Analysis
 067 Numerical Analysis
-------------- 索引表 ----------------
   关键词          书号索引
 algorithms      034
 analysis        034  050  067
 computer        005  034
 data            005  010  023
 design          034
 fundamentals    023
 introduction    010  050
 numerical       050  067
 structures      005  010  023
```

图 4.10 构建书目索引表的算法输出

下面讨论 for 循环中两个操作的要点。

(1) 从书目串 bn_titles[i]中提取书号和将所有关键词插入词表：

```
BookNo=ExtractKeyWord(bn_titles[i], wdlist); // 提取关键词到词表,返回书号
```

提取书号子串后,将它转换为整数并作为函数的返回值赋给 BookNo。书目串余下的就是书名串,单词之间的空格符可作为分离单词(专业术语“分词”)的依据。为识别从书名串中分离出来的单词是不是关键词,需要一个虚词表(“虚词”指的是诸如"an"、"a"、"of"和"the"等无实在意义的词)。顺序扫描书名串,每分离一个单词,就查找虚词表,若不在表中,即为关键词,加入临时存放该书名的关键词的词表中。

(2) 将已提取到词表的一本书(书号为 BookNo)的关键词在索引表中建立索引：

```
InsertIdxList(idxlist, BookNo); // 将词表中的书号为 BookNo 的关键词插入索引表
```

首先要在索引表中查找关键词,这可能出现两种情况：①索引表已有此关键词的索引项,只需要在该项中插入书号 BookNo 即可；②索引表无此关键词,需在索引表中插入此关键词的索引项,插入位置应按字典有序原则确定。在此新索引项同样要插入书号。

在具体实现这两个操作之前,首先要设定数据结构。

词表只存放一本书书名中若干关键词,其数量有限,采用顺序表即可,表元素是单词,可定义为短串 SStr 类型。在处理一个书名串前,将词表“清空”。每提取一个词并确认为关键词,就加入词表末尾。

索引表的元素是索引项,包含一个关键词和多个书号(不同书名可能具有相同的关键

词）。索引表为常驻结构，应考虑节省存储，关键词可采用短串类型 SStr；多个书号索引是在索引表的生成过程中逐个插入的，且不同关键词的书号索引个数不等，甚至可能相差很多，宜采用单链表，称为书号链表。虽然索引表是动态生成，且在生成过程中需频繁进行插入操作，但考虑索引表主要为日常查找书目使用，为了提高查找效率（适宜采用第 9 章中将讨论的折半查找），应采用有序顺序表。

词表和索引表的存储表示定义如下：

```
#define MaxBookNum 6              // 假设只对 6 本书建索引表
#define MaxKeyNum 9               // 索引表的最大容量(关键词个数)
#define MaxWordNum 5              // 词表的最大容量(每本书的关键词个数)

typedef struct {
    SStr words[MaxWordNum];       // 短串数组
    int len;                      // 词表长度
} * WordListType;                 // 词表顺序表指针类型
typedef struct {
    SStr key;             // 关键词
    NLinkList bnlist;  // 书号链表(头指针),第 2 章重新定义的线性链表类型,元素是整型
} IdxTermType;           // 索引项类型
typedef struct {
    IdxTermType item[MaxKeyNum+1];      // 索引项数组
    int len;                            // 索引表长度
} * IdxListType;                        // 有序顺序索引表指针类型
//------辅助操作函数 ------
IdxListType InitIdxList() { // 构造并返回空的索引表 idxl(有序顺序表)
    IdxListType idxl; int i;
    if (!(idxl =(IdxListType)calloc(1, sizeof( * idxl))))       // 结构记录
        exit(OVERFLOW);
    idxl->len=0;
                // 空表长度为 0(索引项数),索引项 item 数组自动分配,各项的 key 为 NULL
    for (i=0; i<MaxKeyNum+1; i++)
        idxl->item[i].bnlist=InitList();   // 书号链表初始化
    return idxl;
}
WordListType InitWordList() { // 构建并返回空的词表 wordl(顺序表)
    WordListType wordl;
    if (!(wordl=(WordListType)malloc(sizeof( * wordl))))  // 结构记录
        exit(OVERFLOW);
    wordl->len=0;                        // 空表长度为 0,注: wordl 数组自动分配空间
    return wordl;
}
SStr GetWord(WordListType wdlist, int i) {   // 返回词表 wdlist 第 i 个关键词(短串指针)
    return wdlist->item[i];
}
void InsertNewKey(IdxListType idxlist, int i, SStr wd) {
    // 在索引表 idxlist 的第 i 项上插入新关键词 wd,并初始化书号链表为空表
```

```
    for (int j=idxlist->len-1; j>=i; --j)           // 第 i 项起的索引项后移一位
        idxlist->item[j+1]=idxlist->item[j];
    idxlist->item[i].key=wd;                         // 插入新的索引项(串指针赋值)
    idxlist->item[i].bnlist=InitList();              // 初始化书号链表为空表
    idxlist->len++;                                  // 项数增 1
}
Status InsertBook(IdxListType idxlist, int i, int bn) {
    // 在索引表 idxlist 的第 i 项的书号链表尾加入书号 bn 结点
    NLink p;
    if (!(p=MakeNode(bn))) return ERROR;             // 分配书号 bn 的结点,若失败则报错
    AppendOne(idxlist->item[i].bnlist, p);
                                          // 调用链表操作,书号链表尾加入新书号的结点
    return OK;
}
```

辅助函数实际上是词表和索引表的基本操作,前两个是初始构造空表,后三个在执行两个主要操作时被调用。图 4.11(a)是空的索引表,其中各项的关键词是空指针,书号链表是带头结点的空链表。

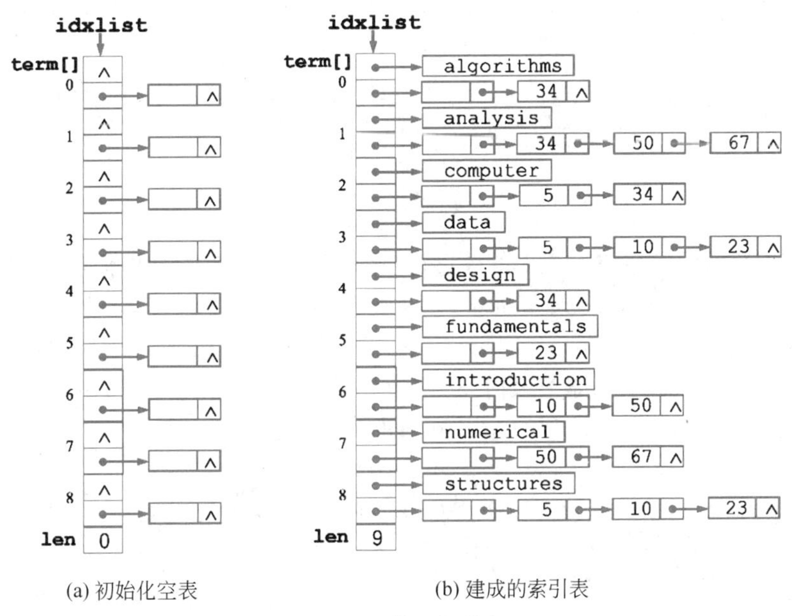

(a) 初始化空表　　(b) 建成的索引表

图 4.11　书目索引表

下面讨论两个主要操作的实现算法。

算法 4.13 利用空格' '和串结束符'\0'分词,从书目串 book 中首先提取书号并作为返回值,接着依次提取书名中的单词,经查虚词表确定是关键词后,加入词表。对 while 循环作了特殊处理,每当处理了一个单词后判断:若当前字符已是'\0',则结束循环。

```
Status isKeyWord(char * word) {          // 判断 word 是不是关键词
    char * ignoreWord[7]={ "to", "of", "the", "and", "not", "or", "if" };
```

```
    for (int m=0; m<7; m++)                                // 与虚词逐个比较
        if (strcmp(word, ignoreWord[m])==0) break;   // 是虚词则中断循环
    return m==7 ? TRUE : FALSE;                    // m==7 即 word 是关键词(不是虚词)
}
int ExtractKeyWord(char* book, WordList wl) {
    // 从书目串 book 中提取书号作返回值,提取书名中的各关键词到词表 wl
    int bn, i=0, j=0, k=0; bool Ignore; char word[15];
    wl->len=0;                                             // 词表清空
    while(book[i] !=' ') { word[i]=book[i];  i++; }  // 空格分词,提取书号
    word[i++]='\0';  bn=atoi(word);                    // 调用 C 函数转为整数 bn
    while (1)                    // 每个字符串末尾都有结束符'\0',循环至'\0'结束循环
        if (book[i]!=' ' && book[i]!='\0')
                                        // 若非词结束符,则字符加入新词尾
            if (book[i] >='A' && book[i] <='Z') book[i] -='A'-'a';
                                        // 大写转小写
            word[k]=book[i];  k++;  i++;
                                        // 字符加到词末,k 和 i 增 1,准备取下一字符
        } else {                        // 如果是空字符,则开始另一个字符串
            word[k] ='\0';
            if (isKeyWord(word))        // 若 word 是关键词,则构建短串加到词表
                { wl->item[j]=SStrNew(word);  wl->len++;  j++; }
            if (book[i] =='\0') break;  // 若是串结束符,则结束 while 循环
            k=0;  i++;                  // k 置 0,i 增 1,准备提取下一个单词
        }
    return bn;                          // 返回书号
}
```

算法 4.13

算法 4.14 在索引表构建一本书的关键词的索引,是一个二层 for 循环结构。内层循环是在有序索引表顺序查找关键词,同时确定插入位序 j。如果不存在,就调用 InsertNewKey 将关键词 wd 插入索引表。wd 指向的关键词是算法 4.13 将调用 SStrNew 构建的短串加入词表的,插入索引表时,只是指针赋值,不是复制。书号链表设有尾指针,可直接插入书号结点在表尾。图 4.11(b)是建成的索引表。

```
Status InsertIdxList(IdxList idxl, WordList wdl, int bn) {
    // 将书号为 bn 的书名关键词(都在词表中)依次按词典顺序(不重复地)
    // 插入有序索引表 idxl
    SStr wd; int i, j, m; IdxTerm *p;
    for (i=0; i<wdl->len; i++) {                 // 依次处理词表各关键词
        wd=GetWord(wdl, i);                        // 令 wd 指向词表第 i 个单词(短串)
        for (j=0, p=idxl->item;                    // 在有序的索引表查找相同的关键词
            j<idxl->len && (m=SStrCmp(p->key, wd))<0; ++j, ++p);
        if (j==idxl->len || m>0) InsertNewKey(idxl, j, wd);
                                                   // 没找到,则插入新索引项
        InsertBook(idxl, j, bn);    // 无论新旧关键词,都插入书号到该关键词的书号链表
    }
    return OK;
}
```

算法 4.14

最后,算法 4.15 给出了如图 4.9(b)的格式显示索引表的函数。实际过程是遍历索引

表，每行显示一个索引项的关键词和若干书号。

```
void PrintIdxList(IdxList idxl) { // 显示索引表
    printf(" 关键词 书号索引\n");
    for (int i=0; i<idxl->len; i++) { // 逐项显示
        printf(" %-16s", idxl->item[i].key+1); // 显示关键词(左对齐占 16 个字符位)
        for (NLink p=idxl->item[i].bnlist->head->next; p; p=p->next)
            printf("%03d ", p->data); // 依次显示链表中的书号(前头加 0 补够 3 位)
        printf("\n");
    }
}
```

算法 4.15

上述构建书目索引表只是一个简化的教学示例，不是最优解，也不适合直接用于实际。将第 2 章顺序表、有序顺序表、单链表和本章的串等数据结构综合应用于求解一个问题，既复习了前面的内容，又体会了已实现的抽象数据类型的选择和应用。当然，有没有比短串 SStr 更好的选择？怎样优化数据结构和算法？值得读者深入思考和改进。学习数据结构要学以致用，应该逐步做一些课程设计小项目。

第 5 章　数组和广义表

前几章讨论的线性结构中的数据元素都是非结构的原子类型，元素的值是不再分解的。本章讨论的两种数据结构——数组和广义表，可以看成是线性表在下述含义上的扩展：表中的数据元素本身也是一个数据结构。

数组是读者已经很熟悉的一种数据类型，几乎所有的程序设计语言都把数组类型设定为固有类型。本章以抽象数据类型的形式讨论数组的定义和实现，使读者加深对数组类型的理解。

5.1　数组的定义

类似于线性表，抽象数据类型数组可形式地定义为：

```
ADT Array {
    数据对象：D = { a_{j1 j2 … jn} | n(>0)称为数组的维数，b_i 是数组第 i 维的长度，
                    j_i = 0,…,b_i-1, i=1,2,…,n,
                    j_i 是数组元素的第 i 维下标，a_{j1 j2 … jn} ∈ ElemSet }
    数据关系：R = { R1, R2,…, Rn }
              R_i = { <a_{j1 … ji … jn}, a_{j1 … ji+1 … jn}> |
                      0≤j_k≤b_k-1, 1≤k≤n 且 k≠i,
                      0≤j_i≤b_i-2,
                      a_{j1 … ji … jn}, a_{j1 … ji+1 … jn} ∈ D, i=2,…,n }
    基本操作：
      NewArray(n, bound1,…, boundn);
        操作结果：若维数 n 和各维长度合法，则构建并返回相应的数组。
      FreeArray(A);
        操作结果：回收数组 A，须重新构建才能作为数组使用，返回 NULL。
      PutElem(A, e, index1,…,indexn);
        初始条件：A 是 n 维数组，e 为元素，随后是 n 个下标值。
        操作结果：若下标不超界，则将 e 的值赋给所指定的 A 的元素，并返回 OK。
      GetElem(A, index1,…,indexn);
        初始条件：A 是 n 维数组，随后是 n 个下标值。
        操作结果：若各下标不超界，则返回所指定的 A 的元素值。
} ADT Array
```

这是一个 C 语言风格的多维数组定义。从上述定义可见，n 维数组中含 $\prod_{i=1}^{n} b_i$ 个数据元素，每个元素都受 n 个关系的约束。在每个关系中，元素 $a_{j_1 j_2 \cdots j_n}$ $(0 \leqslant j_i \leqslant b_i - 2)$都有一个直接后继元素。因此，就其单个关系而言，这 n 个关系仍是线性关系。和线性表一样，所有的数据元素都必须属于同一数据类型。数组中的每个数据元素都对应于一组下标$(j_1, j_2, \cdots, j_n)$，每个下标的取值范围是 $0 \leqslant j_i \leqslant b_i - 1$，$b_i$ 称为第 i 维的长度$(i=1,2,\cdots,n)$。显

然，当 $n=1$ 时，n 维数组就退化为定长的线性表。反之，n 维数组也可以看成是线性表的推广。由此，也可以从另一个角度来定义 n 维数组。

可以把二维数组看成是这样一个定长线性表：它的每个数据元素也是一个定长线性表。例如，图 5.1(a)是一个二维数组，以 m 行 n 列的矩阵形式表示，它可以看成是一个线性表

$$A=(a_0\ a_1\ \cdots\ a_p)\quad p=m-1\text{ 或 }n-1$$

其中，每个数据元素 a_j 是一个如图 5.1(b)所示的列向量形式的线性表

$$a_j=(a_{0j},a_{1j},\cdots,a_{m-1,j})\quad 0\leqslant j\leqslant n-1$$

或者 a_i 是一个如图 5.1(c)所示的行向量形式的线性表

$$a_i=(a_{i0},a_{i1},\cdots,a_{i,n-1})\quad 0\leqslant i\leqslant m-1$$

$$\boldsymbol{A}_{m\times n}=\begin{bmatrix} a_{00} & a_{01} & a_{02} & \cdots & a_{0,n-1} \\ a_{10} & a_{11} & a_{12} & \cdots & a_{1,n-1} \\ \vdots & \vdots & \vdots & & \vdots \\ a_{m-1,0} & a_{m-1,1} & a_{m-1,2} & \cdots & a_{m-1,n-1} \end{bmatrix},\quad \boldsymbol{A}_{m\times n}=\left[\begin{bmatrix} a_{00} \\ a_{10} \\ \vdots \\ a_{m-1,0} \end{bmatrix}\begin{bmatrix} a_{01} \\ a_{11} \\ \vdots \\ a_{m-1,1} \end{bmatrix}\cdots\begin{bmatrix} a_{0,n-1} \\ a_{1,n-1} \\ \vdots \\ a_{m-1,n-1} \end{bmatrix}\right]$$

(a) 矩阵形式表示　　(b) 列向量的一维数组

$$\boldsymbol{A}_{m\times n}=((a_{00}a_{01}\cdots a_{0,n-1}),(a_{10}a_{11}\cdots a_{1,n-1}),\cdots,(a_{m-1,0}a_{m-1,1}\cdots a_{m-1,n-1}))$$

(c) 行向量的一维数组

图 5.1　二维数组示例

在 C 语言中，一个二维数组类型可以定义为其分量类型为一维数组类型的一维数组类型，也就是说

```
typedef ElemType Array2[m][n];
```

等价于

```
typedef ElemType Array1[n];
typedef Array1 Array2[m];
```

同理，一个 n 维数组类型可以定义为其数据元素为 $n-1$ 维数组类型的一维数组类型。

数组一旦被定义，它的维数和维界就不再改变。因此，除了结构的初建和回收之外，数组只有存取元素和修改元素值的操作。

5.2　数组的顺序表示和实现

数组一般不做插入或删除操作，一旦建立了数组，结构中的数据元素个数和元素之间的关系就不再发生变动。数组适合采用顺序存储结构表示。

内存的存储单元组织是一维结构，而数组是多维结构。用一组连续存储单元存放数组的数据元素就有个次序约定问题。例如图 5.1(a)的二维数组可以看成如图 5.1(c)的一维数组，也可看成如图 5.1(b)的一维数组。对应地，对二维数组可有两种存储方式：一种是以列序为主序(column major order)的存储方式，如图 5.2(a)所示；另一种是以行序为主序(row major order)的存储方式，如图 5.2(b)所示。在扩展 BASIC、PL/1、COBOL、Pascal、C/C++

和 Java 等绝大多数语言中，多维数组用的都是以行序为主序的存储结构，而在 FORTRAN 语言中，用的则是以列序为主序的存储结构。

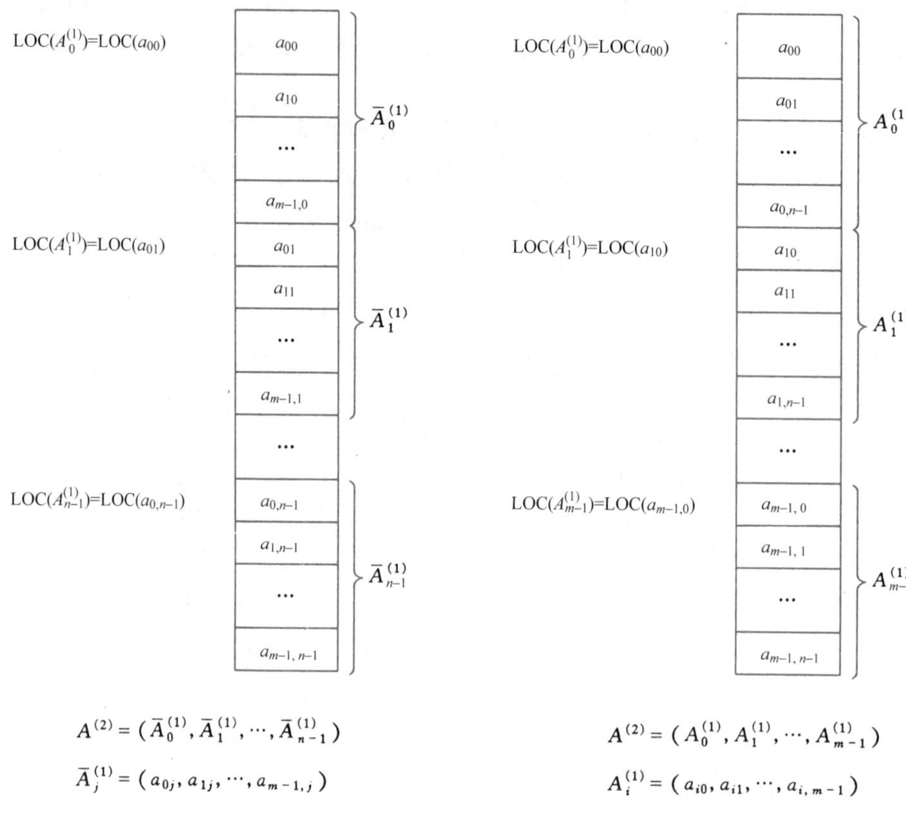

图 5.2　二维数组的两种存储方式

一旦规定了数组的维数和各维的长度，便可为它分配存储空间。只要给出一组下标便可求得相应数组元素的存储位置。下面仅用以行序为主序的存储结构为例予以说明。

假设每个数据元素占 L 个存储单元，则二维数组 **A** 中任一元素 a_{ij} 的存储位置可由下式确定

$$\mathrm{LOC}(i,j)=\mathrm{LOC}(0,0)+(b_2\times i+j)L \tag{5-1}$$

式中，$\mathrm{LOC}(i,j)$ 是 a_{ij} 的存储位置；$\mathrm{LOC}(0,0)$ 是 a_{00} 的存储位置，即二维数组 **A** 的起始存储位置，也称基地址或基址。

将式(5-1)推广到一般情况，可得到 n 维数组的数据元素存储位置的计算公式：

$$\begin{aligned}\mathrm{LOC}(j_1,j_2,\cdots,j_n)&=\mathrm{LOC}(0,0,\cdots,0)+(b_2\times\cdots\times b_n\times j_1+b_3\times\cdots\times b_n\times j_2\\&\quad+\cdots+b_n\times j_{n-1}+j_n)L\\&=\mathrm{LOC}(0,0,\cdots,0)+\left(\sum_{i=1}^{n-1}j_i\prod_{k=i+1}^{n}b_k+j_n\right)L\end{aligned}$$

可缩写成

$$\mathrm{LOC}(j_1,j_2,\cdots,j_n)=\mathrm{LOC}(0,0,\cdots,0)+\sum_{i=1}^{n}c_ij_i \tag{5-2}$$

其中，$c_n = L, c_{i-1} = b_i \times c_i, 1 < i \leqslant n$。

式(5-2)称为 n 维数组的映像函数。容易看出，数组元素的存储位置是其下标的线性函数，一旦确定了数组的各维的长度，c_i 就是常数。由于计算各个元素存储位置的时间相等，所以存取数组中任一元素的时间也相等。我们称具有这一特点的存储结构为随机存储结构。

下面是数组的顺序存储表示和基本操作的函数原型。

```
//-----数组的顺序存储表示 -----
#include <stdarg.h>                // C 标准头文件，提供宏 va_start、va_arg 和 va_end
                                   // 用于存取变长参数表
#define MAX_ARRAY_DIM 8            // 假设数组维数的最大值为 8
typedef struct {
    ElemType   * base;             // 数组元素基址，由 ArrayNew 分配
    int        dim;                // 数组维数
    int        * bounds;           // 数组维界基址，由 ArrayNew 分配
    int        * constants;        // 数组映像函数常量基址，由 ArrayNew 分配
} * Array;                         // 数组指针类型
//-----基本操作的函数原型 -----
Array NewArray(int dim, …);        // 若维数 dim 和随后的各维长度合法，则构造并返回数组
Array FreeArray(Array A);          // 回收数组 A，返回 NULL
Status PutElem(Array A, ElemType e, …);
                                   // A 为 n 维数组，e 为元素，随后是 n 个下标值
                                   // 若下标不超界，则 e 值赋给 A 的指定元素
ElemType GetElem(Array A, …);      // A 为 n 维数组，随后是 n 个下标值
                                   // 若各下标不超界，则返回 A 的指定元素值
```

例 5-1 对于 C 语言的一个三维数组的声明：

```
int a[4][5][6];
```

可用定义的多维数组 Array 类型来声明变量 A 并调用构造函数得到对应的三维数组：

```
Array A =NewArray(3, 4, 5, 6);
```

图 5.3 给出了 A 的存储结构示例。

从函数原型可见，4 个中有 3 个参数表含 3 个点号。这是 C 语言的变长参数表，给函数接口提供了灵活性。调用函数时，对应的实参可以是 1 到多个。调用这 3 个函数时，对应数组维数，依次给出各维相应的维界(也称维长)或者下标。<stdarg.h>给出了可变参数表类型 va_list，以及获取参数相关的 3 个宏 va_start，va_arg 和 va_end。在对相关函数讲解时，可看到它们怎样运用。

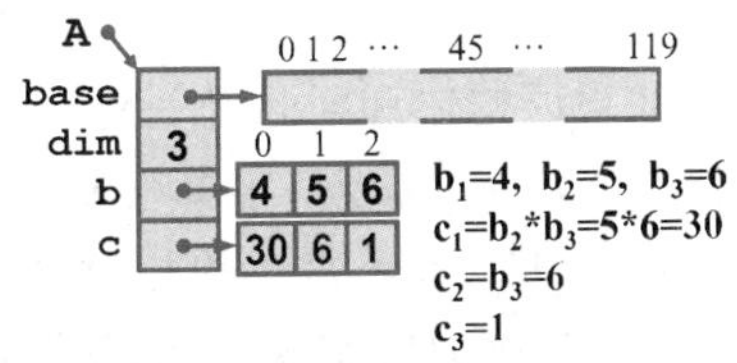

图 5.3 一个三维数组的存储结构

先来分析数组构造函数要做的工作。从图 5.3 可见，数组 A 的存储结构需要分配 4 块空间，首先是 A 指向的结构记录，余下 3 块分别由结构记录中的 3 个指针域 base、b 和 c 指向。base 指向的是元素存储空间，参数没有给出其容量，需要各维长度相乘才能得到。b 和 c 指向的空间分别存储维长和下标计算公式的常数，容量就是维数。常数需要按式(5-2)求

得。算法 5.1 实现了数组构造函数 NewArray 和回收函数 FreeArray。回收函数就是要释放数组已分配的 4 块空间,并置数组为 NULL(不再存在)。

```
Array NewArray(int dim, …) {    // 若维数 dim 和各维长度合法,则构造并返回相应的数组 A
    if (dim<1 || dim>MAX_ARRAY_DIM) return NULL;    // 若参数不合法,则返回 NULL 报错
    Array A;  int elemtotal=1, i;                   // elemtotal 用于求元素总值
    va_list ap;                                     // ap 指向…对应的首个实参
    if (!(A = (Array)malloc(sizeof( * A)))) exit(OVERFLOW);  // 分配数组的结构记录
    A->dim=dim;                                              // 维数
    if (!(A->bounds = (int * )malloc(dim * sizeof(int)))) exit(OVERFLOW);    // 维长向量
    va_start(ap, dim);              // ap 为 va_list 类型,是存放变长参数表信息的数组
    for (i=0; i<dim; ++i) {         // 依次取变长参数中的各维长度
        A->bounds[i]=va_arg(ap,int);
        if (A->bounds[i]<0) return NULL;     // 若维长是负数,则返回 NULL 报错
        elemtotal * =A->bounds[i];           // 累乘维长,求元素总数
    }                                       // 循环结束,求得元素总数,用于分配元素空间
    va_end(ap);                              // 取变长参数结束
    if (!(A->base = (ElemType * )calloc(elemtotal, sizeof(ElemType))))
        exit(OVERFLOW);
    if (!(A->constants = (int * )malloc(dim * sizeof(int))))       // 常数向量
          exit(OVERFLOW);
    // 以下求映像函数的常数 c,并存入 A->constants[i-1],i=1,2,…,dim
    A->constants[dim-1]=1;                                          // 常数 c1
    for (i=dim-2; i>=0; --i)
        A->constants[i]=A->bounds[i+1] * A->constants[i+1];  // 依次求 ci
    return A;                                   // 返回新建的数组
}
Array FreeArray(Array A) {  // 回收数组 A,返回 NULL
    if (!A) return NULL;
    free(A->base);  free(A->bounds);  free(A->constants);
                                                // 释放元素、维长和常数空间
    free(A);  return NULL;                      // 释放结构记录,返回 NULL
}
```

算法 5.1

如果说构造和回收是一对互逆的操作,那么对下标变量的赋值和取值也是一对互逆的操作。虽说互逆,但对下标变量赋值和取值的过程却是“大同小异”。它们从变长参数表提取下标并计算下标变量的相对地址是完全相同的,只是最后赋值和取值是“相逆”的。算法 5.2 是对函数的实现,它们都调用了辅助函数 CalcOff 求相对地址。

```
int CalcOff(Array A, va_list ap) {      // 辅助函数: PutElem 和 GetElem 调用此函数
    // 若 ap 指示的各下标值合法,则求出并返回该元素在 A 中的相对地址 off
    int i, idx, off=0;                  // off 用于累计相对地址
    for (i=0; i<A->dim; i++) {
        idx=va_arg(ap, int);            // 取第 i 个下标 ji
        if (idx<0 || idx>=A->bounds[i]) return -1;       // 若下标超界,返回-1 报错
        off+=A->constants[i] * idx;     // (ci * ji)加到 off
```

```
    }
    return off;                                 // 返回下标变量相对地址 off
}
Status PutElem(Array A, ElemType e, …) {
    // … 表示变长参数,依次为各维的下标值
    // 若各下标合法,则将 e 的值赋给 A 的指定元素
     if (!A) return ERROR;                      // 若 A 不存在,则返回 ERROR 报错
     va_list ap; va_start(ap,e);                // ap 指示…对应的首个实参
     int off;
     if ((off=CalcOff(A, ap)) < 0)              // 若求得 off 值不正常,则返回 ERROR 报错
         return ERROR;
     *(A->base+off)=e;                          // 对指定的下标变量赋值
     return OK;
}
ElemType GetElem(Array A, …) {               // …依次为各维的下标值
                                             // 若各下标合法,则返回 A 的相应的元素值
     if (!A) return errV;                    // 若 A 不存在,则返回 errV 报错
     va_list ap; va_start(ap, A);            // ap 指示…对应的首个实参
     int off;                                // 用于求相对地址
     if ((off=CalcOff(A, ap))<0) return errV;
                                             // 若求得 off 值不正常,则返回 errV 报错
     return *(A->base+off);                  // 基址+相对地址,返回元素值
}
```

算法　5.2

5.3　矩阵的压缩存储

矩阵是很多科学与工程计算问题中研究和运用的数学对象。在此感兴趣的不是矩阵本身,而是如何存储矩阵元,使得矩阵的各种运算能有效地进行。

用高级程序设计语言编制程序时,几乎都用二维数组存储矩阵元。有的程序设计语言中提供了各种矩阵运算,使用方便。

然而,在数值分析中经常有一些高阶矩阵含许多值相同的元素或者是零元素。为了节省存储空间,可以对这类矩阵进行压缩存储,也就是为多个值相同的元只分配一个存储空间,对零元不分配空间。

假若值相同的元素或者零元素在矩阵中的分布有一定规律,则称此类矩阵为特殊矩阵;反之,称为稀疏矩阵。下面分别讨论它们的压缩存储。

5.3.1　特殊矩阵

若 n 阶矩阵 $\boldsymbol{A}$ 中的元满足下述性质

$$a_{ij}=a_{ji} \quad 1<i,j\leqslant n$$

则称为 n 阶对称矩阵。

对于对称矩阵,可以为每一对对称元分配一个存储空间,则可将 n^2 个元压缩存储到 $n(n+1)/2$ 个元的空间中。不失一般性,可以行序为主序存储其下三角(包括对角线)中

的元。

假设以一维数组 $sa[n(n+1)/2]$ 作为 n 阶对称矩阵 **A** 的存储结构，则 $sa[k]$ 和矩阵元 a_{ij} 之间存在着一一对应的关系：

$$k=\begin{cases}\dfrac{i(i-1)}{2}+j-1 & i\geqslant j\\[2ex]\dfrac{j(j-1)}{2}+i-1 & i\leqslant j\end{cases}\tag{5-3}$$

对于任意给定一组下标 (i, j)，均可在 sa 中找到矩阵元 a_{ij}，反之，对所有的 $k=0, 1, 2,\cdots, n(n+1)/2-1$，都能确定 $sa[k]$ 中的元在矩阵中的位置 (i, j)。由此，称 $sa[n(n+1)/2]$ 为 n 阶对称矩阵 **A** 的压缩存储（见图 5.4）。

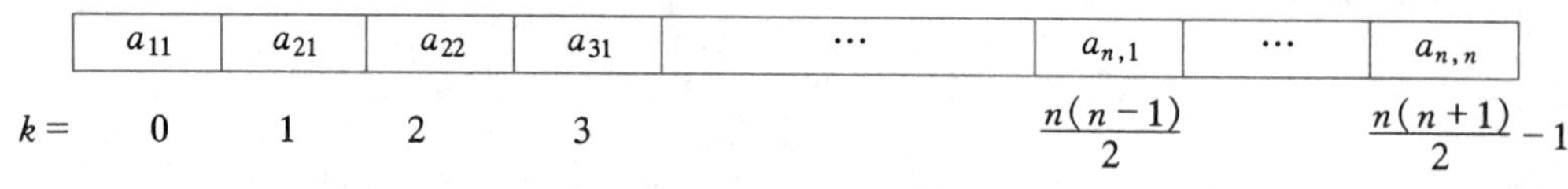

图 5.4 对称矩阵的压缩存储

这种压缩存储的方法同样也适用于三角矩阵。所谓下(上)三角矩阵是指矩阵的上(下)三角(不包括对角线)中的元均为常数 c 或零的 n 阶矩阵。则除了和对称矩阵一样，只存储其下(上)三角中的元之外，再加一个存储常数 c 的存储空间即可。

在数值分析中经常出现的还有另一类特殊矩阵是对角矩阵。在这种矩阵中，所有的非零元都集中在以主对角线为中心的带状区域中。即除了主对角线上和直接在对角线上、下方若干条对角线上的元之外，所有其他的元皆为零，如图 5.5 所示。对这种矩阵，也可按某个原则(或以行为主，或以对角线的顺序)将其压缩存储到一维数组上。

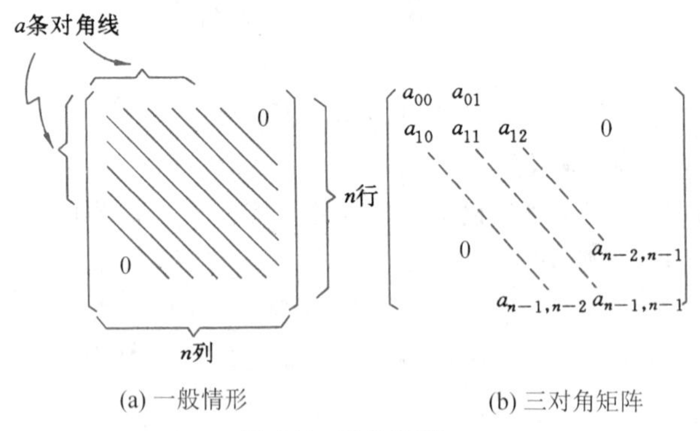

(a) 一般情形　　(b) 三对角矩阵

图 5.5 对角矩阵

在统称为特殊矩阵的这些矩阵中，非零元的分布都有明显规律，都可将其压缩存储到一维数组中，并找到每个非零元在一维数组中的对应关系。

然而，在实际应用中还经常会遇到另一类矩阵，其非零元较零元少很多，且分布没有规律，称为稀疏矩阵。这类矩阵的压缩存储就要比特殊矩阵复杂。这就是 5.3.2 节要讨论的问题。

5.3.2 稀疏矩阵

什么是稀疏矩阵？没有严格的定义，只是一个大致的表述。假设在 $m\times n$ 矩阵中，有 t

个元素不为零。令 $\delta=\frac{t}{m\times n}$，称 δ 为矩阵的稀疏因子。通常 $\delta\leqslant 0.05$ 时称该矩阵为稀疏矩阵。矩阵运算的种类很多，在稀疏矩阵的下列抽象数据类型定义中，只列举了几种常见的运算。

```
ADT SparseMat {
    数据对象: D = { a_{i,j} | i=1,2,…,m; j=1,2,…,n;
                      a_{i,j} ∈ ElemSet, m 和 n 分别为矩阵的行数和列数 }
    数据关系: R = { Row, Col }
              Row = { <a_{i,j}, a_{i,j+1}> | 1≤i≤m, 1≤j≤n-1 }
              Col = { <a_{i,j}, a_{i+1,j}> | 1≤i≤m-1, 1≤j≤n }
    基本操作:
      NewSMat();
        操作结果: 创建并返回稀疏矩阵。
      FreeSMat(M);
        初始条件: 稀疏矩阵 M 存在。
        操作结果: 回收稀疏矩阵 M。
      PrintSMat(M);
        初始条件: 稀疏矩阵 M 存在。
        操作结果: 输出稀疏矩阵 M。
      CopySMat(M);
        初始条件: 稀疏矩阵 M 存在。
        操作结果: 返回由 M 复制得到稀疏矩阵。
      AddSMat(M, N);
        初始条件: 稀疏矩阵 M 与 N 的行数和列数对应相等。
        操作结果: 求并返回稀疏矩阵的和 M+N。
      SubSMat(M, N);
        初始条件: 稀疏矩阵 M 与 N 的行数和列数对应相等。
        操作结果: 求并返回稀疏矩阵的差 M-N。
      MultSMat(M, N);
        初始条件: 稀疏矩阵 M 的列数等于 N 的行数。
        操作结果: 求并返回稀疏矩阵乘积 M×N。
      TransposeSMat(M);
        初始条件: 稀疏矩阵 M 存在。
        操作结果: 求并返回稀疏矩阵 M 的转置矩阵。
  } ADT SparseMat
```

如何对稀疏矩阵压缩存储呢？

按照压缩存储的概念，只存储稀疏矩阵的非零元。因此，除了存储非零元的值之外，还必须同时记下它所在行和列的位置 (i, j)。反之，一个三元组 (i, j, a_{ij}) 唯一确定了矩阵 $\boldsymbol{A}$ 的一个非零元。由此，稀疏矩阵可由表示非零元的三元组及其行列数唯一确定。例如，下列三元组表

((1,2,12), (1,3,9), (3,1,−3), (3,6,14), (4,3,24), (5,2,18), (6,1,15), (6,4,−7))

加上 6 和 7 这一对矩阵的行数、列数，便可作为图 5.6 中矩阵 $\boldsymbol{M}$ 的另一种描述。而由上述三元组表的不同存储表示可得到稀疏矩阵不同的压缩存储方法。

1. 三元组顺序表

以三元组作为顺序表的元素类型，就得到稀疏矩阵的一种压缩存储方式——三元组顺

$$
\boldsymbol{M}=\begin{bmatrix} 0 & 12 & 9 & 0 & 0 & 0 & 0 \\ 0 & 0 & 0 & 0 & 0 & 0 & 0 \\ -3 & 0 & 0 & 0 & 0 & 14 & 0 \\ 0 & 0 & 24 & 0 & 0 & 0 & 0 \\ 0 & 18 & 0 & 0 & 0 & 0 & 0 \\ 15 & 0 & 0 & -7 & 0 & 0 & 0 \end{bmatrix} \qquad \boldsymbol{T}=\begin{bmatrix} 0 & 0 & -3 & 0 & 0 & 15 \\ 12 & 0 & 0 & 0 & 18 & 0 \\ 9 & 0 & 0 & 24 & 0 & 0 \\ 0 & 0 & 0 & 0 & 0 & -7 \\ 0 & 0 & 0 & 0 & 0 & 0 \\ 0 & 0 & 14 & 0 & 0 & 0 \\ 0 & 0 & 0 & 0 & 0 & 0 \end{bmatrix}
$$

图 5.6　稀疏矩阵 $\boldsymbol{M}$ 和 $\boldsymbol{T}$

序表，以下是其类型定义。存储分配辅助操作 allocTSMat 为一个含 t 个非零元的 $m\times n$ 矩阵分配存储空间，但未存入非零元三元组。由一个二维数组存储的稀疏矩阵构造其三元组顺序表或者在矩阵操作中构造三元组顺序表，都可以调用 allocTSMat 分配存储空间。

```
//-----稀疏矩阵的三元组顺序表存储表示 -----
#define MAX_ROW 100              // 矩阵最大行数
#define MAX_COL 100              // 矩阵最大列数
typedef struct {
    int        i, j;             // 该非零元的行下标和列下标
    ElemType   e;                // 非零元
} Triple;                        // 三元组类型
typedef struct {
    Triple    * nzElem;          // 动态分配的非零元三元组表,nzElem[0]未用
    int         m, n, t;         // 矩阵的行数、列数和非零元个数
    int         size;            // 三元组表容量
} * TSMat;                       // 三元组顺序表指针类型
TSMat allocTSMat(int m, int n, int t) {  // 存储分配辅助操作(未存储非零元)
    if (m<1 || m>MAX_ROW || n<1 || n>MAX_COL) return NULL; // 参数不合法则返回 NULL
    TSMat M;
    if (!(M = (TSMat)malloc(sizeof( * M))))          // 分配结构记录和三元组表空间
        exit(OVERFLOW);
    if (!(M->nzElem = (Triple * )malloc((t+1) * sizeof(Triple)))) exit(OVERFLOW);
    M->m=m;  M->n=n;  M->t=M->size=t;
                                 // 置行、列、三元组数和容量
    return M;
}
```

nzElem 中表示非零元的三元组是以行序为主序顺序排列的，在下面的讨论可看出这样做有利于进行某些矩阵运算。现在讨论在这种压缩存储结构下如何实现矩阵的转置运算。

转置运算是一种简单常见的矩阵运算。对于一个 $m\times n$ 矩阵 $\boldsymbol{M}$，它的转置矩阵 $\boldsymbol{T}$ 是一个 $n\times m$ 矩阵，且 $\boldsymbol{T}(i,j)=\boldsymbol{M}(j,i)$，$1\leqslant i\leqslant n$，$1\leqslant j\leqslant m$。图 5.6 中的矩阵 $\boldsymbol{M}$ 和 $\boldsymbol{T}$ 互为转置矩阵。

显然，一个稀疏矩阵的转置矩阵仍然是稀疏矩阵。假设 a 和 b 是 TSMat 型的变量，分别表示矩阵 $\boldsymbol{M}$ 和 $\boldsymbol{T}$。那么，如何由 a 得到 b 呢？

从分析 a 和 b 之间的差异可见，只要做到以下 3 点。

(1) 将矩阵的行列值相互交换。

(2) 将每个三元组中的 i 和 j 相互调换。

(3) 重排三元组之间的次序便可实现矩阵的转置。

前二点是容易做到的，关键是如何实现第三点。即如何使 b->nzElem 中的三元组是以 ***T*** 的行(***M*** 的列)为主序依次排列的。

下标	i	j	e
1	1	2	12
2	1	3	9
3	3	1	−3
4	3	6	14
5	4	3	24
6	5	2	18
7	6	1	15
8	6	4	−7

a->nzElem

下标	i	j	e
1	1	3	−3
2	1	6	15
3	2	1	12
4	2	5	18
5	3	1	9
6	3	4	24
7	4	6	−7
8	6	3	14

b->nzElem

可以有以下两种处理方法。

(1) 按照 b->nzElem 中三元组的次序依次在 a->nzElem 中找到相应的三元组进行转置。换句话说，按照矩阵 ***M*** 的列序来进行转置。为了找到 ***M*** 的每一列中所有的非零元素，需要对其三元组表 a->nzElem 从第一行起整个扫描一遍，由于 a->nzElem 是以 ***M*** 的行序为主序来存放每个非零元的，由此得到的恰是 b->nzElem 应有的顺序。其具体算法描述如算法 5.3 所示。

```
TSMat TransposeTSMat(TSMat M) { // 采用三元组顺序表存储,求并返回稀疏矩阵 M 的转置矩阵
    if (!M) return NULL;                              // 若 M 不存在,则返回 NULL 报错
    int p, q, col;
    TSMat T=allocTSMat(M->n, M->m, M->t);
    if (T->t) {
        q=1;
        for (col=1; col<=M->n; ++col)                 // 按列号从小到依次复制非零元
            for (p=1; p<=M->t; ++p)                   // 依次扫描三元组
                if (M->nzElem[p].j==col) {            // 若是当前列号的非零元
                    T->nzElem[q].i=M->nzElem[p].j;    // 复制三元组到转置矩阵
                    T->nzElem[q].j=M->nzElem[p].i;
                    T->nzElem[q].e=M->nzElem[p].e;
                    q++;                     // q 指示转置矩阵的三元组表末尾加入位置
                }
    }
    return T;                                         // 返回转置矩阵
}
```

算法 5.3

分析这个算法，主要的工作是在 p 和 col 的两重循环中完成的，故算法的时间复杂度为 $O(n\times t)$，即和 ***M*** 的列数及非零元的个数的乘积成正比。一般矩阵的转置算法为

```
for (col=1; col<=nu; ++col)
    for (row=1; row<=mu; ++row)
        T[col][row]=M[row][col];
```

其时间复杂度为 $O(m\times n)$。当非零元的个数 t 和 $m\times n$ 同数量级时，算法 5.3 的时间复杂

度就为 $O(m\times n^2)$ 了(例如,假设在 100×500 的矩阵中有 $t=10\ 000$ 个非零元),虽然节省了存储空间,但时间复杂度提高了,因此算法 5.3 仅适于 $t<<m\times n$ 的情况。

(2) 按照 a->nzElem 中三元组的次序进行转置,并将转置后的三元组置入 b 中恰当的位置。如果能预先确定矩阵 $\boldsymbol{M}$ 中每一列(即 $\boldsymbol{T}$ 中每一行)的第一个非零元在 b->nzElem 中应有的位置,那么在对 a->nzElem 中的三元组依次做转置时,便可直接放到 b->nzElem 中恰当的位置上。为了确定这些位置,在转置前,应先求得 $\boldsymbol{M}$ 的每一列中非零元的个数,进而求得每一列的第一个非零元在 b->nzElem 中应有的位置。

在此,需要附设 num 和 cpos 两个向量。num[col]表示矩阵 $\boldsymbol{M}$ 中第 col 列中非零元的个数,cpos[col]指示 $\boldsymbol{M}$ 中第 col 列的第一个非零元在 b->nzElem 中的恰当位置。显然有

$$\begin{cases}\mathrm{cpos[col]}=1 \\ \mathrm{cpos[col]}=\mathrm{cpos[col-1]}+\mathrm{num[col-1]} & 2\leqslant \mathrm{col}\leqslant \mathrm{a->n}\end{cases} \tag{5-4}$$

例如,对图 5.6 的矩阵 $\boldsymbol{M}$,num 和 cpos 的值如表 5.1 所示。

表 5.1 矩阵 $\boldsymbol{M}$ 的向量 cpos 的值

col	1	2	3	4	5	6	7	8
num[col]	2	2	2	1	0	1	0	
cpos[col]	1	3	5	7	8	8	9	9

这种转置方法称为快速转置,其算法如算法 5.4 所示。

```
TSMat FastTransposeSMat(TSMat M) { // 采用三元组顺序表存储结构,返回稀疏矩阵 M 的转置矩阵
    if(!M) return NULL;                                  // 若 M 不存在,则返回 NULL 报错
    int col, t, p, q, num[20], cpos[20];
    TSMat T=allocTSMat(M->n, M->m, M->t);                // 初始化转置矩阵
    if (T->t!=0) {                                   // 若有非零元,则转置(T->t=M->t)
        for (col=1; col<=M->n; ++col) num[col]=0;  // 各列非零元个数计数数组清 0
        for (t=1; t<=M->t; ++t) ++num[M->nzElem[t].j];
                                                        // 对 M 中每一列所含非零元计数
        cpos[1]=1;                    // 第 1 列首个非零元(即使没有)在三元组表起始序号
        // 接着求 M 中其余各列的第一个非零元在三元组表 b->nzElem 中的序号
        for (col=2; col<=M->n; ++col) cpos[col]=cpos[col-1]+num[col-1];
        for (p=1; p<=M->t; ++p) {
            // 由 cpos 辅助,各非零元直接赋值到转置矩阵 T 的三元组表
            col=M->nzElem[p].j; q=cpos[col];
                                                // 取当前非零元的列号和在 T 的赋值位置
            T->nzElem[q].i=M->nzElem[p].j;  // 列号赋给行号
            T->nzElem[q].j=M->nzElem[p].i;  // 行号赋给列号
            T->nzElem[q].e=M->nzElem[p].e;  // 非零元赋值
            ++cpos[col];                        // 第 col 列下一个非零元在 T 的赋值位置
        }
    } // if
    return T;                                           // 返回所得转置矩阵
}
```

算法 5.4

这个算法仅比前一个算法多用了两个辅助向量[①]。从时间上看，算法中有4个并列的单循环，循环次数分别为 n 和 t，因而总的时间复杂度为 $O(n+t)$。在 $\boldsymbol{M}$ 的非零元个数 t 和 $m\times n$ 等数量级时，其时间复杂度为 $O(m\times n)$，和经典算法的时间复杂度相同。

三元组顺序表又称**有序的双下标法**，它的特点是，非零元在表中按行序有序存储，因此便于进行依行顺序处理的矩阵运算。然而，若需按行号存取某一行的非零元，则需从头开始进行查找。

2. 行逻辑链接的顺序表

为了便于随机存取任意一行的非零元，则需知道每一行的第一个非零元在三元组表中的位置。为此，可将仿照快速转置矩阵的算法中创建的"列"信息辅助数组 cpos，将指示"行"信息的辅助数组 rpos 固定在稀疏矩阵的存储结构中。称这种"带行链接信息"的三元组表为行逻辑链接的顺序表，其类型描述如下：

```
typedef struct {
    Triple *nzElem;          // 非零元三元组表
    int *rpos;               // 各行第一个非零元的位置表
    int m, n, t;             // 矩阵的行数、列数和非零元个数
    int size;                // 三元组表容量
} *RLSMat;                   // 稀疏矩阵的行逻辑链接三元组表指针类型
```

在下面讨论的两个稀疏矩阵相乘的例子中，容易看出这种表示方法的优越性。

两个矩阵相乘的经典算法也是大家所熟悉的。若设

$$\boldsymbol{Q}=\boldsymbol{M}\times\boldsymbol{N}$$

其中，$\boldsymbol{M}$ 是 $m_1\times n_1$ 矩阵，$\boldsymbol{N}$ 是 $m_2\times n_2$ 矩阵。当 $n_1=m_2$ 时有以下实现二维数组存储的矩阵相乘的代码：

```
for (i=1; i<=m1; ++i)
    for (j=1; j<=n2; ++j) {
        Q[i][j]=0;
        for (k=1; k<=n1; ++k) Q[i][j]+=M[i][k] * N[k][j];
    }
```

此算法的时间复杂度是 $O(m_1\times n_1\times n_2)$。

当 $\boldsymbol{M}$ 和 $\boldsymbol{N}$ 是稀疏矩阵并用三元组表作存储结构时，就不能套用上述算法。假设 $\boldsymbol{M}$ 和 $\boldsymbol{N}$ 分别为

$$\boldsymbol{M}=\begin{bmatrix}3 & 0 & 0 & 5\\ 0 & -1 & 0 & 0\\ 2 & 0 & 0 & 0\end{bmatrix}\quad \boldsymbol{N}=\begin{bmatrix}0 & 2\\ 1 & 0\\ -2 & 4\\ 0 & 0\end{bmatrix} \tag{5-5}$$

则 $\boldsymbol{Q}=\boldsymbol{M}\times\boldsymbol{N}$ 为

① 只要将计算 cpos 的算法稍稍改动一下，也可以只占一个向量空间。

$$Q=\begin{bmatrix} 0 & 6 \\ -1 & 0 \\ 0 & 4 \end{bmatrix}$$

它们的三元组表 M->nzElem、N->nzElem 和 Q->nzElem 分别为：

M->nzElem

下标	i	j	e
1	1	1	3
2	1	4	5
3	2	2	−1
4	3	1	2

N->nzElem

下标	i	j	e
1	1	2	2
2	2	1	1
3	3	1	−2
4	3	2	4

Q->nzElem

下标	i	j	e
1	1	2	6
2	2	1	−1
3	3	2	4

那么如何从 $\boldsymbol{M}$ 和 $\boldsymbol{N}$ 求得 $\boldsymbol{Q}$ 呢？

（1）乘积矩阵 $\boldsymbol{Q}$ 中元素

$$\boldsymbol{Q}(i,j)=\sum_{k=1}^{n_1}\boldsymbol{M}(i,k)\times\boldsymbol{N}(k,j)\qquad \begin{matrix}1\leqslant i\leqslant m_1\\ 1\leqslant j\leqslant n_2\end{matrix}\tag{5-6}$$

在经典算法中，不论 $\boldsymbol{M}(i,\ k)$和 $\boldsymbol{N}(k,\ j)$的值是否为零，都进行一次乘法运算，而两者有一个值为零时，其乘积也为零。因此，在稀疏矩阵运算时，应免去这种无效操作。换句话说，为求 $\boldsymbol{Q}$ 的值，只需在 M->nzElem 和 N->nzElem 中找到相应的各对元素(即 M->nzElem 中的j 值和 N->nzElem 中的 i 值相等的各对元素，称为对应元)相乘即可。

例如，M->nzElem[1]表示的矩阵元(1, 1, 3)只要和 N->nzElem[1]表示的矩阵元(1, 2, 2)相乘；而 M->nzElem[2]表示的矩阵元(1, 4, 5)则不需和 $\boldsymbol{N}$ 中任何元素相乘，因为 N->nzElem 中没有 i 为 4 的元素。由此可见，为了得到非零的乘积，只要对 M->nzElem [1..M->t]中的每个元素(i, k, $M(i.\ k)$) ($1\leqslant i\leqslant m_1$, $l\leqslant k\leqslant n_1$)，找到 N->nzElem 中所有相应的元素($k$, j, $N(k,\ j)$) ($1\leqslant k\leqslant m_2$), $1\leqslant j\leqslant n_2$)相乘即可。为此需在 N->nzElem 中寻找矩阵 $\boldsymbol{N}$ 中第 k 行的所有非零元。在稀疏矩阵的行逻辑链接的顺序表中，N->rpos 提供了有关信息。例如，式(5-5)中的矩阵 $\boldsymbol{N}$ 的 rpos 值如表 5.2 所示。

表 5.2　矩阵 N 的 rpos 值

row	1	2	3	4	
rpos[row]	1	2	3	5	5

并且，由于 rpos[row]指示矩阵 $\boldsymbol{N}$ 的第 row 行中第一个非零元在 N->nzElem 中的序号，则 rpos[row＋1]－1 指示矩阵 $\boldsymbol{N}$ 的第 row 行中最后一个非零元在 N->nzElem 中的序号。而最后一行中最后一个非零元在 N->nzElem 中的位置显然就是 N->t 了。

（2）稀疏矩阵相乘的基本操作：对于 $\boldsymbol{M}$ 中每个元素 M->nzElem[p] (p＝1,2,…,M->t)。找到 $\boldsymbol{N}$ 中所有满足条件 M->nzElem[p].j＝＝N->nzElem[q].i 的元素 N->nzElem[q]，求得 M->nzElem[p].e 和 N->nzElem[q].e 的乘积，而从式(5-6)得知，乘积矩阵 $\boldsymbol{Q}$ 中每个元素的值是个累计和，这个乘积 M->nzElem[p].e×N->nzElem[q].e 只是 $\boldsymbol{Q}$[i][j]中的一部分。为便于操作，应对每个元素设一累计和的变量，其初值为零，然后扫描数组 M，求得相应元素的乘积并累加到对应的求累计和的变量上。

(3) 两个稀疏矩阵的乘积不一定是稀疏矩阵。反之,即使式(5-6)中每个分量值 $\boldsymbol{M}(i, k) \times \boldsymbol{N}(k, j)$ 不为零,其累加值 $\boldsymbol{Q}[i][j]$ 也可能为零。因此乘积矩阵 $\boldsymbol{Q}$ 中的元素是否为非零元,只有在求得其累加和后才能得知。由于 $\boldsymbol{Q}$ 中元素的行号和 $\boldsymbol{M}$ 中元素的行号一致,又 $\boldsymbol{M}$ 中元素排列是以 $\boldsymbol{M}$ 的行序为主序的,由此可对 $\boldsymbol{Q}$ 进行逐行处理,先求得累计求和的中间结果($\boldsymbol{Q}$ 的一行),然后再压缩存储到 Q->nzElem 中去。

综上分析,两个稀疏矩阵相乘($\boldsymbol{Q} = \boldsymbol{M} \times \boldsymbol{N}$)的过程可概要描述如下:

```
Q 初始化;
if (Q 是非零矩阵) {                                          // 逐行求积
    for (mi=1; mi<=M.m; ++mi) {                              // 处理 M 的每一行
        qtemp[]=0;                                           // 累加器数组清 0
        计算 Q 中第 mi 行的积并累加到 qtemp[]中;
        将 qtemp[]中非零元压缩存储到 Q->nzElem;
    }
}
```

算法 5.5 是上述过程求精的结果。算法中一旦 $\boldsymbol{Q}$ 的三元组表满了,就调用 reallocRLSMat 扩容。读者可自行编写该三元组顺序表的扩容函数。

```
RLSMat MultSMat(RLSMat M, RLSMat N) {
    //求矩阵乘积 Q=M×N,采用行逻辑链接存储表示
    int mi,ni,p,q,t,k,qj,tp,qtemp[30];
    if (!M || !N || M->n!=N->m) return NULL;       // 若参数不合法,则返回 NULL 报错
    RLSMat Q=allocRLSMat(M->m, N->n, 2*M->t);// 结果矩阵 Q 初始化
    Q->t=0;                                    // Q 初始非零元个数为 0
    if (M->t*N->t!=0) {                        // 若 Q 是非零矩阵,则实施乘法
      for (mi=1; mi<=M->m; ++mi) {
                                          // 处理 M 的每一行,当前是 mi 行,求 Q 的 mi 行元素值
        for (k=1; k<=Q->n; ++k) qtemp[k]=0;            // Q 的 mi 行各元素累加器清 0
        Q->rpos[mi]=Q->t+1;
                                  // 置 Q 的 mi 行起始位置(本算法用不到,但是构建 Q 的一部分)
        tp=M->rpos[mi+1];   // tp 指向下一行的起始位置,用以判断本行是否结束
        for (p=M->rpos[mi]; p<tp;++p) { // 用 p 扫描当前 mi 行中每一个非零元
          ni=M->nzElem[p].j;// 取 p 元素对应元在 N 中行号,亦是乘积元素在 Q 中列号
          t=N->rpos[ni+1]; // 用 t 指向 N 的 ni+1 行的起始位置,以判断 ni 行是否结束
          for (q=N->rpos[ni]; q<t; ++q) {
                                              // N 中第 ni 行的非零元都是 M 中 p 元的对应元
            qj=N->nzElem[q].j;    // 乘积元在 Q 中列号
            // M 和 N 的非零对应元相乘并累加入 Q 的乘积元
            qtemp[qj]+=M->nzElem[p].e * N->nzElem[q].e;
          }
        }                                      // 循环结束时,求得 Q 中第 mi 行的非零元
        for (qj=1; qj<=Q->n; ++qj)
                                          // 压缩存储,只将该行非零元依次存入 Q 的三元组表
          if (qtemp[qj]) {                     // 若非 0,则是 Q 的非零元
            if (++Q->t>Q->size) reallocRLSMat(Q);
                                               // 若 Q 的三元组表满,则扩容
```

```
            Q->nzElem[Q->t].i=mi;                  // 行号
            Q->nzElem[Q->t].j=qj;                  // 列号
            Q->nzElem[Q->t].e=qtemp[qj];           // 非零元值
        }
      } // for mi
      Q->rpos[mi]=Q->t+1;                          // 置 Q 的末尾三元组的下一位置
    }                                              // if
    return Q;
}
```

算法 5.5

分析上述算法的时间复杂度有如下结果：累加器数组 qtemp 初始化的时间复杂度为 O(M->m×N->n)，求 $\boldsymbol{Q}$ 的所有非零元的时间复杂度为 O(M->t×N->t/N->m)，进行压缩存储的时间复杂度为 O(M->m×N->n)，因此，总的时间复杂度就是 O(M->m×N->n+M->t×N->t/N->m)。

若 $\boldsymbol{M}$ 是 m 行 n 列的稀疏矩阵，$\boldsymbol{N}$ 是 n 行 p 列的稀疏矩阵，则 $\boldsymbol{M}$ 中非零元的个数 M->t=δ_M×m×n，$\boldsymbol{N}$ 中非零元的个数 N->t=δ_N×n×p，此时算法 5.5 的时间复杂度就是 $O(m\times p\times(1+n\delta_M\delta_N))$，当 $\delta_M<0.05$ 和 $\delta_N<0.05$ 及 $n<1000$ 时，算法 5.5 的时间复杂度就相当于 $O(m\times p)$，显然，这是一个相当理想的结果。

如果事先能估算出所求乘积矩阵 $\boldsymbol{Q}$ 不再是稀疏矩阵，则以二维数组表示 $\boldsymbol{Q}$，相乘的算法也就更简单了。

3. 十字链表

当矩阵的非零元个数和位置在操作过程中变化较大时，就不宜采用顺序存储结构来表示三元组的线性表。例如，在做“将矩阵 $\boldsymbol{B}$ 加到矩阵 $\boldsymbol{A}$ 上”的操作时，由于非零元的插入或删除将会引起 A->nzElem 中元素的移动。为此，对需要进行这种类操作的稀疏矩阵，采用链式存储结构实现三元组线性表更为恰当。

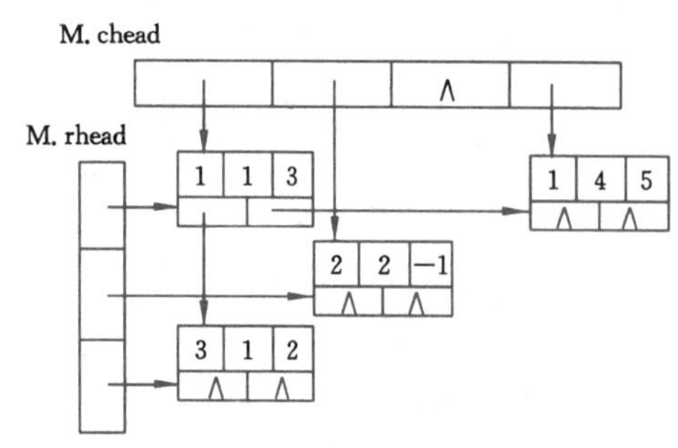

图 5.7 稀疏矩阵 $\boldsymbol{M}$ 的十字链表

在链表中，每个非零元可用含 5 个域的结点表示，其中 i、j 和 e 这 3 个域分别表示该非零元所在的行、列和非零元的值(即三元组)，向右指针域 right 用以链接同一行中下一个非零元，向下指针域 down 用以链接同一列中下一个非零元。同一行的非零元通过 right 域链接成一个线性链表，同一列的非零元通过 down 域链接成一个线性链表。每个非零元既是某个行链表中的一个结点，又是某个列链表中的一个结点，整个矩阵构成了一个十字交叉的链表，故称这样的存储结构为**十字链表**，可用两个分别存储行链表的头指针和列链表的头指针的一维数组表示。例如，式(5-5)中的矩阵 $\boldsymbol{M}$ 的十字链表如图 5.7 所示。

以下是稀疏矩阵的十字链表类型定义。算法 5.6 是建立十字链表的函数。

```
typedef struct CLNode {
    int          i, j;                    // 非零元的行号、列号
    ElemType     e;                      // 非零元的值(具体类型与应用相关,如 int,float 等)
    struct CLNode * right, * down;       // 向右指针,向下指针
} CLNode, * CLink;                       // 链表结点和指针类型
typedef struct {
    CLink * rhead, * chead;              // 行、列链表头指针数组
    int m, n, t;                         // 矩阵行数、列数和非零元个数
} * CLSMat;                              // 稀疏矩阵的十字链表指针类型
void NewCLSMat(LSMat * Mat, int m, int n, int t, int * is, int * js, int * es) {
    // 创建 m 行 n 列稀疏矩阵的十字链表。t 个非零元的行、列和元素值来自 is、js 和 es
    CLSMat M;  CLNode * p, * q;  int k,i,j,e;
    if (!(M = (CLSMat)malloc(sizeof(* M)))) exit(OVERFLOW);        // 分配结构记录
    * Mat=M;
    M->m=m; M->n=n; M->t=t;                          // 行数、列数和非零元个数
    // 分配行、列头指针数组(自动初始化,清空各头指针)
    if (!(M->rhead = (CLink * )calloc(m+1, sizeof(CLink)))) exit(OVERFLOW);
    if (!(M->chead = (CLink * )calloc(n+1, sizeof(CLink)))) exit(OVERFLOW);
    for(k=0; k<t; k++) {                                   // 逐个输入并插入非零元(可按任意次序)
        if (!(p = (CLNode * )malloc(sizeof(CLNode)))) exit(OVERFLOW); // 非零元 p 结点
        p->i=i=is[k]; p->j=j=js[k]; p->e=e=es[k];         // 行、列、元素值
        p->down=NULL; p->right=NULL;                      // 生成结点
        if (M->rhead[i]==NULL || M->rhead[i]->j >j) {     // 若所在第 i 行链表为空
            p->right=M->rhead[i]; M->rhead[i]=p;          // 则插入首个节点
        } else {                                         // 否则寻查在行链表的插入位置
            for (q=M->rhead[i]; q->right && q->right->j<j; q=q->right);
            p->right=q->right;  q->right=p;               // 在行链表插入 p 结点
        }                                                 // 完成行插入
        if (M->chead[j]==NULL || M->chead[j]->i>i) {      // 以下在第 j 列链表插入
            p->down=M->chead[j]; M->chead[j]=p;           // 代码与行链表插入对称
        } else {                                          // 寻查在列表中的插入位置
            for (q=M->chead[j]; (q->down) && q->down->i<i; q=q->down);
            p->down=q->down;  q->down=p;
        }                                                 // 完成列插入
    }                                                     // for
}
```

算法 5.6

对于 m 行 n 列且有 t 个非零元的稀疏矩阵,算法 5.6 的执行时间为 $O(t\times s)$,$s=\max(m,n)$。这是因为每建立一个非零元结点时都要寻查它在行表和列表中的插入位置,此算法对非零元输入的先后次序没任何要求。反之,若按以行序为主序的次序依次输入三元组,则可将建立十字链表的算法改写成 $O(t)$ 数量级的。

下面讨论在十字链表表示稀疏矩阵时,如何实现"将矩阵 **B** 加到矩阵 **A** 上"的运算。

两个矩阵相加和第 2 章中讨论的两个一元多项式相加极为相似,所不同的是一元多项式中只有一个变元(即指数项),而矩阵中每个非零元有两个变元(行值和列值),每个结点既在行表中又在列表中,致使插入和删除时指针的修改较为复杂,需更多的辅助指针。

假设两个矩阵相加后的结果为 $\boldsymbol{A}'$，则和矩阵 $\boldsymbol{A}'$ 中的非零元 a'_{ij} 只可能有 3 种情况。它或者是 $a_{ij}+b_{ij}$；或者是 a_{ij} ($b_{ij}=0$ 时)；或者是 b_{ij} ($a_{ij}=0$ 时)。当将 $\boldsymbol{B}$ 加到 $\boldsymbol{A}$ 上去时，对 $\boldsymbol{A}$ 矩阵的十字表来说，或者是改变结点的 e 值($a_{ij}+b_{ij}\neq 0$)，或者不变($b_{ij}=0$)，或者插入一个新结点($a_{ij}=0$)。还有一种可能的情况：$\boldsymbol{A}$ 矩阵中的某个非零元相加后结果为 0($a_{ij}+b_{ij}=0$)，对 $\boldsymbol{A}$ 的操作是删除一个结点。整个运算过程可从矩阵的第一行起逐行进行。对每一行都从行表头出发分别找到 $\boldsymbol{A}$ 和 $\boldsymbol{B}$ 在该行中的第一个非零元结点后开始比较，然后按上述 4 种不同情况分别处理。

算法 5.7 实现了十字链表存储的稀疏矩阵的上述加法过程。算法的框架是外层循环管控逐行相加，二层循环用 pa 和 pb 指针同时分别扫描 $\boldsymbol{A}$ 和 $\boldsymbol{B}$ 的当前行链表。上述 4 种情况的处理过程为：

(1) 若 pa==NULL 或 pa->j>pb->j，则需要在 $\boldsymbol{A}$ 矩阵的链表中插入一个值为 b_{ij} 的结点。此时，需改变同一行中前一结点的 right 域值，以及同一列中前一结点的 down 域值。

(2) 若 pa->j<pb->j，则只要将 pa 指针往右推进一步。

(3) 若 pa->j==pb->j 且 pa->e+pb->e!=0，则只要将 $a_{ij}+b_{ij}$ 的值送到 pa 结点的 e 域即可，其他域的值都不变。

(4) 若 pa->j==pb->j 且 pa->e+pb->e==0，则需要在 $\boldsymbol{A}$ 矩阵的链表中删除 pa 结点。此时，需改变同一行中前一结点的 right 域值，以及同一列中前一结点的 down 域值。

为了便于插入和删除结点，需要设立一些辅助指针。其一是，在 $\boldsymbol{A}$ 的行链表上设 pre 指针，指向 pa 结点的前驱结点；其二是，在 $\boldsymbol{A}$ 的每一列的链表上设一个指针 hl[j]，它的初值和列链表的头指针相同，即 hl[j]=chead[j]。

```
Status AddCLSMat(CLSMat A, CLSMat B) { // 十字链表表示的矩阵 A 和 B 相加,和矩阵为 A
    int i, j; CLink p, pa, pb, pre, hl[MAXRC+1];
    if (A->m!=B->m || A->n!=B->n) return ERROR; // 两个矩阵不同阶,不能相加
    if (B->t==0) return OK;                     // 若 B 的非零元个数为 0,则无须相加
    for (j=1; j<=A->n; j++) hl[j]=A->chead[j];// 辅助指针数组 hl 为各列辅助指针
    for (i=1; i<=A->m; i++) {                   // 逐行相加,i 行为当前行
        pa=A->rhead[i];  pb=B->rhead[i];  pre=NULL;
                                                // pa,pb 分别为 A,B 行扫描指针
        while (pb) {            // 由 pb 主控行扫描(因为是将 B 加到 A),分 4 种情况处理
/*(1)*/ if (pa==NULL || pa->j >pb->j) {         // 在 A 中插入新结点(复制 pb 结点)
            p=(CLNode*)malloc(sizeof(CLNode));// 分配新的 p 结点
            if (!pre) A->rhead[i]=p;            // 行表头插入
            else pre->right=p;                  // 行中插入
            p->right=pa; pre=p;                 // 完成行插入
            p->i=i;  p->j=pb->j;  p->e=pb->e;      // 复制三元组
            if (!A->chead[p->j] || A->chead[p->j]->i>p->i) {
                p->down=A->chead[p->j]; A->chead[p->j]=p;    // 在列表头插入
            } else {
                while (hl[p->j]->down && hl[p->j]->down->i<p->i) // 查找列中插入位置
                    hl[p->j]=hl[p->j]->down;
                p->down=hl[p->j]->down;  hl[p->j]->down=p; // 在列表中插入
            }
```

```
            hl[p->j] =p;
                        // 所在列记住刚插入的 p 结点(下次该列插入,从此开始查找插入位置)
            pb =pb->right;  A->t++;              // pb 右移,A 的非零元个数增 1
/* (2) */ } else if (pa->j <pb->j) {             // pa 右移一步
            pre =pa; pa =pa->right;
/* (3) */ } else if (pa->e +pb->e) {             // 相加若不等于 0
            pa->e +=pb->e;                        // 则相加
            pre =pa;  pa =pa->right;              // pa 右移
            pb =pb->right;                        // pb 右移
/* (4) */ } else {                               // 否则和为 0,删除 pa 结点
            if (!pre) A->rhead[i] =pa->right;     // 在行表头删除
            else pre->right =pa->right;           // 在行中删除
            p =pa;  pa =pa->right;                // p 指向要删除的结点,pa 右移
            pb =pb->right;                        // pb 右移
            if (A->chead[p->j]==p) A->chead[p->j] =hl[p->j] =p->down;
                                                  // 列表头删除
            else hl[p->j]->down =p->down;         // 列中删除
            free(p);  A->t--;                     // 释放 p 结点,非零元个数减 1
          }
        }
    }
    return OK;
}
```

算法 5.7

分析算法可得出结论：从一个结点来看，进行比较、修改指针所需的时间是一个常数；整个运算过程在于对 **A** 和 **B** 的十字链表逐行扫描，其循环次数主要取决于 **A** 和 **B** 矩阵中非零元个数 ta 和 tb。算法的时间复杂度为 $O(ta+tb)$。

复制 CLSMat 的稀疏矩阵 **M** 的操作 CopyCLSMat(M)的实现可以看作算法 5.7 的缩减版，只有复制结点一种情况。再有不同的是要构建并返回复制的稀疏矩阵，读者可作为练习。

5.4 广义表的定义

顾名思义，广义表(general list)是线性表的推广，也称列表(lists，用复数形式以示与统称的表 list 的区别)。人工智能等领域的列表处理语言(LISP)把广义表作为基本的数据结构，连程序也表示为一系列的广义表。当程序自身也是数据结构，就易于实现程序对自身的修改，从而实现程序的自我进化。

广义表抽象数据类型的定义如下：

```
ADT GList {
    数据对象: D ={ e_i | i=1,2,…,n;n≥0; e_i ∈ AtomSet 或 e_i ∈ GList,
                    AtomSet 为某个数据对象 }
    数据关系: R_1 ={ <e_{i-1},e_i> | e_{i-1},e_i ∈ D,2≤i≤n }
    基本操作:
        InitGList();
```

```
        操作结果：创建并返回空的广义表 L。
    NewGList(S);
        初始条件：S是广义表的逻辑形式 C串。
        操作结果：由 S创建并返回广义表。
    FreeGList(L);
        初始条件：广义表 L存在。
        操作结果：销毁广义表 L。
    CopyGList(L);
        初始条件：广义表 L存在。
        操作结果：由广义表 L复制并返回广义表。
    GListLen(L);
        初始条件：广义表 L存在。
        操作结果：求广义表 L的长度,即元素个数。
    GListDepth(L);
        初始条件：广义表 L存在。
        操作结果：求广义表 L的深度。
    GListEmpty(L);
        初始条件：广义表 L存在。
        操作结果：判定广义表 L是否为空。
    GetHead(L);
        初始条件：广义表 L存在。
        操作结果：取广义表 L的头。
    GetTail(L);
        初始条件：广义表 L存在。
        操作结果：取广义表 L的尾。
    InsertFirst_GL(L, e);
        初始条件：广义表 L存在。
        操作结果：插入元素 e作为广义表 L的第一元素。
    DeleteFirst_GL(L);
        初始条件：广义表 L存在。
        操作结果：删除广义表 L的第一元素并返回其值。
    TraverseGList(L, Visit()),
        初始条件：广义表 L存在。
        操作结果：遍历广义表 L,用函数 Visit处理每个元素
} ADT GList
```

广义表一般记作

$$LS=(a_1,a_2,\cdots,a_n)$$

其中,LS是广义表的名称,n 是它的长度。在线性表的定义中,$a_i(1\leqslant i\leqslant n)$只限于是单个元素。而在广义表的定义中,$a_i$ 可以是单个元素,也可以是广义表,分别称为广义表 LS的**原子**和**子表**。习惯上,用大写字母表示广义表的名称,用小写字母表示原子。当广义表 LS非空时,称第一个元素 a_1 为 LS的**表头**(head),称其余元素组成的表$(a_2,a_3,\cdots,a_n)$是 LS的**表尾**(tail)。

显然,广义表的定义是一个递归定义,在描述广义表时又用到了广义表的概念。下面列举一些广义表的例子。这些用嵌套圆括号表示子表的嵌套关系,用逗号分隔元素的字符序列表示逻辑上的广义表的形式,可称为广义表的逻辑形式串。

(1) A=( )——A是一个空表,它的长度为零。

(2) B=(e)——列表 B 只有一个原子 e,B 的长度为 1。

(3) C=(a,(b,c,d))——列表 C 的长度为 2,两个元素分别为原子 a 和子表(b, c, d)。

(4) D=(A,B,C)——列表 D 的长度为 3,3 个元素都是列表。显然,将子表的值代入后,则有 D=(( ),(e),(a,(b,c,d)))。

(5) E=(a, E)——这是一个递归表,长度为 2。E 相当于一个无限的列表 E=(a, (a, (a,…)))。

从上述定义和例子可推出列表的 3 个重要结论。

(1) 列表的元素可以是子表,而子表的元素还可以是子表,列表是一个多层次的结构,图 5.8 展示了列表 D 的层次结构,图中以圆圈表示列表,以方块表示原子。

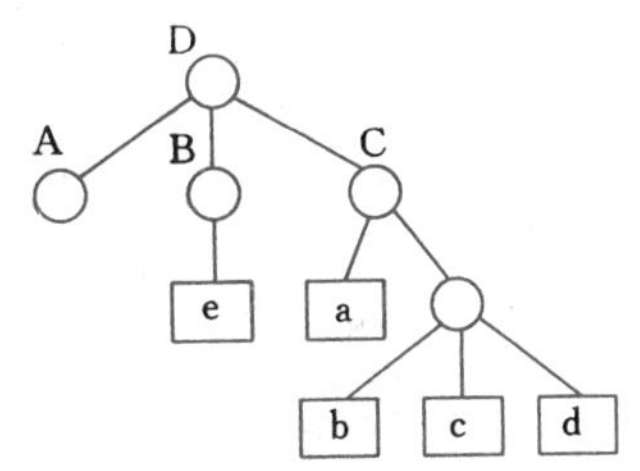

图 5.8　列表的图形表示

(2) 列表可为其他列表所共享。例如在上述例子中,列表 A、B 和 C 为 D 的子表,而在 D 中可以不必列出子表的值,而是通过子表的名称来引用。

(3) 列表可以是一个递归表,即列表也可以是其本身的一个子表。例如,列表 E 就是一个递归的表。

由表头和表尾的定义可知:任何一个非空列表其表头可能是原子,也可能是列表,而其表尾必定为列表。例如:

GetHead(B) = e　　GetTail(B) = ()

GetHead(D) = A　　GetTail(D) = (B,C)

由于(B, C)为非空列表,可继续分解得到:

GetHead((B, C)) = B　　GetTail((B, C)) = (C)

值得注意的是列表()和(())不同。前者为空表,长度 $n=0$,后者长度 $n=1$,可分解得到其表头、表尾均为空表()。

5.5　广义表的存储结构

由于广义表($a_1,a_2,\cdots,a_n$)中的数据元素可以具有不同的结构(或是原子,或是列表),因此难以用顺序存储结构表示。通常采用链式存储结构,每个数据元素存储在一个结点。

如何设定结点的结构?由于列表中的数据元素可能为原子或列表,由此需要两种结构的结点:一种是表结点,用以存储列表;另一种是原子结点,用以存储原子。从 5.4 节得知:若列表不为空,则可分解成表头和表尾;反之,一对确定的表头和表尾可唯一确定列表。由此,一个表结点可由 3 个域组成,即标志域、指示表头的指针域和指示表尾的指针域;而原子结点只需两个域,即标志域和值域(如图 5.9 所示)。其类型定义如下:

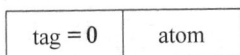

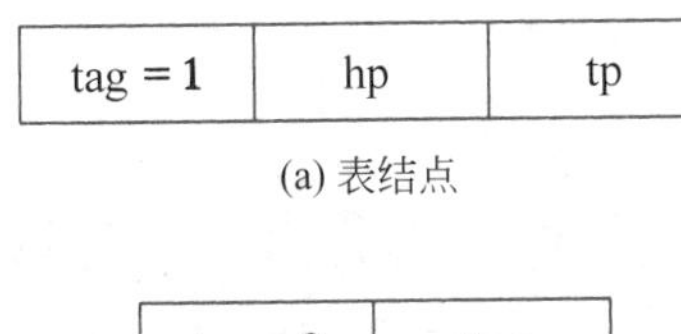

图 5.9　列表的链表结点结构

```
//-----广义表的头尾链表存储表示 -----
typedef enum { ATOM, LIST } ElemTag;    // 元素标志枚举类型,ATOM(0)原子,LIST(1)子表
typedef struct GLNode {
    ElemTag tag;                                        // 元素标志
    union {
        char atom;                                      // 原子
        struct { GLNode * hp, * tp; } ptr;              // 表结点指针
                                               // ptr.he 和 ptr.tp 分别指向表头和表尾
    };                                                  // 联合体默认域名
} * GList;                                              // 广义表的头尾链表指针类型
```

5.4 节曾列举了广义表的例子,它们的存储结构如图 5.10 所示。在这种存储结构中有 3 种情况。

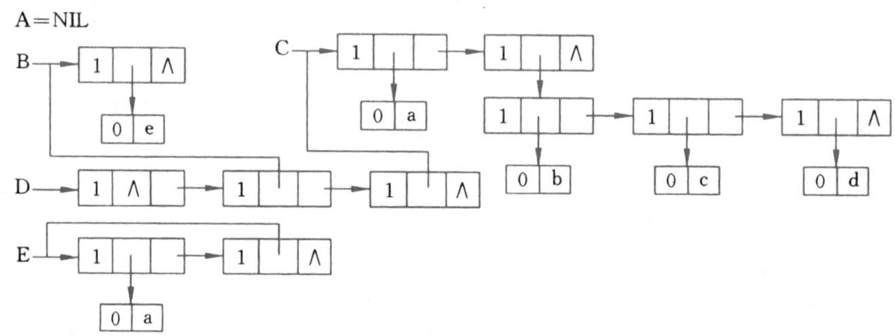

图 5.10　广义表的存储结构示例

(1) 除空表的表头指针为空外,对任何非空列表,其表头指针均指向一个表结点,且该结点中的 hp 指示列表表头(或为原子结点,或为表结点),tp 指向列表表尾(若表尾为空,则指针为空,否则必为表结点)。

(2) 容易分清列表中原子和子表所在层次。如在列表 D 中,原子 a 和 e 在同一层次上,而 b、c 和 d 在同一层次且比 a 和 e 低一层,B 和 C 是同一层的子表。

(3) 最高层的表结点个数即为列表的长度。以上 3 个特点在某种程度上给列表的操作带来方便。也可采用另一种结点结构的链表表示列表,如图 5.11 和图 5.12 所示。其形式定义说明如下。

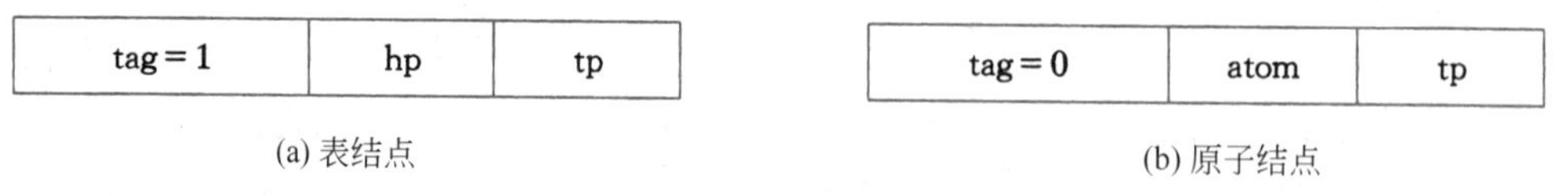

图 5.11　列表的另一种结点结构

```
//-----广义表的扩展线性链表存储表示 -----
typedef struct GLNode2 {
    ElemTag tag;                    // 公共部分,用于区分原子结点和表结点
    union {                         // 原子结点和表结点的联合部分
        AtomType atom;              // 原子结点的值域
        GLNode2 * hp;               // 表结点的表头指针
    };
    GLNode2 * tp;                   // 相当于线性链表的 next,指向下一个元素结点
} * GList2;                         // 广义表扩展线性链表指针类型
```

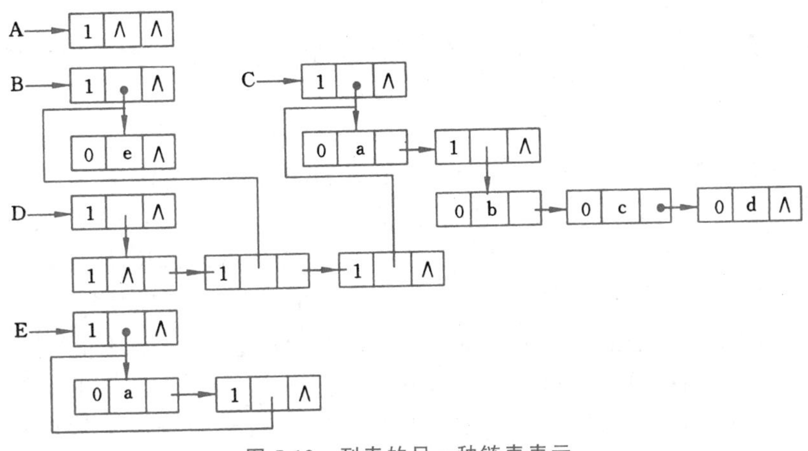

图 5.12　列表的另一种链表表示

对于列表的这两种存储结构，读者只要根据自己的习惯掌握其中一种结构即可。

5.6　广义表的递归算法

在第 3 章中曾提及，递归函数结构清晰、程序易读，且容易证明正确性，是程序设计的有力工具，但有时递归函数的执行效率很低，因此使用递归应扬长避短。在程序设计的过程中，并不一味追求递归。如果一个问题的求解过程有明显的递推规律，也很容易写出它的递推过程（如求阶乘函数 $f(n)=n!$ 的值），则不必使用递归。反之，在对问题进行分解、求解的过程中得到的是和原问题性质相同的子问题（如 Hanoi 塔问题），由此自然得到一个递归算法，且它比利用栈实现的非递归算法更符合人们的思维逻辑，因而更易于理解。但是要熟练掌握递归算法的设计方法也不是件轻而易举的事情。在本节中，我们不打算全面讨论如何设计递归算法，只是以广义表为例，讨论如何利用分治法（Divide and Conquer）进行递归算法设计的方法。

对这类问题设计递归算法时，通常可以先写出问题求解的递归定义。和第二数学归纳法类似，递归定义由**基本项**和**归纳项**两部分组成。

递归定义的基本项描述了一个或几个递归过程的终结状态。虽然一个有限的递归（且无明显的迭代）可以描述一个无限的计算过程，但任何实际应用的递归过程，除错误情况外，必定能经过有限层次的递归而终止。所谓终结状态指的是不需要继续递归而可直接求解的状态。如例 3-2 的 n 阶 Hanoi 塔问题，在 $n=1$ 时可以直接求得解，即将圆盘从 X 塔座移动到 Z 塔座上。一般情况下，若递归参数为 n，则递归的终结状态为 $n=0$ 或 $n=1$ 等。

递归定义的归纳项描述了如何实现从当前状态到终结状态的转换。递归设计的实质是：当一个复杂的问题可以分解成若干子问题来处理时，其中某些子问题与原问题有相同的特征属性，则可利用和原问题相同的分析处理方法；反之，这些子问题解决了，原问题也就迎刃而解了。递归定义的归纳项就是描述这种原问题和子问题之间的转换关系。仍以 Hanoi 塔问题为例。原问题是将 n 个圆盘从 X 塔座移至 Z 塔座上，可以把它分解成 3 个子问题。

(1) 将编号为 $1\sim n-1$ 的 $n-1$ 个圆盘从 X 塔座移至 Y 塔座。

(2) 将编号为 n 的圆盘从 X 塔座移至 Z 塔座。

(3) 将编号为 $1\sim n-1$ 的圆盘从 Y 塔座移至 Z 塔座。

其中(1)和(3)的子问题和原问题特征属性相同，只是参数($n-1$ 和 n)不同，由此实现了递归。

递归函数的设计用的是归纳思维的方法，在设计递归函数时应注意。

(1) 首先应书写函数的首部和规格说明，严格定义函数的功能和接口(递归调用的界面)，对求精函数中所得的和原问题性质相同的子问题，只要接口一致，便可进行递归调用。

(2) 对函数中的每个递归调用都看成只是一个简单的操作，只要接口一致，必能实现规格说明中定义的功能，切忌想得太深太远。正如用第二数学归纳法证明命题时，由归纳假设进行归纳证明时绝不能怀疑归纳假设是否正确。

下面讨论广义表的 3 种操作。首先约定所讨论的广义表都是非递归表且无共享子表。

5.6.1 求广义表的深度

广义表的深度定义为广义表逻辑形式串中括号的重数，是广义表的一种量度。通过对求其深度算法的讨论，可对广义表的存储结构与逻辑结构的对应关系增加了解。

设非空广义表为

$$LS=(a_1,a_2,\cdots,a_n)$$

其中，$a_i(i=1,2,\cdots,n)$为原子或 LS 的子表。求 LS 的深度可分解为 n 个子问题，每个子问题为求 a_i 的深度。若 a_i 是原子，则由定义其深度为 0；若 a_i 是广义表，则和上述一样处理，而 LS 的深度为各元素 $a_i(i=1,2,\cdots,n)$ 的深度中最大值加 1。空表也是广义表，并由定义可知空表的深度为 1。

由此可见，求广义表的深度的递归算法有两个终结状态：空表和原子，只要求得 $a_i(i=1,2,\cdots,n)$的深度，就容易求得广义表的深度。显然，它应比子表深度的最大值多 1。

广义表

$$LS=(a_1,a_2,\cdots,a_n)$$

的深度 Depth(LS)的递归定义为

基本项：$\text{Depth}(LS)=1$　　LS 为空表

$\text{Depth}(LS)=0$　　LS 为原子

归纳项：$\text{Depth}(LS)=1+\underset{1\leqslant i\leqslant n}{\text{Max}}\{\text{Depth}(a_i)\}\quad n\geqslant 1$

由此定义容易写出求深度的递归函数。假设 L 是 GList 型的变量，则 L==NULL 表明广义表为空表，L->tag==0 表明是原子。反之，L 指向表结点，该结点中的 hp 指针指向表头，即为 L 的第一个子表，而结点中的 tp 指针所指表尾结点中的 hp 指针指向 L 的第二个子表。在第一层中由 tp 相连的所有尾结点中的 hp 指针均指向 L 的子表。由此，求广义表深度的递归函数如算法 5.8 所示。

```
int GListDepth(GList L) {  // 采用头尾链表存储结构,返回广义表 L 的深度
    int max, dep;
    if (!L) return 1;                        // 空表深度为 1
    if (L->tag==ATOM) return 0;              // 原子深度为 0
    for (max=0; L; L=L->ptr.tp) {
```

```
        dep=GListDepth(L->ptr.hp);          // 求以 L->ptr.hp 为头指针的子表深度
        if (dep >max) max=dep;              // 令 max 保持子表深度的最大值
    }
    return max +1;                          // 非空表的深度是各子表的深度的最大值加 1
}
```

算法 5.8

算法的执行过程就是遍历广义表的过程。在遍历中首先求得各子表的深度,然后综合得到广义表的深度。图 5.13 展示了求广义表 D 的深度的过程。图中用虚线示意遍历过程中指针 L 的变化状况,在指向结点的虚线旁标记的是将要遍历的子表,而在从结点引出的虚线旁标记的数字是刚求得的子表的深度。从图中可见广义表 D=(A,B,C)=(( ),(e),(a,(b,c,d)))的深度为 3。若按递归定义分析广义表 D 的深度则有

$$\text{Depth}(D) = 1 + \text{Max}\{\ \text{Depth}(A),\ \text{Depth}(B),\ \text{Depth}(C)\ \}$$

$$\text{Depth}(A) = 1$$

$$\text{Depth}(B) = 1 + \text{Max}\{\text{Depth}(e)\} = 1 + 0 = 1$$

$$\text{Depth}(C) = 1 + \text{Max}\{\text{Depth}(a), \text{Depth}((b,c,d))\} = 2$$

$$\text{Depth}(a) = 0$$

$$\text{Depth}((b,\ c,\ d)) = 1 + \text{Max}\{\text{Depth}(a), \text{Depth}(b), \text{Depth}(c)\} = 1 + 0 = 1$$

由此,Depth(D) = 1 + Max(1, 1, 2) = 3。

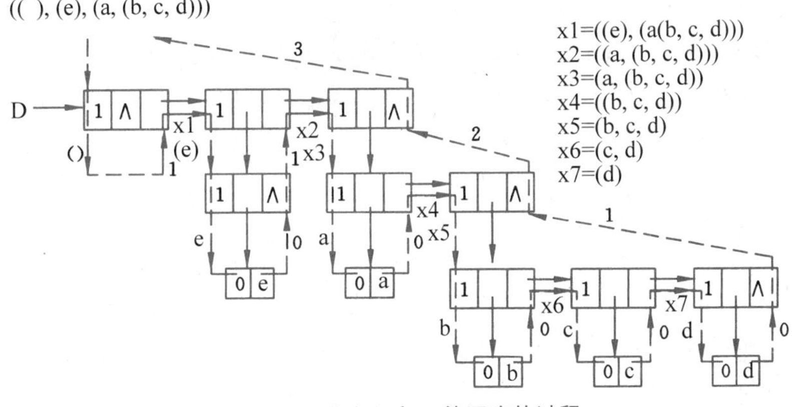

图 5.13　求广义表 D 的深度的过程

5.6.2　复制广义表

在 5.5 节曾提及,任何一个非空广义表均可分解成表头和表尾,反之,一对表头和表尾可唯一确定一个广义表。复制一个广义表只要分别复制其表头和表尾,然后合成即可。假设 LS 是原表,NewLS 是复制表,则复制操作的递归定义如下。

```
基本项: NewLS=InitGList();                    /* 置空表 */  当 LS 为空表时
归纳项: NewLS->ptr.hp=Copy(LS->ptr.hp);        /* 复制表头 */
        NewLS->ptr.tp=Copy(LS->ptr.ht);        /* 复制表尾 */
```

若原表以图 5.10 的链表表示，则复制表的操作便是建立相应的链表。只要建立和原表中的结点一一对应的新结点，便可得到复制的新链表。据此可写出复制广义表的递归算法如算法 5.9 所示。

```
GList CopyGList(GList L) { // 采用头尾链表存储结构，返回复制广义表 L 得到的广义表
    GList T;
    if (!L) return NULL;                                              // 复制空表
    else {
        if (!(T = (GList)malloc(sizeof(GLNode)))) exit(OVERFLOW);     // 分配结点
        T->tag=L->tag;                                   // 复制标志
        if (L->tag==ATOM) T->atom=L->atom;               // 复制单原子
        else {
            T->ptr.hp=CopyGList(L->ptr.hp);              // 复制表头 L->ptr.hp 的副本
            T->ptr.tp=CopyGList(L->ptr.tp);              // 复制表尾 L->ptr.tp 的副本
        }
    }
    return T;                                            // 返回复制的广义表
}
```

算法 5.9

读者可试以广义表 C 为例循序察看过程，以便得到更深刻的了解。

5.6.3 建立广义表的存储结构

从上述两种广义表操作的递归算法的讨论中可以发现：在对广义表的操作下进行递归定义时，可有两种分析方法：一种是把广义表分解成表头和表尾两部分；另一种是把广义表看成是含 n 个并列子表(假设原子也视作子表)的表。在讨论建立广义表的存储结构时，这两种分析方法均可。下面就第二种分析方法进行讨论。

广义表逻辑形式串 S 可能有两种情况。

(1) S = "()"(仅含一对圆括号的串)。

(2) S = "$(a_1,a_2,\cdots,a_n)$"，其中 $a_i(i=1,2,\cdots,n)$是 S 的子串。

对应于第一种情况，S 的广义表为空表；对应于第二种情况，S 的广义表中含 n 个子表，每个子表的书写形式即为子串 $a_i(i=1,2,\cdots,n)$。此时可类似于求广义表的深度，分析由 S 建立的广义表和由 $a_i(i=1,2,\cdots,n)$建立的子表之间的关系。假设按图 5.9 所示结点结构来建立广义表的存储结构，则含 n 个子表的广义表中有 n 个表结点序列。第 $i(i=1,2,\cdots,n-1)$ 个表结点中的表尾指针指向第 $i+1$ 个表结点，第 n 个表结点的表尾指针为 NULL。如果把原子也看成是子表，则第 i 个表结点的表头指针 hp 指向由 $a_i(i=1,2,\cdots,n)$建立的子表。于是由 S 建广义表的问题可转换为由 $a_i(i=1,2,\cdots,n)$建子表的问题。a_i 可能有 3 种情况。

(1) 仅含一对圆括号的串。

(2) 长度为 1 的单字符串。

(3) 长度大于 1 的字符串。

显然，前两种情况为递归的终结状态，子表为空表或只含一个原子结点；后一种情况为

递归调用。在不考虑输入字符串可能出错的前提下,可得下列建立广义表链表存储结构的递归定义。

基本项:建空广义表　　　　当 S 为空表串时

　　　　建原子结点的子表　　当 S 为单字符串时

归纳项:假设 sub 为脱去 S 中最外层圆括号的子串,记为"$s_1,s_2,\cdots,s_n$",其中 $s_i(i=1,2,\cdots,n)$ 为非空字符串。对每一个 s_i 建立一个表结点,并令其 hp 域的指针为由 s_i 建立的子表的头指针,除最后建立的表结点的尾指针为 NULL 外,其余表结点的尾指针均指向在它之后建立的表结点。

函数 hstr=sever(str)的功能定义:从字符串 str 中取出并返回第一个','之前的子串赋给 hstr,并使 str 成为删去子串 hstr 和','之后的剩余串,若串 str 中没有字符',',则操作后返回的 hstr 即为操作前的 str,而操作后的 str 成为了空串。根据上述递归定义得到由串表示的广义表构建广义表存储结构的递归函数,如算法 5.10 所示。函数 Sever 如算法 5.11 所示。

```
GList NewGList(SStr S) {
    // 采用头尾链表存储结构,由广义表的逻辑形式串 S 创建并返回广义表 L。设 emp="()"
    SStr sub, hsub, emp=SStrNew("()");
    GList L, p, q;
    if (SStrCmp(S, emp)==0) return NULL;                    // 返回空表(空指针)
    if (!(L=(GList)malloc(sizeof(GLNode)))) exit(OVERFLOW); // 建表结点
    if (SStrLen(S)==1) { L->tag=ATOM;  L->atom=S[1]; }      // 置为原子结点
    else {
        L->tag=LIST;  p=L;
        sub=SStrSub(S, 2, SStrLen(S)-2);                    // 脱外层圆括号
        do {                                                // 依次建 n 个子表
            hsub=Sever(sub);                           // 从 sub 中分离出表头串 hsub
            p->ptr.hp=NewGList(hsub);  q=p;                 // 递归建子表
            if (!SStrEmpty(sub)) {                          // 表尾非空
                if (!(p=(GLNode*)malloc(sizeof(GLNode))))   // 分配结点
                    exit(OVERFLOW);
                p->tag=LIST;  q->ptr.tp=p;                  // 加入子表结点
            }
        } while(!SStrEmpty(sub));
        q->ptr.tp=NULL;                                // 最末表结点的 tp 指针置空
    }// else
    return L;                                               // 返回构造的广义表
}
```

算法　5.10

```
SStr Sever(SStr str) {
    // 将非空短串 str 分割成两部分: hsub 为第一个','之前的子串,str 为之后的子串
    SStr hstr, s;  int n,i,k;  char ch;
    n=SStrLen(str);  i=1;  k=0;          // n 为串长,k 记尚未配对的左圆括号个数
    do {                                 // 搜索最外层的第一个逗号
            ch=GetChar(str, i);          // 取 str 中第 i 个字符
```

```
        if (ch=='(') ++k;                  // 用 k 对内层括号匹配
        else if (ch==')') --k;
        ++i;
    } while (i<=n && ch!=',' || k!=0);     // 找逗号(k!=0 即内层左右圆括号尚未匹配)
    if (i<=n) {                            // 如果找到逗号
        hstr=SStrSub(str, 1, i-2);         // 则提取逗号前的表头子串
        SStrRange(str, i, n);              // str 只留下区间[i..n]的串值(表尾串)
    } else { hstr=SStrCopy(str); SStrClear(str); }
                                           // 剩余串复制为表头子串,清空 str
    return hstr;                           // 返回表头子串,表尾子串留在更新的 str
}
```

算法 5.11

5.7 m 元多项式的表示

通常使用的广义表多数既非递归表,也不为其他表所共享。对广义表可以这样理解,广义表中的一个数据元素可以是另一个广义表,一个 m 元多项式的表示就是广义表的这种应用的典型实例。

作为线性表的应用实例,第 2 章曾讨论了一元多项式。一元多项式可以用长度为 m 且每个数据元素有两个数据项(系数项和指数项)的线性表来表示。

本节将讨论如何表示 m 元多项式。一个 m 元多项式的每一项,最多有 m 个变元。如果用线性表来表示,则每个数据元素需要 $m+1$ 个数据项,以存储一个系数值和 m 个指数值。这产生了以下两个问题。

(1) 无论多项式中各项的变元数是多是少,若都按 m 个变元分配存储空间,则将造成浪费。反之,若按各项实际的变元数分配存储空间,就会造成结点的大小不均,给操作带来不便。

(2) 对 m 值不同的多项式,线性表中的结点大小也不同,这同样会引起存储管理的不便。

由于各项变元数的不均匀性,m 元多项式不适合用线性表表示。例如,三元多项式

$$P(x, y, z) = x^8y^3z^2 + 2x^6y^3z^2 + 3x^5y^2z^2 + x^4y^4z + 6x^3y^4z + 2yz + 9$$

其中,各项的变元数不尽相同,而 y^3、z^2 等因子又多次出现,如若改写为

$$P(x, y, z) = ((x^8 + 2x^6)y^3 + 3x^5y^2)z^2 + ((x^4 + 6x^3)y^4 + 2y)z + 9 \quad (5\text{-}7)$$

情况就不同了。现在再来看这个多项式 P 的式(5-7),它是变元 z 的多项式,即 $Az^2+Bz+9z^0$,只是其中 A 和 B 本身又是一个(x, y)的二元多项式,9 是 z 的零次项的系数。进一步考察 $A(x, y)$,又可把它看成是 y 的多项式 $Cy^3 + Dy^2$,其中 C 和 D 为 x 的一元多项式。循此以往,每个多项式都可看作是由一个变量加上若干系数和指数偶对组成。

任何一个 m 元多项式都可如此做:先分解出一个主变元,随后再分解出第二个变元,等等。一个 m 元的多项式首先是它的主变元的多项式,而其系数又是第二个变元的多项式,这样就可用广义表来表示 m 元多项式。例如式(5-7)三元多项式可用式(5-8)的广义表表示,广义表的深度即为变元数。

$$P = z((A,2),(B,1),(9,0))^{①} \tag{5-8}$$

其中，$A = y((C,3),(D,2))$，$C = x((1,8),(2,6))$，$D = x((3,5))$；$B = y((E,4),(F,1))$，$E = x((1,4),(6,3))$，$F = x((2,0))$。

将各子表代入式(5-8)可得到式(5-9)的广义表完全展开式。

$$P = z((y((x((1,8),(2,6)),3),(x((3,5)),2)),2),(y((x((1,4),(6,3)),4),(x((2,0)),1)),1),(9,0)) \tag{5-9}$$

可用类似于广义表的第二种存储结构来定义表示 m 元多项式的广义表的存储结构。链表的结点结构为：

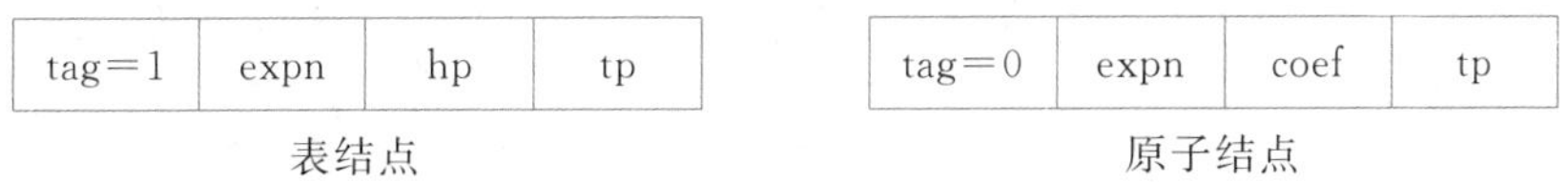

其中，expn 为指数域，coef 为系数域，hp 指向其系数子表，tp 指向同一层的下一结点。其形式定义说明如下

```
typedef struct MPNode {
    ElemTag  tag;           // 元素标志
    int      expn;      // 指数,表头结点在此域存储变元数,每一层的子表表头结点存储变元序号
    union {
        float      coef;   // 系数
        MPNode     * hp;   // 子表指针
    };
    MPNode         * tp;   // 下一项指针
}MPNode, * MPList;         // m 元多项式广义表指针类型
```

式(5-9)的广义表的存储结构如图 5.14 所示，在每一层上增设一个表头结点并利用 exp 指示该层的变元，可用一维数组存储多项式中所有变元，故 exp 域存储的是该变元在一维数组中的下标。头指针 p 所指表结点中 exp 的值 3 为多项式中的变元数。可见，这种存储结构可表示任何元的多项式。

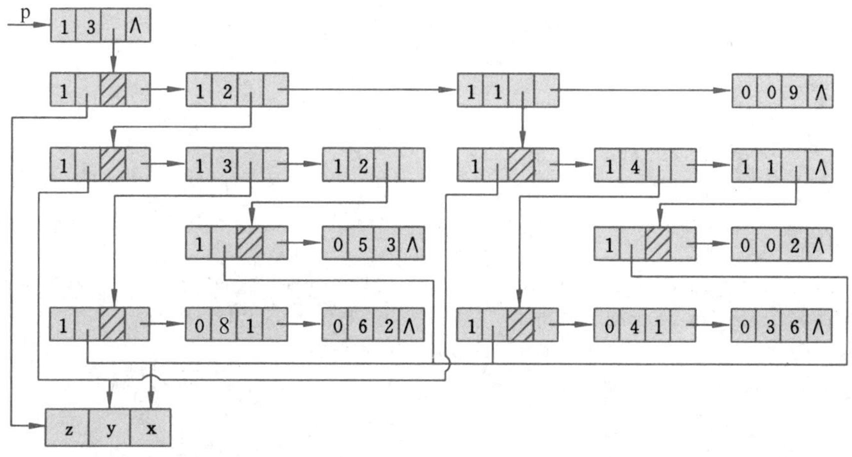

图 5.14　三元多项式 $P(x, y, z)$ 的广义表存储结构示意图

① 在广义表的圆括号之前加一个变元，以示各层的变元。

算法 5.12 是一个可运行的简单“示教”算法，由逻辑形式串 s 构造广义表存储结构的 m 元多项式，并约定在 s 串中，变元、指数和系数都是单个字母或数字符。串 s 不应出现包括空格在内的“非法”字符，一旦遇到，算法返回 NULL 示错。还设了两个全局辅助变量：字符数组 VAR 预存了 m 个变元的字母，供查核变元并转换成数值使用；整型变量 i_初值为 −1，是构建过程中 s 串的当前字符指示器。同样需要分析逻辑形式串，可以通过对比与构造广义表的算法 5.11 的差异，加深对字符串处理方法的理解，可以探讨对其改进。有了算法 5.12，就可以尝试实现 m 元多项式的各种运算，如求偏导数、相加等。

```
char * VAR ="zyx";                // 变元查找数组
int i_;                           // 广义表逻辑形式串处理用的指示器,初值应置为-1
int GetVarNum(char c, int m) {     // 辅助操作: 在变元数组 v[0..m-1]查变元,返回序号
    for (int i=m-1; i>=0 && VAR[i]!=c; i--);
    return i;
}
MPList NewMP(int m, char * s) {  // 辅助操作: 由逻辑形式串 s 递归构建 m 元多项式广义表
    MPList P, q;   char ch=s[++i];                    // 取下一个字符
    if (ch ==')') return NULL;                        // 空表
    if (isalpha(ch)) {                                // 若是字母
        P =(MPList)malloc(sizeof(MPNode));            // 则分配子表表头结点
        P->tag=LIST;                                  // 打表标志
        if ((P->expn=GetVarNum(ch, m))<0) return NULL;
                                                      // 查 VAR 获取变元序号存入指数域
        if ((ch=s[++i_]) !='(') return NULL;          // 若下一字符不是左圆括号,则报错
        q=P;                                          // q 指向 L 结点
        while ((ch=s[++i_]) =='(') {                  // 取下一个字符,若是左圆括号,则循环
            q->tp =(MPList)malloc(sizeof(MPNode));
                                                      // 分配结点下一项结点
            q=q->tp;                                  // q 指向下一项
            ch=s[i_+1];                               // 检查下一个字符
            if (isalpha(ch)) {                        // 若输入是字母
                q->tag=LIST;                          // 则打表标志
                q->hp=NewMP(m, s);                    // 递归建子表型表头
            } else if (isdigit(ch)) {                 // 若输入是数字
                q->tag=ATOM;  q->coef=ch-48; i_++;
                                                      // 则打原子标志,字符转换为数值系数
            } else return NULL;                       // 否则报错
            if ((ch=s[++i_]) ==',') {                 // 取下一个字符,若是逗号
                q->expn=s[++i_]-48;          // 再取下一个字符转换为数字赋 p 结点指数项
                if (s[++i_] !=')') return NULL;       // 再取下一个字符,若不是右括号,则报错
                if ((s[i_+1]) ==',') ++i_;            // 下一个字符若是逗号,则跳过
            } else return NULL;                       // 不是逗号,则报错
        }
        if (s[i_]!=')') return NULL;                  // 若不是右圆括号,则报错
    }
    return P;                                         // 返回构造的多项式
}
MPList CreateMP(int m, char * s) { // 由逻辑形式串 s 创建 m 元多项式广义表,并返回指针
```

```
    MPList P;
    P =(MPList)malloc(sizeof(MPNode));  // 首先分配表头结点(对应第一层圆括号)
    P->tag=LIST;                        // 打表标志
    P->expn=m;                          // 表头结点的指数域存多项式的变元数
    i_=-1;                              // 逻辑形式串 s 的字符指示器
    P->hp=NewMP(m, s);                  // 调用 NewMP 递归构建并返回 m 元多项式
    return P;
}
```

算法 5.12

第 6 章　树和二叉树

树状结构是一类重要的非线性数据结构,其中以树和二叉树最为常用。直观看来,树是以分支关系定义的层次结构。树状结构在客观世界中广泛存在,如人类社会的族谱和各种社会组织机构都可用树来形象表示。树在计算机领域中也得到广泛应用,如在编译程序中,可用树来表示源程序的语法结构。又如在数据库系统、分布式系统中,树状结构也是信息的重要组织形式之一。本章重点讨论二叉树的存储结构及其各种操作,研究树和森林与二叉树的转换关系,并介绍几个应用例子。

6.1　树的定义和基本术语

树(tree)是 $n(n \geqslant 0)$ 个节点的有限集。在任意一棵非空树中:

(1) 有且仅有一个特定的称为根(root)的节点;

(2) 当 $n>1$ 时,其余节点可分为 m $(m>0)$ 个互不相交的有限集 $T_1, T_2, \cdots, T_m$,其中每一个集合本身又是一棵树,并且称为根的子树(subtree)。

例如,在图 6.1(a)是只有一个根节点的树;在图 6.1(b)是有 13 个节点的树,其中 A 是根,其余节点分成 3 个互不相交的子集:$T_1=$(B, E, F, K, L),$T_2=$(C,G),$T_3=$(D, H, I, J, M)。T_1、T_2 和 T_3 都是根 A 的子树,且本身也是一棵树。例如 T_1,其根为 B,其余节点分为两个互不相交的子集:$T_{11}=$(E, K, L),$T_{12}=${F}。T_{11} 和 T_{12} 都是 B 的子树。而 T_{11} 中 E 是根,{K}和{L}是 E 的两棵互不相交的子树,其本身又是只有一个根节点的树。

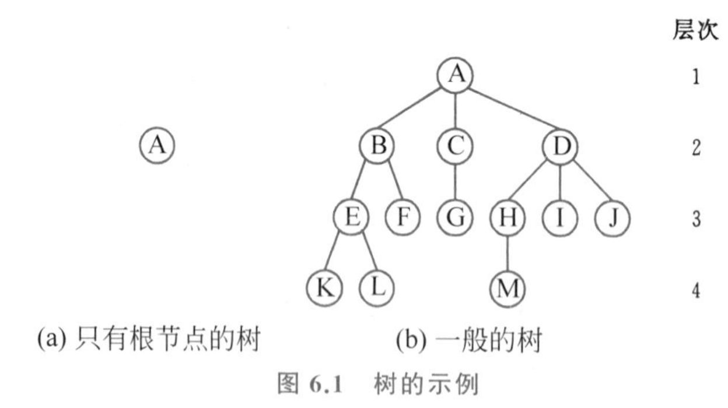

图 6.1　树的示例

上述树的结构定义加上树的一组基本操作就构成了抽象数据类型树的定义。

```
ADT Tree {
    数据对象 D: D 是具有相同特性的数据元素的集合。
    数据关系 R: 若 D 为空集,则称为空树。
        若 D 仅含一个数据元素,则 R 为空集,否则 R={H},H 是如下二元关系:
```

(1) 在 D 中存在唯一的称为根的数据元素 root，它在关系 H 下无前驱。

(2) 若 D-{root}≠Φ，则存在 D-{root}的一个划分 $D_1, D_2, \cdots, D_m$ (m>0)，对任意 j≠k(1≤j，k≤m) 有 $D_j \cap D_k = \Phi$，且对任意的 i(1≤i≤m)，唯一存在数据元素 $x_i \in D_i$，有 $<root, x_i> \in H$；

(3) 对应于 D-{root}的划分，H-{<root, x_1>，<root, x_2>，…，<root, x_m>}有唯一的一个划分 $H_1, H_2, \cdots, H_m$ (m>0)，对任意 j≠k(1≤j，k≤m) 有 $H_j \cap H_k = \Phi$，且对任意 i(1≤i≤m)，H_i 是 D_i 上的二元关系，(D_i，{H_i})是一棵符合本定义的树，称为根 root 的子树。

基本操作 P：

InitTree();
　　操作结果：构造并返回空树。

MakeTree(e, n, …);
　　初始条件：e 是数据元素，变长参数表内是 n 棵树。
　　操作结果：组建并返回一棵树，其中根节点的元素值为 e，n 棵树作为子树。

FreeTree(T);
　　初始条件：树 T 存在。
　　操作结果：删除并回收树 T 的全部节点，返回 NULL。

TreeEmpty(T);
　　初始条件：树 T 存在。
　　操作结果：若 T 为空树，则返回 TRUE，否则返回 FALSE。

TreeDepth(T);
　　初始条件：树 T 存在。
　　操作结果：返回 T 的深度。

Root(T);
　　初始条件：树 T 存在。
　　操作结果：返回 T 的根。

Value(T, node);
　　初始条件：树 T 存在，node 是 T 中的节点。
　　操作结果：返回 node 的值。

Assign(T, node, value);
　　初始条件：树 T 存在，node 是 T 中的节点。
　　操作结果：对 node 赋值 value。

Parent(T, node);
　　初始条件：树 T 存在，node 是 T 中的节点。
　　操作结果：返回 node 的双亲，若 node 是根，则返回 NULL。

FirstChild(T, node);
　　初始条件：树 T 存在，node 是 T 中的节点。
　　操作结果：返回 node 的第一个孩子，若不存在，则返回 NULL。

NextSib(T, node);
　　初始条件：树 T 存在，node 是 T 中的节点。
　　操作结果：返回 node 的下一个兄弟，若不存在，则返回 NULL。

InsertSubTree(T, i, Ti);
　　初始条件：树 T 和 Ti 存在，0<i≤n+1(n 为 T 的子树数目)。
　　操作结果：若 T 非空，则插入 Ti 为 T 的第 i 棵子树。

DeleteSubTree(T, i);
　　初始条件：树 T 存在，0<i≤n(n 为 T 的子树数目)。
　　操作结果：若 T 非空，则删除并返回 T 的第 i 棵子树。

TravTree(T, Visit());
　　初始条件：树 T 存在，Visit 是对节点操作的应用函数。
　　操作结果：按某种次序对 T 的每个节点调用函数 visit 一次且仅一次。一旦 visit 失败，则操作失败。

} ADT Tree

树的结构定义是一个递归定义，即在树的定义中又用到树的概念，它道出了树的固有特性。树还可有其他的表示形式，如图 6.2 所示为图 6.1(b)中树的各种表示。其中图 6.2(a)是以嵌套集合(即是一些集合的集体，对于其中任何两个集合，或者不相交，或者一个包含另一个)的形式表示的；图 6.2(b)是以广义表的形式表示的，根作为由子树森林组成的表的名字写在表的左边；图 6.2(c)用的是凹入表示法(类似书的编目)。表示方法的多样化，正说明了树状结构在日常生活中及计算机程序设计中的普遍性和重要性。一般来说，分等级的分类方案都可用层次结构来表示，也就是说，都可导致一个树状结构。

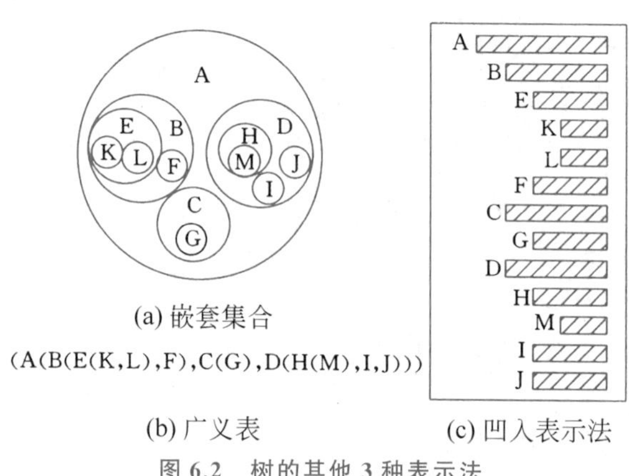

图 6.2　树的其他 3 种表示法

下面列出树状结构中的一些基本术语。

树的节点包含一个数据元素及若干指向其子树的分支。节点拥有的子树数称为节点的度(degree)。例如，在图 6.1(b)中，A 的度为 3，C 的度为 1，F 的度为 0。度为 0 的节点称为叶(leaf)节点或终端节点。图 6.1(b)中的节点 K、L、F、G、M、I、J 都是树的叶节点。度不为 0 的节点称为非终端节点或分支节点。除根节点之外，分支节点也称内部节点。树的度是树内各节点的度的最大值。如图 6.1(b)的树的度为 3。节点的子树的根称为该节点的孩子(child)，相应地，该节点称为孩子的双亲(parent)。例如，在图 6.1(b)所示的树中，D 为 A 的子树 T_3 的根，则 D 是 A 的孩子，而 A 则是 D 的双亲，同一个双亲的孩子之间互称兄弟(sibling)。例如，H、I 和 J 互为兄弟。将这些关系进一步推广，可认为 D 是 M 的祖父。节点的祖先是从根到该节点所经分支上的所有节点。例如，M 的祖先为 A、D 和 H。反之，以某节点为根的子树中的任一节点都称为该节点的子孙。如 B 的子孙为 E、K、L 和 F。

节点的层次(level)从根开始定义起，根为第一层[①]，根的孩子为第二层。若某节点在第 l 层，则其子树的根就在第 $l+1$ 层。其双亲在同一层的节点互为堂兄弟。例如，节点 G 与 E、F、H、I、J 互为堂兄弟。树中节点的最大层次称为树的深度(depth)或高度。图 6.1(b)所示的树的深度为 4。

如果将树中节点的各子树看成从左至右是有次序的(即不能互换)，则称该树为有序树，否则称为无序树。在有序树中最左边的子树的根称为第一个孩子，最右边的称为最后一个孩子。

森林(forest)是 $m(m\geqslant 0)$ 棵互不相交的树的集合。对树中每个节点而言，其子树的集合即为森林。由此，也可以森林和树相互递归的定义来描述树。

---

① 也有教材或文献可能将树根定义为 0 层。

就逻辑结构而言，任何一棵树是一个二元组 Tree=(root, F)，其中，root 是数据元素，称作树的根节点；F 是 $m(m\geqslant 0)$ 棵树的森林，$F=(T_1,T_2,\cdots,T_m)$，其中 $T_i=(r_i,F_i)$ 称作根 root 的第 i 棵子树；当 $m\neq 0$ 时，在树根和其子树森林之间存在下列关系：

$$RF=\{<\mathrm{root},r_i>\mid i=1,2,\cdots,m,m>0\}$$

这个定义将有助于得到森林和树与二叉树之间转换的递归定义。

树的应用广泛，在不同的软件系统中树的基本操作集不尽相同。

6.2 二　叉　树

在讨论一般树的存储结构及其操作之前，首先研究一种称为二叉树的抽象数据类型。

6.2.1 二叉树的定义

二叉树(binary tree)是另一种树状结构，它的特点是每个节点至多只有两棵子树(即二叉树中不存在度大于 2 的节点)，并且，二叉树的子树有左右之分，其次序不能任意颠倒。

抽象数据类型二叉树的定义如下：

```
ADT BinaryTree {
   数据对象 D: D是具有相同特性的数据元素的集合。
   数据关系 R:
      若 D=Φ,则 R=Φ,称 BinaryTree 为空二叉树;
      若 D≠Φ,则 R={H},H是如下二元关系:
      (1) 在 D 中存在唯一的称为根的数据元素 root,它在关系 H 下无前驱;
      (2) 若 D-{root}≠Φ,则存在 D-{root}=(D_l,D_r),且 D_l∩D_r=Φ;
      (3) 若 D_l≠Φ,则 D_l 中存在唯一的元素 x_l,<root,x_l>∈H,且存在 D_l 上的关系 H_l∈H;
          若 D_r≠Φ,则 D_r 中存在唯一的元素 x_r,<root,x_r>∈H,且存在 D_r 上的关系 H_r∈H;
          H={<root,x_l>,<root,x_r>,H_l,H_r};
      (4) (D_l,{H_l})是一棵符合本定义的二叉树,称为根的左子树,(D_r,{H_r})是一棵符合本定
          义的二叉树,称为根的右子树。
   基本操作 P:
      InitBiTree();
         操作结果: 构造并返回一棵空二叉树。
      MakeBiTree(e, L, R);
         初始条件: e是数据元素,二叉树 L 和 R 存在。
         操作结果: 组建并返回一棵二叉树,其中根节点的值为 e,L 和 R 分别作为左右子树。
      FreeBiTree(T);
         初始条件: 二叉树 T 存在。
         操作结果: 删除并回收二叉树 T 的全部节点,返回 NULL。
      BiTreeEmpty(T);
         初始条件: 二叉树 T 存在。
         操作结果: 若 T 为空二叉树,则返回 TRUE,否则返回 FALSE。
      BiTreeDepth(T);
         初始条件: 二叉树 T 存在。
         操作结果: 返回 T 的深度。
      Root(T);
         初始条件: 二叉树 T 存在。
         操作结果: 返回 T 的根。
```

```
    Value(T, node);
        初始条件: 二叉树 T 存在,node 是 T 中的节点。
        操作结果: 返回 node 的值。
    Assign(T, node, value);
        初始条件: 二叉树 T 存在,node 是 T 中的节点。
        操作结果: 对 node 赋值 value。
    Parent(T, node);
        初始条件: 二叉树 T 存在,node 是 T 中的节点。
        操作结果: 返回 node 的双亲,若 node 是根,则返回 NULL。
    LeftChild(T, node);
        初始条件: 二叉树 T 存在,node 是 T 中的节点。
        操作结果: 返回 node 的左孩子,若不存在,则返回 NULL。
    RightChild(T, node);
        初始条件: 二叉树 T 存在,node 是 T 中的节点。
        操作结果: 返回 node 的右孩子,若不存在,则返回 NULL。
    ReplaceLeft(T, LT);
        初始条件: 二叉树 T 和 LT 存在。
        操作结果: 若 T 非空,则用 LT 替换 T 的左子树,并返回 T 的原左子树。
    ReplaceRight(T, RT);
        初始条件: 二叉树 T 和 RT 存在。
        操作结果: 若 T 非空,则用 RT 替换 T 的右子树,并返回 T 的原右子树。
    PreOrderTrav(T, Visit());
        初始条件: 二叉树存在,Visit 是对节点操作的应用函数。
        操作结果: 先序遍历 T,对每个节点调用 Visit 一次且仅一次。一旦 Visit 失败,则
                  操作失败。
    InOrderTrav(T,Visit());
        初始条件: 二叉树 T 存在,Visit 是对节点操作的应用函数。
        操作结果: 中序遍历 T,对每个节点调用 Visit 一次且仅一次。一旦 Visit 失败,则
                  操作失败。
    PostOrderTrav(T, Visit());
        初始条件: 二叉树 T 存在,Visit 是对节点操作的应用函数。
        操作结果: 后序遍历 T,对每个节点调用 Visit 一次且仅一次。一旦 Visit 失败,则
                  操作失败。
    LevelOrderTrav(T, Visit());
        初始条件: 二叉树 T 存在,Visit 是对节点操作的应用函数。
        操作结果: 层序遍历 T,对每个节点调用 Visit 一次且仅一次。一旦 Visit 失败,则
                  操作失败。
} ADT BinaryTree
```

上述数据结构的递归定义表明二叉树或为空,或是由一个根节点加上两棵分别称为左子树和右子树的、互不相交的二叉树组成。由于这两棵子树也是二叉树,则由二叉树的定义,它们也可以是空树。由此,二叉树可以有 5 种基本形态,如图 6.3 所示。

6.1 节中引入的有关树的术语也都适用于二叉树。

6.2.2 二叉树的性质

二叉树具有下列重要特性。

性质 1 在二叉树的第 i 层上至多有 2^{i-1} 个节点($i\geqslant 1$)。

利用归纳法容易证得此性质。

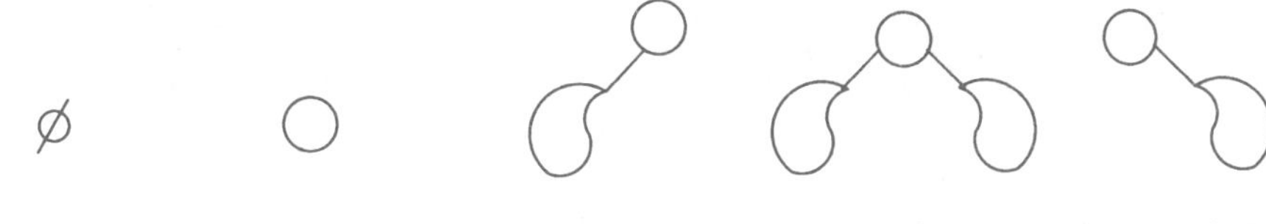

图 6.3　二叉树的 5 种基本形态

$i=1$ 时，只有一个根节点。显然，$2^{i-1}=2^0=1$ 正确。

现在假定对所有的 j，$l \leqslant j < i$，命题成立，即第 j 层上至多有 2^{j-1} 个节点。那么，可以证明 $j=i$ 时命题也成立。

由归纳假设：第 $i-1$ 层上至多有 2^{i-2} 个节点。由于二叉树的每个节点的度至多为 2，故在第 i 层上的最大节点数为第 $i-1$ 层上的最大节点数的 2 倍，即 $2 \times 2^{i-2} = 2^{i-1}$。

性质 2　深度为 k 的二叉树至多有 2^k-1 个节点($k \geqslant 1$)。

由性质 1 可见，深度为 k 的二叉树的最大节点数为

$$\sum_{i=1}^{k}(\text{第 } i \text{ 层上的最大节点数}) = \sum_{i=1}^{k} 2^{i-1} = 2^k - 1$$

性质 3　对任何一棵二叉树 T，如果其终端节点数为 n_0，度为 2 的节点数为 n_2，则 $n_0=n_2+1$。

设 n_1 为二叉树 T 中度为 1 的节点数。因为二叉树中所有节点的度均小于或等于 2，所以其节点总数为

$$n = n_0 + n_1 + n_2 \tag{6-1}$$

再看二叉树中的分支数。除了根节点外，其余节点都有一个分支进入，设 B 为分支总数，则 $n = B+1$。由于这些分支是由度为 1 或 2 的节点引出的，所以又有 $B = n_1 + 2n_2$。于是得

$$n = n_1 + 2n_2 + 1 \tag{6-2}$$

由式(6-1)和式(6-2)得

$$n_0 = n_2 + 1$$

完全二叉树和满二叉树是两种特殊形态的二叉树。

一棵深度为 k 且有 2^k-1 个节点的二叉树称为**满二叉树**。如图 6.4(a)所示是一棵深度为 4 的满二叉树，这种树的特点是每一层上的节点数都是最大节点数。

可以对满二叉树的节点进行连续编号，约定编号从根节点起，自上而下，自左至右。由此可引出完全二叉树的定义。深度为 k 的，有 n 个节点的二叉树，当且仅当其每一个节点都与深度为 k 的满二叉树中编号从 1～n 的节点一一对应时，称之为完全二叉树①。如图 6.4(b)所示为一棵深度为 4 的完全二叉树。显然，这种树的特点如下。

(1) 叶节点只可能在层次最大的两层上出现。

(2) 对任一节点，若其右分支下的子孙的最大层次为 l，则其左分支下的子孙的最大层次必为 l 或 $l+1$。

图 6.4(c)和(d)是非完全二叉树。

---

① 在各种版本的数据结构书中，对完全二叉树的定义不尽相同。本书中将一律以此定义为准。

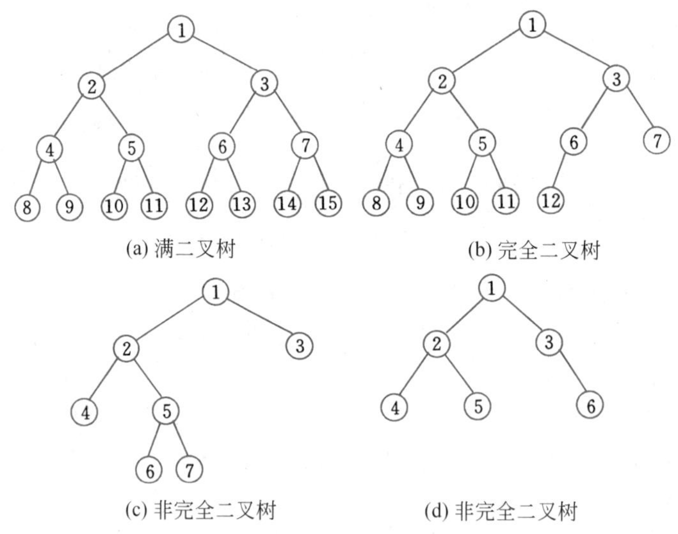

(a) 满二叉树　　(b) 完全二叉树

(c) 非完全二叉树　　(d) 非完全二叉树

图 6.4　特殊形态的二叉树

完全二叉树将在很多场合下出现，下面介绍完全二叉树的两个重要特性。

性质 4　具有 n 个节点的完全二叉树的深度为 $\lfloor \log_2 n \rfloor + 1$[①]。

证明：假设深度为 k，则根据性质 2 和完全二叉树的定义有

$$2^k - 1 < n \leqslant 2^k - 1 \quad 或 \quad 2^{k-1} \leqslant n < 2^k$$

于是 $k-1 \leqslant \log_2 n < k$，因为 k 是整数，所以 $k = \lfloor \log_2 n \rfloor + 1$。

性质 5　如果对一棵有 n 个节点的完全二叉树(其深度为 $\lfloor \log_2 n \rfloor + 1$)的节点按层序编号(从第 1 层到第 $\lfloor \log_2 n \rfloor + 1$ 层，每层自左至右)，则对任一节点 i $(1 \leqslant i \leqslant n)$，有

(1) 如果 $i = 1$，则节点 i 是二叉树的根，无双亲；如果 $i > 1$，则其双亲 Parent(i)是节点 $\lfloor i/2 \rfloor$。

(2) 如果 $2i > n$，则节点 i 无左孩子(节点 i 为叶节点)；否则其左孩子 LChild(i)是节点 $2i$。

(3) 如果 $2i + 1 > n$，则节点 i 无右孩子；否则其右孩子 RChild(i)是节点 $2i+1$。

我们只要先证明(2)和(3)，便可以从(2)和(3)导出(1)。

对于 $i = 1$，由完全二叉树的定义，其左孩子是节点 2。若 $2>n$，即不存在节点 2，此时节点 i 无左孩子。节点 i 的右孩子也只能是节点 3，若节点 3 不存在，即 $3>n$，此时节点 i 无右孩子。

对于 $i > 1$ 可分两种情况讨论。

(1) 设第 j $(1 \leqslant j < \lfloor \log_2 n \rfloor)$ 层的第一个节点的编号为 i(由二叉树的定义和性质 2 可知 $i = 2^{j-1}$)，则其左孩子必为第 $j+1$ 层的第一个节点，其编号为 $2^j = 2(2^{j-1}) = 2i$，若 $2i>n$，则无左孩子；其右孩子必为第 $j+1$ 层的第二个节点，其编号为 $2i+1$，若 $2i+1>n$，则无右孩子；

(2) 假设第 j $(1 \leqslant j \leqslant \lfloor \log_2 n \rfloor)$ 层上某个节点的编号为 i $(2^{j-1} \leqslant i < 2^j - 1)$，且 $2i+1<n$，则其左孩子为 $2i$，右孩子为 $2i+1$，又编号为 $i+1$ 的节点是编号为 i 的节点的右兄弟或

① 符号 $\lfloor x \rfloor$ 表示不大于 x 的最大整数，反之，$\lceil x \rceil$ 表示不小于 x 的最小整数。

者堂兄弟;若它有左孩子,则编号必为 $2i+2=2(i+1)$;若它有右孩子,则其编号必为 $2i+3=2(i+1)+1$。

图 6.5 所示为完全二叉树上节点及其左右孩子节点之间的关系。

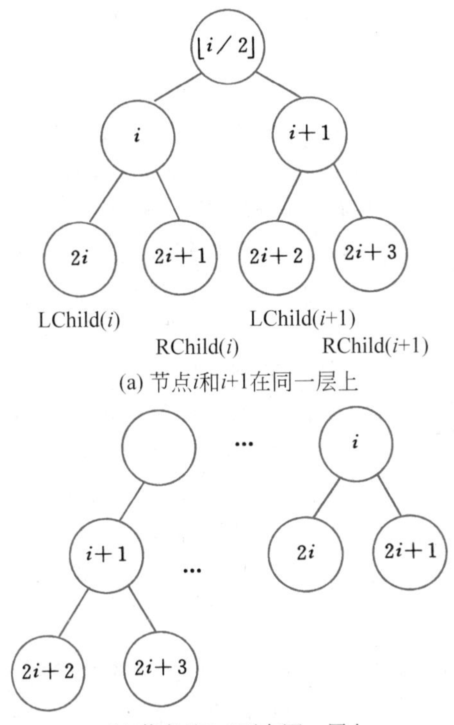

图 6.5　完全二叉树中节点 i 和 $i+1$ 的左右孩子

6.2.3　二叉树的存储结构

1. 顺序存储结构

```
//-----二叉树的顺序存储表示 -----
typedef SqList SqBiTree;
                    // 顺序二叉树指针类型为顺序表指针类型,可重用顺序表的算法代码
```

二叉树的顺序存储结构可与顺序表相同,为区别逻辑结构的不同,为它另取了类型名,并约定:将完全二叉树上编号为 i 的节点元素存储在 elem 中下标为 i 的分量中(0 号单元空闲)。例如,图 6.6(a)为图 6.4(b)完全二叉树的顺序存储结构。对于一般二叉树,应将其每个节点与完全二叉树上的节点相对应,存储在一维数组的相应分量中,图 6.4(c) 的二叉树的顺

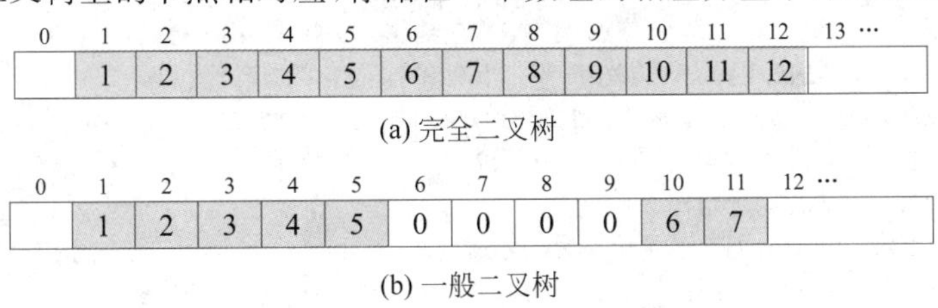

图 6.6　二叉树的顺序存储结构

序存储结构如图 6.6(b) 所示,图中以 0 表示不存在此节点。由此可见,这种顺序存储结构仅适用于完全二叉树。因为在最坏的情况下,一个深度为 k 且只有 k 个节点的单支树(树中不存在度为 2 的节点)却需要长度为 2^k-1 的一维数组。

在 6.4 节,完全二叉树的顺序存储结构将用于实现称为堆的抽象数据类型。

2. 链式存储结构

设计不同的节点结构可构成不同形式的链式存储结构。由二叉树的定义可知,二叉树的节点(如图 6.7(a)所示)由一个数据元素和分别指向其左右子树的两个分支构成,因此表示二叉树的链表节点至少包含 3 个域:数据域和左右指针域,如图 6.7(b)所示。有时,为了便于找到节点的双亲,还可在节点结构中增加一个指向其双亲节点的指针域,如图 6.7(c)所示。利用这两种节点结构构成的二叉树的存储结构分别称为**二叉链表**和**三叉链表**,如图 6.8 所示。我们把存储二叉树和树的节点的链表结点称为节点,以区分于线性结构的结点。链表的头指针指向二叉树的根节点。容易证得,在含 n 个节点的二叉链表中有 $n+1$ 个空链域。在 6.3 节中将会看到可以利用这些空链域存储其他有用信息,从而得到另一种链式存储结构——线索链表。以下是二叉链表的定义和部分基本操作的函数原型说明。

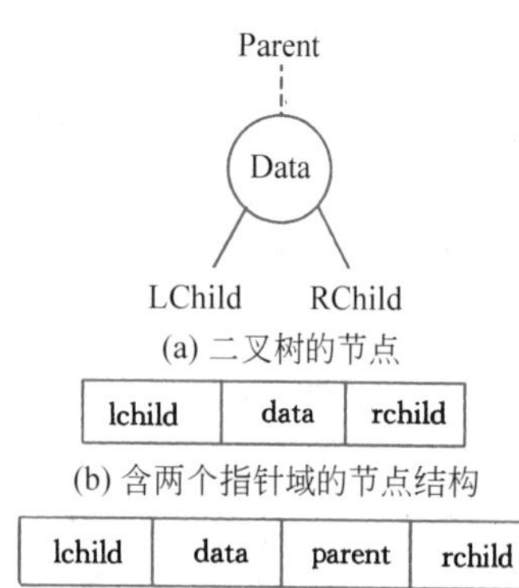

图 6.7 二叉树的节点及其存储结构

```
//-----二叉树的二叉链表存储表示 -----
typedef struct BiTNode {
    TElemType    data;                    // 数据元素
    struct BiTNode * lchild, * rchild;    // 左右孩子节点指针
} BiTNode, * BiTree;                      // 节点类型,二叉链表指针类型
//-----二叉链表基本操作的函数原型说明(部分)-----
BiTree MakeBiTree(TElemType e, BiTree L, BiTree R);
    // 组建并返回一棵二叉树,其中根节点的值为 e,L 和 R 分别作为左右子树
BiTree FreeBiTree(BiTree T);          // 回收二叉树 T 的全部节点,返回 NULL
Status BiTreeEmpty(BiTree T);         // 对二叉树判空。若为空返回 TRUE,否则返回 FALSE
BiTree ReplaceLeft(BiTree T, BiTree LT);
    // 替换左子树。若 T 非空,则用 LT 替换 T 的左子树,并返回 T 的原左子树
BiTree ReplaceRight(BiTree T, BiTree RT);
    // 替换右子树。若 T 非空,则用 RT 替换 T 的右子树,并返回 T 的原右子树
Status PreOrderTrav(BiTree T, Status (* Visit)(TElemType e));
    // 先序遍历二叉树 T,对每个节点调用函数 Visit 一次且仅一次
    // 一旦 Visit 失败,则操作失败
Status InOrderTrav(BiTree T, Status (* Visit)(TElemType e));
    // 中序遍历二叉树 T,对每个节点调用函数 Visit 一次且仅一次
    // 一旦 Visit 失败,则操作失败
Status PostOrderTrav(BiTree T, Status (* Visit) (TElemType e));
    // 后序遍历二叉树 T,对每个节点调用函数 Visit 一次且仅一次
    // 一旦 Visit 失败,则操作失败
Status LevelOrderTrav(BiTree T, Status (* Visit)(TElemType e));
    // 层序遍历二叉树 T,对每个节点调用函数 Visit 一次且仅一次
    // 一旦 Visit 失败,则操作失败
```

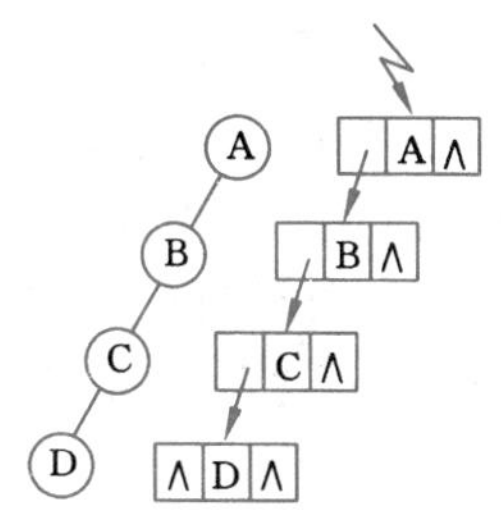

(a) 单支树的二叉链表

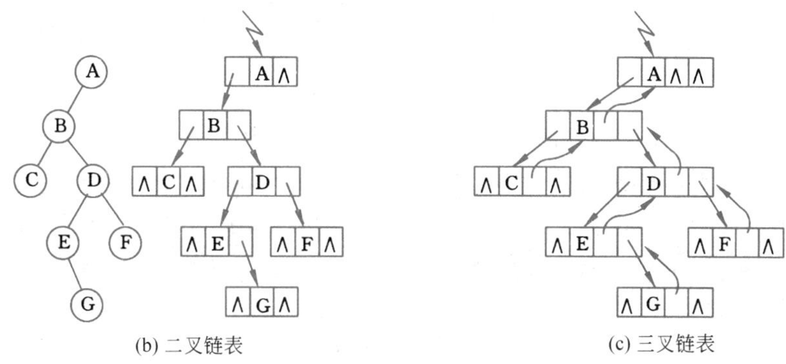

(b) 二叉链表　　(c) 三叉链表

图 6.8　链表存储结构

先讨论二叉链表的前几个基本操作的实现。

(1) 组建二叉树。顾名思义,算法 6.1 先生成根节点,与两棵已有的二叉树组合成一棵二叉树,并返回组建的二叉树。LT 和 RT 可以为 NULL(空二叉树),若都为空,返回的是仅含根节点的二叉树。

```
BiTree MakeBiTree(TElemType e, BiTree LT, BiTree RT) {
    // 组建并返回一棵二叉树,其中根节点的值为 e,LT 和 RT 分别为左子树和右子树
    BiTree t;
    if (!(t = (BiTree)malloc(sizeof(BiTNode)))) exit(OVERFLOW);
    t->data=e;  t->lchild=LT;  t->rchild=RT;
    return t;
}
```

算法　6.1

(2) 替换右子树。用已有的二叉树 RT 替换二叉树 T 的右子树。如果 T 为空则返回 NULL,否则用 RT 替换 T 的右子树,并返回 T 的原右子树,其实现见算法 6.2。替换子树实际上具有插入和删除子树的两面性。当 RT 为空时,就是删除 T 的右子树。

```
BiTree ReplaceRight(BiTree T, BiTree RT) {  // 替换右子树
    // 若 T 非空,则用 RT 替换 T 的右子树,并返回 T 的原右子树
    if (NULL==T) return NULL;                // T 为空
    BiTree rc=T->rchild;                     // 暂存原右子树
    T->rchild=RT;                            // RT 作为 T 的右子树
    return rc;                               // 返回原右子树
}
```

算法　6.2

算法 6.1 和算法 6.2 的时间复杂度都是 $O(1)$。如果执行操作"p=Parent(T,s);",在二叉链表中找 s 节点的双亲节点 p,那就要在从根指针出发以某种次序在二叉树中寻访各节点的过程中,判别节点的左或右孩子指针是否等于 s,因而时间复杂度是 $O(n)$。而这在三叉链表就是"举手之劳",s->parent 就指向了 s 的双亲节点,那就是 $O(1)$。在具体应用中采用什么存储结构,除根据二叉树的形态之外还应考虑需进行何种操作。6.3 节讨论的遍历二叉树可解决寻访节点的问题。

6.3 遍历二叉树和线索二叉树

6.3.1 遍历二叉树

在二叉树的一些应用中,常常要求在树中查找具有某种特征的节点,或者对树中全部节点逐一进行某种处理。这就提出了一个**遍历二叉树**(traversing binary tree)的问题,即如何按某条搜索路径巡访树中每个节点,使得每个节点均被访问一次,而且仅被访问一次。"访问"的含义很广,可以是对节点做各种处理,如输出节点的信息等。遍历对线性结构来说,是一个容易解决的问题。而对二叉树则不然,由于二叉树是一种非线性结构,每个节点都可能有两棵子树,因而需要寻找一种规律,以便使二叉树上的节点能排列在一个线性队列上,从而便于遍历。

回顾二叉树的递归定义可知,二叉树是由 3 个基本单元组成:根节点、左子树和右子树。因此,若能依次遍历这 3 部分,便是遍历了整个二叉树。假如以 L、D、R 分别表示遍历左子树、访问根节点和遍历右子树,则可有 DLR、LDR、LRD、DRL、RDL、RLD 这 6 种遍历二叉树的方案。若限定先左后右,则只有前 3 种情况,分别称为**先(根)序遍历**、**中(根)序遍历**和**后(根)序遍历**。基于二叉树的递归定义,可得到下述遍历二叉树的递归算法定义。

先序遍历二叉树的操作定义如下。

若二叉树为空,则空操作;否则

(1) 访问根节点;

(2) 先序遍历左子树;

(3) 先序遍历右子树。

中序遍历二叉树的操作定义如下。

若二叉树为空,则空操作;否则

(1) 中序遍历左子树;

(2) 访问根节点;

(3) 中序遍历右子树。

后序遍历二叉树的操作定义如下。

若二叉树为空,则空操作;否则

(1) 后序遍历左子树;

(2) 后序遍历右子树;

(3) 访问根节点。

算法 6.3 给出了先序遍历二叉树基本操作的递归算法在二叉链表上的实现。读者可类似地实现中序遍历和后序遍历的递归算法,此处不再一一列举。

```
Status PreOrderTrav(BiTree T, Status (*Visit)(TElemType e)) {
    // 采用二叉链表存储结构,Visit 是对数据元素操作的应用函数
    // 先序遍历二叉树 T 的递归算法,对每个数据元素调用函数 Visit
    // 最简单的 Visit 函数是
    //    Status PrintElem(TElemType e) {              // 输出元素 e 的值
    //        printf(e);                               // 实用时,加上格式串
    //        return OK;
    //    }
    // 调用实例: PreOrderTrav(T, PrintElement);
    if (T) {
        if (Visit(T->data))                            // 访问根节点
            if (PreOrderTrav(T->lchild, Visit))        // 递归遍历左子树
                if (PreOrderTrav(T->rchild, Visit))    // 递归遍历右子树
                    return OK;
        return ERROR;
    } else return OK;
}
```

算法 6.3

例如图 6.9 所示的二叉树①表示下述表达式

$$a+b*(c-d)-e/f$$

若先序遍历此二叉树,按访问节点的先后次序将节点排列,可得到二叉树的先序序列为

$$-+a*b-cd/ef \tag{6-3}$$

类似地,中序遍历此二叉树,可得此二叉树的中序序列为

$$a+b*c-d-e/f \tag{6-4}$$

后序遍历此二叉树,可得此二叉树的后序序列为

$$abcd-*+ef/- \tag{6-5}$$

从表达式来看,以上 3 个序列式(6-3)、式(6-4)和式(6-5)恰好为表达式的前缀表示(波兰式)、中缀表示和后缀表示(逆波兰式)。

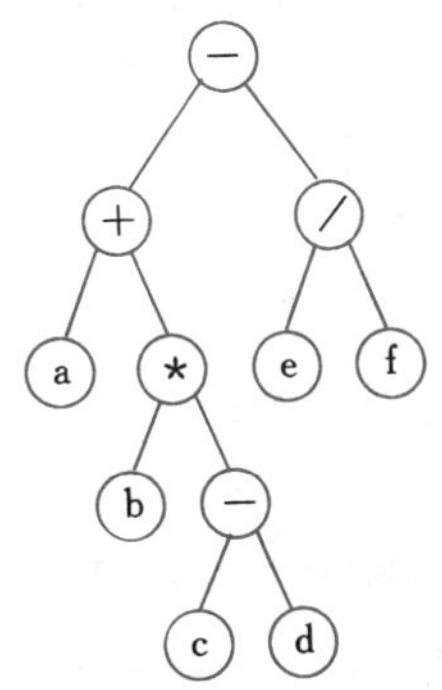

图 6.9　表达式 a+b*(c−d)−e/f 的二叉树

① 以二叉树表示表达式的递归定义如下：若表达式为数或简单变量,则相应二叉树中仅有一个根节点,其数据域存放该表达式信息;若表达式=(第一操作数)(运算符)(第二操作数),则相应的二叉树中以左子树表示第一操作数;右子树表示第二操作数;根节点的数据域存放运算符(若为一元算符,则左子树为空)。操作数本身又为表达式。

从上述二叉树遍历的定义可知，3 种遍历算法之不同处仅在于访问根节点和遍历左右子树的先后关系。如果在算法中暂且抹去和递归无关的 Visit 语句，则 3 个遍历算法完全相同。由此，从递归执行过程的角度来看先序、中序和后序遍历也是完全相同的。图 6.10(b)用虚线箭头表示了这 3 种遍历算法的递归执行过程。其中，向下的箭头表示更深一层的递归调用，向上的箭头表示从递归调用返回；虚线旁的三角形、圆形和方形内的字符分别表示在先序、中序和后序遍历二叉树过程中访问节点时输出的信息。例如，由于中序遍历中访问节点是在遍历左子树之后、遍历右子树之前进行，则带圆形的字符标在向左递归返回和向右递归调用之间。由此，只要沿虚线从 1 出发到 2 结束，将沿途所见的三角形(或圆形或方形)内的字符记下，便得到遍历二叉树的先序(或中序或后序)序列。例如，从图 6.10(b)分别可得图 6.10(a)所示表达式的前缀表示－ * abc、中缀表示 a * b－c 和后缀表示 ab * c－。

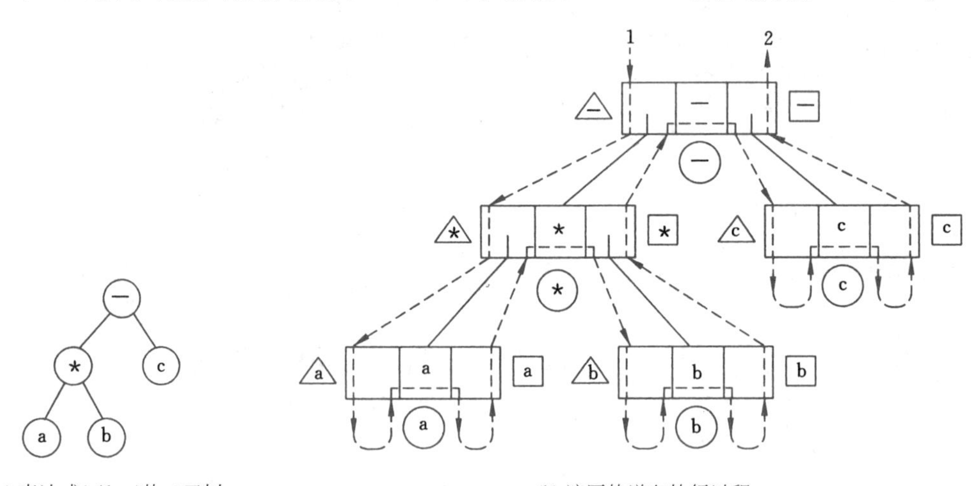

(a) 表达式(a*b−c)的二叉树
(b) 遍历的递归执行过程

图 6.10　3 种遍历过程示意图

仿照递归算法执行过程中递归工作栈的状态变化状况可直接写出相应的非递归算法。例如，从中序遍历递归算法执行过程中递归工作栈的状态可见：

(1) 工作记录中包含两项：其一是递归调用的语句编号；其二是指向根节点的指针，则当栈顶记录中的指针非空时，应遍历左子树，即指向左子树根的指针进栈；

(2) 若栈顶记录中的指针值为空，则应退至上一层，若是从左子树返回，则应访问当前层即栈顶记录中指针所指的根节点；

(3) 若是从右子树返回，则表明当前层的遍历结束，应继续退栈。从另一角度看，这意味着遍历右子树时不再需要保存当前层的根指针，直接修改栈顶记录中的指针即可。

由此可得两个中序遍历二叉树的非递归算法可有算法 6.4 和算法 6.5 两个版本(读者还可以写出自己的版本)。前者是双层 **while** 循环结构，内层循环是令“p 指针走到左下尽头”；后者则是单 **while** 循环，但也通过 **if** 语句隐含了内层循环。读者可仔细分析比较，以加深对算法的理解。

```
Status InOrderTrav(BiTree T, Status ( * Visit)(TElemType e)) {
    // 采用二叉链表存储结构,Visit 是对数据元素操作的应用函数
    // 中序遍历二叉树 T 的非递归算法,对每个数据元素调用函数 Visit
    BiTree p;
```

```
    Stack S=InitStack(10,5);  Push(S, T);   // 栈元素是 BiTree 指针类型,根指针进栈
    while (!StackEmpty(S)) {
        while (p=GetTop(S)) Push(S, p->lchild); // 左孩子指针进栈(走向最左下)
        p=Pop(S);                               // 空指针退栈
        if (!StackEmpty(S)) {
            p=Pop(S);                           // 退回上一层
            if (!Visit(p->data)) return ERROR;  // 访问节点
            Push(S, p->rchild);                 // 右孩子指针进栈(向右一步)
        }
    }
    return OK;
}
```

算法　6.4

```
Status InOrderTraverse(BiTree T, Status (*Visit)(TElemType e)) {
    // 中序遍历二叉树 T 的非递归算法,对每个数据元素调用函数 Visit
    BiTree p;
    Stack S=InitStack(10,5); p=T;                    // p 指向根节点,p 将遍历全树节点
    while (p || !StackEmpty(S)) {
        if (p) { Push(S, p);  p=p->lchild; }         // 非空指针进栈,继续左进
        else {
            p=Pop(S);                                // 退回上层
            if (!Visit(p->data)) return ERROR;       // 访问节点
            p=p->rchild;                             // 向右一步
        }
    }
    return OK;
}
```

算法　6.5

遍历是二叉树各种操作的基础,可以在遍历过程中对节点进行各种操作,如以下两个操作的实现。

(1) **回收二叉树**。行为是回收,效果是清空。算法 6.6 分别递归地清空左右子树后,释放根节点,格外简洁明了。由于 T 是值参,即使在函数内将其置 NULL,但实参的二叉树指针仍然指向被释放的根节点,所以函数返回后,必须将实参置 NULL:

```
T=FreeBiTree(T);
```

算法 6.6 实际上是遍历整棵二叉树释放每一个节点,因此时间复杂度是 $O(n)$,n 是节点数。之前的算法 6.2 返回了被替换的原子树,如果不再使用,应调用算法 6.6 将其回收,避免内存泄漏。

```
BiTree FreeBiTree(BiTree T) {           // 递归地清空二叉树 T
    if( T!=NULL ) {
        FreeBiTree(T->lchild);          // 清空左子树
```

```
        FreeBiTree(T->rchild);          // 清空右子树
        free(T);                        // 释放根节点
    }
    return NULL;                        // 返回空指针
}
```

算法 6.6

(2) **递归构建二叉树**。可在遍历过程中释放节点,清空二叉树;也可以在遍历过程中生成节点,建立二叉树的存储结构。算法 6.7 是一个按先序序列建立二叉树的二叉链表的过程。对图 6.8(b)的二叉树,以其先序遍历字符串 "ABC##DE#G##F###" 为参数(为便于识别,用'#'表示空格字符' ')可建立相应的二叉链表。

```
BiTree CreateBiTree(char * pts) {          // pts 为先序遍历串
    BiTree T;
    if (pts[i_] == ' ') T=NULL;    // 空格符对应空指针(用全局变量 i_扫描字符(初值为 0)
    else {
        if (!(T = (BiTNode *)malloc(sizeof(BiTNode))))          // 分配根节点
            exit(OVERFLOW);
        T->data=pts[i_++];                                      // 给根节点赋值
        T->lchild=CreateBiTree(pts);  i_++;                     // 构造左子树
        T->rchild=CreateBiTree(pts);                            // 构造右子树
    }
    return T;                                                   // 返回根指针
}
```

算法 6.7

对二叉树进行遍历的搜索路径除了上述按先序、中序或后序外,还可从上到下、从左到右按层次进行。留作较有难度的练习。

显然,遍历二叉树算法中的基本操作是访问节点,不论按哪一种次序进行遍历,对含 n 个节点的二叉树,其时间复杂度均为 $O(n)$。所需辅助空间为遍历过程中栈的最大长度,即树的深度,最坏情况下为 n,故空间复杂度也为 $O(n)$。

显然,采用其他存储结构的二叉树的遍历,时间复杂度也是 $O(n)$。但是,空间复杂度则可能不同。带标志域的三叉链表(参见算法 6.13),存储结构中已存有遍历所需足够信息,遍历过程中不需另设栈。也可与 8.5 节将讨论的遍历广义表的算法相类似,采用带标志域的二叉链表作存储结构,并在遍历过程中利用指针域暂存遍历路径,也可省略栈的空间,但这样做将在时间上有损失。在学习过程中,可不断体会时间和空间的“互换”关系,在实践中做合理抉择。

如果说循环控制结构是各种线性数据结构问题求解的算法架构,那么遍历就是各种层次和网状数据结构问题求解的算法的架构。学习每种数据结构时,除掌握其构建和回收方法外,关键还在于熟练遍历。

6.3.2 线索二叉树

从 6.3.1 节的讨论得知:遍历二叉树是以一定规则将二叉树的节点排列成一个线性序

列，得到二叉树中节点的先序序列、中序序列或后序序列(还有层次序列)。这实质上是对一个非线性结构进行线性化操作，使每个节点(除第一个和最后一个外)在这些线性序列中有且仅有一个直接前驱和直接后继(在不至于混淆的情况，省去直接二字)[①]。例如在图6.9所示的二叉树的节点的中序序列 a+b*c-d-e/f 中，c 的前驱是 *，后继是 -。

但是，当以二叉链表作为存储结构时，只能找到节点的左右孩子信息，而不能直接得到节点在任一序列中的前驱和后继信息，这种信息只有在遍历的动态过程中才能得到。

如何保存这种在遍历过程中得到的信息呢？一个最简单的办法是在每个节点上增加两个指针域 fwd 和 bwd，分别指示节点在依任一次序遍历时得到的前驱和后继信息。显然，这样做使得结构的存储密度大大降低。

其实，在有 n 个节点的二叉链表中必定存在 $n+1$ 个空链域，能否利用这些空链域来存放节点的前驱和后继的信息呢？

试作如下规定：若节点左子树非空，则其 lchild 域指示其左孩子，否则令 lchild 域指示其前驱；若节点右子树非空，则其 rchild 域指示其右孩子，否则令 rchild 域指示其后继。为了避免混淆，尚需改变节点结构，增加两个标志域

lchild	LTag	data	RTag	rchild

其中：

$$\text{LTag}=\begin{cases}0 & \text{lchild 域指示节点的左孩子}\\ 1 & \text{lchild 域指示节点的前驱}\end{cases}$$

$$\text{RTag}=\begin{cases}0 & \text{rchild 域指示节点的右孩子}\\ 1 & \text{rchild 域指示节点的前驱}\end{cases}$$

以这种节点结构构成的二叉链表作为二叉树的存储结构，叫作**线索二叉链表**，简称**线索链表**，其中指向节点前驱和后继的指针，叫作**线索**。加了线索的二叉树称为**线索二叉树**(threaded binary tree)。例如，图6.11(a)为中序线索二叉树，与其对应的中序线索链表如图6.11(b)所示。其中，实线为指针(指向左右子树)，虚线箭头为线索(指向前驱和后继)。对二叉树以某种次序遍历，使其变为线索二叉树的过程叫作**线索化**。

在线索二叉树上进行遍历，只要先找到序列中的第一个节点，然后依次找节点后继直至其后继为空时而止。

如何在线索二叉树中找节点的后继？以图6.11的中序线索二叉树为例，树中所有叶节点的右链是线索，右链域直接指示了节点的后继，如节点 b 的后继为节点 *。树中所有非终端节点的右链均为指针，则无法由此得到后继的信息。然而，根据中序遍历的规律可知，节点的后继应是遍历其右子树时访问的第一个节点，即右子树中最左下的节点。例如，在找节点 * 的后继时，首先沿右指针找到其右子树的根节点 -，然后顺其左指针往下直至其左标志为 1 的节点，即为节点 * 的后继，在图中是节点 c。反之，在中序线索二叉树中找节点前驱的规律：若其左标志为 1，则左链为线索，指示其前驱，否则遍历左子树时最后访问的一个节点(左子树中最右下的节点)为其前驱。

① 注意在本节下文中提到的“前驱”和“后继”均指以某种次序遍历所得序列中的前驱和后继。

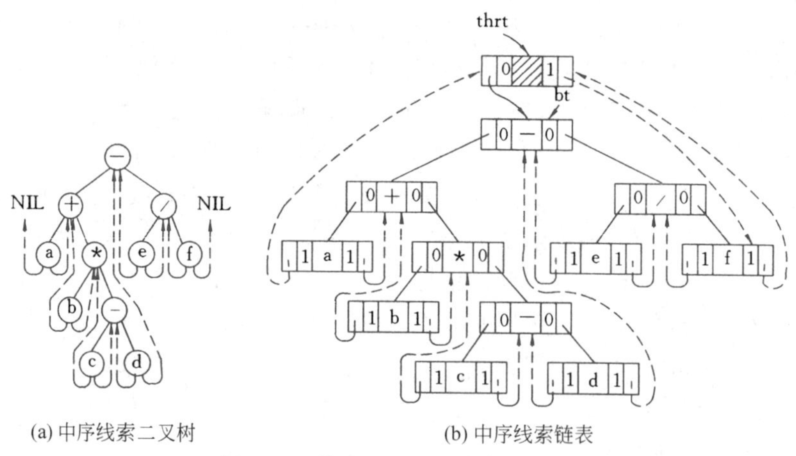

(a) 中序线索二叉树　　(b) 中序线索链表

图 6.11　线索二叉树及其存储结构

在后序线索二叉树中找节点后继较复杂些,可分以下 3 种情况。

(1) 若节点 x 是二叉树的根,则其后继为空。

(2) 若节点 x 是其双亲的右孩子或是其双亲的左孩子且其双亲没有右子树,则其后继即为双亲节点。

(3) 若节点 x 是其双亲的左孩子,且其双亲有右子树,则其后继为双亲的右子树上按后序遍历列出的第一个节点。

例如,图 6.12 为后序后继线索二叉树,节点 B 的后继为节点 C,C 的后继为 D,F 的后继为 G,而 D 的后继为 E。可见,在后序线索树上找后继时需知道节点双亲,即需带标志域的三叉链表作存储结构。

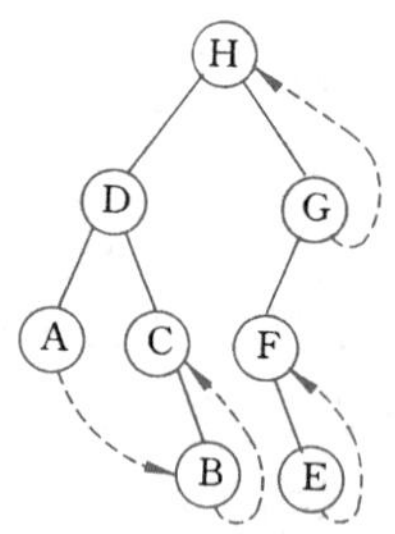

图 6.12　后序后继线索二叉树

可见,在中序线索二叉树上遍历二叉树,虽然时间复杂度亦为 $O(n)$,但常数因子要比 6.3.1 节讨论的算法小,且不需要设栈。因此,若在程序中所用二叉树需经常遍历或查找节点在遍历所得线性序列中的前驱和后继,则应采用线索链表作存储结构。

```
//-----二叉树的二叉线索链表存储表示 -----
typedef enum { Link, Thread } ThrTag;    // Link(0):指针,Thread(1):线索
typedef struct BiThrNode {
    TElemType    data;                   // 数据元素
    BiThrNode  * lchild, * rchild;      // 左右孩子指针
    ThrTag   LTag, RTag;                 // 左右标志
} BiThrNode, * BiThrTree;               // 节点类型,线索二叉链表示指针类型
BiThrTree pre;                        // 全局变量,辅助线索化,始终指向刚刚访问过的节点
```

为方便起见，仿照线性表的存储结构，在二叉树的线索链表上也添加一个头节点，并令其 lchild 域指向二叉树的根节点，其 rchild 域指向中序遍历时访问的最后一个节点；与此对应，令二叉树中序序列中的第一个节点的 lchild 域和最后一个节点 rchild 域均指向头节点。这好比为二叉树建立了一个双向线索链表，既可从第一个节点起顺后继进行遍历，也可从最后一个节点起顺前驱进行遍历（如图 6.11(b)所示）。算法 6.8 正是以双向线索链表为存储结构时对二叉树进行遍历的算法。借助了中序后继线索（右链），遍历过程不需要栈辅助。

```
Status InOrderTrav_Thr(BiThrTree T, Status (*Visit)(TElemType e)) {
    // T 指向头节点,头节点的左链 lchild 指向根节点
    // 中序遍历最后节点的右链 lchild 指向头节点
    // 中序遍历二叉线索链表表示的二叉树 T,对每个数据元素调用函数 Visit
    BiThrTree p=T->lchild;                              // p 指向根节点
    while (p!=T) {                                      // 空树或遍历结束时,p==T
        while (p->LTag==Link) p=p->lchild;      // p 移到最左下节点(中序遍历首节点)
        if (!Visit(p->data)) return ERROR;              // 访问 p 节点
        while (p->RTag==Thread && p->rchild!=T) {       // 顺后继线索遍历
            p=p->rchild;  Visit(p->data);               // 访问后继节点
        }                               // 循环结束时,是遇非线索右链或下一后继回到头节点
        p=p->rchild;                    // p 沿右指针进至其右子树根
    }
    return OK;
}
```

算法 6.8

那么，又如何进行二叉树的线索化呢？由于线索化的实质是将二叉链表中的空指针改为指向前驱或后继的线索，而前驱或后继的信息只有在遍历时才能得到，因此线索化就是在遍历的过程中修改空指针的过程。为了记下遍历过程中访问节点的先后关系，专设一个全局指针变量 pre，始终指向刚刚访问过的节点。若指针 p 指向当前访问的节点，则 pre 指向它的前驱。由此可得实现中序遍历建立中序线索化链表的算法 6.9 和算法 6.10。

```
BiThrTree InOrderThreading(BiThrTree T) {
    // 中序遍历二叉树 T,并将其中序线索化,并返回指向头节点的指针
    BiThrTree Thrt;
    if (!(Thrt =(BiThrTree)malloc(sizeof(BiThrNode))))                  // 头节点
        exit(OVERFLOW);
    Thrt->LTag=Link;  Thrt->RTag=Thread;    // 置头节点左指针、右线索标志
    Thrt->rchild=Thrt;                      // 右线索回指头节点
    if (!T) Thrt->lchild=Thrt;              // 若二叉树 T 为空,则左指针回指头节点
    else {                                  // 否则,对非空树中序线索化
        Thrt->lchild=T;  pre=Thrt;      // 头节点的左指针指向根节点,pre 指向头节点
        InThreading(T);                 // 调用算法 6.10,递归中序遍历进行中序线索化
        pre->rchild=Thrt;  pre->RTag=Thread;
                                    // 此时 pre 指向最后一个节点,对其线索化
        Thrt->rchild=pre;                   // 头节点右线索指向
    }
    return Thrt;                            // 返回线索二叉树的头节点指针
}
```

算法 6.9

```
void InThreading(BiThrTree p) { // 递归中序遍历,进行中序线索化
    if (p) {                    // 若 p 为空,则线索化结束,pre 指向遍历的最后一个节点
        InThreading(p->lchild); // 左子树线索化
        if (!p->lchild) { p->LTag=Thread;  p->lchild=pre; }      // 建前驱线索
        if (!pre->rchild) { pre->RTag=Thread;  pre->rchild=p; }// 建后继线索
        pre =p;                                          // 保持 pre 指向 p 的前驱
        InThreading(p->rchild);                          // 右子树线索化
    }
}
```

算法 6.10

6.4 堆和优先队列

6.4.1 优先队列

在现实社会和计算机系统及应用中,有许多情形需要从一群对象或一系列任务中找出"下一个最重要"的目标。例如,医院急诊室的大夫通常须优先诊治"下一位最危重"的病人。在多任务操作系统的作业调度中,随时都可能有多个程序(作业)按优先级(priority)排队等待运行(优先级是与作业相关的特殊值,而且作业等待队列中可能动态改变)。

按重要性或优先级来组织的队列称为**优先队列**(priority queue)。在第 3 章讨论的普通队列中,每次出队的总是队头元素。如果要改为出队的是最高优先级元素,则有两种简单的改进方法。

(1) 不改变入队操作(总是在队尾入队)。出队操作就要在队列中查找最高优先级元素,时间复杂度是 $O(n)$(n 为队列长度)。删除该出队元素,顺序循环队列的时间复杂度是 $O(n)$,而链队列的时间复杂度是 $O(1)$。总的时间复杂度是 $O(n)$。

(2) 改变入队操作。入队的元素按优先级保序插入队列中,使得队列维持按优先级有序,时间复杂度是 $O(n)$。这样,出队的时间复杂度是 $O(1)$,总的时间复杂度仍是 $O(n)$的。

为了处理便利,通常把优先级量化为整数或实数。但在应用的场景,可能越小越优先,也可能越大越优先。因此,可称最高优先级为 Top,而不是 Min 或 Max。优先队列的入队和出队操作接口可表述为如下形式:

```
Status Insert(PriorityQueue PQ, PQElemType e);
    // 若优先队列 PQ 已满,则扩容;按元素 e 的优先级插入优先队列 PQ 的合适位置,并返回 OK
PQElemType DelTop(PriorityQueue PQ);
    // 若优先队列 PQ 非空,则删除并返回最高优先级的元素,否则返回 nullE(空元素)
```

优先队列应用广泛。很多编程语言的标准库也提供了优先队列数据类型,如 C++ 的 priority_queue、Java 的 PriorityQueue。在后续章节中,赫夫曼树构造算法、求最小生成树的克鲁斯卡尔算法、求最短路径的迪杰斯特拉算法、堆排序算法、外部排序的多路平衡归并算法等,都可用优先队列辅助提高时间性能。因此,优先队列需要选择操作效率更高的存储表示和实现方式。

堆是一类完全二叉树，可用于高效地实现排序、选择最小(大)值和优先队列等。

6.4.2 堆的定义

堆是具有以下特性的完全二叉树，其所有非叶节点均不大于(或不小于)其左右孩子节点，即按完全二叉树的节点编号排列，n 个节点的关键字序列($k_1, k_2, \cdots, k_n$)称为堆，当且仅当满足以下关系：

$$\text{小顶堆：}\begin{cases} k_i \leqslant k_{2i} \\ k_i \leqslant k_{2i+1} \end{cases} \quad \text{或} \quad \text{大顶堆：}\begin{cases} k_i \geqslant k_{2i} \\ k_i \geqslant k_{2i+1} \end{cases} \quad (i = 1, 2, \cdots, \lfloor n/2 \rfloor)$$

其中，若堆中所有非叶节点均不大于其左右孩子节点，则称为**小顶堆**(**小根堆**或**最小堆**)，图 6.13(a)给出了一个小顶堆示例；若堆中所有非叶节点均不小于其左右孩子节点，则称为**大顶堆**(**大根堆**或**最大堆**)，图 6.13(b)给出了一个大顶堆示例。堆中的子树称为**子堆**。图 6.13(c)给出的完全二叉树中，根节点 58 既不满足小顶堆特性，也不满足大顶堆特性，因此不是堆。

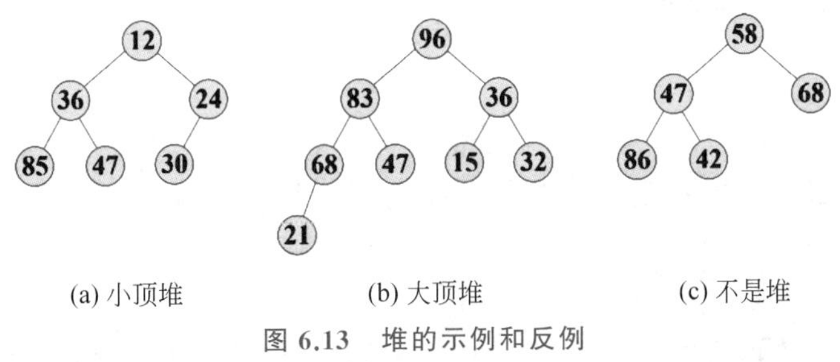

图 6.13 堆的示例和反例

堆中根节点的位置称为**堆顶**，最后节点的位置称为**堆尾**，节点个数称为**堆长度**。由定义可知，小顶堆的堆顶节点必定为 n 个节点的最小值，而大顶堆的堆顶节点必定为 n 个节点的最大值。为了统一讨论大顶堆和小顶堆的实现，引入节点的优先级的概念，对于大顶堆，关键字大者优先；对于小顶堆，关键字小者优先。

堆是一棵完全二叉树。之前已将完全二叉树定义为顺序表指针类型。类似地，也定义了堆为顺序表类型(小顶堆和大顶堆的主要差别在于操作中调用的优先级比较函数不同)，并将数据元素的类型定义为含两个域的结构体：一个是用于比较优先级的关键字域 key；另一个是与应用相关的信息域 other(在算法中被省略)。

```
//-----堆的存储表示 -----
typedef struct {
    KeyType  key;       // 关键字域
   OtherType other;     // 其他数据域(除关键字之外的其他数据信息)
} ElemType;             // 数据元素类型(这里是含关键字的多域数据类型，可按应用需求定义)
typedef SqList Heap;    // 与顺序表相同的堆指针类型
```

数据元素的关键字项可根据实际情况确定，但关键字类型应是可比较的。不同的元素类型，要定义相应的优先函数。假设可使用比较运算，大顶堆和小顶堆的优先函数可分别定义为如下形式：

```
int greatPrior(ElemType x, ElemType y) { return x.key>=y.key; } // 大顶堆优先函数
int lessPrior(ElemType x, ElemType y) { return x.key<=y.key; }  // 小顶堆优先函数
```

在实际应用中，堆的用途广泛，对不同的元素类型，需要定义对应的优先函数。在第 7 章有多个算法用到了堆，将可看到不同的优先函数。

以下是堆的常用操作的函数原型：

```
Heap InitHeap(int size);                    // 初建并返回容量为 size 的空堆
Heap MakeHeap(SqList L);                    // 返回由顺序表改建的堆
Heap FreeHeap(Heap H);                      // 回收 H 堆，返回 NULL
void SiftDown(Heap H, int pos);             // 对 H 堆中 pos 元素做向下筛选
Status Insert(Heap H, ElemType e);          // 将元素 e 插入 H 堆
ElemType SeeTop(Heap H);                    // 返回 H 堆的堆顶元素
ElemType DelTop(Heap H);                    // 删除并返回 H 堆的堆顶元素
ElemType Delete(Heap H, int pos);           // 删除并返回 pos 元素
```

6.4.3 堆的基本操作的实现

1. 堆的筛选

堆的筛选(也称调堆)操作是将一个可能尚未成堆的完全二叉树中指定的以 pos 节点为根的子树调整为子堆，其前提是 pos 节点的左右子树均为子堆。筛选操作的过程：将 pos 节点与左右孩子中较优先者比较，若 pos 节点较优先则结束；否则 pos 节点与较优先的孩子交换位置，pos 位标下移。重复上述步骤，直到 pos 指示叶节点为止。

例如，把以 pos 节点为根的子树(49,76,63,52,49)筛选为大顶堆，其中节点 49 有两个，为以示区别，第一个 49 带下画线。图 6.14(a)中 pos 节点的关键字 49 和左右孩子较大者 76 比较(双向虚线箭头所示)，76 较大，与 49 交换位置(双向实线箭头所示)，pos 下移，结果见图 6.14(b)；再次将 pos 节点的 49 和左右孩子较大者 52 比较，52 较大，结果见图 6.14(c)；因此 52 与 49 交换位置，pos 下移，此时 pos 位置已到达叶节点，调整结束，结果见图 6.14(d)。

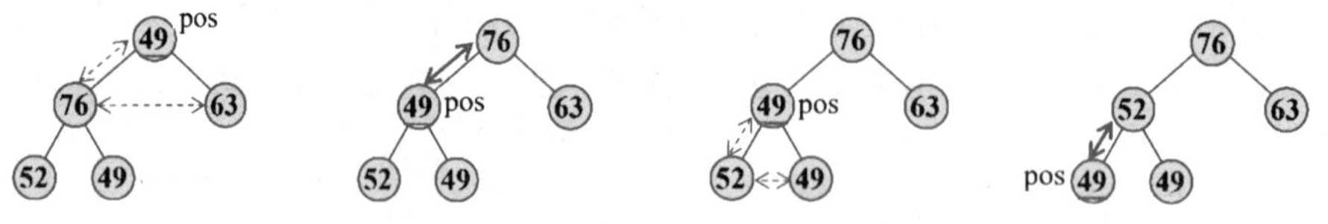

(a) 49和76比较　(b) 76与49交换位置，pos下移　(c) 49与52比较　(d) 52与49交换位置，pos下移

图 6.14　调整过程示意图

算法 6.11 实现了筛选操作。因为筛选是优先级较低的元素向下“滑动”的过程，因此形象地称为 SiftDown。

```
Status swapElem(Heap H, int i, int j) {     // 辅助操作：交换堆 H 中 i 元素和 j 元素
    if (i<=0 || i>H->len || j<=0 || j>H->len) return ERROR; // 若元素不存在则报错
    ElemType t=H->elem[i];  H->elem[i]=H->elem[j];  H->elem[j]=t;
    return OK;
}
```

```
void SiftDown(Heap H, int pos) {          // 对 pos 元素筛选,将以其为根的子树调整为子堆
    while (pos<=H->len/2) {               // 若 pos 元素为叶节点,循环结束
        int c=pos * 2;                    // c 为 pos 元素的左孩子位置
        int rc=pos * 2+1;                 // rc 为 pos 元素的右孩子位置
        if (rc<=H->len && !Prior(H->elem[c], H->elem[rc]))
            c=rc;                         // c 为 pos 元素的左右孩子中较优先者的位置
        if (H->prior(H->elem[pos], H->elem[c])) return;  // 若 pos 元素较优先,则结束
        swapElem(H, pos, c);              // 否则 pos 元素和较优先的 c 元素交换位置
        pos=c;                            // 继续向下调整
    }
}
```

算法 6.11

对深度为 k 的完全二叉树,做一次筛选最多需要进行 $2(k-1)$ 次比较。n 个节点的完全二叉树的深度为$\lfloor \log_2 n \rfloor+1$,因此筛选算法的时间复杂度为 $O(\log n)$。

2. 堆的插入

堆的插入操作是将插入元素加到堆尾,此时需判别堆尾和其双亲节点是否满足堆特性,若不满足,则需要进行向上调整,将插入元素与双亲交换。交换后,插入元素若存在双亲且此双亲节点不满足堆特性,则需要重复上述过程,因此插入堆的操作步骤如下。

(1) 将插入元素加到堆尾,并用 curr 指示堆尾。

(2) 若 curr 指示堆顶,插入操作结束,否则,将 curr 节点与其双亲节点比较,若 curr 节点较优先则交换,curr 上移,重复步骤(2);否则插入操作结束。

例如,在堆(76, 52, 63, 49, 49)中插入 81。首先将 81 插入堆尾,并令 curr 指示堆尾,见图 6.15(a);然后将 81 与双亲节点 63 比较,81 较优先,与 63 交换位置,见图 6.15(b);curr 上移,继续与其双亲节点 76 比较,81 较优先,与 76 交换位置,见图 6.15(c);curr 上移后已到堆顶,操作结束,见图 6.15(d)。

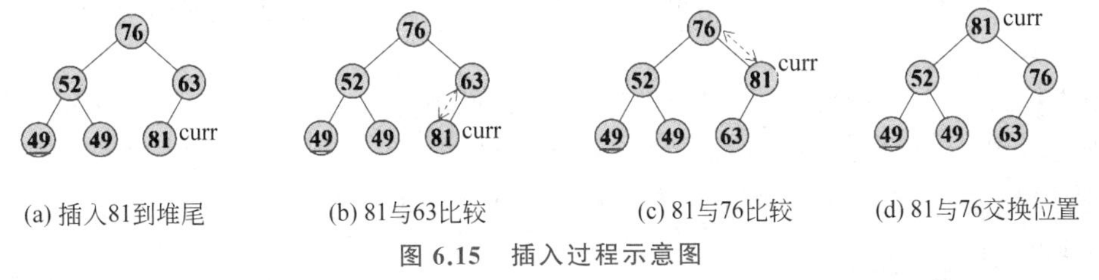

图 6.15 插入过程示意图

算法 6.12 实现了堆的插入操作。

```
Status Insert(Heap H, ElemType e) {                    // 将元素 e 插入堆 H
    if (H->len>=H->size) reallocHeap(H);               // 堆已满,则扩容(类似顺序表的扩容)
    int curr=++H->len;  H->elem[curr]=e;               // 将元素 e 加到堆尾
    while (1!=curr && !Prior(H->elem[curr/2], H->elem[curr])) {
```

```
        swapElem(H, curr, curr/2);              // 交换 curr 与 curr/2 元素,即向上调整
        curr/=2;
    }
    return OK;
}
```

算法 6.12

插入操作是从叶节点向上调整的过程,和筛选操作方向相反,最坏情况下,比较次数为堆的高度减 1,因此堆插入操作的算法时间复杂度为 $O(\log n)$。

3. 删除堆顶节点

删除堆顶节点时,用堆尾节点代替堆顶节点,不影响其左右子堆的特性,但需要对新的堆顶节点进行筛选,以维护整个堆的特性。删除堆顶节点的操作步骤如下。

(1) 取出堆顶节点。

(2) 将堆顶节点与堆尾节点交换位置,并将堆长度减 1。

(3) 对堆顶节点进行筛选。

算法 6.13 实现了删除堆顶元素的操作。基本操作 SeeTop 只需返回堆顶元素,不必删除和调整堆。

```
ElemType DelTop(Heap H) {                      // 删除并返回 H 堆的堆顶元素
    if (H->len<=0) return errE;                // 若是空堆,则返回 errE(特殊元素值)报错
    ElemType e=H->elem[1];                     // 取出堆顶元素
    swapElem(H, 1, H->len);  H->len--;         // 交换堆顶与堆尾节点,堆长度减 1
    if (H->len>1) SiftDown(H, 1);              // 从堆顶位置向下筛选
    return e;                                  // 返回被删的堆顶元素
}
```

算法 6.13

删除堆顶节点操作的主要工作是一次筛选,其时间复杂度为 $O(\log n)$。

4. 建堆

由于单个节点的完全二叉树满足堆特性,所以叶节点都是堆。对 n 个节点的完全二叉树建堆的过程:依次将以编号 $n/2, n/2-1, \cdots, 1$ 的节点为根的子树筛选为子堆。

例如,对初始序列(42, 58, 68, 98, 86, $\underline{42}$)建大顶堆的过程如图 6.16 所示。由于堆长度为 6,所以只需依次对编号为 3,2,1 的节点筛选。

建堆操作的实现见算法 6.14。

```
Heap MakeHeap(SqList L) {                               // 返回由顺序表 L 构建的堆
    for(int i=L->len/2; i>0; i--) SiftDown(L, i);       // 对以 i 节点为根的子树进行筛选
    return L;                                           // 返回构建的堆
}
```

算法 6.14

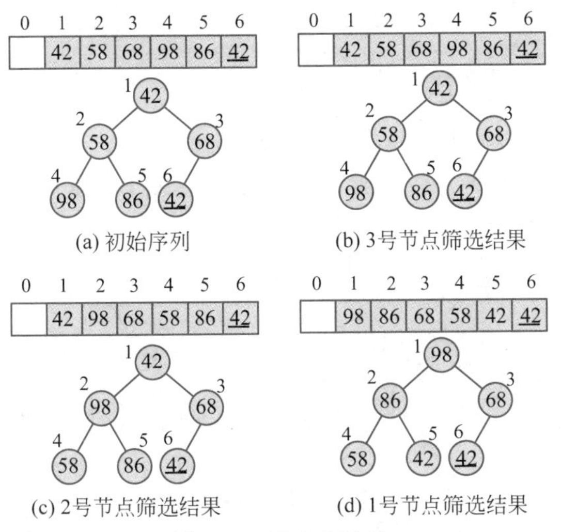

(a) 初始序列　(b) 3号节点筛选结果

(c) 2号节点筛选结果　(d) 1号节点筛选结果

图 6.16　建立初始堆

深度为 h 的堆中第 i 层上的节点数最多为 2^{i-1}，以它们为根的二叉树的深度为 $h-i+1$，筛选算法中进行的关键字比较次数为 $2(h-i)$，则建堆总共进行的比较次数为

$$\sum_{i=h-1}^{1} 2^{i-1} \times 2(h-i) = \sum_{i=h-1}^{1} 2^{i} \times (h-i) = \sum_{j=1}^{h-1} 2^{h-1} \times j \leqslant 2n \sum_{j=1}^{h-1} j / 2^{j} \leqslant 4n$$

因此，建立初始堆总共进行比较次数不会超过 $4n$，其时间复杂度为 $O(n)$。

以上给出了堆的主要操作的算法实现。优先队列可以定义为堆的类型，既可以直接套用堆的算法，也可以根据需要做一些变通和封装。6.5 节将使用堆来辅助构造赫夫曼树。

6.5　赫夫曼树及其应用

赫夫曼(Huffman)树，又称最优二叉树，是一类带权路径长度最短的树，应用广泛。

6.5.1　最优二叉树(赫夫曼树)

本节先讨论最优二叉树。

首先给出路径和路径长度的概念。从树中一个节点到另一个节点之间的分支构成这两个节点之间的路径，路径上的分支数目称作**路径长度**。**树的路径长度**是从树根到每一节点的路径长度之和。6.2.1 节中定义的完全二叉树就是这种路径长度最短的二叉树。

将上述概念推广到一般情况，考虑带权的节点。节点的带权路径长度为从该节点到树根之间的路径长度与节点上权的乘积。**树的带权路径长度**为树中所有叶节点的带权路径长度之和，通常记作 $\mathrm{WPL} = \sum_{k=1}^{n} w_k l_k$。

假设有 n 个权值 $\{w_1, w_2, \cdots, w_n\}$，试构造一棵有 n 个叶节点的二叉树，每个叶节点带权为 w_i，则其中带权路径长度 WPL 最小的二叉树称作**最优二叉树**或**赫夫曼树**(也称哈夫曼树)。

例如，图 6.17 中的 3 棵二叉树，都有 4 个叶节点 a、b、c、d，分别带权 7、5、2、4，它们的带权路径长度分别如下：

图 6.17(a) WPL ＝ 7×2＋5×2＋2×2＋4×2 ＝ 36

图 6.17(b) WPL ＝ 7×3＋5×3＋2×1＋4×2 ＝ 46

图 6.17(c) WPL ＝ 7×1＋5×2＋2×3＋4×3 ＝ 35

其中，以图 6.17(c)树的为最小。可以验证，它恰为赫夫曼树，即其带权路径长度在所有带权为 7、5、2、4 的 4 个叶节点的二叉树中居最小。

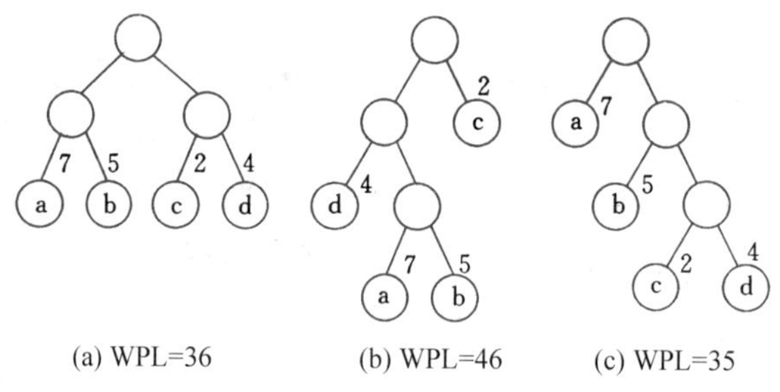

图 6.17　具有不同带权路径长度的二叉树

在解某些判定问题时，利用赫夫曼树可以得到最佳判定算法。例如，要编制一个将百分制转换成五级分制的程序。显然，此程序很简单，只要利用条件语句便可完成。例如：

```
if (a<60) b="bad";
else if (a<70) b="pass";
    else if (a<80) b="general";
        else if (a<90) b="good";
            else b="excellent";
```

这个判定过程可以用图 6.18(a)的判定树来表示。如果上述程序需反复使用，而且每次的输入量很大，则应考虑上述程序的质量问题，即其操作所需时间。因为在实际生活中，学生的成绩在 5 个等级上的分布是不均匀的。假设其分布规律如表 6.1 所示。

表 6.1　分布规律

分数	0～59	60～69	70～79	80～89	90～100
比例数	0.05	0.15	0.40	0.30	0.10

80％以上的数据需进行 3 次或 3 次以上的比较才能得出结果。假定以 5，15，40，30 和 10 为权构造一棵有 5 个叶节点的赫夫曼树，则可得到如图 6.18(b)所示的判定过程，它可使大部分的数据经过较少的比较次数得出结果。但由于每个判定框都有两次比较，将这两次比较分开，得到如图 6.18(c)所示的判定树，按此判定树可写出相应的程序。假设现有 10 000 个输入数据，若按图 6.18(a)的判定过程进行操作，则总共需进行 31 500 次比较；而若按图 6.18(c)的判定过程进行操作，则总共仅需进行 22 000 次比较。

那么，如何构造赫夫曼树呢？赫夫曼最早给出了一个带一般规律的算法，称为赫夫曼算法。现叙述如下。

(1) 根据给定的 n 个权值$\{w_1, w_2, \cdots, w_n\}$构成 n 棵二叉树的集合 $F=\{T_1, T_2, \cdots, T_n\}$，其中每棵二叉树 T_i 中只有一个带权为 w_i 的根节点，其左右子树均空。

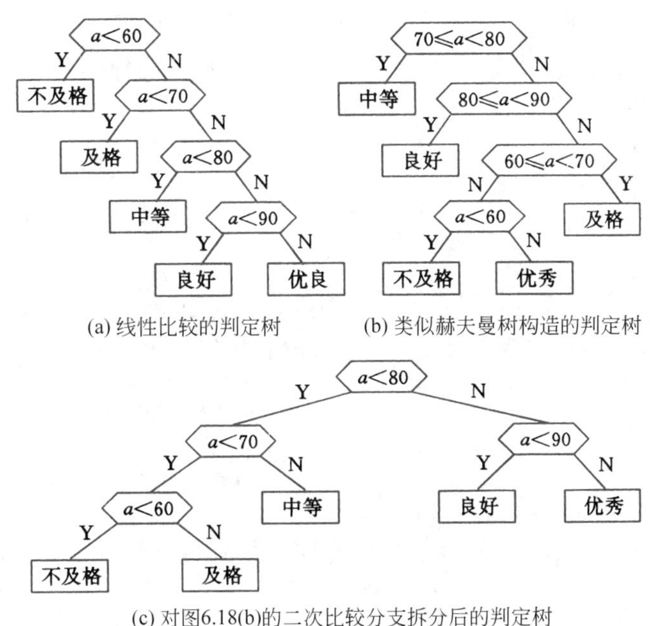

(a) 线性比较的判定树　　(b) 类似赫夫曼树构造的判定树

(c) 对图6.18(b)的二次比较分支拆分后的判定树

图 6.18　转换五级分制的判定过程

(2) 在 F 中选取两棵根节点的权值最小的树作为左右子树构造一棵新的二叉树，且置新的二叉树的根节点的权值为其左右子树上根节点的权值之和。

(3) 在 F 中删除这两棵树，同时将新得到的二叉树加入 F 中。

(4) 重复(2)和(3)，直到 F 只含一棵树为止。这棵树便是赫夫曼树。

例如，图 6.19 展示了图 6.17(c)的赫夫曼树的构造过程。其中，根节点上标注的数字是所赋的权。

这就要求设计一个合适的森林存储结构，除了便于其中树的不断删除和插入，还要尽量减少在森林中找根权最小的树根节点的时间耗费。

如果森林中的树的排列对根节点权值是无序的，则只能顺序查找，每次查找的时间复杂度是 $O(n)$。如果是有序的，则前提是初始排序至少时间复杂度是 $O(n\log n)$（第 10 章将讨论排序），且每次按序插入的时间复杂度是 $O(n)$，才能以 $O(\log n)$ 的时间进行查找。这些都不是理想方案。

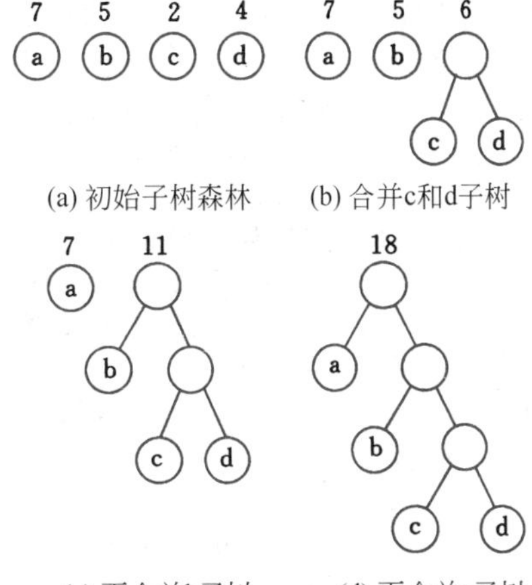

(a) 初始子树森林　　(b) 合并c和d子树

(c) 再合并b子树　　(d) 再合并a子树

图 6.19　赫夫曼树的构造过程

6.4 节刚讨论的堆和优先队列更适宜作为森林的存储结构。将一个存储森林的顺序表 L 改建为堆的操作 MakeHeap(L)的时间复杂度是 $O(n\log n)$，插入 Insert 和删除堆顶 DelTop 的时间复杂度都是 $O(\log n)$，找最小值 SeeTop(堆顶或最优先元素)的时间复杂度是 $O(1)$。以下定义了赫夫曼树的存储表示，把赫夫曼树节点指针类型定义为堆的元素类型，权值作为关键字进行优先级的比较（小顶堆，小者优先），并将构造赫夫曼树的过程实现为算法 6.15。算法以字符和权值两个长度为 n 的数组为参数。

```
//-----赫夫曼树的存储表示 -----
typedef struct HFTNode {
    int weight;                                         // 字符权值(出现频度)
    char data;                                          // 字符
    struct HFTNode * lchild, * right;                   // 左右孩子指针
} HFTNode, * HFTree;                                    // 节点类型,赫夫曼树指针类型
//-----小顶堆的相关定义 -----
typedef HFTNode * ElemType;                   // 用赫夫曼树节点指针定义顺序表和堆的元素类型
typedef SqList Heap;                          // 顺序表指针类型定义堆指针类型
Status MinNodePrior(ElemType l, ElemType r) {
                                              // 堆元素优先级判定函数(小顶堆,小优先)
     return l->weight<=r->weight?TRUE:FALSE;
}                                             // l 的权比 r 的小则返回 TRUE,否则返回 FALSE
Status (* Prior)(ElemType, ElemType);
                                         // 全局函数变量,堆基本操作调用的优先级判定函数
Prior=MiniNodePrior;  // 初始将堆元素(哈夫曼树节点)优先函数赋给 Prior(也确定是小顶堆)
HFTNode * MakeHFTree(char data[], int weight[], int n) {
    // 构造赫夫曼树,由长度为 n 的字符数组 data 和权值数组 weight 构造并返回赫夫曼树
    // 使用小顶堆存储森林
    HFTNode * root, * lt, * rt;
    Heap H=InitHeap(n+1);                     // 新建容量为 n+1 的空堆 0 号单元空闲
    for(int i=0; i<n; i++) {                  // 生成每个权值节点并插入小顶堆 H
        if (!(root =(HFTNode * )malloc(sizeof(HFTNode)))) exit(OVERFLOW);
                                              // 根节点
        root->data=data[i];                   // 字符
        root->weight=weight[i];               // 权值
        Insert(H, root);                      // 插入堆
    }                                        // for 循环结束时,优先队列内是单节点树的森林
    while(H->len>1) {                         // while 循环每次将权值最小的两棵树合二为一
        lt=DelTop(H);  rt=DelTop(H);          // 从堆取权值最小两棵树为左右子树
        if (!(root =(HFTNode * )malloc(sizeof(HFTNode)))) exit(OVERFLOW);  // 根节点
        root->data ='*';                      // 内部节点数据域为'*'
        root->weight=lt->weight +rt->weight;   // 根节点的权值为左右孩子权值之和
        root->lchild=lt;  root->rchild=rt;   // 接上左右子树
        Insert(H, root);                      // 将组合成的新树插入堆
    }      // 每次合二为一减少了一棵树,while 循环结束时,优先队列只含的一棵树即为所求
    return root;                                        // 返回构造的赫夫曼树
}
```

算法 6.15

6.5.2 赫夫曼编码和译码

曾经,进行快速远距离通信的主要手段是电报,即将需传送的文字转换成由二进制的字符组成的字符串。例如,假设需传送的电文为"ABACCDA",它只有 4 种字符,只需两个字

符的串便可分辨。假设A、B、C、D的编码分别为00、01、10和11，则上述7个字符的电文便为"00010010101100"，总长14位，对方接收时，可按二位一分进行译码。

当然，在传送电文时，希望总长度尽可能地短。如果允许字符编码长度不等，且让电文中出现次数较多的字符采用尽可能短的编码，则传送电文的总长便可减小。例如，设计A、B、C、D的编码分别为0、00、1和01，则上述7个字符的电文可转换成总长为9的字符串"000011010"。但是，这样的电文无法翻译，如传送过去的字符串中前4个字符的子串"0000"就可有多种译法，或是"AAAA"，或是"ABA"，也可以是"BB"等。因此，若要设计长短不等的编码，则必须是任一个字符的编码都不是另一个字符的编码的前缀，这种编码称作**前缀编码**。

可以利用二叉树来设计二进制的前缀编码。假设有一棵如图6.20所示的二叉树，其4个叶节点分别表示A、B、C、D这4个字符，且约定左分支表示字符'0'，右分支表示字符'1'，则可以从根节点到叶节点的路径上分支字符组成的字符串作为该叶节点字符的编码。读者可以验证，如此得到的必为二进制前缀编码。如由图6.20所得A、B、C、D的二进制前缀编码分别为0、10、110和111。

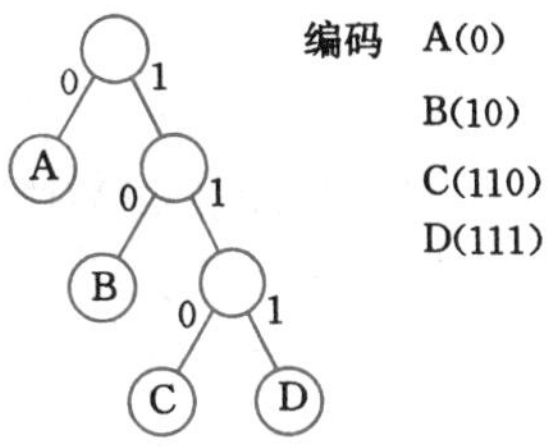

图 6.20　前级编码示例

又如何得到使电文总长最短的二进制前缀编码呢？假设每种字符在电文中出现的次数为 w_i 其编码长度为 l_i，电文中只有 n 种字符，则电文总长为 $\sum_{i=1}^{n} w_i l_i$。对应到二叉树上，若置 w_i 为叶节点的权，l_i 恰为从根到叶子的路径长度。则 $\sum_{i=1}^{n} w_i l_i$ 恰为二叉树上带权路径长度。由此可见，设计电文总长最短的二进制前缀编码即为以 n 种字符出现的频率作权，设计一棵赫夫曼树的问题，由此得到的二进制前缀编码便称为**赫夫曼编码**。

如今，赫夫曼编码已应用于加密和串压缩，仍然具有应用价值，成为数据结构与算法的经典内容。

算法6.16是一个递归函数，先序遍历一棵赫夫曼树，生成各叶节点对应字符的编码并按字符序号存入编码表HC。算法的技术要点是设立参数cd和cdlen(也可以设定为全局变量。设为参数增加了可读性，也符合函数内尽可能少访问外部变量的原则)。cd是辅助编码的01串，类似一个顺序栈。cdlen为cd串值的长度，初值为0。在遍历过程中，向左递归前，将'0'压入cd；向右递归前，则将'1'压入cd。cd的前cdlen个'0'或'1'是从根节点到当前x节点的路径对应的编码。一旦到达叶子，cd内的01串就是字符的编码。

```
void GenHFCodes(HFTNode * x, char * cd, int cdlen, char * HC[]) {
    // 递归先序遍历非空赫夫曼树 x,生成编码表 HC
    // cd 前 cdlen 个 01 是根到 x 节点路径对应的编码
    int p;
    if (!x) return;                          // 若 x 是空指针,则返回
    if (x->data != '*') {                    // 若不是'*'则是小写字母,x 节点是叶子
        cd[cdlen] = '\0';                    // 编码置结束符
```

```
        if(x->data ==' ') p=0;                    // 若是空格符,则字符序号为 0
        else p=x->data -96;                       // 否则是小写字母,'a'～'z'的序号是 1～26
        if (!(HC[p] =(char *)calloc(cdlen+1, sizeof(char)))) exit(OVERFLOW);
        strcpy(HC[p], cd);                  // 分配该字符的编码空间后,复制编码(串)到编码表
        return;                                                     // 返回
    }
    cd[cdlen] ='0';                                                 // 预置左分支编码'0'
    GenHFCodes(x->lchild, cd, cdlen+1, HC);                         // 向左子树递归
    cd[cdlen] ='1';                                                 // 预置右分支编码'1'
    GenHFCodes(x->rchild, cd, cdlen+1, HC);                         // 向右子树递归
}
```

算法 6.16

译码的过程是分解电文中字符串,从根出发,按字符'0'或'1'确定找左孩子或右孩子,直至叶节点,便求得该子串相应的字符。具体算法留给读者完成。

例 6-1 已知某系统在通信联络中只出现 8 种字符,其概率分别为 0.05,0.29,0.07,0.08,0.14,0.23,0.03,0.11,试设计赫夫曼编码。

将各字符概率乘以 100 转为整数并作为权值 $w=(5,29,7,8,14,23,3,11)$,$n=8$,则 $m=15$。可用以下代码段调用算法 6.15 和算法 6.16,构造赫夫曼树和求编码。输出是各字符编码。

```
char ds[8]="abcdefgh";                                 // 8 个字符
int ws[8]={5, 29, 7, 8, 14, 23, 3, 11};                // 对应的 8 个权值
int n=8;
Prior=CompareNode;                      // 树的根节点(权值)之间比较函数作为堆的优先判定函数
HT=MakeHFTree(ds, ws, n);               // 用 ds 和 ws 构造并返回赫夫曼树根指针
cd =(char *)calloc(n, sizeof(char));
                                        // 分配编码工作串的空间(n 可用 HT 的深度取代)
GenHFCodes(HT, cd, 0, HC);              // 生成哈夫曼编码
for (int i=0; i<8; i++)                 // 输出编码
    printf("%c : %s\n", ds[i], HC[i+1]);        // 显示 8 个字符的编码
```

输出:

```
a: 0001
b: 11
c: 1010
d: 1011
e: 100
f: 01
g: 0000
h: 001
```

构造过程的 H 堆和赫夫曼树的形态如图 6.21 所示。图 6.21(a)是 H 堆和森林初态。每次从 H 堆移出根权值最小的两棵树,按根权值左小右大组建成新树后插回 H 堆,H 堆和森林形态如图 6.21(b)～(h)所示。图 6.21(h)是最终构造并返回的赫夫曼树。

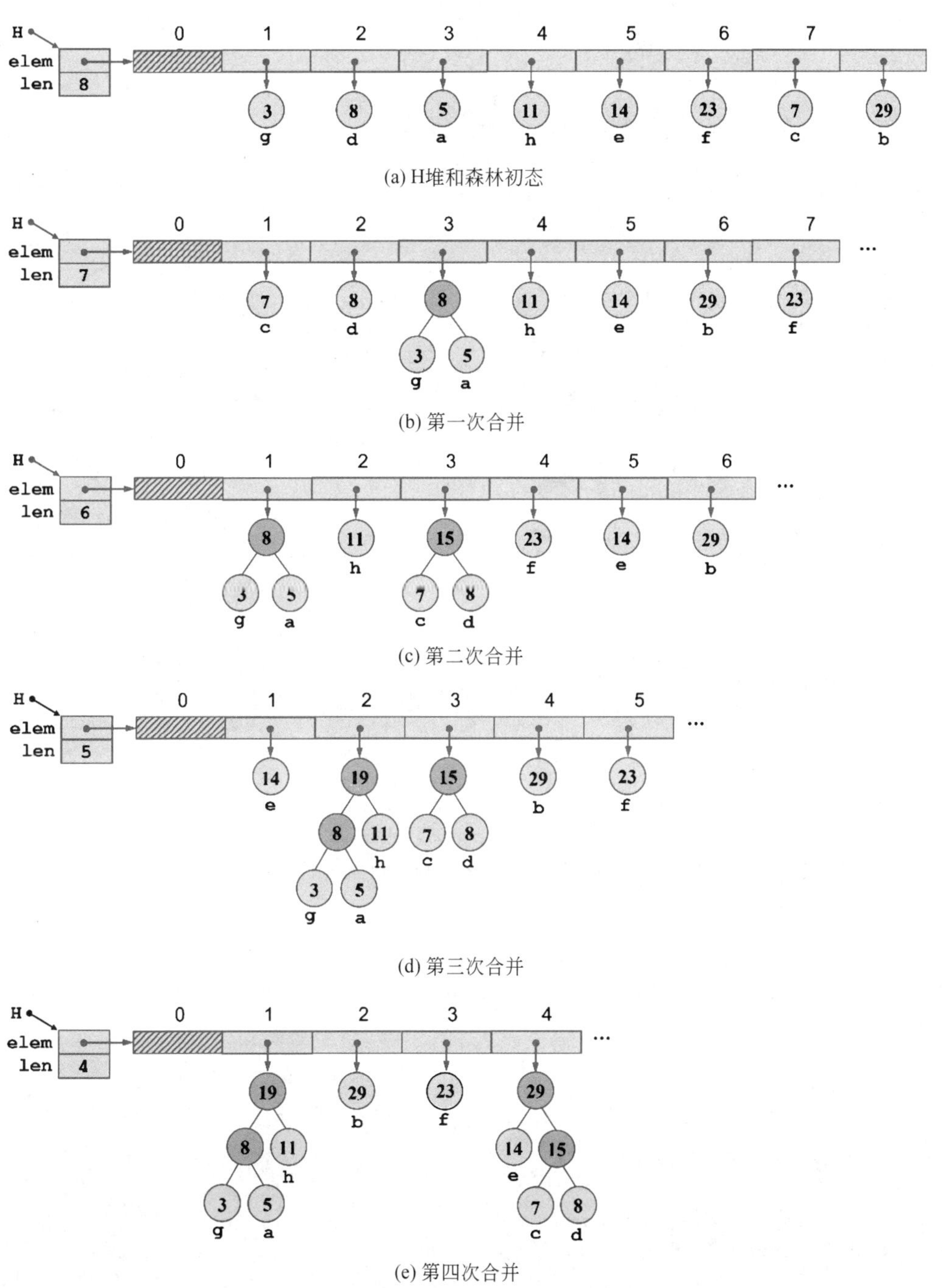

(a) H堆和森林初态

(b) 第一次合并

(c) 第二次合并

(d) 第三次合并

(e) 第四次合并

图 6.21　例 6-1 的赫夫曼树构造过程的形态

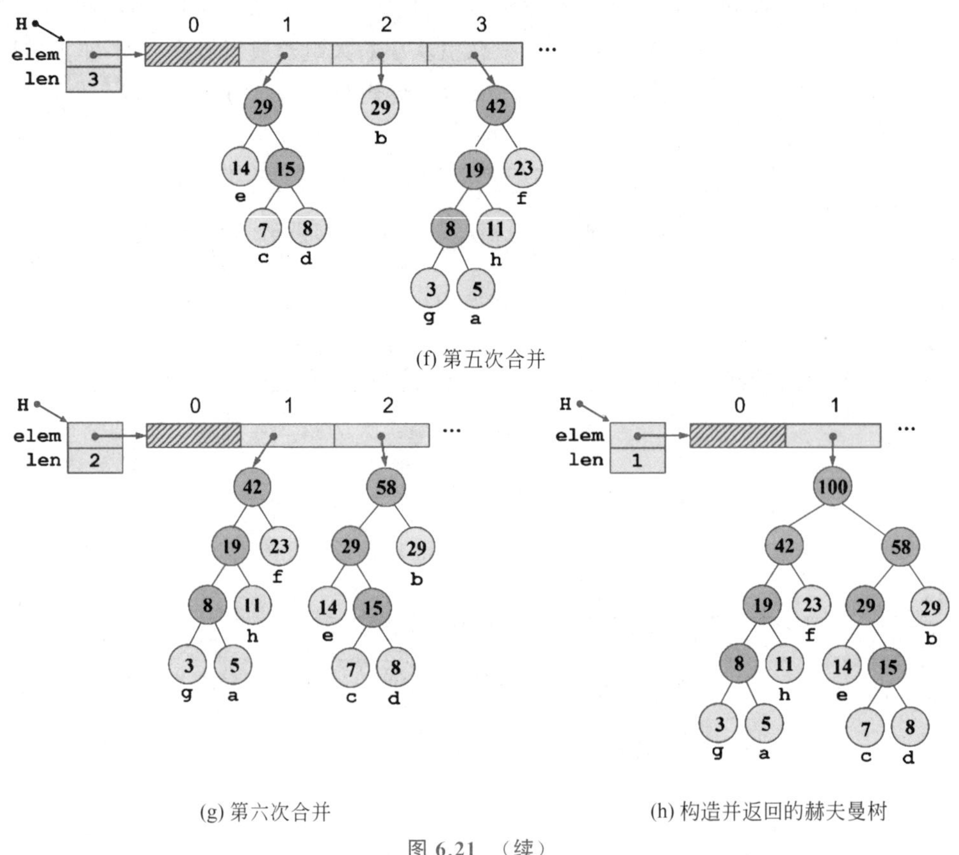

(f) 第五次合并

(g) 第六次合并

(h) 构造并返回的赫夫曼树

图 6.21 （续）

6.6 树和森林

本节讨论树的表示及其遍历操作，并建立森林与二叉树的对应关系。

6.6.1 树的存储结构

在大量的应用中，人们曾使用多种形式的存储结构来表示树。这里介绍 3 种常用的链表结构。

1. 双亲表示法

假设以一组连续空间存储树的节点，同时在每个节点中附设一个指示器指示其双亲节点在链表中的位置，其形式说明如下：

```
//-----树的双亲表存储表示 -----
typedef struct PTNode {
    TElemType data;                                          // 数据元素
    int parent;                                              // 双亲位置域
} PTNode;                                                    // 节点类型
typedef struct {
    PTNode    * nodes;                                       // 节点动态数组
```

```
    int     n, r;                                    // 节点数和根节点的位置
    int     size;                                    // nodes 的容量
} * PTree;                                           // 树的双亲表指针类型
```

例如,图 6.22 展示一棵树及其双亲表示的存储结构。

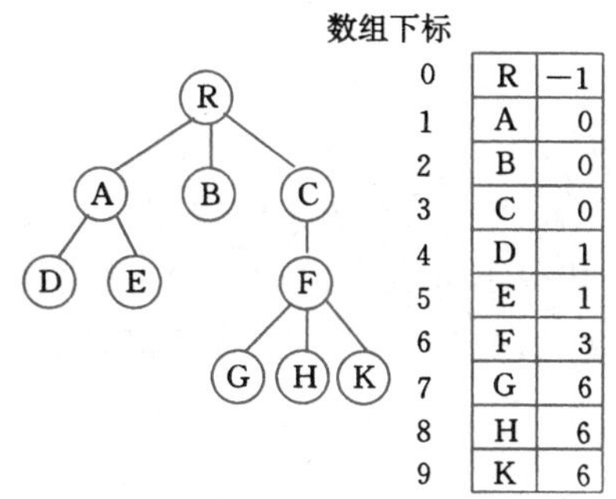

数组下标		
0	R	−1
1	A	0
2	B	0
3	C	0
4	D	1
5	E	1
6	F	3
7	G	6
8	H	6
9	K	6

图 6.22　树的双亲表示法示例

这种存储结构利用了每个节点(除根以外)只有唯一双亲的性质,可以直接找到节点的双亲,但是求节点的孩子时,却需要一个遍历的过程。双亲表只用于特定需求,例如,在 6.7 节并查集可看到它的应用。

2. 孩子表示法

由于树中每个节点可能有多棵子树,则可用多重链表,即每个节点设多个指针域,每个指针指向一棵子树的根节点。链表的节点可以有如下两种格式:

data	child1	child2	…	childd

data	degree	child1	child2	…	childd

若采用第一种节点格式,则多重链表中的节点是同构的,其中 d 为树的度。由于树中很多节点的度小于 d,所以链表中有很多空链域,空间较浪费。不难推出,在一棵有 n 个节点度为 k 的树中,必有 $n(k-1)+1$ 个空链域。

若采用第二种节点格式,则多重链表中的节点是不同构的,增设 degree 域,其值为节点的度 d。这样虽节约了存储空间,但操作不方便。

另一种办法是把每个节点的孩子节点排列起来,看成是一个线性表,且以单链表作存储结构,这样 n 个节点就有 n 个孩子链表(叶子的孩子链表为空表)。而 n 个头指针又组成一个线性表,为了便于查找,可采用顺序存储结构。这种存储结构称为孩子链表,可形式地定义如下:

```
/-----树的孩子链表存储表示 -----
typedef struct CTNode {
    int            child;                  // 孩子节点在 nodes 数组的下标
    struct CTNode * next;                  // 链域
} * ChildPtr;                              // 孩子节点指针类型
typedef struct {
    TElemType data;
```

```
    ChildPtr firstChild;                          // 孩子链表树头指针
} CTBox;                                          // 树节点类型
typedef struct {
    CTBox *nodes;                                 // 节点动态数组
    int     n, r;                                 // 节点数和根节点的位置
    int     size;                                 // 容量
} *CTree;                                         // 孩子链表树指针类型
```

图 6.23(a)是图 6.22 中的树的孩子表示法。与双亲表示法相反,孩子表示法便于那些涉及孩子和子孙的操作,却不适用于求父和祖先的操作。取长补短,可以把双亲表示法和孩子表示法结合起来,将双亲表和孩子链表合而为一,也就是在孩子链表的树节点增加一个 parent 域,值为双亲节点的下标。图 6.23(b)就是这种存储结构的一例,它和图 6.23(a)表示的是同一棵树。

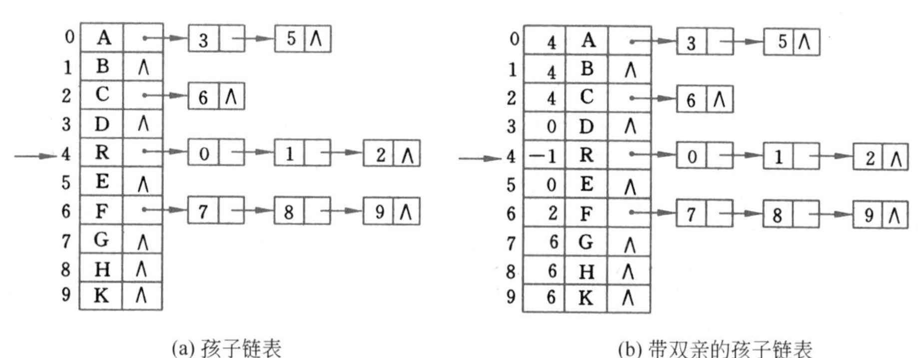

(a) 孩子链表　　(b) 带双亲的孩子链表

图 6.23　图 6.22 的树的另外两种表示法

3. 孩子兄弟表示法

孩子兄弟表示法又称二叉树表示法,或二叉链表表示法,即以二叉链表作树的存储结构。链表中节点的两个链域分别指向该节点的第一个孩子节点和下一个兄弟节点,分别命名为 firstChild 域和 nextSib 域。

```
//-----树的孩子兄弟链表存储表示 -----
typedef struct CSNode {
    TElemType      data;                          // 数据元素
    struct CSNode *firstChild, *nextSib;          // 第一孩子和下一兄弟指针
} CSNode, *CSTree;                                // 节点类型,孩子兄弟链表指针类型
```

图 6.24 是图 6.22 中树的孩子兄弟链表。这种存储结构便于实现各种树的操作。首先易于实现找节点孩子等的操作,例如,若要访问节点 x 的第 i 个孩子,则只要先从 firstChild 域找到第 1 个孩子节点,然后沿着孩子节点的 nextSib 域连续走 $i-1$ 步,便可找到 x 的第 i 个孩子。当然,如果为每个节点增设一个 Parent 域,则同样能方便地实现找双亲的操作。下面讨论另两个基本操作的实现。

(1) 组建树。算法 6.17 组建一棵根节点值为 e 且有 n 棵子树的树。由于无法实现确定子树的数目,所以采用第 5 章中 n 维数组采用过的变长参数表,以获取 n 棵子树的实参。

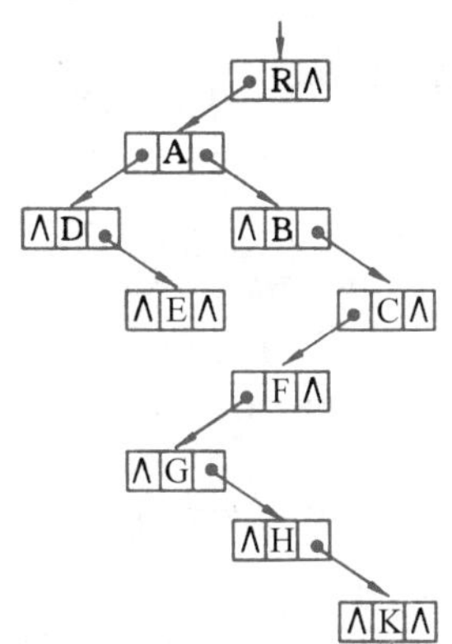

图 6.24　图 6.22 中树的二叉链表表示法

```
CStree MakeTree(TElemType e, int n, …) {
    // 组建并返回由根节点 e 和 n 棵子树组成的树,变长参数为 n 棵子树
    int i; CSTree T, pi;
    va_list argptr;          // argptr 是存放变长参数表信息的数组 va_list 用 void * 代替
    if (!(T =(CSTree)malloc(sizeof(CSNode)))) exit(OVERFLOW);
    T->data=e;               // 根节点的值为 e
    T->firstChild=T->nextSib=NULL;
    if (n<=0) return T;      // 若无子树,则返回仅含根节点的单节点树
    va_start(argptr, n);  // 令 argptr 指向参数 n 后的第一个实参(第 1 棵子树根指针)
    T->firstChild=pi=va_arg(argptr, CSTree);
                                            // 取第 1 棵子树实参并转换为 CSTree 类型
    for (i=1; i<n; i++) {                   // 将 n 棵树作为根节点的子树插入
        pi->nextSib=va_arg(argptr, CSTree); // 取下一棵子树实参并转换为 CSTree 类型
        pi=pi->nextSib;
    }
    va_end(argptr);                         // 取实参结束
    return T;                               // 返回组建的树
}
```

算法　6.17

(2) 插入第 i 棵子树。算法 6.18 将树 c 插入为树 T 的第 i 棵子树。当树非空时,若 $i==1$,则树 c 直接作为第一棵子树插入;否则,先确定第 $i-1$ 棵子树的位置,然后将 c 子树插入其后。

```
Status InsertChild(CSTree T, int i, CSTree c) {
    // 插入 c 为 T 的第 i 棵子树,c 非空且与 T 不相交
    int j;  CSTree p;
    if (!T || i<1) return ERROR;        // T 是空树或 i<1,则报错
    if (1==i)                           // c 插入为 T 的第 1 棵子树
        { c->nextSib=T->firstChild;  T->firstChild=c; }
    else {
        p=T->firstChild;                // p 指向 T 的第 1 棵子树
        for (j=2; p!=NULL && j<i; j++) p=p->nextSib;     // 寻找插入位置
```

```
        if (j==i)                                          // 找到插入位置
            { c->nextSib=p->nextSib;  p->nextSib=c; }
        else return ERROR;                                 // 插入位置 i 过大，报错
    }
    return OK;
}
```

算法 6.18

如果基于一种存储结构实现树的一组基本操作，就得到了树的一个数据类型，可支持树相关的应用程序开发。

6.6.2 森林与二叉树的转换

由于二叉树和树都可用二叉链表作为存储结构，因此可以二叉链表作为媒介导出树与二叉树之间的一个对应关系。也就是说，给定一棵树，可以找到唯一的一棵二叉树与之对应，从物理结构来看，它们的二叉链表是相同的，只是解释不同而已。图 6.25 直观地展示了树与二叉树之间的对应关系。

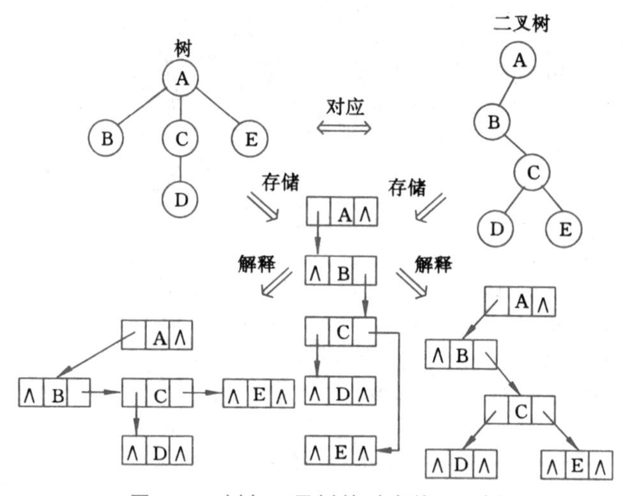

图 6.25 树与二叉树的对应关系示例

从树的二叉链表表示的定义可知，任何一棵和树对应的二叉树，其右子树必空。若把森林中第二棵树的根节点看成是第一棵树的根节点的兄弟，则同样可导出森林和二叉树的对应关系。

例如，图 6.26 展示了森林与二叉树之间的对应关系。

这个一一对应关系导致森林或树与二叉树可以相互转换，其形式定义如下。

1. 森林转换成二叉树

如果 $F=(T_1,T_2,\cdots,T_m)$ 是森林，则可按如下规则转换成一棵二叉树 B=(root,LB,RB)：

(1) 若 F 为空，即 $m=0$，则 B 为空树；

(2) 若 F 非空，即 $m\neq 0$，则 B 的根 root 即为森林中第一棵树的根 Root(T_1)；B 的左子

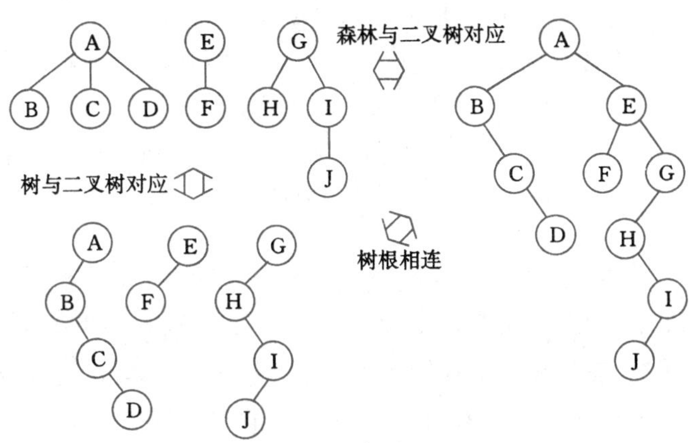

图 6.26　森林与二叉树的对应关系示例

树 LB 是从 T_1 中根节点的子树森林 $F_1=\{T_{11},T_{12},\cdots,T_{1m}\}$转换而成的二叉树；其右子树 RB 是从森林 $F'=\{T_2,T_3,\cdots,T_m\}$转换而成的二叉树。

2. 二叉树转换成森林

如果 B=(root, LB, RB)是一棵二叉树，则可按如下规则转换成森林 $F=(T_1,T_2,\cdots,T_m)$：

(1) 若 B 为空，则 F 为空；

(2) 若 B 非空，则 F 中第一棵树 T_1 的根 Root(T)即为二叉树 B 的根 root；T_1 中根节点的子树森林 F'是由 B 的左子树 LB 转换而成的森林；F 中除 T_1 之外其余树组成的森林 $F'=(T_2,T_3,\cdots,T_m)$是由 B 的右子树 RB 转换而成的森林。

从上述递归定义容易写出相互转换的递归算法。同时，森林和树的操作亦可转换成二叉树的操作来实现。

6.6.3　树和森林的遍历

由树状结构的定义可引出两种次序遍历树的方法：一种是先根(次序)遍历树，即先访问树的根节点，然后依次先根遍历根的每棵子树；另一种是后根(次序)遍历树，即先依次后根遍历每棵子树，然后访问根节点。

例如，对图 6.25 的树进行先根遍历，可得树的先根序列为

ABCDE

若对此树进行后根遍历，则得树的后根序列为

BDCEA

按照森林和树相互递归的定义，可以推出森林的两种遍历方法。

1. 先序遍历森林

若森林非空，则按下述规则遍历。

(1) 访问森林中第一棵树的根节点。

(2) 先序遍历第一棵树中根节点的子树森林。

(3) 先序遍历除去第一棵树之后剩余的树构成的森林。

2. 中序遍历森林

若森林非空，则按下述规则遍历。

(1) 中序遍历森林中第一棵树的根节点的子树森林。

(2) 访问第一棵树的根节点。

(3) 中序遍历除去第一棵树之后剩余的树构成的森林。

若对图 6.26 中森林进行先序遍历和中序遍历,则分别得到森林的先序序列为

ABCDEFGHIJ

中序序列为

BCDAFEHJIG

由 6.6.2 节森林与二叉树之间转换的规则可知,当森林转换成二叉树时,其第一棵树的子树森林转换成左子树,剩余树的森林转换成右子树。上述森林的先序和中序遍历即为其对应的二叉树的先序和中序遍历。若对图 6.26 中和森林对应的二叉树分别进行先序和中序遍历,可得和上述相同的序列。

由此可见,当以二叉链表作树的存储结构时,树的先根遍历和后根遍历可借用二叉树的先序遍历和中序遍历的算法实现。

6.7 并查集与等价问题

并查集可以表示一组无序元素,可用来解决等价问题。在许多应用中,并查集用作辅助数据结构,如第 7 章求最小生成树的克鲁斯卡尔算法。

6.7.1 等价关系和等价类

如果集合 S 中的关系 R 满足如下性质,则称它为一个等价关系。

- 自反性:对于任意元素 $x\in S$,xRx 为真。
- 对称性:对于任意两个元素 $x,y\in S$,如果 xRy 为真,则 yRx 也为真。
- 传递性:对于任意三个元素 $x,y,z\in S$,如果 xRy 和 yRz 都为真,则 xRz 也为真。

例如,一个整数集合上的关系≤(小于或等于)和≥(大于或等于)就不是等价关系。它们具有自反性($x\leqslant x$)和传递性($x\leqslant y$,$y\leqslant z$,则 $x\leqslant z$),但不满足对称性($x\leqslant y$ 成立时,却 $y\leqslant x$ 不一定成立)。

双向网络连接是一种等价关系。首先它是自反的,因为任何节点都连接自身。如果节点 x 连接 y,那么 y 也连接 x,具有对称性。如果节点 x 连接 y,且 y 连接 z,那么 x 也连接 z。

设 R 是集合 S 的等价关系。对任何 $x\in S$,由 $[x]_R=\{\ y\mid y\in S\ \wedge\ x\,R\,y\ \}$给出的集合$[x]_R\subseteq S$ 称为由 $x\in S$ 生成的一个 R 等价类。

如果 R 是集合 S 上的一个等价关系,则由这个等价关系可产生这个集合的唯一划分。也就是可以按 R 将 S 划分为若干不相交的子集 $S_1,S_2,\cdots,S_n$,它们的并集为 S,而这些子集 S_i 便称为 S 的 R 等价类。

等价关系是现实世界中广泛存在的一种关系,许多应用问题可以归结为按给定的等价关系划分某集合为等价类,通常称这类问题为等价问题。

例如,在 FORTRAN 语言中,可以利用 EQUIVALENCE 语句使数个程序变量共享同一存储单位,这问题实质就是按 EQUIVALENCE 语句确定的关系对程序中的变量集合进

行划分，所得等价类的数目即为需要分配的存储空间，而同一等价类中的程序变量可被分配到同一存储单位中去。此外，划分等价类的算法思想也可用于求网络的最小生成树等图的算法中。

应如何划分等价类呢？假设集合 S 有 n 个元素，m 个形如 $(x,y)(x,y\in S)$ 的等价偶对确定了等价关系 R，需求 S 的划分。

确定等价类的算法如下。

(1) 令 S 中每个元素各自形成一个只含单个成员的子集，记作 $S_1,S_2,\cdots,S_n$。

(2) 重复读入 m 个偶对，对每个读入的偶对 (x,y)，判定 x 和 y 所属子集。不失一般性，假设 $x\in S_i$，$y\in S_j$，若 $S_i\neq S_j$，则将 S_i 并入 S_j，并置 S_i 为空(或反过来，将 S_j 并入 S_i，并置 S_j 为空)。当 m 个偶对都被处理过后，$S_1,S_2,\cdots,S_n$ 中所有非空子集即为 S 的 R 等价类。

6.7.2 并查集的定义和实现

由上述可见，划分等价类需对集合进行的操作有 3 个。

(1) 创建 n 个等价类：构造含 n 个成员的集合。

(2) 查找等价类：查(find)某个单元素所在子集。

(3) 合并等价类：并(union)两个互不相交的子集并为一个子集。

由此，这样的集合也称并查集，可定义为包含上述 3 种操作的抽象数据类型 UFSet。

```
ADT UFSet {
    数据对象：若设 S 是 UFSet 类型的集合，则它由 n(n>0)个子集 Si(i=1,2,…,n)构成，
              每个子集的成员都是子界[1..MaxNumber]内的整数
    数据关系：S1∪S2∪…∪Sn=S Si⊂S(i=1,2,…,n)
    基本操作：
        Initial(n,x1,x2,…,xn);
            操作结果：初始化操作。构造并返回一个由 n 个子集(每个子集只含单个成员 xi)构
                      成的集合 S。
        Find(S, x);
            初始条件：S 是已存在的集合，x 是 S 中某个子集的成员。
            操作结果：查找操作。确定 S 中 x 所属子集 Si。
        Union(S, i, j):
            初始条件：Si 和 Sj，是 S 中的两个互不相交的非空集合。
            操作结果：归并操作。将 Si 和 Sj 中的一个并入另一个中。
} ADT UFSet;
```

以集合为基础结构的抽象数据类型可有多种实现方法，如第 1 章的小整数集、用位向量表示集合或者用有序表表示集合等。如何高效地实现以集合为基础的抽象数据类型，则取决于该集合的大小以及对此集合所进行的操作。

根据 UFSet 中定义的查找和合并操作的特点，可利用树型结构表示集合。约定：以森林 $F=(T_1,T_2,\cdots,T_n)$ 表示 UFSet 类型的集合 S，森林中的每一棵树 $T_i(i=1,2,\cdots,n)$ 表示 S 中的一个元素——子集 $S_i(S_i\subset S,\ i=1,2,\cdots,n)$，树中每个节点表示子集中的一个成员 x。为操作方便，令每个节点中含一个指向其双亲的指针，并约定根节点的成员兼作子集的名称。例如，图 6.27(a)和(b)中的两棵树分别表示子集 $S_1=\{1,3,6,9\}$ 和 $S_2=\{2,8,10\}$。显然，这样的树状结构易于实现上述两种集合操作。由于各子集中的成员均不相同，所以实现集合的“并”操作，只要将一棵子集树的根指向另一棵子集树的根即可。例如，图 6.27(c)中 $S_3=$

$S_1 \cup S_2$。同时，完成查某个成员所在集合的操作，只要从该成员节点出发，顺双亲链而上，直至找到树的根节点为止。

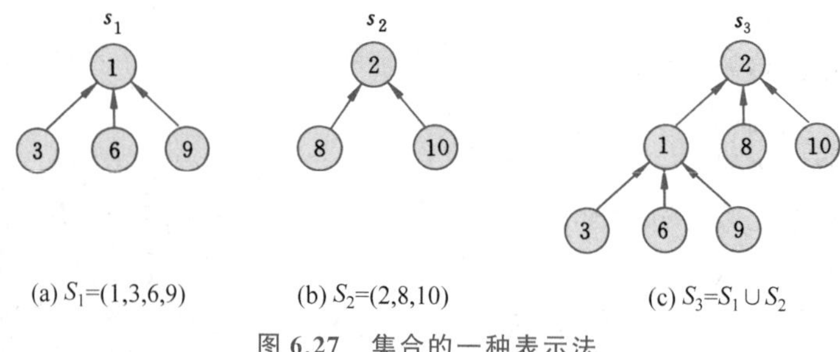

(a) S_1=(1,3,6,9)　　(b) S_2=(2,8,10)　　(c) $S_3=S_1 \cup S_2$

图 6.27　集合的一种表示法

为高效实现并查集的查找和合并这两种操作，可采用树和森林的双亲表示法作为存储结构，并且用存储单元下标来指代集合成员，避免频繁用 $O(n)$ 的时间代价查找成员（在后续章节中，也沿用以下标指代元素的这种方式，如图的顶点用序号或下标来指代）。由于子集的个数是动态变化的，非必要可省略对并查集森林中各子集树根位置的管理。需要时，调用查找函数可快捷确定任一个体成员所属子集的根，或者通过遍历获得所有子集树的根。

```
//------ADT UFSet 采用树的双亲表存储表示 ------
typedef PTree UFSet;
```

并查集的初始化如算法 6.19 表述。含 n 个元素的并查集$\{1,2,3,\cdots,n\}$的初始状态如图 6.28(a)所示。

```
UFSet InitUFSet(char ds[], int n) {                              // 初始化并查集 S
    UFSet S;
    if (!(S=(UFSet)malloc(sizeof(*S)))) exit(OVERFLOW);          // 分配结构记录
    if (!(S->nodes =(PTNode*)calloc(n+1, sizeof(PTNode)))) exit(OVERFLOW);
    for (int i=1; i<=n; i++) {
        S->nodes[i].data=ds[i-1];          // 保存成员值
        S->nodes[i].parent=-1;             // 每个成员自成一棵子集树,根的双亲为-1
    }
    S->n=n; S->size=n+1; return S;         // 返回构造的初始并查集
}
```

算法　6.19

查找函数 Fine 和合并操作 Union 的实现如算法 6.20 和算法 6.21 所示。

```
int Find(UFSet S, int i) {          // 返回并查集 S 中 i 所在子集的根
    if (i<1 || i>S->n) return 0; // i 不属于 S 中任一子集
    while (S->nodes[i].parent>0) i=S->nodes[i].parent;
    return i;
}
```

算法　6.20

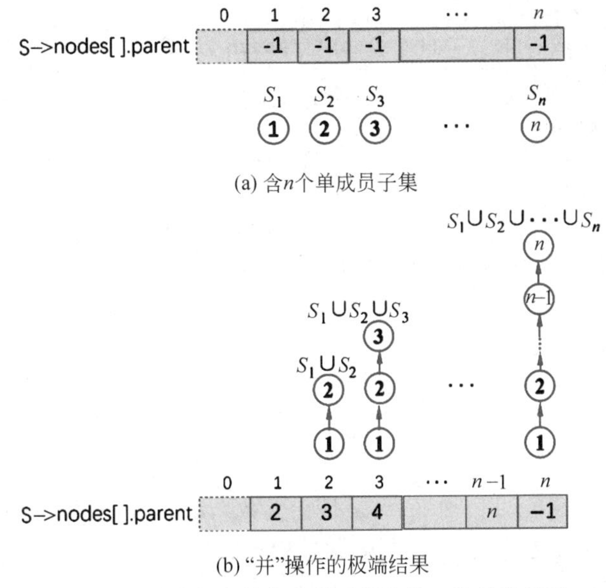

图 6.28　并查集初始化和“并”操作的一种极端情形

```
Status Union(UFSet S, int i, int j){                    // 合并 Si=Si∪Sj
    if (i<1 || i>S->n || j<1 || j>S->n) return FALSE;
    if (S->nodes[i].parent>0) i=Find(S, i);             // 确保 i 指示其所在子集的根
    if (S->nodes[j].parent>0) j=Find(S, j);             // 确保 j 指示其所在子集的根
    if(i==j) return FALSE;                      // 若 i 和 j 已同属一个子集,则不需再合并
    S->nodes[i].parent=j;  return TRUE;                 // 若分属不同子集,则 Sj 并入 Si
}
```

算法　6.21

算法 6.20 和算法 6.21 的时间复杂度分别为 $O(d)$ 和 $O(1)$，其中 d 是树的深度。

6.7.3　对“并”算法的改进——加权合并法

从前面的讨论可知，这种表示集合的树的深度和树形成的过程有关。

试看一个极端的例子。假设有 n 个子集 $S_1, S_2, \cdots, S_n$，每个子集只有一个成员 $S_i=\{i\}$ $(i=1,2,\cdots,n)$，可用 n 棵只有一个根节点的树表示，如图 6.28(a)所示。现做 $n-1$ 次“并”操作，且假设每次都是含成员多的根节点指向含成员少的根节点，则最后得到的集合树的深度为 n，如图 6.28(b)所示。如果再加上在每次“并”操作之后都要进行查找成员 1 所在子集的操作，则全部操作的时间便是 $O(n^2)$。

改进的办法称为加权合并法(weight union rule)：先判别子集中所含成员的数目，然后令含成员少的子集树根节点指向含成员多的子集的根。为此，需相应地修改存储结构：令根节点的 parent 域存储子集中所含成员数目的负值。修改后的“并”操作算法如算法 6.22 所示。

```
Status Union_wt(UFSet S, int i, int j) {                         // 合并:Si∪sj
    if (i<1 || i>S->n ||j<1 || j>S->n) return FALSE;
    if (S->nodes[i].parent>0) i=Find(S, i);                      // 确保 i 为其属子集的根
    if (S->nodes[j].parent>0) j=Find(S, j);                      // 确保 j 为其属子集的根
    if (i==j) return FALSE;                            // 若 i 和 j 同属一个子集,则不需再合并
    if (S->nodes[i].parent>S->nodes[j].parent) {                 // 若 Si 的成员比 Sj 少
        S->nodes[j].parent+=S->nodes[i].parent;                  // Si 成员数加入 Sj
        S->nodes[i].parent=j;                          // 置 Sj 的根为 Si 根的父(Si 并入 Sj)
    } else {                                  // Si 的成员不比 Sj 少(注意: 是对相反数的比较)
        S->nodes[i].parent+=S->nodes[j].parent;
        S->nodes[j].parent=i;
    }
    return TRUE;
}
```

算法 6.22

例 6-2 假设集合 $S=\{x \mid 1\leqslant x\leqslant n \text{ 是正整数}\}$,$R$ 是 S 上的一个等价关系。

$$R=\{(1,2),(3,4),(5,6),(7,8),(1,3),(5,7),(1,5),\cdots\}$$

现求 S 的等价类。

并查集 S 中成员个数为 $S\text{->}n$。开始时,由于每个成员自成一个等价类,则 S->nodes[i].parent 的值均为 -1。之后,每处理一个等价偶对(i,j),首先必须确定 i 和 j 各自所属集合,若这两个集合相同,则说明此等价关系是多余的,无须处理;否则就合并这两个集合。图 6.29 展示了处理 R 中前 7 个等价关系时 S 的变化状况(图中省去了节点的数据域),图 6.30(a)为和最后一个 S 状态相应的树的形态。

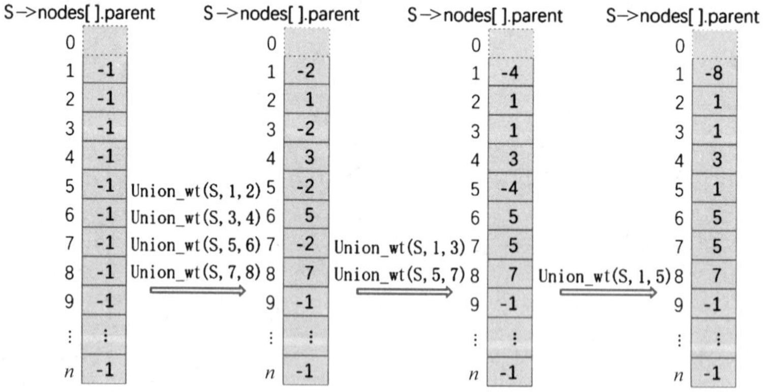

	S->nodes[ ].parent	S->nodes[ ].parent	S->nodes[ ].parent	S->nodes[ ].parent
0				
1	-1	-2	-4	-8
2	-1	1	1	1
3	-1	-2	1	1
4	-1	3	3	3
5	-1	-2	-4	1
6	-1	5	5	5
7	-1	-2	5	5
8	-1	7	7	7
9	-1	-1	-1	-1
⋮	⋮	⋮	⋮	⋮
n	-1	-1	-1	-1

第 1 列 → 第 2 列:Union_wt(S, 1, 2) Union_wt(S, 3, 4) Union_wt(S, 5, 6) Union_wt(S, 7, 8)

第 2 列 → 第 3 列:Union_wt(S, 1, 3) Union_wt(S, 5, 7)

第 3 列 → 第 4 列:Union_wt(S, 1, 5)

图 6.29 求等价类过程示例

可以证明,算法 6.22 进行"并"操作所得集合树的深度不超过 $\lfloor\log_2 n\rfloor+1$[①],其中 n 为集

① 用归纳法证明:

当 $i=1$ 时,树中只有一个根节点,即深度为 1,又$\lfloor\log_2 1\rfloor+1=1$,所以正确。

假设 $i\leqslant n-1$ 时成立,试证 $i=n$ 时亦成立。不失一般性,可以假设此树是由含 $m(1\leqslant m\leqslant n/2)$个元素、根为 j 的树 S_j 和含 $n-m$ 个元素、根为 k 的树 S_k 合并而得,按算法 6.10 根 j 指向根 k,即 k 为合并后的根节点。

若合并前子树 S_j 的深度<子树 S_k 的深度,则合并后的树深和 S_k 相同,不超过$\lfloor\log_2(n-m)\rfloor+1$,显然不超过$\lfloor\log_2 n\rfloor+1$。

若合并前子树 S_j 的深度≥子树 S_k 的深度,则合并后的树深为 S_j 的树深+1,即$(\lfloor\log_2 m\rfloor+1)+1=\lfloor\log_2(2m)\rfloor+1\leqslant\lfloor\log_2 n\rfloor+1$。

合 S 中所有子集所含成员数的总和。因此,利用算法 Find 和 Union_wt 解等价问题的时间复杂度为 $O(n\log n)$(当集合中有 n 个元素时,至多进行 $n-1$ 次 Union_wt 操作)。

除了子集的大小,还可以用子集树的高度作为“并”操作的权值,将较矮的树并入较高的树时树不增高,其实现算法留作习题。

6.7.4 对“查”算法的改进——路径压缩法

如例 6-2 所示,随着子集逐对合并,树的深度也越来越大,为了进一步减少确定元素所在集合的时间,还可进一步将算法 6.20 改进为算法 6.23。当所查元素 i 不在树的第二层时,在查找算法中增加一个路径压缩(path compression)功能,将所有从元素 i 到根路径上的元素都变成树根的孩子。

```
int Find_pc(UFSet S, int i) {                          // 查 i 所属子集的根,并压缩从 i 到根的路径
    if (i<1 || i>S->n) return 0;                                      // i 不是 S 中任一子集的成员
    if (S->nodes[i].parent<0) return i;          // 若 i 是根,则返回 i
    int j=i;                                     // 用 j 保存 i
    while (S->nodes[i].parent>0) i=S->nodes[i].parent;    // i 指向子集树根
    while (S->nodes[j].parent!=i) {              // 压缩 j 到 i 的路径
        int k=S->nodes[j].parent;                // k 辅助沿路径向上压缩
        S->nodes[j].parent=i;                    // 路径上的节点都置为根的孩子
        j=k;
    }
    return i;
}
```

算法 6.23

假设例 6-2 中等价关系 R 的第 8 个等价偶对为(8, 9)。在执行改进后的 Find_pc(S, 8)的操作之后,图 6.30(a)的树就变成图 6.30(b)的树。

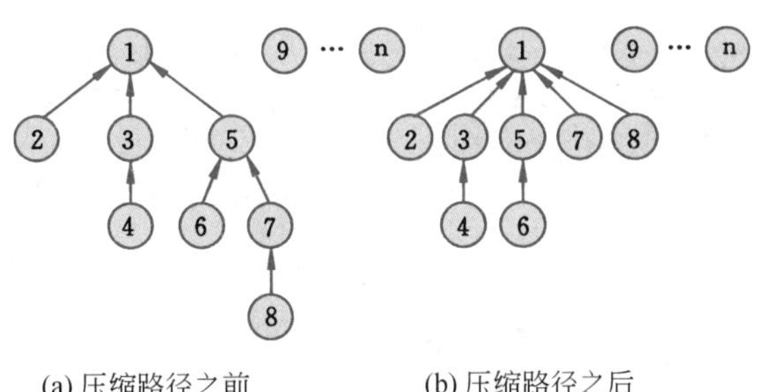

(a) 压缩路径之前　　(b) 压缩路径之后

图 6.30 表示集合的树

在 Union_wt 中,可用 Find_pc 取代 Fine。已经证明,利用算法 Find_pc 和 Union_wt 划分大小为 n 的集合为等价类的时间复杂度为 $O(n\alpha(n))$。其中 $\alpha(n)$是一个增长极其缓慢的函数,若定义单变量的阿克曼函数为 $A(x)=A(x,x)$,则函数 $\alpha(n)$定义为 $A(x)$的拟逆,即 $\alpha(n)$的值是使 $A(x)\geqslant n$ 成立的最小 x,所以,对于通常所见到的正整数 n 而言,$\alpha(n)\leqslant 4$。

Find_pc 可以写成很简洁的递归函数。沿 Parent 链递归地查找子集树根,返回时将节点改置为根的孩子。这是一个训练递归思维和解题很好的练习。

6.8 回溯法与树的遍历

类似 6.5 节在一棵赫夫曼树求全部叶子字符的前缀编码，在程序设计中，有一大类求一组解、求全部解或求最优解的问题。例如，读者熟悉的八皇后问题等，不是根据某种确定的计算法则，而是利用试探和回溯(backtracking)的搜索技术求解。回溯法是设计递归过程的一种重要方法，它的求解过程实质上是一个先序遍历一棵“状态树”的过程，只是这棵树不是遍历前预先建立的，而是隐含在遍历过程中的，但如果认识到这点，很多问题的递归过程设计也就迎刃而解了。为了说明问题，先看一个简单例子。

例 6-3 求含 n 个元素的集合的幂集。集合 A 的幂集是由集合 A 的所有子集所组成的集合。如 $A=(1,2,3)$，则 A 的幂集为

$$\rho(A)=\{\{1,2,3\},\{1,2\},\{1,3\},\{1\},\{2,3\},\{2\},\{3\},\{\ \}\} \tag{6-6}$$

当然，可以用 5.6 节介绍的分治法来设计这个求幂集的递归过程。在此，从另一角度分析问题。幂集的每个元素是一个集合，它或是空集，或含集合 A 中一个元素，或含集合 A 中多个元素，或等于集合 A。反之，从集合 A 的每个元素来看，它只有两种状态：它或属幂集的元素集，或不属幂集元素集。这样，求幂集 $\rho(A)$ 的元素的过程可看成是依次对集合 A 中元素进行“取”或“舍(弃)”的过程，并且可以用一棵如图 6.31 所示的二叉树来表示过程中幂集元素的状态变化状况，树中的根节点表示幂集元素的初始状态(为空集)；叶节点表示它的终结状态(如图 6.31 中 8 个叶节点表示式(6-6)中幂集 $\rho(A)$ 的 8 个元素)；而第 $i(i=2,3,\cdots,n-1)$ 层的分支节点，则表示已对集合 A 中前 $i-1$ 个元素进行了取/舍处理的当前状态(左分支表示“取”，右分支表示“舍”)。因此求幂集元素的过程即为先序遍历这棵状态树的过程，可概要描述如算法 6.24。

```
void PowerSet(int i, int n) {
    // 求含 n个元素的集合 A 的幂集 ρ(A)。进入函数时已对 A 中前 i-1 个元素做了取舍处理
    // 现从第 i 个元素起进行取舍处理。若 i>n,则求得幂集的一个元素,并输出
    // 初始调用: PowerSet(1,n);
    if (i>n)输出幂集的一个元素;
    else { 取第 i 个元素;  PowerSet(i+1,n);
           舍第 i 个元素;  PowerSet(i+1,n);
    }
}
```

算法 6.24

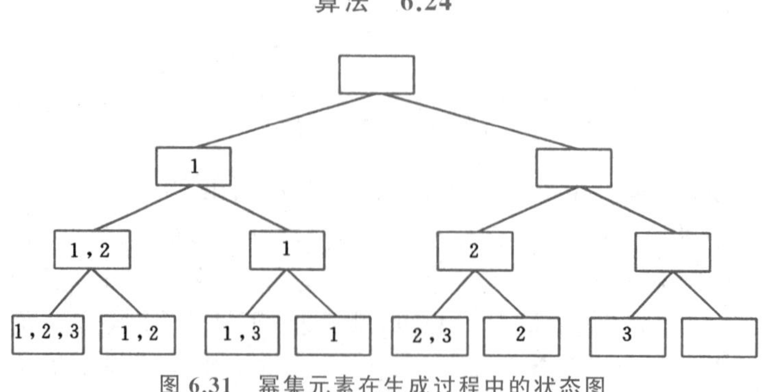

图 6.31 幂集元素在生成过程中的状态图

对上述过程求精需确定数据结构。假设以线性表表示集合，则求精后得到算法 6.25。

```
void PowerSet(int i, List A, List B) {
    // 线性表 A 表示集合 A,作为求幂集 ρ(A)过程的辅助线性表
    // B 如同一个栈,辅助产生一个元素
    // 第一次调用本函数时,B 为空表,i=1
    ElemType x; int k;
    if (i >ListLen(A)) Output(B);          // 输出当前 B 值,即 ρ(A)的一个元素
    else { x=GetElem(A, i);  k=ListLen(B);
          ListInsert(B, k+1, x);  PowerSet(i+1, A, B);
          ListDelete(B, k+1);  PowerSet(i+1, A, B);
    }
}
```

算法 6.25

图 6.31 中的状态变化树是一棵满二叉树，树中每个叶节点的状态都是求解过程中可能出现的状态(即问题的解)。然而很多问题用回溯和试探求解时，描述求解过程的状态树不是一棵满的多叉树。当试探过程中出现的状态和问题所求解产生矛盾时，不再继续试探下去，这时出现的叶节点不是问题的解的终结状态。这类问题的求解过程可看成是在约束条件下进行先序(根)遍历，并在遍历过程中剪去那些不满足条件的分支。

例 6-4 求四皇后问题的所有合法布局(为简明，将八皇后问题简化为四皇后问题)。图 6.32 展示求解过程中棋盘状态的变化情况。这是一棵四叉树(八皇后则是八叉树)，树上每个节点表示一个局部布局或一个完整的布局。根节点表示棋盘的初始状态：棋盘上无任何棋子。每个(皇后)棋子都有 4 个可选择的位置，但在任何时刻，棋盘的合法布局都必须满足 3 个约束条件，即任何两个棋子都不占据棋盘上的同一行、同一列或同一对角线。图 6.32 中除节点 a 外的叶节点都是不合法的布局。

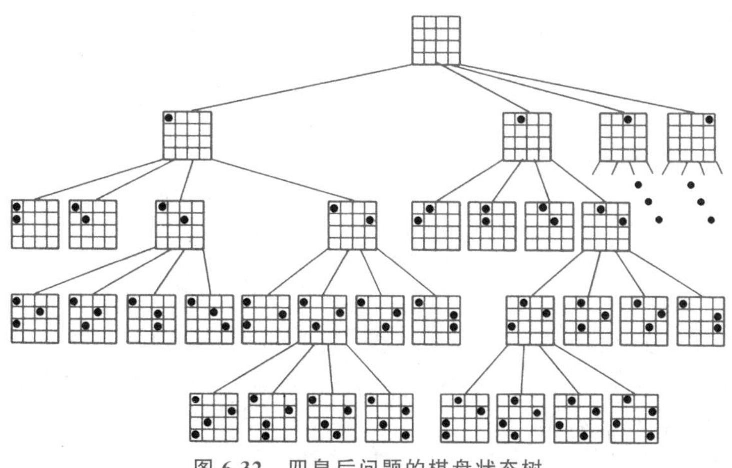

图 6.32 四皇后问题的棋盘状态树

求所有合法布局的过程即为在上述约束条件下先根遍历图 6.32 的状态树的过程。遍历中访问节点的操作：判别棋盘上是否已得到一个完整的布局(即棋盘上是否已摆上 4 个棋子)，若是，则输出该布局；否则依次递归先根遍历满足约束条件的各棵子树，即首先判断该子树根的布局是否合法，若合法，则先根遍历该子树，否则剪去该子树分支。求所有合法布局的伪码算法算法 6.26。

```
void Trial(int i, int n) {
    // 进入本函数时,在 n×n 棋盘前 i-1 行已放置了互不攻击①的 i-1 个棋子(初次调用 i=1)
    // 现从第 i 行起继续为后续棋子选择合适①位置,当 i>n 时,求得一个合法布局,输出
    if (i>n) 输出棋盘的当前布局;                      // n 为 4 时,即为四皇后问题
    else for (j=1; j<=n; ++i) {
            在第 i 行第 j 列放置一个棋子;
            if (当前布局合法) Trial(i+1,n);        // 对下一行递归
            移走第 i 行第 j 列的棋子;
        }
}
```

算法 6.26

算法可进一步求精,在此从略。算法可作为回溯法求解的一般模式,类似问题有骑士游历、迷宫问题、选最优解问题等。

6.9 树的计数

树的计数问题:具有 n 个节点的不同形态的树有多少棵?下面先讨论二叉树的情况,然后可将结果推广到树。

在讨论二叉树的计数之前应先明确两个不同的概念。

(1) 二叉树 T 和 T' 相似:二者都为空树,或者二者均不为空树,且它们的左右子树分别相似。

(2) 二叉树 T 和 T' 等价:二者不仅相似,而且所有对应节点上的数据元素均相同。

二叉树的计数问题就是讨论具有 n 个节点、互不相似的二叉树的数目 b_n。

在 n 值很小的情况下,可直观地得到:$b_0=1$ 为空树;$b_1=1$ 是只有一个根节点的树;$b_2=2$ 和 $b_3=5$,它们的形态分别如图 6.33(a)和图 6.33(b)所示。那么,在 $n>3$ 时又如何呢?

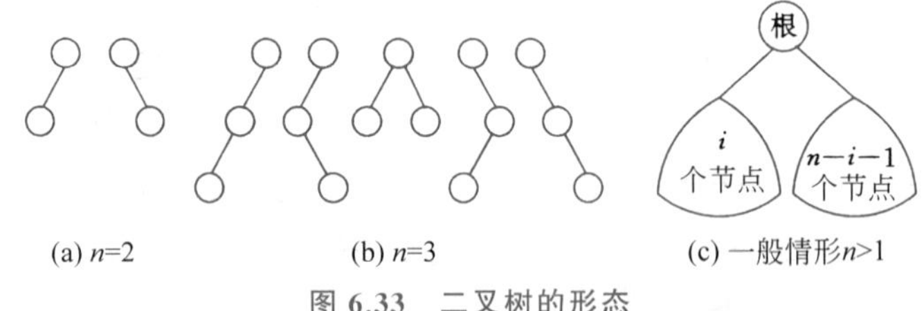

图 6.33 二叉树的形态

一般情况下,一棵具有 $n(n>1)$ 个节点的二叉树可以看成是由一个根节点、一棵具有 i 个节点的左子树和一棵具有 $n-i-1$ 个节点的右子树组成(如图 6.33(c)所示),其中 $0\leqslant i\leqslant n-1$。由此可得下列递推公式:

$$\begin{cases} b_0=1 \\ b_n=\sum_{i=0}^{n-1} b_i b_{n-i-1} \quad n\geqslant 1 \end{cases} \tag{6-7}$$

可以利用生成函数来讨论这个递推公式。

① 即满足前述的 3 个约束条件。

对序列

$$b_0, b_1, \cdots, b_n, \cdots$$

定义生成函数

$$B(z) = b_0 + b_1 z + b_2 z^2 + \cdots + b_n z^n + \cdots$$
$$= \sum_{k=0}^{\infty} b_k z^k \tag{6-8}$$

因为

$$B^2(z) = b_0 b_0 + (b_0 b_1 + b_1 b_0) z + (b_0 b_2 + b_1 b_1 + b_2 b_0) z^2 + \cdots$$
$$= \sum_{p=0}^{\infty} \left(\sum_{i=0}^{p} b_i b_{p-i} \right) z^p$$

根据式(6-7)

$$B^2(z) = \sum_{p=0}^{\infty} b_{p+1} z^p \tag{6-9}$$

由此得

$$zB^2(z) = B(z) - 1$$

即

$$zB^2(z) - B(z) + 1 = 0$$

解此二次方程得

$$B(z) = \frac{1 \pm \sqrt{1-4z}}{2z}$$

由初值 $b_0 = 1$,应有 $\lim\limits_{z \to 0} B(z) = b_0 = 1$

所以

$$B(z) = \frac{1 - \sqrt{1-4z}}{2z}$$

利用二项式展开

$$(1-4z)^{\frac{1}{2}} = \sum_{k=0}^{\infty} \binom{\frac{1}{2}}{k} (-4z)^k \tag{6-10}$$

当 $k=0$ 时,式(6-10)的第一项为 1,故有

$$B(z) = \frac{1}{2} \sum_{k=1}^{\infty} \binom{\frac{1}{2}}{k} (-1)^{k-1} 2^{2k} z^{k-1}$$
$$= \sum_{m=0}^{\infty} \binom{\frac{1}{2}}{m+1} (-1)^m 2^{2m+1} z^m$$
$$= 1 + z + 2z^2 + 5z^3 + 14z^4 + 42z^5 + \cdots \tag{6-11}$$

对照式(6-8)和式(6-11)而得

$$b_n = \binom{\frac{1}{2}}{n+1} (-1)^n 2^{2n+1}$$

$$=\frac{\frac{1}{2}\left(\frac{1}{2}-1\right)\left(\frac{1}{2}-2\right)\cdots\left(\frac{1}{2}-n\right)}{(n+1)!}(-1)^n 2^{2n+1}$$

$$b_n=\frac{1}{n+1}\cdot\frac{(2n)!}{n!\ n!}=\frac{1}{n+1}C_{2n}^{n} \tag{6-12}$$

因此，含 n 个节点的不相似的二叉树有$\frac{1}{n+1}C_{2n}^{n}$棵。

还可以从另一个角度来讨论这个问题。从二叉树的遍历已经知道，任意一棵二叉树节点的前序序列和中序序列是唯一的。反过来，给定节点的前序序列和中序序列，能否确定一棵二叉树呢？又是否唯一呢？

由定义，二叉树的前序遍历是先访问根节点 D，其次遍历左子树 L，最后遍历右子树 R。即在节点的前序序列中，第一个节点必是根 D；而另一方面，由于中序遍历是先遍历左子树 L，然后访问根 D，最后遍历右子树 R，则根节点 D 将中序序列分隔成两部分：在 D 之前是左子树节点的中序序列，在 D 之后是右子树节点的中序序列。反过来，根据左子树的中序序列中节点个数，又可将前序序列除根以外分成左子树的前序序列和右子树的前序序列两部分。依次类推，便可递归得到整棵二叉树。

例 6-5 已知节点的前序序列和中序序列分别为

前序序列：A B C D E F G

中序序列：C B E D A F G

则可按上述分解求得整棵二叉树。其构造过程如图 6.34 所示。首先由前序序列得知二叉树的根为 A，则其左子树的中序序列为(CBED)，右子树的中序序列为(FG)。反过来得知其左子树的前序序列必为(BCDE)，右子树的前序序列为(FG)。类似地，可由左子树的前序序列和中序序列构造得 A 的左子树，由右子树的前序序列和中序序列构造得 A 的右子树。

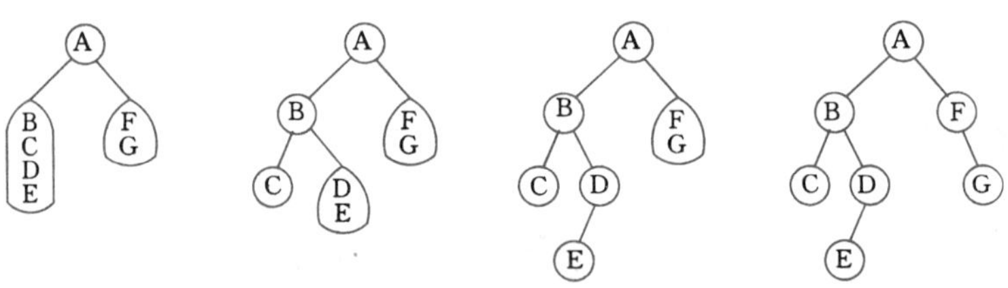

图 6.34　由前序和中序序列构造一棵二叉树的过程

上述构造过程说明了给定节点的前序序列和中序序列，可确定一棵二叉树。至于它的唯一性，读者可试用归纳法证明之。

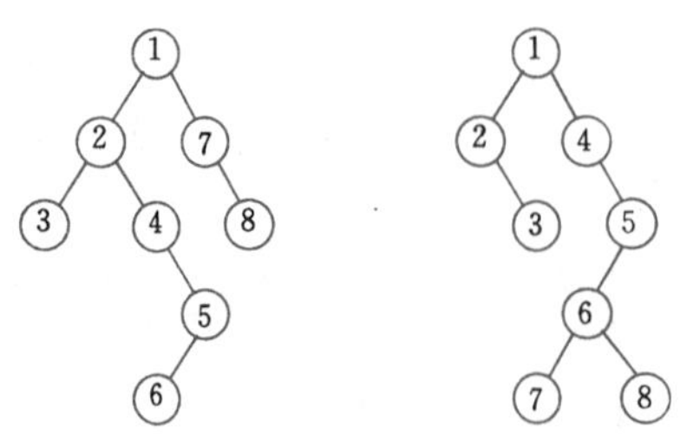

图 6.35　具有不同中序序列的二叉树

可由此结论来推论具有 n 个节点的不同形态的二叉树的数目。

假设对二叉树的 n 个节点从 $1\sim n$ 编号，且令其前序序列为 $1,2,\cdots,n$，则由前面的讨论可知，不同的二叉树所得中序序列不同。如图 6.35 所示两棵有 8 个节点的二叉树，它们的前序序列都是 12345678，而图 6.35(a)树的中序序列为 32465178，

图 6.35(b)树的中序序列为 23147685。因此,不同形态的二叉树的数目恰好是前序序列均为12…n 的二叉树所能得到的中序序列的数目,而中序遍历的过程实质上是一个节点进栈和出栈的过程。二叉树的形态确定了其节点进栈和出栈的顺序,也确定了其节点的中序序列。例如图 6.36 为 $n=3$ 时不同形态的二叉树在中序遍历时栈状态和访问节点次序的关系。由此,由前序序列 12…n 所能得到的中序序列的数目恰为数列 12…n 按不同顺序进栈和出栈所能得到的排列的数目。这个数目为[①]

$$C_{2n}^{n}-C_{2n}^{n-1}=\frac{1}{n+1}C_{2n}^{n} \tag{6-13}$$

栈状态	访问	栈状态	访问	栈状态	访问	栈状态	访问	栈状态	访问
空		空		空		空		空	
1		1		1		1		1	
1 2		1 2		1 2		空	1	空	1
1 2 3		1	2	1	2	2		2	
1 2	3	1 3		空	1	2 3		空	2
1	2	1	3	3		2	3	3	
空	1	空	1	空	3	空	2	空	3

图 6.36　中序遍历时进栈和出栈的过程

由二叉树的计数可推得树的计数。由“6.6.2 森林与二叉树的转换”中可知一棵树可转换成唯一的一棵没有右子树的二叉树,反之亦然。因此具有 n 个节点有不同形态的树的数目 t_n 和具有 $n-1$ 个节点互不相似的二叉树的数目相同,即 $t_n=b_{n-1}$。图 6.37 展示了具有 4 个节点的树和具有 3 个节点的二叉树的关系。从图中可见,在此讨论树的计数是指有序树,因此图 6.37(c)和(d)是两棵有不同形态的树(在无序树中,它们被认为是相同的)。

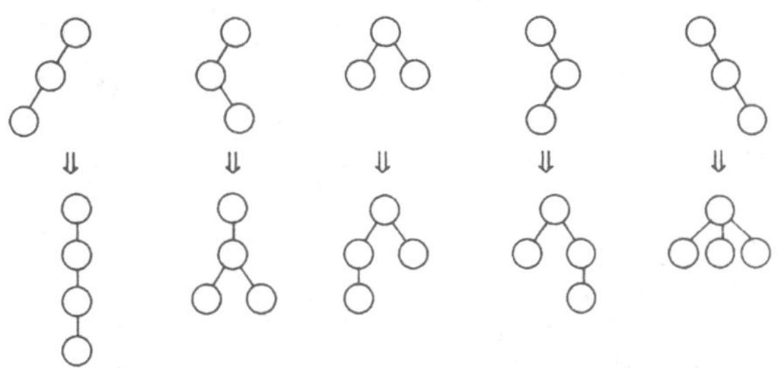

(a) 形态一　(b) 形态二　(c) 形态三　(d) 形态四　(e) 形态五

图 6.37　具有不同形态的树和二叉树

① 参考文献[3]中译本第 457 页。

第7章　图

图(graph)是一种较线性表和树更为复杂的数据结构。在线性表中,数据元素之间仅有线性关系,每个数据元素只有一个直接前驱和一个直接后继;在树状结构中,数据元素之间有着明显的层次关系,并且每一层上的数据元素可能和下一层中多个元素(即其孩子节点)相关,但只能和上一层中一个元素(即其双亲节点)相关;而在图形结构中,数据元素之间的关系可以是任意的,图中任意两个数据元素之间都可能相关。由此,图的应用极为广泛,特别是近年来的迅速发展,已渗入诸如语言学、逻辑学、物理、化学、电信工程、芯片设计、计算机科学以及数学的其他分支中。

读者在“离散数学”课程中已学习了图的理论,在此仅应用图论的知识讨论如何在计算机上实现图的操作,因此主要学习图的存储结构以及图的若干操作的实现。

7.1　图的定义和术语

图是一种数据结构,加上一组基本操作,就构成了抽象数据类型。抽象数据类型图的定义如下:

```
ADT Graph {
  数据对象 V: V是具有相同特性的数据元素的集合,称为顶点集。
  数据关系 R:
    R ={VR}
    VR ={ <v,w> | v,w∈V 且 P(v,w),<v,w>表示从 v 到 w 的弧,
              谓词 P(v,w)定义了弧<v,w>的意义或信息 }
  基本操作 P:
   MakeGraph(V, VR);
    初始条件: V是图的顶点集,VR是图中弧的集合。
    操作结果: 按 V 和 VR 的定义构造并返回图。
   FreeGraph(G);
    初始条件: 图 G 存在。
    操作结果: 回收图 G 并返回 NULL。
   LocateVex(G, v);
    初始条件: 图 G 存在,v 和 G 中顶点有相同特征。
    操作结果: 若 G 中存在 v 顶点,则返回其在图中位置,否则返回 nullP。
   GetVex(G, v);
    初始条件: 图 G 存在,v 顶点在 G 中。
    操作结果: 返回 v 的值。
   PutVex(G, v, value);
    初始条件: 图 G 存在,v 顶点在 G 中。
    操作结果: 对 v 赋值 value。
   FirstAdjvex(G, v);
    初始条件: 图 G 存在,v 顶点在 G 中。
```

```
    操作结果：返回 v 的第一个邻接顶点。若顶点在 G 中没有邻接顶点，则返回 nullP。
  NextAdjvex(G, v);
    初始条件：图 G 存在，v 顶点在 G 中。
    操作结果：返回 v 的下一个邻接顶点。若不存在，返则回 nullP。
  Insertvex(G, v);
    初始条件：图 G 存在，v 和图中顶点有相同特征。
    操作结果：在图 G 中增添 v 顶点。
  Deletevex(G, v);
    初始条件：图 G 存在，v 顶点在 G 中。
    操作结果：删除 G 中顶点 v 及其相关弧。
  InsertArc(G, v, w);
    初始条件：图 G 存在，v 顶点和 w 顶点均在 G 中。
    操作结果：在 G 中增添弧<v,w>，若 G 是无向的，则还增添对称弧<w,v>。
  DeleteArc(G, v, w);
    初始条件：图 G 存在，v 顶点和 w 顶点均在 G 中。
    操作结果：在 G 中删除弧<v,w>，若 G 是无向的，则还删除对称弧<w,v>。
  DFSTrav(G, Visit());
    初始条件：图 G 存在，visit 是顶点的应用函数。
    操作结果：对图进行深度优先遍历。在遍历过程中对每个顶点调用函数 visit 一次且仅
              一次。一旦 visit 失败，则操作失败。
  BFSTrav(G, visit());
    初始条件：图 G 存在，visit 是顶点的应用函数。
    操作结果：对图进行广度优先遍历。在遍历过程中对每个顶点调用函数 visit 一次且仅
              一次。一旦 visit 失败，则操作失败。
} ADT Graph
```

在图中的数据元素通常称作顶点（vertex），V 是顶点的有穷非空集合；VR 是两个顶点之间的关系的集合。若 $\langle v,w\rangle \in VR$，则 $\langle v,w\rangle$ 表示从 v 到 w 的一条弧（arc），且称 v 为弧尾（tail）或初始点（initial node），称 w 为弧头（head）或终端点（terminal node），此时的图称为有向图（digraph）。若 $\langle v,w\rangle \in VR$ 必有 $\langle w,v\rangle \in VR$，即 VR 是对称的，则以无序对 (v,w) 代替这两个有序对，表示 v 和 w 之间的一条边（edge），此时的图称为无向图（undigraph）。例如，图 7.1(a) 中 G_1 是有向图，定义此图的谓词 $P(v,w)$ 则表示从 v 到 w 的一条单向通路。

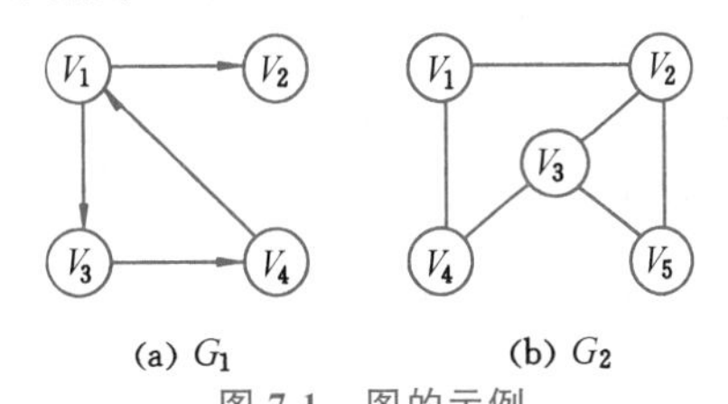

图 7.1　图的示例

$$G_1=(V_1,\{A_1\})$$

其中：

$$V_1=\{v_1,v_2,v_3,v_4\}$$

$$A_1=\{\langle v_1,v_2\rangle,\langle v_1,v_3\rangle,\langle v_3,v_4\rangle,\langle v_4,v_1\rangle\}$$

图 7.1(b) 中 G_2 为无向图。

$$G_2=(V_2\{E_2\})$$

其中：

$$V_2=\{v_1,v_2,v_3,v_4,v_5\}$$

$$E_2=\{(v_1,v_2),(v_1,v_4)(v_2,v_3),(v_2,v_5),(v_3,v_4),(v_3,v_5)\}$$

我们用 n 表示图中顶点数目，用 e 表示边或弧的数目。在下面的讨论中，不考虑顶点到其自身的弧或边，即若 $\langle v_i, v_j \rangle \in VR$，则 $v_i \neq v_j$，那么，对于无向图，e 的取值范围是 $0 \sim \frac{1}{2}n(n-1)$。有 $\frac{1}{2}n(n-1)$ 条边的无向图称为**完全图**（completed graph）。对于有向图，e 的取值范围是 $0 \sim n(n-1)$。具有 $n(n-1)$ 条弧的有向图称为**有向完全图**。有很少条边或弧（如 $e < n\log n$）的图称为**稀疏图**（sparse graph），反之称为**稠密图**（dense graph）。

有时图的边或弧具有与它相关的数，这种与图的边或弧相关的数叫作**权**（weight）。这些权可以表示从一个顶点到另一个顶点的距离或耗费。这种带权的图通常称为**网**（network）。

假设有两个图 $G=(V,\{E\})$ 和 $G'=(V',\{E'\})$，如果 $V' \subseteq V$ 且 $E' \subseteq E$，则称 G' 为 G 的**子图**（subgraph）。例如，图 7.2 是子图的一些例子。

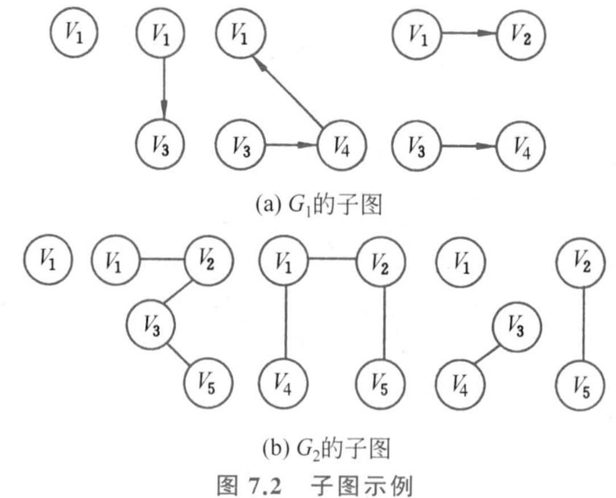

图 7.2　子图示例

对于无向图 $G=(V,\{E\})$，如果边 $(v,v') \in E$，则称顶点 v 和 v' 互为**邻接点**（adjacent），即 v 和 v' 相邻接。边 (v,v') **依附**（incident）于顶点 v 和 v'，或者说 (v,v') 和顶点 v 和 v' **相关联**。顶点 v 的**度**（degree）是和 v 相关联的边的数目，记为 TD(V)。例如，G_2 中顶点 v_3 的度是 3。

对于有向图 $G=(V,\{A\})$，如果弧 $\langle v,v' \rangle \in A$，则称顶点 v 邻接到顶点 v'，顶点 v' 邻接自顶点 v。弧 $\langle v,v' \rangle$ 和顶点 v，v' 相关联。以顶点 v 为头的弧的数目称为 v 的**入度**（indegree），记为 ID(v)；以 v 为尾的弧的数目称为 v 的**出度**（outdegree），记为 OD(v)；顶点 v 的度为 $TD(v)=ID(v)+OD(v)$。例如，图 G_1 中顶点 v_1 的入度 $ID(v_1)=1$，出度 $OD(v_1)=2$，度 $TD(v_1)=ID(v_1)+OD(v_1)=3$。一般地，如果顶点 v_i 的度记为 $TD(v_i)$，那么一个有 n 个顶点，e 条边或弧的图，满足如下关系

$$e=\frac{1}{2}\sum_{i=1}^{n} TD(v_i)$$

无向图 $G=(V,\{E\})$ 中从顶点 v 到顶点 v' 的**路径**（path）是一个顶点序列（$v=v_{i,0}$，$v_{i,1}$，…，$v_{i,m}=v'$），其中 $(v_{i,j-1}, v_{i,j}) \in E$，$1 \leqslant j \leqslant m$。如果 G 是有向图，则路径也是有向的，顶点序列应满足 $\langle v_{i,j-1}, v_{i,j} \rangle \in E$，$1 \leqslant j \leqslant m$。路径的长度是路径上的边或弧的数目。第一个顶点和最后一个顶点相同的路径称为**回路**或**环**（cycle）。序列中顶点不重复出现的路径称为**简单路径**。除了第一个顶点和最后一个顶点之外，其余顶点不重复出现的回路称为简

单回路或简单环。

在无向图 G 中，如果从顶点 v 到顶点 v' 有路径，则称 v 和 v' 是连通的。如果对于图中任意两个顶点 v_i、$v_j \in V$，v_i 和 v_j 都是连通的，则称 G 是**连通图**(connected graph)。图 7.1(b)中的 G_2 就是一个连通图，而图 7.3(a)中的 G_3 则是非连通图，但 G_3 有 3 个连通分量，如图 7.3(b)所示。所谓**连通分量**(connected component)，指的是无向图中的极大连通子图。

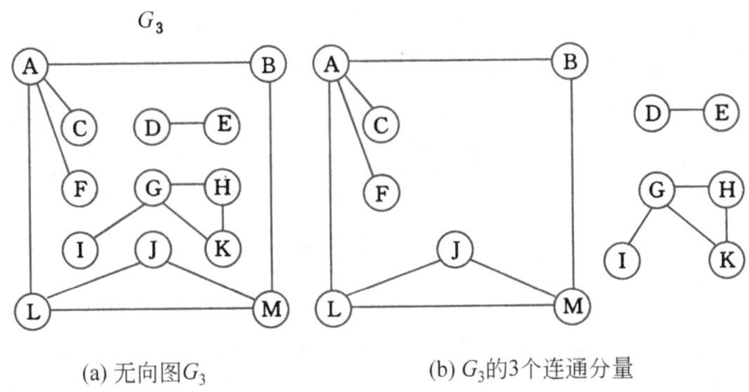

(a) 无向图G_3　　(b) G_3的3个连通分量

图 7.3　无向图及其连通分量

在有向图 G 中，如果对于每一对 $v_i, v_j \in V, v_i \neq v_j$，从 v_i 到 v_j 和从 v_j 到 v_i 都存在路径，则称 G 是**强连通图**。有向图中的极大强连通子图称作有向图的**强连通分量**。例如图 7.1(a)中的 G_1 不是强连通图，但它有两个强连通分量，如图 7.4 所示。

一个连通图的**生成树**是一个极小连通子图，它含图中全部顶点，但只有足以构成一棵树的 $n-1$ 条边。图 7.5 是 G_3 中最大连通分量的一棵生成树。如果在一棵生成树上添加一条边，必定构成一个环，因为这条边使得它依附的那两个顶点之间有了第二条路径。一棵有 n 个顶点的生成树有且仅有 $n-1$ 条边。如果一个图有 n 个顶点和小于 $n-1$ 条边，则是非连通图；如果它多于 $n-1$ 条边，则一定有环。但是，有 $n-1$ 条边的图不一定是生成树。

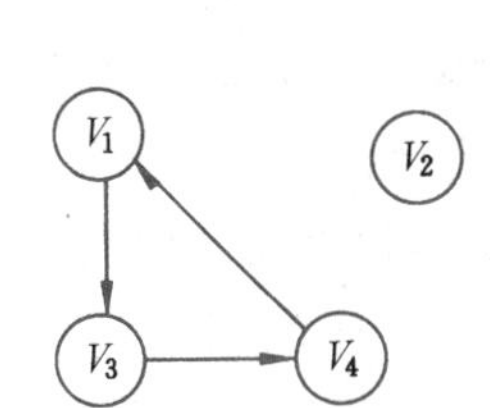

图 7.4　G_1 的两个强连通分量

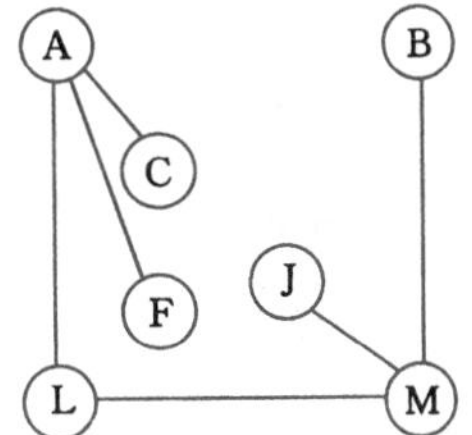

图 7.5　G_3 的最大连通分量的一棵生成树

如果一个有向图恰有一个顶点的入度为 0，其余顶点的入度均为 1，则是一棵有向树。一个有向图的**生成森林**由若干棵有向树组成，含图中全部顶点，但只有足以构成若干棵不相交的有向树的弧。图 7.6 所示为其一例。

在前述图的基本操作的定义中，关于"顶点的位置"和"邻接点的位置"只是一个相对的概念。因为，从图的逻辑结构的定义来看，图中的顶点之间不存在全序的关系(即无法将图中顶点排列成一个线性序列)，任何一个顶点都可被看成是第一个顶点；另外，任何一个顶点的邻接点之间也不存在次序关系。但为了操作方便，需要将图中顶点按任意的顺序排列(排列和关系 VR 无关)。由此，"顶点在图中的位置"指的是该顶点在这个人为的随意排列中的

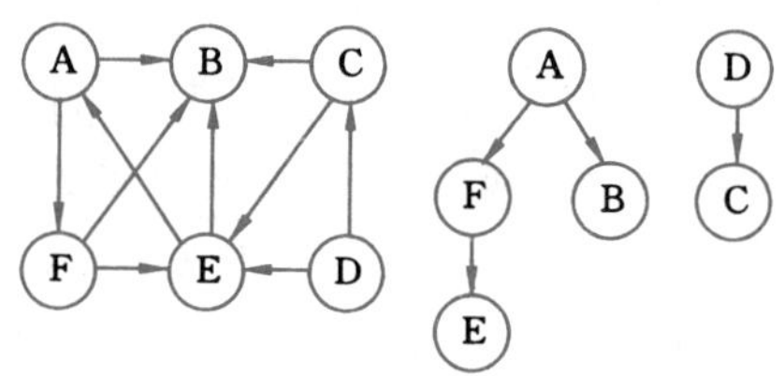

图 7.6　一个有向图及其生成森林

位置(或序号)。同理,可对某个顶点的所有邻接点进行排队,在这个排队中自然形成了第一个或第 k 个邻接点。若某个顶点的邻接点的个数大于 k,则称第 $k+1$ 个邻接点为第 k 个邻接点的下一个邻接点,而最后一个邻接点的下一个邻接点为"空"。

7.2　图的存储结构

在前面几章讨论的数据结构中,除了广义表和树以外,都可以有两类不同的存储结构,它们是由不同的映像方法(顺序映像和链式映像)得到的。由于图的结构比较复杂,任意两个顶点之间都可能存在联系,因此无法以数据元素在存储区中的物理位置来表示元素之间的关系,即图没有顺序映像的存储结构,但可以借助数组的数据类型表示元素之间的关系。另外,用多重链表表示图是自然的事,它是一种最简单的链式映像结构,即以一个由一个数据域和多个指针域组成的结点表示图中一个顶点,其中数据域存储该顶点的信息,指针域存储指向其邻接点的指针,如图 7.7 所示为图 7.1 中有向图 G_1 和无向图 G_2 的多重链表。但是,由于图中各个结点的度数各不相同,最大度数和最小度数可能相差很多,因此,若按度数最大的顶点设计结点结构,则会浪费很多存储单元;反之,若按每个顶点自己的度数设计不同的结点结构,又会给操作带来不便。因此,和树类似,在实际应用中不宜采用这种结构,而应根据具体的图和需要进行的操作,设计恰当的结点结构和表结构。常用的有邻接表、邻接多重表和十字链表。下面分别讨论。

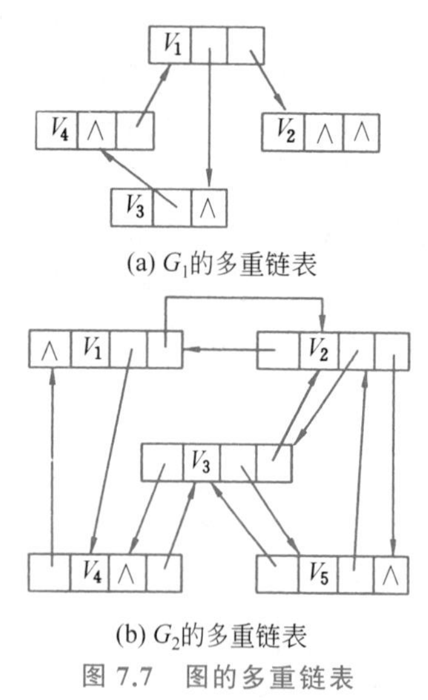

图 7.7　图的多重链表

7.2.1　数组表示法

用两个数组分别存储数据元素(顶点)的信息和数据元素之间的关系(边或弧)的信息。其形式描述如下:

```
//-----图的数组(邻接矩阵)存储表示 -----
typedef enum {DG, DN, UDG, UDN} GraphKind;          // {有向图,有向网,无向图,无向网}
typedef struct ArcCell {
```

```
    VRType      adj;            // VRType是顶点关系类型,对无权图,用1或0表示相邻否;
                                // 带权图则为权值类型
    InfoType  info;             // 该弧相关信息
} ArcCell, ** AdjMatrix;       // 邻接矩阵定义为边(弧)类型的二重指针类型,需动态分配空间
typedef struct {
    VexType * vexs;             // 顶点动态数组
    AdjMatrix arcs;             // 邻接矩阵
    int n, a;                   // 图的当前顶点数和弧(边)数
    GraphKind kind;             // 图的种类标志
    int count;                  // 内置计数器(应用常用)
    int * visited;              // 标志动态数组,可常驻,也可不用时回收
    int * curs;                 // 迭代位标向量,支持NextAdjVex等基本操作或应用
} * MGraph;                     // 图的数组(邻接矩阵)表示指针类型
```

例如,图7.1中G_1和G_2的邻接矩阵如图7.8所示。以二维数组表示有n个顶点的图时,需存放n个顶点信息和n^2个弧信息的存储量。若考虑无向图的邻接矩阵的对称性,则可采用压缩存储的方式只存入矩阵的下三角(或上三角)元素。

$$\text{G1.arcs}=\begin{bmatrix}0&1&1&0\\0&0&0&0\\0&0&0&1\\1&0&0&0\end{bmatrix}\qquad \text{G2.arcs}=\begin{bmatrix}0&1&0&1&0\\1&0&1&0&1\\0&1&0&1&1\\1&0&1&0&0\\0&1&1&0&0\end{bmatrix}$$

图 7.8　图的邻接矩阵

借助邻接矩阵容易判定任意两个顶点之间是否有边(或弧)相连,并容易求得各个顶点的度。对于无向图,顶点v_i的度是邻接矩阵中第i行(或第i列)的元素之和,即

$$\mathrm{TD}(v_i)=\sum_{j=0}^{n-1}A[i][j]\,(n=\mathrm{MAX\_VERTEX\_NUM})$$

对于有向图,第i行的元素之和为顶点v_i的出度$\mathrm{OD}(v_i)$,第j列的元素之和为顶点v_j的入度$\mathrm{ID}(v_j)$。

网的邻接矩阵可定义为

$$A[i][j]=\begin{cases}w_{i,j} & \text{若}\langle v_i,v_j\rangle\text{或}(v_i,v_j)\in \mathrm{VR}\\ \infty & \text{反之}\end{cases}$$

例如,图7.9列出了一个有向网和它的邻接矩阵。

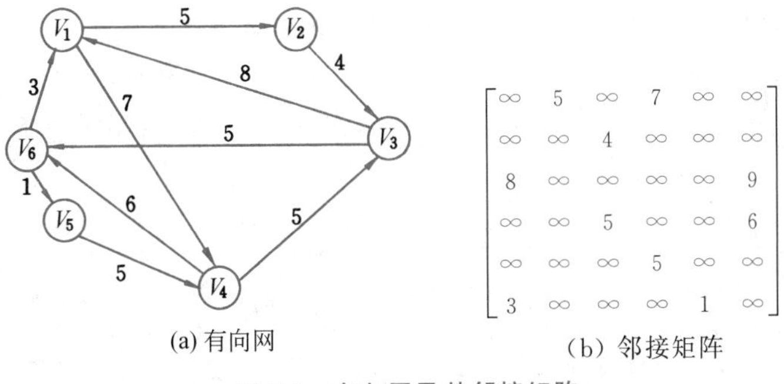

(a) 有向网

$$\begin{bmatrix}\infty&5&\infty&7&\infty&\infty\\\infty&\infty&4&\infty&\infty&\infty\\8&\infty&\infty&\infty&\infty&9\\\infty&\infty&5&\infty&\infty&6\\\infty&\infty&\infty&5&\infty&\infty\\3&\infty&\infty&\infty&1&\infty\end{bmatrix}$$

(b) 邻接矩阵

图 7.9　有向网及其邻接矩阵

算法 7.1 是在邻接矩阵存储结构 MGraph 上对图的构造操作的实现框架，它根据图 G 的种类调用具体构造算法。如果 G 是无向网，则调用算法 7.2。构造一个具有 n 个顶点和 e 条边的无向网 G 的时间复杂度是 $O(n^2+e\cdot n)$，其中对邻接矩阵 G.arcs 的初始化耗费了 $O(n^2)$ 的时间。

```
//-----为构造图的存储结构定义的辅助类型-----
typedef struct {
    VexType v1, v2;                                      // 边(弧)的端点
    int weight;                                          // 边(弧)的权值
} ArcInfo;                                               // 边(弧)的输入信息类型
MGraph MakeDG(VexType * V, int n, ArcInfo * A, int e);          // 构建有向图 G
MGraph MakeDN(VexType * V, int n, ArcInfo * A, int e);          // 构建有向网 G
MGraph MakeUDG(VexType * V, int n, ArcInfo * A, int e);         // 构建无向图 G
MGraph MakeUDN(VexType * V, int n, ArcInfo * A, int e);         // 构建无向网 G
MGraph MakeGraph(GraphKind kind, VexType * V, int n, ArcInfo * A, int e) {
    // 采用数组(邻接矩阵)表示法,按种类 kind 构造并返回 n 个顶点和 e 条边(弧)的图或网
    if (n<0 || e<0 || !V || !A) return NULL;
    switch (kind) {
        case DG: return MakeDG(V, n, A, e);                     // 构建有向图 G
        case DN: return MakeDN(V, n, A, e);                     // 构建有向网 G
        case UDG: return MakeUDG(V, n, A, e);                   // 构建无向图 G
        case UDN: return MakeUDN(V, n, A, e);                   // 构建无向网 G
        default: return NULL;
    }
}
```

算法 7.1

```
AdjMatrix callocAdjMatrix(int n) { // 为 n×n 邻接矩阵 p 动态分配空间
    AdjMatrix p;
            // 二重指针 p 指向分配的 n 个 ArcCell 类型指针(每一行的头指针单元,存放基址)
    if (!(p=(ArcCell * * )malloc(n * sizeof(ArcCell * )))) exit(OVERFLOW);
    for (int i=0; i<n; ++i)
        // 为指针数组 p 中 n 个指针分配其所指的空间(二维数组的每一行单元)
        if (!(p[i]=(ArcCell * )calloc(n, sizeof(ArcCell)) )) exit(OVERFLOW);
    return p;
}
int LocateVex(MGraph G, VexType u) {
    // 返回 u 顶点在图 G 的位置(序号),如不存在则返回-1
    for (int i=0; i<G->n; ++i)                        // 用循环查找该结点
        if (G->vexs[i]==u) return i;
    return -1;
}
MGraph MakeUDN(VexType * V, int n, ArcInfo * A, int e) {
    // 采用数组(邻接矩阵)表示法,构造并返回无向网
    // v 含 n 个顶点,a 含 e 条边的端点及权值信息
    MGraph G;  int i,j,k;
    if (!(G = (MGraph)malloc(sizeof( * G)))) exit(OVERFLOW);
```

```
    G->n=n;  G->a=e;  G->kind=UDN;        // 顶点数,弧(边)数,种类 UDN
    if (n==0) return G;
    if (!(G->vexs = (VexType *)malloc(n * sizeof(VexType)))) exit(OVERFLOW);
                                          // 顶点数组
    for (i=0; i<n; ++i) G->vexs[i]=V[i];  // 顶点置入顶点数组
    G->arcs=callocAdjMatrix(n);           // 分配邻接矩阵
    if (!(G->visited=(int *)calloc(n, sizeof(int))))       // 自动清空
        exit(OVERFLOW);
    if (!(G->curs=(int *)calloc(n, sizeof(int))))          // 分配位标迭代向量
        exit(OVERFLOW);
    for (i=0; i<n; ++i)                                    // 初始化邻接矩阵
        for (j=0; j<n; ++j) G->arcs[i][j].adj =INFINITY;
    for (k=0; k<e; ++k) {                                  // 构造邻接矩阵
        i=LocateVex(G, A[k].v1); j=LocateVex(G, A[k].v2); // 确定两个顶点的序号
        G->arcs[i][j].adj=G->arcs[j][i].adj=A[k].weight; // 置一对对称弧权值
    }
    return G;
}
```

算法 7.2

在这个存储结构上也易于实现 7.2 节所列的基本操作。如,FirstAdjVex(G,v)找 v 的第一个邻接点。首先,由 LocateVex(G,v)找到 v 在图 G 中的位置,即 v 在一维数组 vexs 中的序号 i,则二维数组 arcs 中第 i 行第一个 adj 域的值为 1 的分量所在列号 j,便为 v 的第一个邻接点在图 G 中的位置。同理,下一个邻接点在图 G 中的位置便为 j 列之后第一个 adj 域的值为 1 的分量所在列号。

7.2.2 邻接表

邻接表(adjacency list)是图的一种链式存储结构。在邻接表中,对图中每个顶点建立一个单链表,第 i 个单链表中的结点表示依附于顶点 v_i 的边(对有向图是以顶点 v_i 为尾的弧)。每个结点由 3 个域组成,其中邻接点域(adjvex)指示与顶点 v_i 邻接的点在图中的位置,链域(nextarc)指示下一条边或弧的结点;数据域(info)存储和边或弧相关的信息,如权值等。每个链表上附设一个表头结点。在表头结点中,除了设有链域(firstarc)指向链表中第一个结点外,还设有存储顶点 v_i 的名或其他有关信息的数据域(data)。结点的结构如下所示:

表结点

adjvex	nextarc	info

表头结点

data	firstarc

这些表头结点(可以链相接)通常以顺序结构的形式存储,以便随机访问任一顶点的链表。例如,图 7.10(a)和图 7.10(b)所示分别为图 7.1 中 G_1 和 G_2 的邻接表。一个图的邻接表存储结构可形式地说明如下:

```
//-----图的邻接表存储表示 -----
typedef struct ArcNode {
```

```
    int adjvex;                      // 该弧所指向的顶点的位置
    ArcNode * nextarc;               // 指向下一个弧结点的指针
    WeightType weight;               // 弧权值
    InfoType info;                   // 弧的其他信息
} ArcNode, * ArcNP;                  // 弧结点类型,弧结点指针类型
typedef struct {
    VexType data;                    // 顶点数据
    ArcNode * firstarc;              // 顶点的邻接链表头指针,指向第一条依附该顶点的弧结点
} VNode, * AdjList;                  // 顶点类型,顶点动态数组指针类型
typedef struct {
    AdjList vexs;                    // 顶点动态数组
    int n, a;                        // 图的当前顶点数和弧数
    GraphKind kind;                  // 图的种类标志
    int * visited;                   // 顶点标志动态数组
    ArcNP * curs;                    // 邻接表迭代指针动态数组
} * ALGraph;                         // 邻接表指针类型
//-----两个常用基本操作的实现 -----
int FirstAdjVex(ALGraph G, int v) {  // 返回图 G 中 v 顶点的第一邻接顶点,若无则返回-1
    if (!G || v<0 || v>=G->n) return -1;            // 合法性检查
    if (!(G->curs[v]=G->vexs[v].firstarc))          // 第一个邻接顶点指针置入迭代指针
        return -1;                                  // 若无,则返回-1
    return G->curs[v]->adjvex;                      // 返回第一个邻接顶点位标
}

int NextAdjVex(ALGraph G, int v) {   // 返回 v 顶点的下一个邻接顶点位标,若无则返回-1
    if (!G || v<0 || v>=G->n) return -1;            // 合法性检查
    if (!G->curs[v])                           // 若 v 未取过邻接顶点,则返回第一个邻接顶点
        return FirstAdjVex(G, v);
    if (!(G->curs[v]=G->curs[v]->nextarc))          // 下一个邻接顶点指针置入迭代指针
        return -1;
    return G->curs[v]->adjvex;                      // 返回下一个邻接顶点位标
}
```

在邻接表的存储结构中,设置了一个迭代指针数组 curs,使得常用的基本操作 NextAdjVex 的时间复杂度是 $O(1)$ 的。具体用法可分析前面给出的 FirstAdjVex 和 NextAdjVex 两个基本操作函数。这两个操作的搭配使用,方便了依次对某个顶点引出的各条弧做不同的处理(不必像遍历操作那样对不同元素都调用同一个处理函数 Visit)。

若无向图中有 n 个顶点、e 条边,则它的邻接表需 n 个头结点和 $2e$ 个表结点。显然,在边稀疏$\left(e \ll \frac{n(n-1)}{2}\right)$的情况下,用邻接表表示图比用邻接矩阵节省存储空间,当和边相关的信息较多时更是如此。

在无向图的邻接表中,顶点 v_i 的度恰为第 i 个链表中的结点数;而在有向图中,第 i 个链表中的结点数只是顶点 v_i 的出度,为求入度,必须遍历整个邻接表。在所有链表中其邻接点域的值为 i 的结点的个数是顶点 v_i 的入度。有时,为了便于确定顶点的入度或以顶点 v_i 为头的弧,可以建立一个有向图的逆邻接表,即对每个顶点 v_i 建立一个链接以 v_i 为头的弧的表,例如图 7.10(c)所示为有向图 G_1 的逆邻接表。

算法 7.3 构造并返回一个具有 n 个顶点和 e 条弧的有向图。

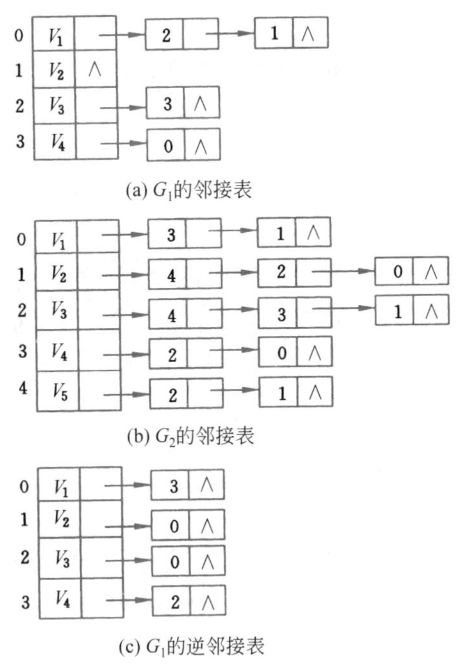

图 7.10　邻接表和逆邻接表

```
ALGraph MakeALG_DG(VexType * vs, int n, ArcInfo * as, int e) {
    ALGraph G;
    if (!(G = (ALGraph)malloc(sizeof( * G)))) exit(OVERFLOW);          // G 的结构记录
    G->n=n; G->a=e; G->kind=DG;                              // 顶点数,弧(边)数,种类是 DG
    if(n==0) return G;
    if (!(G->vexs = (VNode * )malloc(n * sizeof(VNode))))               // 顶点数组
        exit(OVERFLOW);
    int i, j, k; ArcNP p;
    for (i=0; i<n; i++)                                                 //各顶点
        { G->vexs[i].data=vs[i]; G->vexs[i].firstarc=NULL; }
    if (!(G->curs = (ArcNP * )malloc(n * sizeof(ArcNP))))            // 迭代指针数组
        exit(OVERFLOW);
    if (!(G->visited = (int * )calloc(n, sizeof(int))))              // 标志数组
        exit(OVERFLOW);
    for (i=0; i<e; i++) {                                            // 处理每条弧(边)
        if ((j=LocateVex(G, as[i].v1) )<0) return NULL;              // 弧尾顶点位标 j
        if ((k=LocateVex(G, as[i].v2) )<0) return NULL;              // 弧头顶点位标 k
        if (!(p = (ArcNode * )malloc(sizeof(ArcNode)))) exit(OVERFLOW); // 弧结点
        p->adjvex=k;
        p->nextarc=G->vexs[j].firstarc; G->vexs[j].firstarc=p;          // 插入 j 邻接表
    }
    return G;                                                  // 返回构造的邻接表
}
```

算法　7.3

在建立邻接表或逆邻接表时,若输入的顶点信息即为顶点的编号,则建立邻接表的时间复

杂度为 $O(n+e)$，否则，需要通过查找才能得到顶点在图中位置，则时间复杂度为 $O(n \cdot e)$。

在邻接表上容易找到任何一个顶点的第一个邻接点和下一个邻接点，但要判定任意两个顶点（v_i 和 v_j）之间是否有边或弧相连，则需搜索第 i 个或第 j 个链表，因此，不及邻接矩阵方便。

7.2.3 十字链表

十字链表（orthogonal list）是有向图的另一种链式存储结构。可以看成是将有向图的邻接表和逆邻接表结合起来得到的一种链表。在十字链表中，对应于有向图中每一条弧有一个结点，对应于每个顶点也有一个结点。这些结点的结构如下所示：

弧结点

tailvex	headvex	hlink	tlink	info

顶点结点

data	firstin	firstout

在弧结点中有 5 个基本域：其中尾域（tailvex）和头域（headvex）分别指示弧尾和弧头这两个顶点在图中的位置，链域 hlink 指向弧头相同的下一条弧，而链域 tlink 指向弧尾相同的下一条弧，info 域指向该弧的相关信息。弧头相同的弧在同一链表上，弧尾相同的弧也在同一链表上。它们的头结点即为顶点结点，它由 3 个域组成：其中 data 域存储和顶点相关的信息，如顶点的名称等；firstin 和 firstout 为两个链域，分别指向以该顶点为弧头或弧尾的第一个弧结点。例如，图 7.11(a)中所示有向图的十字链表如图 7.11(b)所示。若将有向图的邻接矩阵看成是稀疏矩阵，则十字链表也可以看成是邻接矩阵的链表存储结构，在图的十字链表中，弧结点所在的链表非循环链表，结点之间相对位置自然形成，不一定按顶点序号有序，表头结点即顶点结点，它们之间不是链接，而是顺序存储。

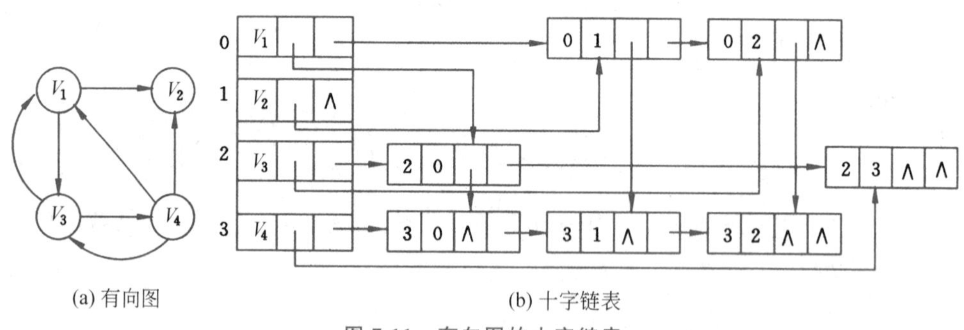

图 7.11 有向图的十字链表

有向图的十字链表存储表示的形式说明如下所示：

```
//-----有向图的十字链表存储表示 -----
typedef struct {
    VexType v1, v2;                          // 边(弧)的端点
    int weight;                              // 边(弧)的权值
} ArcInfo;                                   // 边(弧)的输入信息类型
typedef struct ArcBox {
    int tailvex, headvex;                    // 该弧的尾和头顶点的位置
    ArcBox *hlink, *tlink;                   // 分别为弧头相同和弧尾相同的弧的链域
```

```
    InfoType * info;                           // 该弧相关信息的指针(可无)
} ArcBox, * ArcBP;                             // 弧结点类型,弧结点指针类型
typedef struct {                               // 顶点结点
    VexType data;                              // 顶点数据元素
    ArcBox * firstin, * firstout;              // 分别指向该顶点第一条入弧和出弧结点
} VexNode;                                     // 顶点结点类型
typedef struct {
    VexNode * xlist;                           // 表头动态数组
    int n, a;                                  // 有向图的当前顶点数和弧数
    GraphKind kind;                            // 图的种类
    Status * visited;                          // 顶点标志动态数组
    ArcBP * hcurs, * tcurs;                    // 入弧链和出弧链迭代指针动态数组
} * OLGraph;                                   // 十字链表表示的图指针类型
```

输入 n 个顶点和 e 条弧的信息,便可构造该有向图的十字链表,过程如算法 7.4 所示。

```
OLGraph MakeDG(VexType * v, int n, ArcInfo * ve, int e) {
  // 构造并返回有向图的十字链表存储结构
    OLGraph G;
    if (!(G = (OLGraph)malloc(sizeof( * G)))) exit(OVERFLOW);   // G 的结构记录
    G->n=n; G->a=e; G->kind=DG;                      // 顶点数,弧(边)数,图种类
    if(n==0) return G;
    if (!(G->xlist = (VexNode * )malloc(n * sizeof(VexNode)))) exit(OVERFLOW);
    int i, j, k; ArcBP p;
    for (i=0; i<G->n; ++i) {                                   // 构造表头向量
        G->xlist[i].data=v[i];
        G->xlist[i].firstin=G->xlist[i].firstout =NULL;    // 初始化指针
    }
    if (!(G->hcurs = (ArcBP * )malloc(n * sizeof(ArcBP))))     //头弧链迭代指针
        exit(OVERFLOW);
    if (!(G->tcurs = (ArcBP * )malloc(n * sizeof(ArcBP))))     //尾弧链迭代指针
        exit(OVERFLOW);
    if (!(G->visited = (int * )calloc(n, sizeof(int))))        // 标志数组
        exit(OVERFLOW);
    for (k=0; k<G->a; ++k) {                                   // 构造十字链表
        i=LocateVex(G, ve[k].v1); j=LocateVex(G, ve[k].v2);    // 确定 v1 和 v2 位标
        if (!(p = (ArcBox * )malloc(sizeof(ArcBox)))) exit(OVERFLOW);   // 弧结点
        p->tailvex=i;  p->headvex=j;                   // 置入弧的尾顶点和头顶点位标
        p->hlink=G->xlist[j].firstin;  p->tlink=G->xlist[i].firstout;
        G->xlist[j].firstin=G->xlist[i].firstout=p;      // 完成在入弧和出弧链头的插入
    }
    return G;                                          // 返回构造的图十字链表
}
```

算法 7.4

在十字链表中既容易找到以 v_i 为尾的弧,也容易找到以 v_i 为头的弧,因而容易求得顶点的出度和入度(或需要,可在建立十字链表的同时求出)。同时,由算法 7.3 可知,建立十字链表的时间复杂度和建立邻接表是相同的。在某些有向图的应用中,十字链表是很有用的工具。

7.2.4 邻接多重表

邻接多重表(adjacency multilist)是无向图的另一种链式存储结构。虽然邻接表是无向图的一种很有效的存储结构,在邻接表中容易求得顶点和边的各种信息。但是,在邻接表中每一条边(v_i,v_j)有两个结点,分别在第 i 个和第 j 个链表中,这给某些图的操作带来不便。例如,在某些图的应用问题中需要对边进行某种操作,如对已被搜索过的边做记号或删除一条边等,此时需要找到表示同一条边的两个结点。因此,在进行这一类操作的无向图的问题中采用邻接多重表作存储结构更为适宜。

邻接多重表的结构和十字链表类似。在邻接多重表中,每一条边用一个结点表示,它由如下所示的 6 个域组成:

mark	ivex	ilink	jvex	jlink	info

其中,mark 为标志域,可用于标记该条边是否被搜索过;ivex 和 jvex 为该边依附的两个顶点在图中的位置;ilink 指向下一条依附于顶点 ivex 的边;jlink 指向下一条依附于顶点 jvex 的边;info 为指向和边相关的各种信息的指针域。每一个顶点也用一个结点表示,它由如下所示的两个域组成:

data	firstedge

其中,data 域存储和该顶点相关的信息,firstedge 域指示第一条依附于该顶点的边。例如,图 7.12 所示为无向图 G_2 的邻接多重表。在邻接多重表中,所有依附于同一顶点的边串联在同一链表中,由于每条边依附于两个顶点,则每个边结点同时链接在两个链表中。可见,对无向图而言,其邻接多重表和邻接表的差别,仅仅在于同一条边在邻接表中用两个结点表示,而在邻接多重表中只有一个结点。因此,除了在边结点中增加一个标志域外,邻接多重表所需的存储量和邻接表相同。在邻接多重表上,各种基本操作的实现亦和邻接表相似。邻接多重表的类型说明如下:

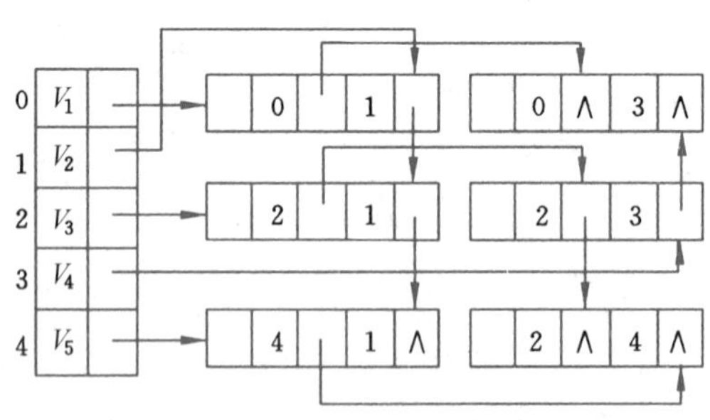

图 7.12 无向图 G_2 的邻接多重表

```
//-----无向图的邻接多重表存储表示 -----
typedef emnu {unvisited, visited} VisitIf;
typedef struct EBox{
  VisitIf      mark;                    // 访问标记
  int          ivex, jvex;              // 该边依附的两个顶点的位置
```

```
    struct EBox   * ilink, * jlink;            // 分别指向依附这两个顶点的下一条边
    InfoType      * info;                      // 该边信息指针
    VRType weight;                             // 权值,无权图则值为 1
} EBox;
typedef struct VexBox {
    VertexType  data;
    EBox    * firstedge;                       // 指向第一条依附该顶点的边
} VexBox;
typedef struct {
    VexBox   * adjmulist[MAX_VERTEX_NUM];
    int        vexnum, edgenum;                // 无向图的当前顶点数和边数
} AMLGraph;
```

7.3 图的遍历

和树的遍历类似，在此，希望从图中某一个顶点出发访遍图中其余顶点，且使每一个顶点仅被访问一次，这一过程叫作**图的遍历**(traversing graph)。图的遍历算法是求解图的连通性问题、拓扑排序和求关键路径等算法的基础。

然而，图的遍历要比树的遍历复杂得多。因为图的任何一个顶点都可能和其余的顶点相邻接。所以在访问了某个顶点之后，可能沿着某条路径搜索后，又回到该顶点。例如图 7.1(b)中的 G_2，由于图中存在回路，因此在访问了 v_1，v_2，v_3，v_4 之后，沿着边 $\langle v_4, v_1 \rangle$ 又可访问到 v_1。为了避免同一顶点被访问多次，在遍历图的过程中，必须记下每个已访问过的顶点。为此，在图的存储结构中设一个辅助数组 visited[0..n－1]，它的初始值置为"假"或者零，一旦访问了顶点 v_i，便置 visited[i]为"真"或者为被访问时的次序号。

通常有两条遍历图的路径：深度优先搜索和广度优先搜索。它们对无向图和有向图都适用。

7.3.1 深度优先搜索

深度优先搜索(depth first search)遍历类似于树的先根遍历，是树的先根遍历的推广。

假设初始状态是图中所有顶点未曾被访问，则深度优先搜索可从图中某个顶点 v 出发，访问此顶点，然后依次从 v 的未被访问的邻接点出发深度优先遍历图，直至图中所有和 v 有路径相通的顶点都被访问；若此时图中尚有顶点未被访问，则另选图中一个未曾被访问的顶点作起始点，重复上述过程，直至图中所有顶点都被访问为止。

以图 7.13(a)中无向图 G_4 为例，深度优先搜索遍历图的过程如图 7.13(b)所示[①]。假设从顶点 v_1 出发进行搜索，在访问了顶点 v_1 之后，选择邻接点 v_2。因为 v_2 未曾访问，则从 v_2 出发进行搜索。依次类推，接着从 v_4，v_8，v_5 出发进行搜索。在访问了 v_5 之后，由于 v_5 的邻接点都已被访问，则搜索回到 v_8。由于同样的理由，搜索继续回到 v_4，v_2 直至 v_1，此时由于 v_1 的另一个邻接点未被访问，则搜索又从 v_1 到 v_3，再继续进行下去。由此，得到的顶

---

① 图中以带箭头的粗实线表示遍历时的访问路径，以带箭头的虚线表示回溯的路径。图中的小圆圈表示已被访问过的邻接点，大圆圈表示访问的邻接点。

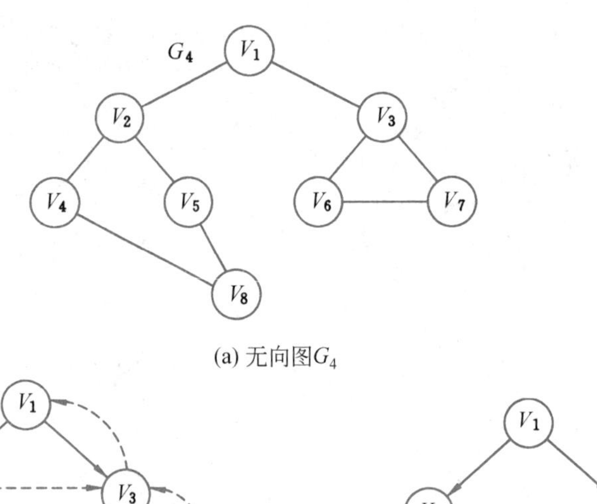

(a) 无向图G_4

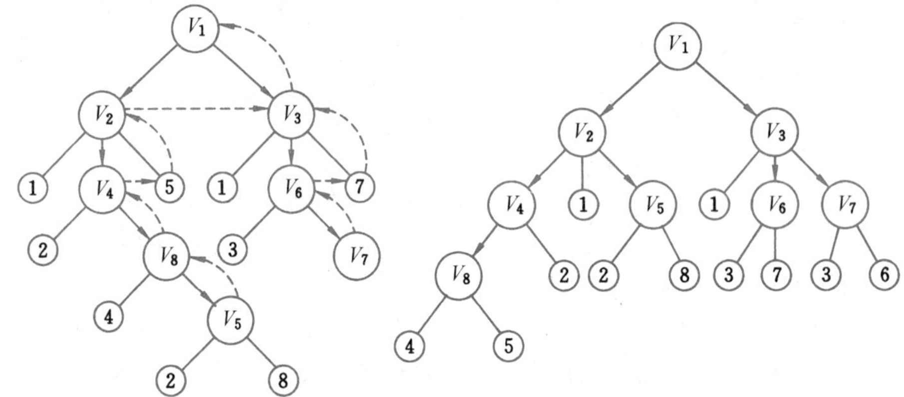

(b) 深度优先搜索遍历图的过程　　(c) 广度优先搜索遍历图的过程

图 7.13　遍历图的过程

点访问序列为

$$v_1 \to v_2 \to v_4 \to v_8 \to v_5 \to v_3 \to v_6 \to v_7$$

显然这是一个递归过程。为了在遍历过程中便于区分顶点是否已被访问，使用了内设的标志数组 visited，各分量初始置为 UNVisited。一旦某顶点被访问，则其对应的分量置为 Visited。算法 7.5 实现了邻接表表示的图的深度优先遍历，其中 w>=0 表示邻接顶点 w 存在。

```
Status (* VisitFunc)(int v);                        // 函数变量
void DFS(Graph G, int v) {                          // 从第 v 个顶点出发递归地深度优先遍历图 G
    G->visited[v]=Visited;  VisitFunc(v);           // 访问 v 顶点
    for (int w=FirstAdjVex(G, v); w >=0; w=NextAdjVex(G, v))   // 扫描 v 邻接链表
        if (UNVisited==G->visited[w])      // 对 v 的尚未访问的邻接顶点 w 递归调用 DFS
            DFS(G, w);
}
void DFSTrav(Graph G, Status (* Visit)(int v)) {    // 对图 G 进行深度优先遍历
    int v; VisitFunc=Visit;        // 使用全局变量 VisitFunc,使 DFS 不必设函数指针参数
    for (v=0; v<G->n; ++v) G->visited[v]=UNVisited;// 初始化访问标志数组
    for (v=0; v<G->n; ++v)
        if (UNVisited==G->visited[v]) DFS(G, v);          // 对尚未访问的顶点调用 DFS
}
```

算法　7.5

分析上述算法，在遍历图时，对图中每个顶点至多调用一次 DFS 函数，因为一旦某个顶点被标志成已被访问，就不再从它出发进行搜索。因此，遍历图的过程实质上是对每个顶点查找其邻接点的过程。其耗费的时间则取决于所采用的存储结构。当用二维数组表示邻接矩阵作图的存储结构时，查找每个顶点的邻接点所需时间为 $O(n^2)$，其中 n 为图中顶点数。而当以邻接表作图的存储结构时，找邻接点所需时间为 $O(e)$，其中 e 为无向图中边的数或有向图中弧的数。由此，当以邻接表作存储结构时，深度优先搜索遍历图的时间复杂度为 $O(n+e)$。

7.3.2 广度优先搜索

广度优先搜索(breadth first search)遍历类似树的按层次遍历的过程。

假设从图中某顶点 v 出发，在访问了 v 之后依次访问 v 的各个未曾访问过的邻接点，然后分别从这些邻接点出发依次访问它们的邻接点，并使"先被访问的顶点的邻接点"先于"后被访问的顶点的邻接点"被访问，直至图中所有已被访问的顶点的邻接点都被访问。若此时图中尚有顶点未被访问，则另选图中一个未曾被访问的顶点作起始点，重复上述过程，直至图中所有顶点都被访问为止。换句话说，广度优先搜索遍历图的过程是以 v 为起始点，由近至远，依次访问和 v 有路径相通且路径长度为 1,2,… 的顶点。例如，对图 G_4 进行广度优先搜索遍历的过程如图 7.13(c)所示，首先访问 v_1 和 v_1 的邻接点 v_2 和 v_3，然后依次访问 v_2 的邻接点 v_4 和 v_5 及 v_3 的邻接点 v_6 和 v_7，最后访问 v_4 的邻接点 v_8。由于这些顶点的邻接点均已被访问，并且图中所有顶点都被访问，由此完成了图的遍历。得到的顶点访问序列为

$$v_1 \rightarrow v_2 \rightarrow v_3 \rightarrow v_4 \rightarrow v_5 \rightarrow v_6 \rightarrow v_7 \rightarrow v_8$$

和深度优先搜索类似，在遍历的过程中也需要借助访问标志数组。并且，为了顺次访问路径长度为 2,3,… 的顶点，需附设队列以存储已被访问的路径长度为 1,2,… 的顶点。广度优先遍历的算法如算法 7.6 所示。

```
void BFSTrav(Graph G, Status (*Visit)(int v)) {
    // 按广度优先非递归遍历图 G,使用辅助队列 Q 和访问标志数组 visited
    ElemType v,u,w;
    for (v=0; v<G->n; ++v) G->visited[v] =UNVisited; // 标志数组初始设为均"未被访问"
    Queue Q=InitQueue();                              // 置空的辅助队列 Q
    for (v=0; v<G->n; ++v)                            // 扫描图 G 的每个顶点
       if (G->visited[v]==UNVisited) {                // 若 v 顶点尚未访问
          G->visited[v]=Visited; Visit(v);            // 则访问 v 顶点
          EnQueue(Q, v);                              // v 入队列
          while (!QueueEmpty(Q)) {                    // 循环至队列 Q 空
             u=DeQueue(Q);                            // 队头元素出队并置入 u
             for (w=FirstAdjVex(G,u); w>=0; w=NextAdjVex(G,u))
                // 扫描 u 顶点的邻接顶点
                if (G->visited[w]==UNVisited) {             // 若 w 顶点尚未访问
                   G->visited[w]=Visited;  Visit(w); // 则访问 w 顶点
```

```
                    EnQueue(Q, w);                              // w 入队列 Q
                }
            }//while
        }//if
    FreeQueue(Q);                                               // 结束前回收队列 Q
}
```

算法 7.6

分析上述算法，每个顶点至多进一次队列。遍历图的过程实质上是通过边或弧找邻接点的过程，因此广度优先搜索遍历图的时间复杂度和深度优先搜索遍历相同，两者不同之处仅仅在于对顶点访问的顺序不同。

7.4 图的连通性问题

在这一节，将利用遍历图的算法求解图的连通性问题，并讨论最小代价生成树以及重连通性与通信网络的经济性和可靠性的关系。

7.4.1 无向图的连通分量和生成树

在对无向图进行遍历时，对于连通图，仅需从图中任一顶点出发，进行深度优先搜索或广度优先搜索，便可访问图中所有顶点。对非连通图，则需从多个顶点出发进行搜索，而每一次从一个新的起始点出发进行搜索过程中得到的顶点访问序列恰为其各个连通分量中的顶点集。例如，图 7.3 中的 G_3 是非连通图，按照图 7.14 所示 G_3 的邻接表进行深度优先搜索遍历，3 次调用 DFS 过程（分别从顶点 A、D 和 G 出发）得到的顶点访问序列为

A L M J B F C　　D E　　G K H I

这 3 个顶点集分别加上所有依附于这些顶点的边，便构成了非连通图 G_3 的 3 个连通分量，如图 7.3(b)所示。

设 $E(G)$ 为连通图 G 中所有边的集合，则从图中任一顶点出发遍历图时，必定将 $E(G)$ 分成两个集合 $T(G)$ 和 $B(G)$，其中 $T(G)$ 是遍历图过程中历经的边的集合；$B(G)$ 是剩余的边的集合。显然，$T(G)$ 和图 G 中所有顶点一起构成连通图 G 的极小连通子图，按照 7.1 节的定义，它是连通图的一棵生成树，并且称由深度优先搜索得到的为深度优先生成树，由广度优先搜索得到的为广度优先生成树。例如，图 7.15(a)和(b)所示分别为连通图 G_4 的深度优先生成树和广度优先生成树，图中虚线为集合 $B(G)$ 中的边。

对于非连通图，每个连通分量中的顶点集，和遍历时走过的边一起构成若干棵生成树，这些连通分量的生成树组成非连通图的生成森林。例如，图 7.15(c)所示为 G_3 的深度优先生成森林，它由 3 棵深度优先生成树组成。

假设以孩子兄弟链表作生成森林的存储结构，则算法 7.7 生成非连通图的深度优先生成森林，其中 DFSTree 函数递归构造图中一个连通分量的生成树。显然，算法 7.7 的时间复杂度和遍历相同。

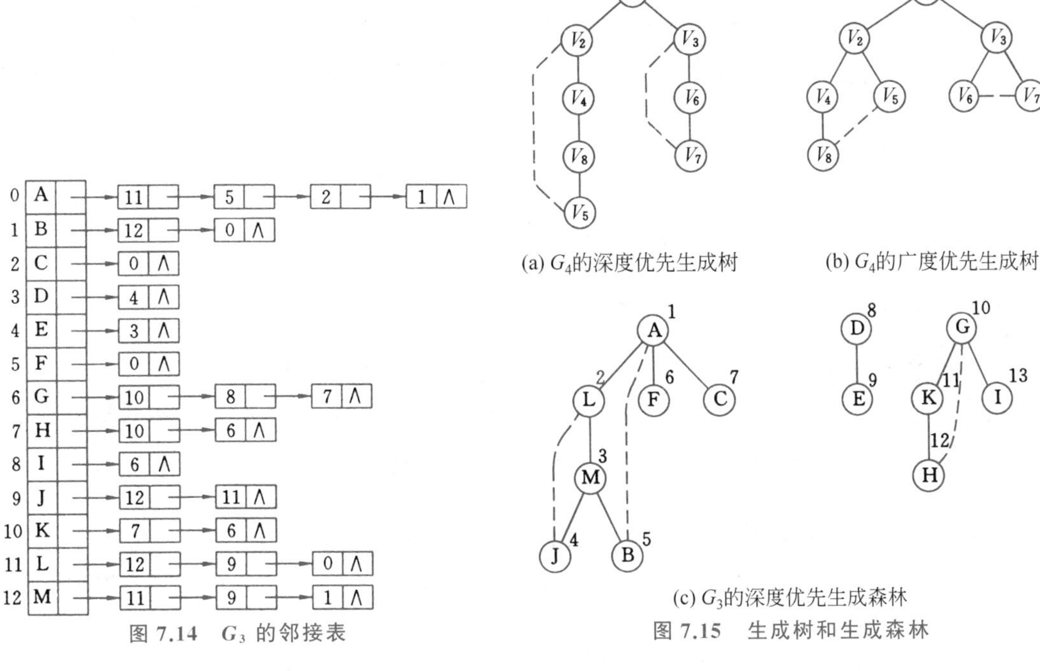

图 7.14　G_3 的邻接表

(a) G_4的深度优先生成树　(b) G_4的广度优先生成树

(c) G_3的深度优先生成森林

图 7.15　生成树和生成森林

```
CSTree DFSTree(Graph G, int v, CSTree T) {
    // 从第 v 个顶点出发深度优先遍历图 G,建立并返回以 T 为根的生成树
    CSTree p, q;  Status first=TRUE;
    G->visited[v]=Visited;                          // 标志 v 顶点为已访问
    for (int w=FirstAdjVex(G,v); w >=0; w=NextAdjVex(G,v)) // 扫描 v 的邻接顶点
      if (G->visited [w]==UNVisited) {              // 若 w 未访问,则分配其结点
        if (!(p =(CSTree)malloc(sizeof(CSNode)))) exit(OVERFLOW);
        p->data=GetVex(G,w);  p->firstChild=p->nextSib =NULL; // 赋值节点
        if (first) {                          // 若 w 是 v 的第一个未被访问的邻接顶点
            T->firstChild=p;  first=FALSE;   // 则是生成树根的第一孩子节点
        } else  // 否则 w 是 v 的其他未访问的邻接顶点,置为上一个邻接顶点的下一个兄弟
            q->nextSib=p;
        q=DFSTree(G, w, p);         // 从 w 出发深搜遍历图 G,构造 p 节点为根的生成树 q
      }//if
    return T;                       // 返回 v 顶点为根的生成树 T
}
CSTree DFSForest(Graph G) {  // 求深度优先森林(树)的主函数
   // 建立并返回无向图 G 的深度优先生成森林的(最左)孩子(右)兄弟链表 T
    int v, j=0;  CSTree p, q, T=NULL;              // 初始置生成森林 T 为空
    for (v=0; v<G->n; ++v) G->visited[v]=UNVisited;  // 访问标志数组初始化
    for (v=0; v<G->n; ++v)
      if (G->visited[v]==UNVisited) {     // v 顶点若未被访问,则为新的生成树的根节点
        if (!(p=(CSTree)malloc(sizeof(CSNode))))    // 分配根节点
            exit(OVERFLOW);
        p->data=GetVex(G,v); p->firstChild=p->nextSib=NULL;    // 赋值节点
```

```
        if (!T) T=p;                        // 是第一棵生成树的根(T 的根)
        else q->nextSib=p;                  // 是其他生成树的根(前一棵的根的“兄弟”)
        q=DFSTree(G, v, p);                 // 建立以 p 为根的生成树并赋给 q
      }
    return T;                               // 返回图 G 的生成森林
}
```

算法 7.7

7.4.2 有向图的强连通分量

求有向图的强连通分量有若干经典算法,大多基于深度优先搜索。

以下讨论的算法基本思想:从某顶点 v_0 出发调用 DFS 函数进行深度优先搜索遍历(以下简称深搜),可获得一个含 $k(1\leqslant k\leqslant n)$个顶点的单向连通分量,再在其中求强连通分量。

假设以十字链表作有向图的存储结构,求强连通分量的步骤如下。

(1) 在有向图 G,从某个顶点 v 出发沿出弧链进行深搜,并按对 v 所有邻接点深搜完成(即退出 DFS 函数)的顺序排列顶点。这需要对算法 7.5 的 DFS 函数做如下两点修改。

① 增设一个对完成 DFS 遍历的顶点的计数器。由于是在 DFS 递归过程中的计数,所以在十字链表的结构记录中增设一个整型域 count,在进入 DFSTrav 函数时首先对其初始化,即在入口处加上 G->count=0 语句。

② 在十字链表的结构记录中增设一个整型动态数组域 done,在构造图时按顶点数分配存储空间。在退出 DFS 函数之前记录完成深搜的顶点号

G->done[G->count++] = v;

(2) 在有向图 G 上,从最后完成深搜的顶点(即 G->done[]中的顶点)出发,沿着入弧链做逆向的深搜,若此次遍历不能访问到有向图中所有顶点,则从余下的顶点中最后完成深搜的那个顶点出发,继续做反向深搜,依次类推,直至有向图中所有顶点都被访问到为止。DFSTrav 函数需做如下修改:函数中第二个循环语句的边界条件应改为 v 从 G->done[G->count-1]至 G->done[0]。由此,每一次调用 DFS 做反向深搜所访问到的顶点集便是有向图 G 中一个强连通分量的顶点集。

以上两点修改可分别基于对 DFS 函数改写得到函数 DFS_forward 和 DFS_backward 两个深搜函数,并将 DSFTrav 修改为主控函数 SeekSCC。算法 7.8 实现了求有向图的强连通分量。

```
typedef char ** StrARR;                                  // 字符串动态数组类型
void DFS_forward(OLGraph G, int v0) { // 从 v0 顶点出发沿出弧链的正向深度优先遍历
    G->visited[v0]=Visited;                          // v0 标志为已访问
    ArcBox * p=G->xlist[v0].firstout;                // p 指向 v0 顶点第一条引出弧
    while (p!=NULL) {
        if (G->visited[p->headvex]==UNVisited)    // 若弧头顶点尚未被访问
            DFS_forward(G, p->headvex);            // 则对弧头顶点发起正向递归深搜
```

```
        p=p->tlink;                                    // p 指向下一条引出弧
    }
    G->done[G->count++]=v0;                            // 登记已完成遍历的 v0
}
void DFS_backward(OLGraph G, int v0, char * cc) {    // 沿入弧链的反向深搜
    cc[G->count++]=G->xlist[v0].data;                  // v0 顶点字符加入 ss 路径串
    G->visited[v0]=Visited;                            // v0 标志为已访问
    ArcBox * p=G->xlist[v0].firstin;                   // p 指向 v0 顶点第一条引入弧
    while (p!=NULL) {
        if (G->visited[p->tailvex]==UNVisited)         // 若弧尾顶点尚未访问
            DFS_backward(G, p->tailvex, cc);           // 则对弧尾顶点发起反向递归深搜
        p=p->hlink;                                    // p 指向下一条引入弧
    }
}
int SeekSCC(OLGraph G, StrARR scc) {
    // 求有向图 G 的所有强连通分量,并存入串数组 scc(第 i 个存 scc[i]),返回分量个数 k
    char * cc;                                  // 辅助产生一个强连通分量的字符串
    if (!(cc =(char * )malloc((G->n+1) * sizeof(char))))              // 分配 cc 的空间
        exit(OVERFLOW);
    int vi, k=0;                                // k 对求得的强连通分量计数,初始清 0
    for (vi=0; vi<G->n; vi++)                   // 访问标志数组初始化
        G->visited[vi]=UNVisited;
    G->count=0;                                 // 完成按出弧链深搜的顶点计数器初始清 0
    for (vi=0; vi<G->n; vi++)
        if (G->visited[vi]==UNVisited)          // 对 vi 顶点发起正向深搜
            DFS_forward(G, vi);
    for (vi=0; vi<G->n; vi++)                   // 访问标志数组重新初始化
        G->visited[vi]=UNVisited;
    for (int i=G->count-1; i>=0; i--) {         // i 按完成 DFS_forward 的逆序
        vi=G->done[i];                          // 取已完成按出弧连深搜的顶点
        if (G->visited[vi]==UNVisited) {        // 若未被访问过
            G->count=0;                         // 清 0,为下一强连通分量顶点计数
            DFS_backward(G, vi, cc);            // 对 vi 顶点发起反向递归深搜
            memcpy(scc[k++], cc, G->count);// 遍历后复制 cc 为第 k 个强连通分量
        }
    }
    free(cc);  return k;                        // 返回强连通分量的个数 K
}
```

算法 7.8

例 7-1 图 7.16(a)所示的有向图 G 含 8 个顶点和 12 条弧。调用函数 SeekSCC(G, scc)返回求得的强连通分量以字符串形式存入 scc 数组,并以函数值返回分量个数。图 7.16(b)是函数 DFSTRav 发起的对 DFS_forward 三次调用分别求得三个单向连通分量的过程结果。图 7.16(c)是对 DFS_forward 发起四次调用分别求得的四个强连通分量的过程结果。

显然、利用遍历求强连通分量的时间复杂度亦和遍历相同。

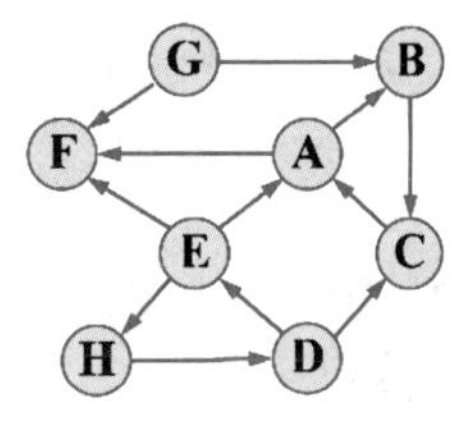

(a) 有向图G

DFS_forward 递归过程结果： G->done

	0	1	2	3	4	5	6	7
vi=0:	F	C	B	A				
vi=4:	F	C	B	A	H	E	D	
vi=7:	F	C	B	A	H	E	D	G

(b) 对G正向深搜求得三个单向连通分量的过程结果

DFS_backward 递归过程结果：

```
vi=7:  scc[0]="G"
vi=6:  scc[1]="DHE"
vi=3:  scc[2]="ACB"
vi=0:  scc[3]="F"
```

(c) 反向深搜求得的四个强连通分量

图 7.16　求有向图强连通分量示例

7.4.3　最小生成树

假设要在 n 个城市之间建立通信联络网，则连通 n 个城市只需要 $n-1$ 条线路。这时，自然会考虑这样一个问题，如何在最节省经费的前提下建立这个通信网。

在每两个城市之间都可以设置一条线路，相应地都要付出一定的经济代价。n 个城市之间，最多可能设置 $n(n-1)/2$ 条线路，那么，如何在这些可能的线路中选择 $n-1$ 条，以使总的耗费最少呢？

可以用连通网来表示 n 个城市以及 n 个城市间可能设置的通信线路，其中网的顶点表示城市，边表示两个城市之间的线路，赋于边的权值表示相应的代价。对于 n 个顶点的连通网可以建立许多不同的生成树，每一棵生成树都可以是一个通信网。现在，我们要选择这样一棵生成树，也就是使总的耗费最少。这个问题就是构造连通网的最小代价生成树(minimum cost spanning tree，简称最小生成树)的问题。一棵生成树的代价就是树上各边的代价之和。

构造最小生成树有多种算法，其中多数利用了最小生成树的简称为 MST 的性质：假设 $N=(V,\{E\})$是一个连通网，U 是顶点集 V 的一个非空子集。若(u,v)是一条具有最小权值(代价)的边，其中 $u\in U, v\in V-U$，则必存在一棵包含边(u,v)的最小生成树。

可以用反证法证明。假设网 N 的任何一棵最小生成树都不包含(u,v)。设 T 是连通网上的一棵最小生成树，当将边(u,v)加入 T 中时，由生成树的定义，T 中必存在一条包含(u,v)的回路。另外，由于 T 是生成树，则在 T 上必存在另一条边(u',v')，其中 $u'\in U, v'\in V-U$，且 u 和 u'之间，v 和 v'之间均有路径相通。删除边(u',v')，便可消除上述回路，同时得到另一棵生成树 T'。因为(u,v)的代价不高于(u',v')，则 T'的代价亦不高于 T，T'是包含(u,v)的一棵最小生成树。由此和假设矛盾。

普里姆(Prim)算法和克鲁斯卡尔(Kruskal)算法是两个利用 MST 性质构造最小生成树的经典算法。

1. 普里姆算法

由连通带权图(连通网)$G=(V, E)$构造最小生成树 T(G 的连通无回路子网)，普里姆算法的基本步骤如下：

(1) 若从 G 的顶点v_i 开始构造最小生成树，则 T 初始为只包含顶点v_i 且无边的图，即 $T=(\{v_i\},\{\})$；

(2) 找出集合 U(已入选生成树 T 的顶点集)和集合 $V-U$(未入选生成树的顶点集)之间权值最小的边 (u_j, v_k)，其中 $u_j\in U$，$v_k\in V-U$，简称最小边，如图 7.17(a)所示，其中实

线表示 $V-U$ 中每个顶点和 U 之间的权值最小的边，粗实线表示所有这些最小边中的那条最小边 (u_j, v_k)。将此边加入 T 中，并将该边仍在集合 $V-U$ 的顶点 v_k 移入 U，并分别更新 (v_k, v'_k) 和 (v_k, v''_k) 为集合 $U-V$ 中顶点 v'_k 和 v''_k 与 U 顶点之间的最小边，结果如图 7.17(b)所示。

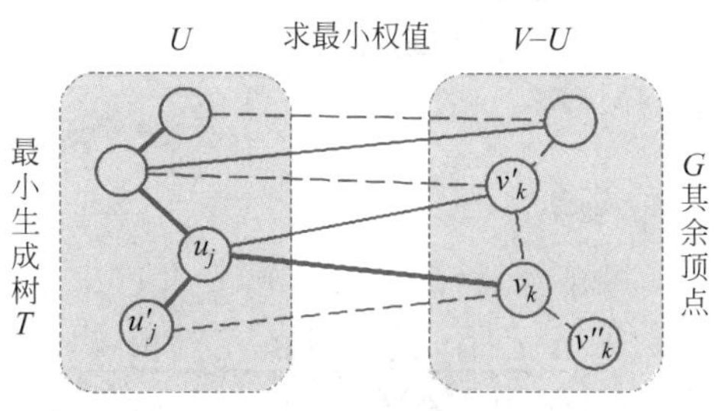

(a) 在U和U-V之间找出最小边

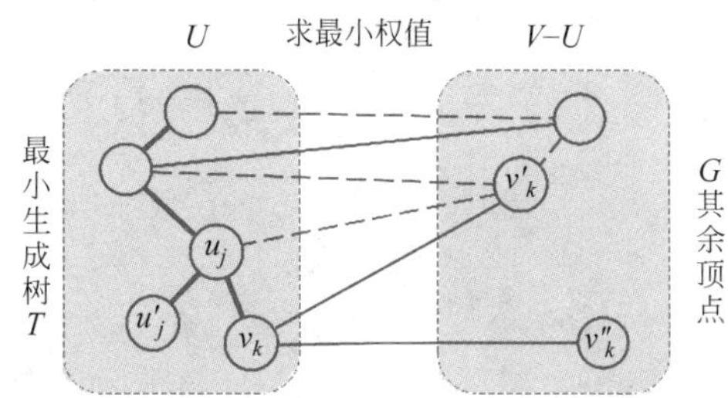

(b) 将最小边加入T(vk加入U)后，分别更新(vk, v'k)和(vk,v''k)为集合U–V中顶点v'k和v''k与U顶点之间的最小边

图 7.17　普里姆算法的选边策略

(3) 重复步骤(2)，直到 $U=V$ 为止，T 即为所求的最小生成树。

普里姆算法的关键步骤是快速找出最小边。引入一维数组 closedge：

```
typedef struct {
    int adjIdx;                    // U 中顶点的位序
    int lowcost;                   // 边的权值
} ClosedgeInfo;                    // 集合 V-U 的顶点和当前 U 之间的最小边信息类型
ClosedgeInfo * closedge;           // 全局动态数组
                                   // 顶点序号对应下标存储集合 V-U 的顶点与 U 顶点间当前最小边
```

对于集合 $V-U$ 中的每个顶点 v_i，closedge[i]存储该顶点与集合 U 之间的最小边信息。在数组中按 lowcost 域找到的最小值即为最小边的权值。顶点 0 加入集合 U 时，将 closedge[i].lowcost 置为 0。

普里姆算法的步骤如下。

(1) 假设从顶点 v_i 出发构造成最小生成树，初始子图 T 只包含顶点 v_i：

$$\text{closedge[i].lowcost} = 0 \qquad v_i \in U$$

$$\text{closedge[j]} = (\text{i}, \text{w}_{\text{ij}}) \qquad v_j \in V-U$$

(2) 选择其余 $n-1$ 个顶点，重复执行以下步骤。

① 在 closedge 数组中按 lowcost 域找到最小值 closedge[k]，$k \in V-U$，则最小边为(k, closedge[k].adjIdx)，将 v_k 加入集合 U，即置 closedge[k].lowcost = 0，并将 k 顶点和边(k, closedge[k].adjIdx)加入子图 T 中。

② 更新 closedge 数组。由于集合 U 中新加入顶点 v_k，须判断集合 $V-U$ 中所有顶点和顶点 v_k 的边的权值是否有更小的，若有则更新 closedge 数组的相应值，即若 $\text{w}_{\text{ij}}<$ closedge[j].lowcost，则 closedge[j]$(v_j \in V-U)=(\text{k}, \text{w}_{\text{kj}})$，否则不变。

例如，图 7.18 展示了普里姆算法构造无向网 G 的一棵最小生成树 T 的过程中，辅助数组 closedge 中各分量值和 T 的变化，其中：

图 7.18(a)是初始状态，给出了含 6 个顶点和 10 条带权弧的无向网 G 及其顶点数组和邻接矩阵。起始 u 顶点是 A，$k=0$，将邻接矩阵的 u 行(除了 k 列)元素对应复制到辅助数组的 lowcost 域。

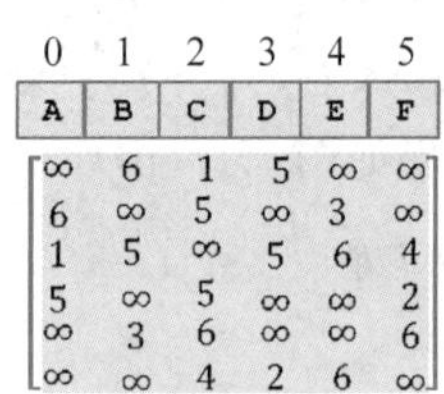

0	1	2	3	4	5
A	B	C	D	E	F

$$\begin{bmatrix} \infty & 6 & 1 & 5 & \infty & \infty \\ 6 & \infty & 5 & \infty & 3 & \infty \\ 1 & 5 & \infty & 5 & 6 & 4 \\ 5 & \infty & 5 & \infty & \infty & 2 \\ \infty & 3 & 6 & \infty & \infty & 6 \\ \infty & \infty & 4 & 2 & 6 & \infty \end{bmatrix}$$

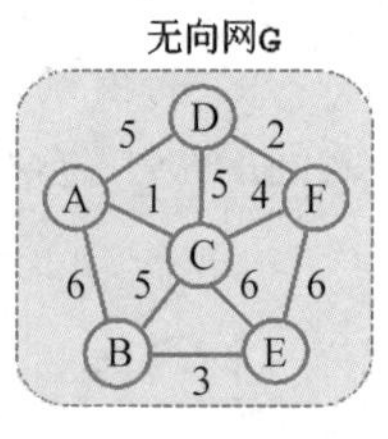

closedge	0 A	1 B	2 C	3 D	4 E	5 F	U	V−U	k
adjvex		A	A	A	A	A			0
lowcost	0	6	1	5	∞	∞			

输出的边：

(a)无向网*G*及其邻接矩阵和closedge初态

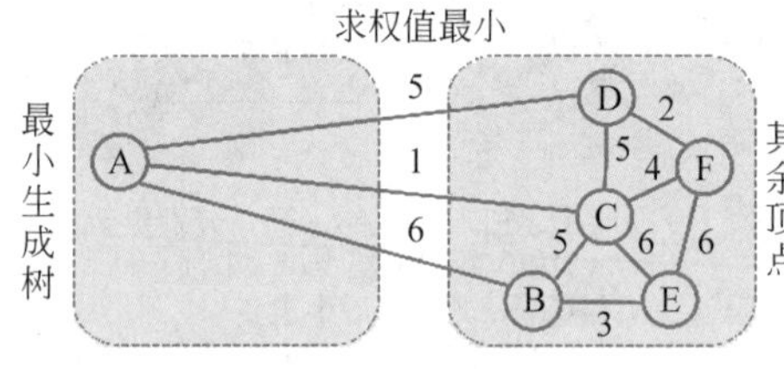

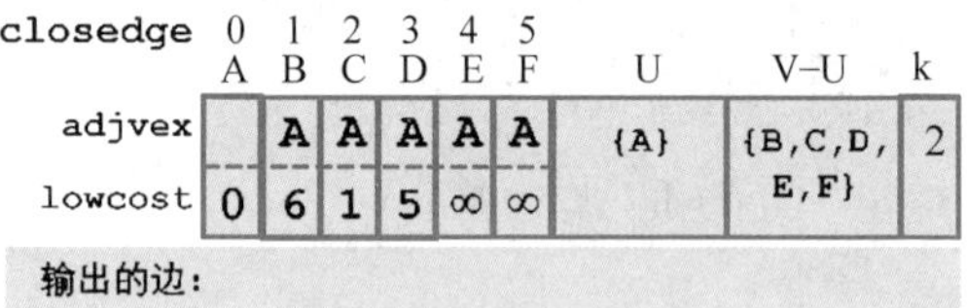

closedge	0 A	1 B	2 C	3 D	4 E	5 F	U	V−U	k
adjvex		A	A	A	A	A	{A}	{B,C,D,E,F}	2
lowcost	0	6	1	5	∞	∞			

输出的边：

(b)选择顶点*A*

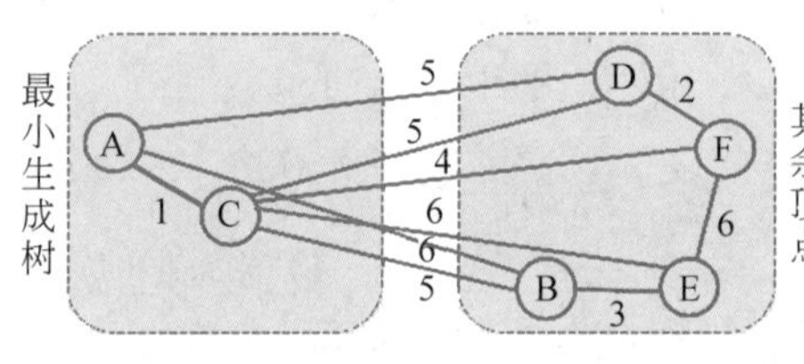

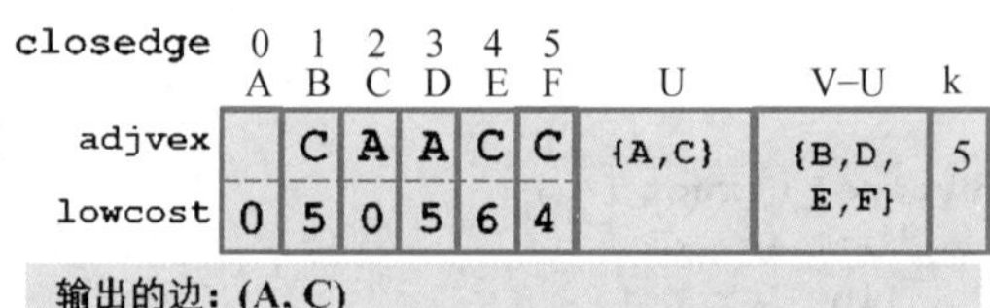

closedge	0 A	1 B	2 C	3 D	4 E	5 F	U	V−U	k
adjvex		C	A	A	C	C	{A,C}	{B,D,E,F}	5
lowcost	0	5	0	5	6	4			

输出的边：(A, C)

(c)选择顶点*C*

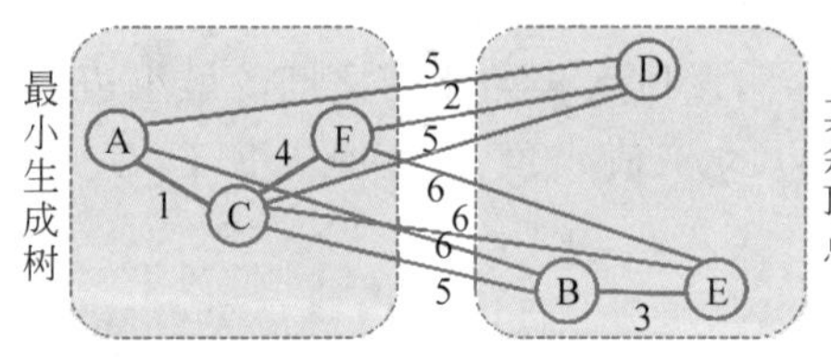

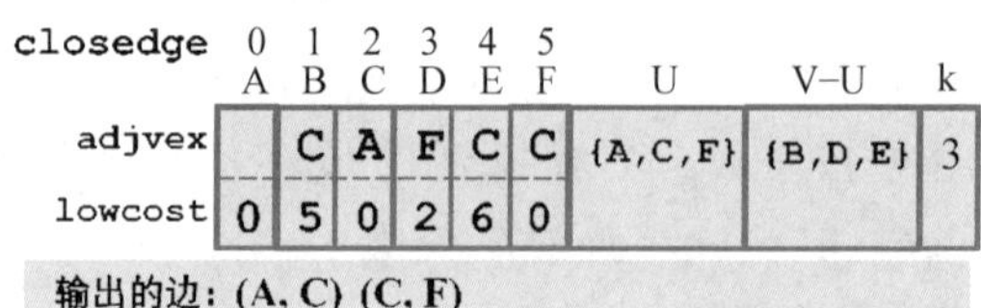

closedge	0 A	1 B	2 C	3 D	4 E	5 F	U	V−U	k
adjvex		C	A	F	C	C	{A,C,F}	{B,D,E}	3
lowcost	0	5	0	2	6	0			

输出的边：(A, C) (C, F)

(d)选择顶点*F*

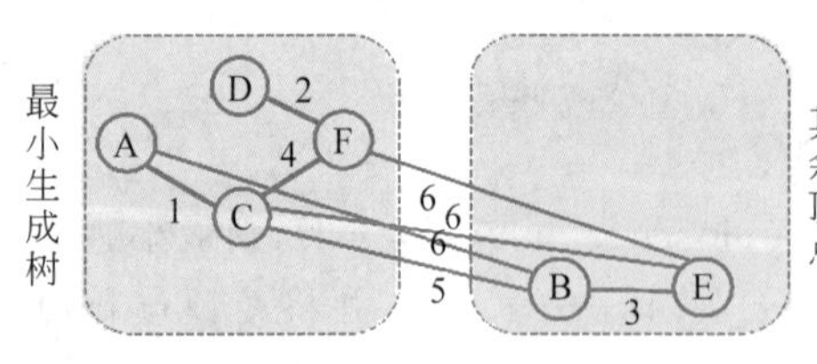

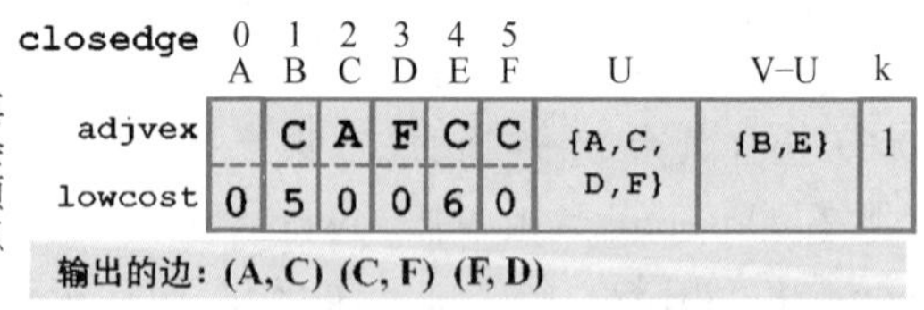

closedge	0 A	1 B	2 C	3 D	4 E	5 F	U	V−U	k
adjvex		C	A	F	C	C	{A,C,D,F}	{B,E}	1
lowcost	0	5	0	0	6	0			

输出的边：(A, C) (C, F) (F, D)

(e)选择顶点*D*

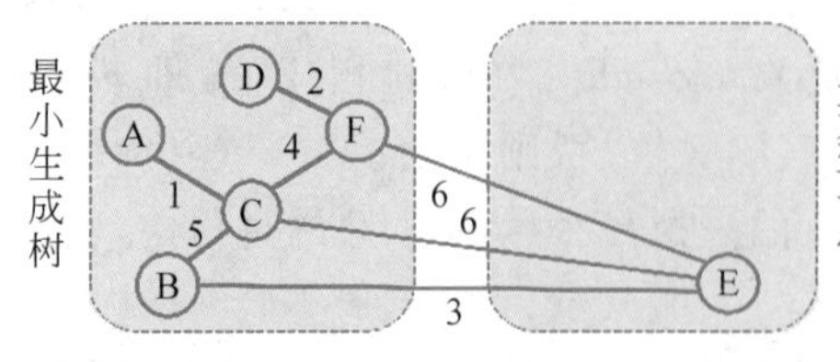

closedge	0 A	1 B	2 C	3 D	4 E	5 F	U	V−U	k
adjvex		C	A	F	B	C	{A,B,C,D,F}	{E}	4
lowcost	0	0	0	0	3	0			

输出的边：(A, C) (C, F) (F, D) (C, B)

(f)选择顶点*B*

图 7.18　普里姆算法构造最小生成树的过程

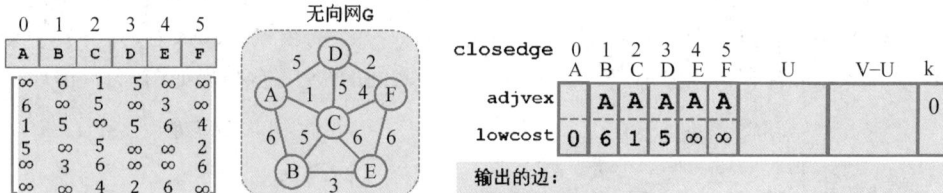

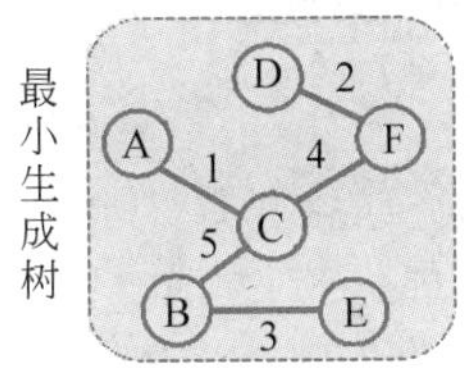

closedge	0 A	1 B	2 C	3 D	4 E	5 F	U	V-U	k
adjvex		C	A	F	B	C	{A,B,C, D,E,F}	{}	4
lowcost	0	0	0	0	0	0			

输出的边：(A, C) (C, F) (F, D) (C, B) (B, E)

(g)选择顶点E

图 7.18 （续）

图 7.18(b)将初始 u 顶点(A)加入集合 U(生成树)，其余顶点加入集合 $V-U$。在集合 $V-U$ 的顶点对应的 lowcost 值(依附于 U 中当前仅有顶点 A 的各边的权值)中找到最小值 1，其边(A,C)即为生成树的第一条边。

图 7.18(c)把顶点 C(序号为 2)加入 U 集(将 closedge[2].lowcost 置为 0)。对照顶点 C 对应的邻接矩阵的第 2 行修改辅助数组中的相应值：矩阵元比 lowcost 值小的(代表权值更小的边)，则覆盖 lowcost 值。然后在辅助数组中各非 0 的 lowcost 值中找到最小值 4，其边(C,F)入选生成树。

图 7.18(d)把顶点 F(序号为 5)加入 U 集(将 closedge[5].lowcost 置为 0)，对照顶点 F 对应的邻接矩阵的第 5 行修改辅助数组中的相应值，然后在各非 0 的 lowcost 值中找到最小值 2，其边(F,D)入选。

图 7.18(e)和(f) 依次找到各非 0 的 lowcost 中最小值 5 和 3，对应边(C,B)和(B,E)先后入选生成树。

图 7.18(g)是最后得到的最小生成树。

从图 7.18 可见，在构造过程中，每次从辅助数组非 0 的 lowcost 值中查找最小值的时间复杂度是 $O(n)$。这可用小顶堆(最小优先队列)来辅助。但是，lowcost 值是不断更新的，不能直接把这些值作为堆元素，而是将辅助数组 closedge 的下标(即顶点序号)作为堆元素。堆的元素类型为整型，最小优先函数用堆元素值作为下标对辅助函数的 lowcost 进行比较(堆顶值是最小 lowcost 值的下标，而不是最小下标)：

```
typedef int HElemType;                                              // 堆元素类型
Status lessPrior(HElemType x, HElemType y)
    { return closedge[x].lowcost<=closedge[y].lowcost; }            // 小顶堆优先函数
```

算法 7.9 即为普里姆算法。无向网 G 和构造的最小生成树都采用邻接矩阵存储结构，并约定边的权值的值域在开区间 (0, INT_MAX)。借助小顶堆的另一获益是，不必像图 7.18 示例中那样把入选顶点的 lowcost 置 0，因为入选顶点的下标已从堆顶删除，不再参与竞选“最小”。读者可对照图 7.18 的示例或者选择不同起始顶点阅读、分析和理解算法。

```
typedef struct {
    VexType adjIdx;                     // 顶点当前最小权值边的邻接结点的序号
    VRType lowcost;                     // 顶点关联边的当前最小权值
} CloseInfo;                            // 辅助数组元素类型
CloseInfo closedge[MAX_VEX_NUM];        // 全局数组变量
int hpos[MAX_VEX_NUM];                  // 顶点在堆中位置数组，堆操作时维护
MGraph MiniSpanTree_PRIM(MGraph G, VexType u) {    // 普里姆算法
```

```
// 从顶点 u 出发构造并返回网 G 的最小生成树 T,使用优先队列(堆)和辅助数组
  Heap H=InitHeap(G->n);                     // 初始化建容量为 G 的顶点个数的空堆
  int i, j, k=LocateVex( G, u );             // 确定起始顶点的序号
  for (j=0; j<G->n; ++j ) { // 从顶点集合 U 到 V-U 的代价最小的边的辅助数组初始化
      if (j!=k) {                            // 初始顶点 u 的信息不加入辅助数组和堆
          closedge[j].adjIdx=k; closedge[j].lowcost=G->arcs[k][j].adj;
          Insert(H, j);                      // j 插入最小堆 H
      }
  }
  MGraph T=InitMGraph(G->vexs, G->n, UDN); // 仅含 G 的顶点但无边的最小生成树 T
  for (i=1; i<G->n; ++i) {                   // 选择 G->vexnum-1 条边
      k=DelTop(H); // 删除并取堆顶(距离最小)的顶点序号,求 T 的下一个顶点:第 k 个顶点
      if (closedge[k].lowcost==INFINITY) break;      // 若无边可选,退出循环
      T->arcs[k][closedge[k].adjIdx]=T->arcs[closedge[k].adjIdx][k]
        =G->arcs[k][closedge[k].adjIdx];             // 在 T 中新增一条边
      T->a++;                                        // T 的边数增 1
      for (j=0; j<G->n; ++j)
          if (hpos[j]<=H->len>                       // 若 j 在堆中
              if (G->arcs[k][j].adj <closedge[j].lowcost) {
                                                    // 用邻接矩阵 k 行刷新当前最小边
                  closedge[j].adjIdx=k;
                  closedge[j].lowcost=G->arcs[k][j].adj;
                  SiftUp(H,hops[j]);  // 对 j 顶点在堆中位置向上调整(类似在堆插入)
              }
  }
  FreeHeap(H);                                        // 回收堆
  if (T->a <G->n-1) printf("G is not connected!");  // 若 G 不是联通网,显示提示
  return T;                                           // 返回 G 的最小生成树
}
```

算法 7.9

对于含 n 个顶点的无向网,算法 7.9 第一个进行初始化的循环语句的频度为 n,内含堆插入操作,时间复杂度为 $O(n\log n)$。之后的初建最小生成树 T 虽然不含边,但需要初始化邻接矩阵,时间复杂度为 $O(n^2)$。第二个循环语句的频度为 $n-1$,主要操作有两个:一是删除堆顶元素为 $O(\log n)$;二是频度为 n 的内循环刷新辅助数组最小权值。因此,普里姆算法的时间复杂度为 $O(n^2)$,与网中边数无关,适用于求边稠密的网的最小生成树。

使用小顶堆,节省了查找最小权值的时间,但未能降低算法的时间复杂度,这是因为采用的存储结构是邻接矩阵。如果改为邻接表,则初建最小生成树 T 免去了对邻接矩阵的初始化,时间复杂度降为 $O(n)$。频度为 n 的内循环也改为扫描并刷新入选顶点的邻接表上的邻接顶点的辅助数组相应值,且不会重复处理邻接顶点,综合时间复杂度降为 $O(e\log n)$。算法总的时间复杂度改变为 $O((n+e)\log n)$,适用于边稀疏的情形。读者可对算法 7.9 做此修改。

2. 克鲁斯卡尔算法

与普里姆算法相比，克鲁斯卡尔算法的时间复杂度是 $O(e\log e)$（e 为网中边的数目），因而适合于求边稀疏的网的最小生成树。

克鲁斯卡尔算法另辟蹊径，求网 $G=(V, E)$的最小生成树 T（G 的一个最小连通子图）的基本思想如下。

(1) 最小生成树初始为只包含所有顶点且无边的非连通网 $T = (V, \{\ \})$。

(2) 从 E 中选取当前未被标记且权值最小的边 e，标记边 e，并判断边 e 加入 T 后是否产生回路，如果不产生，则将边 e 加入 T。

(3) 重复第(2)步，直到有 $n-1$ 条边入选 T，则算法结束，网 T 为所求的最小生成树。

按照克鲁斯卡尔算法构造连通网 G 的最小生成树的过程如图 7.19 所示，其中粗实线边表示已入选生成树 T。其中图 7.19(e)由于选中最小边(A, D)使 T 产生回路(用虚线表示)，不被加入。同理，假若选中(C, D)，也会因构成回路而放弃。图 7.19(f)的入选 5 条粗实线边构成 G 的最小联通网，即最小生成树 T。

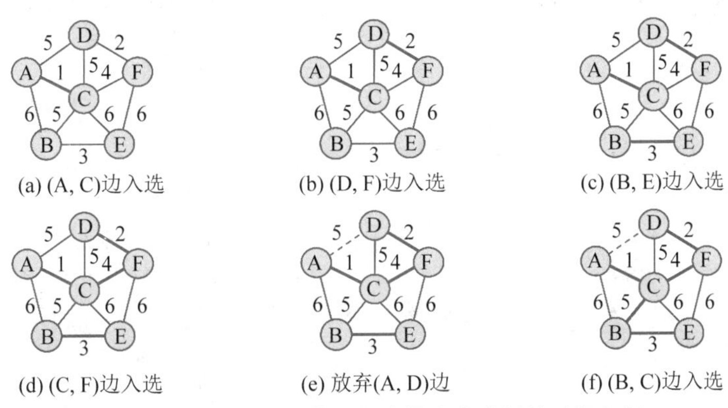

图 7.19　克鲁斯卡尔算法构造最小生成树的过程示例

影响克鲁斯卡尔算法效率的有以下两个要点。

(1) 在当前未标记的边中选取权值最小的边。可采用小顶堆获取权值最小的边，也可事先按大小顺序将边信息存储在一维数组中。取 $e-1$ 条最小边的时间复杂度，二者都可由 $O(e^2)$降低到 $O(e\log e)$。

(2) 判断是否产生回路。由图的定义可知，在一个无回路的连通分量(简单连通分量)中，任意顶点之间增加一条边，必形成回路；而在两个简单连通分量之间增加一条边，则将它们合并成一个简单连通分量，不会形成回路。此问题可用 6.7 节的并查集解决，用并查集的一个子集表示一个简单连通分量的顶点集合。对于边(v, w)，若 v 和 w 同属一个子集，则加入该边必形成回路，放弃该边；否则合并 v 和 w 分属的不同子集，表示加入该边。

算法 7.10 为克鲁斯卡尔算法的实现。

```
typedef struct {
    int v, w;                                  // 边的关联顶点序号
    WeightType weight;                         // 边的权值
} RcdType, HElemType;                          // 边信息类型，堆元素类型
Heap MakeEdgeHeap(ALGraph G) {                 // 对无向网的边集构造并返回小顶堆
```

```
    RcdType *edges;
    if (!(edges=(RcdType*)malloc((G->e+1)*sizeof(RcdType))))
        exit(OVERFLOW);
    for (int j=1,i=0; i<G->n; i++) { //取G中所有边至数组edges,从下标1开始存储
        for (ArcNP p=G->vexs[i].firstArc; p!=NULL; p=p->nextArc) //构造边集数组
            if (i<p->adjvex) {
                //防止边重复(在邻接表,一条边分为两条对称弧,这里只选一条代表边)
                edges[j].v=i; edges[j].w=p->adjvex;
                edges[j++].weight=p->weight;
            }
    }                                               //类似MakeHeap
    return ReformHeap(edges, G->e);  //由含G所有边的edges数组改造并返回小顶堆
}
ALGraph Kruskal(ALGraph G) {  //克鲁斯卡尔算法,构造并返回无向网G的最小生成树T
    ALGraph T;  ArcNP p;  UFSet S;  Heap H;  RcdType edge;
    T=InitALG(G->n, UDN);                 //初始化G的最小生成树T,按G->n分配顶点空间
    for (int i=0; i<G->n; i++)            //复制G的顶点集到T
      { T->vexs[i].data=G->vexs[i].data;  T->vexs[i].firstArc=NULL; }
    S=InitUFSet_ALG(G->vexs, G->n); //初始化顶点并查集S,每个顶点自成一个子集
    H=MakeEdgeHeap(G);                    //对无向网G的边集构造小顶堆H
    for (int j=0; j<G->e; j++) {
        edge=DelTop(H);                      //从小顶堆H移除堆顶值,为当前权值最小的边
        int v=edge.v, w=edge.w;             //取最小边的关联顶点
        if (TRUE==Union(S,v+1,w+1)) {  //若v和w分属不同子集,则合并并返回TRUE
            InsertArc_AL(T, v, w, edge.weight);  //加入带权边(v,w)到T(不形成回路)
            if (T->e==G->n-1) break;   //若已选中G->n-1条边加入T,则循环结束
        }
    }
    FreeHeap(H);  FreeUFSet(S);                          //回收辅助的堆和并查集
    if (T->e<G->n-1) printf("G is not connected!");  //若G非连通网,则显示信息
    return T;                                            //返回最小生成树T
}
```

算法 7.10

无向网 G 和最小生成树 T 采用邻接表存储结构,初始化 T 和并查集 S 的时间复杂度均为 $O(n)$;取 G 中边需遍历邻接表中所有结点,时间复杂度为 $O(n+e)$;构造包含所有边的最小堆 H 的时间复杂度为 $O(e)$;构建 T 是双重循环结构,外层循环 e 次,内层有两个并列操作,分别为取权值最小的边和并查集的合并,总时间复杂度是 $O(e(\log e+\log n))$。图中 e 的数量级一般不低于 n,因此克鲁斯卡尔算法的时间复杂度为 $O(e\log e)$,与带权图中的边数相关,适合求有边或弧稀疏的网的最小生成树。

7.4.4 关节点和重连通分量

在删除顶点 v 及其关联的各边之后,将图的一个连通分量分割成两个或两个以上的连通分量,则称顶点 v 为该图的一个关节点(articulation point)。一个没有关节点的连通图称为重连通图(biconnected graph)。在重连通图上,任意一对顶点之间至少存在两条路径,删

除任何一个顶点及其关联的各边也不会破坏图的连通性。若在连通图上至少删除 k 个顶点才能破坏图的连通性,则称此图的连通度为 k,也称 k 重连通图。

关节点和重连通具有较多实际应用。显然,一个通信网络的连通度越高,其系统越可靠,无论是哪一站点出现故障或遭到外界破坏,都不影响系统的正常工作。又如,一个航空网若是重连通的,则当某条航线因天气等某种原因关闭时,旅客仍可从别的航线绕道而行。再如,若将大规模集成电路的关键线路设计成重连通,则在某些元件失效的情况下,芯片功能不受影响。反之,在战争中,若要摧毁敌方的运输网或通信网,仅需破坏其网中的关节点即可。

例如,图 7.20(a)是连通图 G_5,但它不是重连通图。G_5有 4 个关节点 A、B、D 和 G。若删去顶点 B 以及所有依附顶点 B 的边,G_5就被分割成 3 个连通分量{A,C,F,L,M,J}、{G,H,I,K}和{D,E},如图 7.20(b)所示。类似地,若删除顶点 A(或 D、或 G)以及所有依附的边,则 G_5 都被分割成两个连通分量。因此,关节点亦称割点。

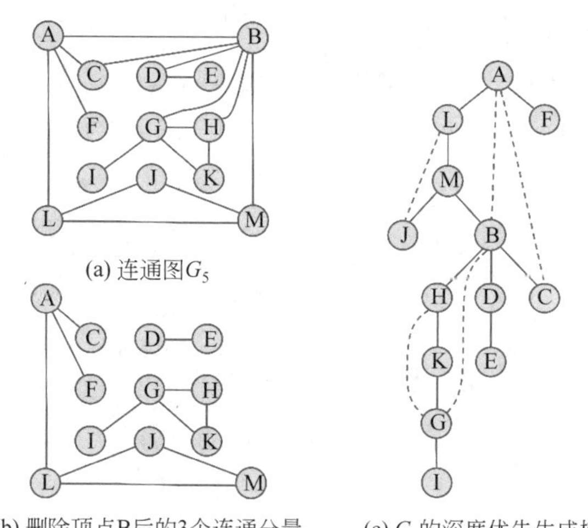

(a) 连通图G_5　(b) 删除顶点B后的3个连通分量　(c) G_5的深度优先生成树

图 7.20　连通图 G_5和关节点示例

利用深度优先搜索便可求得图的关节点,并由此可判定图是不是重连通的。

图 7.20(c)为从顶点 A 出发深度优先搜索遍历图 G_5所得深度优先生成树,图中实线表示树边,虚线表示回边(即不在生成树上的边)。对树中任一顶点 v 而言,其孩子节点为在它之后搜索到的邻接点,而其双亲节点和由回边联结的祖先节点是在它之前搜索到的邻接点。由深度优先生成树可得出两类关节点的特性:

(1) 若生成树的根有两棵或两棵以上的子树,则此根顶点必为关节点。因为图中不存在联结不同子树中顶点的边,因此,若删除根顶点,生成树便变成生成森林。如图 7.20(c)中的顶点 A。

(2) 若 v 顶点是生成树中非叶子,且有非空子树的全部节点均没有指向 v 的祖先的回边,则 v 为关节点。因为,若删除 v,则它的那棵子树和图的其他部分被分割。如图 7.20(c)中的顶点 B、D 和 G。

如果对图 $G=(V,E)$重新定义遍历时的访问标志数组 visited 的含义,并引入一个新辅助数组 low,则由一次深度优先搜索遍历便可求得连通图中存在的所有关节点。

定义 visited[v]为深度优先搜索遍历连通图时访问 v 顶点的次序号；定义

$$low[v]=Min\left\{Visited[v],low[w],visited[k]\left|\begin{array}{l}w\text{ 是顶点 v 在深度优先生成树上的孩子节点；}\\k\text{ 是顶点 v 在深度优先生成树上由回边联结的祖先节点；}\\(v,w)E,\\(v,k)E\end{array}\right.\right\}$$

若对于某个顶点 v，存在孩子节点 w 且 low[w]≥visited[v]，则该顶点 v 必为关节点。因为当 w 是 v 的孩子节点时，low[w]≥visited[v]，表明 w 及其子孙均无指向 v 的祖先的回边。

由定义可知，visited[v]值即为 v 在深度优先生成树的前序序列中的序号，只需将 DFS 函数中头两个语句改为 visited[v0]=++count(在 DFSTrav 中设初值 count=1)即可。low[v]可由后序遍历深度优先生成树求得，而 v 在后序序列中的次序和遍历时退出 DFS 函数的次序相同。如此修改深度优先搜索遍历的算法，便得到求关节点的算法 7.11。low 声明为全局动态数组，在算法入口分配空间，结束前回收。visited 数组和访问次数计数器 count 内设在图 G 的结构记录中，在算法入口初始化。

```
int * low; // 全局动态数组,在算法 7.11 入口分配空间,结束前回收
void DFSArticul(ALGraph G, int v0) { // 从第 v0 个顶点出发深搜图 G,查找并输出关节点
    ArcNode * p;
    int min;          // min 用于求 low[v0],是 v0 在生成树中的子孙节点被访问的次序最小值
    min=G->visited[v0]=++G->count;    // v0 是第 G->count 个访问的顶点
    for (p=G->vexs[v0].firstArc; p!=NULL; p=p->nextArc) {   // 查 v0 每个邻接顶点
        int w=p->adjvex;                      // w 为 v0 的邻接顶点
        if (G->visited[w]==0) {               // 若 w 未曾被访问,则是 v0 的孩子
            DFSArticul(G, w);                 // 对 w 顶点递归,在返回前求得 low[w]
            if (low[w]<min) min=low[w];  // 刷新 min(low[v0]的当前值)
            if (low[w]>=G->visited[v0])
                // 若 w 顶点为根的生成子树所有节点的访问均迟于 v0
                printf("%d:%c ", v0, G->vexs[v0].data);
                                              // 则 w 是关节点,输出
        }
        else if (G->visited[w]<min) min =G->visited[w];
                                              // 若 w 是 v0 在生成树上的祖先
    }
    low[v0]=min;                              // low[v0]的最终值
}
void FindArticul(ALGraph G) {
    // 连通图 G 以邻接表为存储结构,查找并输出 G 中的全部关节点。G->count 对访问计数
    G->count=1; G->visited[0]=1;                   // 设定邻接表 0 号顶点为生成树的根
    if (!(low=(int*)malloc(G->n*sizeof(int))))   // 分配 low 数组
        exit(OVERFLOW);
    for (int i=1; i<G->n; ++i) G->visited[i]=0;  // 其余顶点尚未被访问
    ArcNP p=G->vexs[0].firstArc;                   // p 指向起始 0 顶点的第一边节点
    if (p) {                                       // 若不空
        int v=p->adjvex;                           // 则取出第一邻接顶点
        DFSArticul(G, v);                          // 从第 v 顶点出发深搜关节点
        if (G->count<G->n) {                       // 生成树的根有至少两棵子树
            printf("%d:%c ", 0, G->vexs[0].data); // 根是关节点,输出
            while (p->nextArc) {                   // 若存在下一边
                p=p->nextArc; v=p->adjvex;         // 则取出下一邻接顶点
                if (G->visited[v]==0) DFSArticul(G, v); // 若 v 顶点未被访问,则对其递归
            }
```

```
        }
    }
    free(low);                                                    // 回收 low
}
```

算法 7.11

例如，图 G_5 中各顶点计算所得 G->visited 和 low 的函数值如下所列：

i	0	1	2	3	4	5	6	7	8	9	10	11	12
G->vexs[i].data	A	B	C	D	E	F	G	H	I	J	K	L	M
G->visited[i]	1	5	12	10	11	13	8	6	9	4	7	2	3
low[i]	1	1	1	5	10	1	5	5	8	2	5	1	1
求得 low 值的顺序	13	9	8	7	6	12	3	5	2	1	4	11	10

其中，J 是第一个求得 low 值的顶点，由于存在回边(J，L)，则 low[J]＝Min{visited[J]、visited[L]}＝2。顺便提一句，上述算法中将指向双亲的树边也看成是回边，由于不影响关节点的判别，因此，为使算法简明起见，在算法中没有区别。

由于上述算法的过程就是一个遍历的过程，因此，求关节点的时间复杂度仍为 $O(n+e)$。若尚需输出双连通分量，仅需在算法中增加一些语句即可，在此不再详述，留给读者自己完成。

7.5 最短路径

随着网络应用的飞速发展和普及，最短路径算法广泛应用于众多领域，主要用于寻找两点之间的最短路径、帮助优化路径规划、提高效率并降低成本。表 7.1 列举了十大领域的各两个主要应用场景。

表 7.1 十大领域的各两个主要应用场景

序号	领　域	应用场景 1	应用场景 2
1	交通导航	GPS 导航系统：帮助驾驶员找到从起点到终点的最短或最快路线	公共交通：规划公交、地铁等公共交通的最优路线
2	网络路由	互联网数据包传输：路由器使用最短路径算法确定数据包的最佳传输路径	电信网络：优化电话呼叫和数据传输路径
3	物流与供应链	配送路线优化：帮助物流公司规划最短配送路径，降低成本	仓库管理：优化仓库内货物搬运路径，提升效率
4	社交网络	社交关系分析：分析社交网络中用户间的最短路径，如“六度分隔”理论	推荐系统：通过分析用户间的最短路径，推荐潜在好友或内容
5	游戏开发	AI 寻路：游戏中的 NPC 通过最短路径算法找到到达目标的最短路径	地图生成：生成游戏地图时，确保各区域间有合理的最短路径
6	机器人学	路径规划：机器人移动时，使用最短路径算法避开障碍物，确定最优路径	自动化仓储：自动导引车(automated guided vehicle，AGV)通过最短路径算法高效搬运货物

续表

序号	领　域	应用场景1	应用场景2
7	生物信息学	蛋白质相互作用网络：分析蛋白质间的最短路径，研究其功能关系	基因调控网络：研究基因调控网络中的最短路径，揭示基因间的调控机制
8	电力网络	电力传输：优化电力传输路径，减少损耗	故障检测：通过最短路径分析，快速定位电力网络中的故障点
9	城市规划	道路规划：规划城市道路时，确保各区域间有最短路径连接	应急疏散：设计应急疏散路线时，确保最短路径以快速疏散人群
10	金融	风险管理：分析金融网络中风险传播的最短路径，评估系统性风险	投资组合优化：通过最短路径算法优化投资组合，降低风险

这些基于最短路径算法的应用都采用图的结构来表示领域的应用网络。例如，GPS导航系统要应答用户的各种需求。要从A点到B点，用户可指定自驾、打车或者公交，系统一般都提供多种线路方案供用户选择，并按预估耗时排序。搭乘公交的用户可从中选择时间最省、费用最省或者中转最少的方案。系统求中转最少的方案时，就是在图中找一条从顶点A到顶点B所含边的数目最少的路径，只需从顶点A出发对图进行广度优先搜索，一旦遇到顶点B就终止。由此所得的广度优先生成树上，从根顶点A到顶点B的路径就是中转次数最少的路径，路径上A与B之间的顶点个数就是途经的中转站数。但是这只是一类最简单的图的最短路径问题。

对出行人，更关心的是节省交通费用；而对司机，里程和速度则是其更感兴趣的信息。为了在图上表示有关信息，可对边赋权值，表示两点之间的距离、时长或路费等。此时路径长度的度量就不再是边数，而是路径上各边的加权和。考虑到交通图的有向性（如单行线的限制，航运时逆水、顺水的船速和能耗不同），本节的讨论都是基于有向网，并称路径的第一个顶点为源点（sourse），最后一个顶点为终点（destination）。下面讨论两种最常见的最短路径问题。

7.5.1　单个源点到其余各顶点的最短路径

首先讨论单源点的最短路径问题：给定有向网 G 和源点 v，求从 v 到 G 中其余各顶点的最短路径。

迪杰斯特拉（Dijkstra）提出了一个算法，按路径长度递增次序求得源点 v 到其他所有顶点的最短路径，依次记为 $P_1, P_2, \cdots, P_i, \cdots, P_{n-1}$，$P_i$ 的终点记为 v_i。若源点 v 到其他所有顶点的最短路径集 $P=\{P_1, P_2, \cdots, P_i, \cdots, P_{n-1}\}$ 是升序集，则 P 具有以下两个性质。

性质 7.1　P 中长度最短的路径 P_1 必定只含一条弧，并且是从源点 v 出发的所有弧中权值最小的。

性质 7.2　如果已求得 $P_1, P_2, \cdots, P_i$，则下一条最短路径 P_{i+1} 或者是源点 v 到 v_{i+1} 的弧，或者是源点 v 经过已求得的某条最短路径 $P_k(1\leqslant k\leqslant i)$ 及 v_k 到 v_{i+1} 的弧。

证明（反证法）：假设下一条求得的最短路径 P_{i+1} 不经过已求得最短路径的顶点，而经过其他顶点 $v_j(i+1<j\leqslant n-1)$ 到达 v_{i+1}，则有等式 $D(v, v_{i+1})=D(v, v_j)+D(v_j, v_{i+1})$，其中 $D(v, v_i)$ 表示 v 到 v_i 的路径长度，可推出 $D(v, v_j)<D(v, v_{i+1})$，即源点 v 到 v_j 的路径长度更短，P_j 是已求得的最短路径，j 应小于 $i+1$，与假设 j 大于 $i+1$ 矛盾。

例如，图 7.21(a)的有向带权图 G_6，依次求得源点 A 到其他所有顶点的最短路径如图 7.21(b)所示。

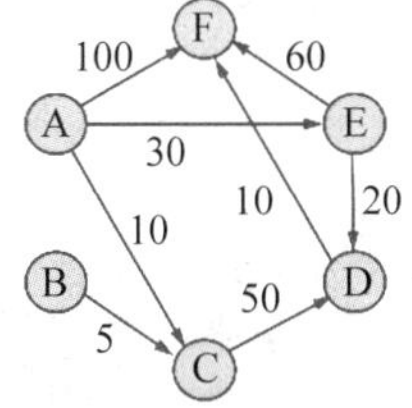

(a) 无向网G_6

i	v_i	最短路径P_i	路径长度
1	C	A→C	10
2	E	A→E	30
3	D	A→E→D	50
4	F	A→E→D→F	60
5	B	不存在	

(b) 从源点A到其余顶点的最短路径

图 7.21　无向网 G_6 和从源点 A 到其余顶点的最短路径

与求最小生成树的普里姆算法类似，迪杰斯特拉算法也将图 G 的顶点集 V 分成两个子集 U 和 $V-U$，U 是已求得最短路径的顶点集。用一维数组 Dist 记录集合 $V-U$ 中各顶点所求的当前最短路径信息。其定义如下：

```
typedef struct {
    int prev;           // 当前最短路径上该顶点的前驱顶点的位序
    int lowcost;        // 当前最短路径的长度
} DistInfo;             // 集合 V-U 中顶点的当前最短路径信息
DistInfo Dist[MAX_VEX_NUM];
```

借助 Dist 数组，迪杰斯特拉算法的步骤如下。

(1) 假设源点为 v_i，初始：

U = {源点 v_i}　　　　$V-U$ = { 除源点 v_i 外的其他顶点 }

Dist[i] = {−1, 0}　　　　$v_i \in U$

Dist[j] = {i, W_{ij}}　　　　$v_j \in V-U$ 且$<v_i, v_j> \in E$

Dist[j].lowcost = INFINITY　　　　$v_j \in V-U$ 且$<v_i, v_j> \notin E$

(2) 按路径长度升序，依次求得源点到其他所有顶点的最短路径，每次：

① 在 Dist 数组中按 lowcost 域找到最小值 Dist[k]，求得从源点 v_i 到顶点 v_k 的最短路径，其长度为 Dist[k].lowcost，将 v_k 加入集合 U，并从集合 $V-U$ 中删除。

② 更新 Dist 数组。检查经过已求得的最短路径 P_k 及 v_k 到 v_j($v_j \in V-U$)的弧，如果使 v_j 当前最短路径长度变短，则更新 Dist 数组的值。即若 Dist[k].lowcost + W_{kj} < Dist[j].lowcost，则 Dist[j]={k, Dist[k].lowcost + W_{kj}}，否则不变。

例如，用迪杰斯特拉算法求有向图 G_6 的源点 A 到其他所有顶点的最短路径，Dist 数组和集合的变化过程如图 7.22 所示。

由图 7.22 可见，沿 Dist 数组的 prev 域，可逆向获得源点到各顶点的最短路径。例如，从源点 A 到 D 的最短路径，D 的前驱为 E(Dist[0].prev=4)，且 E 的前驱为源点 A(Dist[4].prev=0)，得到该最短路径 A→E→D。

算法 7.12 是迪杰斯特拉算法的实现。

```
typedef struct {
    int prev;                              // 当前最短路径上该顶点的前驱顶点的位序
    int lowcost;                           // 当前最短路径的长度
```

```
} DistInfo;                                          // V-U中顶点的当前最短路径信息
DistInfo Dist[MAX_VEX_NUM];    // 全局数组,当前各顶点最短路径信息
int hpos[MAX_VEX_NUM];                               // 顶点位序在小顶堆中的位置
typedef int HElemType;                               // 小顶堆元素类型(顶点序号)
Status lessPrior(HElemType x, HElemType y)  // 小顶堆优先函数
    { return Dist[x].lowcost<=Dist[y].lowcost; }
void OutputPath(ALGraph G, DistInfo * Dist,int k) {
    // 沿 Dist 数组的 prev 域,递归获得源点到 k 顶点的最短路径
    if (-1==k) return;                               // 上溯到路径尽头返回
    Outputpath(G, Dist, Dist[k].prev);               // 逆向递归获取路径上的顶点
    printf("%c ", G->vexs[k].data);                  // 正向输出当前路径上的顶点
}
void ShortestPath_DIJ(ALGraph G, int i) {
    // 求有向网 G 中从 i 顶点到其他所有顶点的最短路径,并由全局 Dist 数组返回路径信息
    int j, m, k, min;  ArcNP p;
    Heap H=InitHeap(G->n);                         // 初始化建容量为 G 的顶点个数的空小顶堆 H
    for (j=0; j<G->n; j++)                           // Dist 初始化
        { Dist[j].prev=-1;  Dist[j].lowcost=INFINITY; }
     for (p=G->vexs[i].firstArc; p!=NULL; p=p->nextArc)
                                                     // 源点 i 引出弧信息存入 Dist
        { Dist[p->adjvex].prev=i;  Dist[p->adjvex].lowcost=p->weight; }
    for (j=0; j<G->n; j++)
        if (j!=i) Insert(H, j);        // 除源点外,各顶点序号插入最小堆 H
     Dist[i].lowcost=0;                // 源点 i 的 lowcost 值置 0
     for (m=1; m<G->n; m++) {          // 按路径长度升序,依次求源点到其他顶点的最短路径
        k=DelTop(H);  // 删除并取堆顶(lowcost 最小)的顶点序号,求出 T 下一个 k 顶点
        for (p=G->vexs[k].firstArc; p!=NULL; p=p->nextArc) {   // 更新 Dist 数组
            j=p->adjvex;  if (hpos[j]>H->len) break;
            if (Dist[k].lowcost+p->weight<Dist[j].lowcost) {
                Dist[j].lowcost=Dist[k].lowcost +p->weight; Dist[j].prev=k;
                SiftUp(H, hpos[j]);// 对 j 顶点在堆中位置向上调整
            }
        }
     }
     FreeHeap(H);                      // 回收堆
}
```

算法 7.12

Dist	0(A)	1(B)	2(C)	3(D)	4(E)	5(F)	k	U	V–U
lowcost prev 当前最短路径	0 -1	∞ -1	10 0 A-C	∞ -1	30 0 A-E	100 0 A-F	2	{A}	{B,C, D,E,F}
lowcost prev 当前最短路径	0 -1	∞ -1	10 0 A-C	60 2 A-C-D	30 0 A-E	100 0 A-F	4	{A,C}	{B,D, E,F}
lowcost prev 当前最短路径	0 -1	∞ -1	10 0 A-C	50 4 A-E-D	30 0 A-E	90 4 A-E-F	3	{A,C, E}	{B,D, F}
lowcost prev 当前最短路径	0 -1	∞ -1	10 0 A-C	50 4 A-E-D	30 0 A-E	60 3 A-E-D-F	5	{A,C, E,D}	{B,F}
lowcost prev 当前最短路径	0 -1	∞ -1 无	10 0 A-C	50 4 A-E-D	30 0 A-E	60 3 A-E-D-F		{A,C, E,D,F}	{B}

图 7.22　Dist 数组和集合的变化过程

算法 7.12 所求的源点到各顶点的最短路径信息保留在外部数组 Dist 中，可调用函数 OutputPath(G,k)输出源点到 k 顶点的最短路径。从 k 顶点沿 prev 域递归上溯到源点，获取路径上的顶点，并依次输出从源点到 k 顶点的最短路径上的顶点。

迪杰斯特拉算法的初始化除了以常量时间建空的小顶堆外还有三个并列循环，依次是对长度为 n 的 Dist 数组赋初值、将源点引出弧的信息存入 Dist、将 $n-1$ 个目标顶点的序号插入小顶堆，前两个的时间复杂度都是 $O(n)$，第三个为 $O(n\log n)$。求解过程与普里姆算法类似，也是双重循环结构，外层循环 $n-1$ 次，内层有两项主要操作：一个是选择最小距离顶点。在每次迭代中，选择当前距离起始顶点最近的未访问顶点。使用小顶堆可在$O(\log n)$的时间内完成这一操作，总共需要进行 $n-1$ 次选择，因此时间复杂度为 $O(n\log n)$。另一个是更新距离。对于每个选中的顶点，更新其相邻顶点的距离。每个顶点的相邻顶点最多会被访问一次，因此总共需要进行 e 次更新操作。每次更新操作的时间复杂度为 $O(\log n)$，因此总的时间复杂度为$O(e\log n)$。将上述各步骤的时间复杂度相加，算法 7.12 的总时间复杂度为 $O((n+e)\log n)$。采用邻接表存储结构比邻接矩阵更合理。

7.5.2 每一对顶点之间的最短路径

解决这个问题的一个办法是：每次以一个顶点为源点，重复执行迪杰斯特拉算法 n 次。这样，便可求得每一对顶点之间的最短路径。总的执行时间为 $O(n^3)$。

这里要介绍由弗洛伊德(Floyd)提出的另一个算法。这个算法的时间复杂度也是 $O(n^3)$，但形式上简单些。

弗洛伊德算法仍从图的带权邻接矩阵 cost 出发，其基本思想：

假设求从顶点 v_i 到 v_j 的最短路径。如果从 v_i 到 v_j 有弧，则从 v_i 到 v_j 存在一条长度为 arcs[i][j]的路径，该路径不一定是最短路径，尚需进行 n 次试探。首先考虑路径(v_i, v_0, v_j)是否存在(即判别弧(v_i, v_0)和(v_0, v_j)是否存在)。如果存在，则比较(v_i, v_j)和(v_i, v_0, v_j)的路径长度，取长度较短者为从 v_i 到 v_j 的中间顶点的序号不大于 0 的最短路径。假如在路径上再增加一个顶点 v_1，也就是说，如果(v_i, …, v_1)和(v_1, …, v_j)分别是当前找到的中间顶点的序号不大于 0 的最短路径，那么(v_i, …, v_1, …, v_j)就有可能是从 v_i 到 v_j 的中间顶点的序号不大于 1 的最短路径。将它和已经得到的从 v_i 到 v_j 中间顶点序号不大于 0 的最短路径相比较，从中选出中间顶点的序号不大于 1 的最短路径之后，再增加一个顶点 v_2，继续进行试探。依次类推，在一般情况下，若(v_i, …, v_k)和(v_k, …, v_j)分别是从 v_i 到 v_k 和从 v_k 到 v_j 的中间顶点的序号不大于 $k-1$ 的最短路径，则将(v_i, …, v_k, …, v_j)和已经得到的从 v_i 到 v_j 且中间顶点序号不大于 $k-1$ 的最短路径相比较，其长度较短者便是从 v_i 到 v_j 的中间顶点的序号不大于 k 的最短路径。这样，在经过 n 次比较后，最后求得的必是从 v_i 到 v_j 的最短路径。按此方法，可以同时求得各对顶点间的最短路径。

现定义一个 n 阶方阵序列

$$D^{(-1)}, D^{(0)}, D^{(1)}, \cdots, D^{(k)}, \cdots, D^{(n-1)}$$

其中

$$D^{(-1)}[i][j] = G.arcs[i][j]$$

$$D^{(k)}[i][j]=\text{Min}\{D^{(k-1)}[i][j], D^{(k-1)}[i][k]+D^{(k-1)}[k][j]\} \qquad 0 \leqslant k \leqslant n-1$$

从上述计算公式可见，$D^{(1)}[i][j]$是从 v_i 到 v_j 的中间顶点的序号不大于 1 的最短路径的长度；$D^{(k)}[i][j]$是从 v_i 到 v_j 的中间顶点的序号不大于 k 的最短路径的长度；$D^{(n-1)}[i][j]$就是从 v_i 到 v_j 的最短路径的长度。

由此可得算法 7.13。

```
void ShortestPath_FLOYD(MGraph G, PathMatrix P[], DistancMatrix D) {
    // 用 Floyd 算法求有向网 G 中各对顶点 v 和 w 之间的最短路径 P[v][w]及其
    // 带权长度 D[v][w]。若 P[v][w][u]为 TRUE,则 u 是从 v 到 w 当前求得最短路径上的顶点
    int u,v,w;
    for (v=0; v<G->n; ++v)                         // 各对结点之间初始已知路径及距离
        for (w=0; w<G->n; ++w) {
          D[v][w]=G->arcs[v][w];
          for (u=0; u<G->n; ++u)  P[v][w][u]=FALSE;
          if (D[v][w]<INFINITY) {                  // 从 v 到 w 有直接路径
             P[v][w][v]=TRUE; P[v][w][w]=TRUE;
          }
        }
      for (u=0; u<G->n; ++u)
        for (v=0; v<G->n; ++v)
          for (w=0; w<G->n; ++w)
             if (D[v][u]+D[u][w]<D[v][w]) {        // 从 v 经 u 到 w 的一条路径更短
               D[v][w]=D[v][u]+D[u][w];
               for (i=0; i<G->n; ++i)
                  P[v][w][i]=P[v][u][i] || P[u][w][i];
             }
}
```

算法 7.13

例如，利用上述算法，可求得图 7.23 所示带权有向图 G_7 的每一对顶点之间的最短路径及其路径长度如图 7.24 所示。

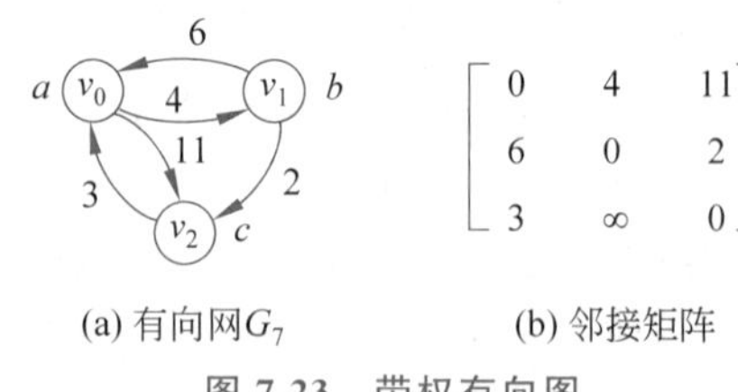

(a) 有向网G_7　　(b) 邻接矩阵

图 7.23　带权有向图

D	$D^{(-1)}$			$D^{(0)}$			$D^{(1)}$			$D^{(2)}$		
	0	1	2	0	1	2	0	1	2	0	1	2
0	0	4	11	0	4	11	0	4	6	0	4	6
1	6	0	2	6	0	2	6	0	2	5	0	2
2	3	∞	0	3	7	0	3	7	0	3	7	0

图 7.24　图 7.23 中有向图的各对顶点间的最短路径及其路径长度

P	$P^{(-1)}$			$P^{(0)}$			$P^{(1)}$			$P^{(2)}$		
	0	1	2	0	1	2	0	1	2	0	1	2
0		AB	AC		AB	AC		AB	ABC		AB	ABC
1	BA		BC	BA		BC	BA		BC	BCA		BC
2	CA			CA	CAB		CA	CAB		CA	CAB	

图 7.24 （续）

7.6 有向无环图及其应用

本节讨论的拓扑排序和关键路径都以有向无环图为处理对象。

7.6.1 有向无环图

一个无环的有向图称作有向无环图(directed acycline graph)，简称 DAG。DAG 是一类较有向树更一般的特殊有向图，如图 7.25 列出了有向树、DAG 和有向图的例子。

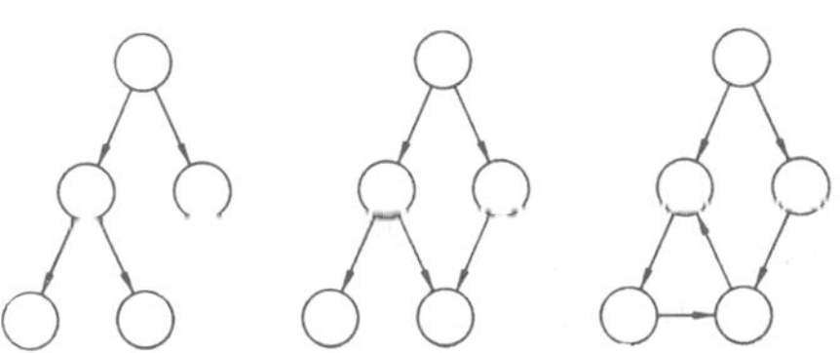

图 7.25 有向树、DAG 图和有向图示例

有向无环图是描述含公共子式的表达式的有效工具。例如下述表达式

$$((a+b)*(b*(c+d))+(c+d)*e)*((c+d)*e)$$

可以用第 6 章讨论的二叉树来表示，如图 7.26(a)所示。仔细观察该表达式，可发现有一些相同的子表达式，如 $(c+d)$ 和 $(c+d)*e$ 等，在二叉树中，它们也重复出现。若利用有向无环图，则可实现对相同子式的共享，从而节省存储空间。例如图 7.26(b)为表示同一表达式的有向无环图。

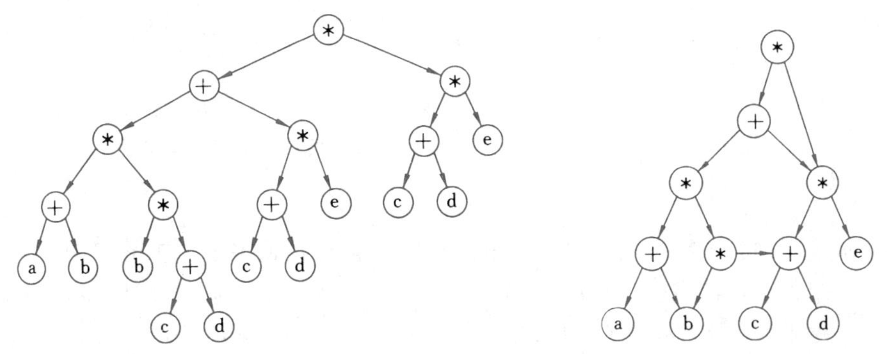

(a) 表达式的二叉树表示　　(b) 图7.26(a)的二叉树的有向无环图表示

图 7.26 表达式的二叉树有向无环图描述示例

检查一个有向图是否存在环要比无向图复杂。对于无向图来说，若深度优先遍历过程中遇到回边(即指向已访问过的顶点的边)，则必定存在环；而对于有向图来说，这条回边有可能是指向深度优先生成森林中另一棵生成树上顶点的弧。但是，如果从有向图上某个顶点 v 出发的遍历，在 DFS(v) 结束之前出现一条从顶点 u 到顶点 v 的回边(如图 7.27 所示)，由于 u 在生成树上是 v 的子孙，则有向图中必定存在包含顶点 v 和 u 的环。

有向无环图也是描述一项工程或系统的进行过程的有效工具。除最简单的情况之外，几乎所有的工程(project)都可分为若干称作活动(activity)的子工程，而这些子工程之间，通常受着一定条件的约束，如其中某些子工程的开始必须在另一些子工程完成之后。对整个工程和系统，人们关心的是两方面的问题：一是工程能否顺利进行；二是估算整个工程完成所必须的最短时间。对应有向图，即为进行拓扑排序和求关键路径的操作。

7.6.2 拓扑排序

简单地说，**拓扑排序**(topological sort)是由某个集合上的一个偏序得到该集合上的一个全序。回顾离散数学中关于偏序和全序的定义：

若集合 S 上的关系 R 是自反的、反对称的和传递的，则称 R 是集合 S 上的偏序关系。

设 R 是集合 S 上的偏序(partial order)，如果对任何 x，$y \in S$ 必有 xRy 或 yRz，则称 R 是集合 S 上的全序关系。

直观地看，偏序指集合中仅有部分成员之间可比较，而全序指集合中全体成员之间均可比较。例如，图 7.28 所示的两个有向图，图中弧 $\langle x, y\rangle$ 表示 $x \leqslant y$，则图 7.28(a)表示偏序，图 7.28(b)表示全序。若在图 7.28(a)的有向图上人为地加一个表示 $v_2 \leqslant v_3$ 的弧(符号≤表示 v_2 领先于 v_3)，则图 7.28(a)表示的亦为全序，且这个全序称为**拓扑有序**(topological order)，而由偏序定义得到拓扑有序的操作便是拓扑排序。

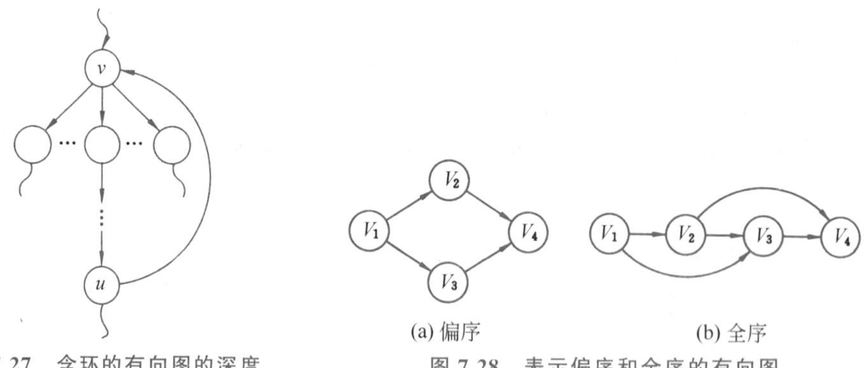

图 7.27 含环的有向图的深度优先生成树

图 7.28 表示偏序和全序的有向图

一个表示偏序的有向图可用来表示一个流程图。它或者是一个施工流程图，或者是一个产品生产的流程图，再或是一个数据流图(每个顶点表示一个过程)。图中每一条有向边表示两个子工程之间的次序关系(领先关系)。

例如，一个软件专业的学生必须学习一系列基本课程(如图 7.29 所示)，其中有些课程是基础课，它独立于其他课程，如《高等数学》；而另一些课程必须在学完作为它的基础的先修课程才能开始。例如，在《程序设计基础》和《离散数学》学完之前就不能开始学习《数据结构》。这些先决条件定义了课程之间的领先(优先)关系。这个关系可以用有向图更清楚地表示,如图 7.30 所示。图中顶点表示课程,有向边(弧)表示先决条件。若课程 i 是课程 j 的先决条件,则图中有弧 $<i, j>$。

课程编号	课程名称	先决条件
C_1	程序设计基础	无
C_2	离散数学	C_1
C_3	数据结构	C_1, C_2
C_4	汇编语言	C_1
C_5	语言的设计和分析	C_3, C_4
C_6	计算机原理	C_{11}
C_7	编译原理	C_3, C_5
C_8	操作系统	C_3, C_6
C_9	高等数学	无
C_{10}	线性代数	C_9
C_{11}	大学物理	C_9
C_{12}	数值分析	C_9, C_{10}, C_1

图 7.29　软件专业的学生必须学习的课程

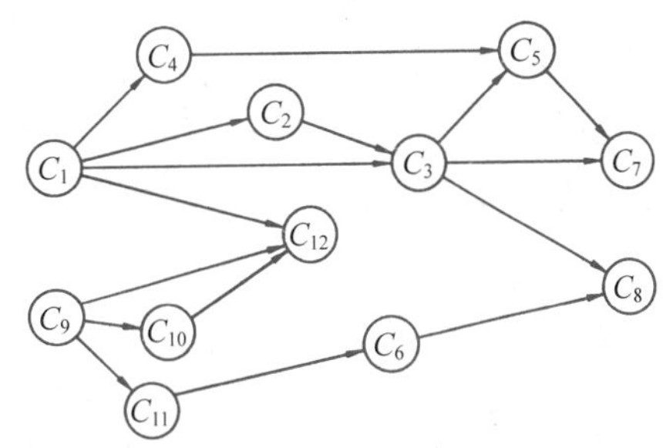

图 7.30　表示课程之间优先关系的有向图

这种用顶点表示活动,用弧表示活动间的优先关系的有向图称为顶点表示活动的网(activity on vertex network),简称 **AOV** 网。在网中,若从顶点 i 到顶点 j 有一条有向路径,则 i 是 j 的前驱;j 是 i 的后继。若 $<i, j>$ 是网中一条弧,则 i 是 j 的直接前驱;j 是 i 的直接后继。

在 AOV 网中,不应该出现有向环,因为存在环意味着某项活动应以自己为先决条件。显然,这是荒谬的。若设计出这样的流程图,工程便无法进行。而对程序的数据流图来说,则表明存在一个死循环。因此,对给定的 AOV 网应首先判定网中是否存在环。检测的办法是对有向图构造其顶点的拓扑有序序列,若网中所有顶点都在它的拓扑有序序列中,则该 AOV 网中必定不存在环。例如,图 7.30 的有向图有如下两个拓扑有序序列:

$$(C_1, C_2, C_3, C_4, C_5, C_7, C_9, C_{10}, C_{11}, C_6, C_{12}, C_8)$$

$$(C_9, C_{10}, C_{11}, C_6, C_1, C_{12}, C_4, C_2, C_3, C_5, C_7, C_8)$$

(当然,对此图也可构造其他的拓扑有序序列)。若某个学生每学期只学一门课程,则他必须按拓扑有序的顺序安排学习计划。

对于任意一个有向图,其拓扑排序过程如下。

(1) 在有向图中任意选取一个入度为零的顶点,并输出。

(2) 从图中删除该顶点及其所有引出弧。

(3) 重复上述两步,直到图中不存在入度为零的顶点。此时,若图中所有顶点均已输出,则输出序列为拓扑序列;否则,图中存在回路,拓扑排序失败。

以图 7.31(a)中的有向图为例,A 和 F 入度为 0,可任选一个。假设先输出 A,再删除 A 及弧<A, B>,<A,C>和<A, D>之后,只有顶点 F 入度为 0,则输出 F 且删去 F 及弧

<F, D>和<F, E>之后,C 和 D 都入度为 0。依次类推,可从中任选一个继续进行。整个拓扑排序的过程如图 7.31 所示。最后得到该有向图的拓扑序列为:

A, F, C, D, B, E

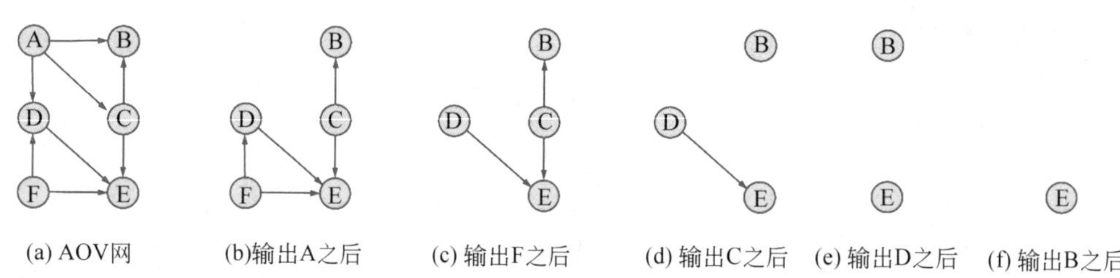

(a) AOV网 (b)输出A之后 (c) 输出F之后 (d) 输出C之后 (e) 输出D之后 (f) 输出B之后

图 7.31 AOV 网及其拓扑序列产生的过程

在实现时不能破坏图的结构,可将删除顶点及其所引出的弧改为将该顶点的所有邻接顶点的入度减 1。为此,用一维数组 indegree 保存每个顶点的入度,并用队列 Q 保存当前所有未输出的入度为 0 的顶点。算法 7.14 实现了拓扑排序。

```
Status ToplogicalSort(ALGraph G) { // 对采用邻接表存储结构的图 G 进行拓扑排序
   ArcNP p; int i, count=0, * indegree;
   Queue Q=InitQueue();                                    // 初始化链队列 Q
   if (!(indegree =(int * )calloc(G->n, sizeof(int))))   // 自动清 0
      exit(OVERFLOW);
   for (i=0; i<G->n; i++)                                  // 计算每个顶点的入度
      for (p=G->vexs[i].firstArc; p!=NULL; p=p->nextArc)
         indegree[p->adjvex]++;
   for (i=0; i<G->n; i++)
      if (0==indegree[i]) EnQueue(Q, i);                   // 将入度为 0 的顶点入队
   while ((i=DeQueue(Q))!=nullE) {
      printf("%c ", G->vexs[i].data); count++;             // 输出顶点并计数
      for (p=G->vexs[i].firstArc; p!=NULL; p=p->nextArc)
         // 将 i 顶点的邻接顶点入度减 1,若入度为 0,则入队
         if (0 ==--indegree[p->adjvex]) EnQueue(Q, p->adjvex);
   }
   free(indegree);                                         // 回收入度数组
   if (count<G->n) return ERROR;                           // 若未输出所有顶点,存在回路
   else return OK;
}
```

算法 7.14

算法 7.14 中图 G 采用邻接表存储结构,计算每个顶点的入度需扫描邻接表中所有结点,时间复杂度为 $O(n+e)$;建立入度为 0 的顶点队列,需扫描数组 indegree,时间复杂度为 $O(n)$;若图 G 无回路,则每个顶点入队和出队各 1 次,且出队时还要扫描该顶点的邻接链表,将其每个邻接顶点的入度减 1,时间复杂度为 $O(n+e)$。因此,整个算法的时间复杂度为 $O(n+e)$。

7.6.3 关键路径

在一个有向网中，如果顶点表示事件，弧表示活动，弧上的权值表示活动持续的时间，则称该图为**边活动**(activity on edge，**AOE**)网。例如，图 7.32 中的 AOE 网，包含 11 项活动 $a_0,a_2,\cdots,a_{10}$，以及 9 个事件 $v_0,v_1,\cdots,v_8$，其中事件 v_3 可理解为当活动 a_2 和 a_4 完成时，事件 v_3 发生，同时，当事件 v_4 发生之后，活动 a_6 才可以开始。

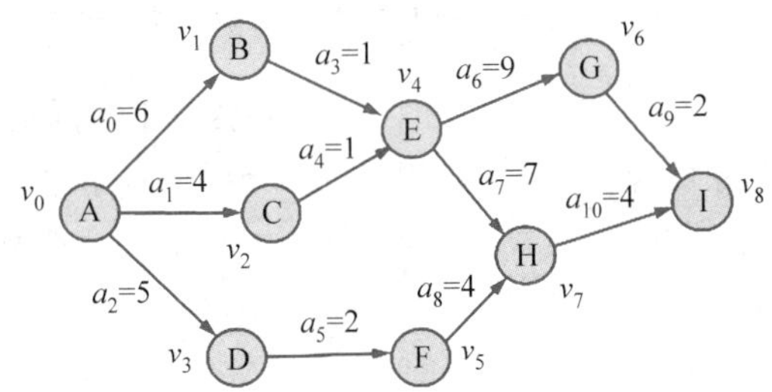

图 7.32 AOE 网及其关键路径示例

在现实中，AOE 网可以用来描述一个工程的实施过程。AOE 网除了能描述工程中活动的次序关系之外，还能分析“完成整个工程所需的最短时间”“哪些活动会影响整个工程工期”等关键问题，这些问题对工程的整体规划具有重要意义。

由于工程只有唯一一个开始点和结束点，故在正常情况下，称 AOE 网中唯一一个入度为零的顶点为源点，唯一一个出度为零的顶点为汇点。例如，图 7.32 所示的 AOE 网，v_0 是源点，v_8 是汇点。

要估算完成整个工程所需的最短时间，就是要找一条从源点到汇点的最长路径(即权值之和最大的路径)，该路径称为**关键路径**(critical path)，关键路径上的活动称为**关键活动**，这些活动是影响整个工程工期进度的关键。例如，图 7.32 所示的 AOE 网，v_0 是源点，v_8 是汇点，关键路径之一是 $v_0 \to v_1 \to v_4 \to v_6 \to v_8$，关键活动是 a_0、a_3、a_6 和 a_9，完成整个工程所需的最短时间是 18(个工作时间单位)，其中如果活动 a_0、a_3、a_6 和 a_9 中任何一个活动延迟结束，则整个工程的工期也将被延迟。

假设 AOE 网包含 n 个事件 $v_0,v_1,\cdots,v_{n-1}$，和 m 个活动 $a_1,a_2,\cdots,a_m$，v_0 是源点，v_{n-1} 是汇点。求关键路径的问题有以下 4 个相关概念。

(1) 事件 v_i 的**最早发生时间** ve(i)。根据 AOE 网的定义，只有进入事件 v_i 的所有活动均完成，事件 v_i 才能发生。因此，事件 v_i 的最早发生时间是从源点 v_0 到 v_i 的最长路径长度。如图 7.33(a)所示，弧 $<v_{j_k},\ v_i>$ ($1 \leqslant k \leqslant m$)表示进入事件 v_i 的某一活动(称 v_{j_k} 为 v_i 的前驱事件)，$W_{j_k i}$ 为弧的权值，表示该活动的持续时间，假设已求得 v_{j_k} 的最早发生时间 ve(j_k)，则 v_i 的最早发生时间 ve(i)应为所有 ve(j_k)和 $W_{j_k i}$ 之和的最大值。

ve(i)可定义成如下的递推公式：

$$\mathrm{ve}(0)=0$$

$$\mathrm{ve}(v_i)=\operatorname*{Max}_{k=1}^{m}\{\mathrm{ve}(v_{j_k})+W_{j_k i}\} \quad 若 <v_{j_k},\ v_i> \in E \quad 0<i \leqslant n-1$$

由递推公式可知，其计算过程是从源点出发，沿各个弧(活动)一步一步推导到汇点，其过程与拓扑排序过程一致。

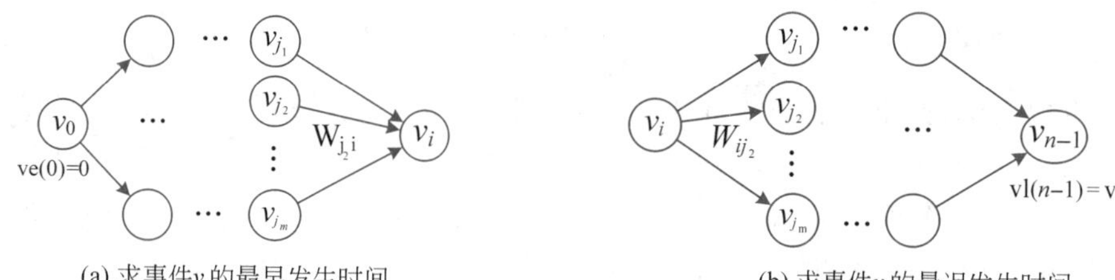

(a) 求事件v_i的最早发生时间

(b) 求事件v_i的最迟发生时间

图 7.33　求事件的最早和最迟发生时间示意图

(2) 事件 v_i 的**最迟发生时间** vl(i)。事件 v_i 的最迟发生时间是指在不影响整个工程工期的情况下,事件 v_i 可以最迟发生的时间,由此进一步可知,事件 v_i 的最迟发生时间不能影响其所有后继事件(若存在弧$<v_i, v_j>$,则称 v_j 为 v_i 的后继事件)的最迟发生时间。如图 7.33(b)所示,v_{j_k} 为 v_i 的后继事件,假设已求得v_{j_k} 的最迟发生时间 vl(j_k),则 v_i 的最迟发生时间 vl(i)应为所有 vl(j_k)和W_{ij_k} 之差的最小值。

vl(i)可定义为如下的递推公式:

$$\text{vl}(n-1)=\text{ve}(n-1)$$

$$\text{vl}(v_i)=\underset{k=1}{\overset{m}{\text{Min}}}\{\text{vl}(v_{j_k})-W_{i_jk}\}\quad 若 <v_i,v_{j_k}>\in E\quad 0<i\leqslant n-1$$

同理,由递推公式可知,其计算过程与逆拓扑排序过程一致。

(3) 活动 a_k的**最早开始时间** ae(k)。根据 AOE 网的定义,若存在表示活动 a_k 的弧$<v_i, v_j>$,则代表只有事件 v_i 发生后,活动 a_k 才可以开始,因此活动 a_k 的最早开始时间即为 v_i 事件的最早发生时间,即

$$\text{ae}(k)=\text{ve}(i)\quad 1\leqslant k\leqslant m$$

(4) 活动 a_k 的**最迟开始时间** al(k)。若存在表示活动 a_k的弧$<v_i, v_j>$,则活动 a_k的最迟开始时间不能影响其到达事件 v_j 的最迟发生时间,al(k)可定义为

$$\text{al}(k)=\text{vl}(j)-W_{ij}\quad <v_i,v_j>\quad 1\leqslant k\leqslant m$$

显然,若活动 a_k的最迟开始时间和最早开始时间相等,则表示活动 a_k必须如期完成,否则将影响整个工程进度,该活动是关键活动。

由上述定义可知,关键路径的计算过程:首先,按拓扑排序过程,依次计算所有事件的最早发生时间,对事件 v_i,更新其后继事件 v_j 的最早发生时间,若 ve(j) < ve(i)+W_{ij},则令 ve(j) = ve(i)+W_{ij},否则不变。例如,图 7.34(a)所示的 AOE 网中顶点的最早发生时间计算过程如图 7.35 所示,指向顶点的最早发生时间的两个箭头表示 ve(i)和 W_{ij} 相加。

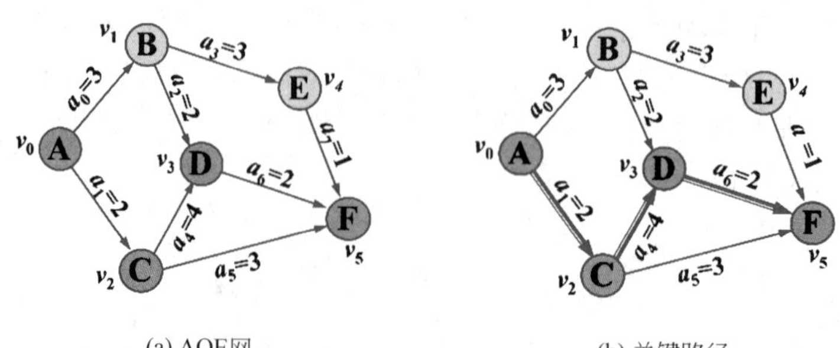

(a) AOE网

(b) 关键路径

图 7.34　AOE 网及其关键路径示例

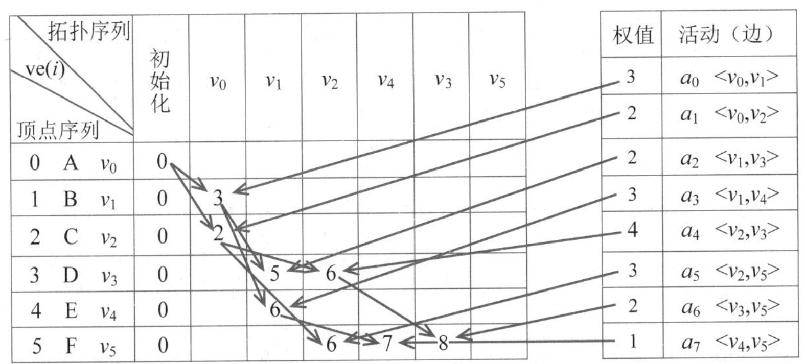

图 7.35　图 7.34 所示的 AOE 网中顶点的最早发生时间计算过程

其次,按逆拓扑序列,依次计算所有事件的最迟发生时间,对事件 v_i,更新其最迟发生时间,对于 v_i 的所有后继事件 v_j,若 $\text{vl}(i) > \text{vl}(j) - W_{ij}$,$\text{vl}(i) = \text{vl}(j) - W_{ij}$,否则不变。例如,图 7.34(a)所示的 AOE 网中顶点的最迟发生时间计算过程如图 7.36 所示,指向顶点的最迟发生时间的两个箭头表示 vl(j)和 W_{ij} 相减。

逆序列 / vl(i) / 顶点序列	初始化	v_5	v_3	v_4	v_2	v_1	v_0
0　A　v_0	8						0
1　B　v_1	8					4	
2　C　v_2	8				2		
3　D　v_3	8		6				
4　E　v_4	8			7			
5　F　v_5	8						

权值	边
3	a_0 <v_0,v_1>
2	a_1 <v_0,v_2>
2	a_2 <v_1,v_3>
3	a_3 <v_1,v_4>
4	a_4 <v_2,v_3>
3	a_5 <v_2,v_5>
2	a_6 <v_3,v_5>
1	a_7 <v_4,v_5>

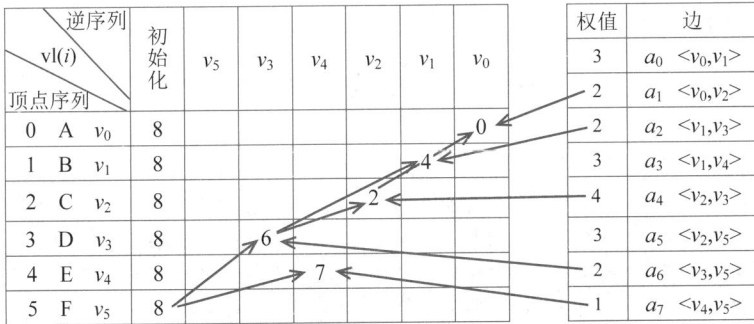

图 7.36　图 7.34 所示的 AOE 网中顶点的最迟发生时间计算过程

然后,计算活动的最早开始时间和最迟开始时间。对于弧 $<v_i, v_j>$,其表示活动 a_k,则 a_k 的最早发生时间 $\text{ae}(k) = \text{ve}(i)$,最迟发生时间 $\text{al}(k) = \text{vl}(j) - W_{ij}$。最后,由 ae($k$)和 al($k$)之差确定关键活动,关键活动所组成的从源点到汇点的一条的路径即为关键路径,关键路径可能不止一条。对如图 7.34(a)所示的 AOE 网,其关键路径的计算结果如图 7.37 所示,由 vl 指向权值的箭头表示对应的 vl(j)和 W_{ij} 相减,结果赋给向下箭头所指的活动最迟发生时间 al。

从图 7.37 可见,满足 ae = al 的只有 3 个活动,也就是关键活动 a_1,a_4 和 a_6,对应的关键路径只有一条,是 $v_0 \rightarrow v_2 \rightarrow v_3 \rightarrow v_5$,如图 7.34(b)中粗实线箭头连成的路径。

由计算过程的讨论可知,计算事件最早发生时间 ve(i)需在拓扑排序基础上进行,因此,需对拓扑排序算法做如下修改。

(1) 增加参数一维数组 ve[i]($0 \leqslant i \leqslant n-1$)。

(2) 为了能按逆拓扑排序计算事件 v_i 的最晚发生时间 vl(i),需利用栈保存拓扑序列。

(3) 按拓扑排序依次修正每个事件 v_i 的后继事件 v_j 的最早发生时间 ve[j]:若 $\text{ve}[j] + W_{ij} > \text{ve}[j]$,则 $\text{ve}[j] = \text{ve}[j] + W_{ij}$。

算法 7.15 用于计算 ve(i)和逆拓扑序列,由拓扑排序算法(算法 7.14)扩充而成。

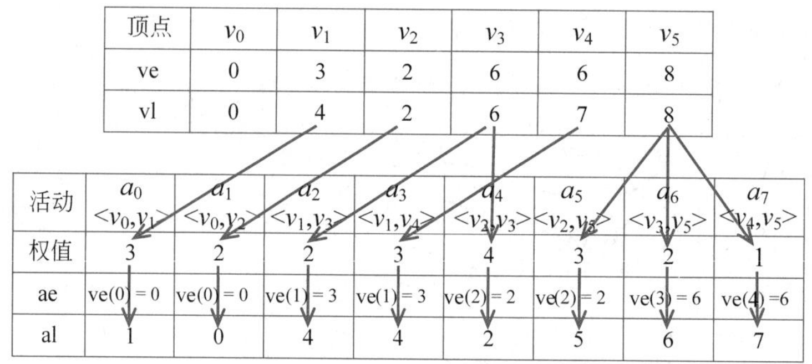

图 7.37 图 7.34 所示的 AOE 网中活动的最早开始时间、最迟开始时间和两者之差

```
Stack ToplogicalSort_ve(ALGraph G, int * ve) {
    // 用栈返回拓扑序列, (1)参数 ve 数组返回各顶点(事件)的最早发生时间,各分量已清 0
    ArcNP p; int i, j, * indegree;
    Stack S=InitStack(G->n, 5);                          // 初始化顺序栈 S
    Queue Q=InitQueue();                                 // 初始化链队列 Q
    if (!(indegree =(int * )calloc(G->n,sizeof(int))))     // 自动清 0
        exit(OVERFLOW);
    for (i=0; i<G->n; i++)                               // 计算每个顶点的入度
        for (p=G->vexs[i].firstArc; p!=NULL; p=p->nextArc)
            indegree[p->adjvex]++;
    for (i=0; i<G->n; i++)                               // 入度为 0 的顶点入队
        if(0==indegree[i]) EnQueue(Q, i);
    while ((i=DeQueue(Q))!=nullE) {                      // 退队若不正常(队列空)则终止循环
        Push(S, i);                                      //(2)进栈加入拓扑序列
        for (p=G->vexs[i].firstArc; p!=NULL; p=p->nextArc) {
            // 扫描 i 顶点的邻接顶点
            j=p->adjvex;                                 // 取 i 顶点的邻接顶点序号
            if (0==--indegree[j]) EnQueue(Q, j);   // 入度减 1 后若为零则入队
            if (ve[i]+p->weight>ve[j])
                //(3)刷新事件 vi 的后继事件 vj 的最早发生时间 ve[j]
                ve[j]=ve[i]+p->weight;
        }
    }
    free(indegree);                                      // 回收辅助数组
    if (StackLen(S)<G->n) return NULL;                   // 存在回路,返回 NULL 报错
    else return S;               // 返回保存所求拓扑序列的栈,顶点最早发生时间 ve 也已求得
}
```

算法 7.15

同理,计算事件最迟发生时间 vl(i) 需进行如下操作。

(1) 引入一维数组 vl[i]($0\leqslant i\leqslant n-1$),并置初值 vl[$i$] = ve[$n-1$]($0\leqslant i\leqslant n-1$)。

(2) 将栈 S 中事件依次出栈(即逆拓扑顺序),更新每个事件 v_i 的最迟发生时间 vl[i]:若 vl[j]$-W_{ij}<$ vl[i],则 vl[i] = vl[j]$-W_{ij}$,其中 v_j 是 v_i 的后继事件。

在此基础上,根据定义计算每个活动(即弧)的最早开始时间 ae 和最晚开始时间 al,若 ae = al,则为关键活动。为保存所求关键活动,邻接表的弧结点的 flag 域可作为关键活动的标志域，初值为 0，确认为关键活动则置为 1。这样既简便有效，也为 AOE 网在工程管理中的应用提供支持。算法 7.16 实现了关键路径的求解。

```
Status CriticalPath(ALGraph G) {           //求有向网 G 的关键活动，并在其弧结点打标志
    Stack S; ArcNP p; int i, j, * ve, * vl;
    if (!(ve =(int * )calloc(G->n,sizeof(int))))  // 最早发生时间数组
       exit(OVERFLOW);
    if (!(vl =(int * )malloc(G->n * sizeof(int)))) // 最迟发生时间数组
       exit(OVERFLOW);
    if((S=ToplogicalSort_ve(G, ve))==NULL)         // 求得拓扑序列栈和 ve 值
       return ERROR;
    for (i=0; i<G->n; i++) vl[i]=ve[G->n-1];       // 对 vl 初始化(ve 分配时已清 0)
    while ((i=Pop(S)) !=nullE)              // 若退栈正常(栈非空)，则按逆拓扑顺序处理
       for (p=G->vexs[i].firstArc; NULL!=p; p=p->nextArc) {
          // 扫描 i 顶点每条引出弧
          j=p->adjvex;                             // 取邻接顶点
          if (vl[j]-p->weight<vl[i])  // 按"更小"刷新事件 vi 的最迟发生时间 vl[i]
              vl[i]=vl[j]-p->weight;               // 其中 vj 是 vi 的后继事件
       }
    for (i=0; i<G->n; i++)    // 计算每个活动(弧)的最早开始时间 ae 和最晚开始时间 al
       for (p=G->vexs[i].firstArc; NULL!=p; p=p->nextArc)
          // 扫描每个活动<i,j>,vj 是 vi 的后继事件
          if (ve[i]==vl[p->adjvex]-p->weight)      // 若最早和最晚开始时间相等
          p->flag =1;                              // 则在弧结点打关键活动标志
    free(ve);  free(vl);                           // 回收辅助数组
    return OK;
}
```

算法 7.16

整个计算过程要对邻接表中所有结点和边进行扫描，但相应处理都是常量时间。因此，算法 7.15 和算法 7.16 的时间复杂度均是 $O(n+e)$。

虽然算法 7.16 只是在 G 的关键活动弧结点打标记，但这有助于对 G 中关键路径的后续应用。如何获得或显示求得的全部关键路径呢？算法 7.17 基于深搜和栈的原理对该 AOE 网 G 进行一次针对打标记的弧结点的深搜，显示求得的全部关键路径。

```
void PrintCritPath_dfs(ALGraph G, ArcNP p) {
    // 从 p 弧起递归深搜 AOE 网 G，显示关键路径
    while (p) {
       if (p->flag!=1) p=p->nextArc;        // 跳过非关键活动(弧)
       else {                                // 对关键活动做以下处理
          G->curs[G->count++]=p;       // 保存在内置的 curs 指针数组(类似栈的作用)
          if (!G->vexs[p->adjvex].firstArc) {  // 若是汇点，显示关键路径
              printf(" %c", G->vexs[0].data);  // 显示源点
              for (int i=0; i<G->count; i++)    // 依次显示关键活动，直到汇点
                  printf(" -%d->%c", G->curs[i]->weight,
                                        G->vexs[G->curs[i]->adjvex].data);
```

```
            printf("\n");
        } else
            PrintCritPath_dfs(G, G->vexs[p->adjvex].firstArc); // 非汇点则递归
        G->count--; p=p->nextArc;          // 回退一个关键活动,p 指向下一引出弧
    }
  }
}
void PrintCritPath(ALGraph G) {      // 对已求得关键路径的 AOE 网 G 深搜,显示关键路径
    G->count=0;                                      // 清 0,用作关键活动计数器
    PrintCritPath_dfs(G, G->vexs[0].firstArc);    // 从源点第一条引出弧开始深搜
    printf("\n");
}
```

算法 7.17

对已由算法 7.16 求得关键路径的图 7.32 的 AOE 网,调用函数 PrintCritPath(G)显示两条关键路径:

```
A -6->B -1->E -7->H -4->I
A -6->B -1->E -9->G -2->I
```

7.7 二部图与图匹配

设 $G=(V \cup U,\{R\})$是一个无向图。如果顶点集的两个子集 V 和 U 互不相交,并且图中每条边依附的两个顶点都分属 V 和 U,则称图 G 为二部图(bipartite graph)或二分图。例如,图 7.38 为表示学生与课程之间关系的二部图 SCG,其顶点集由学生集 S 和课程集 C 组成。在大学里,每个学生可同时选修多门课程,而每门课程也允许多个学生同时选修,则教务人员经常要做如下 4 项管理工作。

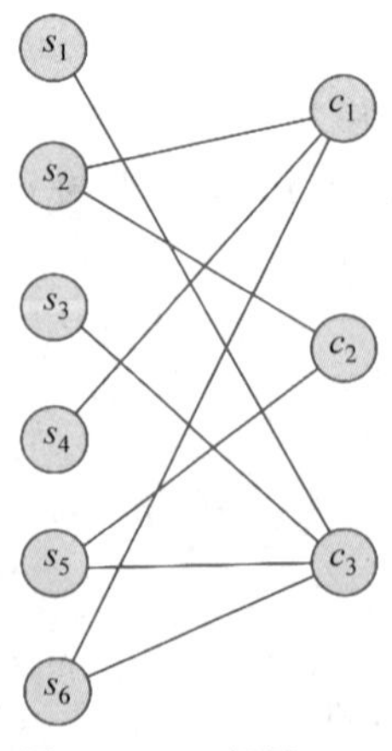

图 7.38 二部图 SCG

(1) 登记学生选修的课程。

(2) 撤销学生的修课登记。

(3) 查看某学生选修哪些课程。

(4) 查看某课程有哪些学生选修。

即对二部图做相应的插入、删除和查找操作。

在现实社会中，如商店与商品、商店与顾客、顾客与商品、工人与技术等管理问题都与学生与课程的问题类似，都可用二部图表示。因此，二部图是各种应用系统（特别是推荐系统）的重要数据结构。

根据二部图的特殊性可采用特殊的存储结构表示。图 7.39(a)为二部图 SCG 的邻接矩阵 $\boldsymbol{A}$。可见 $\boldsymbol{A}$ 是一个对称分块矩阵

$$\boldsymbol{A}=\begin{bmatrix}0 & \boldsymbol{B}\\ \boldsymbol{B}' & 0\end{bmatrix}$$

其中，矩阵 $\boldsymbol{B}$ 如图 7.39(b)所示。显然，矩阵 $\boldsymbol{B}$ 即可反映学生与课程的关系。若将学生和课程分别从 1 开始依次编号，并且将学生和课程的序号函数分别定义为 SORDINAL(s)和 CORDI-NAL(c)，这样，登记学生 s 选修课程 c，便置

$$\mathrm{B}[\mathrm{SORDINAL}(s),\mathrm{CORDINAL}(c)]=1$$

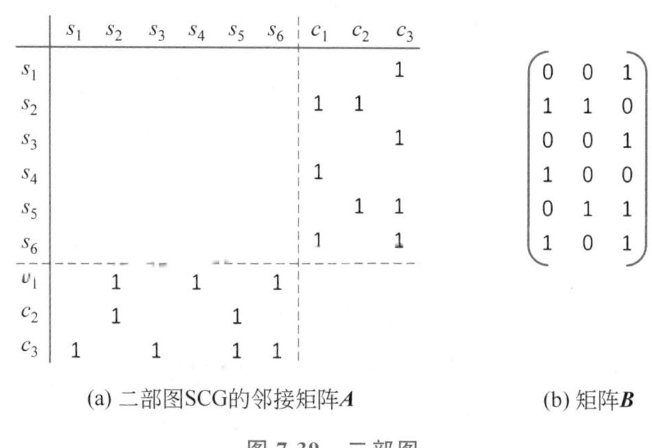

	s_1	s_2	s_3	s_4	s_5	s_6	c_1	c_2	c_3
s_1									1
s_2							1	1	
s_3									1
s_4							1		
s_5								1	1
s_6							1		1
c_1		1		1		1			
c_2		1			1				
c_3	1		1		1	1			

(a) 二部图SCG的邻接矩阵$\boldsymbol{A}$

$$\begin{pmatrix}0&0&1\\1&1&0\\0&0&1\\1&0&0\\0&1&1\\1&0&1\end{pmatrix}$$

(b) 矩阵$\boldsymbol{B}$

图 7.39　二部图

反之，将其置为 0 就是撤销该项登记。显然，查看 $\boldsymbol{B}$ 中第 SORDINAL(s)行便知学生 s 选修的全部课程。反之，查看 $\boldsymbol{B}$ 中第 CORDINAL(c)列便知有哪些学生选修课程 c。

虽然，用矩阵 $\boldsymbol{B}$ 表示二部图比邻接矩阵 $\boldsymbol{A}$ 要节省存储，然而，$\boldsymbol{B}$ 本身仍然可能是个稀疏矩阵。例如，假设某大学有 10 000 名学生，开设 500 门选修课，平均每人选修 3 门课程，那么，矩阵 $\boldsymbol{B}$ 中只有 30 000 个非零元，仅占总元数 10 000×500 的 0.6%。平均每列只有 60 个非零元，即每门课约有 60 人选修。而为了查出选修某门课的学生的姓名，需要查遍全校 10 000 名学生的修课记录。同样，为了查出某学生选修的 3～5 门课程，却要查遍 500 门开设的课程，显然，如此所作，效率极低。

为此，需对矩阵 $\boldsymbol{B}$ 做进一步的压缩处理，可采用十字链表作矩阵 $\boldsymbol{B}$ 的存储结构。这样，上述的 4 项教务管理工作就变成对十字链表做插入、删除和查找的操作。这里不再赘述。

在学校的教务管理中，安排教学工作是一项日常重要工作。假设每位教师可胜任多门课程教学，而每学期只讲授其中一门课程；相应地，一门课程只需一位教师主讲。这就需要对课程和教师进行合理安排。

可以用一个二部图来表示教师与课程的这种关系，用边(t, c)表示教师 t 胜任课程 c。

例如，图 7.40(a)所示的二部图 TCG 表示 5 位教师与 4 门课程之间的关系。为每一位教师分配一门课程等价于为每个教师顶点选择一条和课程顶点相关联的边，且任何两个教师都不和同一课程顶点相邻接。这种安排教学工作的问题实际上是图的匹配问题。

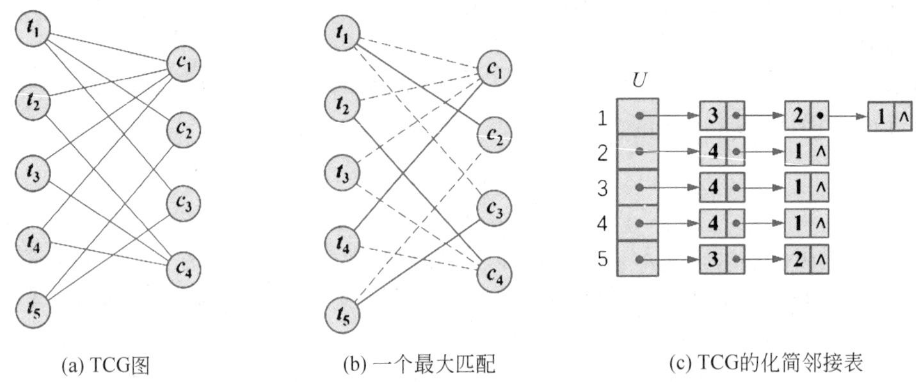

图 7.40　反映教师与课程关系的二部图 TCG 及一个最大匹配和化简邻接表

图的匹配可形式描述如下。

给定一个图 $G=(V,E)$，若边集 E 的一个子集 M 中任意两条边都不依附图中同一顶点，则称 M 是图的一个匹配(matching)，选择这样的边的最大子集称为图的**最大匹配问题**(maximum matching problem)。

图 7.40(b)所示的二部图 TCG 中，所有实线边的子集就是该图的一个最大匹配。如果在一个匹配中，图中每个顶点都和图中某条边相关联，则称此匹配为完全匹配(complete matching)，显然，任何完全匹配都是一个最大匹配。

求最大匹配的一种显而易见的算法：先找出全部匹配，然后从中选出含边数最多的一个即为最大匹配。但是，这个算法的复杂度为边数的指数函数。因此，需要有一种更有效的算法。

下面介绍一种利用“增广路径求最大匹配”的算法。

假设 M 是图 G 的一个匹配，则称 M 中的边依附的顶点为已匹配的顶点。若 P 是图 G 中一条连通两个未匹配的顶点的路径，并且，属 M 的边和不属 M 的边在路径 P 上交替出现，则称 P 为相对于 M 的一条增广路径(augmenting path)。由此定义可得下述 3 个推论。

(1) 一条增广路径($v_i,\cdots,v_j$)的路径长度必为奇数，并且，路径上依附顶点 v_i 的第一条边和依附于 v_j 的最后一条边都不属 M。

(2) 假如将路径 P 看作路径上所有边的集合，则由一条相对于 M 的增广路径可以得到更大的匹配 M'，令 M' 为 $M\oplus P$($\oplus$表示集合的“异或”运算)。即这个更大的匹配 M' 包含所有或属 M 或属 P，但不同时在 M 和 P 中的边。

(3) M 为 G 的最大匹配，当且仅当不存在相对于 M 的增广路径。

这 3 个推论构成了求最大匹配算法的依据。推论(2)证明了若存在一条相对于 M 的增广路径，则 M 不是最大匹配；反之，若 M 不是最大匹配，则必存在一条相对于 M 的增广路径。

假设 N 是 G 的另一个匹配，且 N 中的边数较 M 多，则 $M\oplus N$ 中必定包含一条相对于 M 的增广路径。为证明之，设 $G'=(V',\{M\oplus N\})$，因为 M 和 N 都是图 G 的匹配，则 V'

中的顶点至多和 M 中的一条边相关联，也至多和 N 中的一条边相关联。故 G' 的每个连通分量构成了一条由 M 和 N 中的边交替组成的简单路径或环。每个环中所含 M 和 N 的边数相等，而每条简单路径是一条相对于 M 或相对于 N 的增广路径，由于 $M \oplus N$ 中所含 N 的边数较 M 多，则其中必存在一条相对于 M 的增广路径。

由此，求图 $G=(V, \{E\})$ 的最大匹配 M 的算法可描述如下。

(1) 首先置 M 为空集。

(2) 寻找一条相对于 M 的增广路径 P，且以 $M \oplus P$ 置换 M。

(3) 重复步骤(2)直至不存在相对于 M 的增广路径，此时的 M 即为 G 的最大匹配。

上述算法表明，在找得一条相对于 M 的增广路径后容易求得更大的匹配。例如，图 7.41(a)所示由两条实线边组成的 TCG 的一个匹配，$M=\{(t_1,c_3),(t_2,c_4)\}$；图 7.41(b)所示为相对于 M 的一条增广路径 $P=(t_3,c_4,t_2,c_1)$，故图 7.41(c)所示为由 $M \oplus P$(M 和 P 对应边“虚实异或”)得到的一个较 M 更大的匹配 $M'=\{(t_1,c_3),(t_2,c_1),(t_4,c_4)\}$。剩下的关键问题是如何求得相对于 M 的一条增广路径。

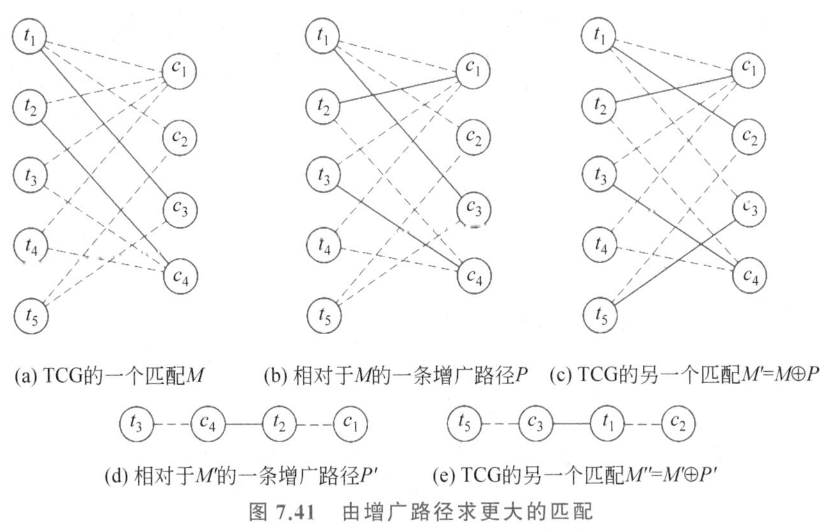

(a) TCG的一个匹配M　(b) 相对于M的一条增广路径P　(c) TCG的另一个匹配$M'=M \oplus P$

(d) 相对于M'的一条增广路径P'　(e) TCG的另一个匹配$M''=M' \oplus P'$

图 7.41　由增广路径求更大的匹配

为简化起见，下面只考虑二部图(这是图匹配的最简单的情形)。二部图的邻接表存储结构可做如图 7.40(c)所示的化简，只对 U 集顶点构建邻接表。相关类型定义和初始化函数定义如下。

```
typedef struct ArcNode {
    int adjvex;                               // 该弧所指向的顶点的位置
    struct ArcNode * nextArc;                 // 指向下一个弧结点的指针
} ArcNode;                                    // 结点类型
typedef struct BipartiteGraph {
    ArcNode * * adjList;                      // 邻接表表头指针向量(0 号单元空闲)
    int U, V;                                 // U 和 V 的顶点数
    int * visited;                            // 访问标志向量
} BPGraph;                                    // 二部图简约邻接表类型
BPGraph * createGraph(int U, int V) {         // 按二部图的大小 U 和 V 创建无边二部图
```

```
    BPGraph * g;
    if (!(g=(BPGraph *)malloc(sizeof(BPGraph)))) exit(OVERFLOW);
                                                        // 二部图结构体
    g->U=U; g->V=V;
    if (!(g->adjList=(ArcNode * *)calloc(U+1, sizeof(ArcNode *))))
                                                        // 邻接表表头指针向量
        exit(OVERFLOW);
    if (!(g->visited=(int *)calloc(V+1, sizeof(int))))   // 访问标志向量
        exit(OVERFLOW);
    return g;                                           // 返回无边二部图 g
}
ArcNode * createNode(int v) {                       // 创建与邻接顶点 v 关联的边结点
    ArcNode * newNode;
    if (!(newNode=(ArcNode *)malloc(sizeof(ArcNode)))) exit(OVERFLOW);
    newNode->adjvex=v;  newNode->nextArc=NULL;
    return newNode;
}
void addEdge(BPGraph * g, int u, int v) {               // 添加边
    if (!g || u<1 || u>g->U || v<1 || v>g->V) return;   // 合法性检查
    ArcNode * newNode=createNode(v);                    // 生成新结点
    newNode->nextArc=g->adjList[u];                     // 在 u 的邻接表表头插入
    g->adjList[u]=newNode;
}
```

可以使用一个类似于深度优先搜索的过程来构造 G 的一个增广路径图(augmenting path graph)。

(1) 算法 7.18 的 maxMatching 是主函数,依次扫描 U 集的顶点 u_i,若尚未访问,则调用函数 dfs 对 u_i 深度优先递归搜索一条增广路径,并用全局变量 matchTo 动态数组记录与 V 集顶点匹配的 U 集顶点。返回值是所求最大匹配数。

(2) dfs 对 u_i 的每个未被访问的邻接顶点 v_j,置访问标志:若 v_j 尚未与 U 集顶点匹配,或者虽已匹配但可递归找到一条增广路径(返回时沿路“异或”更新先前的匹配),则确认 u_i 与 v_j 匹配,返回 TRUE;若 u_i 与其所有邻接顶点均不可匹配,则返回 FALSE。

```
int *matchTo; // 匈牙利算法辅助数组,记录 V 集合顶点匹配的 U 集合顶点
Status dfs(BPGraph * G, int u) {                    // dfs 寻找增广路径
    for (ArcNode * m=G->adjList[u]; m!=NULL; m=m->nextArc) {
        int v=m->adjvex;
        if (!G->visited[v]) {                       // 避免重复访问
            G->visited[v]=TRUE;
            // 如果 v 未被匹配,或者已匹配但可以找到新路径
            if (matchTo[v]==0 || dfs(G, matchTo[v])) {
                matchTo[v]=u;                       // 则更新匹配关系
                return TRUE;                        // 找到增广路径
            }
        }
    }
    return FALSE;                                   // 未找到增广路径
```

```
}
int maxMatching(BPGraph* G) {                          // 计算最大匹配数
    // 在二部图中找到尽可能多的互不相交的边(即没有共享顶点)
    int i, u, result=0;
    if (!(matchTo =(int*)calloc(G->V+1, sizeof(int))))
        exit(OVERFLOW);                                // 初始化所有 V 顶点为未匹配
    for (u=1; u<=G->U; u++) {                          // 对每个 U 顶点搜索匹配
        memset(G->visited, FALSE, sizeof(int) * G->V+1);
                                                       // 每轮重置访问数组"未访问"
        if (dfs(G, u)) result++;                       // 找到增广路径,则匹配数增 1
    }
    return result;                                     // 返回最大匹配数
}
```

算法 7.18

假如已构建图 7.40(a)的二部图 SCG,以下代码段对 SCG 求最大匹配,显示所求最大匹配数,并利用 matchTo 数组所记录信息显示所有匹配对。

```
int maxMatches=maxMatching(SCG);
printf("最大匹配数: %d\n", maxMatches);
for(int i=1; i<=SCG->V; i++)
    if (matchTo[i]>0) printf("c%d --t%d\n", i, matchTo[i]);
free(matchTo);          // 释放内存
```

显示:

最大匹配数: 4

c1 —— t2

c2 —— t1

c3 —— t5

c4 —— t3

对于图 7.41(c)的匹配 M',对未匹配顶点 t_5 调用 dfs。在深优递归搜索过程中,先是添加了新顶点 c_3 以及相应的非匹配边(t_5, c_3),接着加入了由匹配边(c_3, t_1)联结的顶点 t_1,在增广路径图上添加顶点 c_4 和边(t_1, c_2),由于 c_2 无匹配边,递归终止;在依次返回的过程中,沿如图 7.41(d)所示的增广路径(c_2, t_1, c_3, t_5)更新增广路径图 M' 为 $M''=\{(t_1, c_2), (t_2, c_1), (t_3, c_4), (t_5, c_3))\}$。显然,$M''$是 TCG 的一个最大匹配,如图 7.41(e)的实边所示。但由于 $U \neq V$,M''不是完全匹配,t_3 未排课。从图 7.41 可见,M''是与图 7.40(b)所示的最大匹配不相同的另一个图 TCG 的最大匹配。

假设二部图 G 有 n 个顶点和 e 条边。如果使用邻接多重表为存储结构,则构造一个相应于给定的匹配的增广路径图需耗费 $O(e)$的时间。由此,求一条新的增广路径的时间亦为 $O(e)$。而为求最大匹配,最多只要构造 $n/2$ 条增广路径,因为每次扩充当前的匹配至少增加一条边。因此,对于二部图来说,可在 $O(n \times e)$时间内找到一个最大匹配。

二部图的顶点一对一匹配是最基本的图匹配。在实际应用中,也会遇到更复杂的一对多、多对一或者多对多的匹配问题。

(1) 一对多匹配：一个图的顶点与另一个图的多个顶点匹配。主要应用场景是计算机视觉、图像检索、文本匹配等。

(2) 多对一匹配：多个图的顶点匹配到另一个图中单个顶点。主要应用场景有数据聚合、用户画像等。

(3) 多对多匹配：两个图的顶点之间的多对多匹配。应用场景有社交网络分析、商品推荐等。

第 8 章　动态存储管理

迄今为止，对数据结构的讨论主要关注计算效率——通过 CPU 执行基本操作的数量来衡量。实际上，计算机系统的性能也会受计算机内存系统的管理所影响。在对数据结构的分析中，需要根据数据结构所使用的内存空间总量给出渐近边界。本章将更多地了解计算机内存的管理方式，以及所应用的数据结构和算法。

8.1　概　　述

在前面各章的讨论中，对每一种数据结构虽都介绍了它们在内存储器中的映像，但只是借助高级程序设计语言中的变量说明加以描述，并未涉及具体的存储分配。而实际上，结构中的每个数据元素都占有一定的内存位置，在程序执行的过程中，数据元素的存取是通过对应的存储单元来进行的。在早期的计算机上，这个存储管理的工作是由程序员自己来完成的。在程序执行之前，首先需将用机器语言或汇编语言编写的程序输送到内存的某个固定区域上，并预先给变量和数据分配好对应的内存地址(绝对地址或相对地址)。在有了高级程序设计语言之后，程序员不需要直接和内存地址打交道，程序中使用的存储单元都由逻辑变量(标识符)来表示，它们对应的内存地址都是由编译程序在编译或执行时进行分配。

学习数据结构，特别是定义、分配、访问和回收数据存储结构，需要了解在操作系统支持下程序运行时的内存组织和管理。

动态存储管理的基本问题是系统如何为用户程序(以下简称为用户)提出的“请求”分配内存？又如何回收那些用户不再使用而“释放”的内存，以备新的“请求”产生时重新进行分配？提出请求的用户可能是进入系统的一个作业，也可能是程序执行过程中的一个动态变量。因此，在不同的动态存储管理系统中，请求分配的内存量大小不同。通常在编译程序中是一个或几个字，而在系统中则是几千、几万，甚至是几十万。然而，系统每次分配给用户(不论大小)都是一个地址连续的内存区。为了叙述方便，在下面的讨论中，将统称已分配给用户使用的地址连续的内存区为“占用块”，称未曾分配的地址连续的内存区为可利用空间块或空闲块。

显然，不管什么样的动态存储管理系统，在刚开工时，整个内存区是一个空闲块(在编译程序和程序设计语言中称为堆)。随着用户进入系统，不断提出存储请求，系统依次进行分配。因此，在系统运行的初期，整个内存区基本上分隔成两部分：低地址区包含若干占用块；高地址区(即分配后的剩余部分)是一个空闲块。例如，图 8.1(a)为依次给 8 个用户进行分配后的系统的内存状态。经过一段时间以后，有的用户运行结束，它所占用的内存区变成空闲块，这就使整个内存区呈现占用块和空闲块犬牙交错的状态，如图 8.1(b)所示。

假如此时又有新的用户进入系统请求分配内存，那么，系统将如何做呢？

通常有两种做法：一种策略是系统继续从高地址的空闲块中进行分配，而不理会已分配给用户的内存区是否已空闲，直到分配无法进行(即剩余的空闲块不能满足分配的请求)

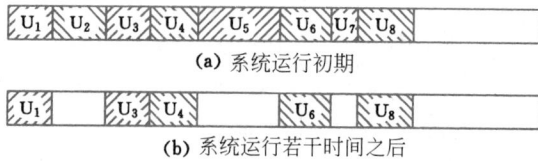

(a) 系统运行初期

(b) 系统运行若干时间之后

图 8.1　动态存储分配过程中的内存状态

时，系统才去回收所有用户不再使用的空闲块，并且重新组织内存，将所有空闲的内存区连接在一起成为一个大的空闲块。另一种策略是用户一旦运行结束，便将它所占内存区释放成为空闲块，同时，每当新的用户请求分配内存时，系统需要巡视整个内存区中所有空闲块，并从中找出一个“合适”的空闲块分配之。由此，系统需建立一张记录所有空闲块的可利用空间表，此表的结构可以是目录表，也可以是链表。如图 8.2 所示为某系统运行过程中的内存状态及其两种结构的可利用空间表。其中，图 8.2(b)是目录表，表中每个表目包括 3 项信息：初始地址、空闲块大小和使用情况。图 8.2(c)是链表，表中一个结点表示一个空闲块，系统每次进行分配或回收即为在可利用空间表中删除或插入一个结点。

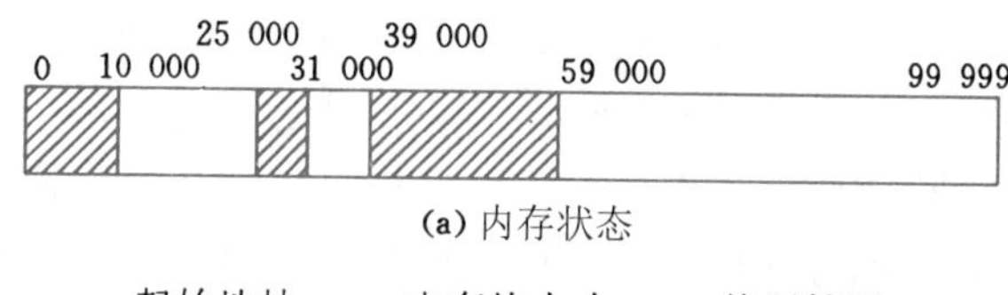

(a) 内存状态

起始地址	内存块大小	使用情况
10000	15000	空闲
31000	8000	空闲
59000	41000	空闲

(b) 目录表

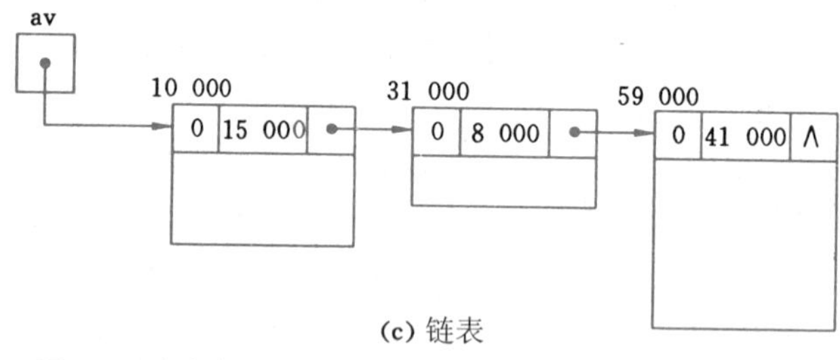

(c) 链表

图 8.2　动态存储管理过程中的内存状态和可利用空间表

下面将分别讨论利用不同策略进行动态存储管理的方法。

8.2　可利用空间表及分配方法

本节主要讨论利用可利用空间表进行动态存储分配的方法。目录表的情况比较简单，这类系统将在操作系统课程中进行详细介绍，在此仅就链表的情况进行讨论。

如上所述，可利用空间表中包含所有可分配的空闲块，每块是链表中的一个结点。当用户请求分配时，系统从可利用空间表中删除一个结点分配之；当用户释放其所占内存时，系统即回收并将它插入可利用空间表中。因此，可利用空间表亦称存储池(memory pool)。

根据系统运行的不同情况，利用空间表有下列3种不同的结构形式。

（1）**系统运行期间所有用户请求分配的存储量大小相同**。对此类系统，通常的做法是，在系统开始运行时将归它使用的内存区按所需大小分割成若干大小相同的块，然后用指针链接成一个可利用空间表。由于表中结点大小相同，则分配时无须查找，只要将第一个结点分配给用户即可；同样，当用户释放内存时，系统只要将用户释放的空闲块插入表头即可。可见，这种情况下的可利用空间表实质上是一个链栈。这是一种最简单的动态存储管理的方式。

（2）**系统运行期间用户请求分配的存储量有若干种大小的规格**。对此类系统，一般情况下是建立若干可利用空间表，同一链表中的结点大小相同。例如，某动态存储管理系统中的用户将请求分配2个字、4个字或8个字的内存块，则系统建立3个结点大小分别为3个字、5个字和9个字的链表，它们的表头指针分别为av2、av4和av8。如图8.3所示，每个结点中的第一个字设有标志域(tag)、结点类型域(type)和链域(link)。其中，type为区别3种大小不同的结点而设，取值可为0、1或2，分别表示结点大小为2、4或8个字；tag为0或1，分别表示结点为空闲块或占用块；link为指向同一链表中下一个结点的指针，而结点中的值域是其大小分别为2、4和8个字的连续空间的大小。

此种情况的分配和回收的方法在很大程度上和第(1)种情况类似，只是当结点大小和请求分配的量相同的空闲链表为空时，需查询结点较大的链表，并从中取出一个结点，将其中一部分内存分配给用户，而将剩余部分插入相应大小的链表中。回收时，也只要将释放的空闲块插入相应大小的链表的表头中即可。系统刚开始工作时，整个内存空间是一个空闲块，即可利用空间表中只有一个大小为整个内存区的结点，随着分配和回收的进行，可利用空间表中的结点大小和个数也随之而变，前述图8.2(c)中的链表即为这种情况的可利用空间表。

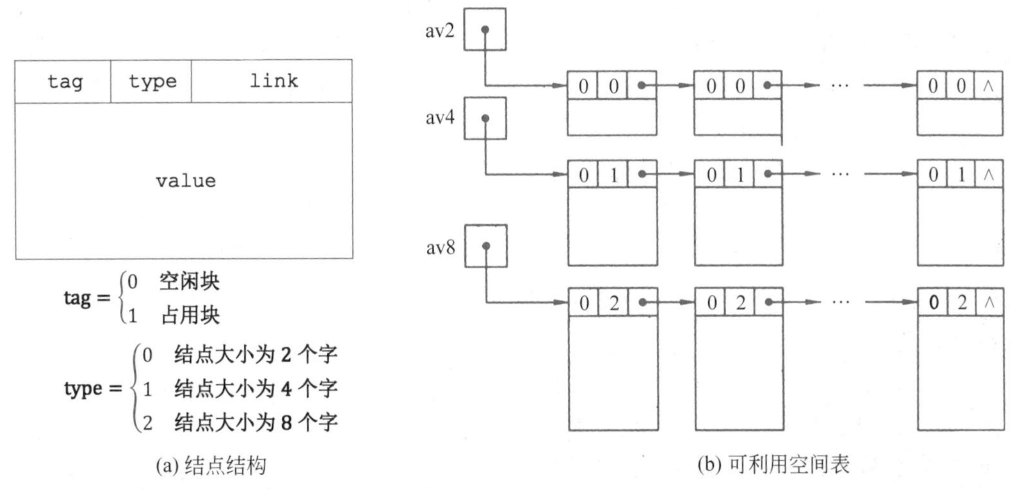

图8.3 有3种大小结点的可利用空间表

然而，这种情况的系统还有一个特殊的问题要处理：即当结点与请求相符的链表和结点更大的链表均为空时，分配不能进行，而实际上内存空间并不一定不存在所需大小的连续空间，只是由于在系统运行过程中，频繁出现小块的分配和回收，使得大结点链表中的空闲块被分隔成小块后插入在小结点的链表中。此时若要使系统能继续运行，就必须重新组织内存,即执行存储紧缩的操作。除此之外,上述这个系统本身的分配和回收的算法都比较简单,读者可自行写出。

(3) 系统在运行期间分配给用户的内存块的大小不固定,可以随请求而变。因此,可利用空间表中的结点即空闲块的大小也是随意的。通常,操作系统中的可利用空间表属这种类型。由于链表中结点大小不同,则结点的结构与前两种情况也有所不同,结点中除标志域和链域之外,尚需有一个结点大小域(size),以指示空闲块的存储量,如图 8.4 所示。结点中的 space 域是一个地址连续的内存空间。

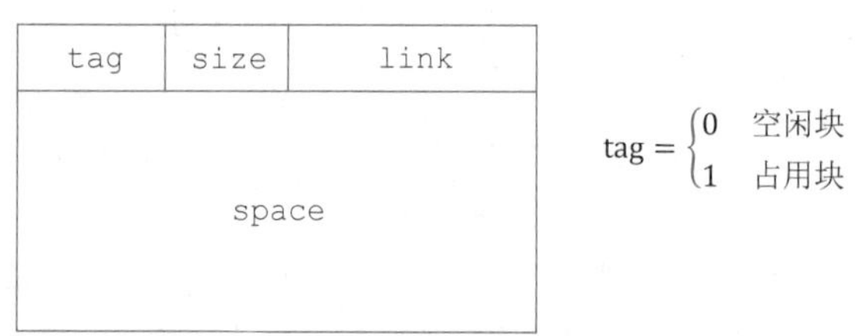

图 8.4　空闲块的大小随意的结点结构

由于可利用空间表中的结点大小不同,则在分配时就有一个如何分配的问题。假设某用户需大小为 n 的内存,而可利用空间表中仅有一块大小为 $m \geqslant n$ 的空闲块,则只需将其中大小为 n 的一部分分配给申请分配的用户,同时将剩余大小为 $m-n$ 的部分作为一个结点留在链表中即可。然而,若可利用空间表中有若干不小于 n 的空闲块时,该分配哪一块呢?通常,可有 3 种不同的分配策略。

(1) 首次拟合法。从表头指针开始查找可利用空间表,将找到的第一个大小不小于 n 的空闲块的一部分分配给用户。可利用空间表本身既不按结点的初始地址有序,也不按结点的大小有序。则在回收时,只要将释放的空闲块插入在链表的表头即可。例如,在图 8.2(c)的状态时有用户 U_9 进入系统并申请 7KB 的内存,系统在可利用空间表中进行查询,发现第一个空闲块即满足要求,则将此块中大小为 7KB 的一部分分配之,剩余 8KB 的空闲块仍在链表中,如图 8.5(a)所示。图 8.5(d)为分配给用户的占用块。

(2) 最佳拟合法。将可利用空间表中一个不小于 n 且最接近 n 的空闲块的一部分分配给用户。则系统在分配前首先要对可利用空间表从头到尾扫视一遍,然后从中找出一块不小于 n 且最接近 n 的空闲块进行分配。显然,在图 8.2(c)的状态时,系统就应该将第二个空闲块的一部分分配给用户 U_9,分配后的可利用空间表如图 8.5(b)所示。在用最佳拟合法进行分配时,为了避免每次分配都要扫视整个链表。通常,预先设定可利用空间表的结构按空间块的大小自小至大有序,由此,只需找到第一块大于 n 的空闲块即可进行分配,但在回收时,必须将释放的空闲块插入合适的位置。

(3) 最差拟合法。将可利用空间表中不小于 n 且是链表中最大的空闲块的一部分分配给用户。例如,在图 8.2(c)的状态时,就应将大小为 41KB 的空闲块中的一部分分配给用户,分配后的可利用空间表如图 8.5(c)所示。显然,为了节省时间,此时的可利用空间表的结构应按空闲块的大小自大至小有序。这样,每次分配无须查找,只需要从链表中删除第一个结点,并将其中一部分分配给用户,而剩余部分作为一个新的结点插入可利用空间表的适当位置。当然,在回收时亦需要将释放的空闲块插入链表的适当位置。

上述 3 种分配策略各有所长。一般来说,最佳拟合法适用于请求分配的内存块大小范

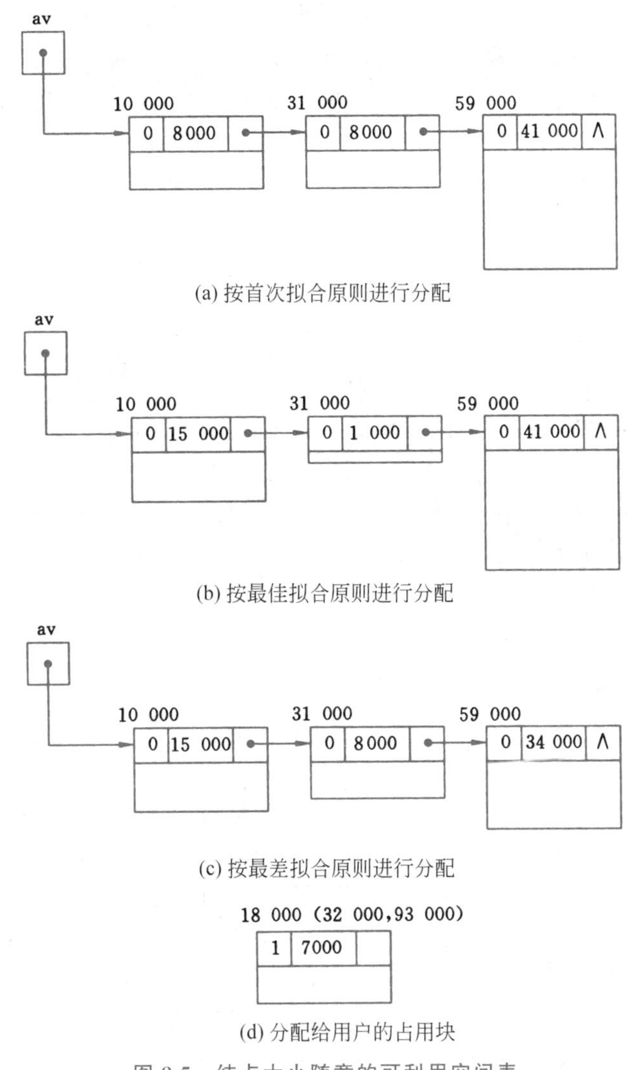

图 8.5　结点大小随意的可利用空间表

围较广的系统。因为按最佳拟合的原则进行分配时，总是找大小最接近请求的空闲块，由此系统中可能产生一些存储量甚小而无法利用的小片内存，同时也保留那些很大的内存块以备响应后面将发生的内存量特大的请求，从而使整个链表趋向于结点大小差别甚远的状态。反之，由于最差拟合每次都从内存量最大的结点中进行分配，从而使链表中的结点大小趋于均匀，因此它适用于请求分配的内存大小范围较窄的系统。而首次拟合法的分配是随机的，因此它介于两者之间，通常适用于系统事先不掌握运行期间可能出现的请求分配和释放的信息的情况。从时间上来比较，首次拟合在分配时需查询可利用空间表，而回收时仅需插入在表头即可；最差拟合恰相反，分配时无须查询链表，而回收时为将新的空闲块插入在链表中适当的位置上，需要先进行查找；最佳拟合无论分配和回收，均需要查找链表，因此最费时间。

因此，不同的情景需采用不同的方法，通常在选择时需要考虑下列因素：用户的逻辑要求；请求分配量的大小分布；分配和释放的频率以及效率对系统的重要性等。

在实际使用的系统中回收空闲块时还需考虑一个结点合并的问题。这是因为系统在不断进行分配和回收的过程中，大的空闲块逐渐被分割成小的占用块，在它们重又成为空闲块回收之后，即使是地址相邻的两个空闲块也只是作为两个结点插入可利用空间表中，以致使得后来出现的大容量的请求分配无法进行，为了更有效地利用内存，就要求系统在回收时应考虑将地址相邻的空闲块合并成尽可能大的结点。换句话说，在回收空闲块时，首先应检查地址与它相邻的内存是不是空闲块。8.3 节和 8.4 节将详细讨论具体实现方法。

8.3 边界标识法

边界标识法(boundary tag method)是操作系统中用以进行动态分区分配的一种存储管理方法，它属于 8.2 节讨论中的第(3)种情况。系统将所有的空闲块链接在一个双重循环链表结构的可利用空间表中；分配可按首次拟合进行，也可按最佳拟合进行。系统的特点在于：在每个内存区的头部和底部两个边界上分别设有标识，以标识该区域为占用块或空闲块，使得在回收用户释放的空闲块时，易于判别在物理位置上与其相邻的内存区域是否为空闲块，以便将所有地址连续的空闲存储区组合成一个尽可能大的空闲块。下面分别就系统的可利用空间表的结构及其分配和回收的算法进行讨论。

1. 可利用空间表的结构及初始化

可利用空间表中的结点结构如图 8.6 所示。

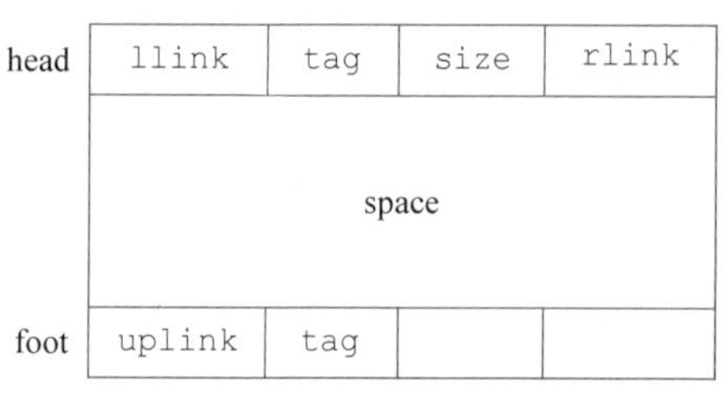

图 8.6　空间表中的结点结构

它表示一个空闲块。整个结点由 3 部分组成。其中，space 为一组地址连续的存储单元，是可以分配给用户使用的内存区域，它的大小由 head 中的 size 域指示，并以头部 head 和底部 foot 作为它的两个边界；在 head 和 foot 中分别设有标志域(tag)，且设定空闲块中 tag 的值为 0，占用块中 tag 的值为 1；foot 位于结点底部，因此它的地址是随结点中 space 空间的大小而变的。为讨论简便起见，约定内存块的大小以字为单位，地址也以字为单位，结点头部中的 size 域的值为整个结点的大小，包括头部 head 和底部 foot 所占空间(space 的大小为 size−2)，并假设 head 和 foot 各占一个字的空间，按 size 值分配。

借助 C 语言，在此将可利用空间表的结点结构定义为如下说明的数据类型：

```
typedef struct WORD {                    // WORD: 内存字类型
    union {                              // head 和 foot 分别是结点的第一个字和最后的字
        WORD    * llink;                 // 头部域,指向前驱结点
        WORD    * uplink;                // 底部域,指向本结点头部
    };
    int          tag;                    // 块标志,0 为空闲,1 为占用,头部和尾部均有
    int          size;                   // 头部域,块大小
    WORD        * rlink;                 // 头部域,指向后继结点
    OtherType   other;                   // 字的其他部分(用于占位,无须赋值)
} WORD, * Space;                         // * Space: 可利用空间指针类型
#define FootLoc(p) p+p->size-1           // 指向 p 所指结点的底部
```

可利用空间表设为双重循环链表。head 中的 llink 和 rlink 分别指向前驱结点和后继结点。表中不设表头结点，表头指针 pav 可以指向表中任何一个结点，即任何一个结点都可看成是链表中的第一个结点；表头指针为空，则表明可利用空间表为空。foot 中的 uplink 域也为指针，它指向本结点，它的值即为该空闲块的首地址。算法 8.1 完成可利用空间表的初始化。图 8.7(a)是一个占约 100KB 内存空间的可利用空间表。

```
Space InitSpace(int n) {                  // 初始化容量为 n 的可利用空间表(内存池)
    Space node;
    if (!(node = (WORD *)calloc(n, sizeof(WORD))))
        exit(OVERFLOW);                                  // 分配含 n+4 个 WORD 的一个块(结点)
    node[0].size=n-2;                                    // 实际容量(不含首末两个"控制"字)
    node[0].tag=0;                                       // 块首的 tag,0 为空闲; 1 为占用
    node[0].llink=node[0].rlink=node;                    // 初始内存池为单结点双向循环链表
    node[n-1].tag=0; node[n-1].uplink =node;               // 块末指向块首
    return node;                                         // 返回内存池指针
}
```

算法　8.1

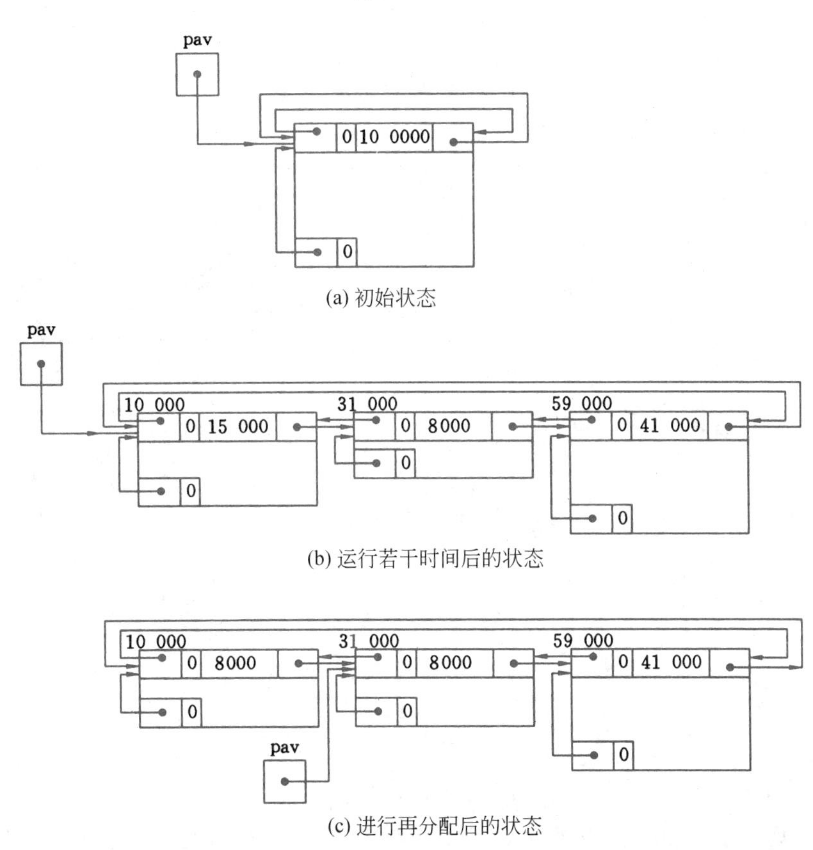

(a) 初始状态

(b) 运行若干时间后的状态

(c) 进行再分配后的状态

图 8.7　某系统的可利用空间表

2. 分配算法

分配算法比较简单，假设采用首次拟合法进行分配，则只要从表头指针 pav 所指结点起，在可利用空间表中进行查找，找到第一个容量不小于请求分配的存储量(n)的空闲块

时，即可进行分配。为了使整个系统更有效地运行，在边界标识法中还做了如下两条约定。

(1) 假设找到的此块待分配的空闲块的容量为 m 个字(包括头部和底部)，若每次分配只是从中分配 n 个字给用户，剩余 $m-n$ 个字大小的结点仍留在链表中，则在若干次分配之后，链表中会出现一些容量极小总也分配不出去的空闲块，这就大大减慢了分配(查找)的速度。弥补的办法：选定一个适当的常量 e，当 $m-n\leqslant e$ 时，就将容量为 m 的空闲块整块分配给用户；反之，只分配其中 n 个字的内存块。同时，为了避免修改指针，约定将该结点中的高地址部分分配给用户。

(2) 如果每次分配都从同一个结点开始查找，势必造成存储量小的结点密集在头指针 pav 所指结点附近，这同样会增加查询较大空闲块的时间。反之，如果每次分配从不同的结点开始进行查找，使分配后剩余的小块均匀地分布在链表中，则可避免上述弊病。实现的方法是，在每次分配之后，令指针 pav 指向刚进行过分配的结点的后继结点。

例如，图 8.7(b)所示可利用空间表在进行分配之后的状态如图 8.7(c)所示。

算法 8.2 是上述分配策略的算法描述。

```
#define e 4                                             // 约定空闲块容量>e
Space AllocBoundTag(Space * pav, int n) {
    // pav 的实参应是可利用空间表头指针的地址
    // 若有不小于 n+2 的空闲块，则分配相应的存储块，并返回其首地址；否则返回 NULL
    // 若分配后可利用空间表不空，则 pav 指向表中刚分配过的结点的后继结点
    Space p, f, Pa; int size=n+2;
    for (p=Pa= * pav;
        p && p->size<size && p->rlink!=Pa;              // 查找不小于 n+2 的空闲块
        p=p->rlink);
    if (!p || p->size<size) return NULL;                // 若找不到，返回空指针
    else {                                              // 否则，p 指向找到的空闲块
        f=FootLoc(p);   * pav=p->rlink;         // f 指向块末，pav 指向 p 结点的后继结点
        if (p->size-size<e) {                           // 若余量<e，则整块分配
            if (Pa==p) * pav=NULL;                      // 可利用空间表变为空表
            else { Pa->llink=p->llink; p->llink->rlink=Pa; } //删除分配的结点
            p->tag=f->tag=1;                            // 修改分配块的块首和块末标志
        } else {                                       // 否则，该块的后 n+2 个字为分配块
            p->size-=size;                                  // 置剩余块大小
            f=FootLoc(p);  f->tag=0;  f->uplink=p;          // 置剩余块块末值
            p=f+1;  p->tag=1;  p->size=size;                // 置分配块块首值
            f=FootLoc(p);  f->tag=1;  f->uplink=p;          // 置分配块块末值
        }
        return p;                                           // 返回分配块首地址
    }
}
```

算法 8.2

3. 回收算法

一旦用户释放占用块，系统需立即回收以备新的请求产生时进行再分配。为了使物理地址毗邻的空闲块结合成一个尽可能大的结点，则首先需要检查刚释放的占用块的左右紧邻是否为空闲块。由于本系统在每个内存区(无论是占用块或空闲块)的边界上都设有标志值，则很容易辨明这一点。

假设用户释放的内存区的头部地址为 p，则与其低地址紧邻的内存区的底部地址为 p－

1。与其高地址紧邻的内存区的头部地址为 p+p->size,它们中的标志域就表明了这两个邻区的使用状况：若"(p-1)->tag=0;"则表明其左邻为空闲块,若"(p+p->size)->tag=0;"则表明其右邻为空闲块。

若释放块的左右邻区均为占用块,则处理最为简单,只要将此新的空闲块作为一个结点插入可利用空闲表中即可;若只有左邻区是空闲块,则应与左邻区合并成一个结点;若只有右邻区是空闲块,则应与右邻区合并成一个结点;若左右邻区都是空闲块,则应将 3 块合起来成为一个结点留在可利用空间表中,下面就这 4 种情况分别描述操作要点。

(1) 释放块的左右邻区均为占用块。此时只要做简单插入即可。由于边界标识法在按首次拟合进行分配时对可利用空间表的结构没有任何要求,则新的空闲块插入表中任何位置均可。简单的做法就是插入 pav 指针所指结点之前(或之后)。

(2) 释放块的左邻区为空闲块,而右邻区为占用块。由于释放块的头部和左邻空闲块的底部毗邻,因此只要改变左邻空闲块的结点：增加结点 size 域的值且重新设置结点的底部即可。

(3) 释放块的右邻区为空闲块,而左邻区为占用块。由于释放块的底部和右邻空闲块的头部毗邻,因此,当表中结点由原来的右邻空闲块变成合并后的大空闲块时,结点的底部位置不变,但头部要变,由此,链表中的指针也要变。

(4) 释放块的左右邻区均为空闲块。为使 3 个空闲块连接在一起成为一个大结点留在可利用空间表中,只要增加左邻空闲块的 space 容量,同时在链表中删除右邻空闲块结点即可。

总之,边界标识法由于在每个结点的头部和底部设立了标识域,使得在回收用户释放的内存块时,很容易判别与它毗邻的内存区是不是空闲块,且不需要查询整个可利用空间表便能找到毗邻的空闲块与其合并之;再者,由于可利用空间表上结点既不需要依结点大小有序,也不需要依结点地址有序,则释放块插入时也不需要查找链表。由此,不管是哪种情况,回收空闲块的时间都是个常量,和可利用空间表的大小无关。唯一的缺点是增加了结点底部所占的存储量。

图 8.8(a)的释放块对应上述后 3 种情况,回收后可利用空间表的变化分别如图 8.8(b)、图 8.8(c)和图 8.8(d)所示。

算法 8.3 实现了上述回收释放块的操作。

```
Space BlockFirst(Space p) { return p->uplink; }          // 返回 p 块的首指针
int BlockTag(Space p) { return p->tag; }                 // 返回 p 块标志(空闲/占用)
Space FreeBlock(Space * pav, Space p) {                  // 回收 p 释放块
    Space q, lp, rp, pf, Pa;  int ltag, rtag;
    Pa = * pav;   pf=FootLoc(p);                       // pf 指向释放块末尾
    lp=BlockFirst(p-1);   rp=p+p->size;                // s 和 t 分别指向释放块的左右邻块
    ltag=BlockTag(lp);   rtag=BlockTag(rp);  // ltag 和 rtag 分别为左右邻块 tag 值
    if (!Pa) {                                         // 若可利用空间表为空表(极端情况)
        * pav=p->llink=p->rlink=p;                     // 则释放块,构成空利用空间表
        p->tag=0;   pf->uplink=p;   pf->tag=0;
        return NULL;                                   // 返回 NULL
    }
    if (ltag!=0 && rtag!=0) {                     // (1) 释放块的左右邻区均为占用块
```

```
        p->tag=0;  pf->uplink=p;  pf->tag=0;          // 置为空闲块
        Pa->llink->rlink=p;  p->llink=Pa->llink;     // 插入可利用空间表
        p->rlink=Pa;  Pa->llink=p;
        *pav=p;                          // 令刚释放的结点为下次分配时的最先查询的结点
    } else if (rtag!=0) {                // (2) 释放块的左邻区为空闲块,右邻区为占用块
        lp->size+=(p->size);                            // 设置新空闲块大小
        pf->uplink=lp;  pf->tag=0;                      // 设置新空闲块块末值
    } else if (ltag!=0) {                    // (3) 释放块的右邻区为空闲块,而左邻区为占用块
        p->tag=0;                                       // p为合并后的结点块首地址
        p->llink=rp->llink;  p->llink->rlink=p;     // 插入合并后的新p块
        p->rlink=rp->rlink;  p->rlink->llink=p;
        p->size+=rp->size;                              // 置新空闲块的大小
        q=FootLoc(rp);  q->uplink=p;  q->tag=0;     // 置合并后的块末值
        if (Pa==rp) *pav=p;              // 若内存池指针指向被合并的右邻块,则指向新p块
    } else {                                            // (4) 释放块的左右邻区均为空闲块
        lp->size+=p->size+rp->size;                     // 置合并后lp结点的大小
        rp->llink->rlink=rp->rlink;                     // 表中删除右邻空闲块结点
        rp->rlink->llink=rp->llink;
        q=FootLoc(rp);  q->uplink=lp;  q->tag=0;    // 置新块块末值
        if (Pa==rp) *pav=lp;            // 若内存池指针指向被合并的右邻块,则指向新lp块
    }
    return NULL;                        // 返回NULL,可赋给被释放块的指针变量
}
```

算法 8.3

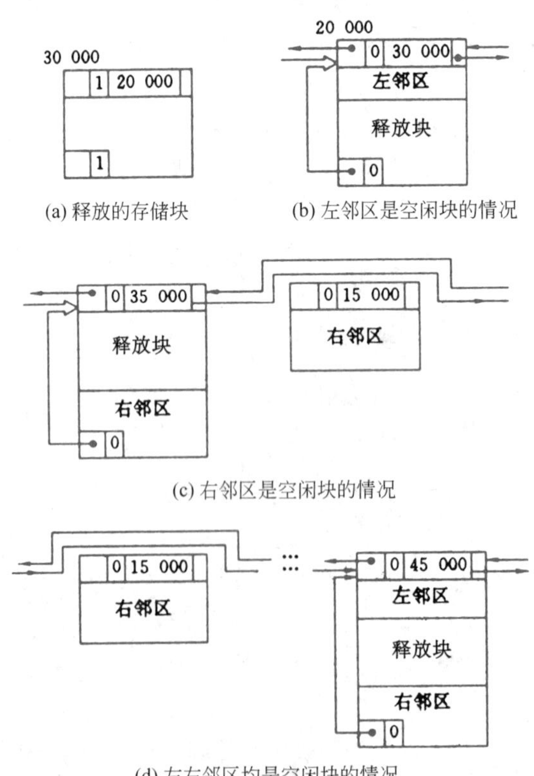

(a) 释放的存储块

(b) 左邻区是空闲块的情况

(c) 右邻区是空闲块的情况

(d) 左右邻区均是空闲块的情况

图 8.8 回收存储块后的可利用空间表

8.4 伙伴系统

伙伴系统(buddy system)是操作系统中用到的另一种动态存储管理方法。它和边界标识法类似,在用户提出申请时,分配一块大小“恰当”的内存区给用户;反之,在用户释放内存区时即回收。所不同的是:在伙伴系统中,无论是占用块或空闲块,其大小均为 2 的 k 次幂(k 为某个正整数)。例如,当用户申请 n 个字的内存区时,分配的占用块大小为 2^k 个字($2^{k-1}<n\leqslant 2^k$)。由此,在可利用空间表中的空闲块大小也只能是 2 的 k 次幂。若总的可利用内存容量为 2^m 个字,则空闲块的大小只可能为 $2^0,2^1,\cdots,2^m$。下面分 3 个问题展开讨论。

1. 可利用空间表的结构

假设系统的可利用内存空间容量为 2^m 个字(地址为 $0\sim 2^m-1$),则在开始运行时,整个内存区是一个大小为 2^m 的空闲块,在运行了一段时间之后,被分隔成若干占用块和空闲块。为了再分配时查找方便,将所有大小相同的空闲块建于一张子表中。每个子表是一个双向循环链表,这样的链表可能有 $m+1$ 个,将 $m+1$ 个表头指针用向量结构组织成一个表,这就是伙伴系统中的可利用空间表。

双向循环链表中的结点结构如图 8.9(a)所示,其中 head 为结点头部,是一个由 4 个域组成的记录,其中的 llink 域和 rlink 域分别指向同一链表中的前驱和后继结点;tag 域为值取 0、1 的标志域;kval 域的值为 2 的幂次 k。space 是一个大小为 2^k-1 个字的连续内存空间(和前面类似,仍假设 head 占一个字的空间)。

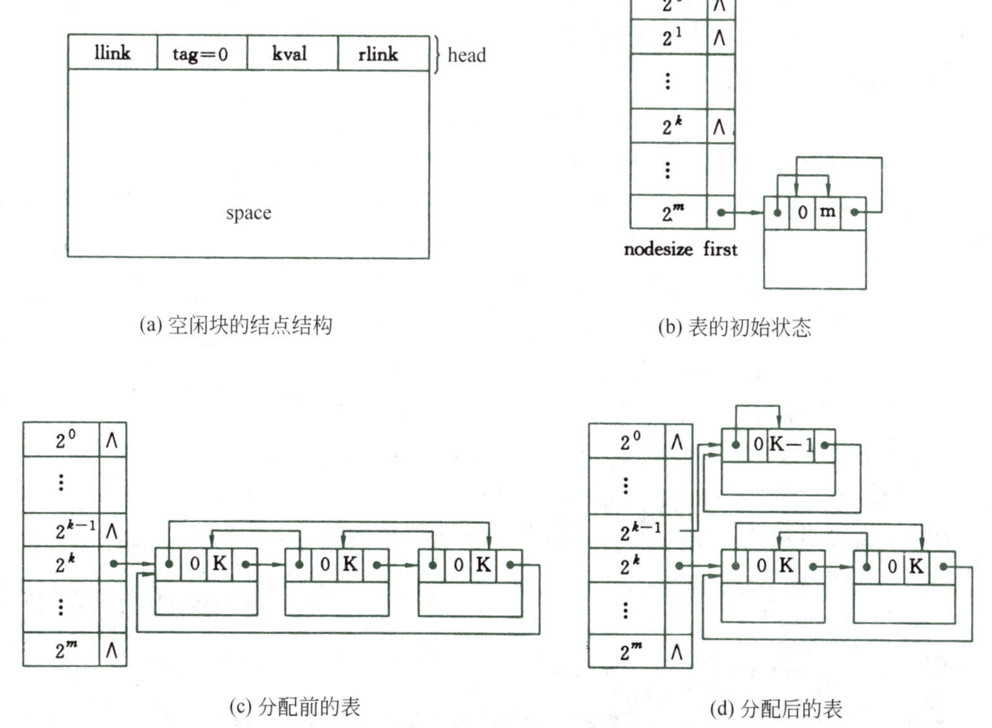

图 8.9　伙伴系统中的可利用空间表

可利用空间表的初始状态如图 8.9(b)所示，其中 m 个子表都为空表，只有大小为 2^m 的链表中有一个结点，即整个存储空间。表头向量的每个分量由两个域组成，除指针域外另设 nodesize 域表示该链表中空闲块的大小，以便分配时查找方便。此可利用空间表的数据类型，示意描述如下：

```
#define m 16        // 可利用空间总容量(64KB 字为 2 的 16 次幂，则 m=16)，子表的个数为 m+1
typedef struct WORD {
    WORD     * llink;                         // 指向前驱结点
    int      tag;                             // 块标志，0 为空闲，1 为占用
    int      kval;                            // 块大小，值为 2 的幂次 k
    WORD     * rlink;                         // 块首域，指向后继结点
    OtherType  other;                         // 字的其他部分(用于占位，无须赋值)
} WORD, head;                              // WORD 为内存字类型，结点的第一个字也称 head
typedef struct {
    WORD     * first;                         // 该链表的表头指针
    int      nodesize;                        // 该链表的空闲块的大小
} FreeList;                                   // 可利用空间伙伴链表结构类型
typedef struct {
    FreeList fls[m+1];                        // 表头向量类型
    WORD     * base;                          // 内存池基址
    int      total;
} * Space;                                    // 伙伴内存池指针类型
```

2. 分配算法

当用户提出大小为 n 的内存请求时，首先在可利用空间表上寻找结点大小与 n 相匹配的子表，若此子表非空，则将子表中任意一个结点分配之即可；若此子表为空，则需从结点更大的非空子表中查找，直至找到一个空闲块，则将其中一部分分配给用户，而将剩余部分插入相应的子表中。

假设分配前的可利用空间表的状态如图 8.9(c)所示。若 $2^{k-1}<n\leqslant 2^k-1$，又第 $k+1$ 个子表非空，则只要删除此链表中第一个结点并分配给用户即可；若 $2^{k-2}<n\leqslant 2^{k-1}-1$，此时由于结点大小为 2^{k-1} 的子表为空，则需从结点大小为 2^k 的子表中取出一块，将其中一半分配给用户，剩余一半作为一个新结点插入结点大小为 2^{k-1} 的子表中，如图 8.9(d)所示。若 $2^{k-i-1}<n\leqslant 2^{k-i}-1$($i$ 为小于 k 的整数)，并且所有结点小于 2^k 的子表均为空，则同样需从结点大小为 2^k 的子表中取出一块，将其中 2^{k-i} 的一小部分分配给用户，剩余部分分割成若干结点分别插入结点大小为 2^{k-i}，2^{k-i+1}，…，2^{k-1} 的子表中。假设从第 $k+1$ 个子表中删除的结点的起始地址为 p，且假设分配给用户的占用块的初始地址为 p(占用块为该空闲块的低地址区)，则插入上述子表的新结点的起始地址分别为 $p+2^{k-i}$，$p+2^{k-i+1}$，…，$p+2^{k-1}$，如图 8.10 所示(图中 $i=3$)。

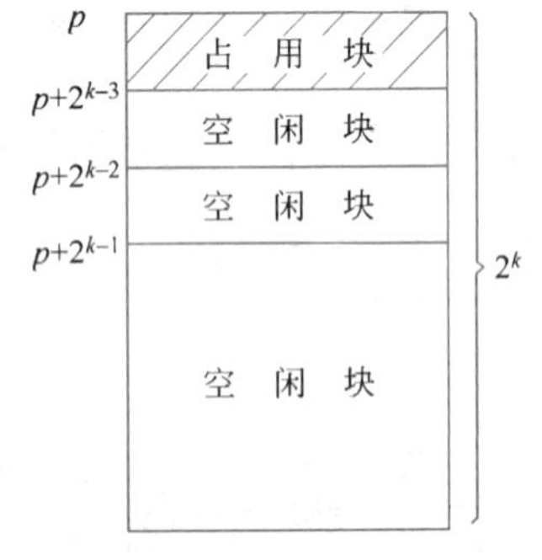

图 8.10　可利用空间表分配示例

算法 8.4 实现了伙伴系统的分配操作。

```
WORD * AllocBuddy(Space sp, int n) {    // 伙伴系统分配算法
    // sp 为可利用空间表，n 为申请分配量，若有不小于 n 的空闲块
```

```
    //则分配相应的存储块,并返回其首地址;否则返回 NULL
    WORD *pa, *pre, *suc, *pi; int k, i;
    for (k=0;                                         //查找满足分配要求的子表
        k<=m && (!sp->fls[k].first || sp->fls[k].nodesize<n+1);++k);
    if (k>m) return NULL;                             //若无可分配的子表,则返回 NULL
    else {                                            //否则进行分配
      pa=sp->fls[k].first;                            //指向可分配子表的第一个结点
      pre=pa->llink;  suc=pa->rlink;                  //分别指向前驱和后继
      if (pa==suc) sp->fls[k].first=NULL;     //若 pa 后继为自身,则该子表变成空表
      else                                            //否则从子表删除 pa 结点
        { pre->rlink=suc;  suc->llink=pre;  sp->fls[k].first=suc; }
      for (i=1;  sp->fls[k-i].nodesize>=n+1; ++i) {
                                                      //将剩余块分割插入相应子表
        pi=pa+(int)pow(2, k-i);  pi->rlink=pi;  pi->llink=pi;
        pi->tag=0;  pi->kval=k-i;  sp->fls[k-i].first=pi;
      }
      pa->tag=1;  pa->kval=k-(--i);                   //置分配块参数
    }
    return pa;                                        //返回分配块起始地址
}
```

算法 8.4

3. 回收算法

在用户释放不再使用的占用块时,系统需将这新的空闲块插入可利用空间表中。这里,同样有一个地址相邻的空闲块归并成大块的问题。但是在伙伴系统中仅考虑互为“伙伴”的两个空闲块的归并。

何谓“伙伴”？如前所述,在分配时经常需要将一个大的空闲块分裂成两个大小相等的存储区,这两个由同一大块分裂出来的小块就称之“互为伙伴”。例如,假设 p 为大小为 2^k 的空闲块的初始地址,且 p MOD $2^{k+1}=0$,则初始地址为 p 和 $p+2^k$ 的两个空闲块互为伙伴。在伙伴系统中回收空闲块时,只当其伙伴为空闲块时才归并成大块。也就是说,若有两个空闲块,即使大小相同且地址相邻,但不是由同一大块分裂出来的,也不归并在一起。例如,图 8.11 中的 A、B 两个空闲块不是伙伴。

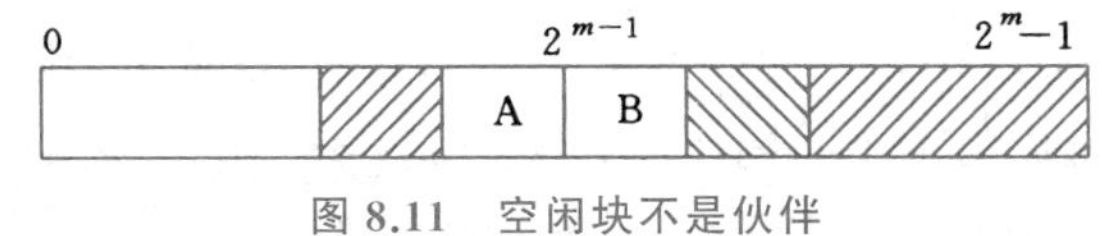

图 8.11　空闲块不是伙伴

由此,在回收空闲块时,应首先判别其伙伴是否为空闲块,若否,则只要将释放的空闲块简单插入相应子表中即可;若是,则需在相应子表中找到其伙伴并删除,然后再判别合并后的空闲块的伙伴是不是空闲块。以此重复,直到归并所得空闲块的伙伴不是空闲块时,再插入相应的子表中。

起始地址为 p,大小为 2^k 的内存块,其伙伴块的起始地址为

$$\text{buddy}(p,k)=\begin{cases}p+2^k & (p \text{ MOD } 2^{k+1}=0)\\ p-2^k & (p \text{ MOD } 2^{k+1}=2^k)\end{cases}$$

例如，假设整个可利用内存区大小为 $2^{10}=1024$（地址为 0～1023），则大小为 2^8，起始地址为 512 的伙伴块的起始地址为 768；大小为 2^7，起始地址为 384 的伙伴块的起始地址为 256。

整个释放算法在此不再详细列出，请读者自行补充。

总之，伙伴系统的优点是算法简单、速度快；缺点是由于只归并伙伴而容易产生碎片。

8.5　无用单元收集

本章以上各节讨论的问题都是如何基于可利用空间表来进行动态存储管理。共同特点：在用户请求存储时进行分配，在用户释放存储时进行回收，即系统是应用户的需求来进行存储分配和回收的。因此，在这类存储管理系统中，用户必须明确提出“请求”和“释放”的申请。如在多用户分时并发的操作系统中，当用户程序进入系统时即请求分配存储区；反之，当用户程序执行完毕退出系统时即释放所占存储。又如，在使用 C 语言编写程序时，用户是通过 malloc 和 free 函数请求分配和释放存储的。但有时会因为用户的疏漏或结构本身的原因致使系统在不恰当的时候或没有进行回收而产生无用单元或悬挂访问的问题。

无用单元是指那些用户不再使用而系统没有回收的结构和变量。例如，下列 C 程序段

```
p=malloc(size);
⋮                                  // 此间未将 p 赋值给别的变量,也无释放 p 块
p=NULL;
```

的执行结果，使执行 p=**malloc**(size)为用户分配的内存块成为无用单元，无法继续得到利用。而下列程序段

```
p=malloc(size);
⋮
q=p;
free(p);
```

执行的结果使得指针变量 q 悬空。如果所释放的内存块被再分配而继续访问指针 q 所指区域，则称这种访问为悬挂访问，并且由此引起的恶劣后果是可想而知的。

另外，由于数据结构本身的某些特性，也会产生同上类似问题。

例如，在某用户程序中有如图 8.12 所示多个广义表，其中，L_1 和 L_2 分别为独立的表头指针，L_4 是 L_1 和 L_2 共享子表，L_3 本身又为 L_2 共享，而 L_5 为前 3 个广义表所共享。在这种情况下，表结点的释放就成为一个问题。假设表 L_1 不再使用，而表 L_2 和 L_3 尚在使用，若释放表 L_1，即自 L_1 指针起，顺表链将所有结点回收到可利用空间表中（包括子表 L_4 和 L_5 上所有结点），这就破坏了表 L_2 和 L_3，从而产生悬挂访问；反之，若不将表 L_1 中结点释放，则当 L_2 和 L_3 两个表也不被使用时，这些结点由于未曾“释放”无法被再分配而成为无用单元。

如何解决这个问题？有以下两条途径。

（1）使用访问计数器：在所有子表或广义表上增加一个表头结点，并设立一个“计数域”，它的值为指向该子表或广义表的指针数目。只有当该计数域的值为零时，此子表或广义表中结点才被释放。

（2）收集无用单元：在程序运行的过程中，对所有的链表结点，不管它是否还有用，都

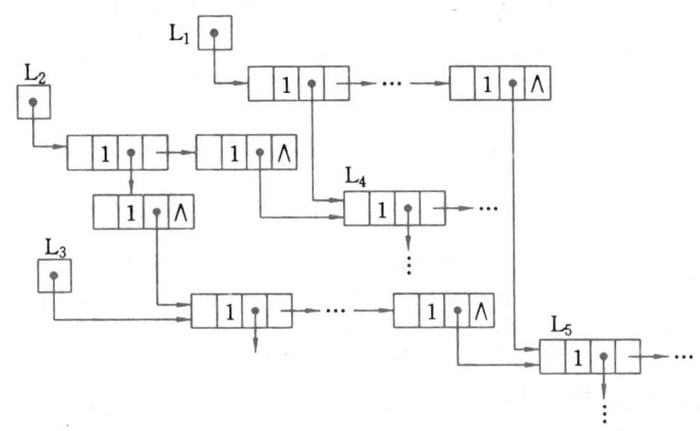

图 8.12 含共享子表的广义表

不回收,直到整个可利用空间表为空。此时才暂时中断执行程序,将所有当前不被使用的结点链接在一起,成为一个新的可利用空间表,而后程序再继续执行。显然,在一般情况下,是无法辨别哪些结点是当前未被使用的。然而,对于一个正在运行的程序,哪些结点正在使用是容易查明的,这只要从所有当前正在工作的指针变量出发,顺链遍历,那么,所有链接在这些链上的结点都是占用的。反之,可利用存储空间中的其余结点就都是无用的了。

由此,收集无用单元应分两步进行。

第一步是对所有占用结点加上标志。回顾第 5 章的广义表的存储结构,可在每个结点上增加一个标志域 mark,并约定在无用单元收集之前所有结点的标志域均置为 0,则加上标志就是将结点的标志域置为 1。

第二步是对整个可利用存储空间顺序扫描一遍,将所有标志域为 0 的结点链接成一个新的可利用空间表。

值得注意的是:第二步容易进行,而第一步是在极其困难的条件(即可利用存储几乎耗用殆尽)下进行的,因此,须重点研究标志算法。以下是 3 种典型的标志算法。

(1) 递归算法。从上面所述可知,加标志的操作实质上是遍历广义表,将广义表中所有结点的标志域赋值 1。可写出遍历(加标志)算法的递归定义如下:

若列表为空,则无须遍历,若是一个数据元素,则标志元素结点;反之,若列表非空,则首先标志表结点,然后分别遍历表头和表尾。

这个算法很简单,易于用允许递归的高级程序设计语言描述。但是,它需要一个较大的实现递归用的栈的辅助内存,这部分内存不能用于动态分配。并且,由于列表的层次不定,使得栈的容量不易确定,除非是在内存区中开辟一个相当大的区域留作栈,否则就有可能由于在标志过程中因栈的溢出而使系统瘫痪。

(2) 用栈辅助的非递归算法。程序中附设栈(或队列)实现广义表的遍历。从广义表的存储结构来看,表中有两种结点:一种是元素结点,结点中没有指针域;另一种是表结点,结点中包含两个指针域,即表头指针和表尾指针,则它很类似二叉树的二叉链表。列表中的元素结点相当于二叉树中的叶结点,可以类似遍历二叉树写出遍历表的非递归算法,只是在算法中应尽量减少栈的容量。

例如,类似二叉树的前序遍历,对广义表则为:当表非空时,在对表结点加标志后,先顺表头指针逐层向下对表头加标志,同时将同层非空且未加标志的表尾指针依次入栈,直到表头为空表或为元素结点时停止,然后退栈取出上一层的表尾指针。反复进行上述过程,直到栈空为止。这个过程也可以称作深度优先搜索遍历。因为它和图的深度优先搜索遍历很相似。

显然,还可以类似于图的广度优先搜索遍历,对列表进行广度优先搜索遍历,或者说是对列表按层次遍历。同样,为实现这个遍历需附设一个队列(这两个算法和二叉树或图的遍历极为相似,故在此不做详细描述,读者完全可以自己写出)。在这两种非递归算法中,虽然附设的栈或队列的容量比递归算法中的栈的容量小,但和递归算法有同样的问题——仍需要一个不确定量的附加存储,因此也不是理想的方法。

(3) 利用表结点本身的指针域标记遍历路径的无栈非递归算法。无论是在递归算法中还是在深度优先搜索的非递归算法中,不难看出,设栈的目的都是记下遍历时指针所走的路径,以便在遍历表头之后可以沿原路退回,继而对表尾进行遍历。如果能用别的方法记下指针所走路径,则可以免除附设栈。在下面介绍的算法中就是利用已经标志过的表结点中的 tag、hp 和 tp 域来代替栈记录遍历过程中的路径。例如,在对图 8.13 中的广义表 L′加标志的过程中,假设在递归算法中指针 p 指向刚加上标志的 b 结点,则:

① 当指针 p 由 b 结点移向表头之前需将 b 入栈(此时 a 已在栈中);

② 在表头的所有结点都标志之后,b 从栈顶退出并赋给指针 p,在 p 由 b 结点移向表尾前再次将 b 入栈;

③ 在 b 结点的表尾都标志完之后应连续两次退栈,使 p 又重指向 a 结点。

与此对应,在本算法中不设栈,而是当指针 p 由 b 结点移向 c 之前,先将 b 结点中的 hp 域的值改为指向 a 结点,并将 b 结点中的 tag 域的值改为 0;而当指针 p 由 b 移向 f 结点之前,则先将 b 结点中的 tp 域的值改为指向 f,tag 域的值改回 1。

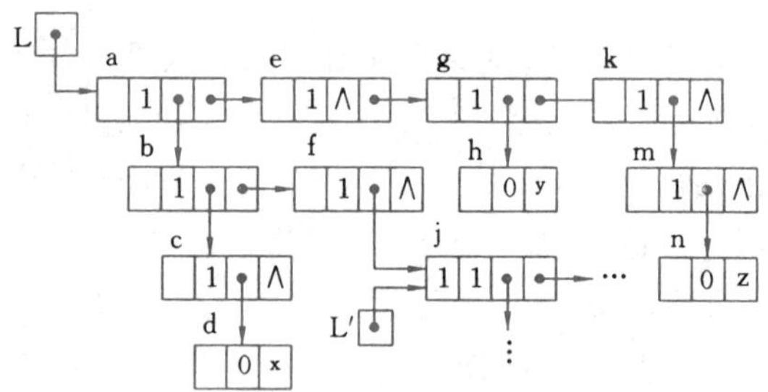

图 8.13 待遍历加无用标志 1 的广义表 L(其共享的 L′已加了标志)

下面详细叙述算法的基本思想(注:假设图 8.13 中的广义表 L′已加上标志)。

算法中设定了 3 个互相关联的指针:当 p 指向某个表结点时,t 指向 p 的父表结点,q 指向 p 的表头或表尾,如图 8.14(a)和图 8.14(b)所示。

当 q 指向 p 的表头结点时,可能有 3 种情况出现。

① 设 p 的表头只是一个元素结点,则遍历表头仅需对该表头结点打上标志后即令 q 指向 p 的表尾。

② 设 p 的表头为空表或是已加上标志的子表,则无须遍历表头,只要令 q 指向 p 的表尾即可。

③ 设 p 的表头为未加标志的子表,则需要先遍历表头子表,即 p 应赋 q 的值,t 相应往下移动改赋 p 的值。为了记下 t 指针移动的路径,以便在 p 退回原结点时同时能找到 p 的

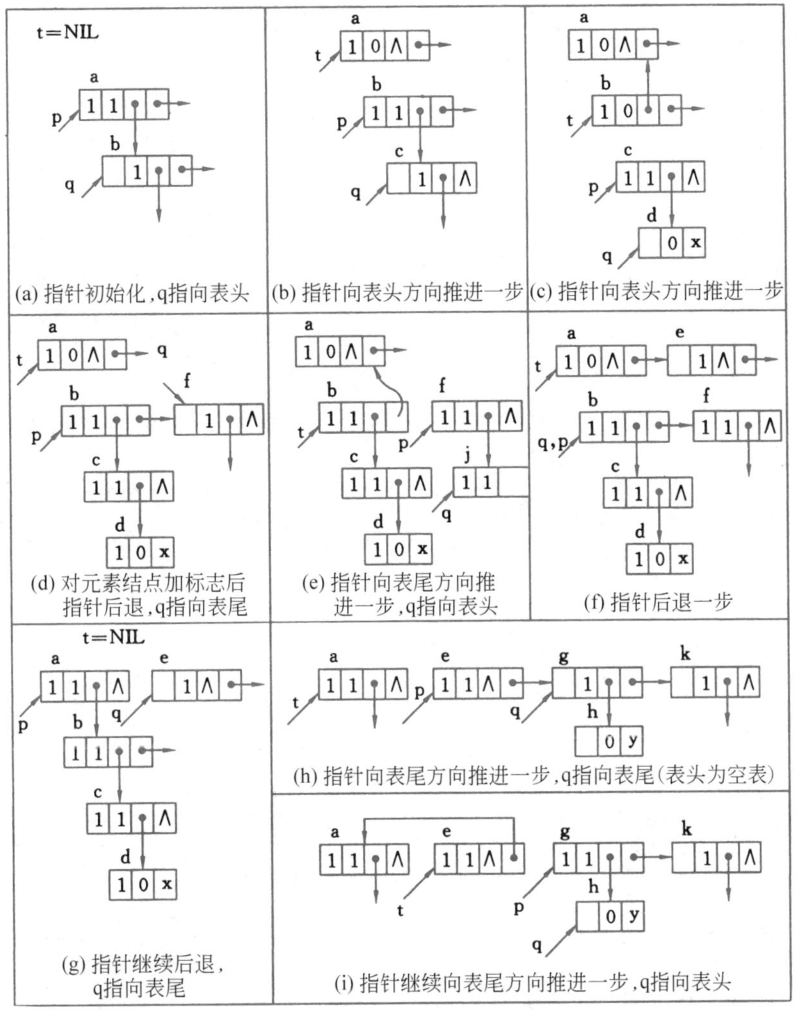

图 8.14　遍历广义表

父表结点(即使 t 退回到原来的值)，则在修改这个指针的值之前，应先记下 t 移动的路径，即令 p 所指结点的 hp 域的值为 t，且 tag 域的值为 0。

另外，当 q 指向 p 的表尾时，也可能有两种情况出现。

① p 的表尾为未加标志的子表，则需要遍历表尾的子表，同样 p、t 指针要进行相应的移动。为了记下当前表结点的父表结点，同样要在改动 p、t 指针的值之前先记下路径；即令 p 所指结点的 tp 域的值改为 t，然后令 t 赋值 p，p 赋值 q。

② p 的表尾为空或是已加上标志的子表，此时表明 p 所指的表已加上标志，则 p 应退回到其父表结点，即 t 所指结点；相应地 t 也应后退一步，即退到 t 结点的父表结点。

综上所述可知，t 的移动路径已记录在 t 结点的 hp 域或 tp 域中，究竟是哪一个？则要由辨别 tag 域的值来定。它不仅指示 t 应按哪个指针所指路径退回，而且指示了下一步应做什么。若 t 结点是其父表表头，则应继续遍历其父表的表尾。若 t 结点是其父表的表尾，则应继续找更高一层的父表结点。整个算法大致描述如下。

```
t=NULL; p=GL; finished=FALSE;    // GL 为广义表的头指针
while (!finished) {
    while (p->mark==0) {
        p->mark=1;
        MarkHead(p);             // 若表头是未经遍历的非空子表,则修改指针记录路径
    }                            // 且 p 指向表头;否则 p 不变
    q=p->ptr.tp;
    if (q && q->mark==0) MarkTail(p);    // 修改指针记录路径,且 p 指向表尾
    else BackTrack(finished);    // 若从表尾回溯到第一个结点,则 finished 为 TRUE
}
```

求精后的广义表遍历算法如算法 8.5 所示。

```
void MarkList(GList GL) { // 无栈遍历非空广义表 GL,对表中所有未加"无用"标志的结点加标志
    if (GL==NULL || GL->mark!=0) return;
    GList q=NULL, p=GL, t=NULL;                    // t 将指示 p 的父表结点
    int finished=FALSE;
    while (!finished) {
        while (p->mark==0) {
            p->mark=1;
            // MarkHead(p)的细化:
            q=p->ptr.hp;                           // q 指向 * p 的表头
            if (q && q->mark==0) {
                if (q->tag==ATOM) q->mark=1;       // ATOM,表头为原子结点
                else                               // 继续遍历子表
                    { p->ptr.hp=t;  p->tag=ATOM;  t=p;  p=q; }
            }
        }                                          // 完成对表头的标志
        q=p->ptr.tp;                               // q 指向 * p 的表尾
        if (q && q->mark==0) { p->ptr.tp=t;  t=p;  p=q; }  // 继续遍历表尾
        else {                                     // BackTrack(finished)的细化
            while (t && t->tag==LIST)              // LIST,表结点,从表尾回溯
                { q=t;  t=q->ptr.tp;  q->ptr.tp=p;  p=q; }
            if (!t) finished=TRUE;                 // 若 t 为空,则结束
            else                                   // 否则从表头回溯,继续遍历表尾
                { q=t;  t=q->ptr.hp;  q->ptr.hp=p;  p=q;  p->tag=LIST; }
        }
    }
}
```

算法 8.5

图 8.14 展示对图 8.13 中的广义表进行遍历加标志时各指针的变化状况。图 8.14(a)为算法 8.5 开始执行时的状态。图 8.14(b)和图 8.14(c)为指针向表头方向移动并改变结点的 hp 域指针的情形。图 8.14(d)表示当表头遍历完成将对表尾进行标志时的指针变化情况。从图 8.14(e)和图 8.14(f)读者可看到指针回溯的情形。在此省略了继续遍历时的指针变化状况,有兴趣的读者可试以补充。

比较上述 3 种算法各有利弊。第 3 种算法在标志时不需要附加存储,使动态分配的可

利用空间得到充分利用，但是由于在算法中，几乎每个表结点的指针域的值都要做两次改变，因此时间上的开销较大。而用栈辅助的非递归算法操作简单，时间上要比第 3 种算法节省，然而它需要占有一定空间，使动态分配所用的存储量减少。总之，无用单元收集是很费时间的，不能在实时处理的情况下应用。像 Java 和 Python 这类解释型语言，则以各自的方式实现了无用单元的自动回收。

通常，无用单元的收集工作是由程序运行环境的专用模块或虚拟机来完成的，它也可以作为一个标准函数由用户自行调用(类似于 free 函数的使用)。不论哪一种情况，系统都要求用户建立一个初始变量表登录用户程序中所有链表的表头指针，以便从这些指针出发进行标志。

下面可以对无用单元收集算法做某种定量估计。如上所述，整个算法分两步进行：①对占用结点加标志，不管用哪一种算法，其所用时间都和结点数成正比。假设总的占用结点数为 N，则标志过程所需时间为 c_1N(其中，c_1 为某个常数)。②从可用空间的第一个结点起，顺序扫描，将所有未加标志的结点链接在一起。假设可用空间总共含有 M 个结点，则所需时间为 c_2M(其中，c_2 为某个常数)。由此，收集算法总的时间为 c_1N+c_2M，同时收集到的无用结点个数为 $M-N$。

显然，无用单元收集这项工作的效率和最后能收集到的可以重新分配的无用结点数有关。我们用收集一个无用结点所需的平均时间 $(c_1N+c_2M)/(M-N)$ 来度量这个效率。假设以 $\rho=N/M$ 表示内存使用的密度，则上述平均时间为 $(c_1\rho+c_2)/(1-\rho)$。当内存中 3/4 的结点为无用结点，即 $\rho=1/4$ 时，收集一个结点所需平均时间为 $1/3c_1+4/3c_2$。反之，当内存中 1/4 的结点为无用结点，即 $\rho=3/4$ 时，收集一个结点所需平均时间为 $3c_1+4c_2$。由此可见，可利用内存区中只有少量的结点为无用结点时，收集无用单元的操作的效率很低。不仅如此，而且当系统重又恢复运行时，这些结点又很快被消耗掉，导致另一次无用单元的收集。如此下去有可能造成恶性循环，以致最后整个系统瘫痪。解决的办法可以由系统事先确定一个常数 k，当收集到的无用单元数为 k 或更少时系统就不再运行。

已经有越来越多语言像 Java 那样引入了无用单元(也称垃圾)自动回收机制，垃圾回收算法不断更新换代。

8.6 存储紧缩

前面几节中讨论的动态存储管理方法都有一个共同的特点，即建立一个空闲块或无用结点组成的可利用空间表，这个可利用空间表采用链表结构，其结点大小可以相同，也可以不同。

本节将要介绍另一种结构的动态存储管理方法。在整个动态存储管理过程中，不管哪个时刻，可利用空间都是一个地址连续的存储区，在编译程序中称为堆，每次分配都是从这个可利用空间中划出一块。其实现办法：设立一个指针，称之为堆指针，始终指向堆的最低(或最高)地址。当用户申请 N 个单位的存储块时，堆指针向高地址(或低地址)移动 N 个存储单位，而移动之前的堆指针的值就是分配给用户的占用块的初始地址。回顾第 4 章中提及的串值存储空间的动态分配就是用的这种堆的存储管理。例如，某个串处理系统中有 A、B、C、D 这 4 个串，其串值长度分别为 12、6、10 和 8。假设堆指针 free 的初值为零，则分配给这 4 个串值的存储空间的初始地址分别为 0、12、18 和 28，如图 8.15(a)和图 8.15(b)所示，分配后的堆指针的值为 36。因此，这种堆结构的存储管理的分配算法非常简单。反之，回收用户释放的空闲块就比较麻烦。由于系统的可利用空间始终是一个地址连续的存储块，因此回收时必须将所释放的空闲块合并到整个堆上才能重新使用，这就是“存储紧缩”的任务。通常，有两种做法：一种是一旦有用户释放存储块即进行回收紧缩，例如，图 8.15(a)的堆，在 c 串释放存储块时即回收紧缩成为图 8.15(c)的堆，同时修改串的存储映像成图 8.15(d)的状态；另一种是在程序执行过程中不回收用户随时释放的存储块，直到可利用空间不够分配或堆指针指向最高地址时才进行存储紧缩。此时紧缩的目的是将堆中所有的空闲块连成一片，即将所有的占用块都集中到可利用空间的低地址区，而剩余的高地址区成为一整个地址连续的空闲块，如图 8.16 所示，其中图 8.16(a)为紧缩前的状态，图 8.16(b)为紧缩后的状态。

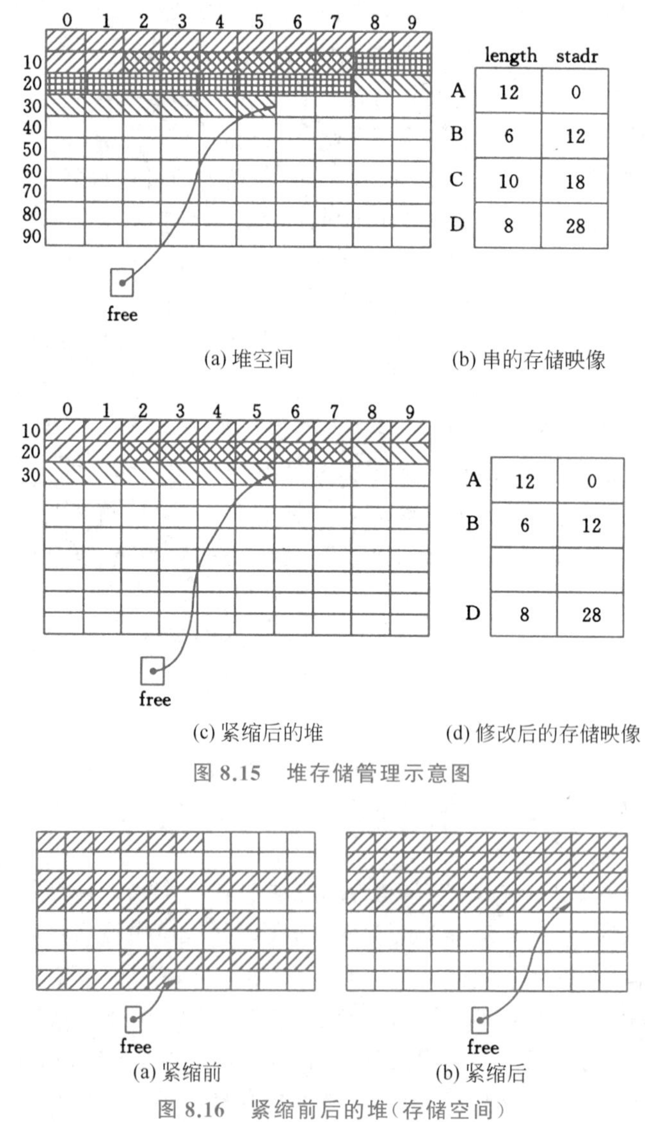

图 8.15 堆存储管理示意图

图 8.16 紧缩前后的堆(存储空间)

和 8.5 节讨论的无用单元收集类似，为实现存储紧缩，首先要对占用块进行“标志”，标志算法和 8.5 节类同(存储块的结构可能不同)。其次需进行下列 4 步操作。

(1) 计算占用块的新地址。从最低地址开始巡查整个存储空间，对每一个占用块找到它在紧缩后的新地址。为此，需设立两个指针随巡查向前移动，这两个指针分别指示占用块在紧缩前后的原地址和新地址。因此，在每个占用块的第一个存储单位中，除了设立长度域(存储该占用块的大小)和标志域(存储区别该存储块是占用块或空闲块的标志)之外，还需设立一个新地址域，以存储占用块在紧缩后应有的新地址，即建立一张新旧地址的对照表。

(2) 修改用户的初始变量表，以便在存储紧缩后用户程序能继续正常运行。

(3) 检查每个占用块中存储的数据。若有指向其他存储块的指针，则需做相应修改。

(4) 将所有占用块迁移到新地址。这实质上是做传送数据的工作。

至此，完成了存储紧缩的操作。最后，将堆指针赋以新值(即紧缩后的空闲存储区的最低地址)。

可见，存储紧缩法比无用单元收集法更为复杂，前者不仅要传送数据(进行占用块迁移)，而且要修改所有占用块中的指针值。因此，存储紧缩也是一个系统操作，且非不得已就不用。

第 9 章　查　　找

本书在第 2～7 章中已经介绍了各种线性或非线性的数据结构，本章将讨论另一种在实际应用中大量使用的数据结构——查找表。如果说第 2～7 章都是先确定了数据集的元素之间的某种关系，再定义基本操作集和展开对存储结构和算法的讨论，那么本章的**查找表**(search table)却是由同一类型的数据元素(或记录)构成的集合。由于集合中的数据元素之间没有约定任何关系，因此查找表是一种非常灵便的数据结构，可以根据需要对数据元素之间附加某种关系和设计特别的存储结构。查找表的基本操作如下。

(1) **查询**(contain)某个数据元素是否存在，因此也称**查存**。

(2) **检索**(retrieval)某个数据元素的数据项。

(3) **插入**(insert)一个数据元素。

(4) **删除**(delete)某个数据元素。

若对查找表只做前两种统称为**查找**(search)的操作，则称此类查找表为**静态查找表**(static search table)。若基于查找结果，插入查找表中不存在的数据元素，或者从查找表中删除已存在的某个数据元素，则称此类表为**动态查找表**(dynamic search table)。

在日常生活中，人们几乎每天都要进行"查找"。例如，在电话号码簿中查阅"某单位"或"某人"的电话号码；在字典中查阅"某个字"或"某个词"的读音和释义等。其中"电话号码簿"和"字典"都可视作一张查找表。

查找即为在一个含众多的数据元素(或记录)的查找表中找出**关键字**与指定值相符合的数据元素(或记录)。

在各种系统软件或应用软件中，查找表也是最常见的结构之一。如编译程序中的符号表、信息处理系统中的信息表等。在各种编程语言的标准库和教材中，也有把查找表称为**集合**(set)、**字典**(dictionary)或**映像**(map)。其中，集合特指那类只进行查询而不做检索的查找表，其键可以就是数据元素本身；字典或映像则是由"键"查"值"，需要建立(键，值)的映像关系，并依此实现查找操作。

查找根据给定的某个值，在查找表中确定一个其关键字等于给定值的记录或数据元素。若表中存在这样的一个记录，则称查找是成功的，查询的结果是返回 TRUE，而检索的结果则是返回整个记录的信息或指示该记录在查找表中的位置；若表中不存在关键字等于给定值的记录，则称查找不成功，查询的结果是返回 FALSE，而检索的结果可返回一个"空"记录或"空"指针。

例如，当用计算机处理考试成绩时，全部考生的成绩可以用图 9.1 所示的表结构储存在计算机中，表中每一行为一个记录，考生的准考证号为记录的关键字。假设给定值为 179326，则通过查找可得考生陆华的各科成绩和总分，此时查找成功。若给定值为 179238，则由于表中没有关键字为 179238 的记录，则查找不成功。

如何进行查找？显然，在一个结构中查找某个数据元素的过程依赖于这个数据元素在结构中所处的地位。因此，对表进行查找的方法取决于表中数据元素依何种关系(这个关系

准考证号	姓名	各科成绩							总分
		政治	语文	外语	数学	物理	化学	生物	
⋮	⋮	⋮	⋮	⋮	⋮	⋮	⋮	⋮	⋮
179325	陈红	85	86	88	100	92	90	45	586
179326	陆华	78	75	90	80	95	88	37	543
179327	张平	82	80	78	98	84	96	40	558
⋮	⋮	⋮	⋮	⋮	⋮	⋮	⋮	⋮	⋮

图 9.1 成绩表示例

可以是人为地加上的)组织在一起的。例如查电话号码时,由于电话号码簿是按用户(集体或个人)的名称(或姓名)分类且依笔画顺序编排,因此查找的方法就是先顺序查找待查用户的所属类别,然后在此类中顺序查找,直到找到该用户的电话号码为止。又如,查阅英文单词时,由于字典是按单词的字母在字母表中的次序编排的,因此查找时不需要从字典中第一个单词比较起,而只要根据待查单词中每个字母在字母表中的位置查到该单词。

同样,在计算机中进行查找的方法也随数据结构不同而不同。如前所述,本章讨论的查找表是一种非常灵便的数据结构。但也正是由于表中数据元素之间仅存在着“同属一个集合”的松散关系,给查找带来不便。为此,需在数据元素之间人为地加上一些关系,以便按某种规则进行查找,即以另一种数据结构来表示查找表。对于大数据集的查找,在可用的软硬件资源条件下,更是需要精心选择和设计适用的数据结构。本章将分别就静态查找表和动态查找表两种抽象数据类型讨论其表示和操作实现的方法。

在本章各节的讨论中,涉及的关键字类型和数据元素类型统一说明如下。

典型的关键字类型说明可以是下列几种之一:

```
typedef float  KeyType;          // 实型
typedef int    KeyType;          // 整型
typedef char   * KeyType;        // 字符串型
```

数据元素类型定义:

```
typedef struct {
    KeyType key;                  // 关键字(简称键)域
    …                             // 其他域,或者设置一个值域:ValueType value
} ElemType;                       // 元素类型
```

对两个关键字的比较约定为如下的宏定义:

```
//-----数值型关键字比较 -----
#define  EQ(a,b)     ((a)==(b))
#define  LT(a,b)     ((a)<(b))
#define  LQ(a,b)     ((a)<=(b))
#define  GT(a,b)     ((a)>(b))
#define  GQ(a,b)     ((a)>=(b))
//-----字符串型关键字比较 -----
```

```
#define     EQ(a,b) (!strcmp((a),(b)))
#define     LT(a,b) (strcmp((a),(b))<0)
#define     LQ(a,b) (strcmp((a),(b))<=0)
#define     GT(a,b) (strcmp((a),(b))>0)
#define     GQ(a,b) (strcmp((a),(b))>=0)
```

结构型元素之间的比较实际上是关键字的比较。需要为其定义专门的比较函数。例如,ElemType 类型元素的"小于"比较函数,可如下定义(假设 KeyType 是可直接比较的类型),其余比较函数就不一一列举了。

```
Status LT(ElemType a, ElemType b) { return a.key<b.key; }
```

9.1 静态查找表

抽象数据类型静态查找表的定义:

```
ADT StaticSearchTable {
  数据对象 D: D是具有相同特性的数据元素的集合。各个数据元素均含类型相同且
              可唯一标识数据元素的关键字。
  数据关系 R: 数据元素同属一个集合。
  基本操作 P:
    MakeST(es, n);
      初始条件: n>0,es 含 n 个数据元素。
      操作结果: 由 es 前 n 个数据元素构造并返回一个静态查找表。
    FreeST(ST);
      初始条件: 静态查找表 ST 存在。
      操作结果: 回收表 ST,返回 NULL。
    Search(ST, key);
      初始条件: 静态查找表 ST 存在,key 为和关键字类型相同的给定值。
      操作结果: 若 ST 中存在其关键字等于 key 的数据元素,则返回该元素的值或在表中的位
                置,否则返回 nullE。
    Traverse(ST, Visit());
      初始条件: 静态查找表 ST 存在,Visit 是对元素操作的应用函数。
      操作结果: 按某种次序对 ST 的每个元素调用函数 Visit 一次且仅一次。一旦 Visit 失败,
                则操作失败。
} ADT StaticSearchTable
```

静态查找表可以有不同的表示方法,在不同的表示方法中实现查找操作的方法也不同。

9.1.1 顺序表的查找

以顺序表或线性链表表示静态查找表,则 Search 函数可用顺序查找来实现。本节中只讨论它在顺序存储结构模块中的实现,在线性链表模块中实现的情况留给读者自行完成。

```
//-----静态查找表的顺序存储结构及构造函数 -----
typedef struct {
```

```
    ElemType   * elem;       // 数据元素存储空间基址,建表时按实际长度分配,0 号单元留空
    int  len;                // 表长度
} * SSTable;                 // 静态查找表指针类型
SSTable MakeST(ElemType * es, int n) {
    // 由 es 前 n 个数据元素构造并返回一个静态查找表
    SSTable ST;
    if (!(ST = (SSTable)malloc(sizeof( * ST)))) exit(OVERFLOW);  // 查找表结构记录
    if (!(ST->elem = (ElemType * )malloc((n+2) * sizeof(ElemType))))
        exit(OVERFLOW);
    memcpy(ST->elem+1, es, n * sizeof(ElemType));  // 复制 es 前 n 个元素到表 ST 元素区
    ST->len=n;
    return ST;
}
```

下面讨论顺序查找的实现。

顺序查找(sequential search)的查找过程：从表中最后一个记录开始,逐个进行记录的关键字和给定值的比较,若某个记录的关键字和给定值比较相等,则查找成功,找到所查记录;反之,若直至第一个记录,其关键字和给定值比较都不等,则表明表中没有所查记录,查找不成功。算法 9.1 实现了此查找过程。

```
int Search_Seq(SSTable ST, KeyType key) {
    // 在静态查找表 ST 中顺序查找关键字等于 key 的数据元素,找到则返回其位序,否则返回 0
    ST->elem[0].key=key;                               // "哨兵"
    for (int i=ST->len; ST->elem[i].key!=key; --i);    // 从后往前找
    return i;                                          // 找不到时,i 为 0
}
```

算法 9.1

这个算法的思想和第 2 章中的函数 LocateElem_Sq 一致。只是在 Search_Seq 中, 查找之前先对 ST->elem[0]的关键字赋值 key,目的在于免去查找过程中每一步都要检测整个表是否查找完毕。在此,ST->elem[0]起到了监视哨的作用。这仅是一个程序设计技巧上的改进,然而实践证明,这个改进能使顺序查找在 ST->len≥1000 时,进行一次查找所需的平均时间几乎减少一半(参阅参考文献[1]中 342 页表 7.1)。当然,监视哨也可设在高下标处。

查找操作的性能分析如下。

在第 1 章中曾提及,衡量一个算法好坏的量度有 3 条：时间复杂度(衡量算法执行的时间量级)、空间复杂度(衡量算法的数据结构所占存储以及大量的附加存储)和算法的其他性能。对于查找算法来说,通常只需要一个或几个辅助空间。又,查找算法中的基本操作是"将记录的关键字和给定值进行比较",因此,通常以"其关键字和给定值进行过比较的记录个数的平均值"作为衡量查找算法好坏的依据。

定义：为确定记录在查找表中的位置,需和给定值进行比较的关键字个数的期望值称为查找算法在查找成功时的**平均查找长度**(Average Search Length,ASL)。

对于含 n 个记录的表,查找成功时的平均查找长度为

$$\text{ASL}=\sum_{i=1}^{n}P_iC_i \tag{9-1}$$

其中，P_i 为查找表中第 i 个记录的概率，且 $\sum_{i=1}^{n}P_i=1$；C_i 为找到表中其关键字与给定值相等的第 i 个记录时，和给定值已进行过比较的关键字个数。显然，C_i 随查找过程不同而不同。

从顺序查找的过程可见，C_i 取决于所查记录在表中的位置。例如，查找表中最后一个记录时，仅需比较一次；而查找表中第一个记录时，则需比较 n 次。一般情况下 C_i 等于 $n-i+1$。

假设 n=ST.length，则顺序查找的平均查找长度为

$$\text{ASL}=nP_1+(n-1)P_2+\cdots+2P_{n-1}+P_n \tag{9-2}$$

假设每个记录的查找概率相等，即

$$P_i=1/n$$

则在等概率情况下顺序查找的平均查找长度为

$$\text{ASL}_{\text{SS}}=\sum_{i=1}^{n}P_iC_i$$

$$=\frac{1}{n}\sum_{i=1}^{n}(n-i+1)$$

$$\text{ASL}_{\text{SS}}=\frac{n+1}{2} \tag{9-3}$$

有时，表中各个记录的查找概率并不相等。例如，将全校学生的病历档案建立一张表存放在计算机中，则体弱多病同学的病历记录的查找概率必定高于健康同学的病历记录。由于式(9-2)中的 ASL 在 $P_n\geqslant P_{n-1}\geqslant\cdots\geqslant P_2\geqslant P_1$ 时达到极小值。因此，对记录的查找概率不等的查找表若能预先得知每个记录的查找概率，则应先对记录的查找概率进行排序，使表中记录按查找概率由小至大重新排列，以便提高查找效率。

然而，在一般情况下，记录的查找概率预先无法测定。为了提高查找效率，可以在每个记录中附设一个访问频度域，并使顺序表中的记录始终保持按访问频度非递减有序的次序排列，使得查找概率大的记录在查找过程中不断往后移，以便在以后的逐次查找中减少比较次数。或者在每次查找之后都将刚查找到的记录直接移至表尾。

顺序查找和本书后面将要讨论到的其他查找算法相比，其缺点是平均查找长度较大，特别是当 n 很大时，查找效率较低。然而，它有很大的优点：算法简单且适应面广。它对表的结构无任何要求，无论记录是否按关键字有序①均可应用，而且，上述所有讨论对线性链表也同样适用。

容易看出，上述对平均查找长度的讨论是在 $\sum_{i=1}^{n}P_i=1$ 的前提下进行的，换句话说，我们认为每次查找都是“成功”的。在本章开始时曾提到，查找可能产生“成功”与“不成功”两种

---

① 若表中所有记录的关键字满足下列关系

ST->elem[i].key≤ST->elem[i+1].key　i=1,2,…,n-1

则称表中记录按关键字有序。

结果，但在实际应用的大多数情况下，查找成功的可能性比不成功的可能性大得多，特别是在表中记录数 n 很大时，查找不成功的概率可以忽略不计。当查找不成功的情形不能忽视时，查找算法的平均查找长度应是查找成功时的平均查找长度与查找不成功时的平均查找长度之和。

对于顺序查找，不论给定值 key 为何值，查找不成功时和给定值进行比较的关键字个数均为 $n+1$。假设查找成功与不成功的可能性相同，对每个记录的查找概率也相等，则 $P_i=1/(2n)$，此时顺序查找的平均查找长度为

$$\begin{aligned}\mathrm{ASL}'_{\mathrm{ss}}&=\frac{1}{2n}\sum_{i=1}^{n}(n-i+1)+\frac{1}{2}(n+1)\\&=\frac{3}{4}(n+1)\end{aligned}\tag{9-4}$$

在本章的以后各节中，仅讨论查找成功时的平均查找长度和查找不成功时的比较次数，但散列表例外。

9.1.2　有序表的查找

以有序表表示静态查找表时，Search 函数可用折半查找来实现。

折半查找(binary search)的查找过程：先确定待查记录所在的范围(区间)，然后逐步缩小范围直到找到或找不到该记录为止。

例如：已知如下 11 个数据元素的有序表(关键字即为数据元素的值)：

(05,13,19,21,37,56,64,75,80,88,92)

现要查找关键字为 21 和 85 的数据元素。

假设指针 low 和 high 分别指示待查元素所在范围的下界和上界，指针 mid 指示区间的中间位置，即 $mid=\lfloor(low+high)/2\rfloor$。在此例中，low 和 high 的初值分别为 1 和 11，即[1,11]为待查范围。

下面先看给定值 key＝21 的查找过程：

```
05  13  19  21  37  56  64  75  80  88  92
↑ low                  ↑ mid                  ↑ high
```

首先令查找范围中间位置的数据元素的关键字 ST->elem[mid].key 与给定值 key 相比较，因为 ST->elem[mid].key＞key，说明待查元素若存在，必在区间[low，mid－1]的范围内，则令指针 high 指向第 mid－1 个元素，重新求得 $mid=\lfloor(1+5)/2\rfloor=3$

```
05  13  19  21  37  56  64  75  80  88  92
↑ low    ↑ mid    ↑ high
```

仍以 ST->elem[mid].key 和 key 相比，因为 ST->elem[mid].key＜key，说明待查元素若存在，必在[mid＋1，high]范围内，则令指针 low 指向第 mid＋1 个元素，求得 mid 的新值为 4，比较 ST->elem[mid].key 和 key，因为相等，则查找成功，所查元素在表中序号等于指针 mid 的值。

```
05  13  19  21  37  56  64  75  80  88  92
            ↑ low↑ high
            ↑ mid
```

再看 key＝85 的查找过程：

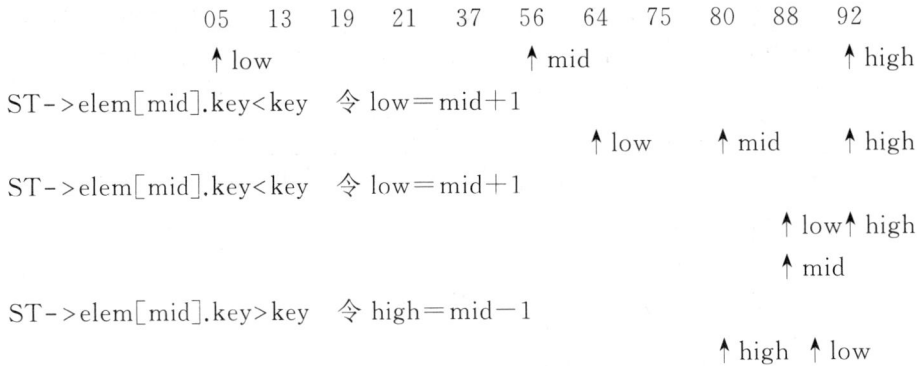

```
                05    13    19    21    37    56    64    75    80    88    92
                ↑low                        ↑mid                          ↑high
ST->elem[mid].key<key   令 low＝mid＋1
                                                  ↑low        ↑mid        ↑high
ST->elem[mid].key<key   令 low＝mid＋1
                                                              ↑low↑high
                                                              ↑mid
ST->elem[mid].key>key   令 high＝mid－1
                                                        ↑high  ↑low
```

此时因为下界 low＞上界 high，则说明表中没有关键字等于 key 的元素，查找不成功。

从上述例子可见，折半查找过程是以处于区间中间位置记录的关键字和给定值比较。若相等，则查找成功；若不等，则缩小范围，直至新的区间中间位置记录的关键字等于给定值或者查找区间的大小小于零时(表明查找不成功)为止。

上述折半查找过程如算法 9.2 描述所示。

```
int Search_Bin(SSTable ST, KeyType key) {
    // 在有序表 ST 中折半查找关键字等于 key 的数据元素,找到则返回该元素的位序,否则返回 0
    int low=1, high=ST->len;                          // 置区间初值
    while (low<=high) {                               // 查找区间非空的循环
        int mid=(low+high) / 2;                       // 中间位序
        if (key==ST->elem[mid].key) return mid;       // 找到待查元素,返回其位序
        else if (key<ST->elem[mid].key) high=mid-1;   // 继续在前半区间进行查找
        else low =mid +1;                             // 继续在后半区间进行查找
    }
    return 0;                                         // 不存在查找的元素,返回 0
}
```

算法　9.2

折半查找的性能分析如下。

先看上述 11 个元素的表的具体例子。从上述查找过程可知：

找到第 6 个元素仅需比较 1 次；找到第 3 和第 9 个元素需比较 2 次；找到第 1、4、7 和 10 个元素需比较 3 次；找到第 2、5、8 和 11 个元素需比较 4 次。

这个查找过程可用图 9.2 所示的二叉树来描述。树中每个节点表示表中一个记录，节点中的值为该记录在表中的位置，节点上方是表中该位置的元素值。通常称这个描述查找过程的二叉树为判定树，从判定树上可见，查找 21 的过程恰好是走了一条从根到节点④的路径，和给定值进行比较的关键字个数为该路径上的节点数或节点④在判定树上的层次数。类似地，找到有序表中任一记录的过程就是走了一条从根节点到与该记录相应的节点的路径，和给定值进行比较的关键字个数恰为该节点在判定树上的层次数。因此，折半查找法在查找成功时进行比较的关键字个数最多不超过树的深度，而具有 n 个节点的判定树的深度为

$\lfloor \log_2 n \rfloor + 1$[①]，所以，折半查找法在查找成功时和给定值进行比较的关键字个数至多为$\lfloor \log_2 n \rfloor + 1$。

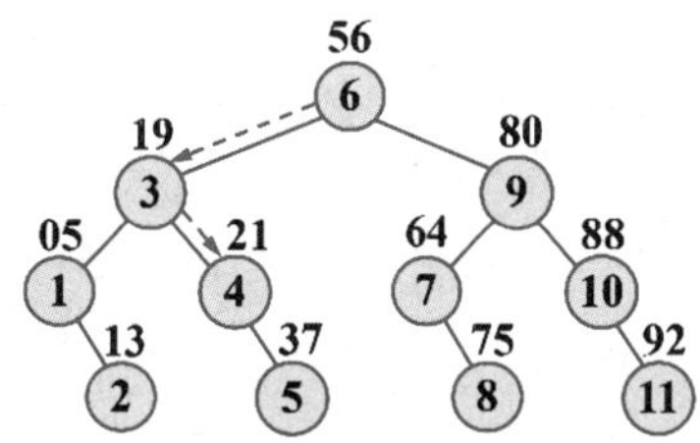

图 9.2　描述折半查找过程的判定树及查找 21 的过程

如果在图 9.2 所示判定树中所有节点的空指针域上加一个指向一个方形节点的指针，如图 9.3 所示。并且，称这些方形节点为判定树的外部节点（与之相对，称那些圆形节点为内部节点），那么折半查找时查找不成功的过程就是走了一条从根节点到外部节点的路径，和给定值进行比较的关键字个数等于该路径上内部节点个数，例如，查找 85 的过程即为走了一条从根到节点 9—10 的路径。因此，折半查找在查找不成功时和给定值进行比较的关键字个数最多也不超过$\lfloor \log_2 n \rfloor + 1$。

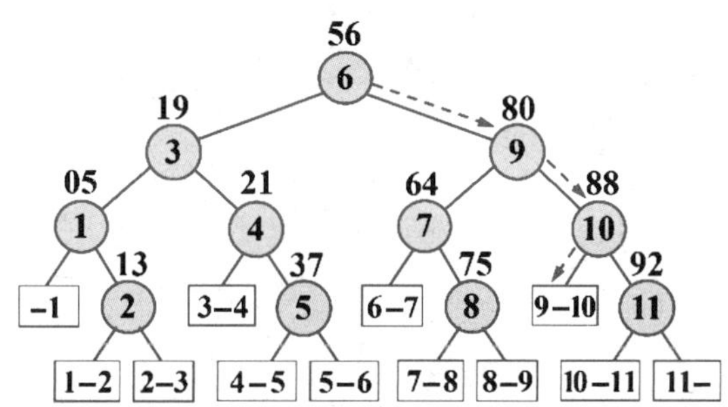

图 9.3　加上外部节点的判定树和查找 85 的过程

那么，折半查找的平均查找长度是多少呢？

为讨论方便起见，假定有序表的长度 $n=2^h-1$（反之，$h=\log_2(n+1)$），则描述折半查找的判定树是深度为 h 的满二叉树。树中层次为 1 的节点有 1 个，层次为 2 的节点有 2 个，…，层次为 h 的节点有 2^{h-1} 个。假设表中每个记录的查找概率相等（$P_i=1/n$），则查找成功时折半查找的平均查找长度为

$$\begin{aligned}\mathrm{ASL}_{\mathrm{bs}} &= \sum_{i=1}^{n} P_i C_i \\ &= \frac{1}{n}\sum_{j=1}^{h} j \cdot 2^{j-1} \\ &= \frac{n+1}{n}\log_2(n+1) - 1^{②}\end{aligned} \tag{9-5}$$

对任意的 n，当 n 较大（$n>50$）时，可有下列近似结果

① 判定树非完全二叉树，但它的叶节点所在层次之差最多为 1，则 n 个节点的判定树的深度和 n 个节点的完全二叉树的深度相同。

② $\mathrm{ASL}_{\mathrm{ns}} = \sum_{i=1}^{n} P_i C_i = \frac{1}{n}\sum_{i=1}^{n} C_i = \frac{1}{n}\sum_{j=1}^{h} j \cdot 2^{j-1} = \frac{1}{n}\left(\sum_{i=0}^{h-1} 2^i + 2\sum_{i=0}^{h-2} 2^i + \cdots + 2^{h-1}\sum_{i=0}^{0} 2^i\right)$

$= \frac{1}{n}[h \cdot 2^h - (2^0 + 2^1 + \cdots + 2^{h-1})] = \frac{1}{n}[(h-1)2^h + 1]$

$= \frac{1}{n}[(n+1)(\log_2(n+1)-1)+1] = \frac{n+1}{n}\log_2(n+1) - 1$

$$ASL_{bs} = \log_2(n+1) - 1 \tag{9-6}$$

可见，折半查找的效率比顺序查找高，但折半查找只适用于有序表，且限于顺序存储结构(对线性链表无法有效地进行折半查找)。

以有序表表示静态查找表时，进行查找的方法除折半查找外，还有斐波那契查找和插值查找。

斐波那契查找是根据斐波那契序列①的特点对表进行分割的。假设开始时表中记录个数比某个斐波那契数小1，即 $n=F_u-1$，然后将给定值 key 和 ST->elem[F_{u-1}].key 进行比较，若相等，则查找成功；若 key<ST->elem[F_{u-1}].key，则继续在自 ST->elem[1]至 ST-> elem[$F_{u-1}-1$]的子表中进行查找，否则继续在自 ST->elem[$F_{u-1}+1$]至 ST->elem [F_u-1]的子表中进行查找，后一子表的长度为 $F_{u-2}-1$。斐波那契查找的平均性能比折半查找好，但最坏情况下的性能(虽然仍是 $O(\log n)$)却比折半查找差。它还有一个优点就是分割时只需进行加、减运算。

插值查找是根据给定值 key 来确定进行比较的关键字 ST->elem[i].key 的查找方法。令 $\mathrm{i}=\dfrac{\mathrm{key}-\mathrm{ST{-}{>}elem[l].key}}{\mathrm{ST{-}{>}elem[h].key}-\mathrm{ST{-}{>}elem[l].key}}(\mathrm{h}-\mathrm{l}+1)$，其中 ST->elem[l]和 ST->elem[h]分别为有序表中具有最小关键字和最大关键字的记录。显然，这种插值查找只适于关键字均匀分布的表，在这种情况下，对表长较大的顺序表，其平均性能比折半查找好。

9.1.3 静态树表的查找

9.1.2 节对有序表的查找性能的讨论是在"等概率"的前提下进行的，即当有序表中各记录的查找概率相等时，按图 9.2 所示判定树描述的查找过程来进行折半查找，其性能最优。如果有序表中各记录的查找概率不等，情况又如何呢?

先看一个具体例子。假设有序表中含 5 个记录，并且已知各记录的查找概率不等，分别为 $p_1=0.1$，$p_2=0.2$，$p_3=0.1$，$p_4=0.4$ 和 $p_5=0.2$。则按式(9-1)的定义，对此有序表进行折半查找，查找成功时的平均查找长度为

$$\sum_{i=1}^{5} P_i C_i = 0.1\times 2 + 0.2\times 3 + 0.1\times 1 + 0.4\times 2 + 0.2\times 3 = 2.3$$

但是，如果在查找时令给定值先和第 4 个记录的关键字进行比较，比较不相等时再继续在左子序列或右子序列中进行折半查找，则查找成功时的平均查找长度为

$$\sum_{i=1}^{5} P_i C_i = 0.1\times 3 + 0.2\times 2 + 0.1\times 3 + 0.4\times 1 + 0.2\times 2 = 1.8$$

这就说明，当有序表中各记录的查找概率不等时，按图 9.2 所示判定树进行折半查找，其性能未必是最优的。那么此时应如何进行查找呢? 换句话说，描述查找过程的判定树为何类二叉树时，其查找性能最佳?

如果只考虑查找成功的情况，则使查找性能达最佳的判定树是其带权内路径长度之和 PH 值②

$$PH = \sum_{i=1}^{n} w_i h_i \tag{9-7}$$

---

① 这种序列可定义为：$F_0=0$，$F_1=1$，$F_i=F_{i-1}+F_{i-2}$，$i\geqslant 2$

② PH 值和平均查找长度成正比。

取最小值的二叉树。其中,n 为二叉树上节点的个数(即有序表的长度);h_i 为第 i 个节点在二叉树上的层次数;节点的权 $w_i = cp_i(i=1,2,\cdots,n)$,其中 p_i 为节点的查找概率,c 为某个常量。称 PH 值取最小的二叉树为**静态最优查找树**(static optimal search tree)。由于构造静态最优查找树花费的时间代价较高,因此在本书中不进行详细讨论,有兴趣的读者可查阅参考文献[1]。在此向读者介绍一种构造近似最优查找树的有效算法。

已知一个按关键字有序的记录序列

$$(r_l, r_{l+1}, \cdots, r_h) \tag{9-8}$$

其中

$$\mathrm{r_l.key} < \mathrm{r_{l+1}.key} < \cdots < \mathrm{r_h.key}$$

与每个记录相应的权值为

$$w_l, w_{l+1}, \cdots, w_h \tag{9-9}$$

现构造一棵二叉树,使这棵二叉树的带权内路径长度 PH 值在所有具有同样权值的二叉树中近似为最小,称这类二叉树为**次优查找树**(nearly optimal search tree)。

构造次优查找树的方法:首先在式(9-8)所示的记录序列中取第 $i(l \leqslant i \leqslant h)$个记录构造根节点 r_i,使得

$$\Delta P_i = \left| \sum_{j=i+1}^{h} w_j - \sum_{j=l}^{i-1} w_j \right| \tag{9-10}$$

取最小值($\Delta P_i = \min\limits_{l \leqslant j \leqslant h} \{\Delta P_j\}$),然后分别对子序列$\{r_l, r_{l+1}, \cdots, r_{i-1}\}$和$\{r_{i+1}, \cdots, r_h\}$构造两棵次优查找树,并分别设为根节点 r_i 的左子树和右子树。

为便于计算 ΔP,引入累计权值和

$$sw_i = \sum_{j=l}^{i} w_j \tag{9-11}$$

并设 $w_{l-1}=0$ 和 $sw_{l-1}=0$,则

$$\begin{cases} sw_{i-1} - sw_{l-1} = \sum\limits_{j=l}^{i-1} w_j \\ sw_h - sw_i = \sum\limits_{j=i+1}^{h} w_j \end{cases} \tag{9-12}$$

$$\begin{aligned} \Delta P_i &= \left| (sw_h - sw_i) - (sw_{i-1} - sw_{l-1}) \right| \\ &= \left| (sw_h + sw_{l-1}) - sw_i - sw_{i-1} \right| \end{aligned} \tag{9-13}$$

由此可得构造次优查找树的递归算法如算法 9.3 所示。

```
BiTree SecondOptimal(ElemType R[], float sw[], int low, int high) {
    // 由有序表 R[low..high]及其累计权值表 sw(其中 sw[0]==0)递归构造次优查找树 T
    int i=low;
    float min=(float)fabs(sw[high]-sw[low]), dw=sw[high]+sw[low-1];
    for (int j=low+1; j<=high; ++j)                        // 选择最小的 ΔPi 值
        if (fabs(dw-sw[j]-sw[j-1])<min)
            { i=j; min=(float)fabs(dw-sw[j]-sw[j-1]); }
    BiTree T;
    if (!(T =(BiTree)malloc(sizeof(BiTNode)))) exit(OVERFLOW);  // 分配节点
    T->data=R[i];                                             // 赋元素值
```

```
    if (i==low) T->lchild=NULL;                                 // 左子树空
    else T->lchild=SecondOptimal(R, sw, low, i-1);              // 递归构造左子树
    if (i==high) T->rchild=NULL;                                // 右子树空
    else T->rchild=SecondOptimal(R, sw, i+1, high);             // 递归构造右子树
    return T;                                                   // 返回次优查找树
}
```

算法 9.3

例 9-1 已知含 9 个关键字的有序表及其相应权值：

关键字	A	B	C	D	E	F	G	H	I
权值	1	1	2	5	3	4	4	3	5

则按算法 9.3 构造次优查找树的过程中累计权值 SW 和 ΔP 的值如图 9.4(a)所示，构造所得次优二叉查找树如图 9.4(b)所示。

j	0	1	2	3	4	5	6	7	8	9
key_j		A	B	C	D	E	F	G	H	I
W_j	0	1	1	2	5	3	4	4	3	5
SW_j	0	1	2	4	9	12	16	20	23	28
ΔP_j		27	25	22	15	7	0	8	15	23
(根)							↑i			
ΔP_j		11	9	6	1	9		8	1	7
(根)					↑i				↑i	
ΔP_j		3	1	2		0		0		0
(根)			↑i			↑i		↑i		↑i
ΔP_j		0		0						
(根)		↑i		↑i						

(a) 累计权值和 ΔP 值

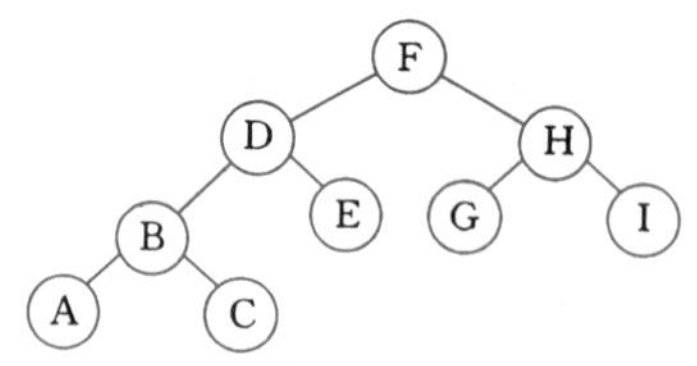

(b) 次优查找树

图 9.4 构造次优二叉查找树示例

由于在构造次优查找树的过程中，没有考察单个关键字的相应权值，则有可能出现被选为根的关键字的权值比与它相邻的关键字的权值小。此时应进行适当调整：选取邻近的权值较大的关键字作次优查找树的根节点。

例 9-2 已知含 5 个关键字的有序表及其相应权值为

关键字	A	B	C	D	E
权值	1	30	2	29	3

则按算法 9.3 构造所得次优查找树如图 9.5(a)所示，调整处理后的次优查找树如图 9.5(b)所示。容易算得，前者的 PH 值为 132，后者的 PH 值为 105。

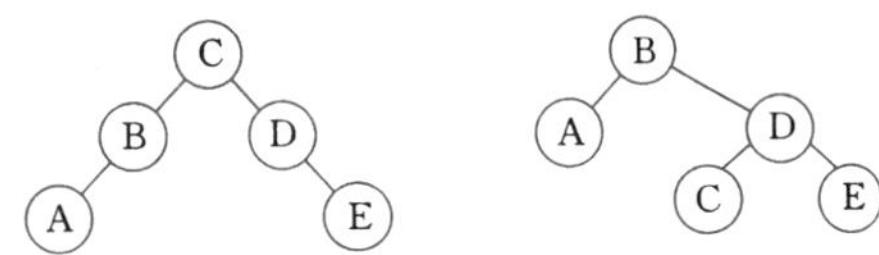

(a) 调整之前的次优查找树　(b) 调整之后的次优查找树

图 9.5　根的权小于子树根权的情况

大量的实验研究表明，次优查找树和最优查找树的查找性能之差仅为 1%～2%，很少超过 3%，而且构造次优查找树的算法的时间复杂度为 $O(n\log n)$，因此算法 9.3 是构造近似最优二叉查找树的有效算法。

从次优查找树的结构特点可见，其查找过程类似折半查找。若次优查找树为空，则查找不成功。否则，将给定值 key 和其根节点的关键字相比，若相等，则查找成功，该根节点的记录即为所求；若不等，则将根据给定值 key 小于或大于根节点的关键字而分别在左子树或右子树中继续查找，直至查找成功或不成功为止(算法描述和 9.2.1 节讨论的二叉排序树的查找算法类似，在此省略)。由于查找过程恰是走了一条从根到待查记录所在节点(或叶节点)的一条路径，进行过比较的关键字个数不超过树的深度，因此，次优查找树的平均查找长度和 $\log n$ 成正比。可见，在记录的查找概率不等时，可用次优查找树表示静态查找树，故又称静态树表，按有序表构造次优查找树的算法如算法 9.4 所示。

```
typedef BiTree SOSTree;                              // 次优查找树采用二叉链表的存储结构
SOSTree CreateSOSTree(SSTable ST) {
    // 由有序表 ST 构造并返回次优查找树。ST 的数据元素含权域 weight 值
    SOSTree T;  float * sw;
    if (ST->len==0) T=NULL;                          // 空树
    else {
        if (!(sw=(float*)malloc(ST->len*sizeof(float)))) exit(OVERFLOW);
        sw[0]=0;
        for (int j=1; j<=ST->len; j++)
                                   // 由有序表 ST 各数据元素的 weight 域求累计权值表 sw
            sw[j]=sw[j-1]+ST->elem[j].weight;
        T=SecondOptimal(ST->elem, sw, 1, ST->len);   // 调用算法 9.3 构造次优查找树 T
    }
    free(sw); return T;                              // 返回次优查找树
}
```

算法　9.4

9.1.4　索引顺序表的查找

若以索引顺序表表示静态查找表，则 Search 函数可用分块查找来实现。

分块查找又称索引顺序查找，这是顺序查找的一种改进方法。在此查找法中，除表本身以外，尚需建立一个“索引表”。例如，图 9.6 所示为一个表及其索引表，表中含 18 个记录，可分成 3 个子表($R_1,R_2,\cdots,R_6$)、($R_7,R_8,\cdots,R_{12}$)、($R_{13},R_{14},\cdots,R_{18}$)，对每个子表(或称块)建立一个索引项，其中包括两项内容：关键字项(其值为该子表内的最大关键字)和指针项(指示该子表的第一个记录在表中位置)。索引表按关键字有序，则表或者有序或者分块有序。分块有序指的是第二个子表中所有记录的关键字均大于第一个子表中的最大关键

字，第三个子表中的所有关键字均大于第二个子表中的最大关键字，依次类推。

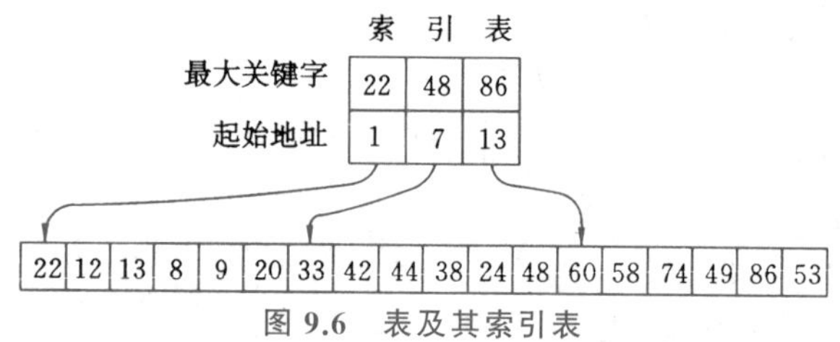

图 9.6　表及其索引表

因此，分块查找过程需分两步进行。先确定待查记录所在的块(子表)，然后在块中顺序查找。假设给定值 key=38，则先将 key 依次和索引表中各最大关键字进行比较，因为 22<key<48，则关键字为 38 的记录若存在，必定在第二个子表中。由于同一索引项中的指针指示第二个子表中的第一个记录是表中第 7 个记录，则自第 7 个记录起进行顺序查找，直到 ST->elem[10].key=key 为止。假如此子表中没有关键字等于 key 的记录(例如，key=29 时自第 7 个记录起至第 12 个记录的关键字和 key 比较都不等)，则查找不成功。

由于由索引项组成的索引表按关键字有序，则确定块的查找可以用顺序查找，亦可用折半查找，而块中记录是任意排列的，则在块中只能是顺序查找。

由此，分块查找的算法即为这两种查找算法的简单合成。

分块查找的平均查找长度为

$$ASL_{bs}=L_b+L_w \tag{9-14}$$

其中，L_b 为查找索引表确定所在块的平均查找长度，L_w 为在块中查找元素的平均查找长度。

一般情况下，为进行分块查找，可以将长度为 n 的表均匀地分成 b 块，每块含 s 个记录，即 $b=\lceil n/s \rceil$；又假定表中每个记录的查找概率相等，则每块查找的概率为 $1/b$，块中每个记录的查找概率为 $1/s$。

若用顺序查找确定所在块，则分块查找的平均查找长度为

$$\begin{aligned}ASL_{bs}&=L_b+L_w=\frac{1}{b}\sum_{j=1}^{b}j+\frac{1}{s}\sum_{i=1}^{s}i=\frac{b+1}{2}+\frac{s+1}{2}\\&=\frac{1}{2}\left(\frac{n}{s}+s\right)+1\end{aligned} \tag{9-15}$$

可见，此时的平均查找长度不仅和表长 n 有关，而且和每块中的记录个数 s 有关。在给定 n 的前提下，s 是可以选择的。容易证明，当 s 取$\sqrt{n}$时，ASL_{bs}取最小值$\sqrt{n}+1$。这个值比顺序查找有了很大改进，但远不及折半查找。

若用折半查找确定所在块，则分块查找的平均查找长度为

$$ASL'_{bs}\approx \log_2\left(\frac{n}{s}+1\right)+\frac{s}{2} \tag{9-16}$$

9.2　动态查找表

在本节和 9.3 节，将讨论动态查找表的表示和实现。**动态查找表**的特点是，可随时插入或删除表中元素。除非特殊约定，不允许表中有关键字相同的元素，因此插入的元素须确保不与表中元素的关键字重复。

抽象数据类型动态查找表的定义如下：

```
ADT DynamicsearchTable {
数据对象 D: D是具有相同特性的数据元素的集合。各个数据元素均含类型相同、可唯一标识数据
            元素的关键字。
数据关系 R: 数据元素同属一个集合。
基本操作 P:
  InitDSTable();
    操作结果: 构造并返回一个空的动态查找表。
  FreeDSTable(DT);
    初始条件: 动态查找表 DT 存在。
    操作结果: 回收动态查找表 DT,返回 NULL。
  FindMin(DT);
    初始条件: 动态查找表 DT 存在。
    操作结果: 返回 DT 中关键字最小的元素位置,若是空表则返回"空位置"。
  FindMax(DT);
    初始条件: 动态查找表 DT 存在。
    操作结果: 返回 DT 中关键字最大的元素位置,若是空表则返回"空位置"。
  Find(DT, e);
    初始条件: 动态查找表 DT 存在,e 为要查找的元素。
    操作结果: 若 DT 中存在其关键字等于 e 的关键字的数据元素,则返回该元素在表中的位置,
              否则为"空位置"。
  InsertDST(DT, e);
    初始条件: 动态查找表 DT 存在,e 为待插入的数据元素。
    操作结果: 若 DT 中不存在其关键字等于 e.key 的数据元素,则插入 e 到 DT。
  DeleteDST(DT, key);
    初始条件: 动态查找表 DT 存在,key 为和关键字类型相同的给定值。
    操作结果: 若 DT 中存在其关键字等于 key 的数据元素,则删除。
  TraverseDST(DT, Visit());
    初始条件: 动态查找表 DT 存在,Visit 是对数据元素操作的应用函数。
    操作结果: 按某种次序对 DT 的每个数据元素调用函数 Visit 一次且至多一次。一旦 Visit
              失败,则操作失败。
} ADT DynamicSearchTable
```

动态查找表可采用不同的存储表示。本节讨论以各种树状结构表示时的实现方法。

9.2.1 二叉排序树

1. 二叉排序树及其查找过程

什么是二叉排序树?

二叉排序树(binary sort tree)或者是一棵空树;或者是具有下列性质的二叉树。

(1) 若它的左子树不空,则左子树上所有节点的值均小于它的根节点的值。

(2) 若它的右子树不空,则右子树上所有节点的值均大于它的根节点的值。

(3) 它的左右子树也分别为二叉排序树。

图 9.7 为两棵二叉排序树。

二叉排序树具有以下显著特点。

(1) 最小元素位于"最左下"位置。从根节点出发,沿左孩子指针链到底可达。

(2) 最大元素位于"最右下"位置。从根节点出发,沿左孩子指针链到底可达。

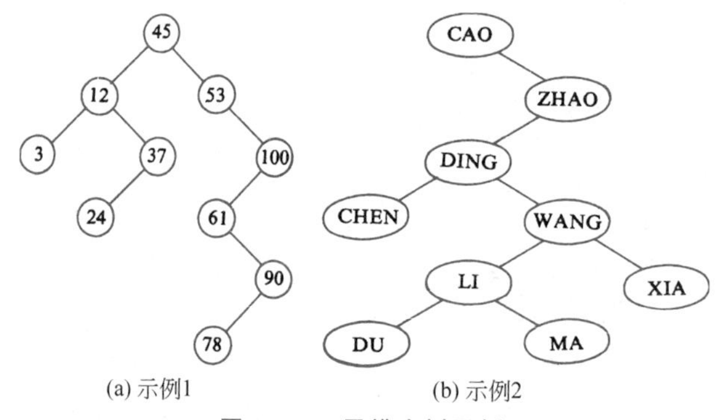

(a) 示例1　　(b) 示例2

图 9.7　二叉排序树示例

(3) 中序遍历序列是有序的。

算法 9.5 的两个函数分别实现了 FindMin 和 FindMax 操作，前者是递归的，后者是循环迭代。对比理解后，可写出另一种形式的代码。双重指针参数 p 带回找到的最小(大)元素的父节点指针，用于插入和删除操作。

```
typedef struct BiTNode {
    ElemType     data;                          // 数据元素,内含关键字域 key
    struct BiTNode * lchild, * rchild;          // 左右孩子指针
} BiTNode, * BiTree;                            // 节点类型,二叉树二叉链表指针类型
BiTNode * FindMin(BiTree T, BiTNode ** p) {  // 递归查找最小元素,并返回其节点指针
    if (T==NULL) return NULL;                   // T 空则不存在,返回 NULL
    else if (T->lchild==NULL) return T;        // 到最左下时,T 即为最小元素的节点指针
    else { * p=T; return FindMin(T->lchild,p);}   // 向左递归
}
BiTNode * FindMax(BiTree T, BiTNode ** p) {    // 迭代查找最大元素,并返回其节点指针
    if (T!=NULL)                                       // T 空则不存在,返回 NULL
        while (T->rchild!=NULL) { * p=T; T=T->rchild; }   // 向右到底
    return T;                                          // 返回最右下的节点指针
}
```

算法　9.5

二叉排序树又称二叉查找树或二叉搜索树，根据上述定义的结构特点可见，它的查找过程和次优二叉树类似。即当二叉排序树不空时，首先将给定值和根节点的关键字比较，若相等，则查找成功；否则将依据给定值和根节点的关键字之间的大小关系，分别在左子树或右子树上继续进行查找。通常，可取二叉链表作为二叉排序树的存储结构，则上述查找过程如算法9.6 所描述。

```
BiTNode * Find(BiTree T, ElemType e) {  // 递归地查找元素 e,并返回其在 T 中位置
    if (T==NULL) return NULL;                         // 空树则返回 NULL
    if (LT(e, T->data)) return Find(T->lchild, e);   // 返回在左子树的查找结果
    else if (GT(e, T->data))                          // 返回在右子树的查找结果
        return Find(T->rchild, e);
    else return T;                                    // 找到是 T 元素,返回指针 T
}
```

算法　9.6

例如，在图 9.7(a)所示的二叉排序树中查找关键字等于 100 的记录(树中节点内的数均

为记录的关键字)。首先以 key＝100 和根节点的关键字比较,因为 key＞45,则查找以㊺为根的右子树,此时右子树非空,且 key＞53,则继续查找以节点㊿为根的右子树,由于 key 和㊿的右子树根的关键字 100 相等,则查找成功,返回指向节点⑩的指针值。又如在图 9.7(a)中查找关键字等于 40 的记录,和上述过程类似,在给定值 key 与关键字 45、12 及 37 相继比较之后,继续查找以节点㊲为根的右子树,此时右子树为空,则说明该树中没有待查记录,故查找不成功,返回指针值为 NULL。

2. 二叉排序树的插入和删除

与次优查找树不同,二叉排序树是一种动态查找表。确认树中不存在关键字相同的元素,才能插入新元素。把新元素节点添加为叶子比插入树的内部更简单高效。算法 9.7 基于算法 9.6 的查找框架,若找到关键字相同的元素,则终止插入;一旦从某个叶子的孩子指针“走”空了(包括一开始就是空树),则生成元素节点并添加为该叶节点相应的孩子。

```
BiTree InsertBST(BiTree T, ElemType e) { // 插入元素 e 到 T 树,并返回插入后的根指针
    if (T==NULL) {                                    // 若 T 空,则构建并返回一棵单节点树
        if (!(T=(BiTNode*)malloc(sizeof(BiTNode)))) exit(OVERFLOW);
        T->data=e; T->lchild=T->rchild=NULL; return T;
    }                     // 以下递归返回的指针必须赋给对应的指针,以确保新节点能加入为叶子
    if (LT(e,T->data)) T->lchild=InsertBST(T->lchild, e);     // 在 T 节点左子树插入
    else if (GT(e,T->data)) T->rchild=InsertBST(T->rchild, e);        // 在右子树插入
        // 否则,确认树中存在关键字相同的元素,不重复插入,返回 T
    return T;                   // 返回 T(必须的!而且要赋给 T 的实参,树根指针 T 可能改变)
}
```

算法　9.7

若从空树出发,经过一系列的查找插入操作之后,可生成一棵二叉树。设查找的关键字序列为{45,24,53,45,12,24,90},则生成的二叉排序树如图 9.8 所示,第二个 45 和 24 被算法确认是重复的而未被插入。

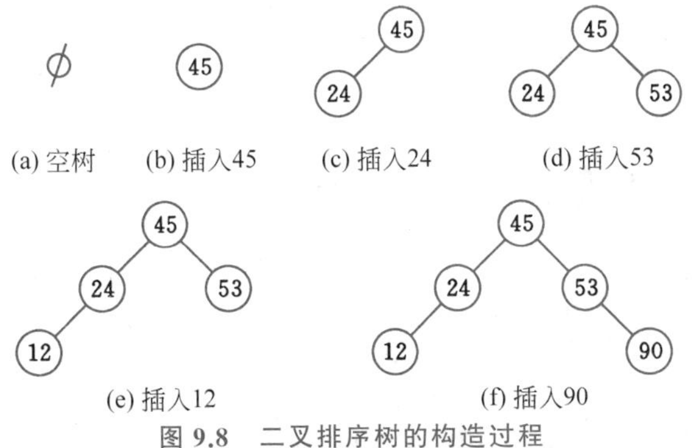

图 9.8　二叉排序树的构造过程

容易看出,中序遍历二叉排序树可得到一个关键字的有序序列(这个性质是由二叉排序树的定义决定的,读者可以自己证明)。也就是说,一个无序序列可以通过构造一棵二叉排序树而变成一个有序序列,构造树的过程即为对无序序列进行排序的过程。不仅如此,从上面的插入过程还可以看到,每次插入的新节点都是二叉排序树上新的叶节点,则在进行插入操作时,不必移动其他节点,仅需改动某个节点的指针,由空变为非空即可。这就相当于在一个有序序

列上插入一个记录而不需要移动其他记录。它表明，二叉排序树既拥有类似于折半查找的特性，又采用了链表作存储结构，因此是动态查找表的一种适宜表示。

在二叉排序树删除比插入节点复杂。对于一般的二叉树来说，删除树中一个节点是没有意义的。因为它将使以被删除节点为根的子树成为森林，破坏了整棵树的结构。然而，对于二叉排序树，删除树上一个节点相当于删除有序序列中的一个记录，只要在删除某个节点之后依旧保持二叉排序树的特性即可。

如何在二叉排序树删除一个节点呢？假设被删除的节点为 p 节点，其双亲为 f 节点，且不失一般性，可设 p 节点为 f 节点的左孩子(如图 9.9 所示)，需分 3 种情况讨论。

(1) p 节点为叶子，即 P_L 和 P_R 均为空树。删除叶子后整棵树仍为二叉排序树，故只需修改其双亲的指针即可。

(2) p 节点有一子树为空。只需令非空的 P_L 或 P_R 直接成为 f 节点的左子树即可。显然这修改也不改变二叉排序树的特性。

(3) p 节点的左右子树均非空。这需要仔细分析。从图 9.9(b)可知，在删除 p 节点之前，该二叉树的中序序列为(…C_LC…Q_LQS_LSPP_RF…)。在删除 p 节点之后，为保持其他元素之间的相对位置不变，可以有两种做法。

① 令 p 节点的左子树为 f 节点的左子树，而 p 节点的右子树为 s 节点的右子树，如图 9.9(c)所示。

② 令 p 节点的直接前驱(或直接后继)替代 p 节点，然后再从树中删除它的直接前驱(或直接后继)。如图 9.9(d)所示，当以直接前驱 s 节点替代 p 节点时，由于 s 节点只有左子树 S_L 非空，故删除 s 节点后，只要令 S_L 为 s 节点的双亲 q 节点的右子树即可。

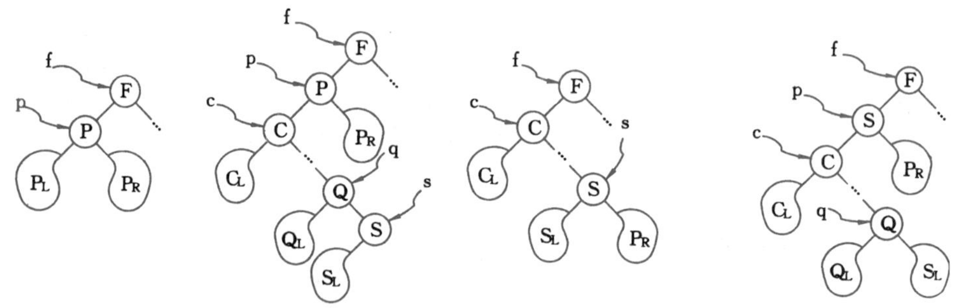

(a) 以f节点为根的子树　(b) 删除p节点之前　(c) 删除p节点之后，以P_R作为s节点的右子树的情形　(d) 删除p节点之后，以 s节点替代p节点的情形

图 9.9　在二叉排序树中删除 p 节点

基于上述分析，算法 9.8 实现了在二叉排序树上删除一个节点，其中第(3)种情况采用了做法②。

```
BiTree DeleteBST(BiTree T, ElemType e) {   //从 T 中删除元素 e,并返回树根指针
    BiTNode *nodeP, *f;
    if (T==NULL) return NULL;                     //找不到 e,则返回 NULL
    if (LT(e,T->data)) T->lchild=DeleteBST(T->lchild, e);
                                                  //若 e 小则对左子树递归
    else if (GT(e,T->data)) T->rchild=DeleteBST(T->rchild, e);
                                                  //若 e 大则对右子树递归
```

```
    else {                                              // 到此,找到了 e,分两种情形删除 e
        if (T->lchild && T->rchild) {                   // 若 T 节点的左右孩子齐全  (3)
            f=T; nodeP=FindMax(T->lchild , &f);   // 找左子树的最大元素顶替 e(做法①)
            if (f->lchild==nodeP) f->lchild=nodeP->lchild;        // f 节点的左孩子
            else f->rchild=nodeP->lchild;       // 否则是右孩子
            T->data=nodeP->data; free(nodeP);  // 该最大元素顶替被删元素且被实际删除
        } else {                                        // 否则,只有 1 个或 0 个孩子  (1)和(2)
            nodeP=T;
            if (T->lchild==NULL)                 // 无左孩子则选右子树(也处理了 0 个孩子)
                T=T->rchild;
            else if (T->rchild==NULL) T=T->lchild;    // 否则选左子树(返回接为子树)
            free(nodeP);                              // 释放实际被删节点
        }
    }
    return T;                                         // 返回 T(可能被改变了)
}
```

算法 9.8

3. 二叉排序树的查找分析

从前述的两个查找例子(key=100 和 key=40)可见,在二叉排序树上查找其关键字等于给定值的节点的过程,恰是走了一条从根节点到该节点的路径的过程,和给定值比较的关键字个数等于路径长度加 1(或节点所在层次数),因此,和折半查找类似,与给定值比较的关键字个数不超过树的深度。然而,折半查找长度为 n 的表的判定树是唯一的,而含 n 个节点的二叉排序树却不唯一。图 9.10(a)和图 9.10(b)两棵二叉排序树中节点的值都相同,但前者由关键字序列(45,24,53,12,37,93)构成,而后者由关键字序列(12,24,37,45,53,93)构成。图 9.10(a)树的深度为 3,而图 9.10(b)树的深度为 6。再从平均查找长度来看,假设 6 个记录的查找概率相等,都为 1/6,则图 9.10(a)树的平均查找长度为

$$ASL_{(a)}=\frac{1}{6}[1+2+2+3+3+3]=14/6$$

而图 9.10(b)树的平均查找长度为

$$ASL_{(b)}=\frac{1}{6}[1+2+3+4+5+6]=21/6$$

因此,含 n 个节点的二叉排序树的平均查找长度和树的形态有关。当先后插入的关键字有序时,构成的二叉排序树蜕变为单支树。树的深度为 n,其平均查找长度为$(n+1)/2$(和顺序查找相同),这是最差的情况。显然,最好的情况是二叉排序树的形态和折半查找的判定树相同,其平均查找长度和 $\log_2 n$ 成正比。那么,它的平均性能如何呢?

假设在含 $n(n\geqslant 1)$个关键字的序列中,i 个关键字小于第一个关键字,$n-i-1$ 个关键字大于第一个关键字,则由此构造而得的二叉排序树在 n 个记录的查找概率相等的情况下,其平均查找长度为

$$P(n,i)=\frac{1}{n}[1+i(P(i)+1)+(n-i-1)(P(n-i-1)+1)] \tag{9-17}$$

其中,$P(i)$为含 i 个节点的二叉排序树的平均查找长度,则 $P(i)+1$ 为查找左子树中每个

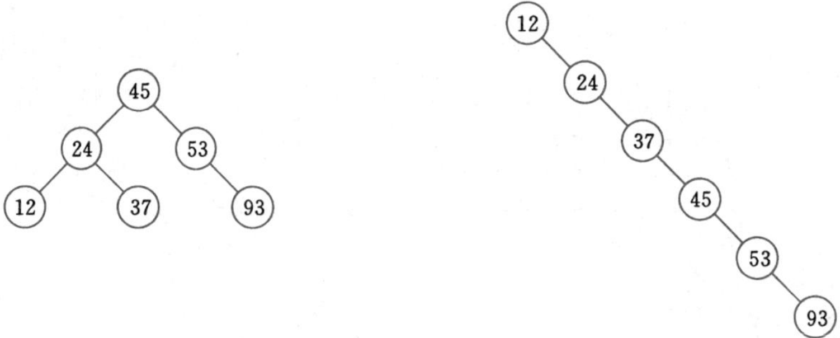

(a) 关键字序列为(45,24,53,12,37,93)的二叉排序树　　(b) 关键字序列为(12,24,37,45,53,93)的单支树

图 9.10　不同形态的二叉查找树

关键字时所用比较次数的平均值，$P(n-i-1)+1$ 为查找右子树中每个关键字时所用比较次数的平均值。又假设表中 n 个关键字的排列是“随机”的，即任一个关键字在序列中将是第 1 个，或第 2 个，…，或第 n 个的概率相同，则可对式(9-17)从 i 等于 $0\sim n-1$ 取平均值

$$\begin{aligned}P(n)&=\frac{1}{n}\sum_{i=0}^{n-1}P(n,i)\\&=1+\frac{1}{n^2}\sum_{i=0}^{n-1}[iP(i)+(n-i-1)P(n-i-1)]\end{aligned}$$

容易看出上式括号中的第一项和第二项对称。又，$i=0$ 时 $iP(i)=0$，则上式可改写为

$$P(n)=1+\frac{2}{n^2}\sum_{i=1}^{n-1}iP(i)\qquad n\geqslant 2\tag{9-18}$$

显然，$P(0)=0$，$P(1)=1$。

由式(9-18)可推得

$$\sum_{j=0}^{n-1}jP(j)=\frac{n^2}{2}[P(n)-1]$$

又

$$\sum_{j=0}^{n-1}jP(j)=(n-1)P(n-1)+\sum_{j=0}^{n-2}jP(j)$$

由此可得

$$\frac{n^2}{2}[P(n)-1]=(n-1)P(n-1)+\frac{(n-1)^2}{2}[P(n-1)-1]$$

即

$$P(n)=\left(1-\frac{1}{n^2}\right)P(n-1)+\frac{2}{n}-\frac{1}{n^2}\tag{9-19}$$

由递推公式(9-19)和初始条件 $P(1)=1$ 可推得

$$\begin{aligned}P(n)&=2\,\frac{n+1}{n}\left(\frac{1}{2}+\frac{1}{3}+\cdots+\frac{1}{n+1}\right)-1\\&=2\left(1+\frac{1}{n}\right)\left(\frac{1}{2}+\frac{1}{3}+\cdots+\frac{1}{n}\right)+\frac{2}{n}-1\end{aligned}$$

则当 $n\geqslant 2$ 时

$$P(n)\leqslant 2\left(1+\frac{1}{n}\right)\ln n\tag{9-20}$$

由此可见,在随机的情况下,二叉排序树的平均查找长度和 $\log n$ 是等数量级的。然而,在某些情况下(有人研究证明,这种情况出现的概率约为 46.5%)[1],尚需在构成二叉排序树的过程中进行"平衡化"处理,成为二叉平衡树。

9.2.2 平衡二叉树

1. 平衡二叉树定义

平衡二叉树(balanced binary tree 或 height-balanced tree)又称 **AVL** 树(取自两位发明者的名字 Adelson-Velsky 和 Landis)是带有平衡条件的二叉排序树。它或者是一棵空树,或者是具有下列性质的二叉排序树:它的左子树和右子树的都是平衡二叉树,且左右子树的深度之差不超过 1。为了避免频繁求任一子树的高度,在每个节点增设一个域,存放以该节点为根的子树的高度或平衡性相关的值,主要分以下两种。

(1) **平衡因子**(balanced factor),定义为该节点的左子树的深度减去它的右子树的深度。平衡二叉树上所有节点的平衡因子只能是−1、0 和 1。只要有一个节点的平衡因子绝对值大于 1,则该二叉树就是不平衡的。图 9.11(a)所示为两棵平衡二叉树,而图 9.11(b)则是两棵不平衡的二叉树,节点左侧标注平衡因子。不平衡的两棵树节点的平衡因子值分别为 2 和−2。

(2) **树高度**(height of tree),定义为以该节点为根的子树的高度(空树高度为 0)。平衡二叉树上所有节点的左右子树的高度之差不超过 1(对树来说,高度和深度是同义词)。图 9.11(c)和图 9.11(d)分别是图 9.11(a)和图 9.11(b)对应的树,但节点左侧是高度域的值。不平衡的两棵树中,前一棵是根节点的左右子树的高度差 3−1=2>1;后一棵是右子树不平衡,其左子树是高度为 0 的空树,而右子树高度是 2,高度差 0−2=−2。

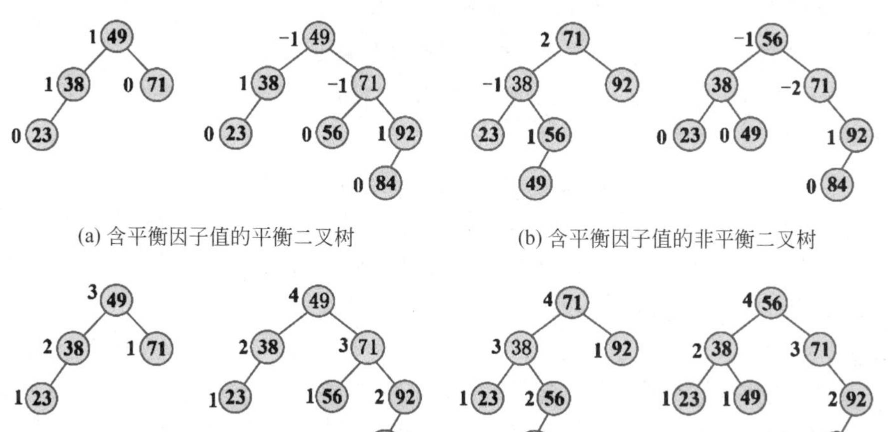

(a) 含平衡因子值的平衡二叉树　　(b) 含平衡因子值的非平衡二叉树

(c) 含高度值的平衡二叉树　　(d) 含高度值的非平衡二叉树

图 9.11　平衡与非平衡的二叉树的平衡因子和高度对比

下面基于在节点增设高度域 h 展开对 AVL 树的讨论,而设平衡因子的情形留给读者思考和练习。AVL 树的存储表示定义如下(在二叉链表基础上增设高度域 h),为讨论和代码简洁,直接用关键字代表数据元素,实际应用可根据需要增设其他数据域。

```
typedef struct AvlNode {
    KeyType key;                        // 关键字域(应用时可增设其他数据域)
    struct AvlNode * lchild, * rchild;  // 左右孩子指针域
    int       h;                        // 保存本节点为根的子树的高度
} AvlNode, * AvlTree;                   // 节点类型,AVL 树指针类型
```

我们希望由任何初始序列插入构成的二叉排序树都是 AVL 树。AVL 树上任何节点的左右子树的高度之差不大于 1,可以证明它的高度和 $\log n$ 是同数量级的(其中 n 为节点个数)。因此它的平均查找长度也和 $\log n$ 同数量级。

2. 平衡二叉树的插入

AVL 树的插入操作是在二叉排序树插入操作基础上,需要维护通向根节点路径上的节点平衡性。例如,将 17 插入图 9.11(c)左边的 AVL 树中,会破坏节点 38 的平衡性。一旦发生这种情况,则称该节点失衡,需要恢复平衡后才认为本次插入完成。事实上,这种可以通过对树进行简单修正实现,称其为**旋转**(rotation)。

在插入以后,可能破坏了父节点的平衡性,而不会影响其兄弟节点。只有那些从插入点到根节点的路径上的节点可能失衡,因为只有这些节点的子树可能发生变化。下面讨论在向上到根的路径上,对第一个这样的节点(即最深的节点)为根的子树维护其平衡性,并证明这一重新平衡保证整棵树满足 AVL 特性。

把必须重新平衡的节点称为 α。由于任何一个节点最多有两个孩子,因此高度不平衡时,α 节点的两棵子树的高度差为 2。容易看出,这种不平衡可能出现在下面 4 种情况中。

(1) 在 α 的左孩子的左子树插入一个节点,称为 LL 型插入。

(2) 在 α 的左孩子的右子树插入一个节点,称为 LR 型插入。

(3) 在 α 的右孩子的左子树插入一个节点,称为 RL 型插入。

(4) 在 α 的右孩子的右子树插入一个节点,称为 RR 型插入。

LL 和 RR 型插入是关于 α 节点的镜像对称,而情形 LR 和 RL 型插入也是关于 α 节点的镜像对称。因此,理论上只有两种情形,当然从编程的角度来看还是 4 种情形。

第一种情形(即 LL 型或 RR 型)是插入发生在树的"外侧"的情形,通过对树一次**单旋转**(single rotation)可完成调整。第二种情形(即 LR 型或 RL 型)是插入发生在树的"内侧"的情形,需要**双旋转**(double rotation)处理。这些旋转是对树的基本操作,也用于另一种平衡树——红黑树。

(1) 单旋转。

图 9.12 展示了 LL 型的单旋转调整。图 9.12(a)、图 9.12(b)和图 9.12(c)是一个具体示例,在图 9.12(a)左边的 AVL 树插入 17,向上修正节点高度域的值,遇 38 失去平衡后,以其左孩子 23 为"轴心"向右"旋转"(简称右旋),使得 38 成为 23 的右孩子,而 23 顶替 38 成为 49 的左孩子,从而实现了再平衡。可以看见修改了两个指针:49 的左孩子指针和 23 的右孩子指针。可如图 9.12(d)所示,把这个具体示例提炼为 LL 型插入的再平衡处理模式。

① 将作为处理焦点的"三代"节点 49(祖)、38(子)和 23(孙)一般化,分别用 f、n_2 和 n_1 指针指向它们。

② 模糊化 49,相比 38 它可大可小,即 38 可以是其左孩子也可以是右孩子。

③ 考虑 38 的右子树 Z 和 23 的左子树 X 与右子树 Y,以及旋转处理时对相关指针的

操作。

图 9.12(e)和图 9.12(f)展示了对 LL 型模式的一般化处理和结果,共改变了 3 个相关指针。

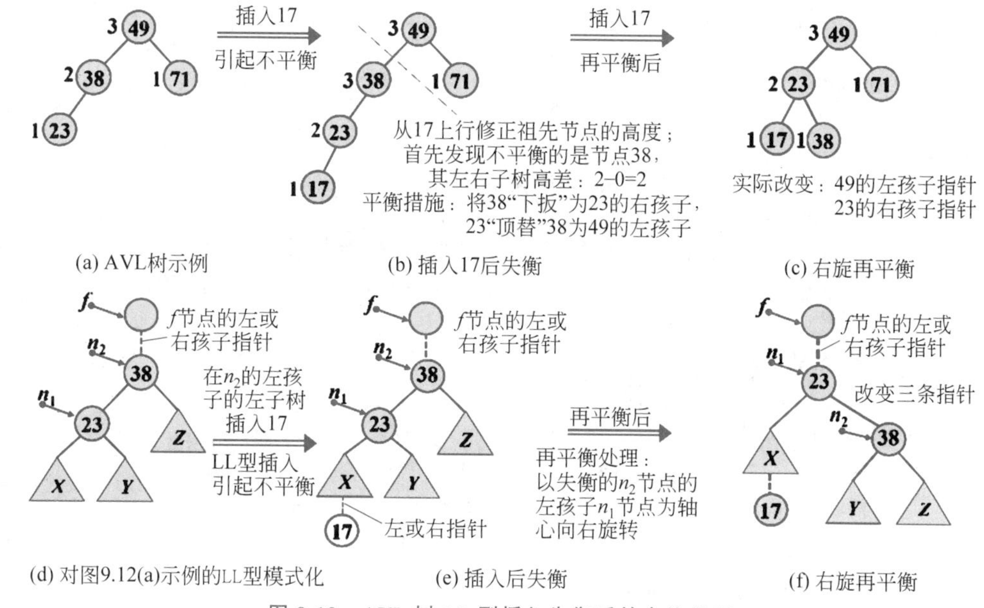

(a) AVL树示例　(b) 插入17后失衡　(c) 右旋再平衡

(d) 对图9.12(a)示例的LL型模式化　(e) 插入后失衡　(f) 右旋再平衡

图 9.12　AVL 树 LL 型插入失衡后的右旋处理

接着分析 LL 型的旋转处理是否维持了平衡二叉树的两个重要属性。

① 平衡树:对图 9.12(d)的 AVL 树进行 LL 型插入,导致 n_1 节点失衡而 n_2 节点不失衡的前提是 3 个三角形表示的子树 X、Y 和 Z 是等高的。因此,如图 9.12(f)所示,右旋处理后的树平衡了。

② 排序树:插入前是排序树,意味着子树 Y 的节点值都介于 n_1 节点值(23)和 n_2 节点值(38)之间,且 n_2 节点值(38)及其右子树 Z 的节点值都大于 n_1 节点值(23)。右旋处理后,n_2 节点(38)为根的子树 Y 成为了 n_1 节点的右子树,这满足排序树性质;而 Y 成为 n_2 节点(38)的左子树也满足排序树性质。整个右旋都在 f 节点的左子树进行,但既不涉及 X、Y 和 Z 三棵子树内部,也不影响更大范围的平衡和排序性质。

算法 9.9 实现了 LL 型插入失衡后的右旋处理,是常量时间的。对于图 9.12(f),若是对 f 节点的左子树做右旋再平衡,则如下调用算法:

f->lchild=R_Rotate(f->lchild);

对 f 节点左子树调用右旋函数,并将返回的该左子树新根节点指针赋给 f->lchild。若是对右子树右旋,则如下调用算法:

f->rchild=R_Rotate(f->rchild);

```
int getHeight(AvlNode * node) { return node ? node->h : 0; } // 取节点高度
void updateHeight(AvlNode * node) { // 更新节点高度
    if (node)                          // 节点若非空,则高度更新为孩子高度较大值+1
        node->h=1+(getHeight(node->lchild) >getHeight(node->rchild)
            ? getHeight(node->lchild) : getHeight(node->rchild));
```

```
}
AvlNode* R_Rotate(AvlNode *n2) {    //对 n2 子树右旋(对 LL 型失衡的调整)
    AvlNode *n1=n2->lchild;                     // *n1 是 *n2 的左孩子(一定不空)
    AvlNode *lrc=n1->rchild;                    // *lrc 是 *n1 的右孩子(可能为空)
    n1->rchild=n2;  n2->lchild=lrc;             //右旋操作
    updateHeight(n2);  updateHeight(n1);        //更新高度
    return n1;                                  //返回新根节点指针
}
```

算法 9.9

如图 9.13 展示了 RR 型插入失衡后的左旋再平衡,可与图 9.12 所示的 LL 型右旋对比它们的对称性。只需互换左(l)右(r),即可由算法 9.9 得到 RR 型的左旋算法。

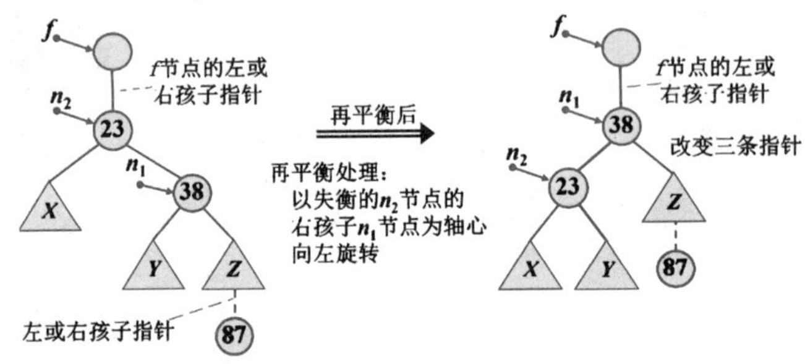

图 9.13 AVL 树 RR 型插入失衡后的左旋处理

(2) 双旋转。

如图 9.14(a)和图 9.14(b)所示,在 n_3 节点的左(右)孩子的右(左)子树 Y 中插入一个节点(LR 和 RL 型插入)导致 n_3 子树失衡,仅用一次右旋或左旋无法实现再平衡。原因是子树 Y 太高,单次旋转未能降低它的高度。

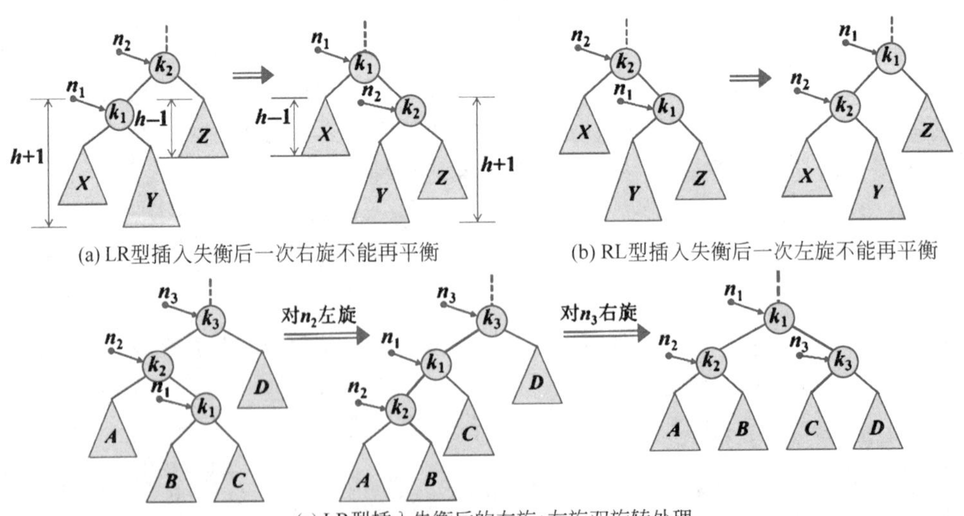

图 9.14 AVL 树 LR 型插入失衡后的右旋+左旋的双旋转处理

图 9.14(c)展示了解决办法——双旋转。可以认定 Y 非空(节点已插入 Y)且有一个根

和左右子树。这样就可把整棵树看作图 9.14(c)所示的树状：3 个节点连接了 A、B、C 和 D 四棵子树，且 B 和 C 中有一棵比 D 的位置低两层(除非它们都是空的)，但不能确定是哪一棵(这不要紧，再平衡处理不必深入这两棵子树内部)。在图 9.14(c)中，节点内的 k_i 为关键字，箭头指向节点的是指针，以方便讨论和理解算法。在以下讨论中用关键字指称节点，在算法中就只能用指针了。

显然，k_3不能再作为根，但仅以 k_3的左孩子 k_2 为轴心的旋转又不能解决问题。唯一的选择是把 k_1 转变为新的根，如图 9.14(c)所示，通过先以 k_1 为轴心左旋，且仍以 k_1 为轴心再右旋，先后迫使 k_1 原来的双亲 k_2 和祖父 k_3分别成为 k_1 的左右孩子，从而"摆平"4 棵子树的位置，实现再平衡。可以验证，树恢复到了插入前的高度，保证了这一方法是完善且可持续的。算法 9.10 先后调用左旋和右旋，实现了上述 LR 型的双旋转。类似单旋转的讨论，利用左右对称性，可得到 RL 型的双旋转算法。

```
Position L_R_Rotate(AvlNode * n3) {        // LR 型插入后失衡的左子树双旋转再平衡处理
    // 调用条件：n3 节点有左孩子且其左孩子有右孩子
    n3->lchild=L_Rotate(n3->lchild); // n3 节点(k3)的左孩子 k2 与其右孩子 k1 左旋
    return R_Rotate(n3);                   // k3 与 k1 右旋
}
```

算法 9.10

有了失衡后再平衡函数，算法 9.11 实现了 AVL 树的插入。AVL 树采用二叉链表存储结构，但节点中增加了高度域 h。递归插入新节点后，在返回时，维护树的平衡性。

```
AvlTree AvlInsert(AvlTree T, KeyType key) {  //平衡二叉树插入
    if (T==NULL) {
        // 若 T 空,则构建并返回一棵单节点树(若是递归到底,则返回新节点接为叶子)
        if (!(T =(AvlNode *)malloc(sizeof(AvlNode))) exit(OVERFLOW); // 分配节点
        T->key=key;  T->h=1;  T->lchild=T->rchild=NULL;              // 高度为 1
        return T;                                                    // 返回 T
    }
    if (key <T->key) {                               // 若 key 小于 T 元素
        T->lchild=AvlInsert(T->lchild, key);
                                                   // 则向左递归,插入左子树后返回其根指针
        if (T->lchild->h-T->rchild->h==2)          // 递归插入返回后,若高差等于 2
            if (key<T->lchild->key)         // 且若 key 小于左孩子(插入左孩子的左子树)
                T=R_Rotate(T);                     // 则右旋
            else T=L_R_Rotate(T);                  // 否则对左子树双旋再平衡处理
    } else if(key>T->key) {                        // 若 key 大于 T 元素
        T->rchild=AvlInsert(T->rchild, key);    // 则操作代码与"小于"情形左右对称
        if (T->rchild->h-T->lchild->h==2)         // 递归插入返回后,若高差等于 2
            if (key>T->rchild->key)                // 大于
                T=L_Rotate(T);                     // 左旋
        else T=R_L_Rotate(T);                      // 对右子树双旋再平衡处理
```

```
    }                                           // 否则,key 已在树中,不重复插入
    updateHeight(T);                            // 更新高度
    return T;                                   // 返回 T(树根 T 可能被改变了)
}
```

算法 9.11

3. 平衡二叉树的删除

和插入类似,AVL 树的删除也是以二叉排序树的递归删除为基础,确保有序性。在递归返回时向上检测并维护树的平衡性。算法 9.12 是 AVL 树删除操作的框架,递归地删除目标关键字节点后,在递归返回时,更新有关节点的高度值,并调用算法 9.13 维护树的平衡性。

```
AvlNode* findSuccessor(AvlNode *node) {   // 找后继节点(右子树最小值)
    while (node->lchild) node=node->lchild;
    return node;
}
AvlTree AvlDelete(AvlNode *T, KeyType key) {   // AVL 树删除操作
    if (!T) return NULL;
    if (key<T->key)                              // (1) 标准 BST 删除过程
        T->lchild=AvlDelete(T->lchild, key)
    else if (key>T->key)
        T->rchild=AvlDelete(T->rchild, key);
    else {                                       // 找到了要删除的节点
        if (!T->lchild || !T->rchild) {   // 若是叶子或有单孩,则取该孩指针(是叶则 NULL)
            AvlNode *temp=T->lchild ? T->lchild : T->rchild;
            free(T); return temp;                // 回收节点,返回孩子指针
        } else {                                         // 否则有双孩
            AvlNode *succ=findSuccessor(T->rchild);      // 求其后继节点
            T->key=succ->key;                            // 用后继关键字顶替
            T->rchild=AvlDelete(T->rchild, succ->key);   // 递归删除后继节点
        }
    }
    updateHeight(T);                                     // (2) 更新高度
    return Balance(T);                                   // (3) 维护平衡并返回根指针
}
```

算法 9.12

```
int getBalanceFactor(AvlNode *node)     // 由左右子树高度值计算节点的平衡因子
    { return getHeight(node->lchild)-getHeight(node->rchild); }
AvlNode* balance(AvlNode *node) {       // 删除节点后维护平衡(用高度差评判平衡性)
    int bf=getBalanceFactor(node);      // 求节点的平衡因子
    if (bf>1)                     // 若左子树失衡,则按失衡类型做相应单旋或者双旋处理
        if (getBalanceFactor(node->lchild)>=0)            // 若左孩的左子树更高
            return (node->lchild->lchild) ? R_Rotate(node) : L_R_Rotate(node);
```

```
        else
            return (node->lchild->rchild) ? L_R_Rotate(node) : L_Rotate(node);
    if (bf<-1)                      // 若右子树失衡,则按失衡类型做相应单旋或者双旋处理
        if (getBalanceFactor(node->rchild)<=0)    // 若右孩的右子树更高
            return (node->rchild->rchild) ? L_Rotate(node) : R_L_Rotate(node);
        else
            return (node->rchild->lchild) ? R_L_Rotate(node) : R_Rotate(node);
    return node; // 返回节点指针(可能改变)
}
```

算法 9.13

9.2.3 红黑树

1. 红黑树的性质

红黑树(red-black tree)也是一种平衡二叉排序树,因其统计性能好于 AVL 树,而受到关注和更多应用。具有下列性质的二叉排序树是红黑树。

(1) 每个节点要么是红色的,要么是黑色的。

(2) 根节点是黑色的。

(3) 所有叶节点都是空节点(nil node),并且是黑色的。

(4) 红节点的两个子节点都是黑色的。

(5) 节点到其每个叶节点的路径都包含相同数目的黑节点。

命名红黑树的原因在于它的每个节点都被"着色"为红色或黑色。节点的颜色被用来检测树的平衡性。

从某节点 x 出发(不包括该节点)到达一个叶节点的路径上黑节点个数被称为该节点的黑高度(black-height),用 bh(x)表示。性质(5)确保任何一个节点的黑高度是确定的。红黑树的黑高度定义为根节点的黑高度。红黑树的性质保证了从根节点到叶节点的路径长度不会超过任何其他路径的两倍。

图 9.15 以两种方式表示一棵黑高度为 2 的红黑树。其中,图 9.15(a)将颜色标记在节点上,而图 9.15(b)则将颜色用节点圆圈的粗细表示(粗圈为黑色)。该红黑树从根节点到叶节点的最短路径长度是 3(黑—黑—红—黑),最长路径为 4(黑—红—黑—红—黑)。由于性质(5)的约束,不可能在最长路径中加入更多的黑节点;而性质(4)又规定红节点的子节点必须是黑色的,在同一路径中不允许有两个连续的红节点。因此,所能建立的最长路径将是一个红黑交替的路径。

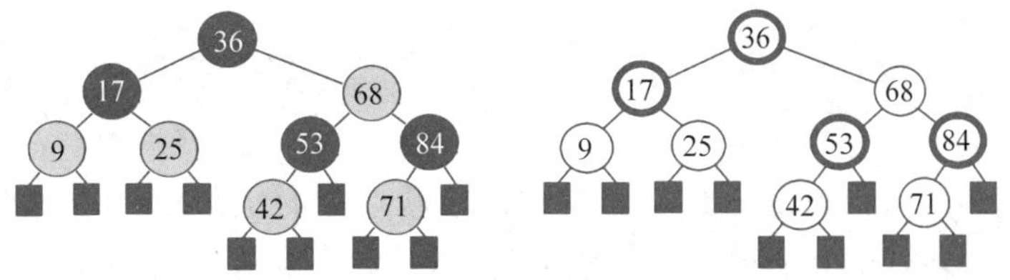

(a) 将颜色标记在节点上　　(b) 将颜色用节点圆圈的粗细表示

图 9.15　红黑树的图示

引理 9.1 一棵有 n 个内节点的红黑树的高度至多为 $2\log_2(n+1)$。

证明：首先证明以任一节点 x 为根的子树中至少含 $2^{bh(x)}-1$ 个内节点。这可通过对 x 的高度进行归纳来证明。如果 x 的高度是 0，则必为叶节点，其为根的子树至少含 $2^{bh(x)}-1=2^0-1=0$ 个内节点。考虑 x 是内节点，且有两个孩子，每个子节点依自身的颜色是红或黑，对应有黑高度 $bh(x)$ 或 $bh(x)-1$。因为 x 的孩子的高度小于 x 自身的高度，利用归纳假设，可得出每个孩子至少包含 $2^{bh(x)-1}-1$ 个内节点。这样，以 x 为根的子树至少包含 $(2^{bh(x)-1}-1)+(2^{bh(x)-1}-1)+1=2^{bh(x)}-1$ 个内节点。前面的推断得证。

为进一步完成引理的证明，设树的高度为 h。根据性质(4)，从根节点到叶节点(不包括根)的任一条简单路径上至少有一半的节点必是黑色的。从而，根的黑高度至少是 $h/2$；故有 $n\geqslant 2^{h/2}-1$。把 1 移到不等号左边，再对两边取对数，得 $\log_2(n+1)\geqslant h/2$ 或 $h\leqslant 2\log_2(n+1)$。证毕！

由引理可知，红黑树的查找、插入和删除操作的最坏时间复杂度均为 $O(\log n)$。在实际应用中，红黑树的统计性能要好于 AVL 树，使用更多，但极端性能略差。

2. 红黑树的存储结构

根据插入和删除算法的特点，红黑树常用的存储结构是三叉链表，并设置一个全树共享的空节点。树中原来指向空节点的指针都指向这个共享空节点，而且根节点的 parent 指针也指向它。

```
typedef enum { RED=0, BLACK=1 } ColorType;          // 颜色类型
typedef struct RBNode {
    KeyType key;                                     // 关键字
    ......                                          // 省略了应用相关的域,可根据需求添加
    ColorType color;                                 // 颜色
    struct RBNode *lchild, *rchild, *parent;         // 三叉指针
} RBNode, *RBNodePtr;                                // 红黑节点、红黑节点指针类型
typedef struct {
    RBNode *root;                                    // 根指针
    RBNode *nil;                                     // 全树共享的空节点指针
} *RBTree;                                           // 红黑树指针类型
RBTree MakeEmptyRBT() {   // 构建空红黑树 T
    RBTree T;
    if (!(T->nil =(RBNode *)malloc(sizeof(RBNode))))  // 结构记录
        exit(OVERFLOW);
    T->nil->key=INFINITY;                            // 空节点的 key 置为最大值
    T->nil->color=BLACK;                             // 空节点的颜色置为黑色
    T->nil->parent=T->nil->lchild=T->nil->rchild=NULL;
    T->root=T->nil;                              // 空树的根指针指向空节点(也称 nil 节点)
    return T;                                        // 返回构建的空红黑树
}
```

可通过调用 T=MakeEmptyRBT()来实现红黑树 T 的初始化，其生成由 T->nil 指向的共享空节点，T->root 也指向它，以示空的红黑树，如图 9.16 所示。采用 T->nil 节点作为共享空节点后，图 9.15 的红黑树如图 9.17 所示。在后面的算法中采用了这种共享空节点的存储结构，但在图示中忽略了空节点和指向空节点的指针。

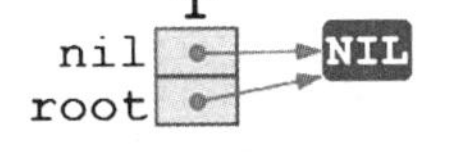

图 9.16　空红黑树的存储结构

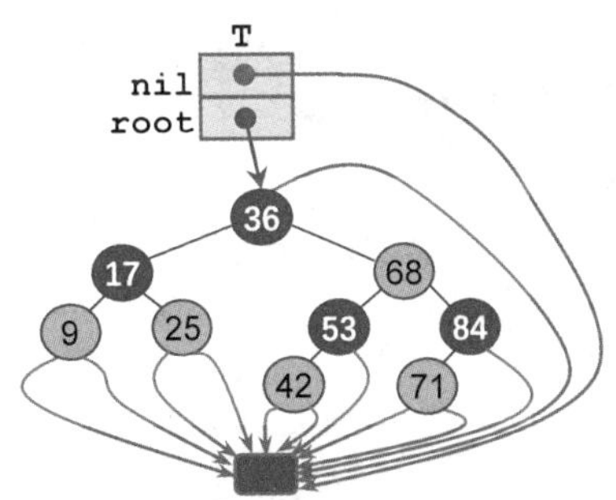

图 9.17　空红黑树的存储结构

3. 红黑树的节点插入

插入节点的过程如下。

(1) 从根节点向下搜索插入位置。

(2) 用新节点替代某个已经存在的空节点,并令其拥有两个作为子节点的空节点。

(3) 新节点置为红色,并确定其父节点的颜色,必要时沿 parent 链进行自底向上的调整,维护红黑性质。

红黑树具有二叉排序树的形态,插入的第(1)和(2)步类似于 AVL 树的插入算法。算法 9.14 首先调用算法 9.15,从根节点开始查找插入位置。若算法返回的指针 p 所指节点的关键字为要插入的 key,则节点已存在树中,不重复插入;否则,p 所指节点就是要插入的新节点的父节点。生成并插入新节点后,调用算法 9.17,维护树 T 的红黑性质。

```
Status InsertRBT(RBTree T, KeyType key, DataType data) { // 插入算法
    RBNode *n, *p=SearchRBT_Aux(T,key);
    if (p!=T->nil && p->key==key) return FALSE;    // 调用算法 9.15,查到则不插入
    if (!(n=(RBNode*)malloc(sizeof(RBNode)))) exit (OVERFLOW);
    n->key=key;                                    // 生成 n 节点
    n->parent=p;                                   // 在末梢插入 p 节点的子节点
    n->lchild=n->rchild=T->nil;                    // 左右孩子共享空节点
    n->color=RED;                                  // 标记红色
    if (p==T->nil) T->root=n;                      // 为根节点
    else if (key<p->key) p->lchild=n;              // 为左孩子
    else p->rchild=n;                              // 为右孩子
    InsertFixup(T, n);                             // 调用算法 9.17 维护红黑树性质
    return TRUE;
}
```

算法　9.14

```
RBNodePtr SearchRBT_Aux(RBTree T, KeyType key) {
    // 插入和删除的辅助查找操作
    RBNodePtr p=T->nil, s=T->root;
    while (s!=T->nil) {                            // 从根向下查找
        p=s;                                       // 指针 s 在前,p 跟进
        if (key<s->key) s=s->lchild;               // 向左
```

```
        else if (key>s->key) s=s->rchild;                          // 向右
        else return p;                                              // 已存在 key 节点
    }
    return p;                               // 未找到。key 若插入,将作为 p 节点的孩子
}
```

算法 9.15

给插入的红节点加入黑空节点为其两个子节点(实际是共享)符合性质(5)。但是,如果新节点的父节点为红色,则插入红色的子节点违反了性质(4)。这时存在以下两种情况。

(1) 红色父节点的兄弟节点也是红色的。如图 9.18(a)所示的情况(插入的是节点 X),简单地将父节点 A 和叔节点 C 都置为黑色,并将祖父节点 B 置为红色,就解决了这三代节点的颜色冲突,且相关路径的黑高度不变。但应该继续向上检验更大范围内树节点的颜色,以确保整棵树符合定义的要求。结束时,根节点如果是红色的,则红黑树的黑高度递增 1,但要将根节点置为黑色,以符合性质(2)。

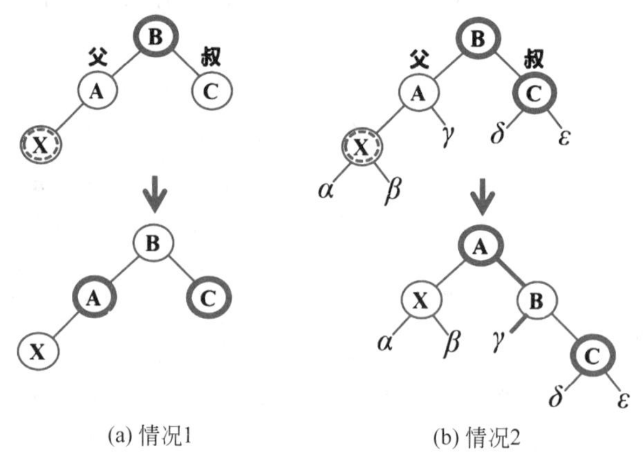

图 9.18 在红黑树插入红节点 X 时其红色父节点的两种情况

(2) 红色父节点的兄弟节点是黑色的,这种情形比较复杂。如图 9.18(b)所示,把父节点 A 变成黑色,就破坏了树的平衡,因为祖父节点 B 的左子树的黑高度增加了,而右子树的黑高度没有相应地改变。如果把节点 B 置为红色,那么左右子树的黑高度同时减少,树依然不平衡。此时,若也对节点 C 改变颜色,将导致更糟糕的情况,左子树黑高度增加,右子树黑高度减少。为了解决问题,需要旋转并对树中节点重新着色。这样算法将正常结束,因为子树新的根节点 A 被置为黑色,同时也不会引入新的红一红冲突。

与 AVL 树类似,红黑树的旋转也分为相互对称的右旋和左旋,其中右旋对应 AVL 树的算法 9.9,红黑树采用了三叉链表存储结构,因而增加了与 parent 链相关的操作。算法 9.16 实现了红黑树的左旋。至于右旋的实现,可利用左右对称性,参照左旋的算法写出。

基于上述分析,并考虑插入节点与其父、祖父三代节点的左右孩子关系的各种可能,算法 9.17 实现了插入新节点后对红黑树性质的维护。

```
void L_Rotate_RBT(RBTree T, RBNode * p) { // 左旋
    RBNode * rc=p->rchild;                  // rc 指向 p 节点的右孩子
```

```
    p->rchild=rc->lchild;                 // 置 rc 节点左孩子为 p 节点的左孩子
    if (rc->lchild!=T->nil)               // 若 rc 节点的左子树非空
       rc->lchild->parent=p;              // 则将其转为 p 节点的右子树
    rc->parent=p->parent;                 // 置 p 节点的父节点为 rc 节点的父节点
    if (p->parent==T->nil) T->root=rc;    // 若 p 节点是原来的根,则 rc 节点成为新根
    else if (p ==p->parent->lchild)       // 否则若 p 节点为其双亲的左孩子
       p->parent->lchild=rc;              // 则 rc 节点是其新父节点的左孩子
    else p->parent->rchild=rc;            // 否则是右孩子
    rc->lchild=p;                         // 将 p 节点置为 rc 节点的右孩子
    p->parent=rc;                         // rc 节点是 p 节点新的父节点
}
```

算法 9.16

```
void InsertFixup(RBTree T, RBNode * curr) {   // 插入后维护红黑树性质
    RBNode * uncle;
    while (curr->parent->color==RED) {                    // 当 curr 节点的父节点是红色
       if (curr->parent==curr->parent->parent->lchild) {  //父为左孩子
         uncle=curr->parent->parent->rchild;      // 求其叔(父的右弟)
         if (uncle->color==RED) {                  // 如果其叔是红色
/* 情况 1 */ curr->parent->color=BLACK;            // 其父改为黑
            uncle->color=BLACK;                    // 其叔改为黑
            curr->parent->parent->color=RED;       // 祖父置为红
            curr=curr->parent->parent;             // 指向祖父
         } else {                                  // 否则其叔不是红色
            if (curr==curr->parent->rchild) {      // 又若是其父右孩子
/* 情况 2 */      curr=curr->parent;               // 指向其父
               L_Rotate_RBT(T, curr);              // 对 curr 子树左旋
            }
/* 情况 3 */ curr->parent->color=BLACK;            // 置父节点为黑色
            curr->parent->parent->color=RED;       // 置祖父节点为红色
            R_Rotate_RBT(T, curr->parent->parent);   // 对祖父为根的子树右旋
         }
       } else {                                    // 否则其父节点是祖父的右孩子
            ... ... /* 与左孩子情形的对称操作(lchild 与 rchild、左旋与右旋对称) */
       }
    } //while 结束条件: curr 节点的父节点是黑色
    T->root->color=BLACK;                          // 置根节点为黑色
}
```

算法 9.17

算法 9.17 以指针参数 curr 所指节点为当前维护的焦点,并涉及其父、祖父和叔(父节点的兄弟)节点。在 while 循环中,根据父节点是祖父的左右孩子分别处理,算法只给出左孩子情形的处理代码(只需按 lchild 与 rchild、左旋与右旋对称互换,就可以补全右孩子情形的代码)。父节点是左孩子情形的处理依次考虑 3 种情况。情况 1 是父和叔节点都是红色的,

算法对应代码是注释中“情况 1”起的 4 行。将父、叔两兄弟节点改为黑色，祖父节点置为红色，并令 curr 指向祖父节点后，回到 while 循环首部，继续向上维护。图 9.19 给出了情况 1 的局部处理结果的图示。

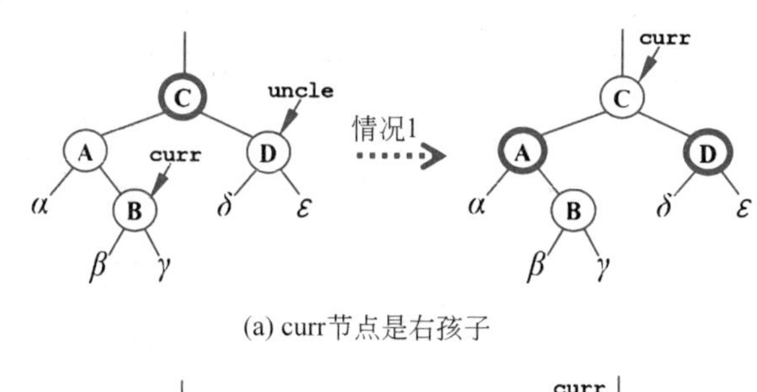

(a) curr节点是右孩子

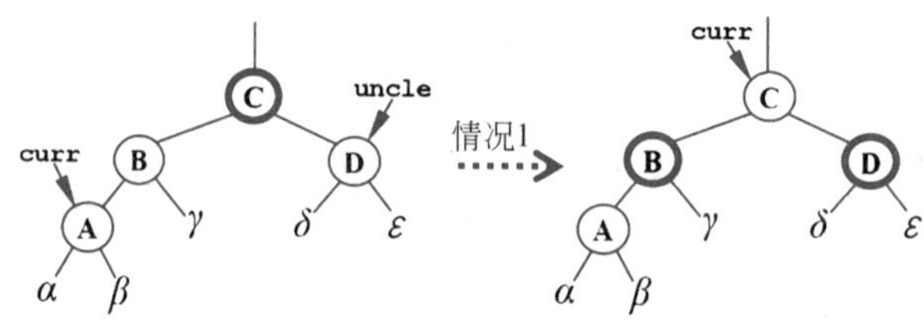

(b) curr节点是左孩子

图 9.19　算法 9.17 中的情况 1

如果叔节点是黑色，则要检查 curr 节点是不是父节点的右孩子？若是，则三代节点不在“左斜线”上，呈“＜”形。这属于情况 2，对应代码是注释中“情况 2”起的两行，令 curr 指向父节点，并对以其为根的子树做一次左旋，使“＜”形转换为“左斜线”。接下来的情况 3 对应代码是注释中“情况 3”起的三行，先将当前的 curr 节点的父节点置为黑色，祖父节点置为红色，然后右旋祖父为根的子树，三个相关节点构成“∧”形。图 9.20 图示了情况 2（选做）和情况 3 的处理结果的。对情况 3 处理之后，curr 节点的父节点的颜色肯定是黑色，while 循环结束。只有情况 1 处理后，循环才可能继续。由此可见，插入节点后对红黑树性质维护最多做两次旋转。

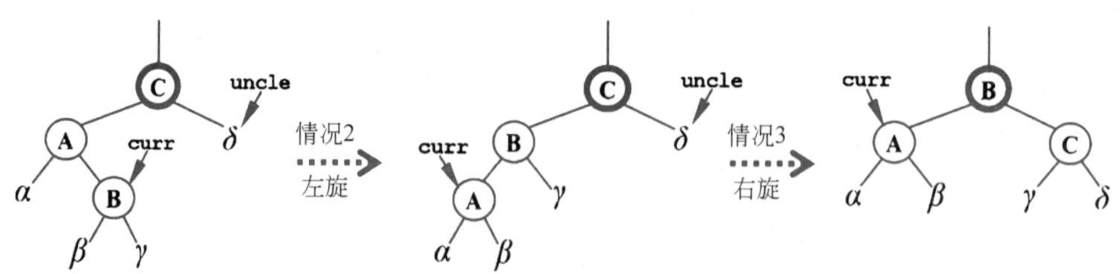

图 9.20　算法 9.17 中的情况 2 和情况 3

在最坏情况下，查找插入位置需要遍历树中最长路径长度为 $2\log n$，维护红黑树性质则是沿最长路径一直到树根进行向上处理，因此插入的时间复杂度为 $O(\log n)$。

4. 红黑树的节点删除

红黑树的节点删除也类似于 AVL 树，但删除后对红黑树性质的维护比插入复杂。如图 9.21 所示，可以把删除操作分成 3 种情况（暂不讨论颜色），其中被删除的节点用虚线圆圈标记，其余节点可能是红色，也可能是黑色。

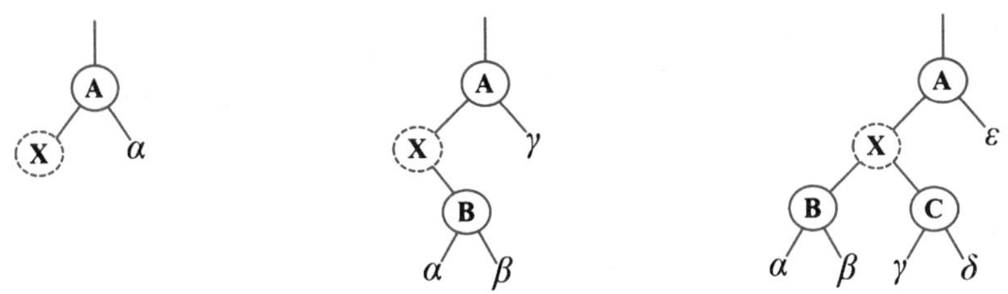

图 9.21　在红黑树删除节点的 3 种情况

图 9.21(a)被删除的节点没有子节点(两个子节点都是空节点)。用空节点顶替被删节点 X,置为节点 A 的左孩子。如果被删除节点是黑节点,则可能造成树的黑高度变化。

图 9.21(b)被删除的节点有一个子节点。用节点 B 顶替被删的节点 X。如果被删除的节点是黑节点,则可能造成树的黑高度变化;如果是红节点,可能需要重新着色。

图 9.21(c)被删除的节点有两个子节点。这种情形比较复杂,用节点 X 的左子树中的键-值最大的节点(或者右子树中的键-值最小的节点)的值赋给节点 X 后,转换成情况图 9.21(a)或图 9.21(b),改为删除那个赋值给 X 的节点。

算法 9.18 实现红黑树的节点删除,查找要删除的节点也调用算法 9.15。与 AVL 树不同,红黑树的插入和删除算法是非递归的,而且要处理 parent 链。如果实际删除的是黑节点,则调用算法 9.19 维护红黑性质。

```
Status DeleteRBT(RBTree T, KeyType key) {    // 删除红黑树 T 中关键字为 key 的节点
    RBNode *s, *c, *p=SearchRBT_Aux(T, key);
    if (p==T->nil || p->key!=key) return FALSE;              // 要删除的节点不存在
    if (p->lchild==T->nil || p->rchild==T->nil) s=p;  // 图 9.21(a)或图 9.21(b)
    else s =PredecessorRBT(T, p);       // 图 9.21(c),s 指向 p 节点的左子树的最大节点
      // 也可以"s=SuccessorRBT(T, p);"令 s 指向 p 节点的右子树的最小节点
    if (s->lchild!=T->nil) c=s->lchild;    // 若 s 节点存在左孩子,则 c 指向它
    else c=s->rchild;                      // 否则 c 指向 s 节点的右孩子(可能是空节点)
    c->parent=s->parent;                   // 连续 4 行删除 s 节点
    if (s->parent==T->nil) T->root=c;    // 若实际被删的是根,则 c 节点接替为新根
    else if (s==s->parent->lchild) s->parent->lchild=c;    // 接替为左孩子
        else s->parent->rchild=c;        // 接替为右孩子
    if (s!=p) p->key=s->key; // 图 9.21(c)实际被删的 s 节点的值赋给原要删除的 p 节点
    if (s->color==BLACK) DeleteFixup(T, c);    // 若 s 节点黑色,则对 c 启动维护
    free(s);                               // 释放实际被删除的 s 节点
    return TRUE;
}
```

算法　9.18

```
void DeleteFixup(RBTree T, RBNode *curr) {
    RBNode *bro;
    while (curr!=T->root && curr->color==BLACK)    // curr 节点不是根且黑色
      if (curr==curr->parent->lchild) {            // 若 curr 节点是左孩子
```

```
            bro=curr->parent->rchild;                    // 则 bro 指向右兄弟
            if (bro->color==RED) {                       // 若右兄弟是红色
/* (1) */          bro->color=BLACK;                     // 则置为黑色
               curr->parent->color=RED;                  // 父节点置为红色
               L_Rotate_RBT(T, curr->parent);            // 对以父节点为根的子树左旋
               bro=curr->parent->rchild;                 // bro 指向左旋后 curr 节点右兄弟
            }
            if (bro->lchild->color==BLACK && bro->rchild->color==BLACK) {
                                                         // 若 bro 节点的左右孩子均为黑色
/* (2) */     bro->color=RED;                            // 则 bro 节点置为红色
              curr=curr->parent;                         // curr 指向父节点
            } else {                                     // 否则 bro 节点的左右孩子不同为黑色
             if (bro->rchild->color==BLACK) {            // 若右孩子为黑色(左孩子为红色)
/* (3) */          bro->lchild->color=BLACK;             //左孩子置为黑色
                bro->color=RED;                          // bro 节点置为红色
                R_Rotate_RBT(T, bro);                    // 对以 bro 节点为根的子树右旋
                bro=curr->parent->rchild;                // 指向右旋后 curr 节点右兄弟
            }
/* (4) */     bro->color=curr->parent->color;            // 置 bro 节点与父节点同色
              curr->parent->color=BLACK;                 // 置 curr 节点的父节点为黑色
              bro->rchild->color=BLACK;                  // 置 bro 节点的右孩子为黑色
              L_Rotate_RBT(T, curr->parent);             // 对父节点为根的子树左旋
              curr=T->root;                              // curr 指向根节点(结束 while 循环)
            }
        } else {                                         // 否则 curr 节点是右孩子
            ......// 这段代码与左孩子情形关于 lchild 和 rchild、左旋和右旋对称
        }
    curr->color=BLACK;                                   // 最后置 curr 节点为黑色
}
```

算法 9.19

在算法 9.18 中，如果实际删除的 s 节点是黑色的，则会产生 3 种可能问题。

(1) 如果 s 节点是原来的根节点，而其一个红色的孩子成为新的根，则违反了性质(2)。

(2) 如果 curr 节点和 s 节点的父节点(现在也是 curr 节点的父节点)都是红色，则违反了性质(4)。

(3) 删除 s 节点将导致先前包含 s 节点的任何路径上黑节点个数减 1，性质(5)被 s 节点的一个祖先破坏了。解决这个问题的一个办法就是把 curr 节点视为还有额外一重黑色。也就是说，如果将任何包含 curr 节点的路径上黑节点个数加 1，则在这种假设下，性质(5)成立。当删除黑色的 s 节点时，将其黑色"下推"至其子节点。现在问题变为 curr 节点可能红黑两可，违反了性质(1)。curr 节点是双重黑色或红黑兼色，这就分别给包含它的路径上黑节点增多 2 个或 1 个。它的 color 值仍然是 RED(如果它是红黑兼色的)或 BLACK(如果是双重黑色)。换言之，一个节点额外的黑色反映在 curr 指向它，而不是它自身的 color 值。

算法 9.19 恢复性质(1)、(2)、(4)。**while** 循环就是要双黑节点的额外黑色沿 parent 链上移，直到：

(1) curr 节点是红黑兼色，则在循环结束后，将其置为黑色；

(2) curr 节点是根节点，也在循环结束后被置为黑色；

(3) 做必要的旋转和颜色修改。

在 **while** 循环中，curr 总是指向具有双重黑色的非根节点。循环体也是被一个条件语句分为两部分，算法 9.17 中给出了 curr 节点是左孩子的处理代码，可按照左右对称补齐右孩子的代码。4 种情况分别给出了注释标注。bro 指向 curr 节点的兄弟。由于 curr 节点是双重黑色，故 bro 节点不能是空节点，否则父节点到(单黑色)叶子的 bro 节点的路径上的黑节点个数就会小于父节点到 curr 节点的路径上的黑节点个数。

图 9.22 给出了算法中每次循环对四种情况的处理结果的图示。在具体讨论每种情况之前，先看看每种情况中的变换是如何维持性质(5)的。关键思想是在每种情况中，从(且包括)子树的根到每棵子树 α，β，…，ζ 之间的黑节点个数(包括 curr 节点额外黑色)不被变换所改变。因此，如果性质(5)在变换之前成立，那么之后仍然成立。图 9.22(a)说明了情况 1，其中根至任一子树 α 或 β 之间的黑节点数都是 3，这在变换前后是一样的(再次提示，curr 节点加了额外一重黑色)。类似地，在变换前后根至子树 γ，δ，ε，ζ 中的任一者之间的黑节点数都是 2。在图 9.22(b)要考虑红黑色两可的节点 B。变换后，curr 指向了节点 B，这就给节点 B 增了一重黑色，也就是新的 curr 节点可能是红黑色的，也可能是双黑色的。

情况 1：curr 节点的兄弟 bro 节点是红色的。将代码与图 9.22(a)对照看，bro 节点是红色的，按性质(4)它的孩子节点就必须是黑色的。可以改变 bro 节点和父节点的颜色，再对父节点做一次左旋，而且红黑树性质得以继续保持。curr 节点的新兄弟是旋转之前 bro 节点的某个孩子，其颜色为黑。这样，情况 1 就转换为情况 2、3 或 4。

情况 2：curr 节点的兄弟 bro 节点不但是黑色的，而且其两个孩子也是黑色的。对照代码看图 9.22(b)，这就可以从 curr 和 bro 节点同时去掉一重黑色并上推给父节点，使得 curr 节点只有一重黑色，而 bro 节点变为红色。之后，令父节点成为新的 curr 节点来重复 while 循环。要注意点是，若是通过情况 1 转为情况 2，则新的 curr 节点是红黑色的，因为原来的 curr 节点的父节点是红色的。因此，新的 curr 节点是红色的，while 结束，并置新的 curr 节点为黑色。

情况 3：curr 节点的兄弟 bro 节点不但是黑色的，而且其左孩子是红色的、右孩子是黑色的。对照代码看图 9.22(c)，交换 bro 节点和其左孩子的颜色，并对 bro 节点进行右旋，而红黑性质仍保持。这样，curr 节点的新兄弟 bro 节点是一个有红色右孩子的黑节点，情况 3 被转换为情况 4 了。

情况 4：curr 节点的兄弟 bro 节点不但是黑色的，而且其右孩子是红色的。对照代码看图 9.22(d)，通过某些颜色改变并对 curr 节点的父节点做一次左旋，去掉了 curr 节点的额外的一重黑色，把它变成了单纯黑色，而不改变红黑性质。将 curr 指向根节点后，强令 **while** 循环结束。

5. 红黑树的性能分析

含 n 个节点的红黑树的高度为 $O(\log n)$，算法 9.18 若删除的是红节点(不调用算法 9.19)，其时间复杂度是 $O(\log n)$。在算法 9.18 中，情况 1、3 和 4 在各进行若干颜色修改和至多 3 次旋转后结束。会引起 **while** 重复循环的仅是情况 2，指针 curr 沿 parent 链上升到根的次数至多为 $O(\log n)$次，故算法 9.18 的时间复杂度为 $O(\log n)$。因此，红黑树节点删除算法的时间复杂度

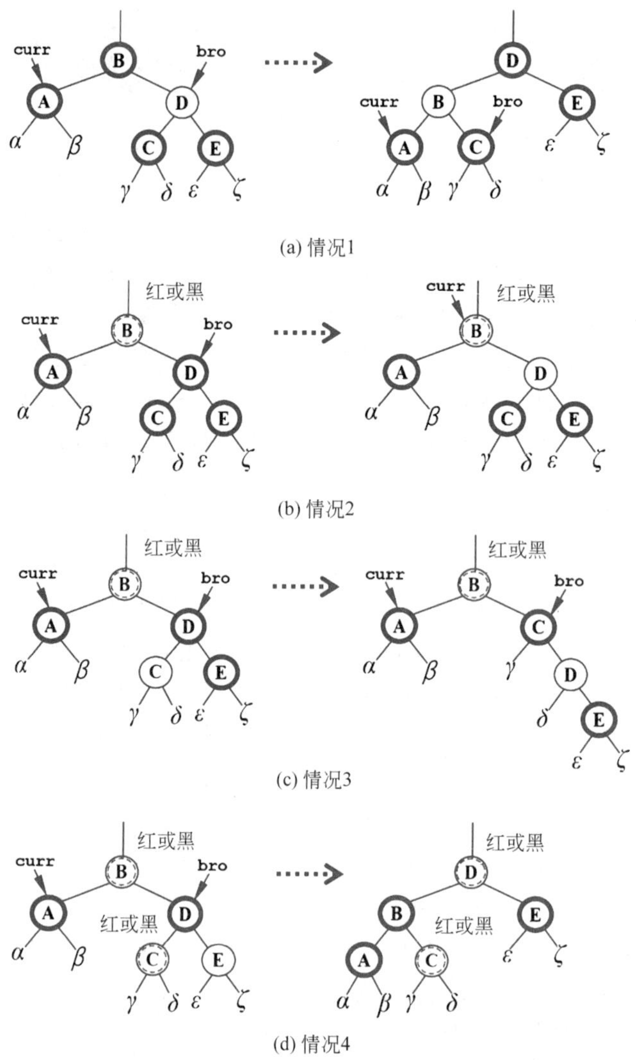

图 9.22　算法 9.17 的 while 循环的 4 种情况处理图示

为 $O(\log n)$。

红黑树引入了"颜色"的概念。引入"颜色"的目的在于使得红黑树的平衡条件得以简化。红黑树并不追求"完全平衡",它只要求部分地达到平衡,降低了对旋转的要求,从而提高了性能。和 AVL 树一样,红黑树能够以 $O(\log n)$的时间复杂度进行查找、插入和删除操作,任何不平衡都可在 3 次旋转之内得以解决。红黑树的优点在于其统计性能比 AVL 树更高,因此应用也比 AVL 树更广泛,特别是应用在了面向大数据的文件和数据库系统的索引结构。

9.2.4　B 树和 B^+ 树

1. B 树及其查找

B 树(balanced tree)是一种平衡的多路查找树,它在文件系统中常用作索引结构。首先介绍这种树的结构及其查找算法。

一棵 m 阶的 B 树,或为空树,或为满足下列特性的 m 叉树:

(1) 树中每个节点至多有 m 棵子树；

(2) 若根节点不是叶节点，则至少有两棵子树；

(3) 除根节点之外的所有非终端节点至少有 $\lceil m/2 \rceil$ 棵子树；

(4) 所有含关键字的节点中包含下列信息数据：

$$(n, A_0, K_1, A_1, K_2, A_2, \cdots, K_n, A_n)$$ [①]

其中，$K_i(i=1,2,\cdots,n)$ 为关键字且 $K_i < K_{i+1}(i=1,2,\cdots,n-1)$；$A_i(i=0,1,\cdots,n)$ 为指向子树根节点的指针，且指针 A_{i-1} 所指子树中所有节点的关键字均小于 $K_i(i=1,2,\cdots,n)$，A_n 指针所指子树中所有节点的关键字均大于 K_n，$n(\lceil m/2 \rceil -1 \leqslant n \leqslant m-1)$ 为关键字的个数(或 $n+1$ 为子树个数)。

(5) 所有终端节点都出现在同一层次上，其空指针 A_i 引出空节点[②]，并且不带信息(可以看作是外部节点或查找失败的节点)。为讲述简明，将忽略这些空节点(指向这些节点的指针为空)，并约定与前面树的叶子的概念保持一致，称最底层的含关键字的节点为叶节点。

如图 9.23 所示为一棵 4 阶的 B 树，其深度为 4。

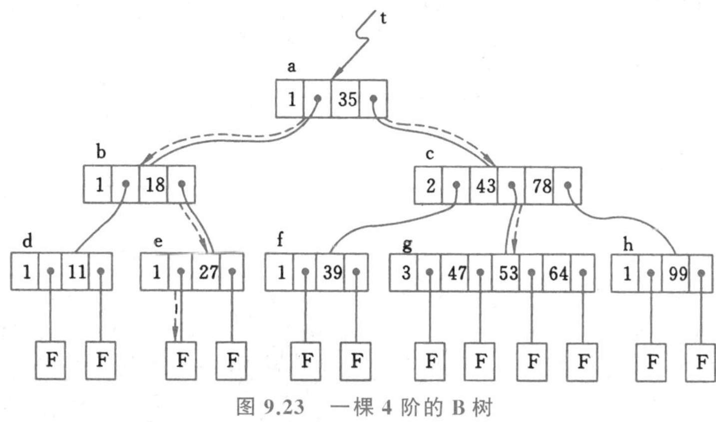

图 9.23　一棵 4 阶的 B 树

在下面讨论或算法注释中，称 A_0 为节点的最左孩子指针，A_n 为最右孩子指针，K_i 为节点的第 i 关键字，A_{i-1} 和 A_i 为 K_i 的左右孩子指针，用“q 节点”表达“指针 q 指向的节点”，甚至在上下文清楚的情况下，直接用 p 指代“p 节点”。

由 B 树定义可知，在 B 树的查找过程与二叉排序树类似。例如，在图 9.23 的 B 树查找关键字 47 的过程如下。

(1) 从根指针出发，a 节点只有一个关键字，且 47>35。若树中存在 47，则必在指针 A_1 指向的子树内，顺指针到达 c 节点。

(2) c 节点有两个关键字，且 43<47<78，则应顺指针 A_1 到达 g 节点。

(3) 在 g 节点内顺序查找找到 47，查找成功。

查找不成功的过程也类似。例如在同一棵 B 树中查找 23。

(1) 从根节点开始，因为 23<35，所以顺 a 节点的 A_0 指针到达 b 节点。

(2) 在 b 节点 23>18，所以顺节点的指针 A_1 到达 e 节点。

(3) 在 e 节点 23<27，顺指针 A_0 到达叶子，查找失败。

---

① 实际上在 B 树的每个节点中还应包含 n 个指向每个关键字的记录的指针。

② 空节点也称叶子，但这与前面讲述的树的叶子不一致，故此称为空节点。

由此可见，在B树上进行查找的过程是一个顺指针查找节点和在节点的关键字中进行查找交叉进行的过程。

B树主要用作文件的索引，它的查找涉及外存的存取，在此略去外存读写，只做示意性的描述。按照多叉树的特点，B树的三叉链表存储结构定义如下：

```
#define m 3                             // B树的阶,暂设为3
#define MIN_KEYS ((m+1)/2-1)            // 每个节点最少关键字个数
typedef struct Node {
    int          n;                     // 节点中关键字个数,即节点的大小
    KeyType      keys[m+1];             // 关键字向量,keys[0]未用
    struct Node * kids[m+1];            // 子树指针向量
    struct Node * parent;               // 指向双亲节点
    int       pci;                      // 是父节点的第 pci 个孩子,插入和删除时辅助调整操作
} Node, * BTree;                        // B树节点类型,B树指针类型
typedef struct {
    BTNode * pt;                        // 指向找到的节点
    int    i;                           // 1~m,在节点中的关键字序号
    int    tag;                         // 1为查找成功,0为查找失败
} Result;                               // B树查找的结果类型
```

通过检查 kids[0]是否空指针，即可判别节点是否底层叶节点。

B树存储结构也可以采用二叉链表形式。是否设置双亲指针 parent，决定了B树插入和删除操作的处理方式。算法9.20实现的B树查找操作是一个自上而下的过程，无须用到 parent 指针。

```
int Find(Node * p, KeyT key) {                      // 在p节点内查找关键字 key 的(插入)位置
    int i;
    for (i=0; i<p->n && p->keys[i+1]<=key; i++);            // 在有序数组中顺序查找
    return i;                                       // 若找到,则 i 是其位置,否则 i 是其插入位置
}
Result Search(BTree T, KeyT key) {                  // 在m阶B树T上查找关键字 key 的位置
    int i=0;  Result ret;  Status found=FALSE;
    Node * p=T, q=NULL;                             // * p 为待查节点, * q 为其双亲
    while (p && !found) {
        i=Find(p, key); // 在p节点内查找K的位置i,使p->keys[i]<=key<p->keys[i+1]
        if (i>0 && p->keys[i]==key) found=TRUE;        // 找到待查关键字
        else { q=p; p=p->kids[i]; if (p) p->pci=i; } // 否则沿第 i 个孩子向下查找
    }
    if (found) { ret.pt=p;  ret.i=i;  ret.tag=1; }   // 查找成功的结果信息
    else { ret.pt=q;  ret.i=i;  ret.tag=0; }         // 查找不成功的结果信息
    return ret;                                  // 返回查找结果信息: key 的位置(或插入位置)
}
```

算法 9.20

2. B树查找分析

从算法9.20可见，在B树上进行查找包含两种基本操作：①在B树中找节点；②在节点中找关键字。由于B树通常存储在磁盘上，操作①找节点实际是需要从磁盘读入节点过程中进行的(在算法9.20中忽略了)，而操作②是在内存进行的。整个过程包含了在磁盘上找到指针p所指节点后，先将节点中的信息读入内存，然后再利用顺序查找或折半查找查询等于K的关键字。显然，在磁盘上读入一个节点的耗时较多。因此，减少磁盘读入的次数，

也就是减少 B 树的层数,是决定 B 树查找效率的首要因素。

现考虑最坏的情况,即待查节点在 B 树上的最大层次数。也就是,含 N 个关键字的 m 阶 B 树的最大深度。

先看一棵 3 阶的 B 树。按 B 树的定义,3 阶 B 树上所有节点至多可有两个关键字,至少有一个关键字(即子树个数为 2 或 3,故又称 **2-3 树**)。因此,若关键字个数≤2 时,树的深度为 1(即不考虑“空节点”,叶节点层次为 1),根节点也是叶子;若关键字个数≤6 时,树的深度不超过 2。反之,若 B 树的深度为 3,则关键字的个数必须≥6(参见图 9.24(g)),此时,每个节点都含可能的关键字的最小数目。

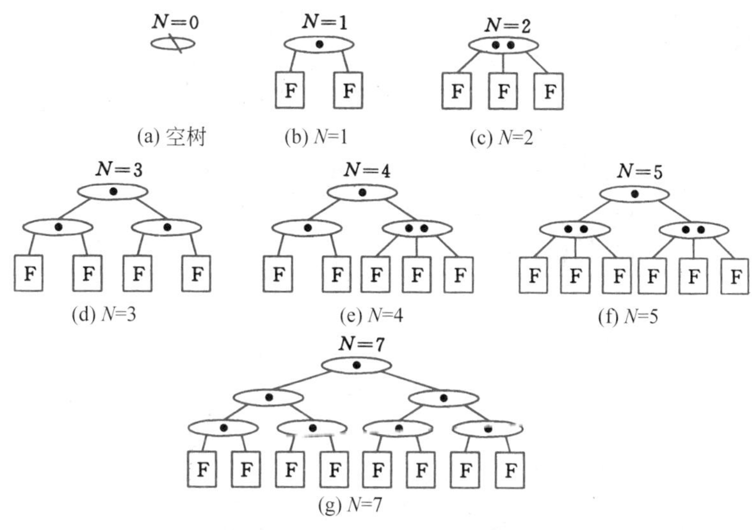

图 9.24　不同关键字数目的 B 树

一般情况的分析可类似二叉平衡树进行,先讨论深度为 $l+1$ 的 m 阶 B 树所具有的最少节点数。

根据 B 树的定义,第一层至少有 1 个节点;第二层至少有 2 个节点;由于除根之外的每个节点至少有$\lceil m/2 \rceil$棵子树,则第三层至少有 $2(\lceil m/2 \rceil)$个节点;以此类推,第 $l+1$ 层至少有 $2(\lceil m/2 \rceil)^{l-1}$个节点。而 $l+1$ 层的节点为空节点。若 m 阶 B 树中具有 N 个关键字,则空节点即查找不成功的节点数为 $N+1$,由此有

$$N+1 \geqslant 2(\lceil m/2 \rceil)^{l-1}$$

反之

$$l \leqslant \log_{\lceil m/2 \rceil}\left(\frac{N+1}{2}\right)+1 \qquad (9\text{-}21)$$

也就是说,在含 N 个关键字的 B 树上进行查找时,从根节点到关键字所在节点的路径上涉及的节点数不超过 $\log_{\lceil m/2 \rceil}\left(\frac{N+1}{2}\right)+1$。

3. B 树的插入

B 树的构建可以是从空树开始逐个插入关键字的过程。m 阶 B 树节点的关键字个数必须≥$\lceil m/2 \rceil-1$,关键字插入就不能总是添加一个底层节点,而是通过查找确定在底层的一个节点先添加一个关键字,若该节点的关键字个数不超过 $m-1$,则插入完成,否则要“分

裂"该节点,如图 9.25 所示。

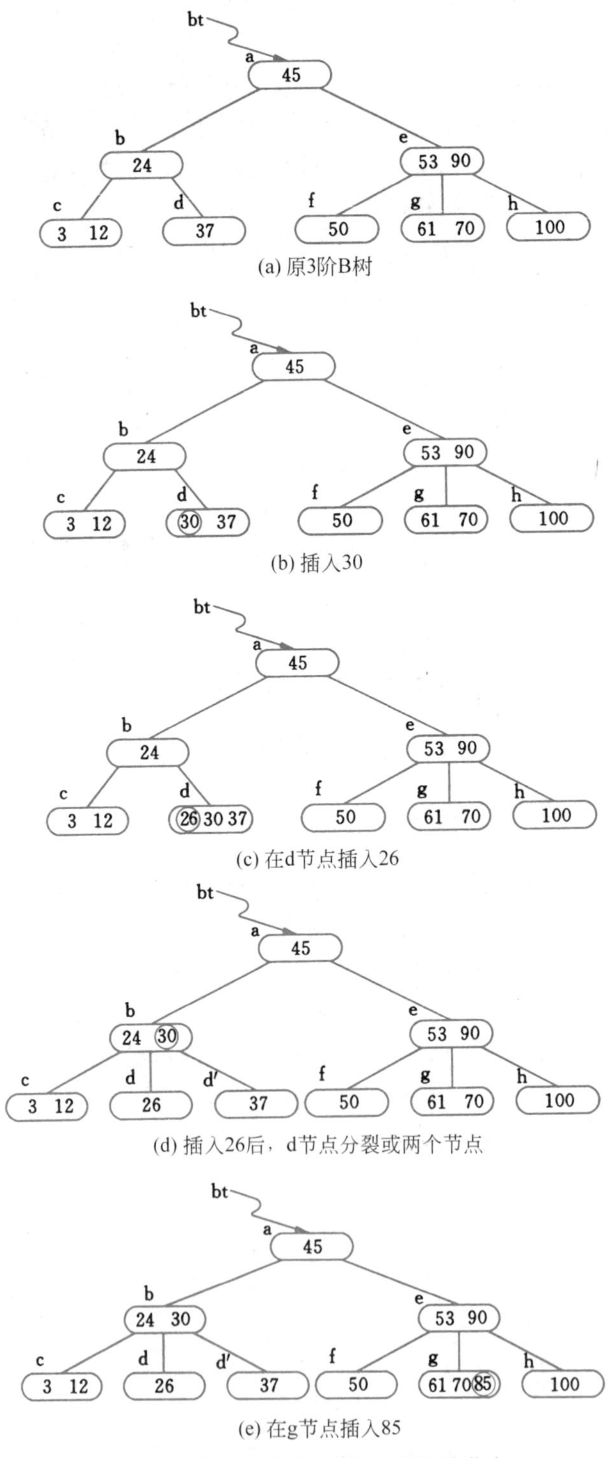

图 9.25　在 B 树中进行插入(省略叶节点)

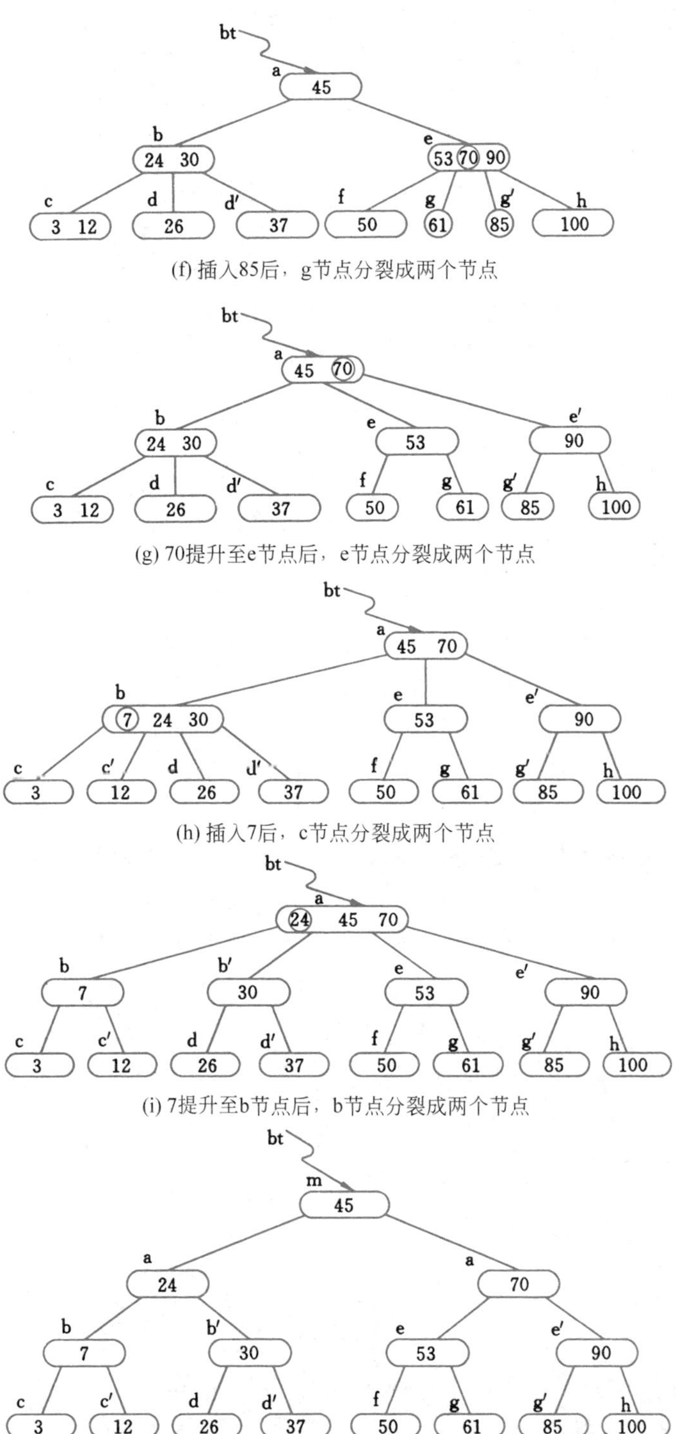

(f) 插入85后，g节点分裂成两个节点

(g) 70提升至e节点后，e节点分裂成两个节点

(h) 插入7后，c节点分裂成两个节点

(i) 7提升至b节点后，b节点分裂成两个节点

(j) 24提升至a节点后，a节点分裂成两个节点，并生成新根

图 9.25 （续）

例如，图 9.25(a)是一棵 3 阶 B 树(略去了 F 节点，即叶节点)，依次插入关键字 30，26，85 和 7 的过程如下。

(1) 查找确定在 d 节点插入 30 后，节点内关键字个数为 $2<m(=3)$，完成，B 树如图 9.25(b)所示。

(2) 同样，查找也确定在 d 节点插入 26，如图 9.25(c)所示，由于插入后节点内关键字个数超过了 2，需要将 d 节点分裂成两个节点，26 及其左右孩子指针仍保留在 d 节点，而 37 及其左右孩子指针移存到新节点 d′，并将 30 和指示 d′节点的指针插入其双亲 b 节点。b 节点的关键字个数没超过 2，插入完成，此时的 B 树如图 9.25(d)所示。

(3) 类似地，g 节点在插入 85 后(如图 9.25(e)所示)分裂成 g 和 g′两个节点(如图 9.25(f)所示)，在 70 提升到双亲 e 节点后，e 节点又分裂为 e 和 e′节点(如图 9.25(g)所示)。

(4) 最后插入 7 时，c、b 和 a 节点相继分裂，并生成一个以 m 为节点的新根，如图 9.25(h)～图 9.25(j)所示。

一般情况下，节点可如下"分裂"。

假设 p 节点中已有 $m-1$ 个关键字，插入一个关键字后，节点中含信息为

$$m, A_0, (K_1, A_1), \cdots, (K_m, A_m)$$

且其中

$$K_i < K_{i+1} \qquad 1 \leqslant i < m$$

此时可将 p 节点分裂为 p 节点和 p′节点，p 节点含信息为

$$\lceil m/2 \rceil - 1, A_0, (K_1, A_1), \cdots, (K_{\lceil m/2 \rceil - 1}, A_{\lceil m/2 \rceil - 1}) \tag{9-22}$$

p'节点含信息为

$$m - \lceil m/2 \rceil, A_{\lceil m/2 \rceil}, (K_{\lceil m/2+1 \rceil}, A_{\lceil m/2+1 \rceil}), \cdots, (K_m, A_m) \tag{9-23}$$

而关键字 $K_{\lceil m/2 \rceil}$和指针 p′上升插入 p 节点的双亲节点中。

算法 9.21 的 Insert 是插入主函数，实现了在 B 树 T 插入记录 R(内含关键字域 key)的过程，参数 q 和 i 是预先调用算法 9.20 在 T 中查找 K 返回的插入位置。每当插入后导致节点过大，就调用 Split 函数将 q 节点 s 位置之后的一半迁移到新节点 * sp 并返回 sp。**while** 循环管控了这个自底向上的插入-分裂系列过程，直到不必分裂为止。

```
void Add(BTree q, int i, KeyT key, BTree ap) {  // 在 q 节点位置 i 之后插入
    // 将 R 和 ap 分别插入 q->keys[i+1]和 q->kids[i+1](即节点中 i 和 i+1 之间的位置)
    for (int j=q->n; j>i; j--) {                  // 后移
        q->keys[j+1]=q->keys[j];
        q->kids[j+1]=q->kids[j];
    }
    q->keys[i+1]=key;                             // 插入
    q->kids[i+1]=ap;
    if (ap) ap->parent=q;                         // 若子节点 * ap 非空,则 z 置其双亲指针
    q->n++;                                       // q 节点关键字个数加 1
}
BTree Split(Node *q, int s) {  // 分裂 q 节点,位置 s 后的一半移到新节点 * sp
    Node *sp;  int i, j, n=q->n;                  // n 为拆分前 q 节点的关键字个数
    if (!(sp = (Node*)malloc(sizeof(Node)))) exit(OVERFLOW);   // 新节点 * sp
    sp->kids[0]=q->kids[s];                       // 最左孩子指针
    for (i=s+1,j=1; i<=n; i++,j++) {              // q 节点的后一半迁移到新节点
        sp->keys[j]=q->keys[i];
```

```
        sp->kids[j]=q->kids[i];
    }
    sp->n=n-s; sp->parent=q->parent;          // 新节点的关键字个数和双亲指针
    if (sp->kids[0]!=NULL)                    // 若不是叶子,则更新其孩子的双亲指针
        for (i=0; i<=n-s; i++) sp->kids[i]->parent=sp;
    q->n=s-1;                                 // 更新被分裂的 q 节点的关键字个数
    return sp;                                // 返回新节点指针
}
BTree NewRoot(Node * lp, KeyT key, Node * rp) {   // 新增根节点
    Node * root;
    if (!(root =(Node *)malloc(sizeof(Node)))) exit(OVERFLOW);
    root->n =1;  T->parent=NULL;              // 新根节点双亲为空
    root->keys[1]=key;  root->kids[0]=lp;  root->kids[1]=rp;   // 左右孩子指针
    if (lp) lp->parent=root;                  // 更新左孩子的双亲
    if (rp) rp->parent=root;                  // 更新右孩子的双亲
    return root;                              // 返回新的根指针
}
BTree Insert(BTree T, KeyT key, Node * q, int i) {  // 在 B 树 T 的 q 节点位置 i 后插入 key
    if (!T) { T=NewRoot(NULL, key, NULL); return T; }  // T 空则生成含 key 的根
    Status finished, needNewRoot;
    KeyT x=key;  Node * sp=NULL;  finished=needNewRoot=FALSE;
    while (!needNewRoot && !finished) {
        Add(q, i, key, sp);      // 将 key 插入 q 节点的第 i 个位置之后(即第 i+1 个位置)
        if (q->n<m) finished=TRUE;    // 若插入后节点未超大,则插入完成
        else {                        // 否则分裂 q 节点
            int s =(m+1)/2; sp=Split(q, s); x=q->keys[s]; // 分裂,移入新节点 * sp
            if (q->parent)   // 若 q 节点存在双亲,则在双亲 * q 中 x 的插入位置为 i 之后
                { i=q->pci; q=q->parent; }
            else needNewRoot=TRUE;        // 否则 q 节点已是根节点,需增新根节点
        }
    }
    if (needNewRoot)                      // 根节点已分裂为节点 * q 和 * sp,若需新根
        T=NewRoot(q, recs, sp);           // 则生成新根 * T, * q 和 * sp 为其左右孩子
    return T;                             // 返回 T(根可能改变)
}
```

算法　9.21

B 树的阶数 m 通常是一个 100 以内的常数(在某些数据记录数变化很大的应用中,也发展了动态变阶 B 树)。关键字的移动复制和 Split 函数的分裂操作所需时间都是常量级的。插入主函数 Insert 的主体是一次 $O(\log_m n)$的查找和一个 $O(\log_m n)$的 **while** 循环。含 n 个关键字的 m 阶 B 树的每次插入操作都可以在 $O(\log_m n)$时间内完成。实际的分裂次数是比较少的。

4. B 树的删除

在 B 树删除关键字 K 的过程,先利用前述的查找过程找出该关键字所在的节点,然后根据 K 所在节点是否为底层节点进行不同的处理。

1) 该节点为底层叶节点。

先直接从该节点删除关键字 K,然后根据以下 3 种可能情况分别进行相应的处理。

(1) 如果被删除关键字所在节点的原关键字个数 n 不小于$\lceil m/2 \rceil$,则删除该关键字 K_i

和右孩子指针 A_i 后，该节点仍满足B树的定义。例如，在图 9.25(a)的B树删除 12 后，B树如图 9.26(a)所示。

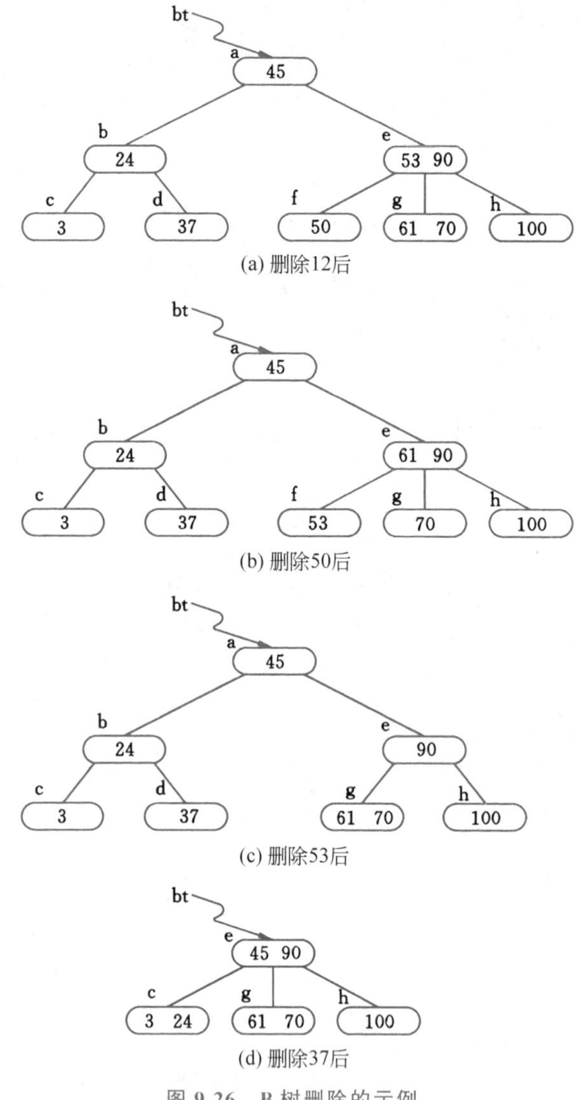

图 9.26　B树删除的示例

(2) 如果节点的关键字个数 n 等于 $\lceil m/2 \rceil-1$，则删除一个关键字后该节点将不满足B树的定义，需要调整：如果其左(或右)兄弟节点中有“富余”的关键字，即与该节点相邻的左(或右)兄弟中的关键字个数大于 $\lceil m/2 \rceil-1$，则可将左(右)兄弟中最大(小)关键字上移至双亲节点，并将双亲中刚好大(小)于该上移关键字的关键字下移至被删关键字所在节点中。例如，从图 9.26(a)中 f 节点删除 50，该节点虽无左兄弟，但右兄弟 g 节点有“富余”关键字，将 61 上移至双亲 e 节点，并将 e 节点中的 53 下移到 f 节点，使得 f 和 g 节点的关键字个数都不小于 $\lceil m/2 \rceil-1$，且 e 节点关键字个数不变。如图 9.26(b)所示，维持整棵树仍为 3 阶B树。形象而言，这个过程类似相关两个元素在 3 个节点之间上移和下移的“旋转”接替。

(3) 如果相邻兄弟节点没有“富余”关键字，即相邻兄弟节点中的关键字个数均等于

$\lceil m/2 \rceil - 1$。此时过程比较复杂，具体如下。

① 需把删除了关键字的节点和其左(或右)兄弟节点，以及双亲节点中分割二者的关键字 K_i 合并成一个节点。即在删除关键字后，该节点中剩余的关键字和指针，加上双亲节点中的关键字 K_i 一起，合并到双亲节点的 A_{i-1}(或 A_i)孩子节点，即删除关键字节点的左(右)兄弟节点。在图 9.26(b)删除 53 属于这种情形，f 节点剩余信息(一个空指针)和双亲节点的 61 合并到了 g 节点，结果如图 9.26(c)所示。

② 如果导致双亲节点中关键字个数小于$\lceil m/2 \rceil - 1$，则对其双亲节点做同样处理。

③ 如果直到对根节点也做合并处理，则整棵树减少一层。例如，在图 9.26(c)d 节点删除 37 时，其双亲 b 节点的 24 并入了 c 节点，导致 b 节点的剩余信息(指向 c 节点的指针)和其双亲 a 节点的 45 一起并入了右兄弟 e 节点；根节点少了 45 后，又因无兄弟可合并而被删除，导致整棵树的高度减 1。

2) 该节点不是底层叶子

假设被删关键字为该节点中第 i 个关键字 K_i，则可类似于平衡二叉树的删除，从指针 A_i 所指的 K_i 的右子树中找出位于最下层非终端节点的最小关键字替代 K_i，并将其删除。于是，这第 2)种情况就转换为了第 1)种情况。例如，要删除图 9.26(a)中 a 节点的 45，可沿着 e 和 f 节点找到 a 节点 45(A_i 所指)的右子树的最小值 50，用以替代 45，转为在 f 节点删除 50(如前面情况(2)所述)，结果如图 9.26(b)所示。

算法 9.22 综合了上述各种情形的处理方法，实现了 B 树的删除操作。

```
void Merge_children(Node* parent, int idx) { // 情况(3),合并*parent的两个孩子节点
    Node* left=parent->kids[idx-1];                  // 左孩子
    Node* right=parent->kids[idx];                   // 右孩子
    int i;
    left->keys[++left->n]=parent->keys[idx];         // 父节点对应键下移加入左子节点末
    for (i=1; i<=right->n; i++)                      // 复制右孩子的键
        left->keys[left->n+i]=right->keys[i];
    if (left->kids[0]!=NULL)                         // 若是非叶子
        for (i=0; i<=right->n; i++) {                // 复制右孩子的孩子指针
            left->kids[left->n+i]=right->kids[i];
            right->kids[i]->parent=left;             // 改变父节点指针
        }
    left->n+=right->n;
    for (i=idx; i<parent->n; i++) {                  // 移除父节点的键和右孩子
        parent->keys[i]=parent->keys[i+1];
        parent->kids[i]=parent->kids[i+1];
    }
    parent->n--;
}
void borrow_from_left(Node* parent, int idx) {
                                    // 情况(2),借左兄弟一键(借右兄弟代码对称)
    Node* child=parent->kids[idx];                   // 键过少的节点
    Node* sibling=parent->kids[idx-1];               // 其左兄弟
    int i;
    for (i=child->n; i>0; i--)                       // 挪位
```

```
        child->keys[i+1]=child->keys[i];
    if (child->kids[0]!=NULL)                          // 非叶子的孩子指针也相应挪位
        for (i=child->n+1; i>0; i--)
            child->kids[i+1]=child->kids[i];
    child->keys[1]=parent->keys[idx];              // 将父节点的对应键下移到 * child
    if (child->kids[0]!=NULL) {                        // 若不是叶子
        child->kids[0]=sibling->kids[sibling->n]; // 则借用左兄弟的最后一个分支
        sibling->kids[sibling->n]->parent =child;  // 更改父指针
    }
    parent->keys[idx]=sibling->keys[sibling->n];      // 更新父节点的键
    child->n++; sibling->n--;                           // 更新节点的键数量
}
BTree Restore(BTree T, Node * node, int idx) {   // 删除元素后维护 B 树特性
    while (node->parent && node->n>=MIN_KEYS-1 && node->n<MIN_KEYS) {
        Node * p =node->parent;                        // node 的父节点 * p
        int pci =node->pci;                            // node 是 * p 的第 pci 个子树根
        if (pci!=0 && p->kids[pci-1]->n>MIN_KEYS)    // 若有富余的左兄弟
            borrow_from_left(p, pci);                  // 则向左兄弟要一键
        else if (pci!=p->n && p->kids[pci+1]->n>MIN_KEYS)     // 若有富余的右兄弟
            borrow_from_right(p, pci);                        // 则向右兄弟要一键
        else if (pci!=p->n) merge_children(p, pci+1);  // 若非最右孩子,则合并右兄弟
        else merge_children(p, pci);                    // 否则,并入左兄弟
        node=p;                                         // node 指向父节点,继续维护
    }                                                   // 循环结束后,须处理无键节点
    if (node->n==0)                                     // 若节点变空(根节点变空)
        if (node->kids[0]==NULL) T=NULL;               // 若无最左孩子,则已为空 B 树
        else { T=node->kids[0]; T->parent=NULL; }    // 否则该最左孩子为新的根节点
    return T;                                           // 返回根指针(可能已被修改)
}
BTree Successor(Node * node, int idx) {    // 获取后继键(右子树的最小键)
    Node * cur=node->kids[idx];                         // 取出分支指针
    cur->pci=idx;                    // 顺带记住 * cur 自己的分支号(在父节点的分支下标)
    while (cur->kids[0]!=NULL) { cur=cur->kids[0]; cur->pci=0; }     // 到最左下叶子
    return cur;                                        // 返回 key 的后继位置的 cur
}
void Remove(Node * node, int idx) {                    // 在叶节点 * node 删除第 i 个键
    for (int i=idx; i<node->n; i++)
        node->keys[i]=node->keys[i+1];
    node->n--;
}
BTree Delete_rec(BTree T, Node * p, int i) {          // 递归实施删除
    if (p->kids[0]!=NULL) {         // 若是在非叶子删除
        Node * q=Successor(p, i);  // 则在 p 节点的 i 子树找最小键——被删键的排序后继
        p->keys[i]=q->keys[1];     // 用其后继覆盖被删键
        T=Delete_rec(T, q, 1);     // 对叶子 q 节点递归,删除这个已完成顶替的最小键
    } else {                       // 若是叶子
```

```
        Remove(p, i);                                    // 则删除叶子 p 节点的第 i 个键
        if (p->n<MIN_KEYS) T=Restore(T, p, i);           // 若 p 节点过小,则进入调整
    }
    return T;                                            // 返回当前根指针
}

BTree Delete(BTree T, KeyType key) {   // 删除操作的主函数
    Result ret=Search(T, key);                 // 查找键 key
    if (!ret.tag) return T;                    // 若不存在,结束
    Node * q=ret.pt; int i=ret.i;              // 将删除 q->keys[i]
    return Delete_aux(T, q, i);                // 调用递归函数实施删除,并返回结果根指针
}
```

算法　9.22

在含 n 个关键字的 m 阶 B 树删除关键字操作的时间复杂度为 $O(\log_m n)$。函数 Delete_rec 并不进行深度递归,只是把对非叶子的键删除转换为在叶子内的删除,这项时间消耗在沿向下路径找后继键的函数 Successor 上。主要工作量发生在调用函数 Restore 进行迭代调整中,自底向上最多迭代 $\log_m n$ 次,而每次合并用时只与 m 相关。与插入中的节点分裂类似,删除中的节点合并操作也不频繁。

5. B$^+$ 树简述

B$^+$ 树是应文件系统所需而对 B 树的改进变形。m 阶 B$^+$ 树和 m 阶 B 树的主要差异如下。

(1) 含 n 棵子树的节点中含 n 个关键字。

(2) 所有叶节点中包含了全部关键字的信息及指向含这些关键字记录的指针,且叶节点本身依关键字的大小从小到大顺序链接。

(3) 所有的内部节点可以看作索引部分,节点中仅含其子树(根节点)中的最大(或最小)关键字。

通常 B$^+$ 树有两个头指针:一个指向根节点;另一个指向关键字最小的叶节点。因此 B$^+$ 树的查找方式有两种:一种是从最小关键字起顺序查找;另一种是从根节点开始,进行随机查找。如图 9.27 所示,其中 sqt 代表从最小关键字起顺序查找的指针,最下层的叶节点都有指向含这些关键字记录的指针。

在 B$^+$ 树上进行随机查找、插入和删除的过程基本上与 B 树类似。只是在查找时,若内部节点上的关键字等于给定值,并不终止,而是继续向下查找直到叶节点。因此,在 B$^+$ 树中,不管查找成功与否,每次查找都是走了一条从根到叶节点的路径。

索引是 B$^+$ 树的一种典型应用,将在 12.3.3 节讨论 B$^+$ 树的实现。索引是对数据库表中一个或多个列的值进行排序的结构,与在表中搜索所有的行相比,索引用指针指向存储在表中指定列的数据值,然后根据指定的次序排列这些指针,有助于更快地获取信息。通常情况下,只有当经常查询索引列中的数据时,才需要在表上创建索引。索引会占用磁盘空间,并且影响数据更新的速度。但是在多数情况下,索引所带来的数据检索速度优势大大超过它的不足之处。Windows 中的 NTFS 也是采用 B$^+$ 树作为目录结构。

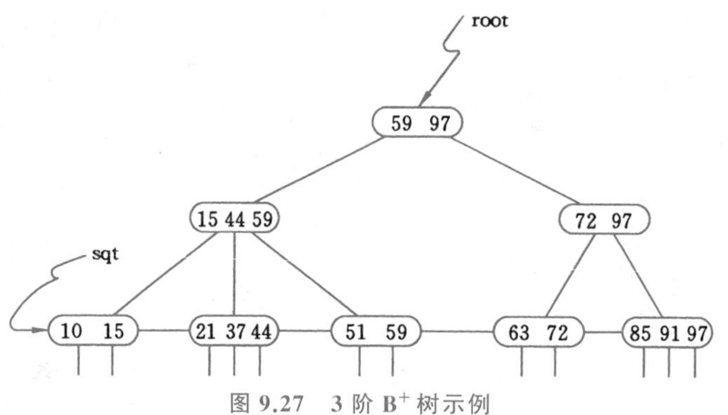

图 9.27　3 阶 B^+ 树示例

9.2.5　跳跃表

1. 跳跃表及其查找

图 9.27 的 3 阶 B^+ 树也可以表示为图 9.28 的跳跃表。具体做法如下。

(1) B^+ 树所有节点拆分为单关键字节点，且相同关键字共享一个节点，按个数设置指针域。

(2) 像底层节点那样，每一层节点都横向构成一个有序链表。

(3) 各层的横向链表的头指针构成一个头节点。

(4) 增设一个由全局指针变量 nil 指示的尾节点，其关键字为最大值，各层指针为空。

(5) 头节点和 nil 节点的指针层数均为约定的最大层数。

(6) 跳跃表是一个含 3 个域的结构体：length 值是底层链表的长度（元素节点数），topLV 是当前元素节点的最大层数，header 指向头节点。

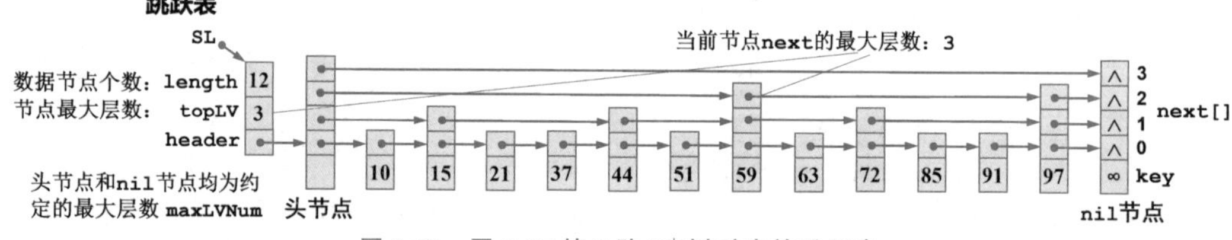

图 9.28　图 9.27 的 3 阶 B^+ 树对应的跳跃表

图 9.29(a)是一个空跳跃表，头节点的各层指针均指向 nil 节点。跳跃表及其节点的存储表示定义和新建空跳跃表算法如下：

```
#define minKey -RAND_MAX                    // 最小关键字
#define maxKey RAND_MAX                     // 最大关键字
#define maxLVnum 4                          // 允许最大层数(可根据实际需求定义)
typedef int KeyType;                        // 关键字类型(可根据实际需求定义)
typedef char ValueType;                     // 值类型(可根据实际需求定义)
typedef struct SLNode {
    KeyType key;                            // 关键字
    ValueType value;                        // 数据项
    int lvNum;                              // 节点层数(指针数组大小)
```

```
    struct SLNode * * next;                          // 动态分配的指针数组
} SLNode;                                            // 跳跃表节点类型
SLNode * nil;                                        // 跳跃表的共享尾节点的指针
typedef struct {
    int length;                                      // 表长(表中数据项数)
    int topLV;                                       // 当前跳跃表的层数
    SLNode * header;                                 // 头节点指针
} * SkipList;                                        // 跳跃表类型
SLNode * NewNode(KeyType key, ValueType value, int lvNum) {  // 新建节点
    SLNode * x = (SLNode * )malloc(sizeof(SLNode));          // 分配新节点
    x->next = (SLNode * * )malloc(lvNum * sizeof(SLNode * ));  // 分配 next 指针数组
    x->key=key;  x->value=value;  x->lvNum=lvNum;
    for (int i=0; i<lvNum; i++) x->next[i]=nil;      // 各层指针都指向 nil 节点
    return x;
}
SkipList * NewSkipList() {                           // 新建空跳跃表
    SkipList * sl;
    if (!nil) nil=NewNode(maxKey, '#', maxLVnum);    // 若 nil 为空,新建 nil 节点
    sl = (SkipList)malloc(sizeof( * sl));            // 新建跳跃表结构
    sl->length=0; sl->topLV=0;                       // 置空表值
    sl->header=NewNode(maxKey, '$', maxLVnum);       // 按最大层数新建头节点
    return sl;
}
```

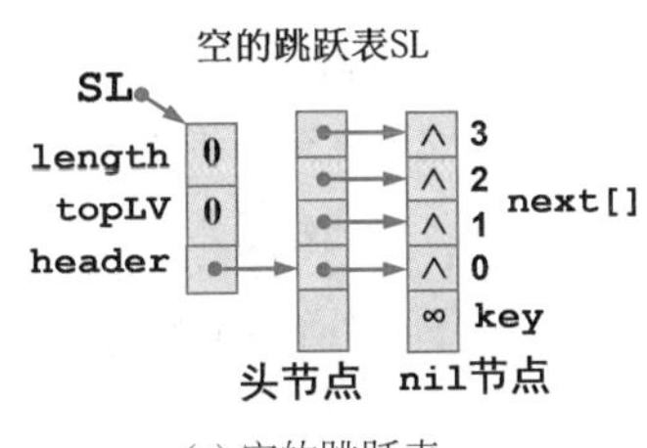

(a) 空的跳跃表

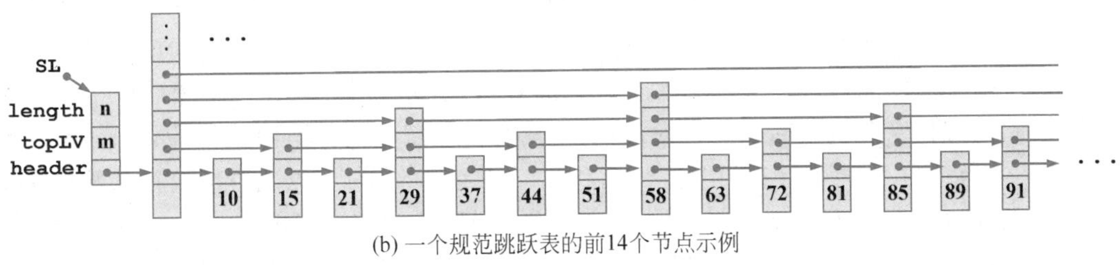

(b) 一个规范跳跃表的前14个节点示例

图 9.29　规范跳跃表示例

图 9.30(a)用虚线标示了在跳跃表 SL 查找 85 的路径。这是对层次结构的查找,过程可采用简洁的二重循环表述:外循环自上而下给出各层链表的查找起始节点指针,内循环在当前层有序链表查找。具体实现如算法 9.23 所示。

```
ValueType SearchSL(SkipList sl, KeyType key) {
    // 在跳跃表 sl 查找关键字为 key 的节点,并返回其值
    SLNode * p, * q;  int lv;
    for (q=sl->header, lv=sl->topLV-1; lv>=0; lv--) { // 自顶向下逐层查找
        p=q->next[lv];
        while (key>p->key) p=p->next[lv];              // 在 lv 层有序链表查找
        if (key==p->key) return p->value;              // 返回找到的元素值
```

```
    }
    return nullValue;                                    //未找到,返回空值
}
```

算法 9.23

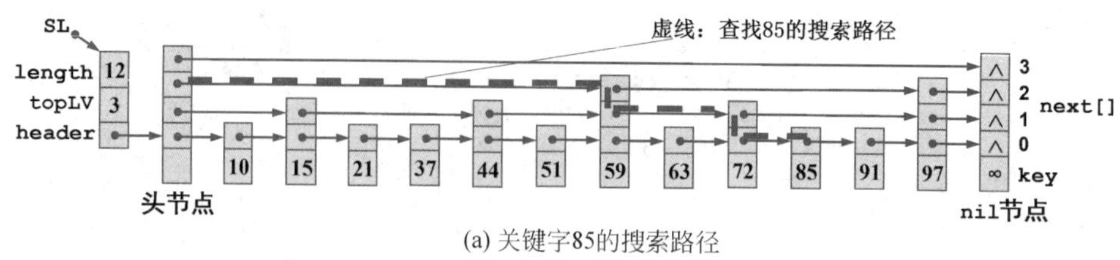

(a) 关键字85的搜索路径

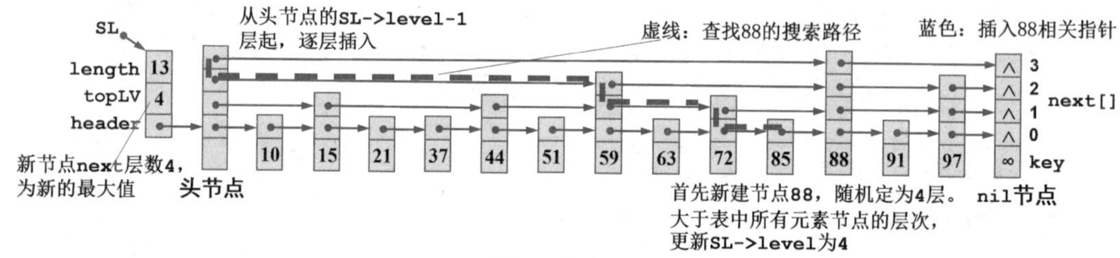

(b) 插入88的过程与结果

图 9.30 跳跃表查找和插入示例

最大层数 maxLVNum 的预设则取决于对表的最大长度 n 的估计。一般可设置 maxLVNum $= \log_2 n$。实际应用中，16 层已能满足表长 65 536($\log_2 65\,536=16$，$\log_2 2147\,483\,648=31$)。

在 n 个节点的规范跳跃表中，对于每个满足 $1\leqslant k\leqslant \lfloor\log_2 n\rfloor$和 $1\leqslant i\leqslant n/2^{k-1}$的 k 和 i，位于 $2^{k-1}i$ 的节点指向位于 $2^{k-1}(i+1)$的节点。这意味着第 2 个节点指向前面距离 2 个单位的节点，第 4 个节点指向前面距离 4 个单位的节点，以此类推，如图 9.29(b)所示，这是某规范跳跃表的前 14 个节点的示例。为此，要在链表的节点中包含不同数目的指针：半数节点只有一个指针，1/4 的节点有两个指针，1/8 的节点有 3 个指针，以此类推。指针数表明了每个节点的层数，而层数为 maxLVNum$=\lfloor\log_2 n\rfloor+1$。注意：一个层数为 lvNum 的节点，其各层号为 0,1,2,…,lvNum−1，而不是 1,2,…,lvNum。

在存储空间上，规范跳跃表中元素节点共有 $2n$ 个指针。在底部有 n 个指针，第一层有 $n/2$ 个，第二层有 $n/2^2$ 个，以此类推，则整个表中的指针总数有

$$n(1+1/2+1/2^2+1/2^3+\cdots)=n(1-1/2)$$

在时间耗费上，规范跳跃表查找只需要 $\log_2 n$ 次比较，其性能足以与用平衡二叉排序树得到的最佳性能媲美，也相当于有序顺序表的折半查找。

但是，跳跃表是动态查找表(若是静态的，则应选择有序顺序表)，随机地频繁插入和删除，很难维持跳跃表的规范性(代价过高)。极端情况下，各层链表的每步跳跃跨度都蜕化为 0，查找的时间性能为 $O(n)$。

2. 跳跃表的插入和删除

在跳跃表中插入一个新节点时，首要任务是确定该节点的指针层数。所有节点至少有

一个指针。按照图 9.29(b)所示,如果每 2 个节点中就有一个节点的指针至少是 2 个,则可以在第 2 层上每次跳过 2 个节点,不断地迭代,直到每 2^j 个节点中,就有一个节点至少有 $j+1$ 个指针。

为使节点具有这种性质,可使用一个以概率 $1/t^i$ 返回 $i+1$ 的值的函数 randTopLV 进行新节点的层数随机化。用返回的随机层数 i,创建一个具有 i 层指针的新节点。

在图 9.30(a)所示的跳跃表 SL 插入 88,结果如图 9.30(b)所示。如何实现在跳跃表的插入具体操作呢? 和二叉排序树类似,要先进行查找,确定表中不存在要插入的关键字,才能实施插入。但是,二叉排序树只有一个插入点,跳跃表要在多层链表插入同一个节点,且查到 0 层链表才能确认该关键字不存在,此时才能新建节点并逐层插入。算法 9.24 采用指针数组 r[0..maxLVnum-1],在各层有序链表的查找中保存了插入位置的前驱指针。在 0 层链表确认关键字不存在后,新建具有随机层数的节点,并按其层数,用数组 r 辅助实现相应各层的插入。

```
int randTopLV() {                                  // 按既定概率获取新节点的层数
    r=rand();                                      // 产生随机数
    for (int i=1, j=2; i<maxLVnum; i++, j+=j)      // j=2,4,8,16,…
        if (r>RAND_MAX/j) break;          //按 1/2, 1/4, 1/8, 1/16…概率定 1,2,3,4…层数
    return i;                                      // 返回新节点的层数
}

Status InsertSL(SkipList sl, KeyType key, ValueType value) {    // 非递归插入
    SLNode * p, * q, * x;   int lv;
    SLNode * r[maxLVnum];
    q=sl->header;                     // q 指向头节点,用指针数组 r[0..maxLVnum-1]辅助插入
    for (lv=maxLVnum-1; lv>=0; lv--) r[lv]=q;      // r 的各层指针均指向头节点
    for (lv=sl->topLV-1; lv>=0; lv--) {            // 自上而下逐层保序插入
        p=q->next[lv];                             // p 指向 q 节点在 lv 层的后继节点
        while (key>p->key) {                       // 查找插入位置
            q=p;   p=p->next[lv];
        }                                // while 循环结束时,q 指向插入位置的前驱
        if (key==p->key) return FALSE;   // 若已存在,则不重复插入
        r[lv]=q;                         // r[lv]保存指向 lv 层插入位置前驱节点的指针
    }                        // for 循环结束时,r 各指针分别指向各层链表插入位置的前驱节点
    x=NewNode(key, value, randTopLV());       // 按预设概率获取层数新建节点
    for (lv=0; lv<=x->lvNum-1; lv++) {        // 把新节点插入相应各层链表
        x->next[lv]=r[lv]->next[lv];
        r[lv]->next[lv]=x;
    }
    if (x->lvNum >sl->topLV) sl->topLV=x->lvNum;   // 检查是否更新表的节点最大层数
    sl->length++;   return TRUE;                   // 表长度加 1,完成插入
}
```

算法 9.24

在跳跃表删除节点相对简单,算法 9.25 基于查找算法的架构,自上而下直接实现了目标节点在各层链表的删除。在 0 层链表删除后,释放被删除节点,表的长度减 1,成功返回。若算法执行到末尾,则表明目标节点不存在,无节点被删除。

```
Status DeleteSL(SkipList sl, KeyType key) { // 非递归删除
    SLNode * p, * q;
    q=sl->header;                                // q 指向头节点
    for (int lv=sl->topLV-1;  lv>=0;  lv--) {    // 自上而下逐层搜索
        p=q->next[lv];                           // p 指向 q 节点在 topLV 层的下一个节点
        while (key>p->key)                       // p 和 q 一前一后在 topLV 层有序链表搜索
            { q=p;  p=p->next[lv]; }
        if (key==p->key) {                       // 若 p 节点是要删除节点
          q->next[lv]=p->next[lv];               // 则在本层链表删除
          if (lv==0) {                           // 若已在 0 层链表删除
              free(p->next); free(p);            // 则释放被删除节点空间
              sl->length--; return TRUE;         // 成功返回
          }
        }
    }
    return FALSE;                                // 不存在(没做删除)
}
```

算法 9.25

3. 跳跃表的性能特征

采用层数越大概率倍减方式随机插入节点的跳跃表称为随机化跳跃表。平均情况下，这种跳跃表的查找、插入和删除操作大约需要$(2\log_2 n)/2$次比较，时间复杂度是$O(\log_2 n)$。

9.2.6 键树

键树又称数字查找树(digital search trees)，是一棵度≥2 的树，树中每个节点不是包含一个或几个关键字，而是只含有关键字的组成符号。例如，对于数值型关键字，节点只包含一个数位；对于单词型关键字，节点只包含一个字母。这种树能给一些类型的关键字的表的查找带来方便。

假设有如下 18 个关键字的集合(姓的汉语拼音串，省略了双引号)

{ CAI, CAO, LI, LAN, CHA, CHANG, WEN, CHAO, YU, YUN, YAN,
YANG, LONG, WANG, ZHAO, LIU, WU, CHEN } (9-24)

可对此集合做如下的逐层分割：

首先按首字符不同分成 5 个子集：

{ CAI, CAO, CHA, CHANG, CHAO, CHEN }

{ LI, LAN, LONG, LIU }

{ WEN, WANG, WU }

{ YU, YUN, YAN, YANG }

{ ZHAO }

然后对其中关键字个数大于 1 的子集再按第二个字符进行分割。若所得子集仍大于 1，则按第三个字符再分割。以此类推，直至每个子集只含一个关键字为止。例如，C 和 Y 打头的集合的分割结果分别为

{ { { CAI }, { CAO } }, { { { CHA }, { { CHANG }, { CHAO } } }, { CHEN } } }

{ { { YU }, { YUN } }, { { YAN }, { YANG } } }

显然,集合、子集和元素之间的层次关系可以用一棵树表示,键树就是为此而设计的。上述集合及其分割可表示为图 9.31 的键树。树中根节点的 5 棵子树分别表示首字符为 C、L、W、Y 和 Z 的 5 个关键字子集。从根到叶子路径中节点的字符组成的串表示一个关键字,叶子中的特殊符号 $ 表示串结束(对应串结束符'\0')。叶节点存储指向该关键字记录的指针。

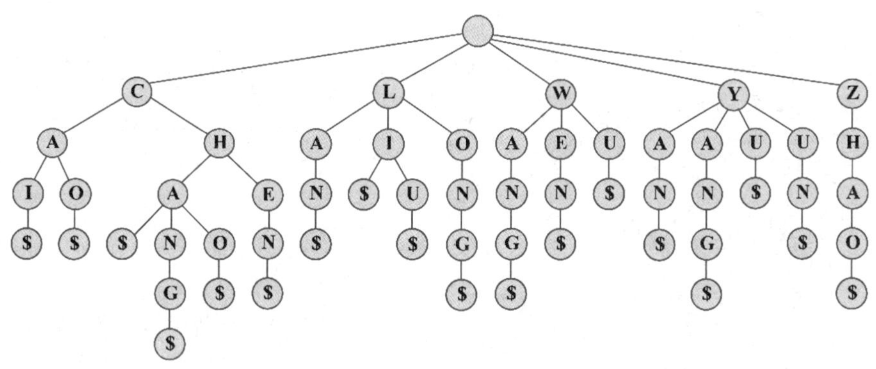

图 9.31　表示式(9-24)关键字集的键树

为了查找和插入方便,约定键树是有序树,即同一层的兄弟节点之间依所含符号自左至右升序,结束符 $ 小于任何字符。

键树有两种常用存储结构。

1. 双链键树——孩子兄弟链表表示的键树

采用孩子兄弟链表存储结构的键树称为**双链键树**(简称**双链树**)。每个分支节点含 3 个域:symbol 域存储关键字的一个字符,first 指针域指向第一棵子树根,next 指针域指向右兄弟。叶节点除了 symbol 和 next 域,还有指向关键字记录的指针域 inforptr,但没有 first 指针域。例如,图 9.31 所示的键树的双链树如图 9.32(a)所示(只画出第一棵子树,省略了其余部分)。

以下是双链键树的存储结构定义以及初始化和回收操作算法:

```
typedef char * KeyType;                          // 关键字类型是 C 串
typedef char * InfoType;                         // 关键字对应的信息类型
typedef struct{
    KeyType key;                                 // 关键字
    InfoType info;                               // 记录的其他部分
} Record;                                        // 记录类型
typedef enum { LEAF, BRANCH } NodeKind;          // 节点种类:{叶子,分支}
typedef struct DLTNode {
    char symbol;                                 // 关键字中的一个字符
    struct DLTNode * next;                       // 指向兄弟节点的指针
    NodeKind kind;                               // 节点种类
    union {
        Record * rcd;                            // 叶节点的记录指针
        struct DLTNode * first;                  // 分支节点的孩子链指针
    };
```

```
} DLTNode, * DLTree;                                    // 节点类型,双链键树指针类型
//-----双链键树的初始化和回收操作 -----
DLTNode * newNode(char c, DLTNode * next) {      // 生成新节点
    DLTNode * np;
    if (!(np = (DLTNode * )malloc(sizeof(DLTNode)))) exit(OVERFLOW);
    np->symbol=c;   np->next=next;   np->kind=BRANCH;
    return np;
}

DLTree InitDLTree() {                                   // 构造并返回一棵空的双链键树
    return newNode(' ', NULL);                          // 头节点的字符为空格
}

DLTree FreeDLTree(DLTree T) {                           // 回收双链键树 T
    if (T) {                                            // 若非空
        if (T->kind==BRANCH)                            // 若是分支节点
            FreeDLTree(T->first);                       // 则递归销毁孩子子树
        FreeDLTree(T->next);                            // 递归销毁兄弟子树森林
        free(T);                                        // 释放节点
    }
    return NULL;                                        // 返回空指针
}
```

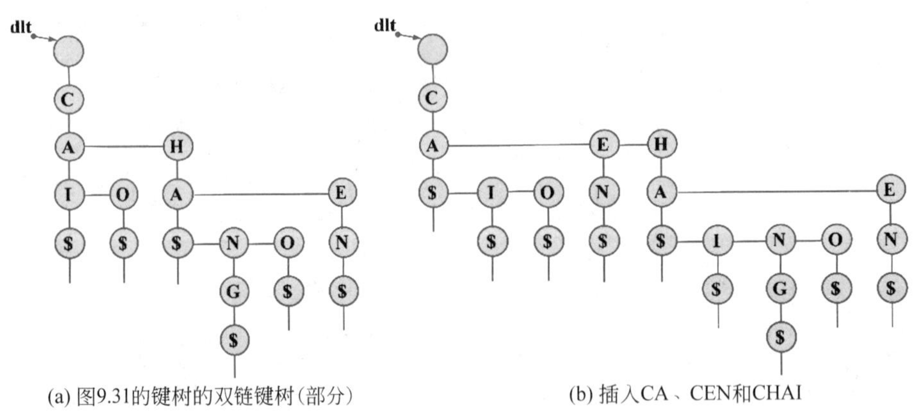

(a) 图9.31的键树的双链键树(部分)　　(b) 插入CA、CEN和CHAI

图 9.32　双链键树示例

为了操作便利,双链键树初始构造空树时设头节点。回收操作是一个双递归算法,读者可自行练习将其非递归化。

假设目标关键字是一个 C 串 K,双链键树的查找可如下进行:

从双链键树的头节点出发,沿 first 指针到达第一棵子树的根节点,K[0]与 symbol 比较,若相等,则顺 first 指针再比较下一个字符,否则沿 next 链顺序查找。若直到指针空仍未匹配 K 的所有字符,则查找不成功,树中不存在关键字 K 相同的记录。算法 9.26 实现了这一查找过程。

```
Record * SearchDLTree(DLTree T, KeyType K) {
    // 在双链键树 T 中查找关键字等于 K 的记录,若存在,则返回该记录的指针,否则返回空指针
```

```
    int i;
    if (!T || !T->first) return NULL;                    // 若是空树,则返回 NULL
    for (T=T->first, i=0; T && K[i]; i++) {             // 依次查找关键字 K 的每个字符
        while (T && T->symbol !=K[i])                  // 沿 next 链查找关键字的第 i 个字符
            T=T->next;
        if (T) T=T->first;                              // 准备查找下一个字符
    }
    if (!T || T->kind!=LEAF) return NULL;               // 查找不成功,则返回 NULL
    else return T->rcd;                                  // 查找成功,则返回查得记录指针
}
```

算法 9.26

键树每个节点的最大度 d 和关键字的“基”相关。若关键字是单词,则 $d=27$;若关键字是十进制数串,则 $d=11$。键树的深度 h 则取决于关键字中字符或数位的个数。假设关键字是随机的(即关键字的每一位取基内任何值的概率相同),则在双链键树中查找每一位的平均查找长度为$\frac{1}{2}(1+d)$。又假设关键字中字符(或数位)的个数都相等,则在双链键树进行查找的平均查找长度为$\frac{h}{2}(1+d)$。

双链键树的插入关键字 K 可采用查找算法的架构。当查找不成功时,实际上已从头节点的 first 所指节点起到判断不成功前的节点,已匹配了 K 的一个前缀,接着就是插入 K 的剩余部分。对图 9.32(a)的双链键树插入 CA、CEN 和 CHAI 之后,结果如图 9.32(b)所示。

算法 9.27 实现了双链键树的插入。

```
Status InsertDLTree(DLTree T, Record * rcd) {
   // 若 T 中不存在其关键字等于 rcd->key 的记录,则按关键字插入记录 rcd
    DLTNode * p, * q, * np, * lp;  KeyType K;
    if (!T) return FALSE;                         // 若 T 不存在(存在应有头节点),返回 FALSE
    if (T->first) { q=T;  p=T->first; }          // p 和 q 前后搭档的辅助指针
    else { q=NULL;  p=T; }
    int i=0;  K=rcd->key;                         // 取记录关键字到 K
    while (K[i]) {                                // 依次匹配关键字的字符
        while (p && p->symbol<K[i])               // 在有序的 next 链顺序查找
            { q=p;  p=p->next; }
        if (p && p->symbol==K[i])                 // 若找到与 K[i]相符的节点
            { q=p;  p=p->first;  ++i; }           // 则 p 指向下一个将与 K[i+1]比较的节点
        else {               // 否则,K[0..i-1]已获得匹配,需依次插入 K[i]及之后的字符
            np=newNode(K[i], p);                  // 生成 K[i]的节点,其 next 指向 p 节点
            if (q->first==p) q->first=np;         // 若 p 节点原在 first 链,则在其中插入
            else q->next=np;                      // 否则在 next 链插入
            for (++i; K[i]; i++) {                // 在 first 链依次插入余下字符的分支节点
                p=np;  p->first=np=newNode(K[i], NULL);
                                                  // 插入 K[i]分支节点
```

```
            }
            np->first=lp=newNode(Nil, NULL);    // 插入节点
            lp->kind=LEAF;  lp->rcd=rcd;        // 标为叶子,置入记录
            return TRUE;                        // 完成插入,结束
        }
    }           //外层 while 结束时：K 的全部字符均已匹配,此时 p 不空。但有两种可能：
    if (p->kind==LEAF) return FALSE;            // 若记录已存在,则不重复插入
    else {                                      // 否则该记录的关键字是已有的前缀
        q->first=lp=newNode(Nil, p);            // 插入节点,其 next 指向 p 节点
        lp->kind=LEAF;  lp->rcd=rcd;            // 置入叶子标记和记录
        return TRUE;
    }
}
```

算法 9.27

虽然算法 9.27 形式上是三层循环结构,但整个过程是扫描 K 串,前程是依次匹配字符,若 K 不存在,则后程是插入 K 的余下子串的存储字符及记录的叶节点,而匹配和插入节点都是常量时间的。因此,双链键树的插入算法的最大耗时只与关键字的最大长度相关。

在双链键树插入或删除一个记录,实际上是在树中某个节点插入或删除一棵子树。删除操作不再详述,留作练习。

2. Trie 树——多重链表表示的键树

若以树的多重链表表示键树,则树的每个节点应含 d 个指针域(d 为关键字的基)。这样的键树称为 Trie 树(取检索英文 retrieve 的中间 4 个字母 trie,读音同 try),又称字典树或单词查找树。常用的关键字是 C 串形式的单词,数据元素称为词条,是一个含单词关键字和单词的释义文本串的记录。典型应用是用于统计、排序和保存大量的字符串(但不限于字符串),常被搜索引擎系统用于文本词频统计。它的优点：利用字符串的公共前缀来减少查询时间,最大限度地减少无谓的字符串比较。

若从键树某个节点到叶节点的路径上每个节点都只有一个孩子,则可将该路径上所有节点压缩为一个 Tire 树的叶节点,且在该叶子中存储关键字及指向记录的指针等信息。例如图 9.31 的键树,从节点 Z 到节点 $ 为单支树,而在对应的 Trie 树中,如图 9.33 所示,只有一个含关键字 ZHAO 及其相关信息的叶节点。

在 Trie 树中有两种节点：分支节点(含 d 个指针域和一个指示该节点中非空指针域个数的整数域)和叶节点(含关键字域和指向记录的指针域)。分支节点不设数据域,每个分支节点所表示的字符均由其双亲节点中(指向该节点)的指针的位序决定。

Trie 树的存储结构定义和初建、回收操作函数定义如下：

```
#define SIZE 27             // 字符集大小+1,此约定为 26 个小写字母 a～z,对应序号 1～26
typedef enum { LEAF, BRANCH } NodeKind; // 节点种类(叶子,分支)
typedef char * KeyType; // 关键字类型 ——字符串
typedef char * Record; // 记录类型 ——字符串(为简明,这里定义为字符串,应用按需求定义)
typedef struct TrieNode {
    NodeKind kind;                               // 节点种类
```

```
    union {
        struct{ KeyType key; Record rcd; } lf;     // 叶子(词条),指向关键字和记录
        struct{ int num; TrieNode * * next; } bh;   // 分支节点,num 为后代节点数
    };                                             // next 为动态分配的节点指针向量
} TrieNode, * TrieTree;                            // 节点类型,Trie 树(指针)类型
TrieTree newTrieNode() {   // 创建并返回一个空分支节点
    TrieTree p;
    if (!(p = (TrieNode * )malloc(sizeof(TrieNode)))) exit(OVERFLOW);
    p->kind=BRANCH; p->bh.num=0;   // 上一句分配节点基本空间,下一句分配 next 数组
    if (!(p->bh.next = (TrieNode ** )malloc(SIZE * sizeof(TrieNode * ))))
        exit(OVERFLOW);
    return p;                                      // 返回新节点指针
}
void newTrieLeaf(TrieTree T, KeyType K, Record R, int ord) {
    // 为 T 节点添加一个叶子
    TrieNode * p;
    if (!(p=T->bh.next[ord] = (TrieTree)malloc(sizeof(TrieNode))))
        exit(OVERFLOW);
    p->kind=LEAF;  p->lf.rcd=R;  p->lf.key=K;  T->bh.num++;
}
TrieTree InitTrie() {  // 初建空的 Trie 树 T
    return newTrieNode();                           // 则生成一个空分支节点 * T
}
TrieTree FreeTrie(TrieTree T) {   // 回收 Trie 树 T
    if (!T) return NULL;
    if (T->kind==BRANCH) {                          // 若是分支节点
        for (int i=0; i<SIZE; i++)                  // 则对每个非空子树递归回收
            if (T->bh.next[i]!=NULL) FreeTrie(T->bh.next[i]);
        free(T->bh.next);                           // 回收
    }
    free(T);  return NULL;
}
```

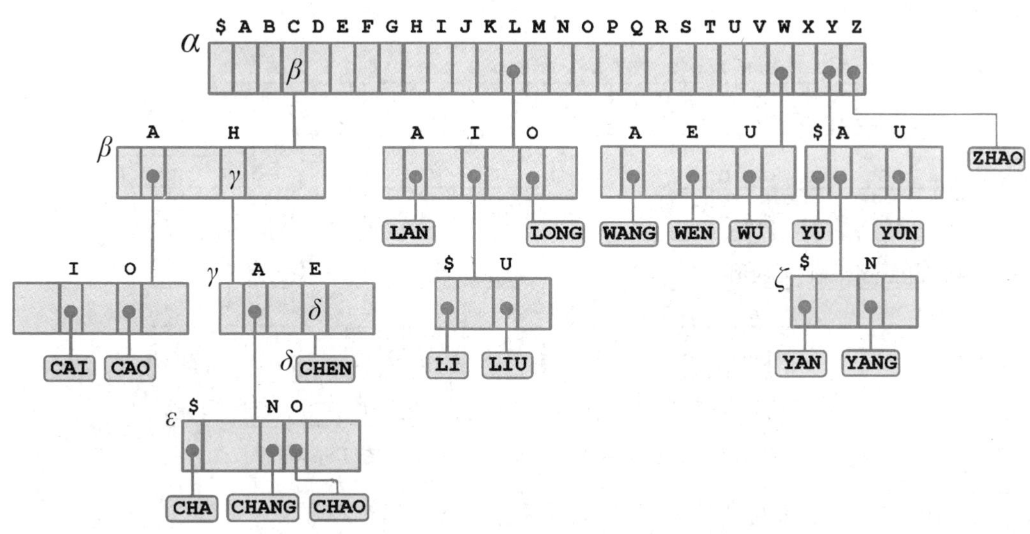

图 9.33　表示式(9-24)关键字集的 Trie 树(深度为 5)

在 Trie 树进行查找的过程：从根节点出发，沿着给定值相应的指针逐层向下，直至叶节点；若叶子的关键字和给定值相等，则查找成功；若分支节点中和给定值相应指针为空，或者节点中的关键字和给定值不相等，则查找不成功。算法 9.28 实现了 Trie 树查找操作。

```
Record SearchTrie(TrieTree T, KeyType key) { // 在 Trie 树 T 中查找 key
    for (int i=0;                                   // 依次沿 key 的字母对应的分支向下查找
        T && T->kind==BRANCH && key[i];
        T=T->bh.next[SN(key[i++])]);                // 循环结束后，需分析处理多种可能情况
    if (!T) return NULL;                            // 不存在
    if (T->kind==LEAF && equal(T->lf.key, key))     // 若是 key 相同的叶子
        return T->lf.rcd;                           // 则返回词条的内容
    if (T->kind==BRANCH && equal(T->bh.next[0]->lf.key, key))   // 若是分支节点
        return T->bh.next[0]->lf.rcd;   // 且是别的词条前缀并 key 相同，则返回词条内容
    return NULL;                                    // 未找到
}
```

算法 9.28

从查找过程看，在查找成功时走了一条从根到叶子的路径。例如，在图 9.33 中查找 CHEN 的过程：从根节点 α 出发，经 β、γ 节点，最后到达叶子 δ。查找 CHAI 是从根 α 出发，经 β、γ 到达 ε 节点。由于 ε 中和字符' I '相应的指针为空，则查找不成功。而查找 YAN 则到达 ζ 节点时，先是按 N 相应指针与叶子中的 YANG 比较不相等，但还不能据此判定不存在，而是与 \$ 对应的 0 号指针所指叶子的关键字比较相等之后，找到并返回 YAN 的记录。从几种情况都可见，查找的时间依赖树的深度。

可以针对具体的关键字集设计一种较优分割，以缩减树的深度。例如，根据式(9-24)中关键字集的特点，可做以下分割：先按首字符不同分成多个子集，然后按最后字符不同分割每个子集，再按第二个字符……，前后交替分割。由此得到如图 9.34 所示的 Trie 树，除 4 个叶子在第 4 层外，其余叶子均在第 3 层。还可以限制 Trie 树的深度，假设允许最大深度为 l，则所有直至 $l-1$ 层皆为同义词的关键字都进入同一叶子。若分割得合适，则可使每个叶子中只含少数几个同义词。当然，也可以增加分支个数以减小树的深度。

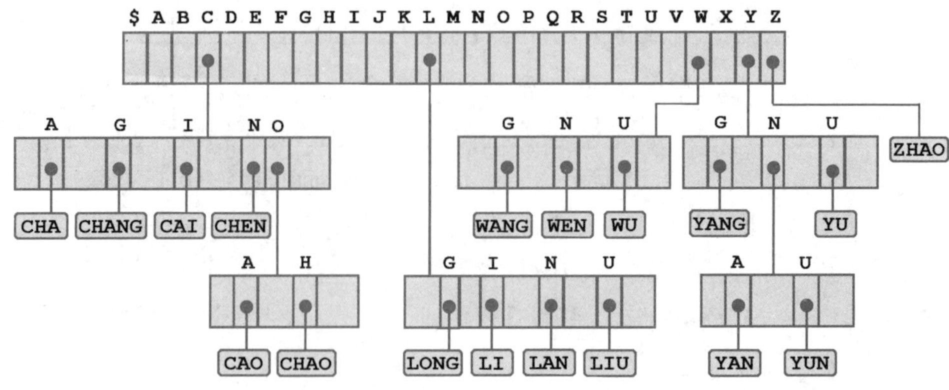

图 9.34　对式(9-24)关键字集采用另一种分割法的 Trie 树(深度为 5)

在 Trie 树上易于进行插入和删除，只是需要相应地增加或删除一些分支节点。当分支

节点中 num 值减为 1 时，便可以被删除。这里只给出插入操作的递归实现，如算法 9.29 所示，删除的实现留作练习。

```
Status equal(KeyType k1, KeyType k2) {    // 关键字判等
    return strcmp(k1, k2)==0 ? TRUE : FALSE;                 // 调用 C 串比较函数
}
int SN(int c) {  // 求关键字(约定是小写字母 C 串)中字符 c 的对应序号
    if (c>='a' && c<='z') return c-96;     // c 来自小写字母串。a~z 返回序号 1~26
    else return 0;                         // 串结束符'\0'的序号为 0
}
Status InsertTrie(TrieTree T, KeyType K, Record R, int i) {// 递归地插入第 i 个字符
    int ord;  TrieNode *p, *q;
    if (!T) return FALSE;                  // T 若为空指针,则 K 不存在
    ord=SN(K[i]);  p=T->bh.next[ord];      // 当前第 i 个字符的对应节点指针
    if (!p) newTrieLeaf(T, K, R, ord);     // 走到"悬空处",在 T 节点插入叶子
    else {
        if (p->kind==LEAF) {               // 若是叶子
            if (equal(p->lf.key, K)) return FALSE; // 若 K 与该叶子关键字相等,不插入
            else {                         // 否则原有关键字是 K 的前缀
                q=newTrieNode();           // 生成 K[i]字符对应的分支节点
                T->bh.next[ord]=q;         // 插入为父节点的 ord 分支节点
                if (!Insert(q, p->lf.key, p->lf.rcd, i+1))  // 重新插入原叶子词条
                    { free(p);  return FALSE; }  // 若插入失败,则接续返回 FALSE
                free(p);                   // 回收原叶节点
                if (Insert(q, K, R, i+1))  // 对下一字符递归插入
                    T->bh.num++;           // 若插入成功,则父节点关键字个数加 1
                else return FALSE;        // 否则因词条已存在而不插入,接续返回 FALSE
            }
        }
        else                              // 是分支节点
            if (Insert(p, K, R, i+1))     // 递归插入下一个字符,若成功,T 节点数增 1
                T->bh.num++;
            else return FALSE;            // 否则因词条已存在而未插入,接续返回 FALSE
    }
    return TRUE;                          // 返回 TRUE,以示已成功插入
}
Status InsertTrie(TrieTree T, KeyType K, Record R) {  // 插入算法主函数
    return Insert(T, K, R, 0);           // 从第 0 个字符开始做递归插入处理并返回结果
}
```

算法 9.29

双链键树和 Trie 树是键树的两种不同表示形式，各有特点。从存储结构的特点看，若键树中节点的度较大，则采用 Trie 树更合适。在现实应用中，Trie 树有很多存储结构变形。

综合上述讨论，两种形式的键树的查找和插入(包括删除)过程都是走了一条从根到叶子(或未到达叶子)的路径，故所用时间依赖树的深度。由于树表主要用作文件索引，对节点的存取还涉及外部存储设备的特性，所以在此未做平均查找时间的分析。

9.3 散 列 表

在前面讨论的面向查找的各种数据结构中，数据元素在结构中的相对位置是随机的，与元素的关键字之间不存在确定的关系，因此查找方法建立在“比较”的基础上。查找元素时，需进行一系列的关键字比较。在顺序查找时，比较的结果为＝与≠两种可能；在折半查找、二叉排序树查找和B树查找时，比较的结果为＜、＝和＞ 3 种可能。查找的效率依赖于查找过程中所进行的比较次数。9.3 节和 9.4 节将讨论如何不比较或极少比较即可确定关键字是否存在或找到对应的值。

9.3.1 散列和散列表定义

理想的情况是不经过任何比较，一次存取便能得到所查元素。这就必须在元素的存储位置和它的关键字之间建立一个确定的对应关系 f，使每个关键字和结构中一个唯一的存储位置相对应。于是在查找时，只要根据这个对应关系 f 便可找到给定值 K 的像 $f(K)$。若结构中存在关键字等于 K 的元素，就必定在存储位置 $f(K)$上，则不需要进行比较便可直接取得所查元素。这个对应关系 f 称为**散列**(Hash)**函数**或**哈希函数**，按这一思想建立的查找表称为**散列表**或**哈希表**。散列表设有一个称为**向量**的长度为 size 的动态一维数组，其下标范围[0..size]对应散列函数的值域。散列表具有与动态查找表类似的基本操作。

例 9-3 假如要建立一张全国 34 个地区的各族人口统计表，每个地区为一个记录，各数据项为

编号	地区名	总人口	汉族人口	回族人口	…

显然，可以用一维数组 C[0..33]来存放这张表，其中 C[i]是编号为 i 的地区的人口情况。编号 i 便为记录的关键字，由它唯一确定记录的存储位置 C[i]。例如，假设北京市的编号为 0，若要查看北京市的各民族人口，只要取出 C[0]的记录即可。假如把这个数组看成是散列表，则散列函数 f(key)＝key。

然而，很多情况下的散列函数并非如此简单。仍以此为例，为了查找方便，应以地区名作为关键字。如果地区名以汉语拼音表示，散列函数就不能简单地取为 f(key)＝key，而是要先将它们转换为数字，有时还要做些简单的处理。

例 9-4 全国 34 个地区的各族人口统计表可以构造各种不同的散列函数，以下列 3 个为例。

(1) 取关键字中第一个字母在字母表中的序号作为散列函数。例如，BEIJING 的散列函数值为字母'B'在字母表中的序号，等于 01('A'的序号为 00)。

(2) 求关键字的第一个和最后一个字母在字母表中的 ASCII 码之和，若大于或等于 34(表长)，除以 34 取余数作为散列函数值。例如，TIANJIN 的首尾两个字母'T'和'N'的 ASCII 码之和为 162，除以 34 的余数 26 作为它的散列函数值。

(3) 先求每个汉字的第一个拼音字母的 ASCII 码之和的八进制形式，然后将这个八进制数看成是十进制数，再除以 34 取余数作为散列函数值。例如，HENAN 的头两个拼音字

母为'H'和'N'，它们的 ASCII 码之和为$(226)_8$，以$(226)_{10}$除以$(34)_{10}$得余数为 22，为 HENAN 的散列函数值。

上述人口统计表中部分关键字的 3 种不同的散列函数值如表 9.1 所示。

表 9.1　简单的散列函数示例

key	BEIJING（北京）	TIANJIN（天津）	HEBEI（河北）	SHANXI（山西）	SHANGHAI（上海）	SHANDONG（山东）	HENAN（河南）	SICHUAN（四川）
f_1(key)	01	19	07	18	18	18	07	18
f_2(key)	01	26	09	20	20	18	14	25
f_3(key)	10	32	08	15	29	23	22	22

从这个例子可见：

(1) 散列函数是一个映像，因此散列函数的设定很灵活，只要使得任何关键字的散列函数值都落在表长允许范围之内即可；

(2) 对不同的关键字可能得到同一散列地址，即 $key_1 \neq key_2$，而 $f(key_1)=f(key_2)$，这种现象称为冲突(collision)或碰撞。相对于该散列函数 f 而言，函数值相同的关键字 key_1 和 key_2 称为同义词(synonym)。例如，关键字 HEBEI 和 HENAN 不等，但 f_1(HEBEI)= f_1(HENAN)。又如，f_2(SHANXI)=f_2(SHANGHAI)，f_3(HENAN)=f_3(SICHUAN)。这种现象给散列表造成困难，如对第一种散列函数 f_1，山西、上海、山东和四川这 4 个元素的散列地址均为 18，而 C[18]只能存放一个元素，其他 3 个元素应存放在表中什么位置呢？从表 9.1 中 3 个不同的散列函数的示例可以看出，散列函数选得合适可以减少这种冲突现象。这个例子虽然只有 34 个元素，但是山西和陕西的汉语拼音相同，因此冲突无法避免。可以考虑对汉字编码串构造一个恰当的散列函数，以避免发生冲突。

在一般情况下，冲突只能尽可能地少，不一定能完全避免。散列函数是从关键字集合到地址集合的映像。关键字集合通常较大，数据元素可以含其中任一关键字，而地址集合的大小为散列表的长度。若表长为 n，则地址为 $0 \sim n-1$。例如，在 C 语言的编译程序中，可对源程序的标识符建立一个散列表。在设定散列函数时，考虑的关键字集合应包含所有可能产生的关键字。假设标识符定义为以字母为首的 8 位字母或数字，则关键字(标识符)的集合大小为 $C_{52}^1 \times C_{52}^7 \times 7! = 1.093\ 88 \times 10^{12}$，而在一个源程序中出现的标识符是有限的，设表长为 1000 足矣。地址集合的范围是 0～999。在一般情况下，散列函数是一个压缩映像，这就难以避免产生冲突。因此，在建造散列表时，不仅要设定一个"好"的散列函数，而且要设定一种处理冲突的方法。

综上所述，可如下描述散列表：根据设定的散列函数 H(key)和处理冲突的方法，将一组关键字映像到一个有限的连续的地址集(区间)上，并以关键字的地址集中的"像"作为数据元素在表中向量的存储位置。这种查找表便称为散列表。这一映像过程称为**散列造表**或**散列**，所得向量存储位置称为**散列地址**或**哈希地址**。

下面分别就散列函数和处理冲突的方法进行讨论。

9.3.2　散列函数及其构造方法

在实际应用中有不同用途的散列函数，其选择主要取决于它们的设计和应用场景。例如,可按是否用于加密而划分为两大类。

1. 加密散列函数

加密散列函数将变长的位字符串输入固定的映像为定长的位字符串输出。如前所述,散列碰撞是不可避免的,但是一个安全的散列函数需要具备抗冲突性,应该很难发生冲突。这类函数需要数学证明无冲突。加密散列函数还必须具备抗原像性(单向特性),即不能进行逆运算,不能从散列结果逆向还原输入。

加密散列函数在密码学中非常重要,并且广泛应用于数字签名、模式验证、区块链和消息完整性等许多实际场景。

2. 非加密散列函数

非加密散列函数不需要安全性和很强的抗冲突性,但必须能快速计算并且保证较低的散列冲突概率,因而允许以合理的错误概率快速对大量数据进行散列。用于散列表的散列函数是非加密的,通常比加密散列函数的计算速度快五至数十倍。

构造散列函数的方法很多。在介绍各种方法之前,应首先明确什么是"好"散列函数。若对于关键字集合的任一个关键字,经散列函数映像到地址集合中任何一个地址的概率是相等的,则称此类散列函数是均匀的(uniform)。这种均匀性就是"好"散列函数的主要特征,它将关键字映像到一个"随机的地址",以便一组关键字的散列地址均匀分布在整个地址区间,从而减少冲突,提高查找效率。

3. 常用的散列函数构造方法

构造散列函数时,一般都要对关键字进行计算。为了尽量避免不同的关键字产生相同的散列函数值,应使关键字的所有组成成分都能对散列函数的计算起作用。

下面介绍 6 种常用的针对关键字的特点构造散列函数的方法。

1) 直接定址法

取关键字或关键字的某个线性函数值为散列地址,即

$$H(\text{key}) = \text{key} \quad 或 \quad H(\text{key}) = a \times \text{key} + b$$

其中,a 和 b 为常数(这种散列函数叫作自身函数)。

例 9-5 某地区 0~99 岁的人口统计表如表 9.2 所示。年龄作为关键字,散列函数直接取关键字本身。若要查询 25 岁的人口资料,只需返回表中地址为 25 的记录即可。

表 9.2 直接定址散列函数示例之一

地址	00	01	02	…	25	26	27	…	99
年龄	0	1	2	…	25	26	27	…	99
人数	2982	3123	3468	…	5152	5584	6134	…	6
⋮	⋮	⋮	⋮	⋮	⋮	⋮	⋮	⋮	⋮

又如,某地区自 1949 年以来出生的人口调查表如表 9.3 所示,关键字是出生年份,散列函数可设定为

$$H(\text{key}) = \text{key} - 1949$$

若要查 1970 年出生的人口资料,只要返回表中地址为(1970-1949)=21 的数据元素即可。

表 9.3 直接定址散列函数示例之二

地址	00	01	02	…	21	…
出生年份	1949	1950	1951	…	1970	…
人数	5472	6391	6842	…	5386	…
⋮	⋮	⋮	⋮	⋮	⋮	⋮

由于直接定址法所得的地址集合和关键字集合的大小相同，所以对于不同的关键字不会发生冲突。但在实际应用中，能够使用这类散列函数的情况很少。

2）数字分析法

假设关键字是以 r 为基的数（如以 10 为基的十进制数），并且散列表中可能出现的关键字是事先知道的，可以根据散列表的长度取关键字的若干数位组成散列地址。

例 9-6 有 80 个数据元素，其关键字为 8 位十进制数。对于表长为 100_{10} 的散列表，可取两位十进制数组成散列地址。选取具体数位的原则是尽量避免散列地址冲突。因此，应从分析这 80 个关键字着手。假设关键字的特点如表 9.4 的第 1 列所示。分析全体关键字后发现，第①②位都是 81，第③位只可能取 1、2、3 或 4，第⑧位只可能取 2、5 或 7，应避免取这 4 位。而第④⑤⑥⑦这 4 位可以看成是近乎随机的，如表 9.4 的中间两列所示，取其中任意两位作为散列地址；也可以如表 9.4 的第 4 列那样，取其中两位与另两位的叠加之和（舍去向百位的进位）作为散列地址。

表 9.4 数字分析散列函数示例

关 键 字 位数：①②③④⑤⑥⑦⑧	散列地址 1 （取第④⑤位）	散列地址 2 （取第⑥⑦位）	散列地址 3 （第④⑤位与⑥⑦位叠加）
⋮	⋮	⋮	⋮
8 1 3 4 6 5 3 2	4 6	5 3	9 9
8 1 3 7 2 2 4 2	7 2	2 4	9 6
8 1 3 8 7 4 2 2	8 7	4 2	2 9
8 1 3 0 1 3 6 7	0 1	3 6	3 7
8 1 3 2 2 8 1 7	2 2	8 1	0 3
8 1 3 3 8 9 6 7	3 8	9 6	3 4
8 1 3 5 4 1 5 7	5 4	1 5	6 9
8 1 3 6 8 5 3 7	6 8	5 3	2 1
8 1 4 1 9 3 5 5	1 9	3 5	5 4
⋮	⋮	⋮	⋮

3）平方取中法

这是较常用的散列函数构造方法：取关键字平方值的中间若干位作为散列地址。在选定散列函数时，通常不一定能够知道关键字的全部特征，而且取其中哪几位都不一定合适。而一个数的平方值的中间几位与数的每一位都相关，由随机分布的关键字得到的这种散列地址也是随机的。求平方后取的位数由散列表的长度决定。如果表的存储地址是 0～999，则取平方值的中间 3 位。

例 9-7 为长度为 1 或 2 的标识符建立一个散列表。标识符的第一个字符是字母。如果长度为 2,则后跟一个字母或数字。如图 9.35(a)所示,可以用 2 位八进制数表示字母和数字。一个标识符用 4 位(无第二字符时低两位为 77)八进制数作为关键字。假如表长为 $512=2^9$,可取关键字的平方值的中间 9 位二进制数为散列地址。图 9.35(b)列出了部分标识符的散列地址。

字符		A	…	Z	a	…	f	…	i	…	z	0	…	8	9
编码	十进制	01	…	26	27	…	32	…	35	…	52	53	…	61	62
	八进制	01	…	32	33	…	40	…	43	…	64	65	…	75	76

(a) 字符编码

标识符	关键字	(关键字)^2	散列地址	
	八进制	八进制	八进制	十进制
A	0177	00037401	037	31
AA	0101	00010201	010	8
a	3377	14171001	171	121
f	4077	20777601	777	511
i	4377	24167001	167	119
i9	4376	24156004	156	110
z8	6475	53640211	640	416
z9	6476	53655404	655	429

(b) 标识符的散列地址

图 9.35　平方取中法求散列地址示例

一个借助移位运算的平方取中散列函数：

```
u_int32_t MidSQ(u_int32_t k, int m) {       // 平方取中法,u_int32_t 为无符号 32 位整型
    // 平方后先左移 m 位,再右移 2m 位(除去左右各 m 个二进制位)
    return ((k * k)<<m)>>2 * m;
}
```

4）折叠法

将关键字分割成位数相同的几部分(最后一部分的位数可以不同),然后取这几部分的叠加和(舍去最高位进位)作为散列地址,这种方法称为折叠法(folding method)。当关键字位数很多,而且每位数字分布大致均匀时,可以采用此法求散列地址。

例 9-8 每一种图书都有一个国际标准书号(ISBN),它是一个 10 位的十进制数,以它作为关键字建立一个散列表。当馆藏图书种类不到 10 000 时,可采用折叠法构造一个 4 位数的散列函数。叠加的方法分为移位叠加和变向叠加两种：前者将分割的每部分按最低位对齐叠加;后者将各部分交替变向叠加。例如,C 语言版《数据结构》的 ISBN 书号是 7-302-02368-9,图 9.36(a)和图 9.36(b)示意了求其散列地址的两种叠加方法。

```
   3689          3689
   0202          2020
+    73       +    73
-------       -------
   3964          5781
H(key) = 3964   H(key) = 5781
```

(a) 移位叠加　(b) 变向叠加

图 9.36　折叠法求散列地址示例

一个折叠散列函数：

```
u_int32_t Masks[]={ 0x00000000, 0x00000001, 0x00000003, 0x00000007,
                    0x0000000f, 0x0000001f, 0x0000003f, 0x0000007f,
                    0x000000ff, 0x000001ff, 0x000003ff, 0x000007ff,
                    0x00000fff, 0x00001fff, 0x00003fff, 0x00007fff };
u_int32_t Fold(u_int32_t k, int m) {      // 按每段 m 位折叠
    u_int32_t f=k & Masks[m];              // 取 k 的低 m 位到 f(第 1 段)
    for(int i=2; i<=32/m; i++) {           // 处理其余各段,折叠段数为 32/m(取整)
        k=k >>m;                           // k 右移 m 位
        f^=k & Masks[m];                   // f 与 k 的第 i 段异或(比加法快且有效)
    }
    return f;                              // 返回折叠所得散列值
}
```

5）随机数法

选择一个随机函数，取关键字的随机函数值为其散列地址，即

$$H(\text{key}) = \text{random}(\text{key})$$

其中，random 为随机函数。当关键字长度不等时，通常采用此法构造散列函数较恰当。

6）除留余数法

除了根据关键字的特点合理选择散列函数的构造方法外，还应该对于关键字的不同类型采用恰当的运算，并被散列表表长的 m 除后所得余数作为散列地址，称为模散列函数。实际上，前 5 种方法构造的散列函数所求的散列值都必须对表长 m 取模才能成为散列表的合法地址。

$$H(\text{key}) = \text{key MOD } m$$

4. 关键字和表长对构造散列函数的影响

下面分别讨论关键字 key 和表长 m 对构造散列函数的影响。

先看关键字。严格地说，对于每一种可能用到的关键字的类型，需要选择相应的运算。出于效率的考虑，通常希望避免显式类型转换，将机器码中关键字的二进制表示看作进行算术计算的数。

浮点数关键字。最简单的情况可能是将固定范围内已知的浮点数作为关键字。例如，关键字是 0～1 的实数，可以把每一个数乘以表长 m，然后取最接近的整数，得到 $0 \sim m-1$ 的整数地址。如果关键字 k 都落在区间$[s..t]$，则可以通过$(k-s)/(t-s)$，可得到 0～1 的实数，然后乘以 m 就得到一个表中地址。

整数关键字。n 位整数关键字最常用的散列方法是选择表长 m 为素数，对于任何整数关键字 k，计算 k 除以 m 的余数，即计算 $h(k) = k \bmod m$。$h(k)$就是模散列函数。这种

运算易于实现（在 C 语言中为 $k\%m$），而且可以高效地将整型关键字均匀打散。

字符串关键字。在很多符号表和大数据应用中，关键字不是整数，而是较长的字母序列（或字节序列）。如何计算字符串 averylongkey 的散列值呢？在 7 位 ASCII 码中，该关键字对应于如下 84 位整数：

$$97\cdot128^{11}+118\cdot128^{10}+101\cdot128^{9}+114\cdot128^{8}+121\cdot128^{7}+108\cdot128^{6}+111\cdot128^{5}+110\cdot128^{4}+103\cdot128^{3}+107\cdot128^{2}+101\cdot128^{1}+121\cdot128^{0}$$

该数太大，无法在大多数计算机中用普通算术函数表示。但在实际应用中，还可能需处理更长位数的关键字。

可以通过分段转换关键字来计算长关键字的模散列函数值，就是利用 mod 函数的算术性质并使用霍纳（Horner）算法。这种算法是基于关键字的另一种表示来求散列值的方法。例如，上述式子可写成如下表达式（10 层圆括号）：

$$((((((((((97\cdot128+118)\cdot128+101)\cdot128+114)\cdot128+121)\cdot128+108)\cdot128+111)\cdot128+110)\cdot128+103)\cdot128+107)\cdot128+101)\cdot128+121$$

也就是说，可以按照从左到右的顺序计算出编码字符串的每一个字符对应的十进制数，求和后再乘以 128，然后加下一个字符的编码值。该计算最终产生一个大于机器所能表示的整数。但我们不是要计算该数，而是它除以 m 后的余数。可以在运算的每一步都删除 m 的倍数，即在每次乘加运算之后只保存模 m 的值。这样相当于计算了长整数之后再对 m 求模。这样就得到可以直接使用算术方法计算长字符串的模散列函数 hash，其中用素数 127 代替 128 作基数。

```
int hash(char * k, int M) {
    int h, a;
    for (h=0, a=127; * k!='\0'; k++)
        h = (a * h + * k) %M;
    return h;
}
```

采用素数作为基数，而不是与字符串的 ASCII 码表示对应的整数定义中要求的采用 2 的幂作为基数。但是，由这个 hash 函数产生的散列值对表长为 127 的倍数的表性能可能不佳。改进的方法是在计算中使用随机系数，并且对关键字中每位的系数采用不同的随机值。这种算法称为通用散列算法。

理论上说，一个理想的通用散列函数使得表中两个不同关键字产生冲突的概率为表长度 m 的倒数，即 $1/m$。可以证明，采用一个不同随机值，而非固定值的序列作为 hash 函数中的系数，可使模散列函数成为一种通用散列函数。这可以通过使用一个简单的伪随机序列对应一个关键字的字符位置的系数，将 hash 函数改进为字符串通用模散列函数 hashU，如算法 9.30 所示。

```
int hashU(char * v, int m) {
    int h, a=31415, b=27183;
    for(h=0; * v!='\0'; v++, a=a * b% (m-1))        // 每次计算下一个伪随机系数 a
        h = (a * h + * v) %m;
```

```
    return h;
}
```

算法 9.30

hashU 进行的计算与 hash 函数相同。但使用伪随机系数代替了固定基数,以使两个不等关键字发生冲突概率近似为 1/m。

再来看模散列函数的模 m。构造散列表时,要注意对表的长度 m 的选择。若 m 选不好,容易产生同义词。

例 9-9 当 $m=21(=3\times7)$时,下列含因子 7 的值对 21 取模所得到的散列地址均为 7 的倍数:

关键字	28	35	63	77	105
散列地址	7	14	0	14	0

此例说明,若 m 含质因子 pf,则所有含 pf 因子的关键字的散列地址均为 pf 的倍数。一般情况下,可以选取表长 m 为素数或者不含小于 20 的质因子的合数。

在实际应用中,应视不同情况采用不同的散列函数,考虑的主要因素如下。

(1) 计算散列函数所需时间(包括硬件指令的因素)。

(2) 关键字类型。

(3) 关键字长度。

(4) 散列表大小。

(5) 关键字的分布情况。

(6) 数据元素的查找频率。

9.3.3 冲突处理方法和散列表构造

由于绝大多数应用中,散列函数是压缩映像,关键字区间远大于散列表地址区间。尽管采用均匀的散列函数可以减少冲突,但很难完全避免冲突。在定义散列函数之后,关键是如何解决冲突。

假设散列表的地址区间为$[0,m-1]$,冲突是指由关键字得到的散列地址为 $j(0\leqslant j\leqslant m-1)$ 的位置上已存有另一关键字不同的元素。"处理冲突"就是为该关键字的元素找到另一个"空单元"的散列地址。在处理冲突的过程中,可能得到一个地址序列 $H_i(i=1,2,\cdots,k,H_i\in[0,m-1])$。即在处理散列地址的冲突时,若得到的下一个散列地址 H_i 仍然发生冲突,则再求下一个地址 H_{i+1}。依次类推,直到 H_k 不发生冲突为止,H_k 即为元素在表中的地址。

处理冲突的常用方法有下列 4 种,散列表的相应存储结构也有所不同。

1. 拉链法

拉链法也称链地址法,将所有关键字为同义词的元素存储在同一个双向链表中(该链表也称"桶",若采用双向链表,便于实现删除操作)。采用链地址法处理冲突的散列表简称拉链散列表,存储结构定义如下。其中,函数 InitChainHT 构造并返回空的拉链散列表,向量的长度为 hashsize[sizeIdx],hashsize 是一个可根据需求预设的递增素数表,sizeIdx 保存了当前长度的素数索引,在扩容重建时,可利用它取得下一个素数作为新的向量长度。

```
int hashsize[]={7, 13, 23, 47, 83, 127,
                251, 509, 1021, 2039, … };
typedef int KeyType;
typedef struct {
    KeyType    key;                              // 关键字
    char    * s;                                 // 元素信息,此设为 C 串
} ElemType;                                      // 元素类型
typedef struct LNode {
    ElemType      data;
    struct LNode     * next;
} LNode, * LinkList;                             // 单链表类型
typedef struct {
    LinkList * lists;                            // 链表指针向量
    int     size;                                // 向量长度
    int     sizeIdx;                             // 向量长度索引
    int     count;                               // 表中元素个数
} * ChainHT;                                     // 拉链散列表指针类型
ChainHT InitChainHT(int sizeIdx) {   // 构建并返回空的拉链散列表
    ChainHT HT;
    if (!(HT = (ChainHT)malloc(sizeof( * HT))))   // 分配结构记录空间
       exit(OVERFLOW);
    HT->sizeIdx=sizeIdx;  HT->size=hashsize[sizeIdx];  // 获取向量长度(素数)
    if (!(HT->lists = (LinkList * )calloc(HT->size, sizeof(LNode * ))))
       exit(OVERFLOW);                          // 分配向量并自动清空,若失败则报错
    HT->count=0;  return HT;                     // 返回空的拉链散列表
}
```

凡是散列地址为 i 的元素都插入 lists[i]链表的表首。查找、插入和删除操作都可重用链表的相应代码。

例 9-10　设散列函数为 $H(\text{key})=\text{key}\ \%\ 13$,用在表头插入的链地址法处理冲突。依次插入一组关键字(19,14,23,01,68,20,84,27,55,11,10,79)后,散列表如图 9.37 所示。

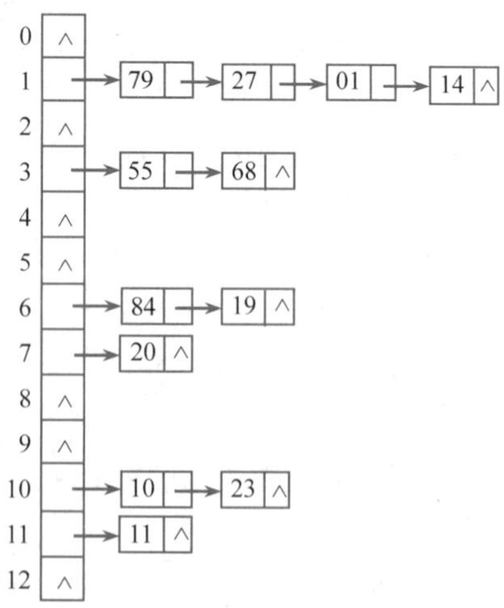

图 9.37　链地址法处理冲突时的散列表

算法 9.31 实现了查找元素的操作。Search 函数在拉链散列表 HT 查找元素 e,以 hash(HT,e)求得的散列地址为下标指示的链表和 e 的关键字为参数,调用 Contains 函数

查找元素结点并返回结点指针。若未找到,返回空指针 NULL。

```
LNode *Contains(LinkList L, int key) {    //在链表 L 查找关键字 key
    while (L && !EQ(L->data.key, key)) L=L->next;    //EQ 是判等函数
    return L;                               //返回含 key 的结点指针,若不存在则返回 NULL
}
LNode *Search(ChainHT HT, ElemType e) {  //在散列表 HT 查找并返回元素 e 的结点指针
    return Contains(HT->lists[hash(HT, e)], e.key);  //若 e 不存在,返回的是 NULL
}
```

算法 9.31

算法 9.32 实现了插入元素的操作。求散列地址 hi 并在确定的链表查找元素,若不存在,则将元素插入该链表的表首。元素个数增 1 后,若超过了向量长度,则调用算法 9.33 对向量扩容,重建散列表。重建散列表的条件可以根据实际约定,如有链表长度超过阈值。

```
void Insert(ChainHT HT, ElemType e) {  //在散列表 HT 插入元素 e
    int hi=hash(HT, e);                                  //求 e 的散列值 hi
    if (!Contains(HT->lists[hi], e.key)) {               //若第 hi 个链表不含 e
        LNode *p;
        if (!(p=(LNode*)malloc(sizeof(LNode)))) exit(OVERFLOW);   //分配结点
        p->data=e;  p->next=HT->lists[hi];  HT->lists[hi]=p;   //插入表首
        if (++HT->count >HT->size) Rehash(HT);           //若元素过多,则重建散列表
    }
}
```

算法 9.32

```
void Rehash(ChainHT HT) {                              //重建散列表,拉链链表指针向量扩容
    LinkList *oldLists=HT->lists;                      //记住原向量空间
    int oldsize=HT->size;                              //原表长
    HT->size=hashsize[++HT->sizeIdx];                  //新的表长
    if (!(HT->lists=(LinkList*)calloc(HT->size, sizeof(LNode*))))
        exit(OVERFLOW);                    //分配新向量并清空各链表头指针,若分配失败则报错
    for (int i=0;  i<oldsize;  i++)                    //对原来每个地址的链表
        for (LNode *q=NULL, *p=oldLists[i];  p;  p=q) { //元素结点逐个移入新表
            int hi=hash(HT, p->data);  q=p->next;      //求新散列地址
            p->next=HT->lists[hi];  HT->lists[hi]=p;  //p 结点加入新链表表首
        }
    free(oldLists);                                    //回收旧向量空间
}
```

算法 9.33

散列表的"扩容"与第 2 章的顺序表不同。后者是调用库函数 realloc 重新分配元素向量,因而能自动将元素迁移到新向量对应位置。而散列表不可以这样做,因为新向量的长度改变了,散列函数的模也就变了,各元素的关键字散列地址也会相应改变。因此,分配新的向量后,要将各元素结点按新的散列地址移入新链表(结点无须释放和重新分配)。可见,一个大数据集散列表的扩容耗时是 $O(n)$,但这时间成本应视为可平摊到 n 个元素。

删除元素的操作由算法 9.34 实现。求得散列地址后,在对应链表进行典型的删除

操作。

```
void Delete(ChainHT HT, ElemType e) {                    // 从散列表 HT 中删除元素 e
    int hi=hash(HT, e);                                  // 求 e 的散列值 hi
    for (LNode * pre=NULL, * p=HT->lists[hi];            // 按散列地址对应的链表查找
        p && !EQ(p->data.key, e.key);
        pre=p, p=p->next);                               // pre 指示 p 结点的前驱
    if (p==NULL) return;                                 // 不存在则结束
    if (pre==NULL) HT->lists[hi]=p->next;                // 删除表首结点
    else pre->next=p->next;                              // 删除非表首结点
    free(p);  HT->count--;                               // 元素个数减 1
}
```

算法 9.34

面向冲突较多的大数据应用，拉链法的桶可以变型为用红黑树或跳跃表替代链表。如果链表长度很小(如 10 以内)，用链表作为桶仍更简单有效。

2. 开放定址法

开放定址法是在散列地址区间内探查可用的空位置。在处理散列地址冲突时，若得到的下一个散列地址 H_i 仍然发生冲突，则再求下一个地址 H_{i+1}。以此类推，直到 H_k 不发生冲突为止，H_k 即为元素在表中的地址。

$$H_i = (H(\text{key}) + d_i)\ \text{MOD}\ m \quad (i = 1, 2, \cdots, k, k \leqslant m - 1) \tag{9-25}$$

其中，$H(\text{key})$为散列函数；m 为散列表容量；d_i 为地址增量序列。

d_i 常用下列 3 种。

① $d_i = 1, 2, \cdots, m-1$，称为**线性探查增量序列**。

② $d_i = 1^2, -1^2, 2^2, -2^2, \cdots, \pm k^2 (k \leqslant m/2)$，称为**二次探查增量序列**。

③ d_i = 伪随机数序列，称为**伪随机探查增量序列**。

例 9-11 假设散列表的表长为 11，散列函数为 $H(\text{key}) = \text{key MOD } 11$，如图 9.38(a)所示，已经填有关键字分别为 17、60 和 29 的元素。现要插入第 4 个元素，其关键字为 38。由散列函数求得散列地址为 5，发生冲突。若用线性探查法处理，则下一地址 6 仍冲突，而且再下一个地址 7 也冲突，直到地址为 8 的位置为“空”时，该探查过程才结束。若用二次探查法，则只需 2 次探查，就可以确定地址 4。类似地也可用伪随机探查得到地址。这 3 种方法的探查结果可分别参见图 9.38(b)、图 9.38(c)和图 9.38(d)。

采用开放定址法处理冲突的散列表称为**开放定址散列表**或者**分散表**，存储结构定义如下，与拉链法不同，向量单元是元素类型，并增设两个域 hi(当前散列地址)和 lf(装载因子)。初始化可指定素数表 hashsize[]中某个值作为向量长度。一旦散列表的元素个数超过容量与装载因子的乘积，就取 hashsize[]中下一个素数作为向量长度重建散列表。

```
#define NULLKEY -1              // 空键(假设关键字为非负整数)
#define MAX_IDX 9               // 素数表最大索引
#define MIN_LF 0.2              // 装载因子最小值
#define MAX_LF 0.8              // 装载因子最大值
int hashsize[]={ 7, 13, 23, 47, 83, 127, 251, 509, 1021, 2039, … };
```

```
typedef struct {
    ElemType * es;                          // 记录存储基址,动态分配数组
    int size;                               // 散列表的向量当前容量
    int sizeIdx;                            // 确定向量长度的素数表 primes[]的索引
    int count;                              // 当前表中含的记录个数
    int i;                                  // 当前探查次数
    int hi;                                 // 当前(第 i 次)探查所得的散列地址
    float maxLf;                            // 装载因子上限,初始化时指定
} * OpenHT;                                 // 开放定址散列表指针类型
OpenHT InitOpenHT(int sizeIdx, float maxLf) { // 构造并返回空的开放定址散列表
    OpenHT HT;                              // 以素数 primes[sizeIdx]为向量长度
    if (!(HT = (OpenHT)malloc(sizeof( * HT)))) exit(OVERFLOW);
    HT->sizeIdx=sizeIdx; HT->size=hashsize[sizeIdx]; // 取指定素数为向量长度
    HT->count=0; HT->maxLf=maxLf;           // 元素个数为 0,装载因子上限为 maxLf
    if (!(HT->es= (ElemType * )malloc(HT->size * sizeof(ElemType))))
        exit(OVERFLOW);
    for (int i=0; i<HT->size; i++) HT->es[i].key=NULLKEY;   // 向量初始化
    return HT;                              // 返回构造的空散列表
}
```

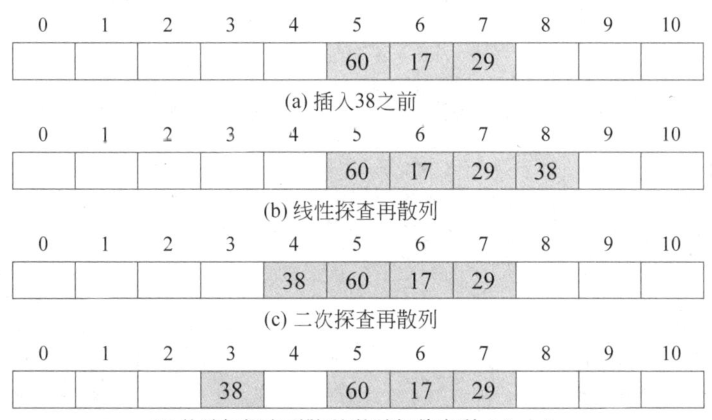

0	1	2	3	4	5	6	7	8	9	10
					60	17	29			

(a) 插入38之前

0	1	2	3	4	5	6	7	8	9	10
					60	17	29	38		

(b) 线性探查再散列

0	1	2	3	4	5	6	7	8	9	10
				38	60	17	29			

(c) 二次探查再散列

0	1	2	3	4	5	6	7	8	9	10
			38		60	17	29			

(d) 伪随机探查再散列(伪随机数序列: 2,9, …)

图 9.38　用开放地址法处理冲突示例

开放定址法的各种散列地址探查操作可以用相应的探查函数来实现,每一次探查所得的散列地址存入结构记录中的 hi 域。算法 9.35 中的 Probe 函数执行一次线性探查。读者可仿照实现二次探查、伪随机探查或者其他开放定址探查函数。

如算法 9.35 所示,查找元素时,若有地址冲突,则不断调用 Probe 函数探查下一个地址,直到不冲突为止。

```
int Hash(OpenHT HT, int k)    // 散列函数
    { return (HT->hi=k %HT->size); }          // 求得散列值存入 HT->hi,并返回该值
int Probe(OpenHT HT) {                    // 开放定址线性探查函数,求得下一个探查地址 hi+1
    HT->i++;                                  // 本轮探查次数增 1
    return (HT->hi= (HT->hi+1) %HT->size);    // 下一个散列值存入 HT->hi,并返回该值
}
```

```
Status Search(OpenHT HT, KeyType K) {  // 在开放定址散列表 HT 中查找关键字为 K 的元素
    // 若查找成功,地址存 HT->hi,并返回 SUCCESS;否则,HT->hi 是插入位置,并返回 UNSUCCESS
    int hi=Hash(HT, K); HT->i=0;            // 求得散列地址,探查次数置 0
    while ((HT->es[hi].key!=NULLKEY) &&     // 若该位置中填有记录
            !EQ(K, HT->es[hi].key))         // 但关键字不相等
        if ((hi=Probe(HT))<0) return UNSUCCESS; // 线性探查下一个地址若为负,则失败
    if (EQ(K, HT->es[hi].key))            // 循环结束时,若探查地址的记录关键字等于 K
        return SUCCESS;                   // 则查找成功,查得数据元素地址在 HT->hi
    else return UNSUCCESS;                // 否则查找不成功
}
```

算法 9.35

如算法 9.36 所示,插入元素时,首先调用查找函数,若已存在,则不插入;否则先检查装载因子是否已达上限而重建散列表,然后按散列地址存入元素。

```
Status Insert(OpenHT HT, ElemType e);          // 插入函数原型(其与重建函数相互调用)
void Rehash(OpenHT HT) { // 重建散列表,取更大素数为长度,申请新的向量空间,重新插入元素
    ElemType *oldes=HT->es;                           // 指向原向量
    int i, oldsize=HT->size;                          // 原向量长度
    HT->size=hashsize[++HT->sizeIdx];                 // 取更大素数为长度
    HT->count=0;                                      // 元素数清 0
    if (!(HT->es=(ElemType*)malloc(HT->size*sizeof(ElemType))))
        exit(OVERFLOW);
    for (i=0; i<HT->size; i++) HT->es[i].key=NULLKEY; // 新向量初始化
    for (i=0; i<oldsize; i++)
        if (oldes[i].key!=NULLKEY) Insert(HT, oldes[i]);// 元素逐个插入新向量
    free(oldes);                                          // 释放原向量
}
Status Insert(OpenHT HT, ElemType e) {  // 插入元素 e
    // 查找不成功时插入数据元素 e 到开放定址散列表 HT 中,若装载超量,则重建散列表
    if (Search(HT, e.key)==SUCCESS) return DUPLICATE; // e 已存在则不重复插入
    else {
        if (HT->i>maxProbe || HT->count>=HT->size*HT->maxLf)    // 冲突或装载超限
            { Rehash(HT);  Hash(HT, e.key); }          // 则重建散列表,并重求散列地址
        HT->es[HT->hi]=e;  ++HT->count;  return SUCCESS;   // 插入 e
    }
}
```

算法 9.36

开放定址散列表的删除比拉链法复杂。如果仅是简单地置空找到的元素的关键字并将元素个数减 1,就算删除了目标元素,那么与该元素处于同一探查序列而异位安置的后续元素就被失去能再探查到的机会。因此,算法 9.37 用一个循环扫描这些元素,将它们重新插入。若因冲突而探查安置的元素较多时,拉链法的删除操作更简单。

```
void Delete(OpenHT HT, ElemType e) {    // 删除元素 e
    if (Search(HT, e.key)==UNSUCCESS) return;      // 查找 e,若不存在则结束
```

```
    HT->es[HT->hi].key=NULLKEY; HT->count--;   // 找到，则置空散列地址所指的 Key
    for (int i=Probe(HT); HT->es[HT->hi].key!=NULLKEY; i=Probe(HT)) {
        ElemType ei=HT->es[i];                   // 扫描 e 之后经探查异位安置的元素 ei
        HT->es[i].key=NULLKEY; Insert(HT, ei); // 置空其位置的 key 后，重新插入
    }
}
```

算法 9.37

用线性探查处理冲突可以保证做到：只要散列表未填满，总能找到一个“空单元”地址 H_k。而二次探查法只有在散列表的长度 m 为形如 $4j+3$(j 为正整数)的素数时才可能做到。伪随机探查法则取决于伪随机序列的构成。

但是，从上述线性探查的过程可以发现一种现象：当表中 i, $i+1$, …, $i+l$ 位置上均已填元素时，下一个插入的散列地址为 i, $i+1$, …, $i+l$ 和 $i+l+1$ 的元素都将填入 $i+l+1$ 的位置。在开放定址法中，处理冲突会引起两个初始散列地址本不冲突的元素争夺同一个位置，即在处理同义词之后引起非同义词的冲突。这种现象称为“二次聚集”，显然会降低查找的效率。

3. 再散列法

这可看作对开放定址法的探查序列的扩展。设有

$$H_i = RH_i(\text{key}) \quad (i=1,2,\cdots,k) \tag{9-26}$$

RH_i 均是不同的散列函数。在发生同义词冲突时，用下一个散列函数计算散列地址，直到不再冲突为止。这就提出了如何合理构建散列函数族的问题。下面介绍两种方法，都利用散列表结构体中的 hi 和 i 域支持和存放第 i 探查散列函数的计算及结果。

1）双重散列组合

(1) 首先选择或设计两个相互低冲突率且计算简捷的基本散列函数 hash1 和 hash2。

(2) 然后设计一个组合表达式。

例如，以下函数 Hash 以散列表的 i 域指定计算并返回第 i 个散列函数 H_i，并以表的向量长度作为模。实际上是一个散列函数序列。

```
int Hash(OpenHT HT, KeyType key) {
    // 参数化的第 i 个散列函数(i=0,1,…,k-1),size 为表的向量长度,作为模
    int h, i=HT->i++;
    h=(Hash1(key)+i * Hash2(key)+i * i) %HT->size;
    return HT->hi=h>=0 ? h : h +HT->size;      // 确保 h>=0
}
```

2）伪随机数序列替换系数

例如，以算法 9.30 的串散列函数 hashU 为基础，引入一个伪随机数序列，依次替换其中的系数 a，可得以下散列函数序列。

```
int hashUi(int i, int size, char * key) { // 对串 key 调用第 i 个散列函数
    int coef=RAND[i];          // 取第 i 个随机系数,数组 RAND 是建表时生成的伪随机数序列
    int h=0;                   // 初值为 0
    while ( * key) h=coef * h + * key++;
    return (h %=size)>=0 ? h : h +size;      // 确保 h≥0
}
```

再散列法以增加计算时间为代价，可减少“聚集”。

4. 建立公共溢出区

这也是一种处理冲突的方法。假设散列函数的值域为区间[0, $m-1$]，则设向量 es[0..$m-1$]为基本区，每个分量存放一个元素；另设立向量 over[0..$v-1$]为溢出区，所有关键字和基本区中关键字为同义词的元素，不管它们的散列地址是什么，一旦发生冲突，都填入溢出区。当然，溢出区可以根据实际情况选择用有序或无序线性表、AVL 树、红黑树或跳跃表，甚至可以是另一个散列表，可演变出不同的散列表变形。

5. 布谷鸟散列

布谷鸟散列（cuckoo hashing，Pagh 和 Rodler 2004）模拟布谷鸟占巢行为，使用 c 个向量 $\boldsymbol{V}_0, \boldsymbol{V}_1, \cdots, \boldsymbol{V}_{c-1}$，以及 c 个散列函数 $h_0, h_1, \cdots, h_{c-1}$。为了插入关键字 k_0，使用 h_0 来检查表 $\boldsymbol{V}_0$，如果位置 $\boldsymbol{V}_0[h_0(k_0)]$是空的，就将关键字 k_0 插入。如果位置被关键字 k_1 占了，就将 k_1 移出，以腾出位置给 k_0，然后用第二个散列函数在第二个表中找到位置 $\boldsymbol{V}_1[h_1(k_1)]$，将 k_1 放入其中。如果该位置被关键字 k_2 占用，就要将 k_2 移出，给 k_1 腾出位置，用类似方法再将 k_2 放到位置 $\boldsymbol{V}_2[h_2(k_2)]$中。以此类推，这种腾位可以一直延续到 $\boldsymbol{V}_{c-1}[h_{c-1}(k_{c-1})]$，若该位置仍被占用，就回到 $\boldsymbol{V}_1$ 给 k_{c-1} 尝试位置 $\boldsymbol{V}_1[h_1(k_{c-1})]$。要被插入的关键字（初始关键字或者被推到另一个表的关键字）相对于已经占据位置的关键字来说，具有优先权。从理论上来讲，如果最开始的位置被一遍遍地试探，那会导致试探顺序无限循环。同样，c 个向量都满了后，这种试探顺序也不会成功。为了避免这个问题，对试探要做出限制，如果超出试探的限制次数，就要执行再散列，创建 c 个大的新向量——定义 c 个新的散列函数并将关键字从旧表中再散列到新表中。因此，只要超出试探的限制次数，就会进行新的再散列——创建新的更大的向量，定义新的散列函数。两个向量的布谷鸟散列表的插入伪码算法如下：

```
insert(k) {
    if (k 已经在 V1[h1(k)] 或 V2[h2(k)] 中) 什么也不做,return;
    for (i=0 到 maxLoop-1) {
        swap(k, V1[h1(k)]);
        if (k 为空) return;
        swap(k, V2[h2(k)]);
        if (k 为空) return;
    }
    rehash();
    insert(k);
}
```

例 9-12 上述插入算法的 $c=2$ 的应用实例如图 9.39 所示。HT 是一个 2 层的布谷鸟散列表，每层向量长度为 7，散列函数分别为 h_1 和 h_2。图 9.39(a)～图 9.39(f)是依次插入以下元素过程中 HT 的状态。元素的关键字是字母串，值域是整数（本例用来表示元素插入的次序）。

```
{"CAI",0}, {"CAO",1}, {"CHA",2}, {"CHU",3}, {"LAN",4},
{"LI", 5}, {"LIU",6}, {"WEN",7}, {"WU", 8}, {"YAN",9}
```

布谷鸟散列表有许多变形，其中一种是一个向量多个散列函数，可以看作是对再散列法的新变化——仿照布谷鸟的“占巢-换位”的行为解决冲突。以下是单向量多函数的布谷鸟散列表的一种存储结构定义及初始化函数。关键字是串类型，按指定的向量长度分配存储空间。

```
#define nullKey NULL                              // 字符串空关键字
#define nullValue -1                              // 非负整数空值为-1
typedef char * KeyType;                           // 串类型关键字
typedef int ValueType;                          // 值的类型(与应用相关,在此简约为整型)
typedef struct {
    KeyType key;                                  // 关键字
    ValueType value;                              // 值
} ElemType;                                       // 元素类型
typedef struct {
    ElemType * vector;                            // 动态分配数据元素向量,长度为 size
    int size;                                     // 向量长度
    int count;                                    // 当前数据元素个数
    int sizeIdx;                                  // 素数表 hashsize[]的索引
    int numHFs;                                   // 散列函数个数
    float maxLoad;                                // 最大装载率
} * CKHashT;                                      // 布谷鸟散列表指针类型
CKHashT InitCKHashT(int hf_num, int sizeIdx) {    // 初建空布谷鸟散列表
    CKHashT ht;
    if (!(ht =(CKHashT)malloc(sizeof(* ht)))) exit(OVERFLOW);
                                                  // 分配结构空间
    ht->size =hashsize[sizeIdx];  ht->sizeIdx=sizeIdx;
    if (!(ht->vector = (KeyType * )calloc(size, sizeof(KeyType))))
        exit(OVERFLOW);                           // 分配并清空向量
    if (!(ht->hashi = (int * )malloc(hf_num * sizeof(int))))
        exit(OVERFLOW);                           // 分配伪随机数向量
    ht->numHFs=hf_num;                            // 散列函数个数
    ht->count=0;                                  // 空表
    ht->maxLoad=0.4;                              // 装载因子上界
    return ht;
}
```

HT	0	1	2	3	4	5	6
vector1	CAO, 1	CAI, 0					
vector2							

(a) 0号和1号元素插入0层向量后的 HT

HT	0	1	2	3	4	5	6
vector1	CHA, 2	CAI, 0					
vector2	CAO, 1						

(b) 2号在0层插入时，与1号冲突，1号让位给2号并在1层就位

HT	0	1	2	3	4	5	6
vector1	LAN, 4	CAI, 0					CHU, 3
vector2	CAO, 1		CHA, 2				

(c) 3号在0层就位后，2号让位给4号并在1层就位

图 9.39　2 层布谷鸟散列表插入示例

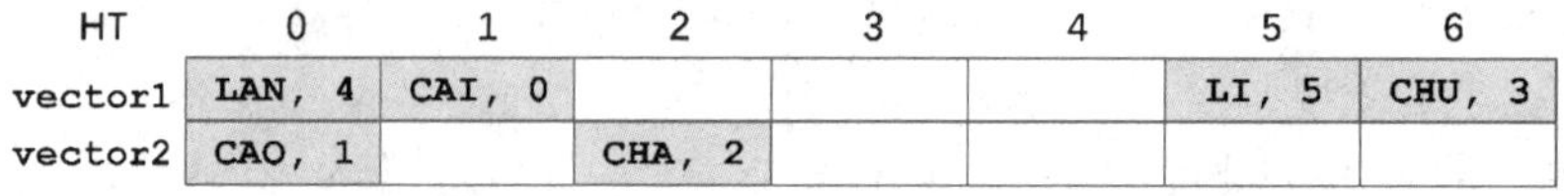

HT	0	1	2	3	4	5	6
vector1	LAN, 4	CAI, 0				LI, 5	CHU, 3
vector2	CAO, 1		CHA, 2				

(d) 5号在0层就位

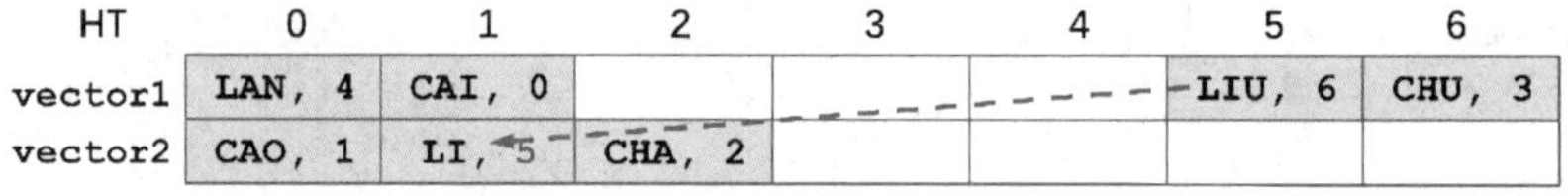

HT	0	1	2	3	4	5	6
vector1	LAN, 4	CAI, 0				LIU, 6	CHU, 3
vector2	CAO, 1	LI, 5	CHA, 2				

(e) 5号随即又让位给6号，并在1层就位

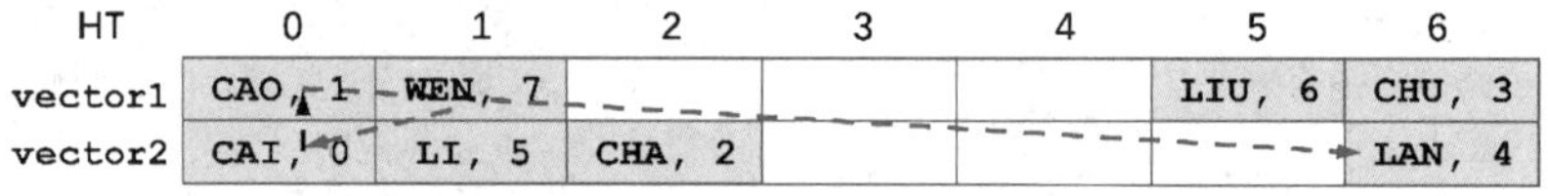

HT	0	1	2	3	4	5	6
vector1	CAO, 1	WEN, 7				LIU, 6	CHU, 3
vector2	CAI, 0	LI, 5	CHA, 2				LAN, 4

(f) 7号引起了连锁让位。先是在0层7号占了0号的位，0号则在1层占1号的位，1号回到0层占4号的位，4号到1层就位

图 9.39 （续）

可采用以下参数化的散列函数配套布谷鸟散列表。精选 Hash1 和 Hash2 为两个基本散列函数，以 i 作为参数，组合成第 i 个散列函数 Hash。

```
int Hash(CKHashT HT, KeyType key, int i) {   // 布谷鸟散列函数
    // 参数化的第 i 个散列函数(i=0,1,…,maxLVNum-1),HT->size 为表的向量长度
    int h =(Hash1(key)+i * Hash2(key)+i * i) %HT->size;      // 第 i 个散列值组合式
    return h>=0 ? h : h +HT->size;                                    // 确保 h≥0
}
```

算法 9.38 实现了插入操作。插入主函数 Insert 首先使用函数 Contains 查存，若键不存在，才实施插入。

```
int FindPos(CKHashT HT, KeyType key) {  // 查找键 key,返回其在表中向量位置(下标)
    for (int i=0; i<HT->numHFs; i++) {
        int pos=Hash(HT, key, i);        // 依次调用第 i 个散列函数
        if (HT->vector[pos].key !=nullKey
              && 0==strcmp(key, HT->vector[pos].key))
          return pos;                      // 找到即返回其位置
    }
    return -1;                             // 若未找到,则返回-1
}
Status Contains(CKHashT HT, KeyType key)    // 对键 key 查存
    { return FindPos(HT, key)!=-1; }
Status Insert_aux(CKHashT HT, ElemType e) {   // 实施插入
    int COUNT_LIMIT=5;                     // 在此限制"踢出"次数为 5,防止死循环
    int pos[MAX_numHFs]; ElemType tmp;
    while (TRUE) {                         // 若冲突超限可扩表再散列,直到插入成功
        int pi, lastPi=-1;
        for (int count=0; count<COUNT_LIMIT; count++) {
          for (int i=0; i<HT->numHFs; i++) {
           pos[i]=pi=Hash(HT, e.key, i);        // 依次调用第 i 个散列函数
           if (HT->vector[pi].key==NULL) {  // 若是空位,则插入
               HT->vector[pi]=e;
               HT->count++; return TRUE;      // 插入成功
           }
          }  // for 循环结束时,无一散列位置是空的,以下随机选择踢出对象并占其位置
          pi=pos[random(HT->numHFs)];
```

```
        if (pi==lastPi) pi=(pi+1) %HT->numHFs;
        tmp=HT->vector[lastPi=pi];              // 取出("踢出")该位置项
        HT->vector[pi]=e;                       // 将 e 填入("占巢")
        e=tmp;                    // 令 e 为取出(被踢出)项,并在循环中将其插入新的位置
    }
    Rehash(HT);                                 // 扩表再散列
  }
}
Status Insert(CKHashT HT, ElemType e) {         // 插入主函数
   if (Contains(HT, e.key)) return FALSE;       // 若已存在,则不插入
   if (HT->count>=HT->size * HT->maxLoad)       // 若表中当前项数已超装载上限
     Rehash(HT);                                // 则扩表再散列
   return Insert_aux(HT, e);                    // 实施插入,并返回是否成功
}
```

算法　9.38

在算法 9.38 中,每当为插入键引发的找寻位置(冲突)次数达到上限,就调用算法 9.39,实施再散列。

```
void Rehash(CKHashT HT) {     // 实施再散列
   ElemType *oldArray=HT->vector;            // 令 oldArray 指向原数组空间
   int oldSize=HT->size; HT->count=0;
   HT->size=hashsize[++HT->sizeIdx];         // 取 hashzie[]下一素数
   if (!(HT->vector=(ElemType *)calloc(HT->size, sizeof(ElemType))))
     exit(OVERFLOW);                         // 分配向量新空间
   for (int i=0; i<oldSize; i++)             // 将各项从原空间散列到新空间
     if (oldArray[i].key!=NULL) Insert(HT, oldArray[i]);
   free(oldArray);                           // 释放原空间
}
```

算法　9.39

例 9-13　以上定义和实现的单向量多散列函数的布谷鸟散列表的一个示例如图 9.40 所示。采用双散列函数,向量长度为 9。头 4 个元素都已无冲突插入,第 5 个元素(LI,5)也是无冲突插入。第 6 个元素(LIU,6)的两个散列值都与向量中已有元素冲突,随机选中 h1=2,将该位置的元素(CAO,1)踢出,(LIU,6)占巢而居。(CAO,1)重新找位插入在位置 5。

删除操作非常简单,由算法 9.40 实现。

```
Status Remove(CKHashT HT, KeyType x) {          // 删除键 x
    int pos=FindPos(HT, x);                     // 查找位置(函数在算法 9.38)
    if (pos!=-1) {                              // 若找到
      HT->vector[pos].key=NULL;                 // 则置空
      HT->count--;
    }
```

```
    return pos!=-1;
}
```

算法 9.40

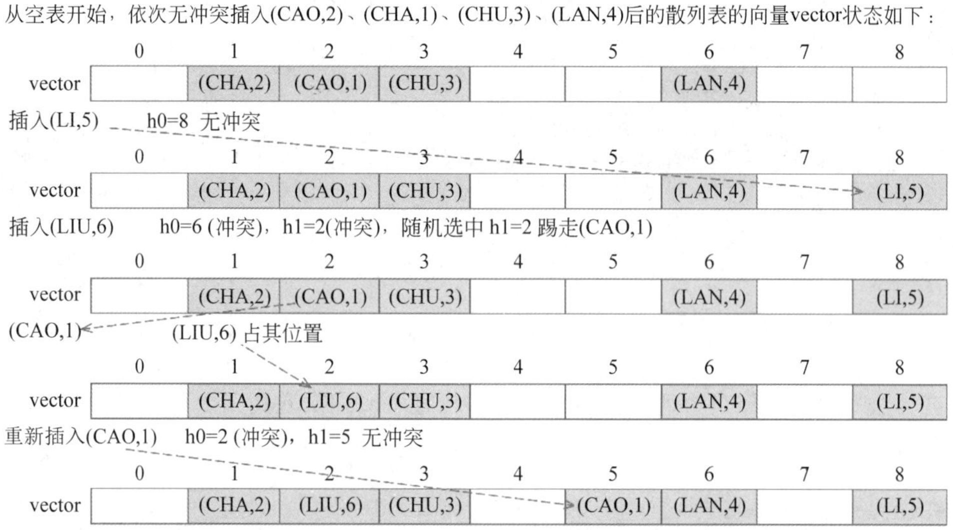

从空表开始，依次无冲突插入(CAO,2)、(CHA,1)、(CHU,3)、(LAN,4)后的散列表的向量vector状态如下：

	0	1	2	3	4	5	6	7	8
vector		(CHA,2)	(CAO,1)	(CHU,3)			(LAN,4)		

插入(LI,5)　h0=8 无冲突

	0	1	2	3	4	5	6	7	8
vector		(CHA,2)	(CAO,1)	(CHU,3)			(LAN,4)		(LI,5)

插入(LIU,6)　h0=6 (冲突)，h1=2(冲突)，随机选中 h1=2 踢走(CAO,1)

	0	1	2	3	4	5	6	7	8
vector		(CHA,2)	(CAO,1)	(CHU,3)			(LAN,4)		(LI,5)

(CAO,1)　(LIU,6) 占其位置

	0	1	2	3	4	5	6	7	8
vector		(CHA,2)	(LIU,6)	(CHU,3)			(LAN,4)		(LI,5)

重新插入(CAO,1)　h0=2 (冲突)，h1=5 无冲突

	0	1	2	3	4	5	6	7	8
vector		(CHA,2)	(LIU,6)	(CHU,3)		(CAO,1)	(LAN,4)		(LI,5)

图 9.40　一个单向量多散列函数的布谷鸟散列表元素插入示例

以上单层＋多函数的形式也可变形为多层模式。研究表明，不是层数越多越好，但布谷鸟散列表可提高装载率。

9.3.4　散列表的查找及其分析

在散列表上进行查找的过程和构造散列表的过程基本一致。由待查元素的关键字求得散列地址，若表中此位置上没有元素，则查找不成功；否则比较关键字，若和给定值相等，则查找成功；否则根据造表时设定的处理冲突的方法探查“下一个地址”，直至散列表中某个位置为“空”或者表中所填元素的关键字等于给定值时为止。

例 9-14　设散列函数为

$$H(\text{key}) = \text{key MOD } 13$$

由

HashTable　ht=InitHashTable(17, 0.95,LinearProb());

构造了带线性探查器的散列表 ht，依次插入例 9-10 所示的一组关键字后，h->elem[0..16]的状态如图 9.41 所示。

0	1	2	3	4	5	6	7	8	9	10	11	12	13	14	15	16
	14	01	68	27	55	19	20	84	79	23	11	10				

图 9.41　散列表 ht 的表区状态

对给定值为 84 的 key 的查找过程：首先由 $H(84)$求得散列值 6，因 ht->elem[6]不空且 ht->elem[6].key≠84，则求第一个线性探查地址 $H_1=(6+1)$ MOD 17=7，而 ht->elem[7]不

空且 ht->elem[7].key≠84，则求第二个线性探查地址 $H_2=(6+2)\ \mathrm{MOD}\ 17=8$，而 ht->elem[8]不空且 ht->elem[8].key=84，故查找成功，返回元素的值 ht->elem[8].value。

给定值为 38 的 key 的查找过程：首先由 $H(38)$求得散列值 12，因 ht->elem[12]不空且 ht->elem[12].key≠38，则求第一个线性探查地址 $H_1=(12+1)\ \mathrm{MOD}\ 17=13$，由于 ht->elem[13]是空元素，故表中不存在关键字为 38 的元素。

从散列表的查找过程可见如下内容。

(1) 虽然散列表在关键字与元素的存储位置之间建立了直接映像，但由于"冲突"的产生，使得散列表的查找过程仍然是一个给定值和关键字进行比较的过程。因此，仍需以平均查找长度作为衡量散列表的查找效率的量度。

(2) 在查找过程中，需进行的关键字比较次数取决于 3 个因素：散列函数、处理冲突的方法和散列表的装载因子。

散列函数的"好坏"直接影响出现冲突的频度。但是，对于"均匀的"散列函数可以假定：不同的散列函数对同一组随机的关键字，产生冲突的可能性相同。在一般情况下设定的散列函数是均匀的，可以不考虑它对平均查找长度的影响。

对同样一组关键字设定相同的散列函数，但如果采用不同的冲突处理方法，则会得到不同的散列表，它们的平均查找长度也不同。如例 9-10 和例 9-11 中的两个散列表，在元素的查找概率相等的情况下，前者(链地址法)的平均查找长度为

$$\mathrm{ASL}(12)=\frac{1}{12}(1\times 6+2\times 4+3+4)=1.75$$

后者(线性探查)的平均查找长度为

$$\mathrm{ASL}(12)=\frac{1}{12}(1\times 6+2+3\times 3+4+9)=2.5$$

容易看出，线性探查在处理冲突的过程中易产生元素的二次聚集，即使散列地址不相同的元素也产生冲突；而链地址法处理冲突不会发生类似情况，因为散列地址不同的元素在不同的链表中。

在一般情况下，冲突处理方法相同的散列表，其平均查找长度依赖于散列表的装填因子。散列表的装载因子定义为

$$\alpha=\frac{\text{表中填入的记录数}}{\text{散列表的长度}}$$

α 标志散列表的装满程度。直观地看，α 越小，发生冲突的可能性就越小；反之，α 越大(表中已填入的元素越多)，发生冲突的可能性就越大，也就是在查找时，需要进行的关键字比较的次数也越多。

可以证明：[1][2]

线性探查散列表查找成功时的平均查找长度为

$$S_{\mathrm{nl}}\approx\frac{1}{2}\left(1+\frac{1}{1-\alpha}\right)\tag{9-27}$$

随机探查、二次探查和再散列的散列表查找成功时的平均查找长度为

$$S_{nr} \approx -\frac{1}{\alpha}\ln(1-\alpha) \tag{9-28}$$

链地址散列表查找成功时的平均查找长度为

$$S_{nc} \approx 1+\frac{\alpha}{2} \tag{9-29}$$

由于散列表在查找不成功时所用比较次数也和给定值有关,所以可类似地定义散列表在查找不成功时的平均查找长度:查找不成功时需进行的关键字比较的次数的期望值。同样可证明,对于采用不同处理冲突方法的散列表,它们查找不成功时的平均查找长度分别为

$$U_{nl} \approx \frac{1}{2}\left(1+\frac{1}{(1-\alpha)^2}\right) \quad \text{(线性探查)} \tag{9-30}$$

$$U_{nr} \approx \frac{1}{1-\alpha} \quad \text{(伪随机探查等)} \tag{9-31}$$

$$U_{nc} \approx \alpha + e^{-\alpha} \quad \text{(链地址)} \tag{9-32}$$

下面仅以随机探查的一组公式为例进行分析推导。

先分析长度为 m 的散列表中装载 n 个元素时,查找不成功的平均查找长度。这个问题相当于要求在这张表中填入第 $n+1$ 个元素时,所需做的比较次数的期望值。

假定:①散列函数是均匀的,即产生表中各个散列地址的概率相等;②处理冲突所探查的地址也是随机的。

若设 p_i 表示前 i 个散列地址均发生冲突的概率,q_i 表示需进行 i 次比较才找到一个"空位"的散列地址(即前 $i-1$ 次发生冲突,第 i 次不冲突)的概率。则有

$$p_1=\frac{n}{m} \qquad q_1=1-\frac{n}{m}$$

$$p_2=\frac{n}{m}\cdot\frac{n-1}{m-1} \qquad q_2=\frac{n}{m}\cdot\left(1-\frac{n-1}{m-1}\right)$$

$$\vdots \qquad\qquad \vdots$$

$$p_i=\frac{n}{m}\cdot\frac{n-1}{m-1}\cdot\cdots\cdot\frac{n-i+1}{m-i+1} \qquad q_i=\frac{n}{m}\cdot\frac{n-1}{m-1}\cdot\cdots\cdot\frac{n-i+2}{m-i+2}\left(1-\frac{n-i+1}{m-i+1}\right)$$

$$\vdots \qquad\qquad \vdots$$

$$p_n=\frac{n}{m}\cdot\frac{n-1}{m-1}\cdot\cdots\cdot\frac{1}{m-n+1} \qquad q_n=\frac{n}{m}\cdot\cdots\cdot\frac{2}{m-n+2}\left(1-\frac{1}{m-n+1}\right)$$

$$p_{n+1}=0 \qquad q_{n+1}=\frac{n}{m}\cdot\cdots\cdot\frac{1}{m-n+1}$$

可见,在 p_i 和 q_i 之间存在关系式

$$q_i=p_{i-1}-p_i \tag{9-33}$$

由此,当长度为 m 的散列表中已填 n 个元素时,查找不成功的平均查找长度为

$$U_n=\sum_{i=1}^{n+1}q_iC_i=\sum_{i=1}^{n+1}(p_{i-1}-p_i)i$$

$$=1+p_1+p_2+\cdots+p_n-(n+1)p_{n+1}$$

$$=\frac{1}{1-\dfrac{n}{m+1}}\quad（用归纳法证明）$$

$$\approx\frac{1}{1-\alpha}$$

由于散列表中 n 个元素是依次填入的，查找每一个元素所需比较次数的期望值，恰为填入此元素时，找到其存储位置所进行的比较次数的期望值。因此，对表长为 m 和元素个数为 n 的散列表，查找成功时的平均查找长度为

$$S_n=\sum_{i=1}^{n-1}q_iC_i=\sum_{i=0}^{n-1}p_iU_i$$

设对 n 个元素的查找概率相等，即 $p_i=\dfrac{1}{n}$，则

$$S_n=\frac{1}{n}\sum_{i=0}^{n-1}U_i=\frac{1}{n}\sum_{i=0}^{n-1}\frac{1}{1-\dfrac{i}{m}}$$

$$\approx\frac{m}{n}\int_0^{\alpha}\frac{\mathrm{d}x}{1-x}\approx-\frac{1}{\alpha}\ln(1-\alpha)$$

从以上分析可见，散列表的平均查找长度是 α 的函数，而不是 n 的函数。由此，不管 n 多大，总可以选择一个合适的装载因子，以便将平均查找长度限定在一个范围内。

值得注意的是，在非链地址处理冲突的散列表中删除一个元素，需在该元素的位置上填入一个特殊的符号，以免找不到在它之后填入的"同义词"元素。

最后要说明的是，对于预先知道且规模不大的关键字集，有时也可以找到不发生冲突的散列函数。对频繁进行查找的关键字集，应尽力设计一个完美的散列函数。

例 9-15 对 Pascal 语言中的 26 个保留字可设定下述无冲突的散列函数

$$H(\text{key})=L+g(\text{key}[1])+g(\text{key}[L])\tag{9-34}$$

其中，L 为保留字长度，key[1]为第一个字符，key[L]为最后一个字符，$g(x)$为从字符到数字的转换函数，例如 g('F')＝15，g('N')＝13，H("FUNCTION")＝8＋15＋13＝36。所得散列表长度为 37[14]。

9.3.5 散列表和其他动态查找表字典操作的效率比较

本章前 3 节描述了常用来实现查找表的众多数据结构。表 9.5 归纳了不同动态查找表实现的字典操作的运行时间。

从表 9.5 可清晰地看到，如果不用担心任何涉及元素顺序的操作，或者不关心它们的插入顺序，那么散列表的时间性能是最好的。如果 $n\approx M$（因此，桶的数量与元素大约一样），那么散列表就可以在常数时间内执行插入、删除和查找操作。

表 9.5 4 类动态查找表的字典操作运行时间比较

操　作	无序顺序表	有序线性表	BST	散　列　表
创建数据结构	$O(1)$	$O(n\log n)$	$O(n\log n)$	$O(n)$
查找	$O(n)$	$O(\log n)$	$O(\log n)$	$O(n/M)^*$

续表

操　作	无序顺序表	有序线性表	BST	散　列　表
插入	$O(1)^*$	$O(n)$	$O(\log n)$	$O(n/M)^*$
删除	$O(1)$	$O(n)$	$O(\log n)$	$O(n/M)^*$
排序	$O(n\log n)$	$O(n)$	$O(n)$	$O(M+n\log n)$
求最小值/最大值	$O(n)$	$O(1)$	$O(1)^{**}$	$O(M+n)$
求前驱键/后继键	$O(n)$	$O(1)$	$O(\log n)$	$O(M+n)$

注：* 摊销时间；

* * 单独存储最小值和最大值，并在插入/删除时摊销掉替换它们的时间。

9.4　布隆过滤器

布隆过滤器(Bloom filter)是一种以伯顿·霍华德·布隆(Burton Howard Bloom)的名字命名的数据结构，发明于 20 世纪 70 年代。近十年来，面对大数据的需求，布隆过滤器得到了应用和发展。它与散列表一样快，但更节省内存。

布隆过滤器和散列表之间有 4 个显著差异。

(1) 基本型布隆过滤器不存储数据，只进行检索操作：数据在集合中吗？换言之，它实现了散列集合的 API，而不是散列表的 API。

(2) 与散列表相比，布隆过滤器需要更少的内存，是应用于大数据集的主要原因。

(3) 虽然得到的阴性答案有 100%的准确率，但也可能存在假阳性的误报。这将在稍后予以解释。在此，请先记住布隆过滤器有可能在某个值还没有被添加时就回答它是否已被添加。

(4) 无法从基本型布隆过滤器中删除值。

布隆过滤器属于概率型数据结构，有必要在其准确率与其使用的内存之间进行权衡。使用的内存越少，布隆过滤器返回的**假阳性**(不存在的元素被误报存在)就越多。给定了需要存储的值的数量之后，有一个确切公式可以用来计算将假阳性率保持在某个阈值之下所需的内存量，可用于其构建时的内存分配。

在讲解布隆过滤器之前，需要先讲解一种比较特殊的结构——位向量，这是实现布隆过滤器的基础。

9.4.1　位向量

回顾例 1-7，当时用整数数组实现了一个“小整数集合”。实际上这是一个特例，按照集合元素的值域[1..n]对应分配自动清 0 的动态整数数组 **int** elem[$n+1$]，表示空集。加入集合元素 i 就直接置下标变量 elem[i]为 1。删除集合元素 j 就置 elem[j]为 0。如果改用字符或字节数组，则更节省存储空间，可以一字节表示一个集合元素是否存在。

对于集合元素的存在性检索，只需用一个二进制位(bit)表示集合元素。但是，绝大多数的高级程序设计语言的标准类型至少占一字节，包括 bool 类型。

可以定义 C 语言的一个 char 类型数据是一个长度为 8 的位向量，char 类型的数组

$a[n]$就是一个长度为 $n\times8$ 的位向量。

访问位向量的第 i 位,可计算商 $b=i/8$ 和余数 $c=i\%8$,分别得到 i 的字节下标和字节内位序。例如第 30 位,$b=3,c=6$,对应 $a[3]$的第 6 位。位向量类型和相关函数定义如下:

```
#define CHAR_BIT(sizeof(char) * 8)
    typedef struct {
    char * bytes;           // 动态字节数组
    int len;                // 数组长度(字节个数)
    int bn;                 // 二进制位总数
} * BitsVector;             // 位向量指针类型
BitsVector InitBitsVector(int bn) {   // 初始化一个含 bn 个二进制位的位向量
    BitsVector bv;
    if (!(bv=(BitsVector)malloc(sizeof(*bv)))) exit(OVERFLOW);
    bv->max_bit_num=max_bit_number;
    bv->len=bn / CHAR_BIT +1;
    if (!(bv->bytes=(char*)calloc(bv->len, sizeof(char)))) exit(OVERFLOW);
    return bv;
}
void SetBV(BitsVector bv, int k) {              // 置位 k 指定的位
    int byteIdx=k / BYTE_BITS;                  // 计算 k 的字节索引
    int bitIdx=k %BYTE_BITS;                    // 计算 k 的位索引
    bv->bytes[byteIdx]|=(1 <<bitIdx);           // 对该二进制位置 1
}

void nSetBV(BitsVector bv, int k[], int n) { // 置位 k[0..n-1]指定的 n 位
    for (int i=0; i<n; i++) {
        int byteIdx=k[i] / BYTE_BITS;
        int bitIdx=k[i] %BYTE_BITS;
        bv->bytes[byteIdx]|=(1 <<bitIdx);  // 对该二进制位置 1
    }
}
int GetBV(BitsVector bv, int k) {                      // 检测指定位的值是否为 1
    int byteIdx=k / BYTE_BITS;
    int bitIdx=k %BYTE_BITS;
    return (bv->bytes[byteIdx] & (1 <<bitIdx))!=0;
}
int nGetBV(BitsVector bv, int k[], int n) {            // 检测指定 n 位的值是否都为 1
    int count=0;
    for (int i=0; i<n; i++) {
        int byteIdx=k[i] / BYTE_BITS;
        int bitIdx=k[i] %BYTE_BITS;
        if ((bv->bytes[byteIdx] & (1 <<bitIdx))!=0)
            count++;
    }
   return count;                         // 返回指定 n 位的值为 1 的个数(全为 1,则 count=n)
}
```

可用位向量直接表示整数集合:

```
typedef BitsVector BitsSet;
```

函数 SetBV 和 nSetBV 分别加入 1 个和 n 个集合元素,实际上也是集合的求并运算。

把对二进制位置 1 改为置 0,可得到删除元素函数。判定集合是否存在 1 个或多个元素分别由函数 GetBV 和 nGetBV 实现,其中 nGetBV 返回的是 n 个查询对象中是集合元素的个数。

在此基础上,可实现非整数类型的集合。只需引入无冲突的散列函数,将集合元素映像到位向量的二进制位。很难做到在高装载率的情况下不发生冲突,但这可由布隆过滤器来解决。

9.4.2 布隆过滤器工作原理

一个布隆过滤器 BF(m,k)由两部分组成。

(1) 包含 m 个元素的数组。

(2) 包含 k 个散列函数的集合。

对于大数据集,这个数组通常是位向量,初始所有位都被置 0。所有散列函数都会输出一个 $0 \sim m-1$ 的索引。

由此可知,数组元素和添加到布隆过滤器的键(关键字简称为键)之间没有任何一一对应的关系。将用到 k 位(也就是数组里的 k 个元素)来存储布隆过滤器中的每个键。这里的 k 通常比 m 小得多。

需要注意的是,k 是在创建数据结构时选择的常量,因此添加的每个键都会使用相同大小的内存来存储,也就是 k 位。对于字符串来说,这是非常优秀的存储方案,因为它可以使用恒定的内存大小(仅 k 位)来将任意长度的字符串表示(添加)在过滤器中。

如果在过滤器插入一个新键,就需要计算数组的 k 个索引,分别由值 $h_0(\text{key}) \sim h_{(k-1)}(\text{key})$ 表示,并将这些位置 1。

如果需要查找一个键,则仍然需要像插入操作那样计算它的 k 个散列值,这里只需要检查散列函数返回的索引处的 k 位。另外,当且仅当所有位都被设置为 1 时,才返回 TRUE。

例 9-16 布隆过滤器 BF(17,3)的插入和查找示例。初始过滤器为空,是图 9.42(a)的长度为 17 的全零位数组。图 9.42(b)是插入键 x_1 和 x_2 后的状态,它们由 3 个散列函数求得的索引三元组分别为(1,7,12)和(7,10,14),数组中对应的元素被置 1。显然,7 是两个三元组的重叠索引。图 9.42(c)是查找键 y_1、y_2 和 y_3的状况,其索引三元组分别为(1,5,13)、(7,10,14) 和(10,12,14);读取相应的位,y_1 只有 1 位是 1,可判其不存在;而 y_2 的 3 位均为 1,可判其在集合中;y_3的 3 位也均为 1,但是,不能排除过滤器返回的是假阳性。

在理想情况下,需要 k 个不同的独立散列函数,以保证对于相同的值不会出现两个索引重复的情况。不过,设计大量独立的散列函数并不容易。常用的解决方案有以下 3 种。

(1) 使用一个带参数的元函数 $H(i)$:这个元函数是散列函数的生成器,旨在接收初始值 i 并输出散列函数 $H_i = H(i)$。可通过在 k 个不同的(通常是随机的)值上调用生成器 H 来创建k 个不同的数列函数 $H_0 \sim H_{k-1}$。

(2) 使用单个散列函数 H,但初始化 k 个随机(且唯一)值的列表 L。对于要被插入或搜索的每个键 key,可通过将 $L[i]$添加或附加到 key 来创建 k 个不同的值,然后使用 H 对它们进行散列。(精心设计的散列函数会因为输入的微小变化而产生完全不同的

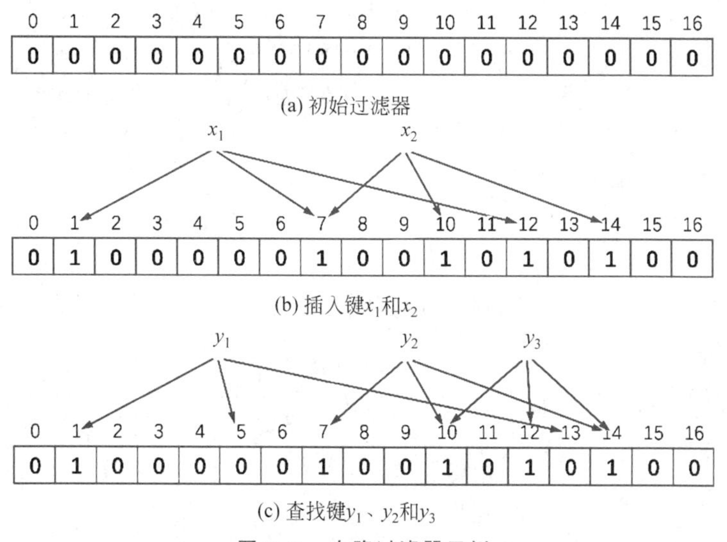

图 9.42　布隆过滤器示例

结果。)

(3) 使用双重或三重散列[①]。

虽然最后这个解决方案并不能保证生成的散列函数之间的独立性,但足以证明[②]即使放宽这个约束也不会让假阳性率增加太多。为了简单起见,可使用带两个独立散列函数的双重散列:Murmur 散列和 Fowler-Noll-Vo(fnv1)散列。

因此,对于 $0 \sim k-1$ 的 i,实现中的第 i 个散列函数的通用公式为

$$h_i(\text{key}) = \text{murmurhash}(\text{key}) + i \cdot \text{fnv1}(\text{key}) + i \cdot i$$

9.4.3　布隆过滤器基本型的实现

以下讨论基本型布隆过滤器的集合 API 的实现。

1. 散列函数集合的构成

可对 9.3.3 节布谷鸟散列函数进行改进,引入伪随机数序列 hashi[0..$k-1$],用 hashi[i]替代 i,构成以下 k 个双重散列函数。

```
int Hash(int i, BloomFilter bf, KeyType key) {
    // 参数化的第 i 个散列函数(i=0..k-1),bf->M 为过滤器的总位数,bf->hashi 是伪随机数序列
    int h = (Hash1(key)+bf->hashi[i] *
            Hash2(key)+bf->hashi[i] * bf->hashi[i]) %bf->M;
    return h>=0 ? h : h +bf->M;         // 避免返回负值
}
```

散列函数集合是通过使用双重散列并以 k 种不同方式组合两个参数构成的。相对于

① 双重散列是一种用于解决散列碰撞的技术。当发生碰撞时,双重散列通过使用键的二级散列来为计算出的初始位置添加一个偏移量。类似地,三重散列使用两个辅助散列函数的线性组合来计算偏移量。

② "Fast and accurate bitstate verification for SPIN", Peter C. Dillinger 与 Panagiotis Manolios,国际 SPIN 软件模型检查研讨会,斯普林格出版社,2004 年。

线性或二次散列，双重散列增加了可以获得的散列函数。散列函数的数量可从 $O(k)$ 增长到 $O(k^2)$。尽管如此，这与均匀散列所要保证的理想状态 $O(k!)$ 仍然相去甚远。但在实际工作中，这已经足够，并且能够保持良好的性能（这意味着更低的碰撞率）。为了增加随机性，还可以用伪随机数序列替换双重散列函数中的 i 值。

2. 存储结构和构造函数

以含位向量 BitsVector 和散列函数相关参数域的结构体作为基本型布隆过滤器的存储结构。

构造函数的主要任务是设置布隆过滤器的所有内部状态，确定需要分配的资源，从而使存储容量能够满足预定准确率。

```
typedef struct {
    int size;                   // 键实际个数
    int maxSize;                // 键最大个数
    int M;                      // 容量
    int K;                      // 初始化确定的散列函数个数
    int * hashi;                // 存储初始化时为各散列函数生成的随机参数
    int * hashvs;               // 存储最新求得 K 个散列值
    BitsVector bv;              // 位向量
} * BloomFilter;                // 布隆过滤器指针类型
BloomFilter InitBloomFilter(int maxSize, float maxTolerance) {      // 初建
    // 两个参数分别是键最大个数、假阳性率阈值(如 0.01)
    Bloom Filter bf; int numBits;
    numBits=-ceil(maxSize * ln(maxTolerance)/ln(2)/ln(2));     // 容量(二进制位个数)
        // ceil(x)是标准的上取整函数,返回大于或等于 x 的最小整数
    if (numBits>MAX_SIZE) return NULL;        // 若超出预设最大容量,则构建失败
    if (!(bf=(BloomFilter)malloc(sizeof(*bf)))) exit(OVERFLOW);   // 分配空间
    bf->M=numBits;                            // 容量
    bf->maxSize=maxSize;                      // 键最大个数
    bf->size=0;                               // 初始键个数为 0
    bf->K=-ceil(ln(maxTolerance)/ln(2));      // Hash 函数个数
    if (!(bf->hashi=(int*)malloc(bf->K * sizeof(int)))) exit(OVERFLOW);
    for (int i=0; i<bf->K; i++) bf->hashi[i]=rand();   // 赋予伪随机数序列
    if (!(bf->hashvs=(int*)malloc(bf->K * sizeof(int)))) exit(OVERFLOW);
    bf->bv =InitBitsVector(bf->M);              // 位向量初始化,按 bf->M 的容量构建
    return bf;
}
```

算法　9.41

在创建过滤器时，由第一参数 maxSize 提供集合预期包含的键最大个数。第二参数用来设置预期的准确率（如 0.01），将假阳性率的阈值（maxTolerance）设置为 1%。当然，可以通过传递更小的值来得到更好的准确率，也可以通过传递一个更大的值来牺牲准确率，以达到使用更少内存的空间和散列函数的目的。由两个参数计算出将近 10 倍的二进制位个数 numBits 并存入 M 域，用于初始化位向量时分配存储空间（计算公式的来源稍后再解释）。若过滤器存储键的数量超过 maxSize，并不会用完内存空间，但不能再保证预期的精确度。参数还决定了所需的最佳散列函数的数量 k，并存入 K 域。

3. 查找关键字

假设关键字是字符串，但也可以是任何其他的可序列化对象。通过使用位向量，查找布隆过滤器中的关键字变得非常简单。只需要检索那些会被用来存储关键字位的位置，并检查这些位是否都是 1 即可。图 9.43 展示了 3 个键的查找过程。查找操作的实现如算法 9.42 所示。函数 ContainsBF 接收一个键到参数 key，当且仅当与键对应的所有位都被设置为 1 时才返回 TRUE。

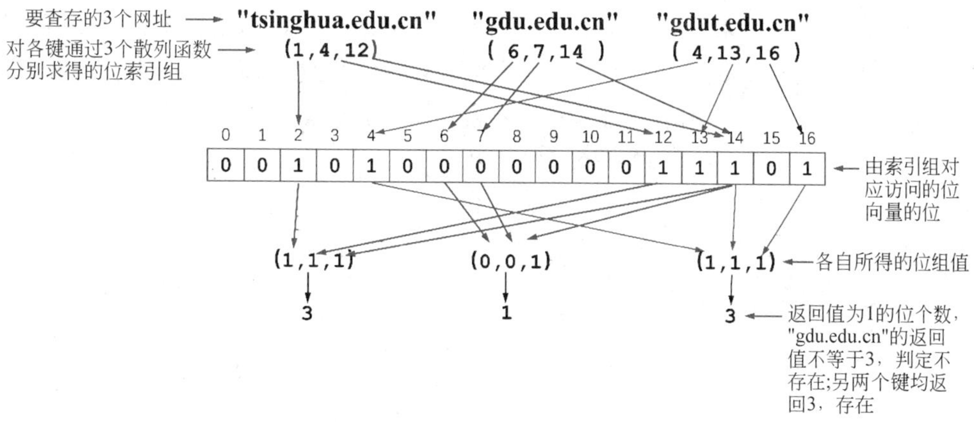

图 9.43　布隆过滤器中查找示例

```
void key2Positions(BloomFilter bf, KeyType key) { // 计算键 key 的 bf->K 个散列值
    for (int i=0; i<bf->K; i++)
        bf->hashvs[i]=Hash(i, bf, key);                    // 计算的散列值存入 bf->hashvs
}
Status ContainsBF(BloomFilter bf, KeyType key) {    // 判定是否含 key
    key2Positions(bf, key);                               // 计算 key 的全部散列值
    if (nGetBV(bf->bv, bf->hashvs, bf->K)!=bf->K) // 若 key 的置位个数少于 bf->K
        return FALSE;                                     // 则 key 不存在
    return TRUE;            // 存在(但有可能低概率误判,有可能每个位都是别的关键字所置位)
}
```

算法　9.42

4. 存储关键字

存储键与查找键非常相似，但另外需要一些步骤来跟踪添加到过滤器中的元素数量，并且使用的函数是 SetBV 而不是 GetBV。

算法 9.43 实现了插入操作，当计算过滤器的大小时，需要跟踪添加到过滤器中的不同键的数量，而不是跟踪 InsertBF 方法的总调用次数。因此，需先确认键 key 不存在，才实施置位，避免 size 域的重复计数。size 域对于估计过滤器的假阳性率至关重要，因此需要准确计算实际存储的元素。

```
Status InsertBF(BloomFilter bf, KeyType key) {   // 插入关键字 key
    key2Positions(bf, key);                          // 求 key 的各散列值并保存在 bf->hashvs
    if (nGetBV(bf->bv, bf->hashvs, bf->K) ==bf->K) // 若 key 的置位个数等于 bf->K
```

```
        return FALSE;                             // 则 key 已存在,不再重复插入
    nSetBV(bf->bv, bf->hashvs, bf->K);            // 按 bf->hashvs 中的散列值置位
    bf->size++;                                   // 键个数增 1
    return TRUE;
}
```

算法 9.43

图 9.44 展示了这个操作的分步详情。一个新键 x 的假阳性会被视为已存在而被阻止它插入。可见初建布隆过滤器时,对集合最大键数的预估和假阳性率参数的设定尤为重要。

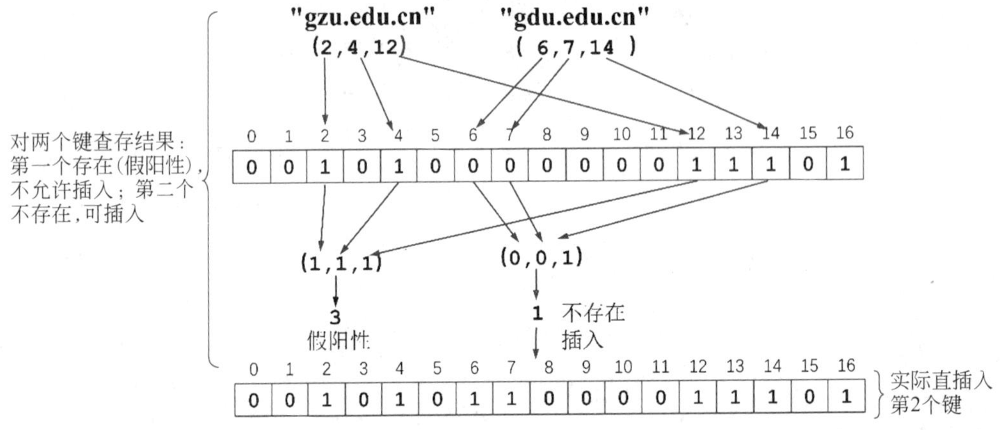

图 9.44 向布隆过滤器中添加新键示例

5. 估计准确率

需要一个方法来估计基于过滤器当前状态出现假阳性的概率,也就是当前存储在过滤器中的元素数量与过滤器的最大容量之比。这个概率大致为

$$p = (1 - e^{\frac{numHashes \cdot size}{numBits}})^{numHashes} \tag{9-35}$$

其中,e 是欧拉数,即自然对数的底数。以下是这个概率的计算函数。

```
float FalsePositiveProbability(BloomFilter BF) { // 当前状态下假阳性的概率
    return pow((1-pow(2.71828, 3*BF->size/BF->M)), BF->numHashs);
}
```

为了说明这个准确率估算的依据,先简化有关参数的命名和做一些假设。

- m=numBits 是位向量的位数。
- k=numHashes 是将键映像到位向量中不同位置的散列函数的个数。
- 使用的所有 k 个散列函数相互独立。
- 派生这 k 个函数的散列函数池是一个通用的散列函数集。

在此约定基础上,可以证明在 n 次插入后假阳性的概率约为

$$p(n,m,k) = (1 - e^{\frac{k \cdot n}{m}})^k \tag{9-36}$$

其中,e 是欧拉数,即自然对数的底数。

现在可以用式(9-36)调整布隆过滤器的参数 m 和 k,可以决定为了让布隆过滤器获得

最佳准确率所需的位向量大小以及散列函数的个数。

上述公式中有 3 个变量：m 是缓冲区的位数，n 是将被存储在容器中的元素的数量，k 是散列函数的数量。在这 3 个变量中，k 是影响最少的变量，而 n 是一个可以被估计但不能被完全控制的变量，不过在大多数情况下，可以对集合元素数量的最大值进行预测，并适度宽松地估计，以确保安全。

m 可能存在内存限制，所以不能使用超过 m 位的内存。

于是对于 k 来说，其实是没有约束的，可以对它进行调整以获得最佳准确率。在给定 m 和 n 的情况下，找到 k 的最佳值并不难，即只需找到下面这个函数的最小值：

$$f(k)=(1-\mathrm{e}^{\frac{k\cdot n}{m}})^{k} \tag{9-37}$$

其中，把已确定的 n 和 m 在上面这个公式中固定。$f(k)$的最佳值为[①]

$$k^{*}=\frac{m}{n}\cdot\ln(2) \tag{9-38}$$

将 k^{*} 的计算公式(9-38)代入之前的式(9-39)，即 $p(n,m,k)$的计算公式，就能得到 m 的最优值 m^{*} 的表达式

$$m^{*}=-n\cdot\frac{\ln(p)}{\ln(2)^{2}} \tag{9-39}$$

这也就意味着，如果事先知道将被插入的独立元素的总数是 n，并且将假阳性产生的概率 p 设置为可以接受的最大值，则能够算出位向量的大小（以及需要为每个键使用的位数）以保证所需的准确率。

在查看推导出的公式时，有两个因素很重要。

(1) 布隆过滤器位向量的大小与插入的元素数量成正比。

(2) 所需的散列函数的数量仅取决于目标假阳性率 p（将 m^{*} 代入 k^{*} 的计算公式可看到）。

9.4.4 布隆过滤器的应用和性能分析

1. 应用场景

人们在线上阅读时，平台可能就在使用布隆过滤器。互联网节点通常会将其用于路由表，在一些浏览器中用于“安全浏览”功能——一份记录恶意站点的黑名单。布隆过滤器的长处在于超快速的存在性判定，以下是常见应用。

(1) **缓存**。缓存是指将数据存储在快速存储系统 A 中，以便在之后为再次读取它们做好准备。这些数据可以是从（较）慢的存储系统 B 中获取到的，也可以是 CPU 密集型计算的结果。用来决定哪些数据会留在缓存中的算法决定了缓存的行为及其命中（搜索的数据已经在缓存中的情况）率与未命中率。许多关于对象、内存位置或网页的请求只会发生一次，之后就再也不会被读取了（在缓存的平均生命周期内）。路由和内容交付网络平均有75%的节点请求是一次性的。使用字典来跟踪请求，可以仅在出现第二次请求时才将对象存储到缓存中，从而提高缓存命中率。布隆过滤器允许使用摊销常数时间的操作和有限的空间来执行这样的查找，代价是需要能够接受一些影响可忽略的假阳性。

① 求 $f(k)$的最小值以及本节有关公式的推导可查阅文献[19]。

(2) **路由**。路由器的空间有限，并且每秒处理的数据包量很大，所以需要极快的算法。由于布隆过滤器适用所有可以应付微小错误率的操作，因此路由器是布隆过滤器的完美使用者。除了缓存，路由器还经常使用布隆过滤器来跟踪被禁止的 IP 并维护用于揭示拒绝服务(Denial of Service，DoS)攻击的统计数据。

(3) **爬虫**。爬虫是一种获取大数据的自动软件代理，旨在扫描网络(甚至整个互联网)并查找、解析和索引它们所找到的任何内容。当爬虫在页面或文档中发现链接时，通常会跟随这些链接并递归地爬取链接的目的地。若页面之间存在循环链接，就要避免爬虫陷入无限循环，因而爬虫需要跟踪它们访问过的页面，避免重复访问。布隆过滤器再次成为最优工具，能够以更紧凑的方式存储 URL，并在常数时间内执行 URL 的检查和保存操作。相比之前的例子，这要为假阳性付出的代价稍微高一些，因为爬虫永远都不访问出现假阳性的 URL，需要采取一些补救措施。

(4) **I/O 提取器**。这也是利用基于布隆过滤器的缓存，减少对昂贵的 I/O 资源的不必要读取和存储。处理机制与爬虫相同，操作只在有"未命中"时执行，而"命中"则通常会触发更深入的比较(例如，在命中时，从磁盘上获取前几行内容或是文档的第一块内容，并对它们进行比较)。

(5) **拼写检查器**。拼写检查器的简单版本使用布隆过滤器作为字典。每当检查文本中的某个单词时，就在布隆过滤器上查找并验证这个单词是否正确，从而决定是否将其标记为拼写错误。假阳性的发生当然会导致一些拼写错误未被发现，但这种事件发生的概率可以提前控制。拼写检查器也可以采用 Trie 树，Trie 树能够在没有假阳性的情况下提供良好的文本搜索性能。

(6) **分布式数据库和文件系统**。一些系统使用布隆过滤器来进行索引扫描，以确定磁盘的 SSTable 中是否有特定行的数据。过滤掉不必要的磁盘读取，提高了整体的读取速度。

布隆过滤器的其他典型应用还包括速率限制、黑名单、同步加速、估计数据库中连接的大小等。

2. 性能分析

布隆过滤器可以在常数时间内对键进行存储和查找。严格来说，这个假设仅适用于固定长度的输入。这里将检查最通用的情况，即存储的键是任意长度的字符串(任何对象或值都可以序列化为字符串(如二进制字符串))的情况。

(1) **构造函数**。布隆过滤器的构造函数非常简单，只需要初始化一个位数组，将其所有元素都设置为 0，并生成 k 个散列函数的集合即可。其中涉及的一些计算都是常数时间的。显然，创建和初始化数组需要 $O(m)$时间，而生成各个散列函数通常只需要常数时间设置参数，因此生成 k 个散列函数的集合需要 $O(k)$时间。整个构造函数最终可以在 $O(m+k)$时间内完成。

(2) **存储键**。对于每个要存储的键，都需要生成 k 个散列值，并翻转数组中由这个结果组成的索引处的二进制位。基于以下假设：

- 存储单个位需要恒定的时间(可能包含按位操作所需的时间，如果有通过压缩缓冲区来节省空间)；
- 散列键 x 需要 $T(x)$时间；

- 用于存储键的位数既不取决于键的大小，也不取决于已经添加到容器中的键个数。InsertGF(x)的运行时间是$O(k\times T(x))$。实际上，对于所有k个散列函数，都需要从键生成散列值并修改单个二进制位。如果键是数字(如整数或双精度数)，则有$|x|=1$和$T(x)=O(1)$，因此通常可以在常数时间内生成散列值。

然而，如果键是可变长度的类型，如字符串，则计算每个散列值都需要与字符串长度呈线性时间。在这种情况下，$T(|x|)=O(|x|)$，因此运行时间将取决于添加的键的长度。

现在，假设知道最长的键最多有z个字符，其中z是一个常数。有关键的长度与其他任何东西都无关的假设，可以认为InsertGF(x)的运行时间是$O(k\times(1+z))=O(k)$。因此，无论已经向过滤器添加了多少元素，这都是一个常数时间的操作。

(3) 查找键。上面的分析过程也适用于键的查找操作。这个操作也需要将键转换为一组索引——可在$O(z\times k)$时间内完成，然后检查这些索引处的各个位(总共需要$O(k)$时间)。因此，在假设键的长度处在常数限制之内的情况下，查找也是一个常数时间的操作。

9.4.5 布隆过滤器的改进

布隆过滤器已经问世半个多世纪了。随着其在互联网和大数据应用中发挥的重要作用，自然出现了许多变化和改进。以下是其中的一部分，这里重点关注那些提高了准确率的变体。

1. 布隆表过滤器

布隆过滤器是一个相比散列集更快且轻巧的版本，这是因为其只能存放键存在与否的状态。与散列表对应的精简版本是允许将值与键相关联的布隆表过滤器。当(键，值)对被存储在布隆表过滤器时，返回的值总是正确的。这种数据结构仍然存在假阳性的情况，也就是说，有可能出现并未被存储在这种数据结构中，但返回了某个值的键。

2. 组合布隆过滤器

只要将相同的键存储在两个或多个不同的布隆过滤器中，就能降低假阳性的概率。这些布隆过滤器分别有不同的缓冲区大小，但最重要的是，它们都包含不同散列函数的集合。当然，这个优势并不是免费的，因为所需的空间也会成比例增长。另外在理论上，存储或检查键所需的时间也会翻倍。

不过，至少在运行时间方面，仍有希望得到更好的结果。例如，可以在多核硬件上并行查询过滤器中的各个组件。因此，除了能保持在$O(k)$的常数时间范围之外，实际实现也能与常规布隆过滤器保持一样快，即常数因子也保持大致相同。

工作方式：对于InsertBF函数调用来说，每个组件都会独立地对键进行存储；对于ContainsBF函数调用来说，最终结果则是对所有组件结果的组合，因此当且仅当所有的组件都返回TRUE时，整个调用才返回TRUE。

可以证明，单个使用m位的布隆过滤器的准确率与l个使用m/l位的布隆过滤器的准确率是相同的。不过，如果使用了并行版本的集成算法，那么运行时间就只是原始算法的一小部分了，即$1/l$。

3. 分层布隆过滤器

分层布隆过滤器(layered Bloom filter, LBF)也用到了多个布隆过滤器，但它们是按照层进行组织的。只有在前一层已经存储了相同的键之后，才会更新下一层的键。分层布隆过滤器通常用来实现计数过滤器。具有 R 层的 LBF 最多可以对同一个键的 R 次插入操作进行计数。通常情况下，LBF 也支持删除操作。

对 ContainsBF 函数的每次调用都会从最上层开始，直至检查到最深层，并返回最后找到键的那一层的索引。如果键未被存储在第一层中，则返回 -1（或等效地返回 FALSE）。

对于存储键的情况，InsertBF 函数会将键存储在第一个让 ContainsBF 方法返回 FALSE 的层中。

假设每一层都有一个等于 P_F 的误报率，并且每一层都使用不同的散列函数集合。如果一个元素在过滤器中被存储了 c 次，则有：

- ContainsBF 方法返回 $c+1$ 的概率，即返回比键实际被存储的次数大 1 的计数的概率，大约为 P_F；
- 返回 $c+2$ 的概率为 P_F^2；
- 以此类推，返回 $c+d$ 的概率为 P_F^d。

然而，这些都是近似（乐观）估计，因为关于散列函数的普遍性和独立性的假设很难保证。为了计算出准确的概率，还需要考虑深度和层数。

在具有 L 层的 LBF 中，每一层的每个键都会使用 k 位，InsertBF 和 ContainsBF 函数的运行时间就是 $O(L \times k)$。但由于 L 和 k 都是预先可以确定的常量，因此仍然等价于 $O(1)$，并且与添加到容器中的元素的数量无关。

其他的改进变体还有压缩布隆过滤器、可扩展布隆过滤器等。

从迄今 9 章的内容可见，面对具体应用，既可以选择最佳的抽象数据类型（abstract data type，ADT）来执行某些操作，也可以在 ADT 的不同实现或具体数据类型（concrete data type，CDT）之间进行选择。

计算机科学中的许多常见问题都围绕着对数据的跟踪。这些数据可以是爬虫浏览的 URL、索引器检查的文档或存储在缓存中的值等。集合的实现应该基于应用场景不同的附加约束。

随机算法是算法的一个子集，其执行依赖于随机化。在同一输入上运行两次随机算法，并不会返回相同的结果。对于布隆过滤器，使用了准确率这个度量来估计假阳性率。如果事先知道将被存储在布隆过滤器中的元素的最大数量，就可以通过一个精确的公式计算出实现任意低假阳性率所需的内存总量。

第 10 章　内 部 排 序

从第 9 章的讨论中容易看出，为了查找方便，通常希望计算机中的表是按关键字有序的。因为有序的顺序表可以采用查找效率较高的折半查找法，其平均查找长度为 $\log_2(n+1)-1$，而无序的顺序表只能进行顺序查找，其平均查找长度为 $(n+1)/2$。又如建造树表（无论是二叉排序树或 B 树）的过程本身就是一个排序的过程。因此，学习和研究各种排序方法是计算机界的重要课题之一。

10.1　概　　述

排序（sorting）是计算机程序设计中的一种重要操作，它的功能是将一个数据元素（或记录）的任意序列，重新排列成一个按关键字有序的序列。

为了便于讨论，首先对排序下一个确切的定义：

假设含 n 个记录的序列为

$$\{R_1, R_2, \cdots, R_n\} \tag{10-1}$$

其相应的关键字序列为

$$\{K_1, K_2, \cdots, K_n\}$$

需确定 $1,2,\cdots,n$ 的一种排列 $p_1, p_2, \cdots, p_n$，使其相应的关键字满足如下的非递减（或非递增[①]）关系

$$Kp_1 \leqslant Kp_2 \leqslant \cdots \leqslant Kp_n \tag{10-2}$$

即使式(10-1)的序列成为一个按关键字有序的序列

$$\{Rp_1, Rp_2, \cdots, Rp_n\} \tag{10-3}$$

这样一种操作称为排序。

上述排序定义中的关键字 K_i 可以是记录 $R_i(i=1,2,\cdots,n)$ 的主关键字，也可以是记录 R_i 的次关键字，甚至是若干数据项的组合。若 K_i 是主关键字，则任何一个记录的无序序列经排序后得到的结果是唯一的；若 K_i 是次关键字，则排序的结果不唯一，因为待排序的记录序列中可能存在两个或两个以上关键字相等的记录。假设 $K_i=K_j(1\leqslant i\leqslant n, 1\leqslant j\leqslant n, i\neq j)$，且在排序前的序列中 R_i 领先于 R_j（即 $i<j$）。若在排序后的序列中 R_i 仍领先于 R_j，则称所用的排序方法是**稳定的**；反之，若可能使排序后的序列中 R_j 领先于 R_i，则称所用的排序方法是**不稳定的**。[②]

由于待排序的记录数量不同，使得排序过程中涉及的存储器不同，可将排序方法分为两类：一类是**内部排序**，指的是待排序记录存放在计算机随机存储器中进行的排序过程；另一类是**外部排序**，指的是待排序记录的数量很大，以致内存一次不能容纳全部记录，在排序过

① 若将式(10-2)中的≤改为≥，则满足非递增关系。

② 对不稳定的排序方法，只要举出一组关键字的实例说明它的不稳定性即可。

程中尚需对外存进行访问的排序过程。本章先集中讨论内部排序,将在第 11 章中讨论外部排序。

内部排序的方法很多,但就其全面性能而言,很难提出一种被认为是最好的方法,每一种方法都有各自的优缺点,适合在不同的环境(如记录的初始排列状态等)下使用。如果按排序过程中依据的不同原则对内部排序方法进行分类,则大致可分为插入排序、交换排序、选择排序、归并排序和计数排序 5 类;如果按内部排序过程中所需的工作量来区分,则可分为 3 类。

(1) 简单的排序方法,其时间复杂度为 $O(n^2)$。

(2) 先进的排序方法,其时间复杂度为 $O(n\log n)$。

(3) 基数排序,其时间复杂度为 $O(d \cdot n)$。

本章仅就每类介绍一两个典型算法,有兴趣了解更多算法的读者可阅读唐纳德 · E.克努特著的《计算机程序设计技巧》[2](第三卷,排序和查找)。读者在学习本章内容时应注意,除了掌握算法本身以外,更重要的是了解该算法在进行排序时所依据的原则,以利于学习和创造更加新的算法。

通常,在排序的过程中需进行下列两种基本操作。

(1) 比较两个关键字的大小。

(2) 将记录从一个位置移动至另一个位置。

前一个操作对大多数排序方法来说都是必要的,而后一个操作可以通过改变记录的存储方式来予以避免。待排序的记录序列可有下列 3 种存储方式。

(1) 待排序的一组记录存放在地址连续的一组存储单元上。它类似于线性表的顺序存储结构,在序列中相邻的两个记录 R_j 和 R_{j+1}($j=1,2,\cdots,n-1$),它们的存储位置也相邻。在这种存储方式中,记录之间的次序关系由其存储位置决定,则实现排序必须借助移动记录。

(2) 一组待排序记录存放在静态链表①中,记录之间的次序关系由指针指示,则实现排序不需要移动记录,仅需修改指针即可。

(3) 待排序记录本身存储在一组地址连续的存储单元内,同时另设一个指示各个记录存储位置的地址向量,在排序过程中不移动记录本身,而移动地址向量中这些记录的“地址”,在排序结束之后再按照地址向量中的值调整记录的存储位置。

在第(2)种存储方式下实现的排序又称(链)表排序,在第(3)种存储方式下实现的排序又称地址排序。在本章的讨论中,设待排序的一组记录以上述第一种方式存储,且为了讨论方便起见,设记录的关键字均为整数。即在以后讨论的大部分算法中,待排记录的数据类型和顺序表设为:

```
typedef struct {
    KeyType key;                                          // 关键字项
    InfoType otherinfo;                                   // 其他数据项
} RcdType;                                                // 记录类型
Status LT(RcdType a, RcdType b) { return a.key <b.key; }  // 记录的“小于”比较函数
```

① 因为在排序过程中,只是改变记录之间的次序关系,而不进行插入、删除操作,且在排序结束时尚需调整记录,故采用静态链表。

```
typedef struct {
    RcdType *r;                          // r[0]闲置或用作哨兵单元
    int len;                             // 顺序表长度
} *SqList;                               // 顺序表指针类型
```

10.2 插 入 排 序

10.2.1 直接插入排序

直接插入排序(straight insertion sort)是一种最简单的排序方法,它的基本操作是将一个记录插入已排好序的有序表中,从而得到一个新的、记录数增1的有序表。

例如,已知待排序的一组记录的初始排列如下所示:[1]

$$R(49), R(38), R(65), R(97), R(76), R(13), R(27), R(\overline{49}), \cdots \tag{10-4}$$

假设在排序过程中,前4个记录已按关键字递增的次序重新排列,构成一个含4个记录的有序序列

$$\{R(38), R(49), R(65), R(97)\} \tag{10-5}$$

现要将式(10-4)中第5个(即关键字为76的)记录插入上述序列,以得到一个新的含5个记录的有序序列,则首先要在式(10-5)的序列中进行查找以确定$R(76)$所应插入的位置,然后进行插入。假设从$R(97)$起向左进行顺序查找,由于$65<76<97$,则$R(76)$应插入$R(65)$和$R(97)$之间,从而得到下列新的有序序列

$$\{R(38), R(49), R(65), R(76), R(97)\} \tag{10-6}$$

称从式(10-5)到式(10-6)的过程为一趟直接插入排序。

一般情况下,第i趟直接插入排序的操作为:在含$i-1$个记录的有序子序列$r[1..i-1]$[2]中插入一个记录$r[i]$后,变成含i个记录的有序子序列$r[1..i]$;并且,和顺序查找类似,为了在查找插入位置的过程中避免数组下标出界,在$r[0]$处设置监视哨。在自$i-1$起往前搜索的过程中,可以同时后移记录。整个排序过程进行$n-1$趟插入,即先将序列中的第1个记录看成是一个有序的子序列,然后从第2个记录起逐个插入,直至整个序列变成按关键字非递减有序序列为止。具体实现如算法10.1所示。

```
void InsertSort(SqList L) {    // 对顺序表 L 进行直接插入排序
    for (int i=2; i<=L->len; ++i)
        if (LT(L->r[i], L->r[i-1])) {                 // "<",需将 L->r[i]插入有序子表
            L->r[0]=L->r[i];                           // 复制为哨兵
            L->r[i]=L->r[i-1];
            for (int j=i-2; LT(L->r[0], L->r[j]); --j)   // 记录若不小于哨兵
                L->r[j+1]=L->r[j];                       // 则后移
            L->r[j+1]=L->r[0];                           // 哨兵插入正确位置
        }
}
```

算法 10.1

---

① $R(x)$表示关键字为x的记录,以下同。

② $r[1..i-1]$表示参与排序的顺序表中下标$1\sim i-1$的记录序列,以后同。

以式(10-4)中关键字为例,按照算法 10.1 进行直接插入排序的过程如图 10.1 所示。[①]

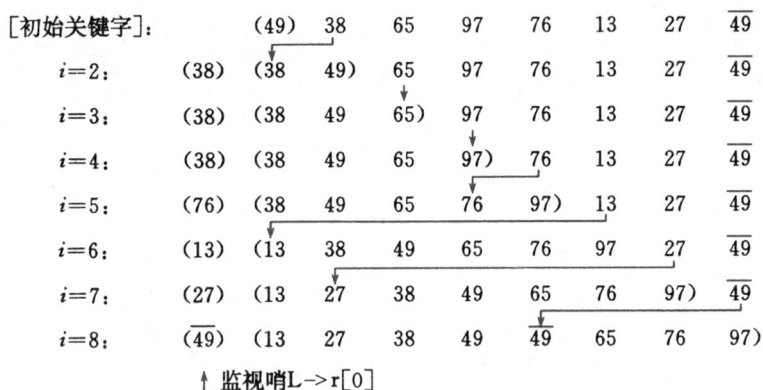

[初始关键字]:		(49)	38	65	97	76	13	27	$\overline{49}$
i=2:	(38)	(38	49)	65	97	76	13	27	$\overline{49}$
i=3:	(38)	(38	49	65)	97	76	13	27	$\overline{49}$
i=4:	(38)	(38	49	65	97)	76	13	27	$\overline{49}$
i=5:	(76)	(38	49	65	76	97)	13	27	$\overline{49}$
i=6:	(13)	(13	38	49	65	76	97)	27	$\overline{49}$
i=7:	(27)	(13	27	38	49	65	76	97)	$\overline{49}$
i=8:	($\overline{49}$)	(13	27	38	49	$\overline{49}$	65	76	97)

↑ 监视哨L->r[0]

图 10.1　直接插入排序的过程

从上面的叙述可见,直接插入排序的算法简洁,容易实现,那么它的效率如何呢?

从空间看,它只需要一个记录的辅助空间。从时间看,排序的基本操作:比较两个关键字的大小和移动记录。

先分析一趟插入排序的情况。算法 10.1 中里层的 for 循环的次数取决于待插记录的关键字与前 $i-1$ 个记录的关键字之间的关系。若 L->r[i].key<L->r[1].key,则内循环中,待插记录的关键字需与有序子序列 L->r[1..i−1]中 $i-1$ 个记录以及监视哨中的关键字进行比较,并将 L->r[1..i−1]中 $i-1$ 个记录全部后移。则在整个排序过程(进行 $n-1$ 趟插入排序)中,当待排序列中记录按关键字非递减有序排列(以下称为"正序")时,所需进行关键字间比较的次数达最小值 $n-1$ $\left(\text{即}\sum_{i=2}^{n}1\right)$,记录不需移动;反之,当待排序列中记录按关键字非递增有序排列(以下称为"逆序")时,总的比较次数达最大值 $(n+2)(n-1)/2\left(\text{即}\sum_{i=2}^{n}i\right)$,记录移动的次数也达最大值 $(n+4)(n-1)/2\left(\text{即}\sum_{i=2}^{n}(i+1)\right)$。若待排序记录是随机的,即待排序列中的记录可能出现的各种排列的概率相同,则可取上述最小值和最大值的平均值,作为直接插入排序时所需进行关键字间的比较次数和移动记录的次数,约为 $n^2/4$。由此,直接插入排序的时间复杂度为 $O(n^2)$。

10.2.2　其他插入排序

从以上讨论可见,直接插入排序算法简洁且容易实现。当待排序记录的数量 n 很小时,这是一种很好的排序方法。但是,通常待排序序列中的记录数量 n 很大,不宜采用直接插入排序。对直接插入排序的改进,可从减少比较和移动这两种基本操作的次数着眼,以下是几种其他插入排序方法。

1. 折半插入排序

插入排序的基本操作是在一个有序表中进行查找和插入。从 9.1 节的讨论可知,这个查找操作可利用折半查找来实现,由此进行的插入排序称为**折半插入排序**(binary insertion

① 为简便起见,图中省略记录 R 的符号,而只列其关键字。

sort)，其实现如算法 10.2 所示。

```
void BInsertSort(SqList L) {  // 对顺序表 L 进行折半插入排序
    for (int i=2; i<=L->len; ++i) {
        L->r[0]=L->r[i];                    // 将 L->r[i]暂存到 L->r[0]
        int low=1, high=i-1;                // 本次折半区间的起止位置
        while (low<=high) {                 // 在 r[low..high]中折半查找有序插入的位置
            int m =(low+high)/2;                                  // 折半点位
            if (LT(L->r[0], L->r[m])) high=m-1;                   // 插入点在低半区
            else low=m+1;                                         // 插入点在高半区
        }
        for (int j=i-1; j>=high+1; --j) L->r[j+1]=L->r[j];        // 较大的记录后移
        L->r[high+1]=L->r[0];                                     // 插入
    }
}
```

算法 10.2

从算法 10.2 容易看出，折半插入排序所需附加存储空间和直接插入排序相同，从时间上比较，折半插入排序仅减少了关键字间的比较次数，而记录的移动次数不变。因此，折半插入排序的时间复杂度仍为 $O(n^2)$。

2. 2-路插入排序

2-路插入排序是在折半插入排序的基础上再改进，其目的是减少排序过程中移动记录的次数，但为此需要 n 个记录的辅助空间。具体做法：另设一个和 L->r 同类型的数组 d，首先将 L->r[1]赋值给 d[1]，并将 d[1]看成是在排好序的序列中处于中间位置的记录，然后从 L->r 中第 2 个记录起依次插入 d[1]之前或之后的有序序列中。先将待插记录的关键字和 d[1]的关键字进行比较，若 L->r[i].key<d[1].key，则将 L->r[i]插入 d[1]之前的有序表中；反之，则将 L->r[i]插入 d[1]之后的有序表中。在实现算法时，可将 d 看成一个循环向量，并设两个指针 first 和 final 分别指示排序过程中得到的有序序列中的第一个记录和最后一个记录在 d 中的位置。具体算法留作习题由读者自己写出。

仍以式(10-4)中的关键字为例，进行 2-路插入排序的过程如图 10.2 所示。

在 2-路插入排序中，移动记录的次数约为 $n^2/8$。可见，只是减少移动记录的次数，而不能绝对避免移动记录。并且，当 L->r[1]是待排序记录中关键字最小或最大的记录时，2-路插入排序就完全失去它的优越性。因此，若希望在排序过程中不移动记录，只有改变存储结构，进行表插入排序。

3. 表插入排序

```
typedef struct {
    RcdType    rc;                                  // 记录项
    int  next;                                      // 指针项
} SLNode;                                           // 表结点类型
typedef struct {
    SLNode *r;                                      // 记录向量，0 号单元为表头结点
    int    len;                                     // 表长度
} *SLinkList;                                       // 静态链表类型
```

[初始关键字]: 49 38 65 97 76 13 27 $\overline{49}$

排序过程中 d 的状态如下:

i=1: (49)
first ↑ ↑ final

i=2: (49) (38)
final ↑ ↑first

i=3: (49 65) (38)
final ↑ ↑ first

i=4: (49 65 97) (38)
final ↑ ↑ first

i=5: (49 65 76 97) (38)
final ↑ ↑ first

i=6: (49 65 76 97) (13 38)
final ↑ ↑ first

i=7: (49 65 76 97) (13 27 38)
final ↑ ↑ first

i=8: (49 $\overline{49}$ 65 76 97 13 27 38)
final ↑ ↑ first

图 10.2 2-路插入排序示例

假设以上述**静态链表**类型作为待排记录序列的存储结构,并且,为了插入方便起见,设数组中下标为 0 的分量为表头结点,并令表头结点记录的关键字取最大整数 MAXINT。**表插入排序**的过程描述如下。

(1) 将静态链表中数组下标为 1 的分量(结点)和表头结点构成一个循环链表。

(2) 依次将下标为 2～n 的分量(结点)按记录关键字非递减有序插入循环链表中。

仍以式(10-4)中的关键字为例,表插入排序的过程如图 10.3 所示(图中省略记录的其他数据项,表头结点的∞表示 MAXINT),右侧的链表示意了每一个记录插入后的链表状态变化。表插入排序的实现如算法 10.3 所示。

```
void InsertSort_SL(SLinkList SL) {                          // 表插入排序
    SL->r[0].rc.key=INT_MAX;                                // 初始化头结点
    SL->r[0].next=1;                                        // 头结点指向首个记录
    SL->r[1].next=0;                                       // 首个记录指回头结点,构成循环链表
    for (int i=2;  i<=SL->len; i++) {                       // 第 i 个记录插入有序子表
        int pj=0, j=SL->r[0].next;                          // 从首个记录开始查找插入位置
        while (LQ(SL->r[j].rc, SL->r[i].rc)) {              // 比较关键字
            pj=j;  j=SL->r[j].next;                         // 指示有序子表的下一个记录
        }
        SL->r[i].next=j;                                    // 插入第 i 个记录
        SL->r[pj].next=i;
    }
}
```

算法 10.3

从表插入排序的过程可见,表插入排序的基本操作仍是将一个记录插入已排好序的有序表中。和直接插入排序相比,不同之处仅是以修改 $2n$ 次指针值代替移动记录,排序过程中所需进行的关键字间的比较次数相同。因此,表插入排序的时间复杂度仍是 $O(n^2)$。

另一方面,表插入排序的结果只是求得一个有序链表,只能对它进行顺序查找,不能进

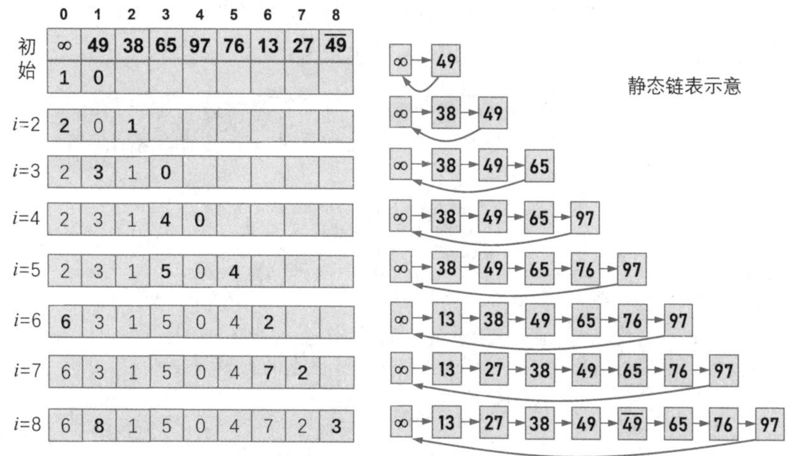

图 10.3　表插入排序示例

行随机查找，为了能实现有序表的折半查找，尚需对记录进行重新排列。

重排记录的做法：顺序扫描有序链表，将链表中第 i 个结点移动至数组的第 i 个分量中。例如，图 10.4(a)是经表插入排序后得到的有序链表 SL。根据头结点中指针域的指示，链表的第一个结点，即关键字最小的结点是数组中下标为 6 的分量，其中记录应移至数组的第一个分量中，则将 SL->r[1]和 SL->r[6]互换，并且为了不中断静态链表中的“链”，即在继续顺链扫描时仍能找到互换之前在 SL->r[1]中的结点，令互换之后的 SL->r[1]中指针域的值改为 6（见图 10.4(b)）。推广至一般情况，若第 i 个最小关键字的结点是数组中下标为 p 且 $p>i$ 的分量，则互换 SL->r[i]和 SL->r[p]，且令 SL->r[i]中指针域的值改为 p；由于此时数组中所有小于 i 的分量中已是“到位”的记录，则当 $p<i$ 时，应顺链继续查找直到 $p\geqslant i$ 为止。图 10.4 展示了重排排序后的静态链表数组中记录为顺序有序的过程。

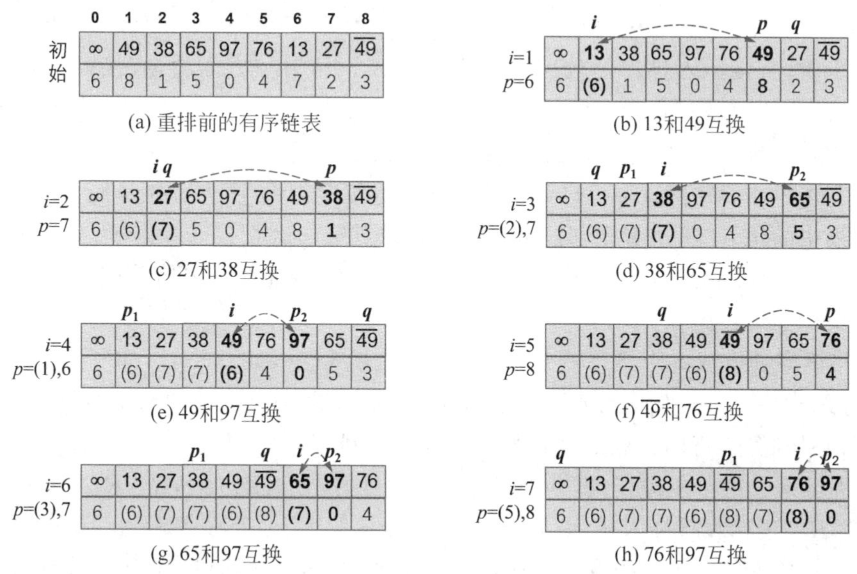

(a) 重排前的有序链表
(b) 13和49互换
(c) 27和38互换
(d) 38和65互换
(e) 49和97互换
(f) $\overline{49}$和76互换
(g) 65和97互换
(h) 76和97互换

图 10.4　重排有序静态链表数组中记录的过程

算法 10.4 描述了上述重排记录的过程。容易看出，在重排记录的过程中，最坏情况是每个记录到位都必须进行一次记录的交换，即 3 次移动记录，所以重排记录至多需进行 $3(n-1)$ 次记录的移动，它并不增加表插入排序的时间复杂度。

```
void Arrange(SLinkList SL) {                // 重排有序静态链表 SL 为有序顺序表
    int p=SL->r[0].next;                    // p 指示第一个记录的当前位置
    for (int i=1; i<SL->len; ++i) {
        // SL->r[1..i-1]中记录已按关键字有序排列,第 i 个记录在 SL 中的当前位置应不小于 i
        while (p<i) p=SL->r[p].next;    // 找到第 i 个记录,并用 p 指示其在 SL 当前位置
        int q=SL->r[p].next;            // q 指示尚未调整的表尾
        if (p!=i) {
            swap(SL->r, p, i);          // 交换 SL->r[p]和 SL->r[i]
            SL->r[i].next=p;            // 指向被移走的记录,使得以后可由 while 循环找回
        }
        p=q;                            // p 指示尚未调整的表尾,为找第 i+1 个记录做准备
    }
}
```

算法 10.4

10.2.3 希尔排序

希尔排序（Shell's sort，因 D. L. Shell 于 1959 年提出该算法而得名）又称**缩小增量排序**（diminishing increment sort），它也是一种属插入排序类的方法，但在时间效率上较前述几种方法有较大改进。

从对直接插入排序的分析得知，其算法时间复杂度为 $O(n^2)$，但是，若待排记录序列为正序时，其时间复杂度可提高至 $O(n)$。由此可设想，若待排记录序列按关键字“基本有序”，即序列中具有下列特性

$$L->r[i].key < \max_{1\leqslant j<i}\{ L->r[j].key \} \tag{10-7}$$

的记录较少时，直接插入排序的效率就可大大提高。从另一方面看，直接插入排序算法简单，其在 n 值很小时效率也比较高。正是基于这两个特点，对直接插入排序进行改进得到的一种称为希尔排序的插入排序方法。

它的基本思想：先将整个待排记录序列分割成为若干子序列分别进行直接插入排序，待整个序列中的记录“基本有序”时，再对全体记录进行一次直接插入排序。

仍以式(10-4)中的关键字为例，先看一下希尔排序的过程。初始关键字序列如图 10.5 的第 1 行所示。

(1) 将该序列分成 5 个子序列$\{R_1,R_6\}$，$\{R_2,R_7\}$，…，$\{R_5,R_{10}\}$，如图 10.5 的第 2～6 行所示，分别对每个子序列进行直接插入排序，排序结果如图 10.5 的第 7 行所示，从第 1 行的初始序列得到第 7 行的序列的过程称为一趟希尔排序。

(2) 进行第二趟希尔排序，即分别对下列 3 个子序列：$\{R_1,R_4,R_7,R_{10}\}$，$\{R_2,R_5,R_8\}$和$\{R_3,R_6,R_9\}$进行直接插入排序，其结果如图 10.5 的第 11 行所示。

(3) 对整个序列进行一趟直接插入排序。至此，希尔排序结束，整个序列的记录已按关键字非递减有序排列。

从上述排序过程可见，希尔排序的一个特点：子序列的构成不是简单地“逐段分割”，而

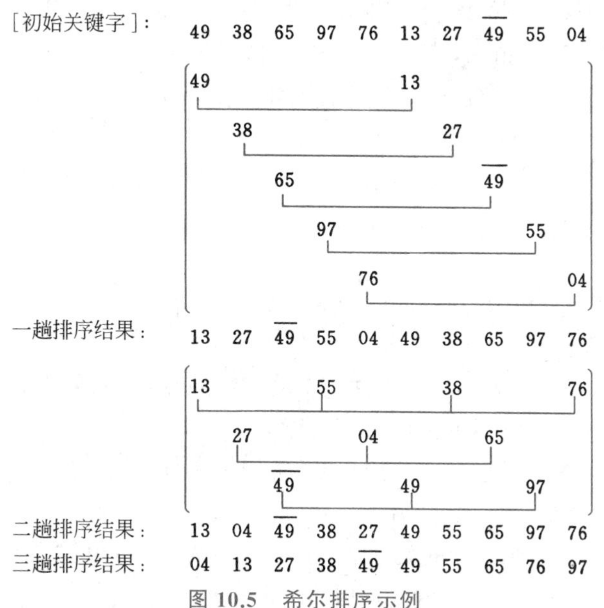

图 10.5 希尔排序示例

是将相隔某个序号"增量"的记录组成一个子序列。如上例中,第一趟排序时的增量为 5,第二趟排序时的增量为 3。由于在前两趟的插入排序中记录的关键字是和同一子序列中的前一个记录的关键字进行比较,因此从整个序列来看,关键字较小的记录就不是一步一步地往前挪动,而是跳跃式地往前移,从而使得在进行最后一趟增量为 1 的插入排序时,序列已基本有序,只要做记录的少量比较和移动即可完成排序,因此希尔排序的时间复杂度较直接插入排序低。

可以把算法 10.1 看成是固定增量为 1 的一趟希尔排序。将增量参数化,就可以改写成任意指定增量的一趟希尔排序算法。希尔排序的实现如算法 10.5。

```
void ShellInsert(SqList L, int dk) {    // 对顺序表 L 进行一趟增量为 dk 的希尔插入排序
    // 本算法对算法 10.1 做了以下修改
    // (1) 前后记录位置的增量是 dk,而不是 1
    // (2) r[0]只是暂存单元,不是哨兵。当 j≤0 时,插入位置已找到
    for (int i=dk+1; i<=L->len; ++i)
        if (LT(L->r[i], L->r[i-dk])) {// 需将 L->r[i]插入有序增量子表
            L->r[0]=L->r[i];                // 暂存在 L->r[0]
            L->r[i]=L->r[i-dk];
            for (int j=i-2*dk; j>0 && LT(L->r[0], L->r[j]); j-=dk)
                L->r[j+dk]=L->r[j];     // 记录后移,查找插入位置
            L->r[j+dk]=L->r[0];          // 插入
        }
}
void ShellSort(SqList L, int d[], int t) {      // 按增量序列 d[0..t-1]对 L 做希尔排序
    for (int k=0; k<t; ++k) ShellInsert(L, d[k]);          // 做 t 趟缩小增量插入排序
}
```

算法 10.5

希尔排序的分析较为复杂,它所需时间是所用"增量"序列和待排记录序列的函数,难以

严格确定其下界，尚未有一种“最好”通用增量序列，但大量的研究已得出一些局部的结论。如有人指出，当增量序列为 dlta[k]$=2^{t-k+1}-1$ 时，希尔排序的时间复杂度为 $O(n^{3/2})$，其中 t 为排序趟数，$1\leqslant k\leqslant t\leqslant\lfloor\log_2(n+1)\rfloor$。还有人在大量的实验基础上推出：当 n 在某个特定范围内，希尔排序所需的比较和移动次数约为 $n^{1.3}$，当 $n\to\infty$ 时，可减少到 $n(\log_2 n)2^{[2]}$。增量序列可以有各种取法①，但需注意：应使增量序列中的值没有除 1 之外的公因子，并且最后一个增量值必须等于 1。

10.3 快速排序

本节讨论一类基于“交换”的排序方法，其中最简单的就是人们熟知的起泡排序（bubble sort），也称冒泡排序。起泡排序的过程很简单：

首先将第一个记录的关键字和第二个记录的关键字进行比较，若为逆序（即 L->r[1].key>L->r[2].key），则将两个记录交换，然后比较第二个记录和第三个记录的关键字。依次类推，直至第 $n-1$ 个记录和第 n 个记录的关键字进行过比较为止。上述过程称作第一趟起泡排序，其结果使得关键字最大的记录被安置到最后一个记录的位置上。

然后进行第二趟起泡排序，对前 $n-1$ 个记录进行同样操作，其结果是使关键字次大的记录被安置到第 $n-1$ 个记录的位置上。

一般地，第 i 趟起泡排序是从 L->r[1]到 L->r[n－i＋1]依次比较相邻两个记录的关键字，并在“逆序”时交换相邻记录，其结果是这 $n-i+1$ 个记录中关键字最大的记录被交换到第 $n-i+1$ 的位置上。整个排序过程需进行 $k(1\leqslant k<n)$趟起泡排序，显然，判别起泡排序结束的条件应该是“在一趟排序过程中没有进行过交换记录的操作”。图 10.6 展示了起泡排序的一个实例。从图中可见，在起泡排序的过程中，关键字较小的记录好比水中气泡逐趟向上漂浮，而关键字较大的记录好比石块往下沉，每一趟有一块“最大”的石头沉到水底（请参见“1.4.3 节算法效率的度量”中起泡排序的算法）。

分析起泡排序的效率，容易看出，若初始序列为“正序”序列，则只需进行一趟排序，在排序过程中进行 $n-1$ 次关键字间的比较，且不移动记录；反之，若初始序列为“逆序”序列，则需进行 $n-1$ 趟排序，要进行 $\sum_{i=n}^{2}(i-1)=n(n-1)/2$ 次比较，并做等数量级的记录移动。因此，总的时间复杂度为 $O(n^2)$。

快速排序（quick sort，由 Tony Hoare 于 1962 年提出）是对起泡排序的一种经典改进。它的基本思想是，通过一趟排序将待排记录分割成独立的两部分，其中一部分记录的关键字均比另一部分记录的关键字小，则可分别对这两部分记录继续进行排序，以达到整个序列有序。

假设待排序的序列为

$$\{L\text{->}r[s],L\text{->}r[s+1],\cdots,L\text{->}r[t]\}\tag{10-8}$$

① 其他增量序列如：

…,9,5,3,2,1　dlta[k]$=2^{t-k}+1$　$0\leqslant k\leqslant t\leqslant\lfloor\log_2(n-1)\rfloor$

…,40,13,4,1　dlta[k]$=\frac{1}{2}(3^{t-k}-1)$　$0\leqslant k\leqslant t\leqslant\lfloor\log_3(2n+1)\rfloor$

初始关键字	第一趟排序后	第二趟排序后	第三趟排序后	第四趟排序后	第五趟排序后	第六趟排序后
49	38	38	38	38	13	13
38	49	49	49	13	27	27
65	65	65	13	27	38	38
97	76	13	27	49	49	
76	13	27	49	49		
13	27	49	65			
27	49	76				
49	97					

图 10.6 起泡排序示例

首先任意选取一个记录(通常可选第一个记录 L->r[s])作为枢轴(或支点,pivot),然后按下述原则重新排列其余记录：将所有关键字较它小的记录都安置在它的位置之前,将所有关键字较它大的记录都安置在它的位置之后。由此,该"枢轴"记录最后所落的位置 i 作分界线,将序列(10-8)分割成两个子序列

$$\{L->r[s],L->r[s+1],\cdots,L->r[i-1]\}$$

和

$$\{L->r[i+1],L->r[i+2],\cdots,L->r[t]\}$$

这个过程称作一趟快速排序(或一次划分)。

一趟快速排序的具体做法：附设两个指针 low 和 high,它们的初值分别为 low 和 high,设枢轴记录的关键字为 pivotkey,则首先从 high 所指位置起向前搜索找到第一个关键字小于 pivotkey 的记录和枢轴记录互相交换,然后从 low 所指位置起向后搜索,找到第一个关键字大于 pivotkey 的记录和枢轴记录互相交换,重复这两步直至 low=high 为止。其实现如算法 10.6(a)所示。

```
int Partition(SqList L, int low, int high) {
    // 交换顺序表 L 中子序列 L.r[low..high]的记录,使枢轴记录到位,并返回其所在位置
    // 此时,在它之前(后)的记录均不大(小)于它
    KeyType pivotkey=L->r[low].key;             // 用子表的第一个记录作枢轴记录
    while (low<high) {                          // 从表的两端交替地向中间扫描
        while (low<high && L->r[high].key>=pivotkey) --high;   // 自高向低扫描
        swap(L->r, low, high);                  // 将比枢轴记录小的记录交换到低端
        while (low<high && L->r[low].key<=pivotkey) ++low;   // 自低向高扫描
        swap(L->r, low, high);        // 将比枢轴记录大的记录交换到高端
    }
    return low;                       // 返回枢轴所在位置
}
```

算法 10.6(a)

具体实现上述算法时,每交换一对记录需进行 3 次记录移动(赋值)的操作。而实际上,在排序过程中对枢轴记录的赋值是多余的,因为只有在一趟排序结束时,即 low=high 的位

置才是枢轴记录的最后位置。由此可改写上述算法，先将枢轴记录暂存在 r[0]，排序过程中只做 r[low]或 r[high]的单向移动，直至一趟排序结束后再将枢轴记录移至正确位置上。如算法 10.6 (b)所示。

```
int Partition(SqList L, int low, int high) {
    // 交换顺序表 L 中子序列 L->r[low..high]的记录，使枢轴记录到位，并返回其所在位置，
    // 此时，在它之前(后)的记录均不大(小)于它
    L->r[0]=L->r[low];                              // 用子表的第一个记录作枢轴记录
    KeyType pivotkey=L->r[low].key;                 // 枢轴记录关键字
    while (low<high) {                              // 从表的两端交替地向中间扫描
        while (low<high && L->r[high].key>=pivotkey) --high;
        L->r[low]=L->r[high];                       // 将比枢轴记录小的记录移到低端
        while (low<high && L->r[low].key<pivotkey) ++low;
        L->r[high]=L->r[low];                       // 将比枢轴记录大的记录移到高端
    }
    L->r[low]=L->r[0];                              // 枢轴记录到位
    return low;                                     // 返回枢轴位置
}
```

算法 10.6(b)

以式(10-4)中的关键字为例，一趟快速排序的过程如图 10.7(a)所示。整个快速排序的过程可递归进行。若待排序列中只有一个记录，显然已有序，否则进行一趟快速排序后再分别对分割所得的两个子序列进行快速排序，如图 10.7(b)所示。

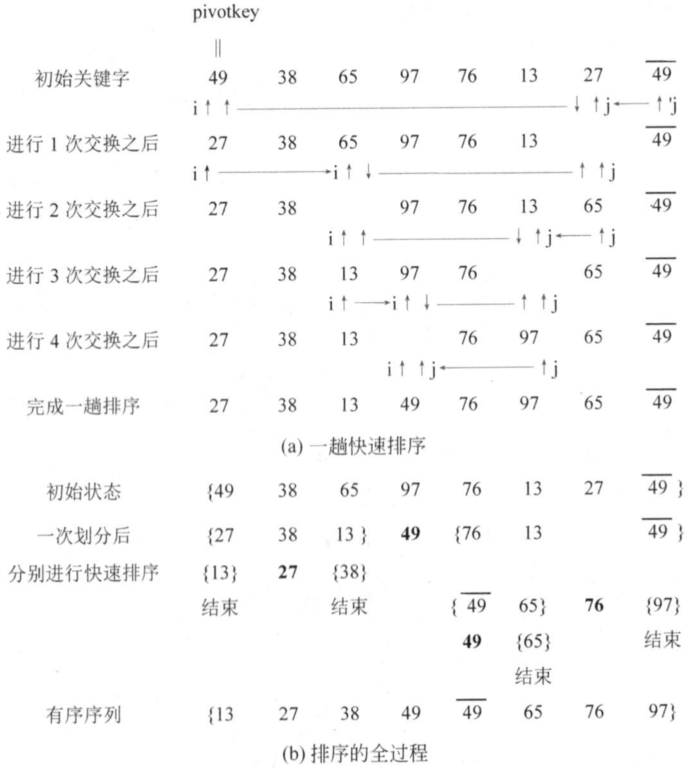

	pivotkey ‖							
初始关键字	49	38	65	97	76	13	27	$\overline{49}$
	i↑ ↑——						↓ ↑j←	↑j
进行 1 次交换之后	27	38	65	97	76	13		$\overline{49}$
	i↑ ——	→i↑ ↓ ——					↑ ↑j	
进行 2 次交换之后	27	38		97	76	13	65	$\overline{49}$
			i↑ ↑——			↓ ↑j←	↑j	
进行 3 次交换之后	27	38	13	97	76		65	$\overline{49}$
			i↑ →	i↑ ↓ ——		↑ ↑j		
进行 4 次交换之后	27	38	13		76	97	65	$\overline{49}$
				i↑ ↑j←——		↑j		
完成一趟排序	27	38	13	49	76	97	65	$\overline{49}$

(a) 一趟快速排序

初始状态	{49	38	65	97	76	13	27	$\overline{49}$ }
一次划分后	{27	38	13 }	**49**	{76	13		$\overline{49}$ }
分别进行快速排序	{13}	**27**	{38}					
	结束		结束		{ $\overline{49}$	65}	**76**	{97}
					49	{65}		结束
						结束		
有序序列	{13	27	38	49	$\overline{49}$	65	76	97}

(b) 排序的全过程

图 10.7 快速排序示例

递归形式的快速排序算法如算法 10.7 所示。

```
void QSort(SqList L, int low, int high) {
    // 对顺序表 L 中的子序列 L->r[low..high]进行快速排序
    if (low <high) {                                        // 若区间长度大于 1
        int pivotloc=Partition(L, low, high);     // 则将 L->r[low..high]一分为二
        QSort(L, low, pivotloc-1);             // 对低子表递归排序,pivotloc 是枢轴位置
        QSort(L, pivotloc+1, high);                       // 对高子表递归排序
    }
}
void QuickSort(SqList L) {                                  // 对顺序表 L 进行快速排序
    QSort(L, 1, L->len);
}
```

算法 10.7

快速排序的平均时间为 $T_{avg}(n)=kn\ln n$,其中 n 为待排序序列中的记录个数,k 为某个常数。经验表明,在所有同数量级的此类(先进的)排序方法中,快速排序的常数因子 k 最小。因此,就平均时间而言,快速排序是目前被认为最好的一种内部排序方法。

下面分析快速排序的平均时间性能。

假设 $T(n)$为对 n 个记录 L->r[1..n]进行快速排序所需时间,则由算法 QuickSort 可见

$$T(n)=T_{pass}(n)+T(k-1)+T(n-k)$$

其中,$T_{pass}(n)$为对 n 个记录进行一趟划分 Partition(L,1,n)所需时间,从算法中可见,它和记录数 n 成正比,可以 cn 表示之(c 为某个常数);$T(k-1)$和 $T(n-k)$分别为对 L->r[1..k-1]和 L->r[k+1..n]中记录进行快速排序 QSort(L,1,$k-1$)和 QSort(L,$k+1$,n)所需时间。假设待排序列中的记录是随机排列的,则在一趟排序之后,k 取 1～n 任何一值的概率相同,快速排序所需时间的平均值则为

$$\begin{aligned}T_{avg}(n)&=cn+\frac{1}{n}\sum_{k=1}^{n}[T_{avg}(k-1)+T_{avg}(n-k)]\\&=cn+\frac{2}{n}\sum_{i=0}^{n-1}T_{avg}(i)\end{aligned}\tag{10-9}$$

假定 $T_{avg}(1)\leqslant b$ (b 为某个常量),类同式(9-19)的推导,由式(10-9)可推出

$$\begin{aligned}T_{avg}(n)&=\frac{n+1}{n}T_{avg}(n-1)+\frac{2n-1}{n}c\\&<\frac{n+1}{2}T_{avg}(1)+2(n+1)\left(\frac{1}{2}+\frac{1}{3}+\cdots+\frac{1}{n+1}\right)c\\&<\left(\frac{b}{2}+2c\right)(n+1)\ln(n+1)\quad n\geqslant 2\end{aligned}\tag{10-10}$$

通常,快速排序被认为是,在所有同数量级($O(n\log n)$)的排序方法中,其平均性能最好。但是,若初始记录序列按关键字有序或基本有序时,快速排序将蜕化为起泡排序,其时间复杂度为 $O(n^2)$。为改进之,通常依“三者取中”的法则来选取枢轴记录,即比较 L->r[s].key、L->r[t].key 和 L->r$\left[\left\lfloor\frac{s+t}{2}\right\rfloor\right]$.key,取三者中关键字为中值的记录作为枢轴,只将该记录和 L->r[s]互换,算法 10.6(b)不变。经验证明,采用三者取中的规则可大大改善快

速排序在最坏情况下的性能。然而，即使如此，也不能使快速排序在待排记录序列已按关键字有序的情况下达到 $O(n)$ 的时间复杂度。为此，可如下所述修改"一次划分"算法：在指针 high 减 1 和 low 增 1 的同时进行"起泡"操作，即在相邻两个记录处于"逆序"时进行互换，同时在算法中附设两个布尔型变量分别指示指针 low 和 high 在从两端向中间的移动过程中是否移动过交换记录。若指针 low 在从低端向中间的移动过程中没有移动记录，则不再需要对低端子表进行排序；类似地，若指针 high 在从高端向中间的移动过程中没有移动记录，则不再需要对高端子表进行排序。显然，如此"划分"将进一步改善快速排序的平均性能。

由以上讨论可知，从时间上看，快速排序的平均性能优于前面讨论过的各种排序方法；从空间上看，前面讨论的各种方法，除 2-路插入排序之外，都只需要一个记录的附加空间即可，但快速排序需一个栈空间来实现递归。若每一趟排序都将记录序列均匀地分割成长度相接近的两个子序列，则栈的最大深度为 $\lfloor \log_2 n \rfloor + 1$（包括最外层参数进栈）。但是，若每趟排序之后，枢轴位置均偏向子序列的一端，则为最坏情况，栈的最大深度为 n。如果改写算法 10.7，在一趟排序之后比较分割所得两部分的长度，且先对长度短的子序列中的记录进行快速排序，则栈的最大深度可降为 $O(\log n)$。

10.4 选择排序

选择排序（selection sort）的基本思想：每一趟在 $n-i+1(i=1,2,\cdots,n-1)$ 个记录中选取关键字最小的记录作为有序序列中第 i 个记录。其中，最简单且为读者最熟悉的是简单选择排序（simple selection sort）。

10.4.1 简单选择排序

一趟简单选择排序的操作：通过 $n-i$ 次关键字间的比较，从 $n-i+1$ 个记录中选出关键字最小的记录，并和第 i $(1 \leqslant i \leqslant n)$ 个记录交换。

显然，对 L->r[1..n]中记录进行简单选择排序的算法：令 i 为 $1 \sim n-1$，进行 $n-1$ 趟选择操作，如算法 10.8 所示。容易看出，简单选择排序过程中，每次能让一个记录准确到位，所需进行记录移动的操作次数较少，其最小值为 0，最大值为 $3(n-1)$。然而，无论记录的初始排列如何，所需进行的关键字间的比较次数相同，均为 $n(n-1)/2$。因此，总的时间复杂度也是 $O(n^2)$。

```
int SelectMinKey(SqList L,int i) {      // 返回 L->r[i..L->len]中 key 最小的记录
    for (int t=i+1; t<=L->len; t++)
        if (L->r[i].key >L->r[t].key) i=t;
    return i;
}
void SelectSort(SqList L) {             // 对顺序表 L 进行简单选择排序
    for (int i=1; i<L->len; ++i) {      // 选择第 i 小的记录,并交换到位
        int j=SelectMinKey(L, i);       // 在 L->r[i..L->len]中选择 key 最小的记录
        if (i!=j) swap(L->r, i, j);     // 交换 L->r[i]和 L->r[j]; 与第 i 个记录交换
    }
}
```

算法 10.8

那么，能否加以改进呢？关键是改造 $O(n)$ 的 SelectMinKey 函数，设法降低至 $O(\log n)$。

选择排序的主要操作是进行关键字间的比较，因此改进简单选择排序应从如何减少“比较”出发考虑。显然，在 n 个关键字中选出最小值，至少进行 $n-1$ 次比较。然而，继续在剩余的 $n-1$ 个关键字中选择次小值就并非一定要进行 $n-2$ 次比较，若能利用前 $n-1$ 次比较所得信息，则可减少以后各趟选择排序中所用的比较次数。

实际上，体育比赛中的锦标赛（淘汰赛）便是一种选择排序。例如，在 8 个运动员中决出前 3 名至多需要 11 场比赛，而不是 7+6+5=18 场比赛（它的前提是，若乙胜丙，甲胜乙，则认为甲必能胜丙）。图 10.8(a) 中最低层叶节点的 8 个选手两两之间经过第一轮的 4 场比赛之后，选拔出 4 个优胜者 CHA、BAO、DIAO 和 WANG，然后经过两场半决赛和一场决赛之后，选拔出冠军 BAO。显然，按照锦标赛的传递关系，亚军只能产生于分别在决赛、半决赛和第一轮比赛中输给冠军的选手中。由此，在经过 CHA 和 LIU、CHA 和 DIAO 的两场比赛之后，选拔出亚军 CHA，同理，选拔季军的比赛只要在 ZHAO、LIU 和 DIAO 3 个选手之间进行即可。按照这种锦标赛的思想可导出树状选择排序。

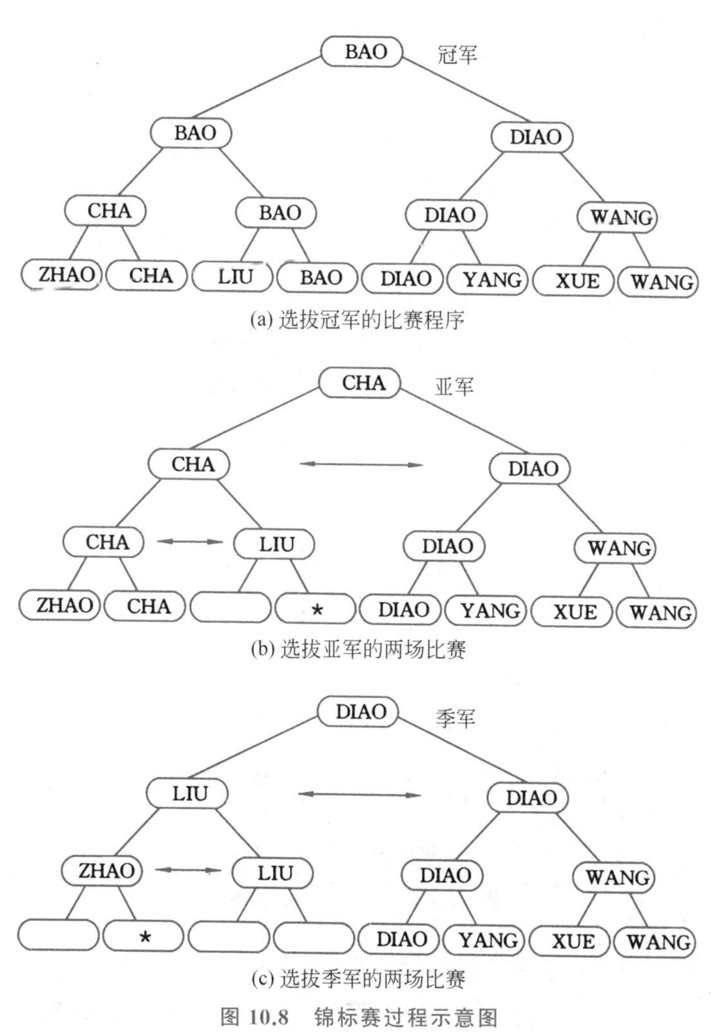

图 10.8　锦标赛过程示意图

10.4.2 树状选择排序

树状选择排序(tree selection sort),又称锦标赛排序(tournament sort),是一种按照锦标赛的思想进行选择排序的方法。首先对 n 个记录的关键字进行两两比较,然后在其中 $\left\lceil \frac{n}{2} \right\rceil$ 个较小者之间再进行两两比较,如此重复,直至选出最小关键字的记录为止。这个过程可用一棵有 n 个叶节点的完全二叉树表示。

例如,图 10.9(a)中的二叉树表示从 8 个关键字中选出最小关键字的过程。8 个叶节点中依次存放排序之前的 8 个关键字,每个非终端节点中的关键字均等于其左右孩子节点中较小的关键字,则根节点中的关键字即为叶节点中的最小关键字。在输出最小关键字之后,根据关系的可传递性,欲选出次小关键字,仅需将叶节点中的最小关键字(13)改为最大值,然后从该叶节点开始,和其左(或右)兄弟的关键字进行比较,修改从叶节点到根的路径上各节点的关键字,则根节点的关键字即为次小关键字。同理,可依次选出从小到大的所有关键字(参见图 10.9(b)和图 10.9(c))。

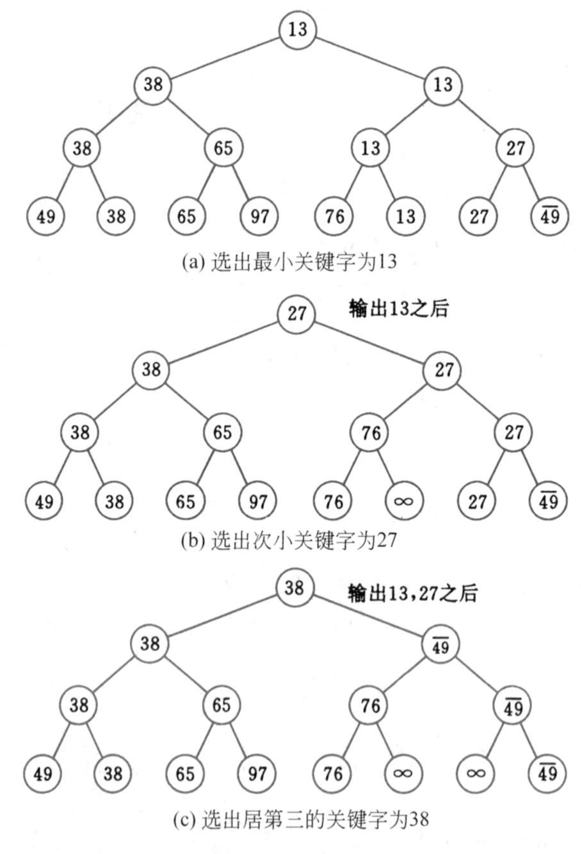

(a) 选出最小关键字为13

(b) 选出次小关键字为27

(c) 选出居第三的关键字为38

图 10.9 树状选择排序示例

由于含 n 个叶节点的完全二叉树的深度为$\lceil \log_2 n \rceil+1$,则在树状选择排序中,除了最小关键字之外,每选择一个次小关键字仅需进行$\lceil \log_2 n \rceil$次比较,因此,它的时间复杂度为 $O(n\log n)$。但是,这种排序方法尚有辅助存储空间较多和最大值进行多余的比较等缺点。

为了弥补，威洛姆斯(J.Willioms)在1964年提出了另一种形式的选择排序——堆排序。

这可以借鉴6.4节的堆及其删除堆顶节点操作DelTop。

10.4.3 堆排序

堆排序(heap sort)是基于6.4节的堆数据结构的原地排序(只需要一个记录大小的辅助空间)。堆本质上是一个记录(元素)顺序表，但在逻辑上是将其视为一棵按堆的性质组建的完全二叉树的顺序存储结构。整棵树是平衡的，而且对空间的利用率也很高。

一个基于大顶堆的排序算法的思路很简洁。

(1) 利用6.4节介绍的构造堆的算法，把顺序表转换为一个堆。

(2) 把堆顶最大记录取出来，再把剩余的记录重调成堆。

(3) 如此下去，直到堆为空。

对应环节(1)，可以利用建堆函数MakeHeap(L)以$O(n)$的时间把一个待排序的顺序表L改造成堆。在环节(2)，每次都应该把堆顶最大记录取出来，放到当前待排序区间的末位。假设n个记录存储在区间$1\sim n$的位置上。把1号单元的堆顶记录取出来时，应该把它与第n个单元的记录交换位置，以便再度调堆，但这时堆中记录的个数减为$n-1$。再取出堆顶新的最大记录，并交换放到第$n-1$个位置。依次移除(交换)剩下的元素之后，就排出了一个由小到大排列的序列。显然，升(降)序排序要采用大(小)顶堆。图10.10展示了一个堆排序示例。

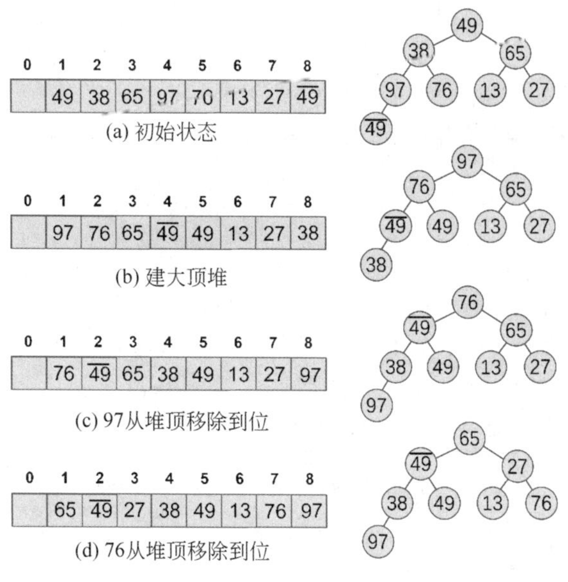

图10.10 堆排序示例

根据以上分析和观察示例，每次堆顶和堆末记录交换后，堆的长度减1，然后可调用SiftDown调堆。可把堆定义为顺序表类型，初始建堆只是堆化改造待排序的顺序表，而不需另建新堆，只需在堆排序前暂存顺序表的长度值，排序后再予以恢复即可。算法10.9仅调用堆的建堆和调堆两个函数就巧妙地实现了对一个顺序表的堆排序。

```
typedef SqList, Heap;              // 堆定义为顺序表类型
void HeapSort(SqList H) {          // 对顺序表 H 进行堆排序
    int len=L->len;                //保存表长(排序过程中表长递减)
    Heap H=MakeHeap(L);            // 把 L->r[1..L->len]改建为大顶堆(返回堆结构体)
    while (H->len>1) {             // 通过交换和调堆,依次令堆顶记录按序到位
        swapElem(H, 1, H->len);        // 将堆顶和堆末记录 Hr[H->len]交换,并 H->len 减 1
        H->len--;
        SiftDown(H, 1);            // 将余下尚未到位的记录重新调整为大顶堆
    }
    L->len=len;                    // 恢复表长
}
```

算法 10.9

堆排序的运行时间主要耗费在初始化堆和调堆时反复进行的 SiftDown 上。对深度为 k 的堆,每次 SiftDown 进行的关键字比较次数至多为 $2(k-1)$次,故在建含 n 个元素、深度为 h 的堆时,总共进行的关键字比较次数不超过 $4n$。① 而 n 个节点的完全二叉树的深度为 $\lfloor \log_2 n \rfloor+1$,排序时调用 SiftDown 过程 $n-1$ 次,总共进行的比较次数不超过下式之值:

$$2\left(\lfloor \log_2(n-1)\rfloor+\lfloor \log_2(n-2)\rfloor+\cdots+\log_2 2\right)<2n\left(\lfloor \log_2 n\rfloor\right)$$

相比直接选择排序,堆排序把每次选择当前最大记录的时间降为 $O(\log n)$,其最佳、平均、最差执行时间均为 $O(n\log n)$,这是堆排序的最大优点。虽然在平均情况下它的常数因子比快速排序要大一些,但能发挥其特长的典型应用场景有(不限于此):

(1) n 较大时,求前 k 个最大(小)值,只需执行堆排序的前 k 趟。

(2) n 较大时,可以先用快速排序将记录序列进行若干趟划分后,再对较短的子序列进行堆排序,这可回避快速排序可能的最坏情况。

(3) n 大到不适合仅在内存排序时,可将堆排序扩展为支持外部排序的结构,详见第 11 章。

10.5 归并排序

归并排序(merge sort)是又一类不同的排序方法。"归并"的含义是将两个或两个以上的有序表组合成一个新的有序表。它的实现方法早已为读者所熟悉,无论是顺序存储结构还是链表存储结构,都可在 $O(m+n)$②的时间量级上实现。利用归并的思想容易实现排序。假设初始序列含 n 个记录,则可看成是 n 个有序的子序列,每个子序列的长度为 1,然后两两归并,得到$\left\lceil \frac{n}{2}\right\rceil$个长度为 2 或 1 的有序子序列;再两两归并,……,如此重复,直至得到一个长度为 n 的有序序列为止,这种排序方法称为 2-路归并排序。例如,图 10.11 为 2-路归并排序的一个例子。

2-路归并排序中的核心操作是将一维数组中前后相邻的两个有序序列归并为一个有

① 由于第 i 层上的节点数至多为 2^{i-1},以它们为根的二叉树的深度为 $h-i+1$,则调用$\lfloor n/2\rfloor$次 SiftDown 时总共进行的关键字比较次数不超过下式之值:

$$\sum_{i=h-1}^{1}2^{i-1}\cdot 2(h-i)=\sum_{i=h-1}^{1}2^{i}\cdot(h-i)=\sum_{j=1}^{h-1}2^{h-j}\cdot j\leqslant(2n)\sum_{j=1}^{h-1}\frac{j}{2^{j}}\leqslant 4n$$

② 假设两个有序表的长度分别为 m 和 n。

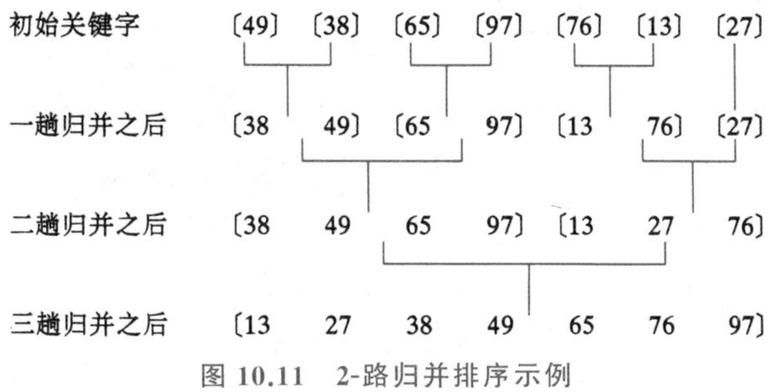

图 10.11　2-路归并排序示例

序序列，其算法(类似于算法 2.7)如算法 10.10 所示。

```
RcdType * auxR;                                 // 作为辅助数组的全局指针变量
void Merge(RcdType R[], int i, int m, int n) {
    // 将有序的 R[i..m]和 R[m+1..n]归并为有序的 R[i..n]
    int j, k;
    for (j=i; j<=n; ++j) auxR[j]=R[j];          // 将 R[i..n]复制到 auxR[i..n]
    for (j=m+1, k=i; i<=m && j<=n; ++k)
        // 归并 auxR[i..m]和 auxR[m+1..n]到 R[i..n]
        if (auxR[i].key<=auxR[j].key) R[k]=auxR[i++];
        else R[k]=auxR[j++];
    while (k<=n && i<=m) R[k++]=auxR[i++];      // 剩余的记录复制到 R
    while (k<=n && j<=n) R[k++] =auxR[j++];     // 将剩余的 auxR[j..n]复制到 R
}
```

算法　10.10

在一趟归并排序，调用$\left\lceil \frac{n}{2h} \right\rceil$次算法 merge，先将 R[1..n]复制到 auxR[1..n]，然后对其中前后相邻且长度为 h 的有序段进行两两归并，得到前后相邻、长度为 $2h$ 的有序段，并存回 $R[1..n]$中，整个归并排序需进行$\lceil \log_2 n \rceil$趟。可见，实现归并排序需要与待排记录等数量的辅助空间，而其时间复杂度为 $O(n\log n)$。

递归形式的 2-路归并排序的算法如算法 10.11 所示。

```
void MSort(RcdType R[], int s, int t) {      // 对 R[s..t]归并排序
    if (s<t){
        int m = (s+t)/2;                     // 将 R[s..t]平分为 R[s..m]和 R[m+1..t]
        MSort(R, s, m);                      // 递归地归并排序 R[s..m]
        MSort(R, m+1, t);                    // 递归地归并排序 R[m+1..t]
        Merge(R, s, m, t);                   // 将 R[s..m]和 R[m+1..t]归并为 R[s..t]
    }
}
void MergeSort(SqList L) {                   // 对顺序表 L 进行归并排序
    auxR = (RcdType * )calloc(L->len+1, sizeof(RcdType)); // auxR 为全局辅助数组
    MSort(L->r, 1, L->len);
    free(auxR);                              // 回收辅助空间
}
```

算法　10.11

归并排序递归算法在形式上较简洁，但实用性相对较差。将其无栈非递归化可降低时

间和空间的开销，而且是最适合并行处理的排序方法。其思路是：将待排序序列划分为长度为 k ($k=1, 2, 2^2, 2^3, \cdots$)的若干子区间，在各子区间内的前、后半区归并后，再对两两相邻的子区间继续归并，直到达至所需归并的趟数为止。迭代结束条件是归并趟数达到 $\lceil \log_2 n \rceil$，这可用区间长度 k 作为迭代变量，k 从 1 开始，每趟倍增，当 k 大于或等于 L->len（即 n），则迭代结束。算法 10.12 实现了无栈非递归 2-路归并排序。

```
void MergeSort_ite(SqList L) {  // 对顺序表 L 进行非递归归并排序
    auxR = (RcdType *)calloc(L->len+1, sizeof(RcdType)); // 分配归并辅助向量
    for (int k=1; k<L->len; k*=2)                    // 初始归并段长度为 1,每趟逐次倍增
        for (int li=1; li<L->len; li+=k*2) {         // li、mi 和 hi 指定本次归并相邻两段
            int mi=li+k-1, hi =mi+k;                  // L->r[li..mi]和 L->r[mi+1..hi]
            if (mi>=L->len) break;                    // 若第 2 段不存在,则不需归并
            if (hi >L->len) hi=L->len;                // 若第 2 段长度不足,则取到表末
            Merge(L->r, li, mi, hi);                  // 调用算法 10.10 做指定范围的归并
        }
    free(auxR);                                       // 释放辅助向量
}
```

算法　10.12

与快速排序和堆排序相比，归并排序的最大特点是，它是一种稳定的排序方法，但一般情况下较少利用 2-路归并排序法进行内部排序，而是将它扩展为基于堆结构的 k-路归并，构成将在 11 章介绍的外部排序重要方法。

10.6　基数排序

基数排序(radix sorting)是和前面所述各类排序方法完全不相同的一种排序方法。从前几节的讨论可见，实现排序主要是通过关键字间的比较和移动记录这两种操作，而实现基数排序不需要进行记录关键字间的比较。基数排序是一种借助多关键字排序的思想对单逻辑关键字进行排序的方法。

10.6.1　多关键字的排序

什么是多关键字排序问题？先看一个具体例子。

已知扑克牌中 52 张牌面的次序关系为

$$\clubsuit 2 < \clubsuit 3 < \cdots < \clubsuit A < \blacklozenge 2 < \blacklozenge 3 < \cdots < \blacklozenge A$$
$$< \heartsuit 2 < \heartsuit 3 < \cdots < \heartsuit A < \spadesuit 2 < \spadesuit 3 < \cdots < \spadesuit A$$

每一张牌有两个关键字：花色($\clubsuit < \blacklozenge < \heartsuit < \spadesuit$)和面值($2<3<\cdots<A$)，且“花色”的地位高于“面值”，在比较任意两张牌面的大小时，必须先比较“花色”，若“花色”相同，则再比较“面值”。由此，将扑克牌整理成如上所述次序关系时，通常采用的办法：先按不同“花色”分成有次序的 4 堆，每一堆的牌均具有相同的“花色”，然后分别对每堆按“面值”大小整理有序。

也可采用另一种办法：先按不同“面值”分成 13 堆，然后将这 13 堆牌自小至大叠在一起(3 在 2 之上，4 在 3 之上，……，最上面的是 4 张 A)，然后将这副牌整个颠倒过来再重新按不同“花色”分成 4 堆，最后将这 4 堆牌按自小至大的次序合在一起(♣在最下面，♠在最

上面)，此时同样得到一付满足如上次序关系的牌。这两种整理扑克牌的方法便是两种多关键字的排序方法。

一般情况下，假设有 n 个记录的序列

$$\{R_1, R_2, \cdots, R_n\} \tag{10-11}$$

且每个记录 R_i 中含 d 个关键字($K_i^0, K_i^1, \cdots, K_i^{d-1}$)，则称序列(10-11)对关键字($K^0, K^1, \cdots, K^{d-1}$)有序是指：对于序列中任意两个记录 R_i 和 R_j($1 \leqslant i < j \leqslant n$)都满足下列有序关系[①]：

$$(K_i^0, K_i^1, \cdots, K_i^{d-1}) < (K_j^0, K_j^1, \cdots, K_j^{d-1})$$

其中，K^0 为最主位关键字，K^{d-1} 为最次位关键字。为实现多关键字排序，通常有两种方法：第一种方法是先对最主位关键字 K^0 进行排序，将序列分成若干子序列，每个子序列中的记录都具有相同的 K^0 值；然后分别就每个子序列对关键字 K^1 进行排序，按 K^1 值不同再分成若干更小的子序列；依次重复，直至对 K^{d-2} 进行排序之后得到的每一子序列中的记录都具有相同的关键字($K^0, K^1, \cdots, K^{d-2}$)；而后分别就每个子序列对 K^{d-1} 进行排序，最后将所有子序列依次连接在一起成为一个有序序列。这种方法称为最高位优先(Most Significant Digit first，MSD)法。第二种方法是从最次位关键字 K^{d-1} 起进行排序；然后再对高一位的关键字 K^{d-2} 进行排序；依次重复，直至对 K^0 进行排序后便成为一个有序序列。这种方法称为最低位优先(Least Significant Digit first，LSD)法。

MSD 法和 LSD 法只约定按什么样的"关键字次序"来进行排序，而未规定对每个关键字进行排序时所用的方法。但从上面所述可以看出这两种排序方法的不同特点：若按 MSD 法进行排序，必须将序列逐层分割成若干子序列，然后对各子序列分别进行排序；而按 LSD 法进行排序时，不必分成子序列，对每个关键字都是整个序列参加排序，但对 K^i($0 \leqslant i \leqslant d-2$)进行排序时，只能用稳定的排序方法。另一方面，按 LSD 法进行排序时，在一定的条件下(即对前一个关键字 K^i($0 \leqslant i \leqslant d-2$)的不同值，后一个关键字 K^{i+1} 均取相同值)，也可以不利用前几节所述各种通过关键字间的比较来实现排序的方法，而是通过若干次"分配"和"收集"来实现排序，如上述第二种整理扑克牌的方法。

10.6.2 链式基数排序

基数排序是借助"分配"和"收集"两种操作对单逻辑关键字进行排序的一种内部排序方法。

有的逻辑关键字可以看成由若干关键字复合而成。例如，若关键字是数值，且其值都为 $0 \leqslant K \leqslant 999$，则可把每个十进制数字看成一个关键字，即可认为 K 由 3 个关键字(K^0, K^1, K^2)组成，其中 K^0 是百位数，K^1 是十位数，K^2 是个位数；又若关键字 K 是由 5 个字母组成的单词，则可看成是由 5 个关键字(K^0, K^1, K^2, K^3, K^4)组成，其中 K^{j-1} 是(自左至右的)第 $j+1$ 个字母。由于如此分解而得的每个关键字 K^j 都在相同的范围内(对数字，$0 \leqslant K^j \leqslant 9$；对字母，$'A' \leqslant K^j \leqslant 'Z'$)，因此按 LSD 法进行排序更为方便，只要从最低数位关键字起，按关键字的不同值将序列中记录"分配"到 RADIX 个队列中后再"收集"，如此重复 d 次。按这种方法实现排序称为基数排序，其中"基"指的是 RADIX 的取值范围，在上述两种关键字的情况下，它们分别为 10 和 26。

实际上，早在计算机出现之前，利用卡片分类机对穿孔卡上的记录进行排序就是用的这

---

① $(a^0, a^1, \cdots, a^{d-1}) < (b^0, b^1, \cdots, b^{d-1})$是指必定存在 l，使得：当 $s=0,1,\cdots,l-1$ 时，$a^s = b^s$，而 $a^l < b^l$。

种方法。然而，在计算机出现之后却长期得不到应用，原因是所需的辅助存储量(RADIX×N个记录空间)太大。直到1954年有人提出用"计数"代替"分配"才使基数排序得以在计算机上实现，但此时仍需要n个记录和2×RADIX个计数单元的辅助空间。此后，有人提出用链表作存储结构，则又省去了n个记录的辅助空间。下面就来介绍这种链式基数排序的方法。

先看一个具体例子。首先以静态链表存储n个待排记录，并令表头指针指向第一个记录，如图10.12(a)所示；第一趟分配对最低数位关键字(个位数)进行，改变记录的指针值将链表中的记录分配至10个链队列中，每个队列中的记录关键字的个位数相等，如图10.12(b)所

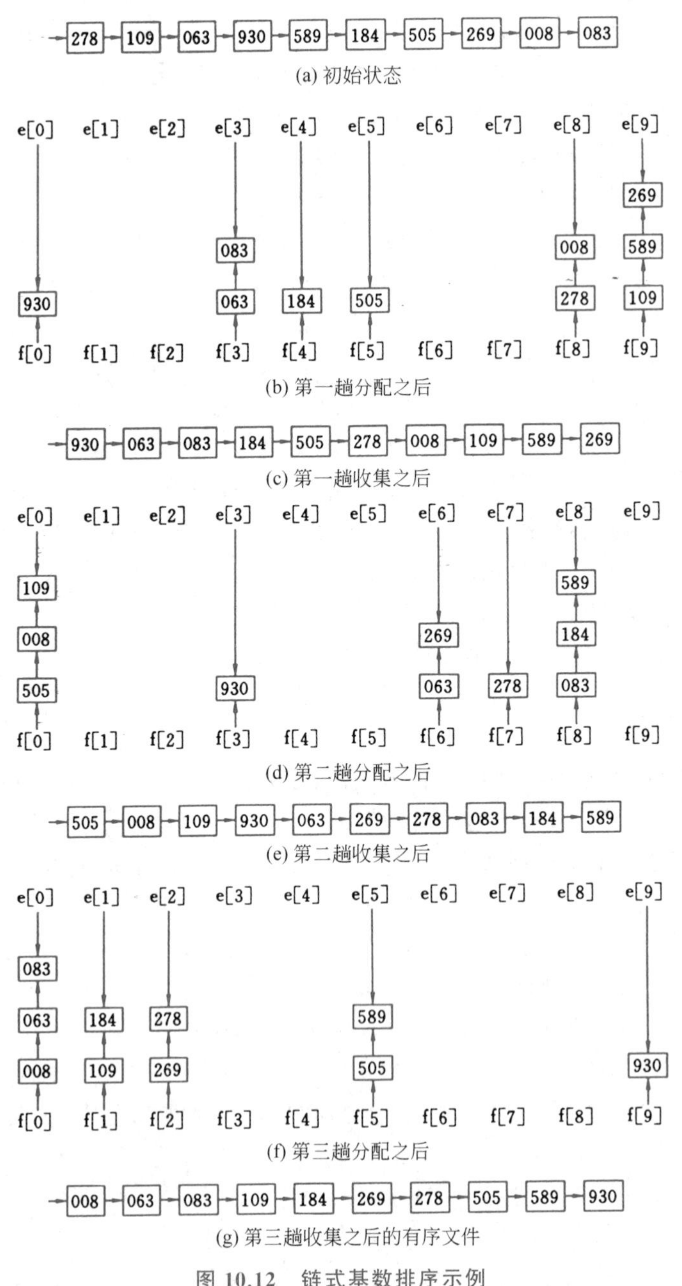

(a) 初始状态

(b) 第一趟分配之后

(c) 第一趟收集之后

(d) 第二趟分配之后

(e) 第二趟收集之后

(f) 第三趟分配之后

(g) 第三趟收集之后的有序文件

图 10.12 链式基数排序示例

示，其中 f[i]和 e[i]分别为第 i 个队列的头指针和尾指针；第一趟收集是改变所有非空队列的队尾记录的指针域，令其指向下一个非空队列的队头记录，重新将 10 个队列中的记录链成一个链表，如图 10.12(c)所示；第二趟分配和第二趟收集及第三趟分配和第三趟收集分别是对十位数和百位数进行的，其过程和个位数相同，如图 10.12(d)～图 10.12(g)所示。至此排序完毕。

在描述算法之前，尚需定义新的数据类型

```
#define MAX_NUM_OF_KEY 8
#define RADIX        10
typedef struct {
    KeysType keys[MAX_NUM_OF_KEY];
    InfoType otheritems;
    int next;
} SLCell;
typedef struct{
    SLCell * r;                                   // 静态链表的结点向量,r[0]为头结点
    int    len;                                   // 长度
    int    keynum;                                // 记录的关键字个(位)数
} * SLList;                                       // 静态链表指针类型
typedef int ArrType[RADIX];                       // 长度为基数的"指针"数组类型
```

算法 10.13 为链式基数排序中一趟分配的算法，算法 10.14 为一趟收集的算法，算法 10.15 为链式基数排序的算法。从算法中容易看出，对于 n 个记录(假设每个记录含 d 个关键字，每个关键字的取值范围为 rd 个值)进行链式基数排序的时间复杂度为 $O(d(n+rd))$，其中每一趟分配的时间复杂度为 $O(n)$，每一趟收集的时间复杂度为 $O(rd)$，整个排序需进行 d 趟分配和收集。所需辅助空间为 $2rd$ 个队列指针。当然，由于需用链表作存储结构，则相对于其他以顺序结构存储记录的排序方法而言，还增加了 n 个指针域的空间。

```
void Distribute(SLCell r[], int i, ArrType f, ArrType e) {
    // 静态链表 L 的 r 域中记录已按(keys[0],keys[1],…,keys[i-1])有序
    // 本算法按第 i 个关键字 keys[i]建立 RADIX 个子表,使同一子表中记录的 keys[i]
    // 相同。f[0..RADIX-1]和 e[0..RADIX-1]分别指向各子表中第一个和最后一个记录。
    int j, p;
    for (j=0; j<RADIX; ++j) f[j]=0;        // 各子表初始化为空表
    for (p=r[0].next; p; p=r[p].next) {
        j=r[p].keys[i]-'0';             // ord 将记录中第 i 个关键字映像到[0..RADIX-1]
        if (!f[j]) f[j]=p;
        else r[e[j]].next=p;
        e[j]=p;                             // 将 p 所指的结点插入第 j 个子表中
    }
}
```

算法 10.13

```
void Collect(SLCell r[], int i, ArrType f, ArrType e) {
    // 按 r[]的关键字自小至大地将 f[0..RADIX-1]所指各子表依次链接成一个链表,
    // e[0..RADIX-1]为各子表的尾指针
```

```
    int j,t;
    for (j=0;  !f[j];  j++);                  // 找第一个非空子表
    r[0].next=f[j];  t=e[j];                  // r[0].next 指向第一个非空子表中第一个结点
    while (j<RADIX) {
        for (j++;  j<RADIX && !f[j];  j++);                  // 找下一个非空子表
        if (j<RADIX) { r[t].next=f[j];  t=e[j]; }           // 链接两个非空子表
    }
    r[t].next=0;                              // t 指向最后一个非空子表中的最后一个结点
}
```

算法　10.14

```
void RadixSort(SLList L) {
    // L 是采用静态链表表示的顺序表
    // 对 L 进行基数排序,使得 L 成为按关键字自小至大的有序静态链表,L->r[0]为头结点
    int i; ArrType f, e;
    for (i=1; i<L->len; ++i) L->r[i-1].next=i;        // 将 L 改造为静态链表
    L->r[L->len].next=0;
    for (i=0; i<L->keynum; ++i) {            // 按最低位优先依次对各关键字进行分配和收集
        Distribute(L->r, i, f, e);          // 第 i 趟分配
        Collect(L->r, i, f, e);             // 第 i 趟收集
    }
}
```

算法　10.15

10.7　各种内部排序方法的比较讨论

综合比较本章讨论的各种内部排序方法,大致有如表 10.1 所示的结果。

表 10.1　本章讨论的各种内部排序方法比较

排序方法	平均时间	最坏情况	辅助存储
简单排序	$O(n^2)$	$O(n^2)$	$O(1)$
快速排序	$O(n\log n)$	$O(n^2)$	$O(\log n)$
堆排序	$O(n\log n)$	$O(n\log n)$	$O(1)$
归并排序	$O(n\log n)$	$O(n\log n)$	$O(n)$
基数排序	$O(d(n+rd))$	$O(d(n+rd))$	$O(rd)$

从表中可以得出如下结论。

(1) 从平均时间性能而言,快速排序最佳,其所需时间最省,但快速排序在最坏情况下的时间性能不如堆排序和归并排序。而后两者相比较的结果是,在 n 较大时,归并排序所需时间较堆排序省,但它所需的辅助存储量最多。

(2) 表 10.1 中的简单排序包括除希尔排序之外的所有插入排序、起泡排序和简单选择

排序，其中以直接插入排序最为简单，当序列中的记录“基本有序”或 n 值较小时，它是最佳的排序方法，因此常将它和其他的排序方法，诸如快速排序、归并排序等结合在一起使用。

(3) 基数排序的时间复杂度也可写成 $O(dn)$。因此，它最适用于 n 值很大而关键字较小的序列。若关键字也很大，而序列中大多数记录的“最高位关键字”均不同，则亦可先按“最高位关键字”不同将序列分成若干“小”的子序列，而后进行直接插入排序。

(4) 从方法的稳定性来比较，基数排序是稳定的内排方法，所有时间复杂度为 $O(n^2)$ 的简单排序法也是稳定的，然而，快速排序、堆排序和希尔排序等时间性能较好的排序方法都是不稳定的。一般来说，排序过程中的“比较”是在“相邻的两个记录关键字”间进行的，排序方法是稳定的。值得提出的是，稳定性是由方法本身决定的，对不稳定的排序方法而言，不管其描述形式如何，总能举出一个说明不稳定的实例来。反之，对稳定的排序方法，总能找到一种不引起不稳定的描述形式。由于大多数情况下排序是按记录的主关键字进行的，则所用的排序方法是否稳定无关紧要。若排序按记录的次关键字进行，则应根据问题所需慎重选择排序方法及其描述算法。

综上所述，在本章讨论的所有排序方法中，没有哪一种是绝对最优的。有的适用于 n 较大的情况，有的适用于 n 较小的情况。因此，在实用时需根据不同情况适当选用，甚至可将多种方法结合起来使用。

本章讨论的多数排序算法是在顺序存储结构上实现的，因此在排序过程中需进行大量记录的移动。当记录很大(即每个记录所占空间较多)时，时间耗费很大，此时可采用静态链表作存储结构。如表插入排序、链式基数排序，以修改指针代替移动记录。但是，有的排序方法，如快速排序和堆排序，无法实现表排序。在这种情况下可以进行“地址排序”，即另设一个地址向量指示相应记录；同时在排序过程中不移动记录而移动地址向量中相应分量的内容。例如，对图 10.13(a)所示记录序列进行地址排序时，可附设向量 adr[1..8]。在开始排序之前令 adr[i]=i，凡在排序过程中需进行 r[i]=r[j]的操作时，均以 adr[i]=adr[j]代替。在排序结束之后，地址向量中的值指示排序后的记录的次序，r[adr[1]]为关键字最小的记录，r[adr[8]]为关键字最大的记录，如图 10.13(b)所示。最后在需要时可根据 adr 的值重排记录的物理位置。

	1	2	3	4	5	6	7	8
r[1..8]	R(49)	R(65)	R(38)	R(27)	R(97)	R(13)	R(76)	R($\overline{49}$)
adr[1..8]	1	2	3	4	5	6	7	8

(a) 待排记录和地址向量的初始状态

adr[1..8]	6	4	3	1	8	2	7	5

(b) 排序结束后的地址向量

r[1..8]	R(**13**)	R(**27**)	R(38)	R(**49**)	R(97)	R(**65**)	R(76)	R($\overline{49}$)
adr[1..8]	**1**	**2**	3	**4**	8	**6**	7	5

(c) 重排记录过程中的状态

图 10.13 地址排序示例

算法 10.16 即为上述重排记录的算法。从 $i=1$ 起依次检查每个分量位置上的记录是否正确到位。若 adr[i]=i,则 r[i]中恰为第 i 个最小关键字的记录,该位置上的记录不需要调整；若 adr[i]=k≠i,则说明 r[k]中记录是第 i 个最小关键字的记录,应在暂存记录 r[i]之后将 r[k]中记录移至 r[i]的位置[①]上。类似地,若 adr[k]≠k,则应将 r[adr[k]]中记录移至 r[k]的位置上。以此类推,直至找到某个值 j=adr[adr[…adr[k]…]],等式 adr[j]=i 成立时,将暂存记录移至 r[j]的位置上。至此完成一个调整记录位置的小循环。

```
void Rearrange(SqList L, int adr[]) {
  // adr 给出顺序表 L 的有序次序,即 L->r[adr[i]]是第 i 小的记录。按 adr 重排 L->r,使其有序
  for (int i=1; i<L->len; ++i)
    if (adr[i]!=i) {                           // 第 i 小的记录未按序到位
      int j=i;  L->r[0]=L->r[i];               // 暂存记录 L->r[i]
      while (adr[j]!=i) {        // 调整 L->r[adr[j]]的记录到位直到 adr[j]=i 为止
        int k=adr[j];  L->r[j]=L->r[k];
        adr[j]=j;  j=k;
      }
      L->r[j]=L->r[0]; adr[j]=j;               // 记录按序到位
    }
}
```

算法 10.16

例如图 10.13 的例子,由于图 10.13(b)中 adr[1]=6,则在暂存 R(49)以后,需将 R(13)从 r[6]的位置移至 r[1]的位置。又,因为 adr[6]=2,则应将 R(65)从 r[2]的位置移至 r[6]的位置。同理,将 R(27)移至 r[2]的位置,此时,因 adr[4]=1,则 R(49)应置入 r[4]的位置上。完成上述调整后的记录及地址向量的状态如图 10.13(c)所示。

从上述算法容易看出,除了在每个小循环中要暂存一次记录外,所有记录均一次移动到位。而每个小循环至少移动两个记录,则这样的小循环至多有$\lfloor n/2 \rfloor$个,所以重排记录的算法中至多移动记录$\lfloor 3n/2 \rfloor$次。

本节最后要讨论的一个问题是,“内部排序可能达到的最快速度是什么”。我们已经看到,本章讨论的各种排序方法,其最坏情况下的时间复杂度或为 $O(n^2)$,或为 $O(n\log n)$,其中 $O(n^2)$是它的上界,那么 $O(n\log n)$是不是它的下界,也就是说,能否找到一种排序方法,它在最坏情况下的时间复杂度低于 $O(n\log n)$呢?

由于本章讨论的各种排序方法,除基数排序之外,都是基于“关键字间的比较”这个操作进行的,则均可用一棵类似图 10.14 所示的判定树来描述这类排序方法的过程。

图 10.14 的判定树表示 3 个关键字分别为 K_1、K_2 和 K_3的记录进行直接插入排序的过程,树中每个非终端节点表示两个关键字间的一次比较,其左右子树分别表示这次比较所得的两种结果。假设 $K_1 \neq K_2 \neq K_3 \neq K_1$,则排序之前依次排列的这 3 个记录$\{R_1, R_2, R_3\}$之间只可能有下列 6 种关系：①$K_1<K_2<K_3$；②$K_1<K_3<K_2$；③$K_3<K_1<K_2$；④$K_2<K_1<K_3$；⑤$K_2<K_3<K_1$；⑥$K_3<K_2<K_1$。换句话说,这 3 个记录经过排序只可能得到下列 6 种结果：①$\{R_1, R_2, R_3\}$；②$\{R_1, R_3, R_2\}$；③$\{R_3, R_1, R_2\}$；④$\{R_2, R_1, R_3\}$；

① r[i]的位置指的是 r 数组中第 i 个分量,下同。

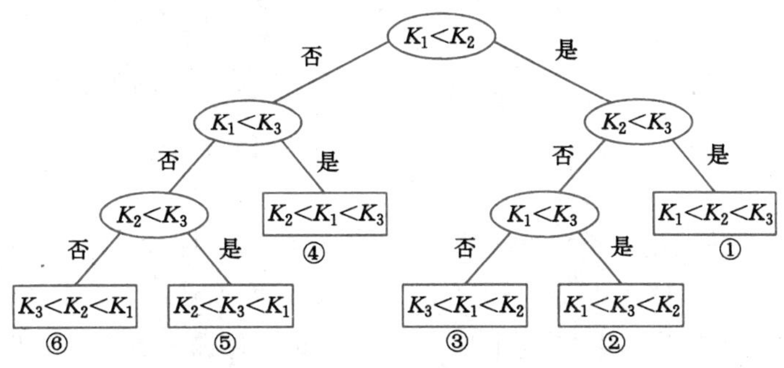

图 10.14 描述排序过程的判定树

⑤$\{R_2,R_3,R_1\}$；⑥$\{R_3,R_2,R_1\}$，而图 10.14 中的判定树上 6 个终端节点恰好表示这 6 种排序结果。判定树上进行的每一次比较都是必要的，因此，这个判定树足以描述通过"比较"进行的排序过程。并且，对每一个初始序列经排序达到有序所需进行的"比较"次数，恰为从树根到和该序列相应的叶节点的路径长度。由于图 10.14 的判定树的深度为 4，则对 3 个记录进行排序至少要进行 3 次比较。

推广至一般情况，对 n 个记录进行排序至少需进行多少次关键字间的比较，这个问题等价于，给定 n 个不同的砝码和一台天平，按重量的大小顺序排列这些砝码所需要的最少称重量次数问题。由于含 n 个记录的序列可能出现的初始状态有 $n!$ 个，则描述 n 个记录排序过程的判定树必须有 $n!$ 个叶节点。因为，若少一个叶子，则说明尚有两种状态没有分辨出来。我们已经知道，若二叉树的高度为 h，则叶节点的个数不超过 2^{h-1}；反之，若有 u 个叶节点，则二叉树的高度至少为$\lceil \log_2 u \rceil+1$。这就是说，描述 n 个记录排序的判定树上必定存在一条长度为$\lceil \log_2(n!) \rceil$的路径。由此得到下述结论：任何一个借助"比较"进行排序的算法，在最坏情况下所需进行的比较次数至少为$\lceil \log_2(n!) \rceil$。然而，这只是一个理论上的下界，一般的排序算法在 $n>4$ 时所需进行的比较次数均大于此值，直到 1956 年，H.B.Demuth 首先找到了对 5 个数进行排序只需要 7 次比较的方法[2]之后，Lester Ford 和 Selmer Johnson 将其推广，提出了**归并插入**(merge insertion)排序①，在 $n<11$ 时所用的比较次数和$\lceil \log_2(n!) \rceil$相同。② 根据斯特林公式，有$\lceil \log 2(n!) \rceil = O(n\log n)$，上述结论从数量级上告诉我们，借助于"比较"进行排序的算法在最坏情况下能达到的最好的时间复杂度为 $O(n\log n)$。

---

① 归并插入排序的过程请参见《数据结构题集》(C 语言版・第 2 版)第 10 章中解答题第 22 题。

② 下表中 $B(n)$、$M(n)$和 $F(n)$分别表示对 n 个数进行折半插入排序、归并排序和归并插入排序时在最坏情况下所需进行的比较次数[2]：

n	1	2	3	4	5	6	7	8	9	10	11	12	13	14	15	16	17	18
$\lceil \log_2 n! \rceil$	0	1	3	5	7	10	13	16	19	22	26	29	33	37	41	45	49	53
$F(n)$	0	1	3	5	7	10	13	16	19	22	26	30	34	38	42	46	50	54
$B(n)$	0	1	3	5	8	11	14	17	21	25	29	33	37	41	45	49	54	59
$M(n)$	0	1	3	5	9	11	14	17	25	27	30	33	38	41	45	49	65	67

第11章　外部排序

第10章中已提到，外部排序指的是大文件的排序，即待排序的记录存储在外存储器上，在排序过程中需进行多次的内外存之间的交换。因此，在本章讨论外部排序之前，首先需要了解对外存信息进行存取的特点，这也为第12章讨论文件和索引结构做准备。

11.1　外存信息的存取

随着数据化与日俱增，应用软件必须管理非常大的数据集。这样的应用包括在线金融交易、数据库的组织和维护，以及客户的购买记录和偏好分析。数据的数量可以如此之大，算法和数据结构的整体性能有时更多地取决于访问数据的时间而不是处理器的速度。

11.1.1　存储器层次结构

为了容纳大数据集，计算机有不同类型的存储器层次结构，如图11.1所示。它们的大小与CPU的距离有所不同。

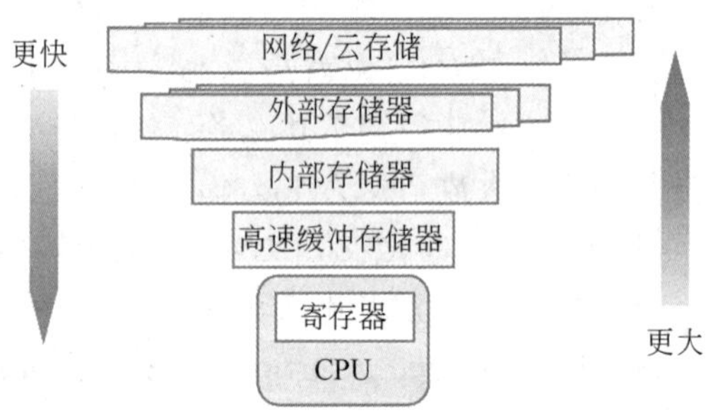

图11.1　存储器层次结构

第0层：CPU内部寄存器集，CPU自用。访问速度最快，但数量有限。

第1层：通常细分为多级的高速缓冲存储器，简称高速缓存。L1级离CPU最近，L1、L2和L3级的容量分别为32～64KB、4～8MB和32～256MB；访问速度比寄存器慢，且逐级递减，分别延迟1～4ns、10～20ns和30～50ns。

第2层：内部存储器，也称主存储器或核心存储器，简称内存。内存比高速缓存大得多(PC：16～64GB，存储服务器：256GB～4TB)，但也需要更多的访问时间，有效速率约为20～50GB/s)。

第3层：外部存储器，简称外存，通常由磁盘、固态硬盘(Solid State Disk，SSD)、CD驱动器、DVD驱动器或磁带组成，其中磁盘和固态硬盘是主流外存，磁盘也称机械硬盘(Hard Disk Drive，HDD)。速度比内存低至少两个数量级。表11.1是目前主流机械硬盘和固态硬盘的容量和读写速度指标对比。

表 11.1　机械硬盘和固态硬盘主要指标对比

指　标	机械硬盘	固态硬盘
容量(主流)	1~8TB	500GB~4TB
随机读写延迟/ms	5~10(机械寻道)	0.1~0.5(无机械延迟)
顺序读写速度/(MB/s)	100~200(SATA)	2000~7500(PCIe 4.0)
耐用性	机械磨损(寿命5~10年)	无机械部件(寿命10年以上)

第4层：通过外部网络存储数据可以被看作更外层,它通常是分布式存储系统,可有更高数量级的存储容量,但需通过网络传输,访问速度更慢。

由此可见,可以将计算机存储器层次结构看作包含五层或更多的层,其中每一层比前一层的存储容量更大,但访问速度更慢。在程序的执行过程中,数据按需从一层复制给相邻层,这些传输也成为计算的瓶颈。

11.1.2　磁盘信息的存取

磁盘是一种直接存取存储设备(Direct Access Storage Device,DASD),是以存取时间变化不大为特征。它不像磁带那样只能进行顺序存取，而是可以直接存取任何字符组。其容量大、速度快，存取速度比磁带快得多。磁盘是一个扁平的圆盘(与电唱机的唱片类似)，盘面上有许多称为磁道的圆圈，信息就记载在磁道上。由于磁道的圆圈为许多同心圆，所以可以直接存取。磁盘可以是单片的，也可以由若干盘片组成盘组。每片上有两面。以6片盘组为例，由于最顶上和最低下盘片的外侧面不存信息，所以总共只有10面可用来保存信息,如图11.2所示。表11.2对新旧机械硬盘和固态硬盘的技术参数做了对比。

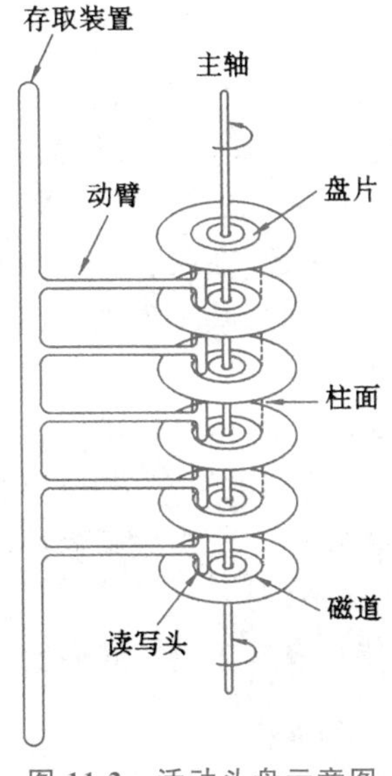

图 11.2　活动头盘示意图

表 11.2　新旧硬盘及固态硬盘的技术参数对比

参　数	20世纪80年代硬盘	现代机械硬盘	固态硬盘
存储容量	10 ~ 200 MB	1~ 22 TB（消费级）	256 GB ~ 8 TB（消费级）
盘面数(磁头数)	2~6	2~9	无（无机械机构）
磁道密度/(轨/盘面)	306~1000	2×10^6	无
单磁道容量	17 扇区×512B	500~700 动态扇区×4KB	无
记录密度	0.5~2 KB/in(1in≈2.54cm)	1~2 MB /in	无机械记录密度概念（闪存芯片）
读写速度	50~100 KB/s	100~200 MB/s（顺序读取）	300~7000 MB/s（NVMe SSD）
随机访问时间/ms	50~100	8~15	0.1~1
适用场景	计算机、服务器备份	数据中心、消费级存储	高性能计算、游戏、便携设备

磁盘驱动器执行读写信息的功能。盘片装在一个主轴上，并绕主轴高速旋转，当磁道在读写头下通过时，便可以进行信息的读写。

可以把磁盘分为固定头盘和活动头盘。固定头盘的每一道上都有独立的磁头，它是固定不动的，专负责读写某一道上的信息。

活动头盘的磁头是可移动的，盘组也是可变的。一面上只有一个磁头，它可以从该面上的一道移动到另一道。磁头装在一个动臂上，不同面上的磁头是同时移动的，并处于同一圆柱面上。各个面上半径相同的磁道组成一个圆柱面，圆柱面的个数就是盘片面上的磁道数。通常，每面上有 100～200 万个磁道，每个磁道划分为 500～700 个扇区。在磁盘上标明一个具体信息必须用一个三维地址：柱面号、磁头号、扇区号。其中，柱面号确定磁头的径向运动，盘面号确定是哪个磁头，而扇区号确定信息在盘片圆圈上的位置。

为了访问一块信息，首先必须找柱面，动臂使磁头移动到所需柱面上(称为定位或寻查)；其次等待要访问的信息转到磁头之下；最后，读写所需信息。

所以，在磁盘上读写一块信息所需的时间由 3 部分组成：

$$T_{I/O}=t_{seek}+t_{la}+n\cdot t_{wm}$$

其中，t_{seek} 为寻查时间(seek time)，即读写头定位的时间；t_{la} 为等待时间(latency time)，即等待信息块的初始位置旋转到读写头下的时间；t_{wm} 为传输时间(transmission time)。

由于磁盘的旋转速度很快，等待时间最长是 10 毫秒级(旋转一圈的时间)，在磁盘上读写信息的时间主要花在寻查时间上。因此，在磁盘上存放信息时应将相关的信息放在同一柱面或邻近柱面上，以求在读写信息时尽量减少磁头来回移动的次数，以避免不必要的寻查时间。

磁盘的存储和读写以扇区为基本单位，由操作系统管理和实施，将在 12.1 节介绍。

采用闪存芯片的固态硬盘没有柱面和磁头，不需要寻查时间和等待时间，直接将扇区号转换为闪存相应区段的地址，因而读写速度比机械硬盘快数十倍。但相比机械硬盘，目前容量较小，价格较高，尚未全面取代机械硬盘。

与内存相比，主流外存磁盘的读写速度还不在同一数量级。因此，应尽可能在内存处理数据，减少外存读写次数。

11.1.3　高速缓存策略

存储器层次结构对程序性能的影响很大程度上取决于所要解决的问题的大小和计算机

和网络系统的物理特性。通常情况下，瓶颈发生在可以容纳所有的数据项层次和一个低于该层的一层之间。

（1）主存储器可容纳应用处理所需数据时，最重要的两个层次是高速缓存和内存。访问内存的时间可能是高速缓存的 10～100 倍。因此，能够在高速缓存中执行大多数的存储器访问。

（2）主存储器不能完全容纳应用处理所需数据时，瓶颈位于内存和外存之间。这两层的差异更大，通常对于外存设备（如磁盘）的访问时间是内存的 10 万～100 万倍。

计算机一般都配有两种存储器：内存和外存。内存的信息可随机存取，且存取速度快，但价格贵、容量小。外存包括磁带和磁盘（或固态硬盘），前者为顺序存取的设备，后者为随机存取的设备。由于速度太慢，目前磁带仅用于数据备份和冷存储。

磁盘由于需要机械寻道，读写延迟 5～10ms，读取一个扇区约需 15ms。也就是说，只读 1 字节和读一个扇区所需时间几乎无差别。因此，磁盘读写的基本单位是扇区。操作系统的文件管理为磁盘读写在高速缓存中设置一个或多个扇区的读写缓冲区，将磁盘以及各种外存（甚至键盘、显示器和打印机等）抽象为文件，并提供了 API。程序设计语言的文件相关的库函数实际上就是对这个 API 的封装。因此，程序员无须了解磁盘的数据存储和读写的细节，就可以访问外存和外部设备。

11.2 外部排序的方法

外部排序基本上由两个相对独立的阶段组成。首先，按可用内存大小，将外存上含 n 个记录的文件分成若干长度为 l 的子文件或段（segment），依次读入内存并利用有效的内部排序方法对它们进行排序，并将排序后得到的有序子文件重新写入外存，通常称这些有序子文件为**归并段**或**顺串**（run）；然后，对这些归并段进行逐趟归并，使归并段（有序的子文件）逐渐由小至大，直至得到整个有序文件为止。显然，第一阶段的工作是第 10 章已经讨论过的内容。本章主要讨论第二阶段即归并的过程。先从一个具体例子来看外部排序中的归并是如何进行的？

假设有一个含 10 000 个记录的文件，首先通过 10 次内部排序得到 10 个初始归并段 R1～R10，其中每一段都含 1000 个记录。然后对它们做如图 11.3 所示的两两归并，直至得到一个有序文件为止。

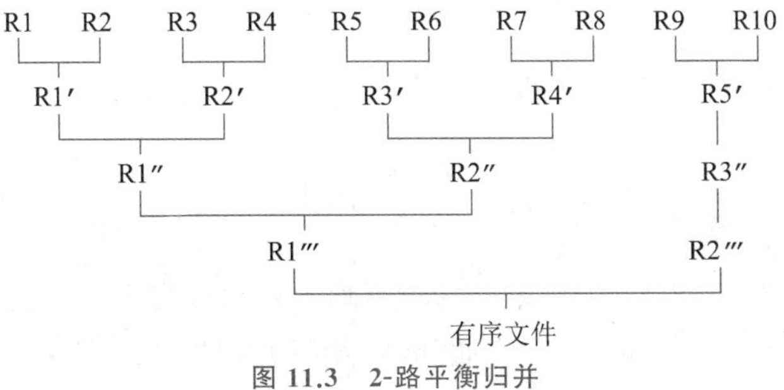

图 11.3 2-路平衡归并

从图 11.3 可见，由 10 个初始归并段到一个有序文件，共进行了 4 趟归并，每一趟从 m

个归并段得到$\lceil m/2 \rceil$个归并段。这种归并方法称为2-路平衡归并。

将两个有序段归并成一个有序段的过程,若在内存进行,则很简单,第10章中的归并过程便可实现此归并。但是,在外部排序中实现两两归并时,不仅要调用归并过程,而且要进行外存的读写,这是由于不可能将两个有序段及归并结果段同时存放在内存中的缘故。在11.1节中已经提到,对外存上信息的读写是以"物理块"为单位的。假设在上例中每个物理块可以容纳200个记录,则每一趟归并需进行50次读和50次写,4趟归并加上内部排序时所需进行的读写使得在外部排序中总共需进行500次的读写。

一般情况下:

外部排序所需总的时间=内部排序(产生初始归并段)所需的时间($m \times t_{IS}$)+

外存信息读写的时间($d \times t_{IO}$)+

内部归并所需的时间($s \times ut_{mg}$) (11-1)

其中,t_{IS}是为得到一个初始归并段进行内部排序所需时间的均值;t_{IO}是进行一次外存读写时间的均值;ut_{mg}是对u个记录进行内部归并所需时间;m为经过内部排序之后得到的初始归并段的个数;d为总的读写次数;s为归并的趟数。由此,上例10 000个记录利用2-路平衡归并进行外部排序所需总的时间为

$$10 \times t_{IS} + 500 \times t_{IO} + 4 \times 10\,000 t_{mg}$$

其中,t_{IO}取决于所用的外存设备,显然,t_{IO}较t_{mg}要大得多。因此,提高外排的效率应主要着眼于减少外存信息读写的次数d。

下面来分析d和归并过程的关系。若对上例中所得的10个初始归并段进行5-路平衡归并(即每一趟将5个或5个以下的有序子文件归并成一个有序子文件),则从图11.4可见,仅需进行二趟归并,外部排序时总的读写次数便减至2×100+100=300,比2-路平衡归并减少了200次的读写。

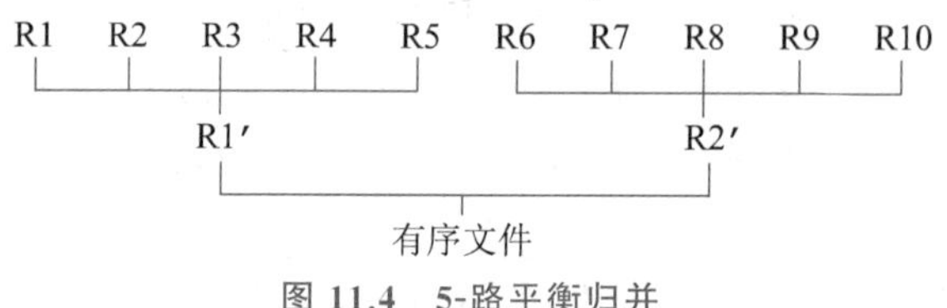

图11.4 5-路平衡归并

可见,对同一文件而言,进行外部排序时所需读写外存的次数和归并的趟数s成正比。而在一般情况下,对m个初始归并段进行k路平衡归并时,归并的趟数为

$$s = \lfloor \log_k m \rfloor \tag{11-2}$$

若增加k或减少m便能减少s。下面分别就这两个方面进行讨论。

11.3 多路平衡归并

从式(11-2)得知,增加k可以减少s,从而减少外存读写的次数。但是,从下面的讨论中又可发现,单纯增加k将导致增加内部归并的时间ut_{mg}。那么,如何解决这个矛盾呢?

先看2-路平衡归并。令u个记录分布在两个归并段上,按归并过程进行归并。每得到

归并后的一个记录，仅需一次比较即可，则得到含 u 个记录的归并段需进行 $u-1$ 次比较。

再看 k-路平衡归并。令 u 个记录分布在 k 个归并段上，显然，归并后的第一个记录应是 k 个归并段中关键字最小的记录，即应从每个归并段的第一个记录的相互比较中选出最小者，这需要进行 $k-1$ 次比较。同理，每得到归并后的有序段中的一个记录，都要进行 $k-1$ 次比较。显然，为得到含 u 个记录的归并段需进行 $(u-1)(k-1)$ 次比较。由此，对 n 个记录的文件进行外排时，在内部归并过程中进行的总的比较次数为 $s(k-1)(n-1)$。假设所得初始归并段为 m 个，则由式(11-2)可得内部归并过程中进行比较的总的次数为

$$\lfloor \log_k m \rfloor (k-1)(n-1)t_{mg} = \left\lfloor \frac{\log_2 m}{\log_2 k} \right\rfloor (k-1)(n-1)t_{mg} \tag{11-3}$$

由于 $\dfrac{k-1}{\log_2 k}$ 随 k 的增长而增长，则内部归并时间亦随 k 的增长而增长。这将抵消由于增大 k 而减少外存信息读写时间所得效益，这是我们所不希望的。然而，若在进行 k-路平衡归并时利用败者树(tree of loser)，则可使在 k 个记录中选出关键字最小的记录时仅需进行 $\lfloor \log_2 k \rfloor$ 次比较，从而使总的归并时间由式(11-3)变为 $\lfloor \log_2 m \rfloor (n-1)t_{mg}$，显然，这个式子和 k 无关，它不再随 k 的增长而增长。

那么，什么是"败者树"？它是树状选择排序的一种变型。相对地，可称图 10.8 和图 10.9 中的二叉树为"胜者树"，因为每个非终端节点均表示其左右孩子节点中的"胜者"。反之，若在双亲节点中记下刚进行完的这场比赛中的败者，而让胜者去参加更高一层的比赛，便可得到一棵"败者树"。例如，图 11.5(a)所示为一棵实现 5-路平衡归并的败者树 ls[0..4]，图中方形节点表示叶节点(也可看成是外节点)，分别为 5 个归并段中当前参加归并选择的记录的关键字；败者树中根节点 ls[1]的双亲节点 ls[0]为冠军，在此指示各归并段中的最小关键字记录为第三段中的当前记录；节点 ls[3]指示 b1 和 b2 两个叶节点中的败者即 b2，而胜者 b1 和 b3(b3 是叶节点 b3、b4 和 b0 经过两场比赛后选出的获胜者)进行比较，节点 ls[1]则指示它们中的败者为 b1。在选得最小关键字的记录之后，只要修改叶节点 b3 中的值，使其为同一归并段中的下一个记录的关键字，然后从该节点向上和双亲节点所指的关键字进行比较，败者留在该双亲节点，胜者继续向上直至树根的双亲。

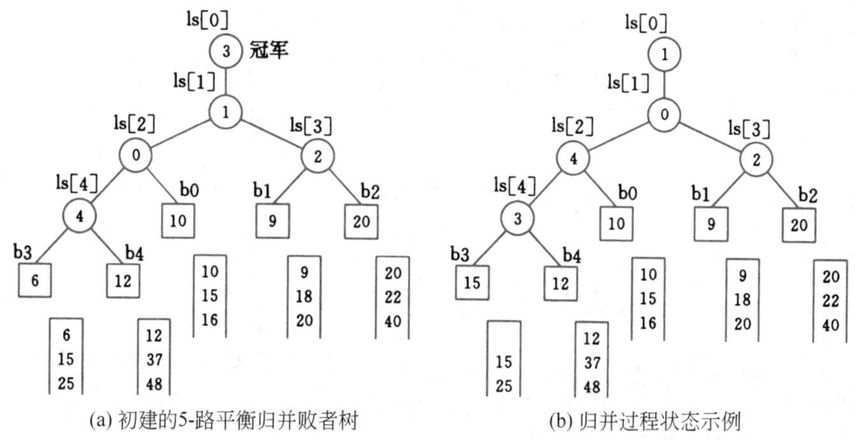

(a) 初建的5-路平衡归并败者树　　(b) 归并过程状态示例

图 11.5　实现 5-路平衡归并的败者树

如图 11.5(b)所示，当第 3 个归并段中第 2 个记录参加归并时，选得的最小关键字记录

为第一个归并段中的记录。为了防止在归并过程中某个归并段变空，可以在每个归并段中附加一个关键字为最大值的记录。当选出的冠军记录的关键字为最大值时，表明此次归并已完成。由于实现 k-路平衡归并的败者树的深度为$\lceil \log_2 k \rceil+1$，则在 k 个记录中选择最小关键字仅需进行$\lceil \log_2 k \rceil$次比较。败者树的初始化也容易实现，只要先令所有的非终端节点指向一个含最小关键字的叶节点，然后从各个叶节点出发调整非终端节点为新的败者即可。

下面的算法 11.1 简单描述利用败者树进行 k-路平衡归并的过程。为了突出如何利用败者树进行归并，在算法中避开了外存信息存取的细节，可以认为归并段已在内存，用数组来模拟输入和输出的归并段。算法 11.2 描述在从败者树选得最小关键字的记录之后，如何从叶到根调整败者树选得下一个最小关键字。算法 11.3 为初建败者树的过程的算法描述。

```
#define k 5              // k-路平衡归并,初始归并段数目
#define MAXKEY 32767 // 约定的最大关键字,作为归并段结束标志
#define MINKEY 0        // 约定的最小关键字
typedef int KeyType; // 约定的关键字类型
typedef int LoserTree[k]; // 败者树是完全二叉树且不含叶子,可用向量作存储结构
typedef struct {
        KeyType key;
} ExNode, External[k+1];  // 外节点,只存放待归并记录的关键字
int count=0;                // 对输出归并段的记录计数
External b;                 // 外节点数组
int segmentOut[19];         // 输出归并段
int segmentIn[5][4]={ {10, 15, 16, 32767},   // 模拟的 5 个输入归并段,每段 3 个记录
                      { 9, 18, 20, 32767},
                      {20, 22, 40, 32767},
                      { 6, 15, 25, 32767},
                      {12, 37, 48, 32767} };
void K_Merge(LoserTree ls, External b) {
    // 利用败者树 ls 将编号为 0~k-1 的 k 个输入归并段中的记录归并到输出归并段。b[0]~
    // b[k-1]为败者树上的 k 个叶节点,分别存放 k 个输入归并段中当前记录的关键字
    int i, q;
    for (i=0; i<k; ++i) b[i].key=input(i); // 分别从 k 个输入归并段中读入该段
                                           // 当前第一个记录的关键字到外节点
    CreateLoserTree(ls);   // 建败者树 ls,选得最小关键字为 b[ls[0]].key
    while (b[ls[0]].key!=MAXKEY) {
        q=ls[0];               // q 指示当前最小关键字所在输入归并段
        output(q);
             // 将编号为 q 的输入归并段中当前(关键字为 b[q].key)的记录写至输出归并段
        b[q].key=input(q); // 从编号为 q 的输入归并段中读入下一个记录的关键字
        Adjust(ls, q);         // 调整败者树,选择新的最小关键字
    }
    output(ls[0]);             // 将含最大关键字 MAXKEY 的记录写至输出归并段
}
```

算法 11.1

```
KeyType input(int i) {  // 从输入归并段读入一个记录的关键字
     return segmentIn[i][0];
}
void output(int q) { // 将第 q 输入归并段中当前(关键字为 b[q].key)的记录写至输出归并段
    segmentOut[count++]=segmentIn[q][0];
    for (int i=0; i<3; i++)
```

```
        segmentIn[q][i]=segmentIn[q][i+1];
}
void Adjust(LoserTree ls, int s) {      // 沿叶节点 b[s]到根节点 ls[0]的路径调整败者树
    int t, temp;
    t =(s+k)/2;                         // ls[t]是 b[s]的双亲节点
    while (t>0) {
        if (b[s].key>b[ls[t]].key) {
            temp=s;  s=ls[t];  ls[t]=temp;   // s 指示新的胜者
        }
        t /=2;
    }
    ls[0] =s;
}
```

算法 11.2

```
void CreateLoserTree(LoserTree ls) {
    // b[0..k-1]为完全二叉树 ls 的叶节点,存有 k 个关键字
    // 沿叶子到根的 k 条路径将 ls 调整为败者树
    int i; b[k].key=MINKEY;                  // 设 MINKEY 为关键字可能的最小值
    for (i=0; i<k; ++i) ls[i]=k;             // 设置 ls 中败者的初值
    for (i=k-1; i>=0; --i)                 // 依次从 b[k-1],b[k-2],…,b[0]出发调整败者
        Adjust(ls, i);
}
```

算法 11.3

以下 main 函数及输出,模拟测试了算法进行 5-路平衡归并的过程。

```
int main() {
    int i, j;  LoserTree ls;                 // 声明 ls 为败者树
    for(i=0; i<k; i++) ls[i]=0;              // 对败者树和外节点数组进行初始化
    // 显示输入归并段的记录
    printf("The input segments:\n");
    printf("seg0\t seg1\t seg2\t seg3\t seg4\n");
    printf("-----------------------------------------\n");
    for (i=0; i<3; i++) {
        for (j=0; j<5; j++) printf(" %2d\t ", segmentIn[j][i]);
        printf("\n");
    }
    K_Merge(ls, b);                          // 调用算法 11.1,利用败者树进行归并
    // 显示输出归并段
    count--;
    printf("After merger the output segment:\n");
    for (i=0; i<count; i++) printf(" %d ", segmentOut[i]);
    return 0;
```

```
}
The input segments:
seg0    seg1    seg2    seg3    seg4
------------------------------------
10      9       20      6       12
15      18      22      15      37
16      20      40      25      48
After merger the output segment:
6 9 10 12 15 15 16 18 20 20 22 25 37 40 48
```

要提及一点：k 值的选择并非越大越好，如何选择合适的 k 是一个需要综合考虑的问题，包括文件输入和输出缓冲区的大小。

11.4 置换-选择排序

由式(11-2)得知，归并的趟数不仅和 k 成反比，还和 m 成正比，因此，减少 m 是减少 s 的另一条途径。然而，从 11.2 节的讨论中也得知，m 是外部文件经过内部排序之后得到的初始归并段的个数，显然，$m=\lceil n/l \rceil$，其中 n 为外部文件中的记录数，l 为初始归并段中的记录数。回顾第 10 章讨论的各种内部排序方法，在内部排序过程中移动记录和对关键字进行比较都是在内存中进行的。因此，用这些方法进行内部排序得到的各个初始归并段的长度 l(除最后一段外)都相同，且完全依赖于进行内部排序时可用内存工作区的大小，则 m 也随其而限定。由此，若要减少 m，即增加 l，就必须探索新的排序方法。

置换-选择排序(replacement-selection sorting)是在树状选择排序的基础上得来的。它的特点：在整个排序(得到所有初始归并段)的过程中，选择最小(或最大)关键字和输入、输出交叉或平行进行。

先从具体例子谈起。已知初始文件含 24 个记录，关键字分别为 51,49,39,46,38,29,14,61,15,30,1,48,52,3,63,27,4,13,89,24,46,58,33,76。假设内存工作区可容纳 6 个记录，则按第 10 章讨论的选择排序可求得如下 4 个初始归并段：

```
RUN1: 29,38,39,46,49,51
RUN2: 1,14,15,30,48,61
RUN3: 3,4,13,27,52,63
RUN4: 24,33,46,58,76,89
```

若按置换-选择进行排序，则可求得如下 3 个初始归并段：

```
RUN1: 29,38,39,46,49,51,61
RUN2: 1,3,14,15,27,30,48,52,63,89
RUN3: 4,13,24,33,46,58,76
```

假设初始待排文件为输入文件 FI，初始归并段文件为输出文件 FO，内存工作区为 WA，FO 和 WA 的初始状态为空，并设内存工作区 WA 的容量可容纳 w 个记录，则置换-选择排序的操作过程如下。

(1) 从 FI 输入 w 个记录到工作区 WA。

(2) 从 WA 中选出其中关键字取最小值的记录，记为 MINIMAX。

(3) 将 MINIMAX 记录输出到 FO 中。

(4) 若 FI 非空，则从 FI 输入下一个记录到 WA 中。

(5) 从 WA 所有比 MINIMAX 记录的关键字大的记录中选出最小关键字记录，作为新的 MINIMAX 记录。

(6) 重复(3)～(5)，直至在 WA 中选不出新的 MINIMAX 记录为止，由此得到一个初始归并段，输出一个归并段的结束标志到 FO 中。

(7) 重复(2)～(6)，直至 WA 为空。由此得到全部初始归并段。

例如，以上所举之例的置换-选择排序过程如图 11.6 所示。

FO	WA	FI
空	空	51，49，39，46，38，29，14，61，15，30，1，48，52，3，63，27，4，…
空	51，49，39，46，38，29	14，61，15，30，1，48，52，3，63，27，4，…
29	51，49，39，46，38	14，61，15，30，1，48，52，3，63，27，4，…
29	51，49，39，46，38，14	61，15，30，1，48，52，3，63，27，4，…
29，38	51，49，39，46， ，14	61，15，30，1，48，52，3，63，27，4，…
29，38	51，49，39，46，61，14	15，30，1，48，52，3，63，27，4，…
29，38，39	51，49， ，46，61，14	15，30，1，48，52，3，63，27，4，…
29，38，39	51，49，15，46，61，14	30，1，48，52，3，63，27，4，…
29，38，39，46	51，49，15， ，61，14	30，1，48，52，3，63，27，4，…
29，38，39，46	51，49，15，30，61，14	1，48，52，3，63，27，4，…
29，38，39，46，49	51， ，15，30，61，14	1，48，52，3，63，27，4，…
29，38，39，46，49	51，1，15，30，61，14	48，52，3，63，27，4，…
29，38，39，46，49，51	，1，15，30，61，14	48，52，3，63，27，4，…
29，38，39，46，49，51	48，1，15，30，61，14	52，3，63，27，4，…
29，38，39，46，49，51，61	48，1，15，30， ，14	52，3，63，27，4，…
29，38，39，46，49，51，61	48，1，15，30，52，14	3，63，27，4，…
29，38，39，46，49，51，61，*	48，1，15，30，52，14	3，63，27，4，…
29，38，39，46，49，51，61，*，1	48， ，15，30，52，14	3，63，27，4，…
29，38，39，46，49，51，61，*，1	48，3，15，30，52，14	63，27，4，…
⋮	⋮	⋮

图 11.6　置换-选择排序过程示例

在 WA 中选择 MINIMAX 记录的过程需利用败者树来实现。关于败者树本身，11.3 节已有详细讨论，在此仅就置换-选择排序中的实现细节加以说明。

(1) 内存工作区中的记录作为败者树的外节点，而败者树中根节点的双亲节点指示工作区中关键字最小的记录。

(2) 为了便于选出 MINIMAX 记录，为每个记录附设一个所在归并段的序号。在进行关键字的比较时，先比较段号，段号小的为胜者；段号相同的则关键字小的为胜者。

(3) 败者树的建立可从设工作区中所有记录的段号均为 0 开始，然后从 FI 逐个输入 w 个记录到工作区时，自下而上调整败者树，由于这些记录的段号为 1，则它们对于 0 段的记录而言均为败者，从而逐个填充到败者树的各节点中。

算法 11.4 是置换-选择排序的简单描述，其中，求得一个初始归并段的过程如算法 11.5 所述。算法 11.6 和算法 11.7 分别描述了置换-选择排序中的败者树的调整和初建的过程。

```
typedef struct {                  // 算法 11.4,11.5,11.6,11.7 使用
    RcdType  rec;                 // 记录
    KeyType   key;                // 从记录中抽取的关键字
    int       rnum;               // 所属归并段的段号
} RcdNode, WorkArea[w+1];         // 内存工作区,容量为 w
RcdType FO[25];                   // 模拟输出归并段示例
RcdType FI[25] ={ {51},{49},{39},{46},{38},{29},{14},{61},{15},{30},
               {1},{48},{52},{ 3},{63},{27},{ 4}, {MAXKEY} };   // 模拟输入示例
int FI_i, FO_i;                   // FI 和 FO 为当前读入和输出的记录个数
int rc, rmax, minimax;            // 全局辅助变量
//----------------------------------------------------------
RcdType inputNext() { return FI[FI_i++]; }      // 从输入段读入一个记录
void output(RcdType r) { FO[FO_i++]=r; }      // 写记录 r 至输出归并段
void Replace_Selection(LoserTree ls, WorkArea wa) {
   // 在败者树 ls 和内存工作区 wa 上用置换-选择排序求初始归并段
    RcdType RUNEND_SYMBOL;  RUNEND_SYMBOL.key=MAXKEY;   // 段结束标志
    FI_i=FO_i=0;                 // 输入输出计数
    Construct_Loser(ls, wa);     // 初建败者树
    rc=rmax=1;                   // rc 指示当前生成的初始归并段的段号
                                 // rmax 指示 wa 中关键字所属初始归并段的最大段号
    while (rc<=rmax) {           // rc=rmax+1 标志输入文件的置换-选择排序已完成
       get_run(ls, wa);          // 求得一个初始归并段
       output(RUNEND_SYMBOL);    // 输出段结束记录
       rc=wa[ls[0]].rnum;        // 设置下一段的段号
    }
}
```

算法 11.4

```
void get_run(LoserTree ls, WorkArea wa) {  // 求得一个初始归并段
    while (wa[ls[0]].rnum==rc) {           // 选得的 MINIMAX 记录属当前段时
       int q=ls[0];                        // q 指示 MINIMAX 记录在 wa 中的位置
       minimax=wa[q].key;
       output(wa[q].rec);
       if (FI[FI_i].key==MAXKEY) {         // 当读取结束时,虚设记录(属 rmax+1 段)
           wa[q].rnum=rmax+1;  wa[q].key=MAXKEY;
       } else {
           wa[q].rec=inputNext();          // 从输入文件读下一个记录
           wa[q].key=wa[q].rec.key;        // 提取关键字
           if (wa[q].key<minimax) {         // 若新读入的记录小于当前段刚输出的记录
               rmax=rc+1;  wa[q].rnum=rmax;   // 则归属下一段
           } else wa[q].rnum=rc;           // 新读入的记录属当前段
       }
       Select_MiniMax(ls, wa, q);          // 选择新的 MINIMAX 记录
    }
}
```

算法 11.5

```
void Select_MiniMax(LoserTree ls, WorkArea wa, int q) {
    // 从 wa[q]起到败者树的根比较选择 MINIMAX 记录,并将其归并段号置入 ls[0]
    for (int t=(w+q)/2, p=ls[t]; t>0; t/=2, p=ls[t])
       if (wa[p].rnum<wa[q].rnum ||(wa[p].rnum==wa[q].rnum && wa[p].key<wa[q].key))
           { int temp=q;  q=ls[t];  ls[t]=temp; }          // q 指示新的胜者
```

```
        ls[0]=q;                                           // 选出的关键字最小的记录在 wa 的位置
    }
```

算法 11.6

```
    void Construct_Loser(LoserTree ls, WorkArea wa) {
        // 输入 w 个记录到内存工作区 wa,建立败者树 ls
        // 选出关键字最小的记录并由 ls[0]指示其在 wa 中的位置
        int i;
        for (i=0; i<w; ++i)
            wa[i].rnum=wa[i].key=ls[i]=0;                  // 工作区初始化
        for (i=w-1; i>=0; --i) {
            wa[i].rec=inputNext();
            wa[i].key=wa[i].rec.key;                       // 提取关键字
            wa[i].rnum=1;                                  // 其段号为 1
            Select_MiniMax(ls, wa, i);                     // 调用算法 11.6,调整败者
        }
    }
```

算法 11.7

利用败者树对前面例子进行置换-选择排序时的局部状况如图 11.7 所示,其中图 11.7(a)~图 11.7(g)显示了败者树建立过程中的状态变化状况。最后得到最小关键字的记录为 wa[0],之后,输出 wa[0].rec,并从 FI 中输入下一个记录至 wa[0],由于它的关键字小于刚刚输出的记录的关键字,则设此新输入的记录的段号为 2(如图 11.7(h)所示),而由于在输出 wa[1]之后新输入的关键字较 wa[1].key 大,则该新输入的记录的段号仍为 1(如图 11.7(i)所示)。图 11.7(j)所示为在输出 6 个记录之后选得的 MINIMAX 记录为 wa[1]时的败者树。图 11.7(k)表明在输出该记录 wa[1]之后,由于输入的下一个记录的关键字较小,其段号亦为 2,致使工作区中所有记录的段号均为 2。由此败者树选出的新的 MINIMAX 记录的段号大于当前生成的归并段的序号,这说明该段已结束,而此新的 MINIMAX 记录应是下一个归并段中的第一个记录。

对数组 FI 模拟输入示例的记录序列,调用算法 11.4,输出到 FO 数组的 3 个初始归并段的关键字依次为("最大关键字"32767 为段结束符)

```
29 38 39 46 49 51 61 32767 1 3 14 15 27 30 48 52 63 32767 4 32767
```

从上述可见,由置换-选择排序所得初始归并段的长度不等。且可证明,当输入文件中记录的关键字为随机数时,所得初始归并段的平均长度为内存工作区大小 w 的 2 倍。这个证明是 E. F. Moore 在 1961 年从置换-选择排序和扫雪机的类比中得出的。

假设一台扫雪机在环形路上等速行进扫雪,下雪的速度也是均匀的(即每小时落到地面上的雪量相等),雪均匀地落在扫雪机的前、后路面上,边下雪边扫雪。显然,在某个时刻之后,整个系统达到平衡状态,路面上的积雪总量不变。且在任何时刻,整个路面上的积雪都形成一个均匀的斜面,紧靠扫雪机前端的积雪最厚,其深度为 h,而在扫雪机刚扫过的路面上的积雪深度为 0。若将环形路伸展开来,路面积雪状态如图 11.8 所示。假设此刻路面积雪的总体积为 w,环形路一圈的总长为 l,由于扫雪机在任何时刻扫走的雪的深度均为 h,则扫雪机在环形路上走一圈扫掉的积雪体积为 lh,即 $2w$。

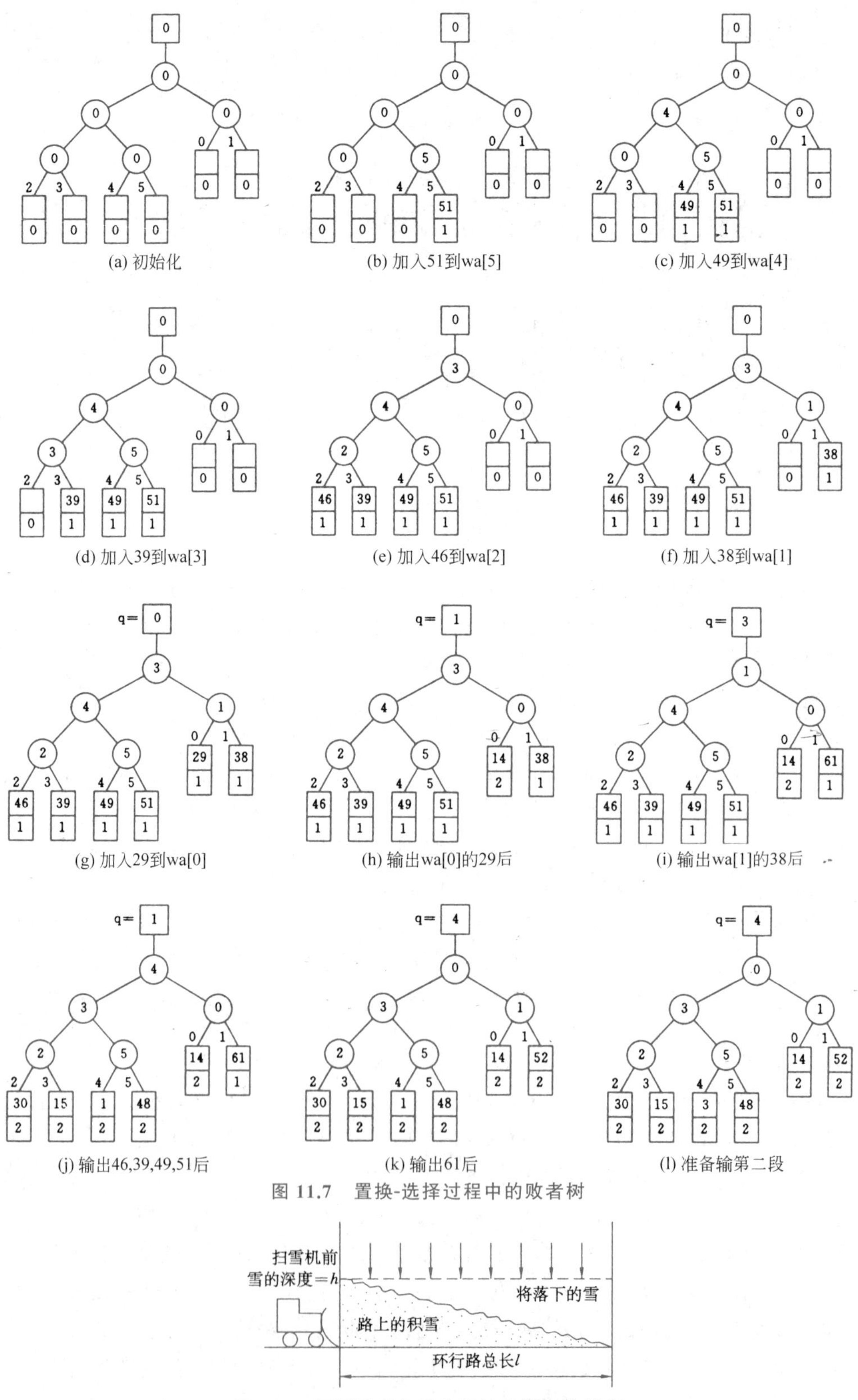

图 11.7　置换-选择过程中的败者树

图 11.8　环形路上扫雪机系统平衡时的状态

将置换-选择排序与此类比，工作区中的记录好比路面的积雪，输出的 MINIMAX 记录好比扫走的雪，新输入的记录好比新下的雪，当关键字为随机数时，新记录的关键字比 MINIMAX 大或小的概率相等。若大，则属当前的归并段(好比落在扫雪机前面的积雪，在这一圈中将被扫走)；若小，则属下一归并段(好比落在扫雪机后面的积雪，在下一圈中才能扫走)。由此，得到一个初始归并段好比扫雪机走一圈。假设工作区的容量为 w，则置换-选择所得初始归并段长度的期望值便为 $2w$。

容易看出，若不计输入输出的时间，则对 n 个记录的文件而言，生成所有初始归并段所需时间为 $O(n\log w)$。

11.5 最佳归并树

本节要讨论的问题是，由置换-选择生成所得的初始归并段，其各段长度不等对平衡归并有何影响?

假设由置换-选择得到 9 个初始归并段，其长度(即记录数)依次为 9,30,12,18,3,17,2,6,24。现进行 3-路平衡归并，其归并树(表示归并过程的图)如图 11.9 所示，图中每个圆圈表示一个初始归并段，圆圈中数字表示归并段的长度。假设每个记录占一个物理块，则两趟归并所需对外存进行的读写次数为

$$(9+30+12+18+3+17+2+6+24)\times 2\times 2=484$$

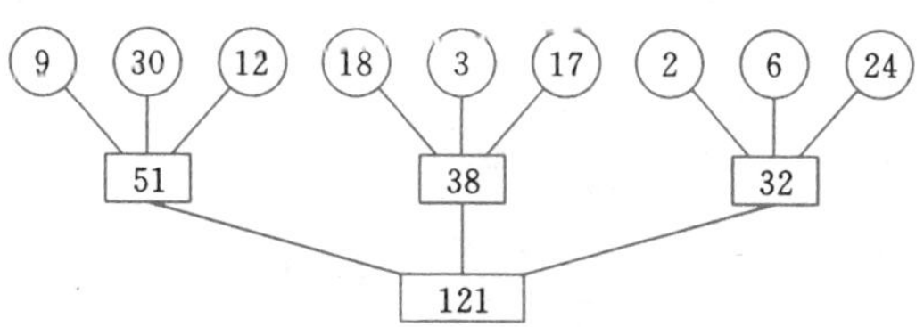

图 11.9　3-路平衡归并的归并树

若将初始归并段的长度看成是归并树中叶节点的权，则此三叉树的带权路径长度的两倍恰为 484。显然，归并方案不同，所得归并树亦不同，树的带权路径长度(或外存读写次数)亦不同。回顾在第 6 章中曾讨论了有 n 个叶节点的带权路径长度最短的二叉树称赫夫曼树，同理，存在有 n 个叶节点的带权路径长度最短的 3 叉、4 叉、…、k 叉树，亦称为赫夫曼树。因此，若对长度不等的 m 个初始归并段，构造一棵赫夫曼树作为归并树，便可使在进行外部归并时所需对外存进行的读写次数达最少。例如，对上述 9 个初始归并段可构造一棵如图 11.10 所示的归并树，按此树进行归并，仅需对外存进行 446 次读写，这棵归并树便称作最佳归并树。

图 11.10 的赫夫曼树是一棵真正的三叉树，即树中只有度为 3 或 0 的节点。假若只有 8 个初始归并段，例如，在前面例子中少了一个长度为 30 的归并段。如果在设计归并方案时，缺额的归并段留在最后，即除了最后一次做 2-路平衡归并外，其他各次归并仍都是 3-路平衡归并，容易看出此归并方案的外存读写次数为 386。显然，这不是最佳方案。正确的做法是，当初始归并段的数目不足时，需附加长度为 0 的“虚段”，按照赫夫曼树构成的原则，权为 0 的叶子应离树根最远，因此，这个只有 8 个初始归并段的归并树应如图 11.11 所示。

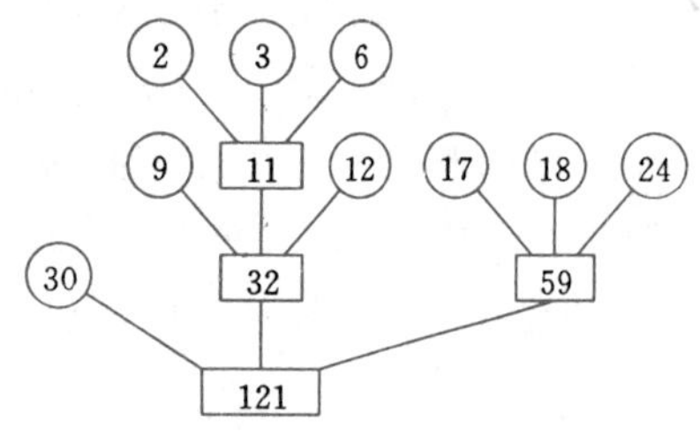
图 11.10　3-路平衡归并的最佳归并树

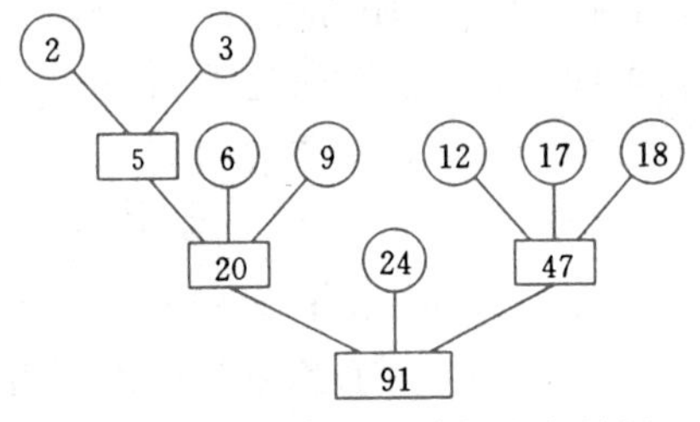
图 11.11　8 个归并段的最佳归并树

那么,如何判定附加虚段的数目?当三叉树中只有度为 3 和 0 的节点时,必有 $n_3=(n_0-1)/2$,其中,n_3 是度为 3 的节点数,n_0 是度为 0 的节点数。由于 n_3 必为整数,则 (n_0-1) MOD $2=0$。这就是说,对 3-路平衡归并而言,只有当初始归并段的个数为偶数时,才需加 1 个虚段。

在一般情况下,对 k-路平衡归并而言,容易推算得到,若 $(m-1)$ MOD $(k-1)=0$,则不需要加虚段,否则需附加 $k-(m-1)$ MOD $(k-1)-1$ 个虚段。换句话说,第一次归并为 $(m-1)$ MOD $(k-1)+1$ 路平衡归并。

若按最佳归并树的归并方案进行磁盘归并排序,需在内存建立一张载有归并段的长度和它在磁盘上的物理位置的索引表。

第 12 章　文件和索引结构

和表类似，文件是大量记录的集合。习惯上称存储在主存储器(内存储器)的记录集合为表，称存储在二级存储器(外存)的记录集合为文件。本章讨论文件和索引技术在外存中的表示方法及其各种运算的实现。

12.1　文件基础

12.1.1　文件的基本概念

1. 文件及其类别

文件(file)是由大量性质相同的记录组成的集合。可按其记录的类型不同而分成两类：操作系统中的文件和数据库文件。

操作系统中的文件仅是一维的连续的字符序列，无结构、无解释。它也是记录的集合，这个记录仅是一个字符组，用户为了存取、加工方便，把文件中的信息划分成若干组，每一组信息称为一个逻辑记录，且可按顺序编号。

数据库中的文件是带结构的记录的集合；这类记录是由一个或多个数据项组成的集合，它也是文件中可存取的数据的基本单位。数据项是最基本的不可分的数据单位，也是文件中可使用的数据的最小单位。例如，图 12.1 所示为一个数据库文件，每个学生的情况是一个记录，它由 10 个数据项组成。

姓名	准考证号	政治	语文	数学	外语	物理	化学	生物	总分
王鸣	1501	78	90	104	95	87	83	40	577
刘青	1502	64	88	90	74	90	98	41	545
张朋	1503	90	101	85	89	76	87	42	570
崔永	1504	85	73	90	91	85	77	35	536
郑琳	1505	75	75	81	78	67	80	37	493
⋮	⋮	⋮	⋮	⋮	⋮	⋮	⋮	⋮	⋮

图 12.1　数据库文件

文件还可按记录的另一特性分成定长记录文件和不定长记录文件。若文件中每个记录含的信息长度相同，则称这类记录为定长记录，由这类记录组成的文件称作**定长记录**文件；若文件中含信息长度不等的不定长记录，则称由这类记录组成的文件为**不定长记录**文件。

数据库文件还可按记录中关键字的多少分成单关键字文件和多关键字文件。若文件中的记录只有一个唯一标识记录的主关键字，则称为**单关键字**文件；若文件中的记录除了含一个主关键字外，还含若干次关键字，则称为**多关键字**文件。记录中所有非关键字的数据项称为记录的属性。

2. 记录的逻辑结构和物理结构

记录的逻辑结构是指记录在用户或应用程序员面前呈现的方式，是用户对数据的表示和存取方式。

记录的物理结构是数据在物理存储器上存储的方式，是数据的物理表示和组织。

通常，记录的逻辑结构着眼于用户使用方便，而记录的物理结构则应考虑提高存储空间的利用率和减少存取记录的时间，它根据不同的需要及设备本身的特性可以有多种方式。从 11.1 节的讨论中已得知：一个物理记录指的是计算机用一条 I/O 命令进行读写的基本数据单位，对于固定的设备和操作系统，它的大小基本上是固定不变的；而逻辑记录的大小是由使用要求而定的。在物理记录和逻辑记录之间可能存在下列 3 种关系。

(1) 一个物理记录存放一个逻辑记录。

(2) 一个物理记录包含多个逻辑记录。

(3) 多个物理记录表示一个逻辑记录。

总之，用户读写一个记录是指逻辑记录，查找对应的物理记录则是操作系统的职责，图 12.2 简单表示了这种关系。图中的逻辑记录和物理记录满足上述第一种关系，物理记录之间用指针相链接。

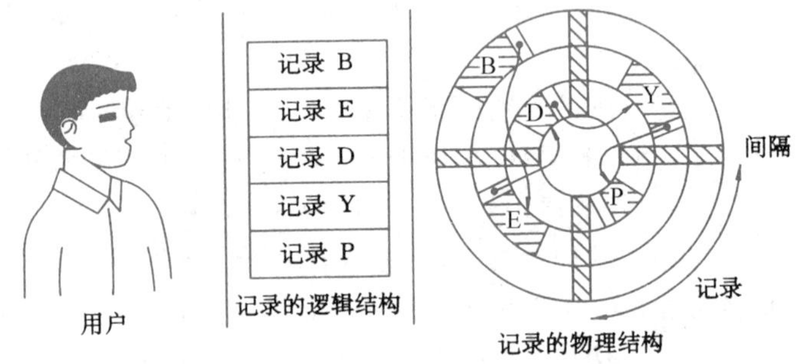

图 12.2　记录的逻辑结构与物理结构差别示例

3. 文件的操作(运算)

文件的操作有两类：检索和修改。

文件的检索有下列 3 种方式。

(1) 顺序存取：存取下一个逻辑记录。

(2) 直接存取：存取第 i 个逻辑记录。

以上两种存取方式都是根据记录序号(即记录存入文件时的顺序编号)或记录的相对位置进行存取的。

(3) 按关键字存取：给定一个值，查询一个或一批关键字与给定值相关的记录。对数据库文件可以有如下 4 种查询方式。

① 简单询问：查询关键字等于给定值的记录。例如，在图 12.1 的文件中，给定一个准考证号或学生姓名，查询相关记录。

② 区域询问：查询关键字属某个区域内的记录。例如，在图 12.1 的文件中查询某中学的学生成绩，则给定准考证号的某个数值范围。

③ 函数询问：给定关键字的某个函数。例如，查询总分在全体学生的平均分以上的记录或处于中值的记录。

④ 布尔询问：以上 3 种询问用布尔运算组合起来的询问。例如，查询总分在 600 分以上且数学在 100 分以上，或者总分在平均分以下且外语在 98 分以上的全部记录。

文件的修改包括插入一个记录、删除一个记录和更新一个记录 3 种操作。

文件的操作可以有实时和批量两种不同方式。通常实时处理对应答时间要求严格，应在接收询问之后几秒内完成检索和修改，而批量处理则不然。不同的文件系统其使用有不同的要求。例如，一个民航自动服务系统，其检索和修改都应实时处理；而银行的账户系统需实时检索，但可进行批量修改，即可以将一天的存款和提款记录在一个事务文件上，在一天的营业之后再进行批量处理。

4. 文件的物理结构

文件在存储介质（磁盘或磁带）上的组织方式称为文件的物理结构。文件可以有各种各样的组织方式，其基本方式有 3 种：顺序组织、随机组织和链组织。一个特定的文件应采用何种物理结构应综合考虑各种因素，如存储介质的类型、记录的类型、大小和关键字的数目以及对文件做何种操作等。本章将介绍几种常用的文件的物理结构。

12.1.2 顺序文件

顺序文件（sequential file）是记录按其在文件中的逻辑顺序依次进入存储介质而建立的，即顺序文件中物理记录的顺序和逻辑记录的顺序是一致的。若次序相继的两个物理记录在存储介质上的存储位置是相邻的，则又称**连续文件**；若物理记录之间的次序由指针相链表示，则称**串联文件**。

顺序文件是根据记录的序号或记录的相对位置来进行存取的文件组织方式。它的特点如下。

（1）存取第 i 个记录，必须先搜索在它之前的 $i-1$ 个记录。

（2）插入新的记录时只能加在文件的末尾。

（3）若要更新文件中的某个记录，则必须将整个文件进行复制。

由于顺序文件的优点是连续存取的速度快，因此主要用于只进行顺序存取、批量修改的情况。若对应答时间要求不严时亦可进行直接存取。

磁带是一种典型的顺序存取设备，因此存储在磁带上的文件只能是顺序文件。磁带文件适合于文件的数据量甚大、平时记录变化少、只做批量修改的情况。在对磁带文件做修改时，一般需用另一条复制带将原带上不变的记录复制一遍，同时在复制的过程中插入新的记录和用更改后的新记录代替原记录写入。为了修改方便起见，要求待复制的顺序文件按关键字有序（若非数据库文件，则可将逻辑记录号作为关键字）。

磁带文件的批处理过程如下。

待修改的原始文件称作主文件，存放在一条磁带上；所有的修改请求集中构成一个文件，称作事务文件，存放在另一台磁带上；尚需第三台磁带作为新的主文件的存储介质。主文件按关键字自小至大（或自大至小）顺序有序，事务文件必须和主文件有相同的有序关系。

因此，首先对事务文件进行排序，然后将主文件和事务文件归并成一个新主文件。图 12.3 为这个过程的示意图。

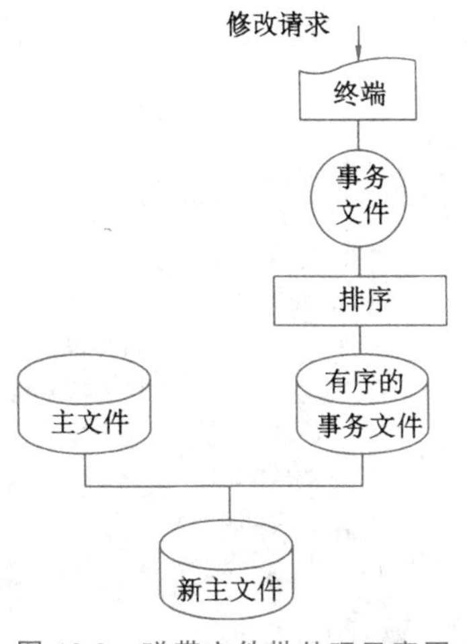

图 12.3 磁带文件批处理示意图

在归并的过程中，顺序读出主文件与事务文件中的记录，比较它们的关键字并分别进行处理。对于关键字不匹配的主文件中的记录，则直接将其写入新主文件中。更新和删除记录时，要求其关键字相匹配。删除不用写入，而更新则要将更改后的新记录写入新主文件。插入时不要求关键字相匹配，可直接将事务文件上要插入的记录写到新主文件的适当位置。

例 12-1 有一个银行账目文件：其主文件保存着各储户的存款余额；每个储户作为一个记录，储户账号为关键字；记录按关键字从小到大顺序排列。一天的存入和支出集中在一个事务文件中，事务文件也按账号排序，成批地更改主文件并得到一个新主文件，其过程如图 12.4 所示。

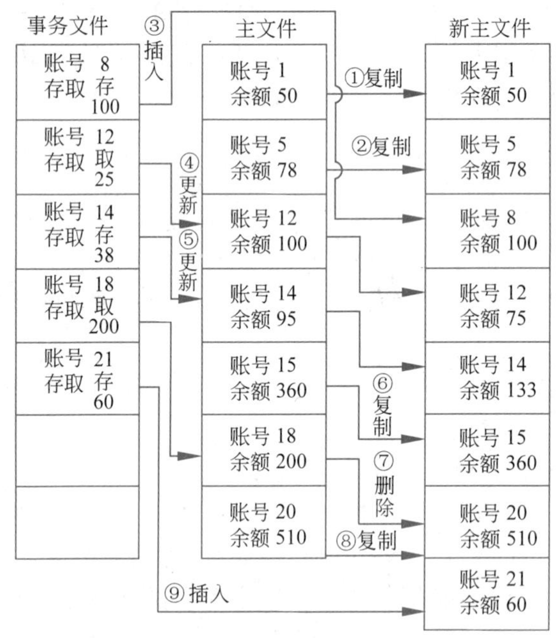

图 12.4 银行账目文件成批更改示意图

批处理的示意算法如算法 12.1 所示。算法中用到的各符号的含义说明如下：

f——主文件；g——事务文件；h——新主文件

上述三者都按关键字递增排列。事务文件的每个记录中，还增设一个代码以示修改要求，其中，I 表示插入，D 表示删除，U 表示更新。

```
void MergeFile(FILE * f, FILE * g, FILE * h) {
    // 由按关键字递增有序的非空顺序文件 f 和 g 归并得新文件 h
    // 三个文件均已打开，f 和 g 为只读文件
    // 文件中各附加一个最大关键字记录，且 g 文件中对该记录的操作为插入；h 为只写文件
    fread(&fr, sizeof(RcdType), 1, f);
    fread(&gr, sizeof(RcdType), 1, g);
    while (!feof(f)||  !feof(g)) {
      switch {
        case fr.key<gr.key;                          // 复制“旧”主文件中记录
          fwrite(&fr, sizeof(RcdType), 1, h);
```

```
      if (!feof(f)) fread(&fr, sizeof(RcdType), 1, f); break;
    case gr.code=='D' && fr.key==gr.key:   // 删除"旧"主文件中记录,即不复制
      if (!feof(f)) fread(&fr, sizeof(RcdType), 1, f);
      if (!feof(g)) fread(&gr, sizeof(RcdType), 1, g); break;
    case gr.code=='I' && fr.key>gr.key:    // 插入,函数 P 把 gr 加工为 h 的结构
      fwrite(P(gr), sizeof(RcdType), 1, h);
      if (!feof(g)) fread(&gr, sizeof(RcdType), 1, g); break;
    case gr.code=='U' && fr.key==gr.key:   // 更新"旧"主文件中记录
      fwrite(Q(fr,gr), sizeof(RcdType), 1, h);
                                    // 函数 Q 将 fr 和 gr 归并成一个 h 结构的记录
      if (!feof(f)) fread(&fr, sizeof(RcdType), 1, f);
      if (!feof(g)) fread(&gr, sizeof(RcdType), 1, g); break;
    default ERROR();                        // 其他均为出错情况
   }
  }// while
}
```

算法 12.1

分析批处理算法的时间。假设主文件包含 n 个记录,事务文件包含 m 个记录。一般情况下,事务文件较小,可以进行内部排序,则时间复杂度为 $O(m\log m)$。内部归并的时间复杂度为 $O(n+m)$,则总的内部处理的时间为 $O(m\log m+n)$。假设所有的输入输出都是通过缓冲区进行的,并假设缓冲区大小为 s(个记录),则整个批处理过程中读写外存的次数为 $2\left\lceil\frac{m}{s}\right\rceil+2\cdot\left\lceil\frac{m+n}{s}\right\rceil$①。

磁盘上的顺序文件的批处理和磁带文件类似,只是当修改项中没有插入,且更新时不增加记录的长度时,可以不建立新的主文件,而直接修改原来的主文件即可。显然,磁盘文件的批处理可以在一个磁盘组上进行。

对顺序文件进行顺序查找类似于第 9 章讨论的顺序查找,其平均查找长度为$(n'+1)/2$,其中 n'为文件所含物理记录的数目(相对外存读写而言,内存查找的时间可以忽略不计)。对磁盘文件可以进行分块查找或折半查找(对不定长文件不能进行折半查找)。但是,若文件很大,在磁盘上占多个柱面时,折半查找将引起磁头来回移动,增加寻查时间。

假若某个顺序文件,其记录修改的频率较低,则用批处理并不适宜,此时可另建立一个附加文件,以存储新插入和更新后的记录,待附加文件增大到一定程度时再进行批处理。在检索时可以先查主文件,若不成功再查附加文件,或反之。显然这将增加检索的时间,但可以采取其他措施弥补,详细情况可参阅参考书目[13]。

12.1.3 索引文件

除了文件本身(称作数据区)之外,另建立一张指示逻辑记录和物理记录之间一一对应关系的表——索引表。这类包括文件数据区和索引表两部分的文件称作索引文件。

图 12.5 为两个简单的索引表示例。索引表中的每一项称作索引项。不论主文件是否按关键字有序,索引表中的索引项总是按关键字(或逻辑记录号)顺序排列。若数据区中的记录也按关键字顺序排列,则称索引顺序文件;反之,若数据区中记录不按关键字顺序排列,

---

① 此数为考虑全部修改项为插入时的上界。

则称索引非顺序文件。

逻辑记录号	标识[①]	物理记录号
0	1	4
1	1	7
2	0	
3	1	10

关键字 k_i	物理记录号
101	15
119	04
123	31
125	11

图 12.5　索引表示例[①]

索引表随数据存储的变化而动态生成和维护。在记录输入建立数据区的同时建立一个索引表，表中的索引项按记录输入的先后次序排列，待全部记录输入完毕后再对索引表进行排序。例如，对应于图 12.6(a)的数据文件，其索引表如图 12.6(b)所示，而图 12.6(c)为文件记录输入过程中建立的索引表。

物理记录号	职工号	姓名	职　务	其他
101	29	张珊	程序员	⋮
103	05	李四	维修员	
104	02	王红	程序员	
105	38	刘琪	录入员	
108	31	⋮	⋮	
109	43			
110	17			
112	48			

(a) 文件数据区

	关键字	物理记录号
1	02	104
	05	103
	17	110
2	29	101
	31	108
	38	105
3	43	109
	46	112

(b) 索引表

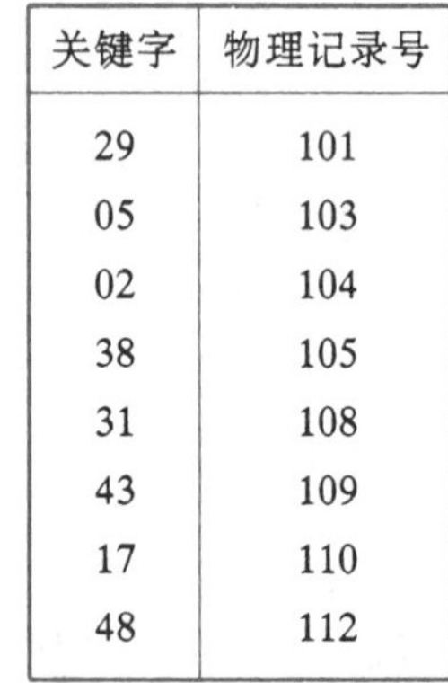

关键字	物理记录号
29	101
05	103
02	104
38	105
31	108
43	109
17	110
48	112

(c) 输入过程中建立的索引表

图 12.6　索引非顺序文件示例

索引文件的检索方式为直接存取或按关键字(进行简单询问)存取，检索过程和第 9 章讨论的分块查找相类似，应分两步进行：首先，查找索引表，若索引表上存在该记录，则根据索引项的指示读取外存上该记录；否则说明外存上不存在该记录，也就不需要访问外存。由于索引项的长度比记录小得多，则通常可将索引表一次读入内存，由此在索引文件中进行检索只访问外存两次，即一次读索引，另一次读记录。并且由于索引表是有序的，则查找索引表时可用折半查找。

索引文件的修改也容易进行。删除一个记录时，仅需删除相应的索引项；插入一个记录时，应将记录置于数据区的末尾，同时在索引表中插入索引项；更新记录时，应将更新后的记录置于数据区的末尾，同时修改索引表中相应的索引项。

最大关键字	物理块号
17	1
38	2
46	3

图 12.7　图 12.6(b)中索引表的索引

当记录数目很大时，索引表也很大，以致一个物理块容纳不下。在这种情况下查阅索引仍要多次访问外存。为此，可以对索引表建立一个索引，称为查找表。假设图 12.6(b)的索引表需占用 3 个物理块的外存，每一个物理块容纳 3 个索引，则建立的查找表如图 12.7 所示。检索记录时，先查查找表，再查索引表，然后读取记录。3 次

① 标识域指示该逻辑记录是否存在，若存在，则标识符为 1，否则为 0。

访问外存即可。若查找表中项目还多，则可建立更高一级的索引。通常最高可有四级索引：数据文件→索引表→查找表→第二查找表→第三查找表。而检索过程从最高一级索引即第三查找表开始，仅需 5 次访问外存。

上述的多级索引是一种静态索引，各级索引均为顺序表结构。其结构简单，但修改很不方便，每次修改都要重组索引。因此，当数据文件在使用过程中记录变动较多时，应采用动态索引。如二叉排序树（或二叉平衡树、红黑树）、B 树以及键树，这些都是树表结构，插入、删除都很方便。又由于它本身是层次结构，则无须建立多级索引，而且建立索引表的过程即排序的过程。

通常，当数据文件的记录数不是很多，内存容量足以容纳整个索引表时可采用二叉排序树（或平衡树）作索引，其查找性能已在第 9 章中进行了详细讨论。

反之，当文件很大时，索引表（树表）本身也在外存，则查找索引时尚需多次访问外存，并且，访问外存的次数恰为查找路径上的节点数。显然，为减少访问外存的次数，就应尽量缩减索引表的深度。因此，此时宜采用 m 叉的 B 树作索引表。m 的选择取决于索引项的多少和缓冲区的大小。

从 9.2.6 节对键树的讨论可见，键树适用于作某些特殊类型的关键字的索引表。和上述对排序树的讨论类似，当索引表不大时，可采用双链表作存储结构（此时索引表在内存）；反之，则采用 Trie 树。总之，由于访问外存的时间比内存查找的时间大得多，所以对外存中索引表的查找效能主要取决于访问外存的次数，即索引表的深度。

显然，索引文件只能是磁盘文件。

综上所述，如果数据文件中记录不按关键字顺序排列，则必须对每个记录建立一个索引项，如此建立的索引表称为稠密索引，它的特点是可以在索引表中进行“预查找”，即从索引表便可确定待查记录是否存在或做某些逻辑运算。如果数据文件中的记录按关键字顺序有序，则可对一组记录建立一个索引项，这种索引表称为非稠密索引，它不能进行“预查找”，但索引表占用的存储空间少，管理要求低。

12.1.4 二叉排序树索引非顺序文件示例

这是一个简化的索引非顺序文件实现示例。对 C 文件增设索引结构，采用二叉排序树作为内存索引表，将磁盘 C 数据文件扩展为索引非顺序文件。存储结构定义和相关实现操作的函数如下。

```
typedef struct {
    int id;                          // 学号(作为键)
    int age;                         // 年龄
    char name[10];                   // 姓名
} Student;                           // 数据记录结构类型
typedef struct IdxNode {
    int id;                          // 键值
    int file_offset;                 // 文件偏移量
    IdxNode * lchild;                // 左孩子指针
    IdxNode * rchild;                // 右孩子指针
} IdxNode;                           // 索引节点结构类型——二叉排序树的节点类型
IdxNode * CreateIndexNode(int id, int offset) {      // 创建新索引节点
```

```
    IdxNode * node;
    node = (IdxNode * )malloc(sizeof(IdxNode));
    node->id=id;
    node->file_offset=offset;
    node->lchild=node->rchild=NULL;
    return node;
}
IdxNode * InsertIndex(IdxNode * root, int id, int offset) {
                                                    // 插入索引表(二叉排序树)
    if (root==NULL) return CreateIndexNode(id, offset);   // root 空则建索引节点
    if (id <root->id)
        root->lchild=InsertIndex(root->lchild, id, offset); // 在左子树插入
    else if (id >root->id)
        root->rchild=InsertIndex(root->rchild, id, offset); // 在右子树插入
    return root;                                              // 返回根节点指针
}
int SearchIndex(IdxNode * root, int target_id) {        // 查找索引——二叉排序树查找
    if (root==NULL) return -1;                          // 树空则找不到
    if (target_id==root->id) return root->file_offset;
    else if (target_id <root->id) return SearchIndex(root->lchild, target_id);
    else return SearchIndex(root->rchild, target_id);
}
void AddStudent(FILE * data_file, IdxNode ** root, Student * stu) {   // 写入学生记录
    fseek(data_file, 0, SEEK_END);                     // 定位到文件末尾
    int offset=ftell(data_file);                      // 获取文件当前读写位置(偏移量)
    fwrite(stu, sizeof(Student), 1, data_file);        // 写入记录到文件
    * root=InsertIndex( * root, stu->id, offset);      // 更新索引
}
Student * FindStudent(FILE * data_file, IdxNode * root, int target_id) {   // 查找
    int offset=SearchIndex(root, target_id);           // 在索引查找,返回文件偏移量
    if (offset==-1) return NULL;                       // 若不存在偏移量为-1
    Student * stu;
    if (!(stu=(Student * )malloc(sizeof(Student)))) exit(OVERFLOW); // 分配记录
    fseek(data_file, offset, SEEK_SET);                // 文件定位
    fread(stu, sizeof(Student), 1, data_file);         // 读取记录
    return stu;                                        // 返回学生记录
}
```

12.2 索引顺序文件

索引顺序文件是最常见的一大类索引文件,应用广泛。

12.2.1 索引顺序文件概述

索引顺序文件(indexed sequential file)是一种结合了索引结构和顺序存储的混合文件组织方式,旨在平衡随机访问和范围查询的性能。其核心设计如下。

(1) 索引结构。维护一个索引表,每个索引项包含键(key)和对应记录的物理位置(如文件偏移量)。索引项按键排序,支持高效查找(如二分查找),快速定位磁盘目标块。

(2) 顺序存储。数据按逻辑顺序存储在连续的物理块(或页)中,块内记录按键排序,块

间通过索引表管理。

(3) **适用场景**。适合需要高效范围查询(如时间范围统计)且兼顾随机访问(如单条记录查询)的场景。

例 12-2 文件结构示例。假设一个文件存储用户订单信息,每个块大小为 4 条记录,表 12.1 为索引表存储块起始键和块偏移。

表 12.1 索引表存储块起始键和块偏移

索 引 项	起 始 键	块 偏 移
100	100	0
200	200	4096
300	300	8192

其中,**数据块 0**(偏移 0):记录键为 100、150、180、200;**数据块 1**(偏移 4096):记录键为 200、250、280、300。

表 12.2 列出了索引顺序文件的核心操作及性能。

表 12.2 索引顺序文件的核心操作及性能

操 作	实 现 逻 辑	时间复杂度	适 用 性
插入	(1) 定位插入块(通过索引表); (2) 插入记录并保持块内有序; (3) 若块满,分裂为两个块并更新索引	$O(\log m)+O(k)$	中等(需块分裂开销)
查找	(1) 通过索引表二分查找目标块; (2) 在块内顺序查找记录	$O(\log m)+O(k)$	高效(块内顺序扫描优化)
范围查询	(1) 定位起始块和结束块; (2) 顺序读取所有块内的符合条件的记录	$O(\log m)+O(n)$	最优(块连续存储)
删除	(1) 定位记录所在块; (2) 标记记录为无效(惰性删除); (3) 定期整理块以回收空间	$O(\log m)+O(k)$	低效(需后续整理)

12.2.2 ISAM 文件

索引顺序存取方法(Indexed Sequential Access Methed,ISAM)是一种专为磁盘存取设计的文件组织方式。由于磁盘是以盘组、柱面和磁道三级地址存取的设备,则可对磁盘上的数据文件建立盘组、柱面和磁道三级索引。这里的磁道索引,实际为盘面索引,为遵循习惯仍称为磁道索引。文件的记录在同一盘组上存放时,应先集中放在一个柱面上,然后再顺序存放在相邻的柱面上,对同一柱面,则应按盘面的次序顺序存放。例如,图 12.8 为存放在一个磁盘组上的 ISAM 文件,每个柱面建立一个磁道索引,每个磁道索引项由两部分组成:基本索引项和溢出索引项。如图 12.9 所示,每部分都包括关键字和指针两项,前者表示该磁道中最末一个记录的关键字(在此为最大关键字),后者指示该磁道中第一个记录的位置。柱面索引的每一个索引项也由关键字和指针两部分组成,前者表示该柱面中最末一个记录的关键字(最大关键字),后者指示该柱面上的磁道索引位置。柱面索引存放在某个柱面上,若柱面索引较大,占多个磁道时,则可建立柱面索引的索引——主索引。

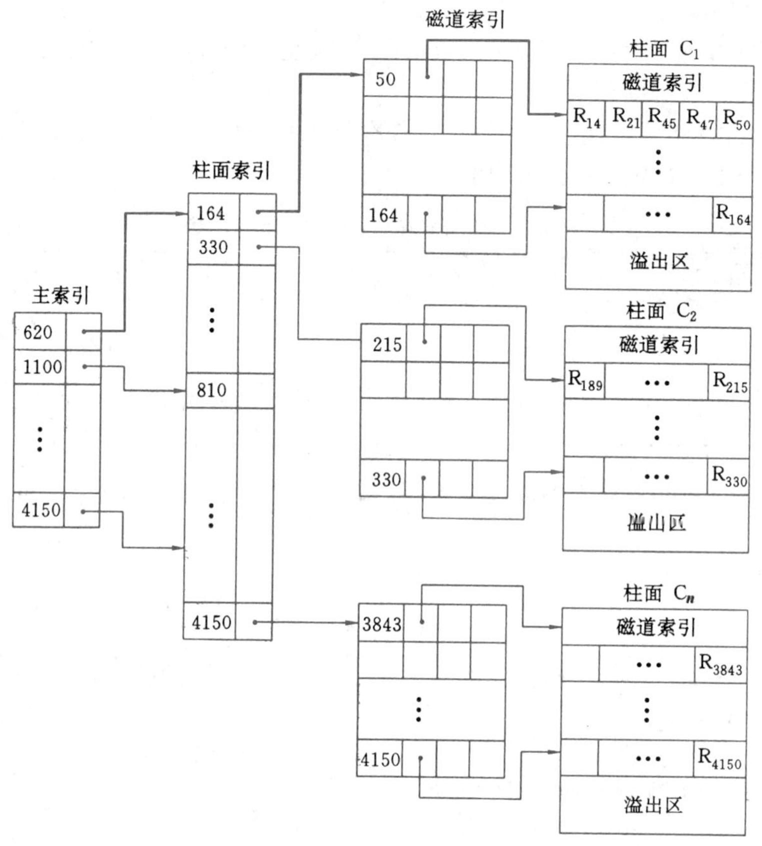

图 12.8 ISAM 文件结构示例

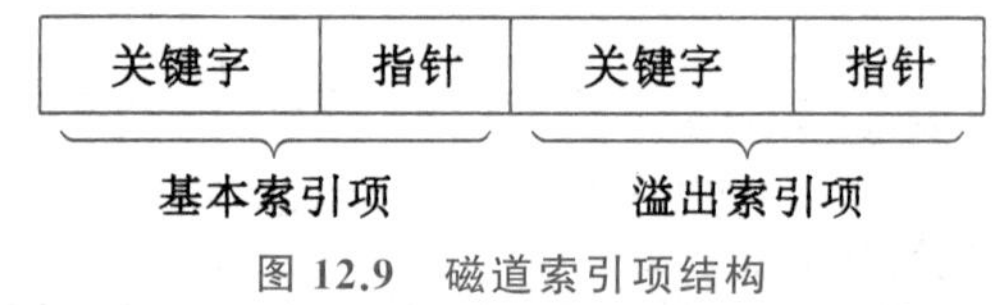

图 12.9 磁道索引项结构

在 ISAM 文件上检索记录时，先从主索引出发找到相应的柱面索引，再从柱面索引找到记录所在柱面的磁道索引，最后从磁道索引找到记录所在磁道的第一个记录的位置。由此出发在该磁道上进行顺序查找直至找到为止；反之，若找遍该磁道而不存在此记录，则表明该文件中无此记录。例如，查找关键字为 21 的记录时的查找路径如图 12.8 中的粗实线所示。

从图 12.8 中读者可看到，每个柱面上还开辟有一个溢出区；并且，磁道索引项中有溢出索引项，这是为插入记录所设置的。由于 ISAM 文件中记录是按关键字顺序存放的，则在插入记录时需要移动记录，并将同一磁道上最末一个记录移至溢出区，同时修改磁道索引项。通常溢出区可有 3 种设置方法：①集中存放——整个文件设一个大的单一的溢出区；②分散存放——每个柱面设一个溢出区；③集中与分散相结合——溢出时记录先移至每个柱面各自的溢出区，待满之后再使用公共溢出区。图 12.8 是第 2 种设置方法。

每个柱面的基本区是顺序存储结构，而溢出区是链表结构。同一磁道溢出的记录由指针相链，该磁道索引的溢出索引项中的关键字指示该磁道溢出的记录的最大关键字；而指针则指示在溢出区中的第一个记录。图 12.10 所示为插入记录和溢出处理的具体例子。其中，图 12.10(a)为插入前的某一柱面上的状态。图 12.10(b)为插入 R_{65} 时，将第 2 道中关键字大于 65 的记录顺次后移，且使 R_{90} 溢出至溢出区的情况。图 12.10(c)为插入 R_{65} 之后的状态，此时 2 道的基本索引项的关键字改为 80，且溢出索引项的关键字改为 90，其指针指向第 4 道第一个记录即 R_{90}。图 12.10(d)是相继插入 R_{95} 和 R_{83} 后的状态，R_{95} 插入第 3 道第一个记录的位置而使 R_{145} 溢出；而由于 80＜83＜90，则 R_{83} 被直接插入溢出区，作为第 2 道在溢出区的第一个记录，并将它的指针指向 R_{90} 的位置，同时修改第 2 道索引的溢出索引项的指针指向 R_{83}。

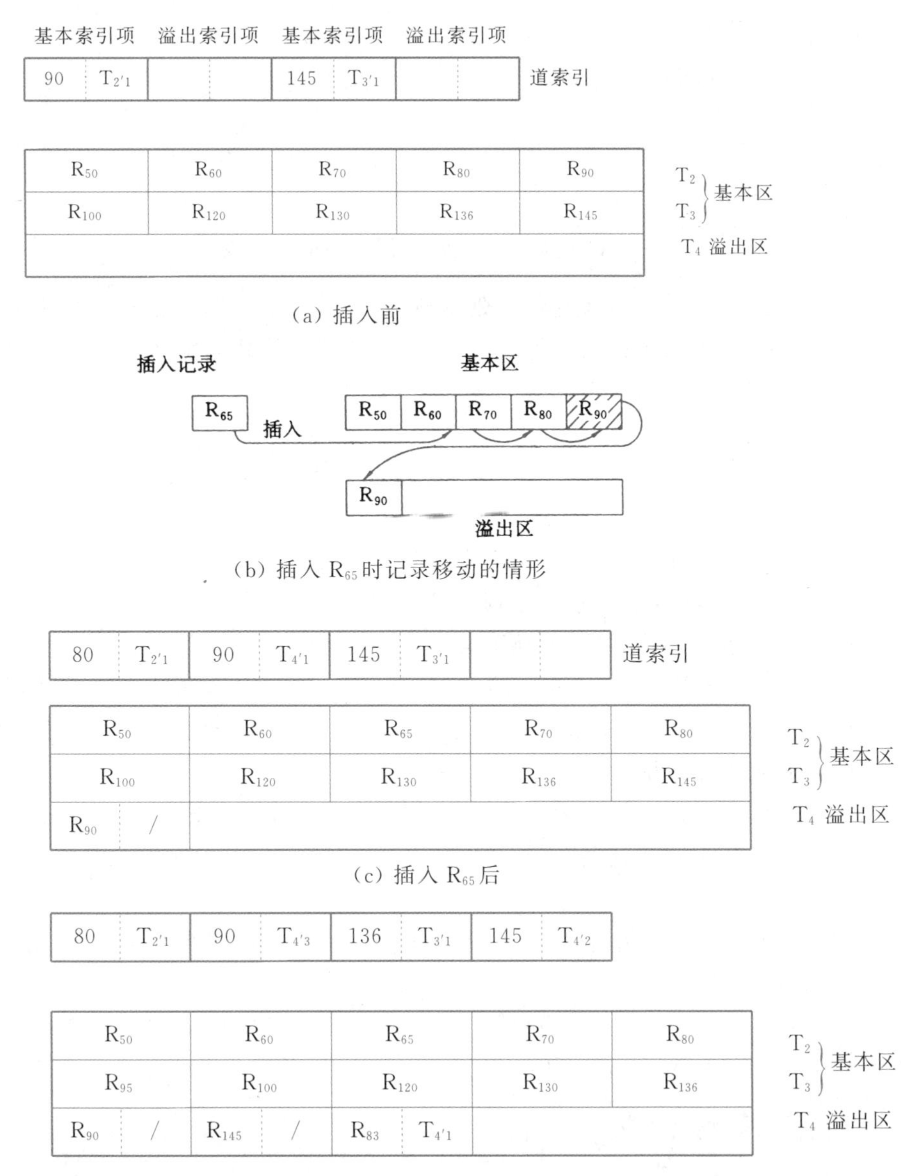

(a) 插入前

(b) 插入 R_{65} 时记录移动的情形

(c) 插入 R_{65} 后

(d) 先插入 R_{95} 再插入 R_{83} 后

图 12.10 ISAM 文件的插入记录和溢出处理

ISAM 文件中删除记录的操作要比插入简单得多，只需找到待删除的记录，在其存储位置上做删除标记即可，而不需要移动记录或改变指针，但在经过多次的增加、删除后，文件的结构可能变得很不合理。此时，大量的记录进入溢出区，而基本区中又浪费很多空间。因此，通常需要周期地整理 ISAM 文件。把记录读入内存，重新排列，复制成一个新的 ISAM 文件，填满基本区而空出溢出区。

最后，简单讨论一下 ISAM 文件中柱面索引的位置。

通常，磁道索引放在每个柱面的第 1 道上，那么，柱面索引是否也放在文件的第一个柱面上呢？由于每一次检索都需要先查找柱面索引，则磁头需在各柱面间来回移动，我们希望磁头移动距离的平均值最小。假设文件占 n 个柱面，柱面索引在第 x 个柱面上。则磁头移动距离的平均值为

$$\begin{aligned}\bar{s} &= \frac{1}{n}\left[\sum_{i=1}^{x}(x-i)+\sum_{i=x+1}^{n}(i-x)\right] \\ &= \frac{1}{n}\left[x^2-(n+1)x+\frac{n(n+1)}{2}\right]\end{aligned}$$

令 $\frac{\mathrm{d}\bar{s}}{\mathrm{d}x}=0$，得到 $x=\frac{n+1}{2}$。这就是说，柱面索引应放在数据文件的中间位置的柱面上。

ISAM 文件是早期为大型主机开发的磁盘文件组织方式，它通过多级索引和顺序存储的结合，支持高效的随机访问和范围查询。然而，随着技术的发展，ISAM 文件逐渐被更先进的索引结构取代，但其核心思想仍影响了现代存储系统。

12.3　B+ 树索引文件

12.2 节介绍的 ISAM 文件有以下局限性。

- 静态索引结构：索引层级是预定义的，难以动态扩展。
- 碎片化问题：频繁插入和删除会导致数据块碎片化，降低性能。
- 并发控制不足：缺乏高效的锁机制，难以支持高并发访问。
- 硬件依赖：针对磁盘寻道时间优化，但对固态硬盘等现代存储介质适配性差。

但是，ISAM 文件并未完全退出，而是通过以下方式演进。

- 虚拟存储存取方法(Virtual Storage Access Method，VSAM)：在 ISAM 基础上引入动态索引(B+ 树)，支持更高效的插入和分裂操作，成为现代主机系统的核心文件组织方式。
- 数据库系统的索引优化：关系型数据库(如 Oracle、DB2)吸收了 ISAM 的多级索引思想，但改用 B+ 树或 LSM 树等动态结构。
- 列式存储与混合索引：现代分析型数据库(如 ClickHouse)结合列式存储和分层索引，继承 ISAM 的顺序扫描优势。

12.3.1　VSAM 文件

虚拟存储存取方法(VSAM)利用了操作系统的虚拟存储器的功能，给用户提供方便。对用户来说，文件只有控制区间和控制区域等逻辑存储单位，与外存储器中柱面、磁道等具体存储单位没有必然的联系。用户在存取文件中的记录时，不需要考虑这个记录的当前位置是否在内存，也不需要考虑何时执行对外存进行读写的指令。

VSAM 文件的结构如图 12.11 所示。它由 3 部分组成：索引集、顺序集和数据集。文件的记录均存放在数据集中，数据集中的一个节点称为控制区间(control interval)，它是一个 I/O 操作的基本单位，它由一组连续的存储单元组成。控制区间的大小可随文件不同而不同，但同一文件上控制区间的大小相同。每个控制区间含一个或多个按关键字递增有序排列的记录。

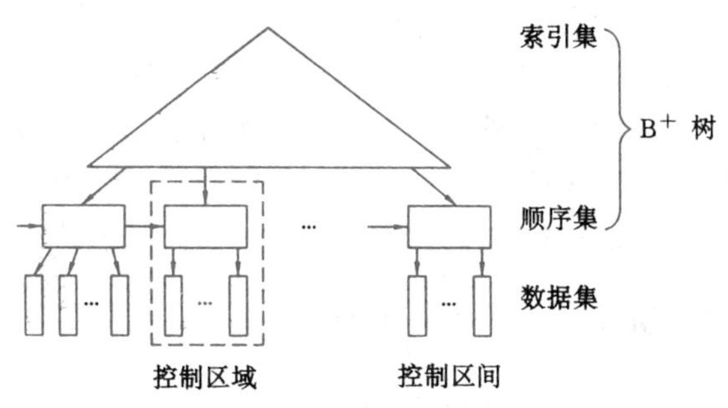

图 12.11　VSAM 文件的结构示意图

顺序集和索引集一起构成一棵 B^+ 树，为文件的索引部分。顺序集中存放每个控制区间的索引项。每个控制区间的索引项由两部分信息组成，即该控制区间中的最大关键字和指向控制区间的指针。若干相邻控制区间的索引项形成顺序集中的一个节点，节点之间用指针相链接，而每个节点又在其上一层的节点中建有索引，且逐层向上建立索引。所有的索引项都由最大关键字和指针两部分信息组成，这些高层的索引项形成 B^+ 树的非终端节点。

因此，VSAM 文件既可在顺序集中进行顺序存取，又可从最高层的索引(B^+ 树的根节点)出发进行按关键字存取。顺序集中一个节点连同其对应的所有控制区间形成一个整体，称作控制区域(control range)。每个控制区间可视为一个逻辑磁道，而每个控制区域可视为一个逻辑柱面。

在 VSAM 文件中，记录可以是不定长的，则在控制区间中除了存放记录本身以外，还有每个记录的控制信息(如记录的长度等)和整个区间的控制信息(如区间中存有的记录数等)，控制区间的结构如图 12.12 所示。在控制区间上存取一个记录时需从控制区间的两端出发同时向中间扫描。

记录 1	…	记录 n	未利用的空闲空间	记录 n 的控制信息	…	记录 1 的控制信息	控制区间的控制信息

图 12.12　控制区间的结构示意图

VSAM 文件中没有溢出区，解决插入的办法是在初建文件时留有空间。

(1) 每个控制区间内不填满记录，在最末一个记录和控制信息之间留有空隙。

(2) 在每个控制区域中有一些完全空的控制区间，并在顺序集的索引中指明这些空区间。

当插入新记录时，大多数的新记录能插入相应的控制区间内，但要注意为了保持区间内记录的关键字自小至大有序，则需将区间内关键字大于插入记录关键字的记录向控制信息的方向移动。若在若干记录插入之后控制区间已满，则在下一个记录插入时要进行控制区间的分裂，即将近乎一半的记录移到同一控制区域中全空的控制区间中，并修改顺序集中相应索引。倘若控制区域中已经没有全空的控制区间，则要进行控制区域的分裂，此时顺序集中的节点亦要分裂，由此尚需修改索引集中的节点信息。但由于控制区域较大，很少发生分裂的情况。

在 VSAM 文件中删除记录时，需将同一控制区间中较删除记录关键字大的记录向前移动，把空间留给以后插入的新记录。若整个控制区间变空，则需修改顺序集中相应的索引项。

由此可见，VSAM 文件占有较多的存储空间，一般只能保持约 75% 的存储空间利用率。但它的优点是：动态地分配和释放存储空间，不需要对文件进行重组，并能较快地对插入的记录进行查找，查找一个后插入记录的时间与查找一个原有记录的时间是相同的。

为了进行性能上的优化，VSAM 用了一些其他的技术，如指针和关键字的压缩、索引的存放处理等。其详情可参阅参考文献[13]。

12.3.2 现代 B^+ 树索引存储方式对 VSAM 的改进

1. 现代 B^+ 树索引存储方式对早期 VSAM 的改进

(1) 动态索引结构的优化。VSAM 的 B^+ 树是静态的，节点分裂和合并需要预定义规则，难以适应动态数据变化。针对 VSAM 该局限性，现代 B^+ 树做了以下改进。

① 动态分裂与合并：节点可根据数据量自动调整，避免预分配空间浪费（如 MySQL InnoDB 的 B^+ 树动态调整页大小）。

② 自适应填充因子：根据写入模式动态调整节点填充率，平衡读写性能（如 RocksDB 的动态压缩策略）。

(2) 存储介质适配性增强。VSAM 的磁盘优化是针对传统机械硬盘的寻道时间优化，但对固态硬盘的随机访问特性适配不足。现代 B^+ 树有以下改进。

① 固态硬盘友好设计：利用固态硬盘的并行性，通过多线程并发读写提升吞吐量（如 PostgreSQL 的 B^+ 树多核优化）。

② 减少写放大：通过日志结构合并（LSM 树）或分层压缩，降低固态硬盘的写入磨损（如 LevelDB 的 LSM 树设计）。

(3) 其他改进：并发控制与事务支持、数据压缩与存储效率、事务与崩溃恢复、混合存储与分层索引、缓存与预读取策略、分布式与扩展性等。

这些都是后续关于数据库系统及设计的专业课程将涉及的内容。

2. 实际应用场景

(1) VSAM 的遗留场景：仍用于 IBM 大型主机系统（如银行核心交易系统），但逐步被现代数据库替代。

(2) 现代 B^+ 树的应用。

① 联机事务处理（On-Line Transaction Processing，OLTP）系统：MySQL InnoDB 支持高并发事务。

② 分析型数据库：ClickHouse 的 MergeTree 引擎结合 B^+ 树与列式存储。

③ 分布式系统：Cassandra 的 Partition Key 索引支持海量数据分片。

现代 B^+ 树索引通过动态结构、固态硬盘优化、并发控制、混合存储等改进，解决了 VSAM 的局限性，并在性能、扩展性和功能上实现了全面超越。其核心目标始终是平衡随机访问与顺序扫描的效率，同时适应不断变化的存储硬件和应用需求。

12.3.3 B⁺树的实现

B⁺树是对第 9.2.4 节讨论的 B 树的改进。对 B⁺树的实现既是数据结构课程收官前的一个较复杂的综合训练,也可为数据库系统设计课程的实训提供基础。

1. B⁺树的存储结构定义和初始化

9.2.4 节已简单介绍了 B⁺树,它是应文件系统所需的一种 B 树变形。这里约定:内部节点取孩子节点的最小键作为其索引。

以下定义了 B⁺树的一种存储表示和基本 API,并给出了初始化函数。节点设种类域 kind,以区分叶节点和内部节点,并以叶节点的孩子指针指向元素的值。节点未设父指针,用递归机制支持插入时的向上分裂和删除时的向上合并等处理,可与 9.2.4 节的 B 树的实现进行对比。

```
# define M 5                                   // B⁺树的阶(须 M>2)
# define MIN_KEYS (M+1)/2                      // 每个节点最少键数
typedef enum { INTERNAL, LEAF } NodeKind;     // 节点种类枚举类型
typedef int KeyType;                           // 键类型
typedef char * ValueType;                 // 值类型(可由应用定义,如是磁盘数据块或其地址)
typedef struct Node {
    int   kn;                                  // 节点当前键数
    NodeKind kind;                             // 节点种类
    KeyType keys[M+1];                    // 键数组,M 号单元非必要,但可方便插入及分裂等操作
    Node * kids[M+1];                          // 孩子分支指针数组,M 号单元也为操作便利
    Node * prev, * next;                       // 叶节点有序双向链指针
} Node, * BpTree;                              // 节点类型,B⁺树指针类型
//-----B⁺树的基本 API 函数原型 -----
BpTree InitBpTree();                                                       // 初始化
BpTree Insert(BpTree T, KeyType key, ValueType value);                     // 插入
BpTree Delete(BpTree T, KeyType key);                                      // 删除
ValueType Search(BpTree T, KeyType key);                                   // 查找
BpTree FreeBpTree(BpTree T);                                               // 销毁
BpTree MallocNewNode(NodeKind kind) {  // 分配 kind 种类的节点并初始化
    BpTree NewNode;
    if (!(NewNode = (Node * )calloc(1, sizeof(Node)))) exit(OVERFLOW);
    NewNode->kn=0;  NewNode->kind=kind;  return NewNode;
}
BpTree InitBpTree() {
    // 不低于 3 阶的 B⁺树初始化,返回以无关键字的叶节点为根的空 B⁺树
    BpTree T;
    if (M <3) { printf("M 最小等于 3!");  return NULL; }
    T=MallocNewNode(LEAF);                  // 约定:空的 B⁺树为一个空的根节点 ,也是一个叶子
    return T;
}
```

2. 查找

在 B⁺树进行随机查找、插入和删除的过程基本上与 B 树类似。只是在查找时,若内部节点上的关键字等于给定值,并不终止,而是继续向下直到叶节点。因此,在 B⁺树不管查找成功与否,每次查找都是走了一条从根到叶节点的路径。算法 12.2 实现了 B⁺树的查找,时间复杂度与树的高度相关。

```
ValueType Search(BpTree T, int key) {                         // 查找并返回键 key 的值
    int idx
    while (T!=NULL) {
      for (idx=0; idx<T->kn && key>=T->keys[idx]; idx++);   // 在 * T 内查找分支
      if (idx !=0) idx--;                                    // 修正 idx 值
      if (T->kind ==LEAF)                                    // 若是叶子
        if (idx<T->kn && T->keys[idx]==key)                  // 若找到键 key
          return (char * ) T->kids[idx];                     // 则返回其值
        else return NULL;                                    // 否则返回 NULL
      T =T->kids[idx];                                       // 沿 idx 分支继续向下
    }
    return NULL;
}
```

算法 12.2

3. 插入键-值对

和 B 树一样，B^+ 树总是在恰当的叶子插入键-值对。一旦节点超大，须进行牵涉父节点参与并可能持续向上的分裂节点的系列调整。由于未设置节点的父指针域，需要采用递归或者用栈辅助进行插入或删除的操作。算法 12.3 的递归插入函数 Insert_rec 设置了 parent 和 i 参数，表达与参数 T 的父子关系：每次递归调用都是 * parent 和其第 i 个孩子 * T“父子同行”。前半部分代码递归地查找并到达叶子后，实施插入键-值对。然后在每层递归返回过程中，执行后半部分代码，利用父子指针配合完成可能需要的对超大节点持续向上的分裂调整。如果分裂而插入新的叶子，则需将其插入叶子有序链表。调用的移动元素的函数 MoveElem 与删除算法共用，见后面的算法 12.5 的介绍。

```
Node * InsertKey(Node * parent, Node * child, KeyType key,
                       void * value, int i, int j){
    // 在 child 节点的位置 j 插入 key,并置 child 节点为非空的 parent 节点的第 i 个孩子
    if (child->kn-j >0) {                                   // 挪位
      memmove(&child->keys[j+1], &child->keys[j],
                 (child->kn-j) * sizeof(KeyType));
      memmove(&child->kids[j+1], &child->kids[j], (child->kn-j) * sizeof(Node * ));
    }
     child->keys[j]=key;                                    // 插入 key
    child->kids[j]= (Node * ) value;                        // 借用孩子指针指向值
    if (parent!=NULL)                                       // 若有 * parent,刷新 * child 索引
        parent->keys[i]=child->keys[0];
    child->kn++; return child;                              // 返回指针 child
}
Node * InsertElem(Node * parent, Node * child, int i) {
    // 插入 * child 为 * parent 第 i 个孩子
    if (child->kind==LEAF && i>0) {                         // 若 child 节点是叶子
      if (parent->kids[i-1]->next)                          // 则插入有序链表
          parent->kids[i-1]->next ->prev=child;
      child->next=parent->kids[i-1]->next;
      parent->kids[i-1]->next=child;
      child->prev=parent->kids[i-1];
    }
    if (parent->kn-i >0) {                                  // 挪位
      memmove(&parent->keys[i+1],&parent->keys[i],
                 (parent->kn-i) * sizeof(KeyType));
```

```
      memmove(&parent->kids[i+1],&parent->kids[i],
                         (parent->kn-i) * sizeof(Node *));
    }
    parent->keys[i]=child->keys[0];                       // 加 * child 的索引
    parent->kids[i]=child;                                // 加为第 i 个孩子
    parent->kn++;  return child;                          // 返回插入的节点指针
}
BpTree SplitNode(Node * parent, Node * child, int i) {
    //分裂 * parent 第 i 个孩子 * child
    Node * newNode=MallocNewNode(child->kind);           // 分配新节点
    int cn=child->kn, half=cn/2;                          // 分裂前的节点大小分裂点位
    memmove(&newNode ->keys[0], &child->keys[half],
                      (cn-half) * sizeof(KeyType));
    memmove(&newNode->kids[0], &child->kids[half],
                        (cn-half) * sizeof(KeyType));
    newNode->kn=cn-half; child->kn=half;
    if (parent!=NULL) {
      InsertElem(parent, newNode, i+1);                   // 若有父节点,插入新孩子
      return child;                                       // 返回指针 child
    } else {                                    // 否则 * child 是根,创建并返回新的根
      parent=MallocNewNode(INTERNAL);                     // 分配新根节点
      InsertElem(parent, child, 0);                       // 插入 * child 为第 0 个孩子
      InsertElem(parent, newNode, 1);                     // 插入 * newNode 为第 1 个孩子
      return parent;                                      // 返回新的根指针
    }
}
BpTree Insert_rec(BpTree T, KeyType key, ValueType value,
                              int i, BpTree parent) {
    int j;                  // 在 * parent 的第 i 棵子树实施递归,将键-值对插入恰当的叶子
    for (j=0; j<T->kn && key>=T->keys[j]; j++)            // * T 内查找分支
      if (key==T->keys[j]) return T;                      // 若已存在,则不重复插入
    if (j !=0 && T->kind==INTERNAL) j--;                  // 修正 j 值
    if (T->kind==LEAF)                                    // 若是叶子
      T=InsertKey(parent, T, key, (void *)value, i, j);   // 则插入键-值对
    else                                                  // 否则是内部节点
      T->kids[j]=Insert_rec(T->kids[j], key, value, j, T);  // 沿 j 分支递归
    if (T->kn >M) {                                       // 若节点超大,则调整
      if (parent==NULL) T=SplitNode(parent, T, i);        // 若是根,则分裂节点
      else {                                              // 否则
        Node * bro=FindSiblingUnfull(parent, i);          // 若寻找到未满的兄弟
        if (bro!=NULL) MoveElem(T, bro, parent, i, 1);// 则将 * T 一个元素迁移给它
        else T=SplitNode(parent, T, i);                   // 未找到,则分裂 * T
      }
    }
    if (parent!=NULL) parent->keys[i]=T->keys[0];         // 刷新 * T 的索引
    return T;                                             // 返回 T(可能已被更改)
}
BpTree Insert(BpTree T, KeyType key, ValueType value)// 插入主函数
     { return Insert_rec(T, key, value, 0, NULL); }
                                                // 递归实施插入键-值对,根无父节点
```

算法 12.3

分析算法 12.3 插入键-值对的时间。查找插入位置、插入键-值对,以及插入后可能的向上调整都是在一个递归调用和返回序列里进行的。从根到叶子是自顶向下的逐次递归的查

找过程，自底向上的递归返回时是不断判断和进行可能需要的调整的过程。查找的基本操作是比较关键字，只需常量时间。每一层调整的可能操作是分裂节点，这与树中节点总数无关，也可在常量时间完成。因此，B^+ 树插入键-值对的时间复杂度是 $O(\log_M n)$ 的。

4. 删除键-值对

虽然 B^+ 树的删除更复杂，但为了给读者提供一个便于学习理解的完整实现案例，下面继续讨论它的实现。

这里与 B 树最大的差别是，B^+ 树的节点关键字和孩子(分支指针)个数相等，删除叶子上的键-值对后进行可能持续向上的调整。若叶节点被合并删除了，还要从叶子有序链表中删除。算法 12.4 是递归删除键-值对的主框架，与插入算法的框架类似。

```
BpTree Delete_rec(BpTree T, KeyType key, int i, BpTree parent) {  // 实施递归删除
    // 删除 parent 节点第 i 个孩子节点的键 key
    int j, needAdjust;
    for (j=0; j<T->kn && key>=T->keys[j]; j++)              // 查找 key 的位序或分支 j
      if (key==T->keys[j]) break;
    if (T->kind==LEAF) {                                    // 若是叶子
      if (key!=T->keys[j] || j==T->kn) return T;            // 且没找到,则返回
    } else                                                  // 否则是内部节点
      if (j==T->kn || key<T->keys[j]) j--;                  // 修正分支 j 值
    if (T->kind==LEAF)                                      // 若是叶子
      T=DeleteKey(parent, T, i, j);                         // 则删除第 j 个键
    else T->kids[j]=Delete_rec(T->kids[j], key, j, T);      // 否则沿分支 j 递归删除
    if ((parent==NULL && T->kind==INTERNAL && T->kn<2)     // 若树根非叶子且键少于 2
      || (parent!=NULL && T->kn<MIN_KEYS)) {                // 或非根且键过少,则调整
      if (parent==NULL) {                                   // 若 T 节点是根
        if (T->kind==INTERNAL && T->kn<2)                   // 若内部节点且仅一孩或空
          { Node * tmp=T; T=T->kids[0]; free(tmp); }        // 则该孩(或 NULL)顶替
      } else {                                              // 非根节点
        Node * bro=FindSiblingRich(parent, i, &j);          // 寻找富余兄弟节点
        if (bro!=NULL) MoveElem(bro, T, parent, j, 1);      // 找到则讨要一个元素
        else {                                              // 若未找到,则选一个兄弟合并
          if (i==0) bro=parent->kids[1];                    // 若自身最左,则选右兄弟
          else bro=parent->kids[i-1];                       // 否则选左兄弟
          parent=MergeNode(parent, T, bro, i);              // 合并
          T=parent->kids[i];                                // 合并后,T 指向其父的第 i 个孩子
        }
      }
    }
    parent->keys[i]=T->keys[0];
    return T;
}
BpTree Delete(BpTree T, KeyType key)                        // 删除主函数
    { return Delete_rec(T, key, 0, NULL); }                 // 递归实施
```

算法 12.4

在删除后的向上返回过程中，可能调整的触发条件是当前节点关键字不足，由算法 12.5 主导进行调整。先由函数 MergeNode 将调整操作分为两类：向有富余关键字的兄弟节点借一个以弥补不足，或是借不到就与之合并。而函数 MoveElem 细分移动元素的个数、去

向，并由 MoveElem_aux 实施。

```
void MoveElem_aux(Node * src, Node * dst, int s0, int d0, int n) {
    // (1)dst 节点后挪 n 个元素位置
    memmove(&dst->keys[d0+n],&dst->keys[d0],(dst->kn-d0) * sizeof(KeyType));
    memmove(&dst->kids[d0+n],&dst->kids[d0],(dst->kn-d0) * sizeof(Node *));
    // (2)复制 src 节点的 n 个元素到 dst 节点
    memmove(&dst->keys[d0], &src->keys[s0], n * sizeof(KeyType));
    memmove(&dst->kids[d0], &src->kids[s0], n * sizeof(Node *));
    // (3)覆盖 src 节点已迁移的 n 个元素
    if (src->kn-s0-n >0) {      // 若迁移元素之后仍有元素,则前移保持节点内元素连续
      memmove(&src->keys[s0], &src->keys[s0+n],
          (src->kn-s0-n) * sizeof(KeyType));
      memmove(&src->kids[s0], &src->kids[s0+n],
          (src->kn-s0-n) * sizeof(Node *));
    }
    src->kn-=n;  dst->kn+=n;  //(4)更新节点大小
}
Node * MoveElem(Node * src, Node * dst, Node * parent, int i, int n) {
    // * src 和 * dst 是相邻节点, * src 是 * parent 第 i 个孩子
    // 将 * src 的 n 个元素迁移到 * dst
    if (src->keys[0]<dst->keys[0]){                    // 若 * src 的键较小,则在 * dst 之前
      if (src->kind==LEAF) {                           // 若 src 节点是叶子
        MoveElem_aux(src, dst, src->kn-n, 0, n);       // 则叶子间的元素迁移
        if (parent!=NULL) parent->keys[i+1]=dst->keys[0];    // 刷新 * dst 的索引
          if (src->kn>0) { src->next=dst; dst->prev=src; }   // 维护叶链表
          else { dst->prev=src->prev;                  // 删除 * src
                if (src->prev) src->prev->next=dst; }
      } else MoveElem_aux(src, dst, src->kn-n, 0, n);  // 否则是节点间的子树迁移
      parent->keys[i+1]=dst->keys[0];
   } else {                                            // 否则 src 源节点在后
      if (src->kind==LEAF) {
        MoveElem_aux(src, dst, 0, dst->kn, n);         // 叶子间的元素迁移
        if (parent!=NULL) parent->keys[i-1]=dst->keys[0];    // 刷新 * dst 的索引
        if (src->kn>0) {dst->nex=src; src->prev=dst;}        // 维护叶链表
        else { dst->next=src->next;                          // 删除 * src
              if (src->next) src->next->prev=dst;}
      } else MoveElem_aux(src, dst, 0, dst->kn, n);
      parent->keys[i]=src->keys[0];                          // 复制 * src 的索引
    }
    return parent;
}
Node * MergeNode(Node * parent, Node * child, Node * dest, int i) {   // 合并节点
    if (dest->kn>MIN_KEYS)                         // 若 * child 的兄弟 * dest 有富余元素
      MoveElem(dest, child, parent, i, 1);       // 则从 * dest 中迁移一个元素到 * child
    else {                                         // 否则, * dest 无富余元素
      MoveElem(child, dest, parent, i, child->kn);
                                                   // 将 * child 全部元素迁移到 * dest
      DeleteElem(parent, child, i);                // 删除 * child
      free(child);  child=NULL;                    // 回收 * child
    }
    return parent;                                 // 返回父指针
}
```

算法　12.5

算法 12.6 的函数 DeleteKey 和 DeleteElem 分别完成删除叶节点的一个键-值对和内部节点的一个元素的操作。

```
Node * DeleteKey(Node * parent, Node * child, int i, int j) {
    // 删除 parent 节点的第 i 个孩子 child 节点的第 j 个键-值对
    for (int k=j+1; k <child->kn; k++) {              // 移动覆盖被删除的键-值对
      child->keys[k-1]=child->keys[k];
      child->kids[k-1]=child->kids[k];                // 叶子的孩子指针指向元素值
    }
    parent->keys[i]=child->keys[0];         // 刷新在父节点的索引(在 * child 的最小键)
    child->kn--;  return child;                       // 返回被删除的节点指针
}
Node * DeleteElem(Node * parent, Node * child, int i) {
    // 删除 * parent 第 i 个孩子 * child
    if (child->kind==LEAF && i>0) {
      parent->kids[i-1]->next=child->next;            // 从叶节点有序链表删除
      if (child->next) child->next->prev=parent->kids[i-1];
    }
    for (int k=i+1; k<parent->kn; k++) {              // 移动覆盖被删除的节点
      parent->kids[k-1]=parent->kids[k];
      parent->keys[k-1] =parent->keys[k];
    }
    parent->kn--;  return child;                      // 返回被删除的节点指针
}
```

算法 12.6

和插入类似,删除键-值对也是在一个递归和返回序列中完成的。向下递归查找、删除目标和插入时基本一样,不同的是向上返回过程中可能的调整,向左或右兄弟借一个键(叶子连带值)或者合并节点,虽然头绪较多,但这些也都可在常量时间完成。B^+ 树的删除键-值对的时间复杂度也是对数时间。

索引是 B^+ 树的一种典型应用。索引是对数据库表中一个或多个列的值进行排序的结构,与在表中搜索所有的行相比,索引用指针指向存储在表中指定列的数据值,然后根据指定的次序排列这些指针,有助于更快地获取信息。通常情况下,只有当经常查询索引列中的数据时,才需要在表上创建索引。索引也占用磁盘空间,并且影响数据更新的速度。但是在多数情况下,索引所带来的数据检索速度优势大大超过它的不足之处。Windows 中的 NTFS 也是采用 B^+ 树作为目录结构。

12.3.4 B^+ 树及数据存储组织与管理的新发展

B^+ 树之后,更多数据结构被引入数据存储的组织和管理中。

1. B^+ 树的核心特性与经典应用

B^+ 树作为数据库索引的经典结构,其设计核心在于多路平衡性与磁盘友好性。通过将数据集中存储于叶节点并形成有序链表,B^+ 树实现了高效的范围查询和顺序扫描(如全表遍历)。其优势如下。

(1) 低树高:每个节点可存储数百至数千个键-值(如 InnoDB 默认页大小 16KB,单节点可存约 1170 个键),树高通常为三四层,显著减少磁盘 I/O 次数。

(2) 写放大优化:通过节点分裂与合并策略平衡负载,避免频繁地随机写入。

(3) 事务支持：聚集索引(如 MySQL 的 InnoDB)直接存储数据行。

经典应用场景如下。

(1) 关系型数据库索引：MySQL 的 InnoDB 引擎使用 B^+ 树实现主键与二级索引。

(2) 文件系统目录管理：如 Ext4 文件系统通过 B^+ 树快速定位文件块。

(3) 内存数据库：Redis 的 Sorted Set 底层采用跳跃表。

2. B^+ 树之后的存储组织技术演进

随着数据规模与并发需求的增长，B^+ 树的局限性逐渐显现(如写放大、随机更新效率低)，催生了以下新技术。

1) LSM 树(Log-Structured Merge Tree)

核心思想：采用顺序写＋分层合并策略，将随机写入转换为顺序写入，提升吞吐量。数据先写入内存 MemTable，达到阈值后刷盘为 SSTable，后台合并小文件。

MemTable 可根据其规模选择不同的数据结构，如有序表、红黑树、跳跃表、散列表等。

SSTable 则采用或借鉴 B^+ 树的分层结构，并附加布隆过滤器，先查存，再读盘，可降低 90％的磁盘访问。

优势是高写入性能和高并发。写入放大系数仅为 B^+ 树的 1/30～1/10(B^+ 树可达 1/100 以上)。写操作无锁，适合日志、时序数据等场景。

仍需解决的是读放大(需多级 SSTable 查询)和空间放大(冗余数据)。

2) 混合存储引擎

设计理念：结合 B^+ 树与 LSM 树优势，动态划分热数据与冷数据。

(1) 内存层：使用 B^+ 树或跳表加速高频访问。

(2) 磁盘层：采用 LSM 树存储历史数据，定期压缩。

3) 分布式 B^+ 树扩展

实施分片策略：将数据按范围或散列分片至多个节点，每个分片独立维护 B^+ 树状结构。

3. 新型存储介质与优化策略

固态硬盘(SSD)和非易失性存储器(Non-Volatile Memory，NVM)等硬件发展驱动了 B^+ 树改进。

(1) SSD 优化：利用预读与缓存减少随机 I/O。

(2) NVM 适配：低延迟特性促使 B^+ 树节点常驻内存，减少刷盘开销。

采用自适应索引结构。例如，动态变阶，根据负载调整 B^+ 树扇出度。实现部分持久化，仅将高频访问路径固化到磁盘，其余节点保留在内存(如 Redis 的 RDB-AOF 混合持久化)。

B^+ 树作为数据库索引的基石，通过多级结构与磁盘对齐设计，解决了传统二叉树的效率瓶颈。然而，面对海量数据与新兴场景，其演进方向聚焦于**分布式扩展**、**混合存储引擎**及**硬件适配优化**。未来，随着 AI 与新型硬件的成熟，数据存储组织将更趋智能化与自适应性，推动数据库系统在性能与可扩展性上的双重突破。

12.4　直接存取文件(散列文件)

直接存取文件指的是利用杂凑(Hash)法进行组织的文件。它类似于散列表，即根据文件中关键字的特点设计一种散列函数和处理冲突的方法将记录散列到存储设备上，故又称散列文件。

与散列表不同的是，对于文件来说，磁盘上的文件记录通常是成组存放的。若干记录组成一个存储单位，在散列文件中，这个存储单位叫作桶(bucket)。假若一个桶能存放 m 个记录，也就是说，m 个同义词的记录可以存放在同一地址的桶中，而当第 $m+1$ 个同义词出现时才发生“溢出”。处理溢出也可采用散列表中处理冲突的各种方法，但对散列文件，主要采用链地址法。

当发生“溢出”时，需要将第 $m+1$ 个同义词存放到另一个桶中，通常称此桶为“溢出桶”；相对地，称前 m 个同义词存放的桶为“基桶”。溢出桶和基桶大小相同，相互之间用指针相链接。当在基桶中没有找到待查记录时，就顺指针所指到溢出桶中进行查找。因此，希望同一散列地址的溢出桶和基桶在磁盘上的物理位置不要相距太远，最好在同一柱面上。例如，某一文件有 18 个记录，其关键字分别为 278,109,063,930,589,184,505,269,008,083,164,215,330,810,620,110,384,355。桶的容量 $m=3$，桶数 $b=7$。用除留余数法作散列函数 $H(\text{key})=\text{key MOD } 7$。由此得到的直接存取文件如图 12.13 所示。

在直接文件中进行查找时，首先根据给定值求得散列地址(即基桶号)，将基桶的记录读入内存进行顺序查找，若找到关键字等于给定值的记录，则检索成功；否则，若基桶内没有填满记录或其指针域为空，则文件内不含待查记录；否则，根据指针域的值的指示将溢出桶的记录读入内存继续进行顺序查找，直至检索成功或不成功。因此，总的查找时间为

$$T=a(t_e+t_i)$$

其中，a 为存取桶数的期望值(相当于散列表中的平均查找长度)，对链地址处理溢出来说，$a=1+\frac{\alpha}{2}$；t_e 为存取一个桶所需的时间；t_i 为在内存中顺序查找一个记录所需时间。

α 为装载因子，在散列文件中

$$\alpha=\frac{n}{bm}$$

其中，n 为文件的记录数，b 为桶数，m 为桶的容量。显然，增加 m 可减少 α，也就使 a 减小，此时虽使 t_i 增大，但由于 $t_e >> t_i$，则总的时间 T 仍可减少。图 12.14 展示了 α 和 a 的关系。

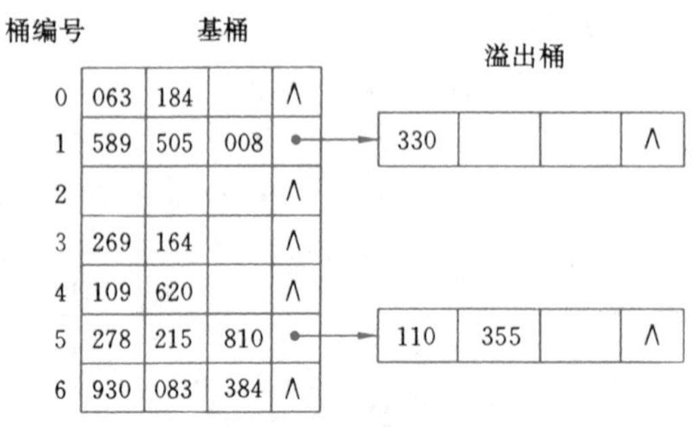

图 12.13　直接存取文件示例

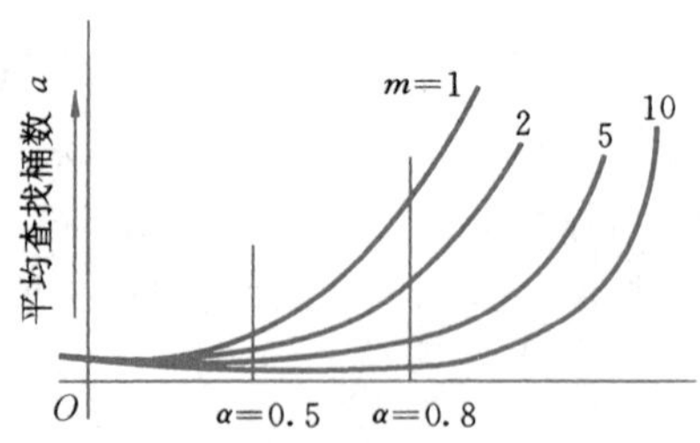

图 12.14　桶的容量和查找次数的关系

在直接存取文件中删除记录时，和散列表一样，仅需对被删除的记录做一标记即可。

总之，直接存取文件的优点：文件随机存放，记录不需进行排序；插入、删除方便，存取

速度快，不需要索引区，节省存储空间。其缺点：不能进行顺序存取，只能按关键字随机存取，询问方式限于简单询问，并且在经过多次的插入、删除之后，也可能造成文件结构不合理，即溢出桶满而基桶内多数为被删除的记录。此时亦需重组文件。

12.5 多关键字文件

多关键字文件的特点是，在对文件进行检索操作时，不仅对主关键字进行简单询问，还经常需要对次关键字进行其他类型的询问检索。

例如，图 12.1 的成绩文件中，准考证号为主关键字，总分和各单科成绩为次关键字。允许对此文件做如下询问：总分在 600 分以上的记录，数学的平均分数，等等。如果文件组织中只有主关键字索引，则为回答这些对次关键字的询问，只能顺序存取文件中的每一个记录进行比较，从而效率很低。为此，对多关键字文件，除了按以上几节讨论的方法组织文件之外，尚需建立一系列的次关键字索引。次关键字索引可以是稠密的，也可以是非稠密的；索引表可以是顺序表，也可以是树表。和主关键字索引表不同，每个索引项应包含次关键字、具有同一次关键字的多个记录的主关键字或物理记录号。下面讨论两种多关键字文件的组织方法。

12.5.1 多重表文件

多重表文件(multilist file)的特点：记录按主关键字的顺序构成一个串联文件，并建立主关键字的索引(称为主索引)；对每一个次关键字项建立次关键字索引(称为次索引)，所有具有同一次关键字的记录构成一个链表。主索引为非稠密索引，次索引为稠密索引。每个索引项包括次关键字、头指针和链表长度。

例如，图 12.15 所示为一个多重表文件。其中，学号为主关键字，记录按学号顺序链接，为了查找方便，分成 3 个子链表，其索引如图 12.15(b)所示，索引项中的主关键字为各子表中的最大值。专业、已修学分和选修课目为 3 个次关键字项，它们的索引如图 12.15(c)～图 12.15(e)所示，具有相同次关键字的记录链接在同一链表中。有了这些次关键字索引，便容易处理各种次关键字的询问。例如，若要查询已修学分在 400 分以上的学生，只要在索引表上查找 400～449 这一项，然后从它的链表头指针出发，列出该链表中所有记录即可。又如，若要查询是否有同时选修甲和乙课程的学生，则或从索引表上甲的头指针出发，或从乙的头指针出发，读出每个记录，查看是否同时选修这两门课程。此时可先比较两个链表的长度，显然应读出长度较短的链表中的记录。

多重表文件易于构造，也易于修改。如果不要求保持链表的某种次序，则插入一个新记录是容易的，此时可将记录插在链表的头指针之后。但是，要删除一个记录却很烦琐，需在每个次关键字的链表中删除该记录。

12.5.2 倒排文件

倒排文件和多重表文件的区别在于次关键字索引的结构不同。通常，称倒排文件中的次关键字索引为倒排表，具有相同次关键字的记录之间不设指针相连，而在倒排表中该次关

物理

记录号	姓名	学号		专业		已修学分		选修课目					
01	王雯	1350	02	软件	02	412	03	丙	02	丁	03		
02	马小燕	1351	03	软件	07	398	07	甲	04	丙	03		
03	阮森	1352	04	计算机	05	436	∧	乙	05	丙	04	丁	05
04	苏明明	1353	∧	应用	06	402	08	甲	06	丙	08		
05	田永	1354	06	计算机	∧	384	02	乙	07	丁	09		
06	杨青	1355	07	应用	09	356	10	甲	07				
07	薛平平	1356	08	软件	08	398	∧	甲	08	乙	∧		
08	崔子健	1357	∧	软件	∧	408	01	甲	09	丙	∧		
09	王洪	1358	10	应用	10	370	05	甲	10	丁	∧		
10	刘倩	1359	∧	应用	∧	364	09	甲	∧				

(a) 数据文件

主关键字	头指针
1353	01
1357	05
1359	09

(b) 主关键字索引

次关键字	头指针	长度
软　件	01	4
计算机	03	2
应　用	04	4

(c) 专业索引

次关键字	头指针	长度
350～399	06	6
400～449	04	4

(d) 已修学分索引

次关键字	头指针	长度
甲	02	7
乙	03	3
丙	01	5
丁	01	4

(e) 选修课目索引

图 12.15　多重表文件示例

键字的一项中存放这些记录的物理记录号。例如，上例文件的倒排表如图 12.16 所示。

倒排表作索引的好处在于检索记录较快。特别是对某些询问，不用读取记录，就可得到解答，如询问软件专业的学生中有否选课程乙的，则只要将软件索引中的记录号和乙索引中的记录号做求“交”的集合运算即可。

在插入和删除记录时，倒排表也要做相应的修改，值得注意的是倒排表中具有同一次关键字的记录号是有序排列的，则修改时要做相应移动。

若数据文件非串链文件，而是索引顺序文件（如 ISAM 文件），则倒排表中应存放记录的主关键字而不是物理记录号。

倒排文件的缺点是维护困难。在同一索引表中，不同的关键字其记录数不同，各倒排表

软　件	01, 02, 07, 08
计算机	03, 05
应　用	04, 06, 09, 10

(a) 专业倒排表

350～399	02, 05, 06, 07, 09, 10
400～449	01, 03, 04, 08

(b) 已修学分倒排表

甲	02, 04, 06, 07, 08, 09, 10
乙	03, 05, 07,
丙	01, 02, 03, 04, 08
丁	01, 03, 05, 09

(c) 选修课目倒排表

图 12.16　倒排文件索引示例

的长度不等,同一倒排表中各项长度也不等。

12.5.3　全文检索的散列倒排索引示例

全文检索是倒排索引的一个典型应用场景。全文检索技术已渗透到许多领域,如搜索引擎的网页搜索和电商信息分析,各类文档、日志、文献、案例、病例的检索,科研的知识发现和药物研发,社交媒体的话题标签和传播分析,等等。

下面用拉链散列表支持全文检索的散列倒排索引结构快速查找的简单实现作为本书的结尾。

每个键在文档的所有出现位置 idx 构成一个索引链表。在应用中,每当从某个文档识别一个关键字 keyword,就将它和文档 idx 插入拉链散列表 HT,并将 idx 插入由 HT 拉出的 keyword 的索引链表。如此构建的散列倒排索引结构是一个二级索引。键在 HT 可直接获得其在各文档的索引链表,进而获得一个文档的全部全文索引。有关存储结构和初始化函数的定义如下:

```
typedef int DocIdxType;    // 整型表示文档内第几个字符,应用可是(行号,行内序号)或其他
typedef struct DocIdxList {
    int doc_idx;                           // 键的一个位置索引值
    DocIdxList * next;                     // 位置索引链指针
} DocIdxList;                              // 键的全文的位置索引表的结点类型
typedef struct HashNode {
    char * keyword;                        // 键(字符串)
    DocIdxList * idxlist;                  // 文档内位置索引表指针
    HashNode * next;                       // 同义词链指针
} HashNode;                                // 拉链散列表结点类型
typedef struct {
```

```
    HashNode ** list;                              // 散列表向量
    int     size;                                  // 向量长度(散列地址区间长度)
} * ChainHT;                                       // 拉链散列表指针类型
ChainHT InitChainHT(int size) {                    // 初建拉链散列表
    ChainHT ht;
    if (!(ht=(ChainHT)malloc(sizeof(*ht)))) exit(OVERFLOW);
    if (!(ht->list=(HashNode**)calloc(size, sizeof(HashNode*)))) exit(OVERFLOW);
    ht->size=size;                                 // 分配存储空间后,保留散列地址区间长度
    return ht;                                     // 返回初建的拉链散列表
}
```

图 12.17 是位于散列地址 719 的同义词拉链散列表示例。structure 的索引链表含 12 和 88,algorithm 的索引链表含 77、64 和 25。

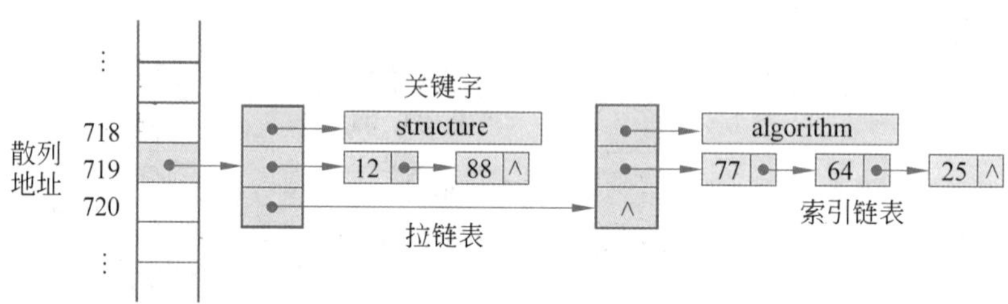

图 12.17　散列倒排索引示例

对于以英文单词为主的关键字,散列函数可选择 9.3 节的 HashU 函数,这是经系统测试验证冲突率极低且计算简捷的散列函数。由此可将每个单词索引对的插入可控制在常量时间。算法 12.7 实现了一个关键字和索引加入拉链散列表及索引链表。

```
DocIdxList *InsertDocToList(DocIdxList *list, int docIdx) {  // 插入索引链表
    DocIdxList *newNode;
    if (!(newNode=(DocIdxList *)malloc(sizeof(DocIdxList)))) exit(OVERFLOW);
    newNode->doc_idx=docIdx;
    newNode->next=list; list=newNode;              // 在表头插入
    return list;                                   // 返回表头指针(须赋给 list 的实参)
}
void InsertKeyword(ChainHT ht, char *keyword, int docIdx) {
    // 插入拉链散列表及索引链表
    unsigned int index=hashU(ht, keyword);         // 求拉链散列表向量单元地址
    HashNode *node=ht->list[index];                // 指向同义词链表表头
    while (node!=NULL) {                           // 若非空
      if (strcmp(node->keyword, keyword)==0) {     // 且键相等
        node->idxlist=InsertDocToList(node->idxlist, docIdx); // 则插入索引链表
        return;                                    // 结束
      }
      node=node->next;                             // 下一个同义词结点
    }
    HashNode *newNode;
                     // 如果拉链散列表为空表,即关键词不存在,则创建拉链散列表及新结点
    if (!(newNode=(HashNode*)malloc(sizeof(HashNode))))    // 分配结点
```

```
        exit(OVERFLOW);
    newNode->keyword=strdup(keyword);        // 调用库函数深拷贝关键字
    newNode->idxlist=NULL;
    newNode->idxlist=InsertDocToList(newNode->idxlist, docIdx);
                                             // 插入索引链表
    newNode->next=ht->list[index];           // 插入同义词拉链散列表
    ht->list[index]=newNode;
}
```

算法 12.7

算法 12.8 实现了查找关键字的索引链表。在低冲突率的情况下,算法时间也是常量级的。

```
DocIdxList * FindDocsByKeyword(ChainHT ht, char * keyword) {
    //在索引链表查找关键字
    unsigned int index=hashU(ht, keyword);
    HashNode * node=ht->list[index];
    while (node!=NULL) {                                  // 非空即存在
      if (strcmp(node->keyword, keyword)==0)              // 若键相等
        return node->idxlist;                             // 则返回其索引链表头指针
      node=node->next;                                    // 指向下一个同义词结点
    }
    return NULL;                                          // 不存在,则返回 NULL
}
```

算法 12.8

由于大文档的关键字最高频度不易预估,尤其是一个持续生成中的超大文档,所以采用了链表作为关键字的倒排索引结构。当一个文档不再变更但仍持续使用,可对生成的全文索引倒排表做二次处理,将链表转换为按索引项数分配空间的索引有序顺序表,以节省空间。

附录A　名词索引

五　画　　页

六　画　　页

七　画　　页

八　画　　页

九　画　　页

十　画　　页

十一　画　　页

十二　画　　页

附录B 函数索引

第 6 章　　页

第 7 章　　页

第 10 章 页

第 11 章 页

第 12 章 页

附录 C　AnyviewC 使用说明

AnyviewC 是一个集编辑器、编译器和调试器为一体的 C 语言可视化学习环境。为理解算法与数据结构、学习编程和调试程序提供了方便直观的可视交互集成环境。

C.1　AnyviewC 功能界面

AnyviewC 主界面如图 C.1 所示，由主控区、编辑区和演示区 3 部分组成。主控区包括菜单栏和运行栏。编辑区划分为源程序编辑、程序结构和输入输出 3 个区（也称窗，下同），源程序编辑区简称编辑区。演示区划分为数组、数据结构、运行栈和动态分配堆 4 个区，其中，数据结构、运行栈、动态分配堆 3 个区分别简称结构区、栈区和堆区。

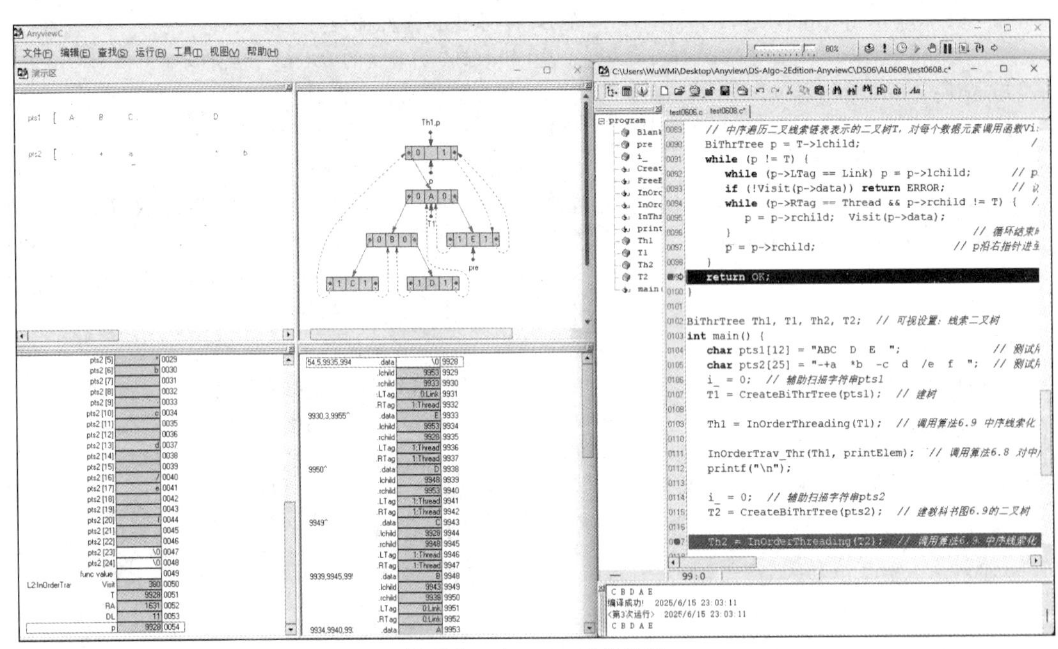

图 C.1　AnyviewC 主界面

C.2　菜单栏

AnyviewC 的菜单栏（见图 C.2）包括文件、编辑、查找、运行、工具、视图和帮助 7 个下拉菜单。

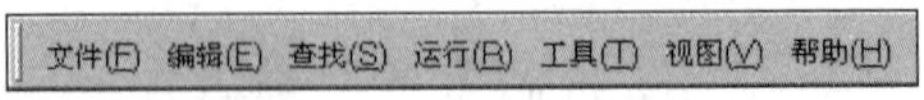

文件(F)　编辑(E)　查找(S)　运行(R)　工具(T)　视图(V)　帮助(H)

图 C.2　AnyviewC 菜单栏

1. 文件菜单

文件菜单包括对文件进行操作的 7 个相关选项，如图 C.3 所示。

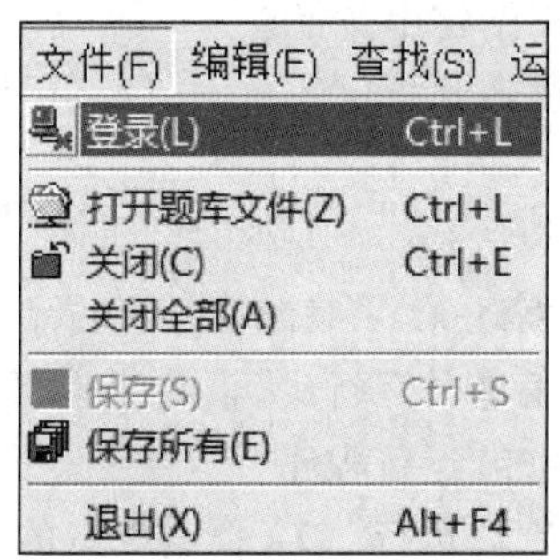

文件(F) 编辑(E) 查找(S) 运
登录(L) Ctrl+L
打开题库文件(Z) Ctrl+L
关闭(C) Ctrl+E
关闭全部(A)
保存(S) Ctrl+S
保存所有(E)
退出(X) Alt+F4
图 C.3 文件菜单

登录(L)：当与系统的连接中断(图标打了红色×)时，单击“登录”按钮，进行重新连接操作。

打开题库文件(L)：在系统题库打开一个教材的算法测试或题集的算法设计题目的 C 源程序文件。选择“打开题库文件”命令，在弹出的“算法和习题目录”对话框中可单击显示算法测试或算法设计题目的在线题库目录，选择章-题子目录的具体算法或题目即可。

关闭(C)：关闭当前编辑文件。

关闭全部(A)：关闭当前的所有打开文件并关闭代码编辑窗口。

保存(S)：保存当前所编辑的文件。

保存所有(E)：保存当前打开的所有文件。

退出(X)：退出 AnyviewC。

2. 编辑菜单

编辑菜单如图 C.4 所示。

撤销(U)：撤销前面操作。可在配置菜单中设置可撤销的次数，默认为 65 535 次。

重做(R)：重做已撤销的操作。

剪切(X)：剪切所选择内容。

复制(C)：将当前位置内容复制到剪切板。

粘贴(P)：将剪切板内容复制到当前位置。

全选(A)：选择当前文本编辑区的所有文本。

3. 查找菜单

查找菜单如图 C.5 所示。

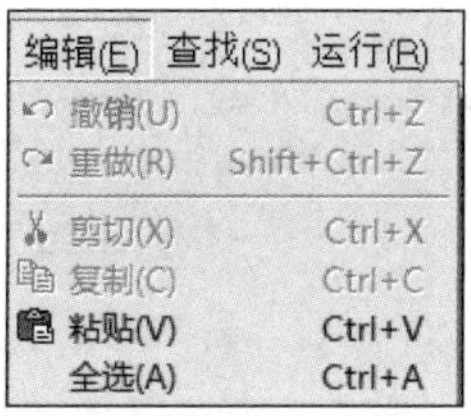

编辑(E) 查找(S) 运行(R)
撤销(U) Ctrl+Z
重做(R) Shift+Ctrl+Z
剪切(X) Ctrl+X
复制(C) Ctrl+C
粘贴(V) Ctrl+V
全选(A) Ctrl+A
图 C.4 编辑菜单

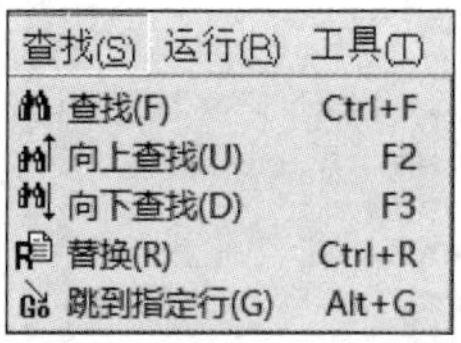

查找(S) 运行(R) 工具(T)
查找(F) Ctrl+F
向上查找(U) F2
向下查找(D) F3
替换(R) Ctrl+R
跳到指定行(G) Alt+G
图 C.5 查找菜单

查找(F)：在文本编辑区内进行查找。

向上查找(U)：按先前查找条件往回查找上一个内容。

向下查找(D)：按先前查找条件继续查找下一个内容。

替换(R)：将查找到的内容用给定串替换。

跳到指定行(G)：光标直接跳转到指定的行，并使该行显示在文本编辑区。

4. 运行菜单

运行菜单如图 C.6 所示。

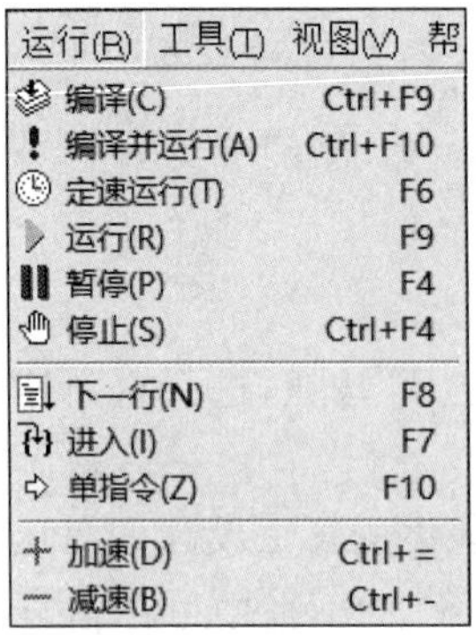

运行(R) 工具(T) 视图(V) 帮
编译(C) Ctrl+F9
编译并运行(A) Ctrl+F10
定速运行(T) F6
运行(R) F9
暂停(P) F4
停止(S) Ctrl+F4
下一行(N) F8
进入(I) F7
单指令(Z) F10
加速(D) Ctrl+=
减速(B) Ctrl+-

图 C.6 运行菜单

编译(C)：对源程序进行编译。

编译并运行(A)：首先对源程序进行编译，如果编译通过，立即连续运行程序。

定速运行(T)：根据设定的时间间隔，定速连续运行程序。

运行(R)：连续运行程序。

暂停(P)：暂停程序运行。

停止(S)：终止程序运行。

下一行(N)：执行下一行代码。

进入(I)：如果当前行包含一个函数调用，调试器进入该函数内部，并继续单步执行。

单指令(Z)：执行下一条指令。

加速(D)：在使用“定时运行”命令时，加速程序运行。

减速(B)：在使用“定时运行”命令时，减慢程序运行速度。

5. 工具菜单

工具菜单如图 C.7 所示。

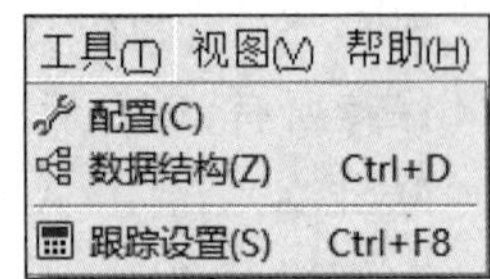

图 C.7 工具菜单

配置(C)：打开“配置”对话框，可对 AnyviewC 各功能进行设置。在“配置”对话框中可设置常规、编辑器、内存、数组链表、语法等各类参数。

数据结构(Z)：打开“数据结构”对话框(见图 C.8)，可勾选所列的数据结构类型定义的源代码，插入当前编辑文件光标位置。

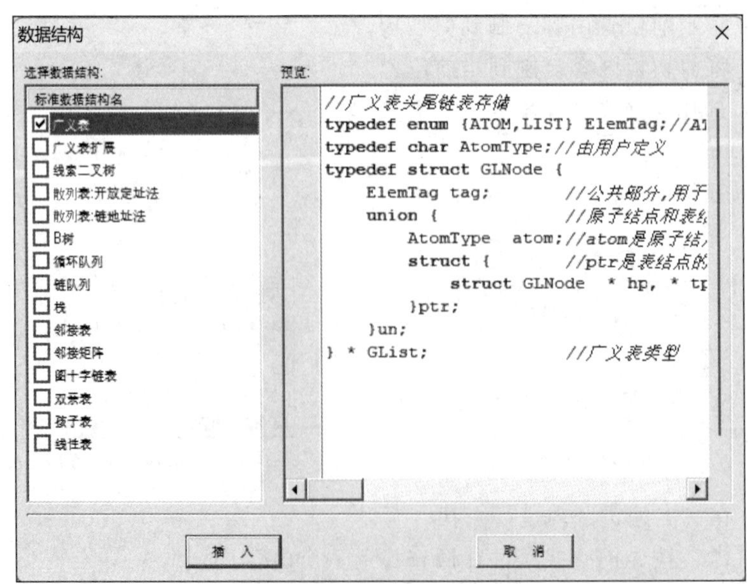

图 C.8 “数据结构”对话框

跟踪设置(S)：打开“跟踪设置”对话框，对需要进行可视化跟踪或调试的数据结构变量进行设置。参见“C.8　数据结构运行时的可视化”部分有关“跟踪设置”对话框的说明。

6. 视图菜单

视图菜单如图 C.9 所示。

文字大小(Y)：按照预设调整文字的大小。

源程序窗口(C)：显示或隐藏源程序窗口。

演示窗口(D)：显示或隐藏演示窗口。

程序结构窗口(T)：显示或隐藏程序结构窗口。

输入输出窗口(O)：显示或隐藏输入输出窗口。

输入输出信息窗口(I)：显示或隐藏输入输出信息窗口。

文档窗口(M)：显示或隐藏文档窗口。

栈窗口(S)：显示或隐藏栈窗口。

堆窗口(H)：显示或隐藏堆窗口。

数组窗口(A)：显示或隐藏数组窗口。

数据结构窗口(L)：显示或隐藏数据结构窗口。

三维数据结构窗口(G)：显示或隐藏三维数据结构窗口。可用于图的复杂关系结构的三维可视。

恢复窗体位置(Z)：恢复上述各窗体的默认位置和停靠状态。

图 C.9　视图菜单

7. 帮助菜单

帮助菜单如图 C.10 所示，单击“帮助”命令弹出“使用手册”窗口，单击“关于”命令则弹出 AnyviewC 的基本信息框。

C.3　运行栏

与菜单栏同行相对的右边是运行栏(见图 C.11)，将菜单栏中的运行菜单项以按钮和移动条的形式列出，以方便程序编译、运行、跟踪和调试操作。这也是支持可视交互学习和调试的主要操作。

图 C.10　帮助菜单

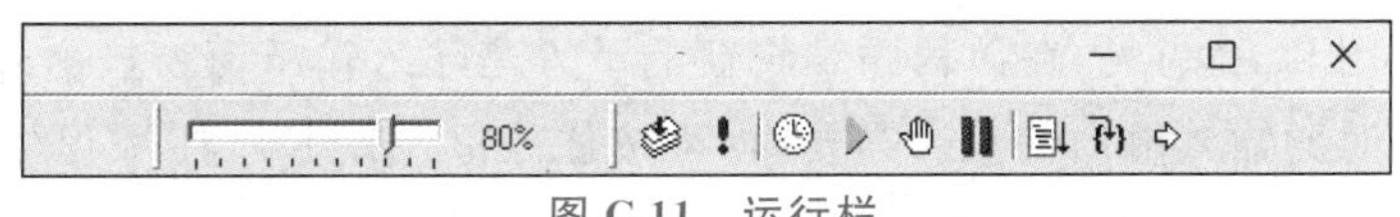

图 C.11　运行栏

C.4　源程序编辑

源程序编辑窗位于系统界面的右侧，如图 C.12 的上方所示。其上方的编辑操作栏排列了对应于编辑菜单和查找菜单的操作按钮，以及字体按钮。编辑窗口的左竖条的每个四位数是源程序各行的对应行号，单击行号可设定/取消该行为程序运行的暂停点(俗称“断点”)，辅助对程序的跟踪调试。从图 C.12 所示编辑窗的 4 个程序名标签可见，已打开了 4 个源程序文件，单击选项卡可指定当前编辑、编译和运行的程序。

需要时，可单击源程序编辑窗左上角的“全屏/还原”按钮，改变源程序编辑窗的大小(系统其他窗口类似)。

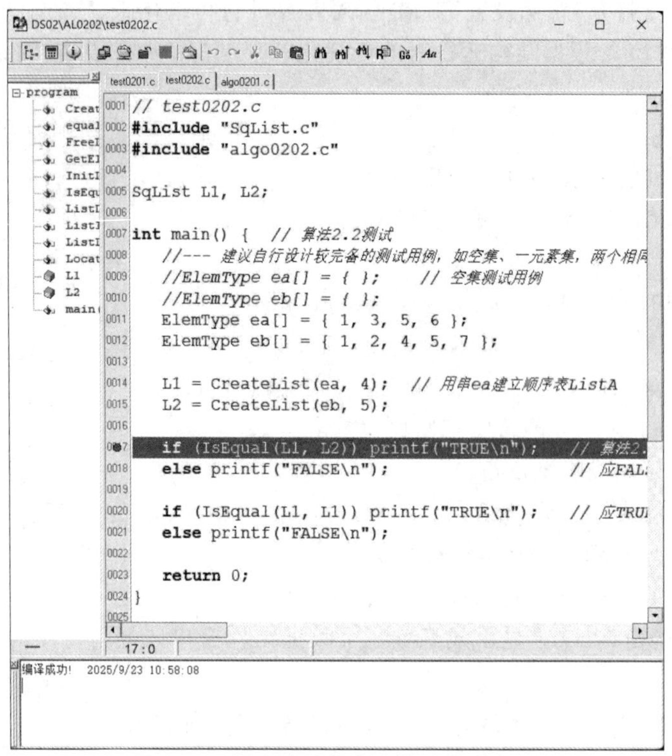

图 C.12 源程序编辑窗和输入输出窗口

C.5 程序结构窗和可视设置

在源程序编辑窗的左侧是程序结构窗(见图 C.12)。源程序需编译通过后,该窗显示程序的外部变量和函数名,可单击进入函数列出参数和局部变量。该窗上方有 3 个按钮,分别为打开/关闭程序结构窗、弹出跟踪设置窗和打开/关闭输入输出窗。

C.6 输入输出信息

从图 C.12 可见,在源程序编辑窗的下方是输入输出窗。显示源程序编译错误信息和程序运行时的输入输出信息。需要时,可按住鼠标左键并压住源程序编辑窗和输入输出窗的边界,上下拖动改变两个窗口的相互大小。

C.7 程序运行时的内存可视化

主界面左半边是演示区域,有 4 个基本窗口:运行栈(简称栈)、动态分配堆(简称堆)、数组和数据结构。程序运行前或过程中,还可在视图下拉菜单单击弹出三维数据结构或特定数组的演示窗。其中,栈和堆实现程序运行时的内存可视化,也称 AnyviewC 虚拟机的可视化。

AnyviewC 的编译器是一个自行开发的 C 语言的较大子集的编译器,该 C 子集可支持数据结构课程的算法和习题编程。产生的目标程序由支持可视化运行的虚拟机解释执行。虚拟机的内存从 0～9999 按十进制编址,其内容动态显示在栈和堆两个窗(以下简称栈区和堆区，也避免与数据结构中的栈和堆混淆）。

char、int、float 和指针等不同类型的值都简化为一个存储单元，用一个矩形格子表示，简称单元格。单元格内显示值，单元格右侧显示单元地址，单元格左侧显示变量或分量名。

栈区从 0 向高地址分配，堆区从 9999 向低地址分配（这与现在流行的 C 编译器是相反的，但不影响程序运行的正确性）。

栈区从 0 开始为全局变量和静态变量分配存储单元。程序开始运行时分配 main 函数的活动记录。每当调用一个函数，就在栈顶为其分配活动记录，包括参数和局部变量的存储单元以及两个控制单元，RA 是函数返回地址（代码指令地址），DL 是运行栈的指针（每个函数所需存储单元个数不同，活动记录之间用 DL 链接成一个“链栈”）。因此，从栈区可观察函数，特别是递归函数的调用和返回，以及参数和变量的变化。

指针是栈区和堆区联系的纽带，从堆区可观察动态内存分配和回收的过程，以及数据结构的顺序、链式存储分配和回收。是否有“垃圾”和“野指针”一目了然。

作为内存分区的简化处理，程序中的字符串常量也分配在堆的高端。

C.8 数据结构运行时的可视化

仅在栈区和堆区观察还不足以直观了解数据结构的形态及其变化。AnyviewC 虚拟机最具特色的功能是对数据结构的可视化解释，并在演示窗口实时呈现程序运行时的数据结构动画，构成了《数据结构》（C 语言版 · 第 2 版）和《数据结构题集》（C 语言版 · 第 2 版）推荐可视交互学习模式的依托环境。

单击数据结构窗的上边缘即弹出带操作按钮的窗（见图 C.13），可按需缩放该窗以满足不同数据结构（组）的可视观察需求。4 个操作按钮依次是选择元素结点大小比例、选择结点矩形或圆形、还原窗口位置和缩放窗口为整个演示区大小。

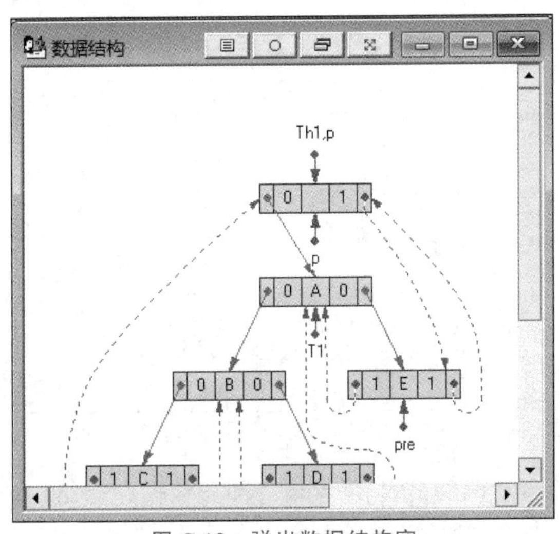

图 C.13　弹出数据结构窗

以教科书算法 7.1 和算法 7.2 为例，main 函数截图如图 C.14 所示。单击可视设置按钮弹出如图 C.15 所示的“跟踪设置”对话框，对图变量 G 选定其可视结构种类为邻接矩阵。运行到断点 0108 行，算法 7.1 构建的 G 在数据结构窗的结构形态截图为图 C.16。如果觉得图的边相互交叉太多，可在视图菜单选择“三维数据结构窗口”命令即弹出 G 的三维视图（截图见图 C.17）。可以按住鼠标左键拖动旋转观察 G 的三维形态，也可以按住鼠标右键拖动移动 G。

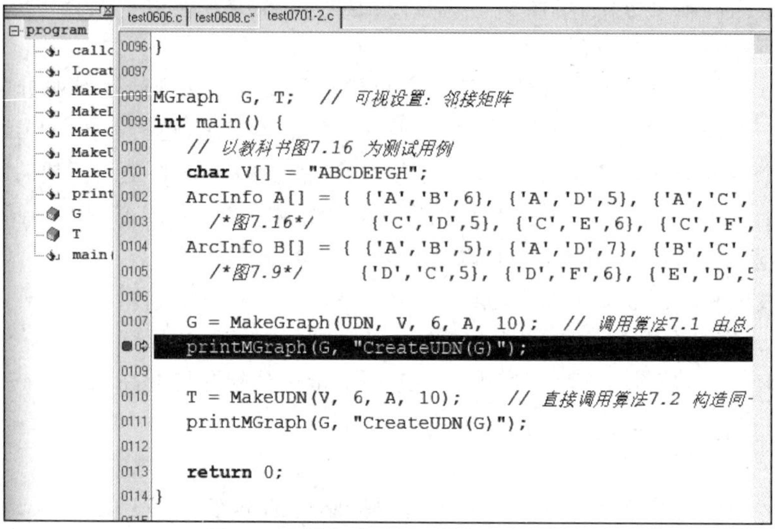

```
}

MGraph  G, T;   // 可视设置：邻接矩阵
int main() {
  // 以教科书图7.16 为测试用例
  char V[] = "ABCDEFGH";
  ArcInfo A[] = { {'A','B',6}, {'A','D',5}, {'A','C',
    /*图7.16*/      {'C','D',5}, {'C','E',6}, {'C','F',
  ArcInfo B[] = { {'A','B',5}, {'A','D',7}, {'B','C',
    /*图7.9*/      {'D','C',5}, {'D','F',6}, {'E','D',5

  G = MakeGraph(UDN, V, 6, A, 10);  // 调用算法7.1 由总
  printMGraph(G, "CreateUDN(G)");

  T = MakeUDN(V, 6, A, 10);     // 直接调用算法7.2 构造同
  printMGraph(G, "CreateUDN(G)");

  return 0;
}
```

图 C.14 调用算法 7.1 的 main 函数

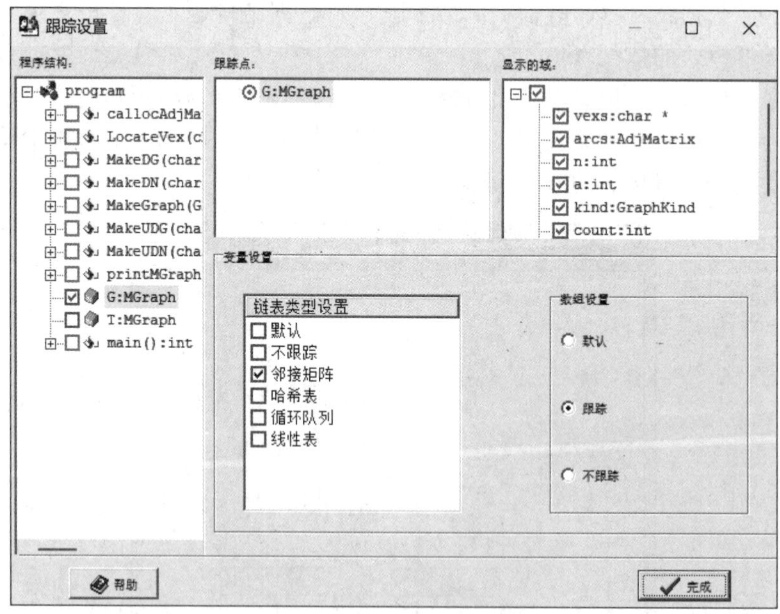

图 C.15 “跟踪设置”对话框

目前，AnyviewC 可自动识别链表、二叉树等部分数据存储结构的可视特征。顺序存储结构以及其他结构因有多种变形，需要在程序结构窗进行“跟踪设置”，即对具体数据结构变量选定可视结构种类。

可在《数据结构题集》(C 语言版 · 第 2 版)(书号：9787302703402)的第一篇各章查看所列举的各种数据结构的可视形态示例及解析。

演示区的各窗口相互补充，共同支持可视交互跟踪程序运行细节和观察数据结构形态

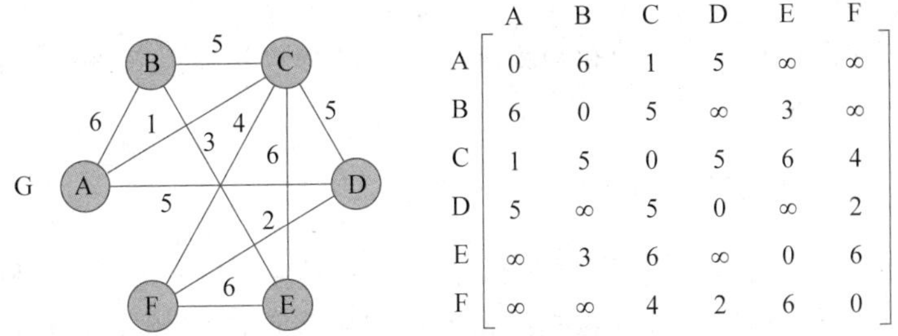

	A	B	C	D	E	F
A	0	6	1	5	∞	∞
B	6	0	5	∞	3	∞
C	1	5	0	5	6	4
D	5	∞	5	0	∞	2
E	∞	3	6	∞	0	6
F	∞	∞	4	2	6	0

图 C.16　G 在数据结构窗的结构形态

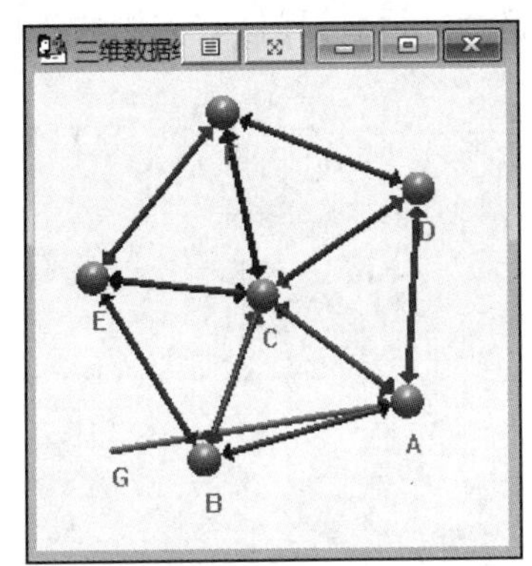

图 C.17　G 的三维视图

变化，可望实现课程学习的提速增效。

C.9　AnyviewC 的下载和登录

1. 下载安装

（1）使用微信扫描右侧二维码获取下载地址。

（2）下载完成后，解压文件并运行安装程序。

（3）按照安装向导完成软件安装。

2. 账号注册与激活

下载地址

1）获取激活码

（1）找到本书封底的作业系统二维码。

（2）轻刮涂层露出完整二维码。

2）扫码完成注册

（1）使用微信扫描已刮开的二维码。

（2）根据页面提示填写注册信息。

（3）完成账号注册和软件激活。

重要提醒：每个激活码仅支持绑定一个账号，激活后无法更换，请妥善保管账号信息。

3. 登录使用

（1）双击桌面 AnyviewC 图标启动软件。

（2）单击“登录”按钮，在弹出的页面中使用微信扫码或账号密码登录。

（3）登录成功后在“授权请求”页面中单击“同意授权”按钮，稍等几秒即可开始使用软件功能。

对教科书算法的可视交互运行和题集算法设计题的可视交互做题测评的有关说明,可在登录系统后获取或查阅。

C.10 关于 AnyviewC 算法设计作业管理系统

AnyviewC 算法设计作业管理系统包括教师端和服务端的作业管理模块,已在广东工业大学等院校的 C 语言程序设计和数据结构课程使用多年,对学生作业代码自动测评和分析统计,实现了学生编程作业无纸化,基本免除了教师批改程序作业的沉重工作负荷。待系统与出版社线上资源平台完成整合之后,可提供有需要的院校教师使用。

参考文献

[1] Horowitz E, Sahni S. Fundamentals of Data Structures [M]. London: Pitmen Publishing Limited, 1976.

[2] Knuth D E. The Art of Computer Programming, volume 1/Fundamental Algorithms; volume3/Sorting and Searching [M]. Reading, Massachusetts: Addison-Wesley Publishing Company, Inc., 1973.

[3] Gotlieb C C, Gotlieb L R. Data Types and Structures[M]. Upper Saddle River, NJ: Prentice-Hall Inc., 1978.

[4] Tenenbaum A M, Augensetein M J. Data Structures Using PASCAL[M]. Upper Saddle River, NJ: Prentice-Hall, Inc., 1981.

[5] Baron R J, Shapiro L G. Data Structures and their Implementation[M]. New York: Van Nostrand Reinhold Company, 1980.

[6] Aho A V, Hopcroft J E, Ullman J D. Data Structures and Algorithms[M]. Reading, Massachusetts: Addison-Wesley Publishing Company, Inc., 1983.

[7] Esakov J, Weiss T. Data Structures: An Advanced Approach Using C[M]. Englewood Cliffs, NJ: Prentice-Hall, Inc., 1989.

[8] Baase S. 计算机算法：设计和分析引论[M]. 朱洪，等译. 上海：复旦大学出版社，1985.

[9] Wirth N. Algorithms + Dada Structures = Programs[M]. Englewood Cliffs, NJ: Prentice-Hall, Inc., 1976.

[10] Lewis T G, Smith M Z. Applying Data Structures[M]. Boston: Houghton Mifflin Company, 1976.

[11] Donovan J J. Operating System[M]. New York: McGraw-Hill, Inc., 1974.

[12] Tremblay J P, Sorenson P G. An Introduction to Data Structure with Applications [M]. 2nd ed. New York: McGraw-Hill, Inc., 1984.

[13] 姚诗斌. 数据库系统基础[J]. 计算机工程与应用，1981(8).

[14] Stubbs D F, Webre N W. Data Structures with Abstract Data Types and Pascal[M]. Monterey, California: Brooks/Cole Publishing Company, 1985.

[15] Cormen T H, Leiserson C E, Rivest R L, et al. Introduction to Algorithms[M]. 3rd ed.Cambridge, Massachusetts: MIT Press, 2009.

[16] Sedgewick R, Wayne K. Algorithms [M]. 4th ed. Upper Saddle River: Pearson Education, Inc., 2011.

[17] Weiss M A. Data Structures and Algorithm Analysis in C[M]. 2nd ed. Upper Saddle River: Pearson Education, Inc., 1997.

[18] Sedgewick R. Algorithms in C, Parts 1～4: Fundamentals, Data Structures, Sorting, Searching [M]. 3rd ed. Reading, Massachusetts: Addison-Wesley Publishing Company, Inc., 1998.

[19] Rocca M L. Advanced Algorithms and Data Structures[M]. Shelton: Manning Publications. 2020.

[20] Medjedovic D, Tahirovic E, Dedovic I. Algorithms and Data Structrues for Massive Datasets[M]. New York: Manning Publications. 2022.

[21] Goodrich M T, Tamassia R, Goldwasser M H. Data Structures and Algorithms in Python[M].

Hoboken：John Wiley Sons，Inc.，2018.

[22] Sahni S. 数据结构、算法与应用——C++语言描述(原书第2版)[M]. 王立柱，刘志红，译. 北京：机械工业出版社，2019.

[23] Shaffer C A. 数据结构与算法分析(C++版)[M]. 张铭，刘晓丹，等译. 3版. 北京：电子工业出版社，2013.

[24] Horowitz E，Sahni S，Anderson-Freed S. Fundamentals of Data Structures in C [M]. 朱仲涛，译. 2版. 北京：清华大学出版社，2009.

[25] 王争. 数据结构与算法之美[M]. 北京：人民邮电出版社，2021.

[26] 黄健宏. Redis设计与实现[M]. 北京：机械工业出版社，2014.

图书资源支持

感谢您一直以来对清华版图书的支持和爱护。为了配合本书的使用，本书提供配套的资源，有需求的读者请扫描下方的“书圈”微信公众号二维码，在图书专区下载，也可以拨打电话或发送电子邮件咨询。

如果您在使用本书的过程中遇到了什么问题，或者有相关图书出版计划，也请您发邮件告诉我们，以便我们更好地为您服务。

我们的联系方式：

清华大学出版社计算机与信息分社网站：https://www.shuimushuhui.com/

地　　址：北京市海淀区双清路学研大厦 A 座 714

邮　　编：100084

电　　话：010-83470236　010-83470237

客服邮箱：2301891038@qq.com

QQ：2301891038（请写明您的单位和姓名）

资源下载：关注公众号“书圈”下载配套资源。

资源下载、样书申请

书圈

图书案例

清华计算机学堂

观看课程直播